Packt>

Wireshark 网络分析实战

（第2版）

Network Analysis Using Wireshark 2 Cookbook

(2nd Edition)

［印　度］甘德拉·库马尔·纳纳（Nagendra Kumar Nainar）
［印　度］尧戈什·拉姆多斯（Yogesh Ramdoss）　著
［以色列］约拉姆·奥扎赫（Yoram Orzach）

孙余强　王涛　译

人民邮电出版社

北　京

图书在版编目（CIP）数据

Wireshark网络分析实战 : 第2版 / (印) 甘德拉•库马尔•纳纳, (印) 尧戈什•拉姆多斯(Yogesh Ramdoss), (以) 约拉姆•奥扎赫(Yoram Orzach) 著 ; 孙余强, 王涛译. -- 北京 : 人民邮电出版社, 2019.1(2022.12重印)
ISBN 978-7-115-50002-1

Ⅰ. ①W… Ⅱ. ①甘… ②尧… ③约… ④孙… ⑤王… Ⅲ. ①计算机网络－通信协议 Ⅳ. ①TN915.04

中国版本图书馆CIP数据核字(2018)第247604号

版权声明

◆ 著　[印度]甘德拉·库马尔·纳纳（Nagendra Kumar Nainar）
[印度]尧戈什·拉姆多斯（Yogesh Ramdoss）
[以色列]约拉姆·奥扎赫（Yoram Orzach）
译　孙余强　王　涛
责任编辑　傅道坤
责任印制　焦志炜

◆ 人民邮电出版社出版发行　北京市丰台区成寿寺路 11 号
邮编　100164　电子邮件　315@ptpress.com.cn
网址　http://www.ptpress.com.cn
北京九州迅驰传媒文化有限公司印刷

◆ 开本：800×1000　1/16
印张：31.5　2019 年 1 月第 1 版
字数：686 千字　2022 年 12 月北京第 6 次印刷
著作权合同登记号　图字：01-2017-8620 号

定价：118.00 元

读者服务热线：(010)81055410　印装质量热线：(010)81055316
反盗版热线：(010)81055315
广告经营许可证：京东市监广登字 20170147 号

内容提要

本书是畅销书《Wireshark 网络分析实战》的全新升级版，按部就班地讲解了 Wireshark 的用法以及如何使用该工具解决实际的网络问题。

本书共分为 19 章，其内容涵盖了 Wireshark 版本 2 简介，熟练使用 Wireshark 排除网络故障，抓包过滤器的用法，显示过滤器的用法，基本信息统计工具的用法，高级信息统计工具的用法，Expert Information 工具的用法，Ethernet 和 LAN 交换，无线 LAN，网络层协议及其运作方式，传输层协议分析，FTP、HTTP/1 和 HTTP/2，DNS 协议分析，E-mail 协议分析，NetBIOS 和 SMB 协议分析，企业网应用程序行为分析，排除 SIP、多媒体及 IP 电话故障，排除由低带宽或高延迟所引发的故障，网络安全和网络取证等知识。

本书适合对 Wireshark 感兴趣的网络从业人员阅读，高校网络相关专业的师生也能从本书中获益。

献辞

谨将本书献给我的挚友 Suresh Kumar 及其亡妻 Dharshana Suresh。

——Nagendra Kumar Nainar

谨将本书奉献给我的父母 Ramdoss 和 Bhavani，他们为我的成功倾注了自己的生命。

——Yogesh Ramdoss

关于作者

Nagendra Kumar Nainar（CCIE #20987），Cisco 公司 RP 升级（escalation）团队的高级技术领导。他是 80 多项专利申请的共同发明人，以及 6 份 Internet RFC、多份 Internet 草案和 IEEE 论文的共同作者。他还是北卡罗来纳州立大学的客座讲师，在各种网络论坛上发表过演讲。

我要感谢我那亲爱的妻子 Lavanya 和可爱的女儿 Ananyaa，感谢你们的理解和支持；感谢我的父母 Nainar 和 Amirtham；还要感谢我的兄弟 Natesh 以及家人的支持。

要特别感谢我的导师 Carlos Pignataro 和领导 Mike Stallings。要感谢 Arun 和 Abayom 提出的意见。还要感谢我的朋友 Satish、Poornima、Praveen、Rethna、Vinodh、Mani、Parthi 和出版社。

Yogesh Ramdoss（CCIE #16183），Cisco 公司技术服务机构的高级技术领导。他是 Cisco Live 大会的杰出演讲者，在会上向客户分享并传授与企业/数据中心技术和平台、故障排除和抓包工具，以及与开放性网络编程有关的技术。他还是机器/行为学习（machine/behavior learning）方面某些专利的共同发明人。

我要感谢我的妻子 Vaishnavi，孩子 Janani 和 Karthik，感谢你们的耐心和支持。

要特别提及并感谢马杜赖（印度南部城市）蒂加拉杰工程学院的校长 V. Abhaikumar 博士。万分感谢本书的合著者 Nagendra Kumar Nainar、我的领导 Michael Stallings、我的导师 Carlos Pignataro，以及我所有的朋友和家人。

Yoram Orzach，毕业于以色列海法理工学院，拥有该校颁发的科学学士学位。他最初以系统工程师的身份就职于 Bezeq 公司，从事传输及接入网相关工作。在担任过 Netplus 公司的技术管理者一职之后，现任 NDI 通信公司的 CTO。Yoram 对大型企业网络、服务提供商网络及 Internet 服务提供商网络极有心得，Comverse、Motorola、Intel、Ceragon Networks、Marvel 以及 HP 等公司都接受过他提供的服务。他在网络设计、实施及排障方面浸淫多年，具有研发、工程及 IT 团队培训工作的丰富经验。

关于技术审稿人

Abayomi Adefila，Cisco 公司服务机构的技术领导。他握有科学学士学位（B.Tech）和理科硕士学位（M.Sc），获得的证书包括 CCNA、CCDA、CCNP、CCIP、CCDP、CCIE（R&S），精通 MPLS L3 VPN、VRF、ISIS、IPv6、BGP4、MP-BGP、OSPFv2&3、RIPng、EIGRPv6、DS1、DS3、城域以太网、EEM、OER 等诸多技术，熟练掌握 Cisco 网络设备的高级路由和交换、GRE、IPSec 的配置以及 Cisco VPN 集中器和 Juniper 设备的配置。在 Verizon 公司效力期间，他获得过 MCI 的杰出表现奖，在 Cisco 公司也因表现出色而获得过多个 CAP 奖。

Jason Morris，系统和研究工程师，在系统架构、研究工程和大数据分析方面拥有 18 年以上的经验。

他是设计大型体系结构、云上最佳安全实践、基于深度学习的贴近实时图像检测分析，以及针对 ETL 的无服务器体系结构的演讲者和顾问。他近期的工作角色包括 Amazon Web 服务的解决方案架构师、大数据工程师、大数据专家和导师。他是 Next Rev Technologies 公司现任的首席技术官。

我要感谢 Packt 出版社的整个编辑和制作团队，感谢你们为出品精良图书所付出的努力，同时也要感谢本书的读者。愿本书能帮助读者探索伟大之事。

前言

Wireshark 早已成为网络分析领域里的标配工具，随着 Internet 和 TCP/IP 网络的极速发展，该工具受到了网络分析专家及排障工程师的热捧，同时获得了（网络协议或应用程序）研发工程师们的青睐，因为后一类人需要知道协议在网络中的实际运作方式以及在运行时所碰到的问题。

本书包含排除数据通信网络故障的实战秘诀。本书第 2 版围绕 Wireshark 2 展开，该软件因其所提供的增强功能，从而获得了很强的吸引力。本书第 2 版对第 1 版探讨的某些主题做了进一步的扩充，这些主题包括 TCP 性能、网络安全、无线 LAN 以及如何用 Wireshark 监控云和虚拟系统。读者将学会如何借助于 Wireshark 分析端到端 IPv4 和 IPv6 单、多播流量的连通性故障。本书还会展示 Wireshark 抓包文件的内容，好让读者将所学理论知识与实战相结合。读者将会认识 E-mail 协议的常规运作方式，学会如何用 Wireshark 进行基本分析和故障排除。使用 Wireshark，读者将能够排除企业网内常用的应用程序（比如 NetBIOS 和 SMB）的故障。最后，读者还将学会如何借助 Wireshark 测量网络（性能）参数，检查并有效解决由网络性能导致的网络故障。在本书的末尾，读者会掌握如何分析流量，如何发现各种违规流量模式，以及如何加固网络使其不受违规流量的影响。

本书的书名既然叫《Wireshark 网络分析实战》，那么其内容一定是由一系列利用 Wireshark 对网络故障进行有效性、针对性分析的实用诀窍构成。书中包含的每个诀窍都与某一具体的网络故障相关联，在介绍如何使用 Wireshark 解决相关故障时，作者会指出应关注 Wireshark 工具的哪些地方、哪些（抓包）内容以及正在处理的故障的起因。为求表述圆满，每个诀窍都会包含相应主题的理论基础知识，好让尚未掌握基础概念的读者先行武装自己。

书中包含了许多示例，所有示例均来源于真实案例。作者在处理这些案例时，所花费的时间虽长短不一（有些只花了几分钟时间，有些则要花几小时甚至几天），但所遵循的原则只有一条，那就是：按部就班，选择正确的工具，当应用程序开发者肚里的“蛔虫”，外加像某些人说的那样，从网络的角度思考问题。只要按此原则行事，兼之能活学活用 Wireshark，定能将故障查个水落石出。本书的目的也正在于此，享受这一切吧。

本书读者对象

本书的读者对象包括使用 Wireshark 进行网络分析及排障的安全专业人员、网管人员、研发人员、工程和技术支持人员以及通信管理人员。阅读本书的读者需掌握网络的基本概念，但不要求读者对具体的协议及厂商实现有深入的了解。

本书内容

- **第 1 章，Wireshark 版本 2 简介**，介绍 Wireshark 所能行使的基本任务。
- **第 2 章，熟练使用 Wireshark 排除网络故障**，向读者传授如何更加娴熟地将 Wireshark 作为网络排障工具来使用。
- **第 3 章，抓包过滤器的用法**，讨论抓包过滤器的使用方法。
- **第 4 章，显示过滤器的用法**，讨论显示过滤器的使用方法。
- **第 5 章，基本信息统计工具的用法**，介绍 Wireshark 自带的信息统计工具的基本用法。
- **第 6 章，高级信息统计工具的用法**，介绍 Wireshark 自带的信息统计工具的高级用法，包括如何用 Statistics 菜单下的有关菜单项，生成 IO 图（IO graph）、TCP 流图（TCP stream graph）以及 UDP 多播流图（UDP multicast stream）。
- **第 7 章，Expert Information 工具的用法**，向读者传授如何使用 Wireshark 内置的专家系统（Expert System）工具，该工具可对网络中发生的各种现象（包括各种网络事件和网络故障）洞察秋毫。
- **第 8 章，Ethernet 和 LAN 交换**，主要介绍如何发现并解决基于第 2 层的网络故障，重点关注基于 Ethernet 的网络故障（比如，广播/多播事件和错误）以及如何发现故障的源头。
- **第 9 章，无线 LAN**，介绍无线 LAN 流量的分析方法，以及如何诊断由用户申告的无线网络连通性故障及性能问题。
- **第 10 章，网络层协议及其运作方式**，重点关注 OSI 参考模型的第 3 层，向读者传授如何对各种第 3 层协议（IPv4/IPv6）的运作方式加以分析。本章还将介绍单、多播流量的分析方法。
- **第 11 章，传输层协议分析**，重点关注 OSI 参考模型的传输层，向读者传授如何对各种第 4 层协议（TCP/UDP/SCTP）的运作方式加以分析。
- **第 12 章，FTP、HTTP/1 和 HTTP/2**，介绍这几种协议、它们的运作方式，以及如何借助 Wireshark 发现网络中与这几种协议有关的常见错误和问题。
- **第 13 章，DNS 协议分析**，涵盖 DNS 协议的基本原理、功能、常见问题以及如何用 Wireshark 分析并解决与该协议有关的问题。
- **第 14 章，E-mail 协议分析**，介绍各种 E-mail 协议的常规运作方式，以及如何用

Wireshark 针对这些协议进行基本的分析和排障。

- **第 15 章，NetBIOS 和 SMB 协议分析**，向读者传授如何用 Wireshark 解决并排除企业网络内常用的应用程序（涉及 NetBIOS 和 SMB 协议的应用程序）的故障。
- **第 16 章，企业网应用程序行为分析**，介绍如何用 Wireshark 解决并排除企业网络内常用的应用程序的故障。
- **第 17 章，排除 SIP、多媒体及 IP 电话故障**，介绍各种多媒体协议以及如何用 Wireshark 分析语音和视频流。
- **第 18 章，排除由低带宽或高延迟所引发的故障**，向读者传授如何测量带宽和延迟这两项网络参数，如何检查由两者所引发的网络故障，以及如何尽可能地解决此类网络故障。
- **第 19 章，网络安全和网络取证**，首先讲解如何区分正常和异常的网络流量，然后介绍各类网络攻击，说明攻击自哪儿发起，外加如何隔离并消除攻击。

阅读准备

阅读本书之前，请先到 Wireshark 官方站点下载并安装 Wireshark 软件。

资源与支持

本书由异步社区出品，社区（https://www.epubit.com/）为您提供相关资源和后续服务。

配套资源

本书提供如下资源：

- 书中彩图文件。

要获得以上配套资源，请在异步社区本书页面中单击 配套资源 ，跳转到下载界面，按提示进行操作即可。注意：为保证购书读者的权益，该操作会给出相关提示，要求输入提取码进行验证。

提交勘误

作者和编辑尽最大努力来确保书中内容的准确性，但难免会存在疏漏。欢迎您将发现的问题反馈给我们，帮助我们提升图书的质量。

当您发现错误时，请登录异步社区，按书名搜索，进入本书页面，单击“提交勘误”，输入勘误信息，单击“提交”按钮即可。本书的作者和编辑会对您提交的勘误进行审核，确认并接受后，您将获赠异步社区的 100 积分。积分可用于在异步社区兑换优惠券、样书或奖品。

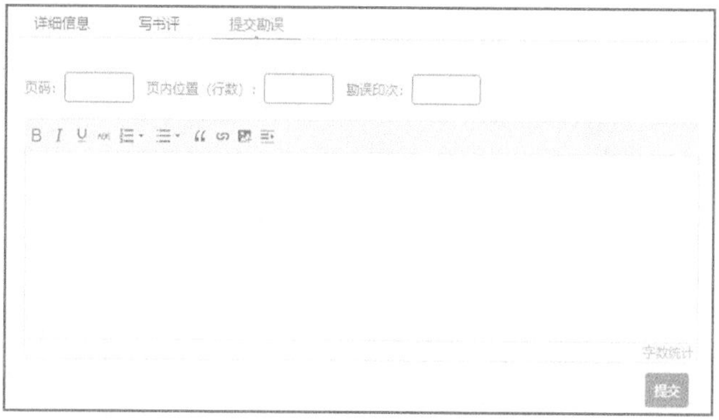

扫码关注本书

扫描下方二维码，您将会在异步社区微信服务号中看到本书信息及相关的服务提示。

与我们联系

我们的联系邮箱是 contact@epubit.com.cn。

如果您对本书有任何疑问或建议，请您发邮件给我们，并请在邮件标题中注明本书书名，以便我们更高效地做出反馈。

如果您有兴趣出版图书、录制教学视频，或者参与图书翻译、技术审校等工作，可以发邮件给我们；有意出版图书的作者也可以到异步社区在线提交投稿（直接访问 www.epubit.com/selfpublish/submission 即可）。

如果您是学校、培训机构或企业，想批量购买本书或异步社区出版的其他图书，也可以发邮件给我们。

如果您在网上发现有针对异步社区出品图书的各种形式的盗版行为，包括对图书全部或部分内容的非授权传播，请您将怀疑有侵权行为的链接发邮件给我们。您的这一举动是对作者权益的保护，也是我们持续为您提供有价值的内容的动力之源。

关于异步社区和异步图书

“异步社区”是人民邮电出版社旗下 IT 专业图书社区，致力于出版精品 IT 技术图书和相关学习产品，为作译者提供优质出版服务。异步社区创办于 2015 年 8 月，提供大量精品 IT 技术图书和电子书，以及高品质技术文章和视频课程。更多详情请访问异步社区官网 https://www.epubit.com。

“异步图书”是由异步社区编辑团队策划出版的精品 IT 专业图书的品牌，依托于人民邮电出版社近 30 年的计算机图书出版积累和专业编辑团队，相关图书在封面上印有异步图书的 LOGO。异步图书的出版领域包括软件开发、大数据、AI、测试、前端、网络技术等。

异步社区

微信服务号

目录

第 1 章 Wireshark 版本 2 简介

本章涵盖以下内容：

- Wireshark 版本 2 基础知识；
- 安置 Wireshark（主机/程序）；
- 在虚拟机和云上抓取数据；
- 开始抓包；
- 配置启动（start）窗口；
- 保存、打印及导出数据。

1.1 Wireshark 版本 2 基础知识

本章会介绍 Wireshark 所能行使的基本功能。本书前言谈论了与网络排障有关的内容，提到了有助于完成排障任务的各种工具。在得出需要动用 Wireshark 协议分析器的结论之后，就应先行测试，将其安置在网络中正确的位置，赋予其基本的配置，进行相应的优化，使其用起来更为顺手。

设置 Wireshark 执行简单的抓包任务虽然简单、直观，但该软件有诸多选项可在某些特殊情况下使用，这样的特殊情况包括：通过某条链路持续抓包的同时，希望将抓包文件分割为更小的文件，以及在查看抓包文件时，希望显示参与连接的设备名称而不只是设备的 IP 地址等。本章将会向读者传授如何配置 Wireshark 来应对这些特殊情况。

在简单介绍过 Wireshark 第 2 版之后，本章还会透露几个如何安置及启动该软件的秘诀。

本章首先会介绍安置 Wireshark 的秘诀，涉及如何安置以及在何处安置 Wireshark 来执行抓包任务。应将 Wireshark 软件安装在服务器上呢，还是应该将安装它的主机连接在交换机的某个端口上呢？应将 Wireshark 置于防火墙身前还是身后呢？应置于路由器的 WAN 一侧，还是 LAN 一侧呢？到底应在上述的哪个位置才能正确采集到自己想要得到的数据呢？这些问题的答案、安置 Wireshark 的诀窍以及更多与 Wireshark 抓包有关的内容请见 1.2 节。

最近几年，在虚拟机上抓包变得越来越重要，本章介绍的第二个秘诀就与此有关。用 Wireshark 监视虚拟机的实用安装及配置秘诀请见 1.3 节，近年来，所使用的大多数服务器都是虚拟机。

紧随而来的问题是如何监控驻留在云内的虚拟机，这同样十分重要。“在云内抓取数据”一节会讨论几个问题，其中包括如何解密在本端和云端之间加密（大多数情况都会如此行事）的数据，如何使用云内可用的分析工具，以及诸如 Amazon AWS 和 Microsoft Azure 之类的主要云提供商会提供哪些工具[1]。

启动 Wireshark 软件的秘诀以及配置、打印和导出数据的秘诀请见 1.4 节。该节会介绍如何操纵抓包文件，即如何保存抓取的数据，是要完整保存、部分保存，还是只准备保存经过过滤的数据呢？我们不但能以各种文件格式来导出抓取的数据，而且还能合并抓包文件（比如，将两份 Wireshark 抓包文件合二为一，这两份抓包文件中的数据分别从不同的路由器接口抓取）。

1.2 安置 Wireshark

了解了网络故障的症状，决定动用 Wireshark 查明故障原委之前，应确定 Wireshark（程序或主机）的安装或部署位置。为此，需要设法弄到一张精确的网络拓扑图（起码要清楚受故障影响的那部分网络的拓扑），并根据这张图来安置 Wireshark。

安置 Wireshark 的原理非常简单。首先，应确定要抓取并监控由哪些（哪台）设备发出的流量；其次，要把安装了 Wireshark 的主机（或笔记本电脑）连接到受监控设备所连交换机；最后，开启交换机的端口监控功能（按 Cisco 的行话，该功能叫做端口镜像或交换式端口分析器[Switched Port Analyzer，SPAN]），把受监控设备发出的流量重定向给 Wireshark 主机。按此操作，便可抓取并查看所有进出受监控设备的流量了，这是最简单的抓包场景。

可用 Wireshark 监控 LAN 端口、WAN 端口、服务器/路由器端口或接入网络的任何其他设备收发的流量。

以图 1.1 所示的网络为例，将 Wireshark 软件安装在左边的笔记本电脑和受监控的服务器 S2 上。

在这一最简单的抓包场景中，按图 1.1 所示方向配置端口镜像，即可监控到进出服务器

1 译者注：本章其实并未包含“在云内抓取数据”相关内容。

S2 的所有流量。当然，也可以直接将 Wireshark 安装在服务器 S2 上，如此行事，便能在服务器 S2 上直接观看进进出出的流量了。

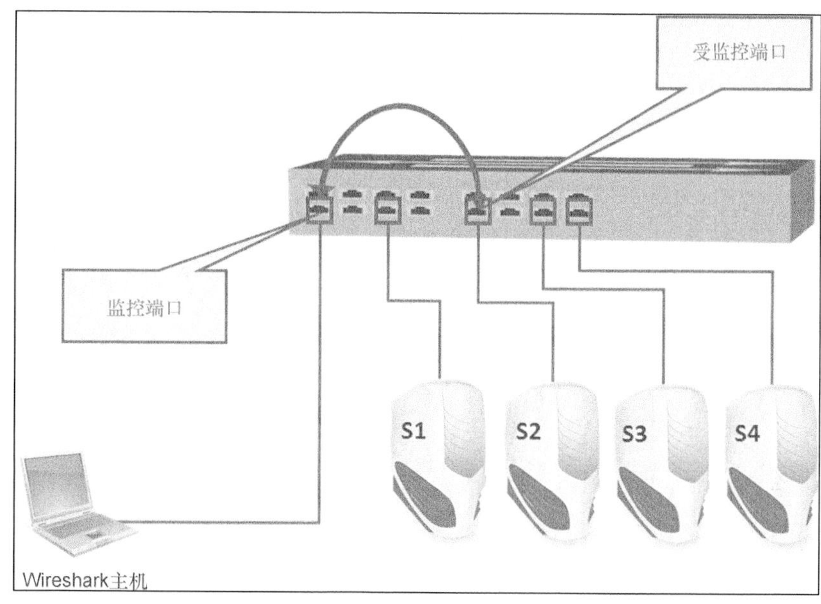

图 1.1

某些厂商的交换机还支持以下流量监控特性。

- **监控整个 VLAN 的流量**：即监控整个 VLAN（服务器 VLAN 或语音 VLAN）的所有流量。可借助该特性，在指定的某一具体 VLAN 内进行流量监控。
- **"多源归一"的流量监控方式**：以图 1.1 为例，借助该特性，可让 Wireshark 主机同时监控到服务器 S1 和 S2 的流量。
- **方向选择**：可配置交换机，令其将受监控端口的入站流量、出站流量或同时将出入站流量镜像（重定向）给监控端口。

1.2.1 准备工作

使用 Wireshark 抓包之前，请先访问 Wireshark 官网，下载并安装最新版本的 Wireshark。

Wireshark 软件的 2.0 版本以及后续更新发布在 Wireshark 官网的 Download 页面下。

每个 Wireshark Windows 安装包都会自带 WinPcap 驱动程序的最新稳定版本，WinPcap 驱动程序为实时抓包所必不可缺。用于抓包的 WinPcap 驱动程序是 UNIX libpcap 库的 Windows 版本。

在安装过程中，会看到图 1.2 所示的软件包安装窗口。

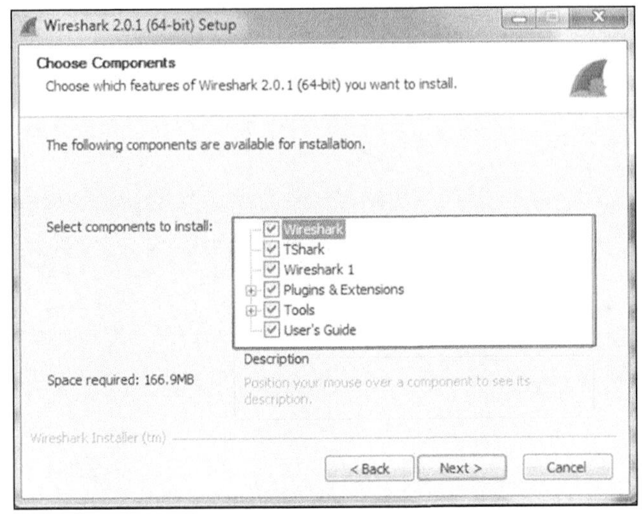

图 1.2

通常，在图 1.2 所示的组件选择窗口中，只需选择安装所有组件。对于这样的选择，会安装以下组件。

- **Wireshark 组件**：Wireshark 软件版本 2。
- **TShark 组件**：一种命令行协议分析器。
- **Wireshark 1 组件**：老版 Wireshark 软件，Wireshark 版本 1。选择安装该组件时，会同时安装老的 Wireshark 版本 1。就个人经验而言，作者还是会在安装 Wireshark 未来的几个版本时，选择安装该组件。作者之所以会如此行事，是因为当 Wireshark 版本 2 无法正常抓包，或不知如何使用某些功能时，总是有顺手的老版 Wireshark 可用。
- **Plugins & Extensions（插件及扩展功能）组件**，由以下模块构成。
  - ✓ **Dissector Plugins**：包含某些扩展的解析（dissection）功能的插件。
  - ✓ **Tree Statistics Plugins**：扩展的统计信息。
  - ✓ **MATE（Meta-Analysis and Tracing Engine）**：可供用户配置的显示过滤引擎的扩展功能。
  - ✓ **SNMP MIB**：更细致的 SNMP 解析功能。
- **Tools（工具）组件**，由以下模块构成。
  - ✓ **Editcap**：读取抓包文件并将全部或部分数据包写入另一个抓包文件。

✓ **Text2Pcap**：在 ASCII 十六进制 dump 文件中读取数据并将数据写入 pcap 抓包文件。

✓ **Reordercap**：用时间戳来记录制抓包文件。

✓ **Mergecap**：将多个已保存的抓包文件组合并为单个输出文件。

✓ **Capinfos**：提供与抓包文件有关的信息。

✓ **Rawshark**：原始数据包过滤器。

1.2.2 操作方法

现以一个典型的网络为例，来看一下部署在其中的网络设备的运作方式、如何在必要时配置这些设备，以及如何安置 Wireshark，如图 1.3 所示。

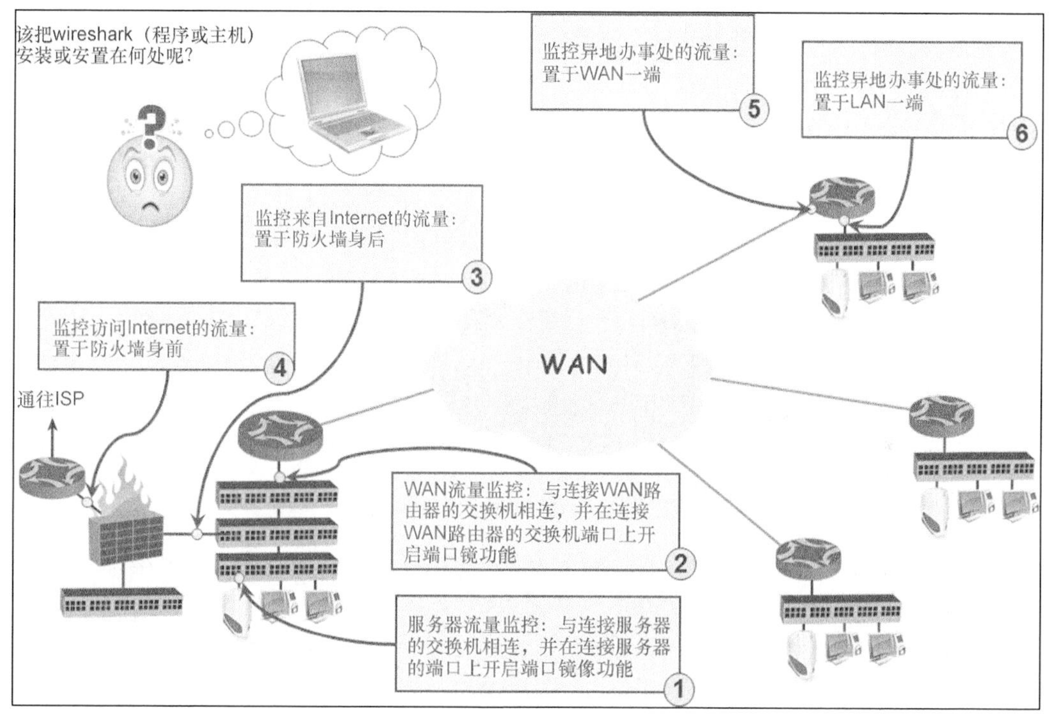

图 1.3

请读者仔细研究一下图 1.3 给出的简单而又常见的网络拓扑结构。

1. 服务器流量监控

像服务器流量监控这样的需求，在实战中经常会有人提出。要想监控某台服务器收/发的流量，既可以在交换机上针对连接服务器的端口配置端口镜像，将流量重定向至 Wireshark 主机（如图 1.3 中的编号 1 所示），也可以在服务器上直接安装 Wireshark。

2. 路由器流量监控

可根据以下具体情形，来监控进出路由器的流量。

情形 1：监控路由器连接交换机的 LAN 口的进出流量。

1. 对于这种情形，如图 1.3 中的编号 2 所示，请将安装了 Wireshark 的笔记本电脑连接至路由器所连接的交换机。
2. 在交换机上开启端口镜像功能，把与路由器 LAN 口相连的端口的流量重定向至连接 Wireshark 主机的端口。

情形 2：监控安装在路由器上的交换模块的端口的进出流量。

1. 对于这种情形，当路由器安装了一块交换模块（比如 Cisco EtherSwitch 或 HWIC 模块）时，如图 1.3 中的编号 6（编号 5 所指为 WAN 端口，编号 6 所指为 LAN 端口）所示，可将交换模块视为标准交换机。

路由器一般不支持端口镜像或 SPAN 功能。对于简单的家用/SOHO 路由器，根本就没有相应的配置选项。安装在某几款 Cisco 路由器（比如 Cisco 2800 或 3800）上的交换模块支持端口镜像功能，Cisco 6800 等大型路由器就更不用说了。

2. 此时，只能监控连接到交换模块的设备的流量。

情形 3：监控未安装交换模块的路由器的 WAN 口的流量。

1. 对于这种情形，可在路由器 WAN 口和服务提供商（SP）网络设备之间架设一台交换机，在该交换机上执行端口监控，如图 1.4 所示。

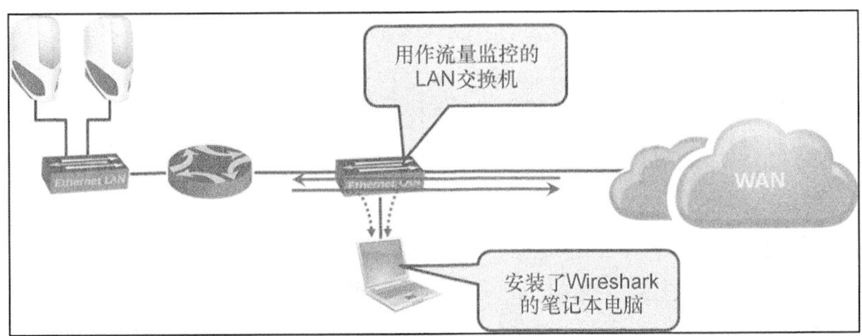

图 1.4

2．此时，要在交换机上开启端口镜像功能，将连接路由器 WAN 口的端口的流量重定向至连接了 Wireshark 笔记本电脑的端口。

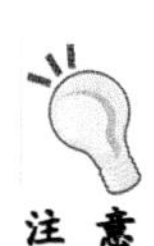

注 意

在 SP 网络与路由器 WAN 口之间部署一台交换机，是一项会导致网络中断的操作。但只要准备充分，断网的时长最多也就一两分钟。

情形 4：嵌入了抓包功能的路由器。

最近几年，某些厂商将抓包功能集成进了路由器或路由器操作系统。12.4(20)T 或更高版本的 Cisco IOS 路由器、15.2(4)S-3.7.0 或更高版本的 Cisco IOS-XE 路由器、Juniper SRX/J 系列路由器、Riverbed Stealhead 路由器，以及诸多其他厂商的路由器都嵌入了抓包功能。

注 意

启用路由器内置的抓包功能时，请确保路由器有足量的内存，不能因为开启该功能而影响路由器的运行速度。

监控路由器的流量时，有一点请务必留意：发往路由器的数据包并不一定都会得到转发。有些数据包或许会在途中走失，而路由器既有可能会因缓存溢出而对部分数据包忍痛割爱，也有可能会把某些数据包从接收端口原路送回。再就是，广播包不会得到路由器的转发。

3．防火墙流量监控

防火墙流量监控的手段有两种，一种是监控防火墙内口（如图 1.5 中的编号 1 所示）的流量，另外一种是监控防火墙外口（如图 1.5 中的编号 2 所示）的流量。当然，这两种方法有所不同。

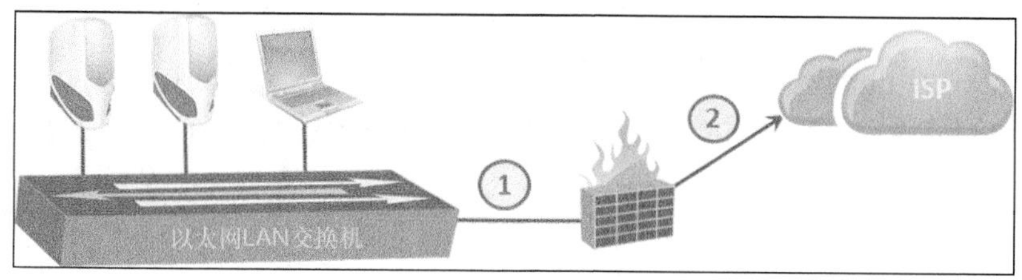

图 1.5

监控防火墙内口，可以观看到内网用户发起的所有访问 Internet 的流量，其源 IP 地址均为分配给内网用户的内部 IP 地址。监控防火墙外口，能观看到所有经过防火墙放行的访问 Internet 的流量，这些流量的源 IP 地址均为外部 IP 地址（拜 NAT 所赐，分配给内网用户的内部 IP 地址被转换成了外部 IP 地址）；由内网用户发起，但防火墙未予放行的流量，监控防火墙外口是观察不到的。若有人从 Internet 发动对防火墙或内网的攻击，要想观察到攻击流量，观测点只能是防火墙外口。

某些厂商的防火墙也像前文描述的路由器那样支持嵌入式抓包功能。

4. 分路器和 Hub

执行流量监控任务时，可能会用到以下两种设备。

- **分路器**：可在受监控链路上用一种叫做分路器（Test Access Point，TAP）的设备来取代图 1.4 中的交换机。这是一种简单的“三通”（三端口）设备，执行流量监控时，其所起作用跟交换机相同。与交换机相比，TAP 不但便宜而且使用方便。此外，TAP 还会把错包原样传递给 Wireshark，而 LAN 交换机则会把错包完全丢弃。交换机不但价格高昂，而且还得花时间来配置，当然它所支持的监控功能也更多（比如，一般的 LAN 交换机都支持简单网络管理协议[SNMP]）。排除网络故障时，最好能用可管理的交换机，哪怕是功能没那么丰富的可网管交换机也好。
- **Hub**：可在受监控的链路上用一台 Hub 来取代图 1.4 中的交换机。Hub 属于半双工设备。借此设备，路由器和 SP 设备之间穿行的每一个数据包都能被 Wireshark 主机看得一清二楚。使用 Hub 最大的坏处是，会显著加剧流量的延迟，从而对流量采集产生影响。如今，监控千兆端口的流量可谓是家常便饭，在这种情况下使用 Hub，将会使链路速率骤降为百兆，这会对抓包产生严重影响。所以说，在抓包时一般都不用 Hub。

1.2.3 幕后原理

要想弄清端口镜像（端口监控）的运作原理，需先理解 LAN 交换机的运作方式。以下所列为 LAN 交换机执行数据包转发任务时的举动。

- LAN 交换机会“坚持不懈”地学习接入本机的所有设备的 MAC 地址。
- 收到发往某 MAC 地址的数据帧时，LAN 交换机只会将其从学得此 MAC 地址的端口外发。
- 收到广播帧时，交换机会从除接收端口以外的所有端口外发。
- 收到多播帧时，若未启用 Cisco 组管理协议（Cisco Group Management Protocol，CGMP）或 Internet 组管理协议（Internet Group Management Protocol，IGMP）监听特性，LAN 交换机会从除接收端口以外的所有端口外发；若启用了以上两种特性之一，LAN 交换机将会通过连接了相应多播接收主机的端口外发多播帧。

➢ 收到目的 MAC 地址未知的数据帧时（这种情况比较罕见），交换机会从除接收端口以外的所有端口外发。

现以图 1.6 所示网络为例，来说明第二层（L2）网络的运作方式。接入网络的每一台设备都会定期发送广播包。ARP 请求消息和 NetBIOS 通告消息都属于广播包。广播包一经发出，就会传遍整个 L2 网络（如图中虚线箭头所示）。对于本例，所有交换机都会用学到 M1 的端口，外发目的 MAC 地址为 M1 的以太网帧[1]。

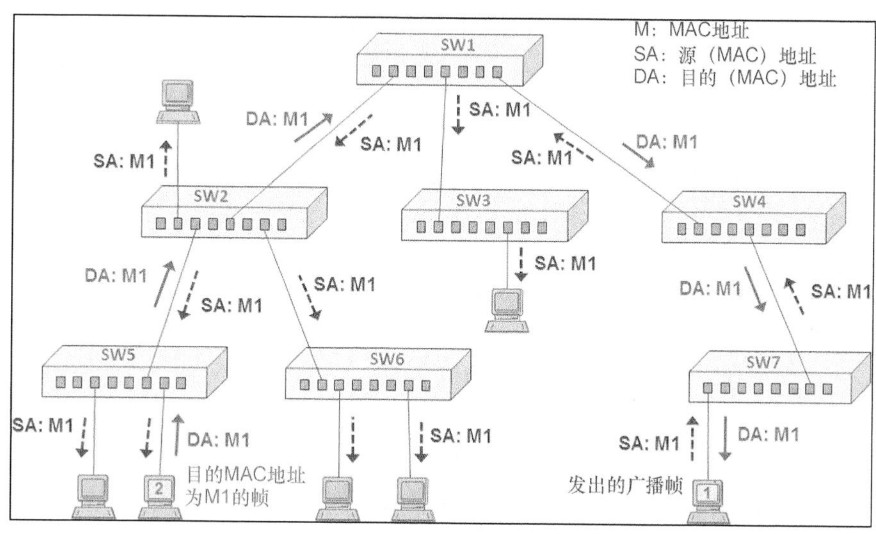

图 1.6

当 PC2 要将一帧发给 PC1 时，该帧会被先发给直连 PC2 的交换机 SW5。SW5 已从左起第 6 个端口[2]学到了 PC1 的 MAC 地址 M1，即该帧的目的 MAC 地址。同理，网络内的每台交换机都会通过学到 M1 的端口外发该帧，直至其最终抵达 PC1。

因此，将交换机上的某端口配置为镜像端口，先把受监控端口的流量重定向至该端口，再接入安装了 Wireshark 的笔记本电脑，即可观察到所有进出受监控端口的流量。但若将笔记本电脑随便连接到交换机的某个端口，不做任何配置，则只能观察到进出该笔记本电脑的单播流量，以及网络内的广播和多播流量[3]。

1 译者注：原文是“In the example, all switches learn the MAC address M1 on the port they have received it from”，直译为“对于本例，所有交换机都会从接收 MAC 地址 M1 的端口学得 M1”。按照原文的字面意思，交换机端口接收到的居然是 MAC 地址而非以太网帧。

2 译者注：原文是“the fifth port to the left”。

3 译者注：原文是“Therefore, when you configure a port monitor to a specific port, you will see all traffic coming in and out of it. If you connect your laptop to the network, without configuring anything, you will see only traffic coming in and out of your laptop, along with broadcasts and multicasts from the network”。

1.2.4 拾遗补缺

用 Wireshark 抓包时，还需提防几种特殊情况。

在抓取整个 VLAN 的流量（VLAN 流量监控）时，有几个重要事项需要铭记。第一个要注意的地方是，即便目的是要监控整个 VLAN 的流量，但 Wireshark 主机只能采集到与其直连的交换机承载的同一 VLAN 的流量。比方说，在一个交换式网络（LAN）内，有多台交换机的端口都被划入 VLAN 10（多台交换机都拥有隶属于 VLAN 10 的端口），要是只让 Wireshark 主机直连某台接入层交换机，那必然采集不到 VLAN 10 内其他接入层交换机上的主机访问直连核心层交换机的服务器的流量。请看图 1.7 所示的网络，用户主机一般都分布在各个楼层，跟所在楼层的接入层交换机相连。各台接入层交换机会上连至 1～2 台（出于冗余）核心层交换机。Wireshark 主机要想监控到某个 VLAN 的所有流量，就得与承载此 VLAN 流量的交换机直连。也就是，要想抓全 VLAN 10 的流量，Wireshark 主机必须直连核心层交换机。

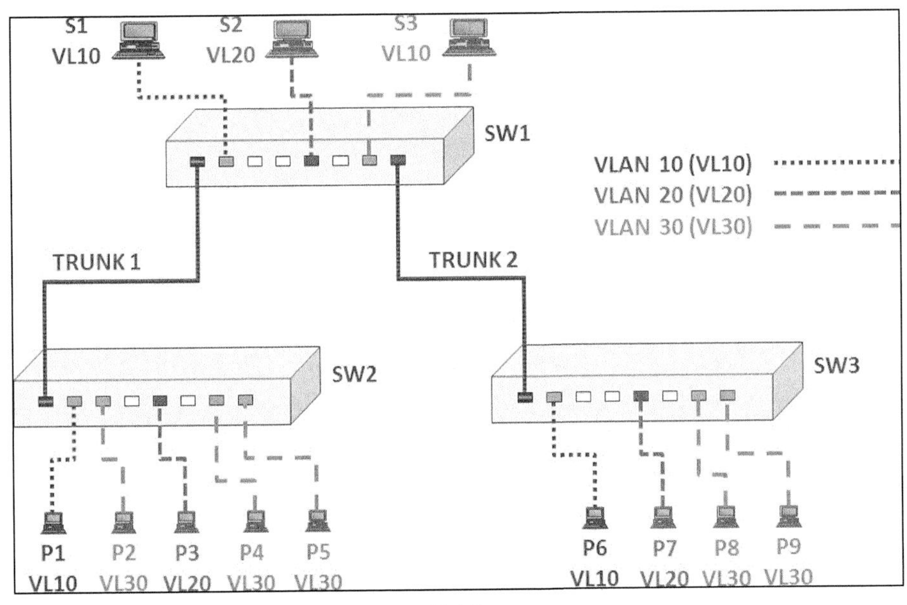

图 1.7

在图 1.7 所示的网络中，若让 Wireshark 主机直连 SW2，且在 SW2 上激活了相关端口的镜像功能，监控 VLAN 30 的流量，则只能抓取到进出 SW2 的 P2、P4、P5 端口的流量，以及由 SW2 承载的同一 VLAN 的流量。该 Wireshark 主机绝不可能采集到 SW3 和 SW1 之间来回穿行的 VLAN 30 的流量，以及连接在 SW3 或 SW1 上隶属于 VLAN 30 的不同设备之间的流量。

基于整个 VLAN 来实施抓包任务时，可能会抓到重复的数据包，是另外一个需要注意的地方。之所以会出现这种情况，是因为启用端口镜像时，对于在不同交换机端口之间交换的同一 VLAN 的流量，Wireshark 主机会从流量接收端口的流入（input）方向及流量发送端口的流出（output）方向分别收取一遍。

在图 1.8 所示的交换机上激活了端口镜像功能，对 VLAN 30 的流量实施监控。对于服务器 S4 向 S2 发送的数据包，当其（从连接 S4 的交换机端口）流入 VLAN 30 时，Wireshark 主机会收取一次；当其从（从连接 S2 的交换机端口）流出 VLAN 30 时，Wireshark 主机会再收取一次。这么一来，便抓到了重复的流量。

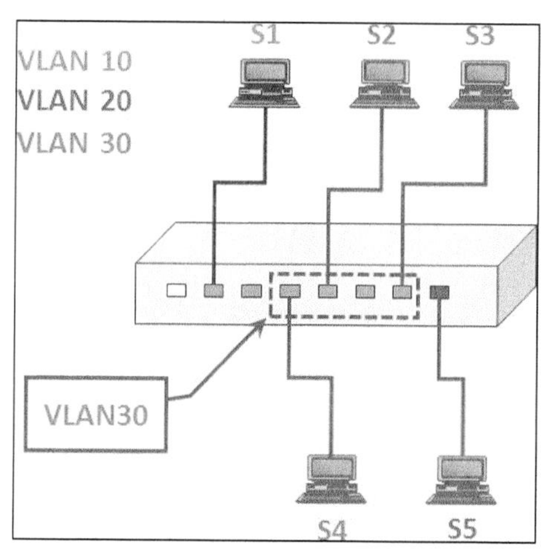

图 1.8

1.2.5 进阶阅读

欲了解与配置端口镜像有关的信息，请参阅各网络设备厂商提供的操作手册。有些厂商也把端口镜像称为端口监控或 SPAN（Switched Port Analyzer）（Cisco 公司）。

某些厂商的交换机还支持远程流量监控功能（能让直连本地交换机的 Wireshark 主机采集到远程交换机端口的流量）以及高级过滤功能（比如，在把流量重定向给 Wireshark 主机的同时，过滤掉具有指定 MAC 地址的主机发出的流量）。还有些高端交换机本身具备数据包的采集和分析功能。某些交换机甚至支持虚拟端口（例如，LAG 或 EtherChannel group）的流量监控。有关详情，请阅读交换机的随机文档。

1.3 在虚拟机上抓包

1.3.1 准备工作

最近几年，大量的服务器都在向虚拟化环境转移，即在单台硬件设备上虚拟出若干台服务器。

咱们先来定义一些术语。在虚拟化领域，有以下两个重要术语需要牢记。

➢ **虚拟机**：是指安装在一或多个硬件平台上的模拟计算机系统。虚拟机主要用于虚拟服务器的环境。服务器虚拟化所使用的主要平台包括 VMware ES、Microsoft Hyper-V 或 Citrix XenServer。

- **刀片式服务器**：是指配备了多把服务器刀片和多台 LAN 交换机的刀箱，LAN 交换机将服务器刀片与外部网络相连。

本节会逐一介绍上述组件，同时会讲解如何监控进出各组件的流量。

1.3.2 操作方法

现在介绍具体的监控方法。

1. 在驻留于单一硬件平台的 VM 上抓包

图 1.9 所示为一个身怀多台虚拟机的硬件平台。

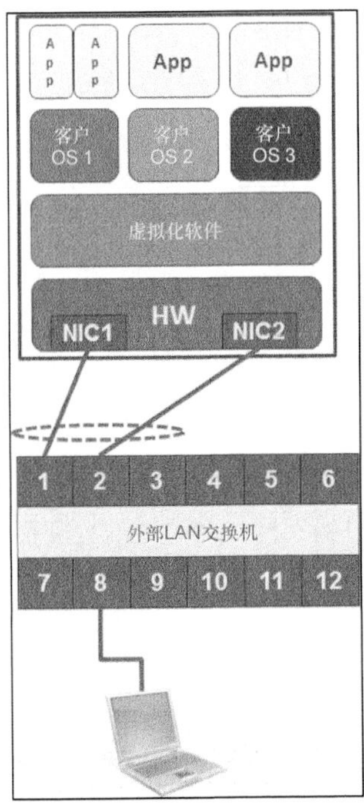

图 1.9

由图 1.9 可知，各操作系统（客户操作系统）分别运行了多个应用程序（App）。这些操作系统都运行于虚拟化软件之上，而虚拟化软件则运行于硬件平台之上。

如本章前文所述，要想实施抓包，有两种选择：在有待监控的主机上安装 Wireshark；在 LAN 交换机上开启端口镜像功能，将连接受监控主机的网卡（NIC）的交换机端口的流量重定向至 Wireshark 主机。

那么，对于驻留于单一硬件上的虚拟化平台，有以下两种抓包方法。

1. 在有待监视的指定服务器上安装 Wireshark，直接在该服务器上抓包。
2. 将安装了 Wireshark 的笔记本电脑连接至交换机，开启端口镜像功能，重定向进出服务器的流量。在图 1.9 所示的场景中，将笔记本电脑与交换机上的某个空闲端口（8 口）相连，开启端口镜像功能，将 1、2 口的流量重定向至 8 口。不过，这种抓包方法可能会碰到问题。

第一种抓包方法非常直观，但第二种抓包方法可能会碰到某些问题。

如图 1.9 所示，服务器和 LAN 交换机之间通常会通过两条以上的链路互连。可把这样的连接方式称为链路聚合（LAG）、端口/网卡结对（teaming）或 EtherChannel（如用 Cisco 交换机）。在监控服务器流量时，得检查连接服务器的交换机接口是运行于负载共享（load sharing）模式还是端口冗余（port redundancy）（也叫作故障切换或主备[Failover]）模式。若运行于端口冗余模式，则没什么好说的：请先确定连接服务器网卡的活跃交换机端口，再配置端口镜像，实施抓包。若运行于负载共享模式，则必须采用以下三种流量镜像方法之一。

- 方法 A：镜像抓取 LAG 接口的流量。即镜像抓取由两个或两个以上的物理接口捆绑而成的虚拟接口的流量。交换机厂商一般会把这样的虚拟接口称为 Port-Group 接口或 Port-Channel 接口。

注 意

将交换机上的多个物理端口捆绑在一起来使用，有很多称谓。最常用的是标准称谓——802.3ad（LAG），它随后被 802.3AX LAG 取代。Cisco 的称谓是 EtherChannel，各服务器和软件厂商的称谓包括端口结对或 NIC 结对（Microsoft）、端口绑定或网卡绑定（bonding）（各种 Linux 系统）、负载均衡（Load Based Teaming，LBT）等。重要的是要检查其具体的运行模式，是运行于负载共享模式还是端口冗余模式。请注意，负载共享模式只是在多个接口或多块网卡之间共享流量，但实现不了流量负载均衡，因为各个接口（或各块网卡）承载的流量并不完全均等。

- 方法 B：服务器 NIC 运行于端口冗余模式。请将连接服务器网卡的两个交换机物理端口（图 1.10 所示交换机的 1、2 两口，选项 A）中的活跃端口的流量镜像至 Wireshark 主机[1]。

1　译者注：原文是“The server NICs are configured in the port redundancy: the port mirror from one port to two physical ports (in the diagram to ports 1 and 2 of the switch) ”，直译为“服务器 NIC 被配置为端口冗余：从一个端口到两个物理端口的端口（图 1.10 中交换机的 1、2 两口）镜像”。

➢ 方法 C：在 LAN 交换机上配置两路端口镜像，将连接服务器双网卡的两个物理端口的流量同时镜像给 Wireshark 主机的双网卡。

图 1.10 所示为上述 3 种流量镜像方法。

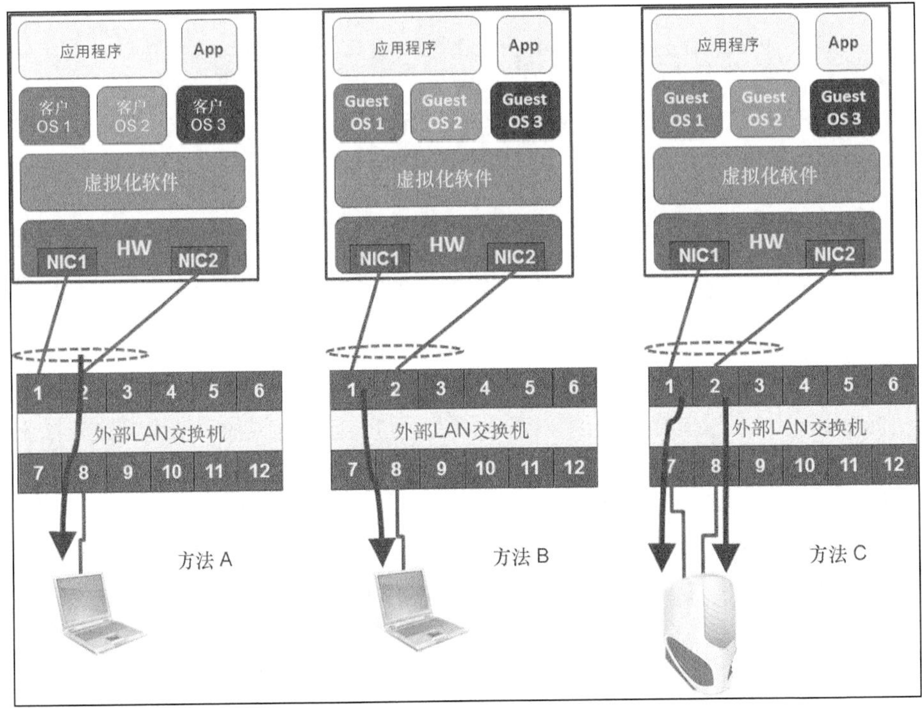

图 1.10

➢ 还有一个问题有可能也会碰到。在负载共享模式下抓包，若进出服务器的流量过高，采用方法 A，将会把服务器两块网卡的流量镜像至 Wireshark 主机单网卡。比方说，会把服务器两块千兆网卡的流量镜像至 Wireshark 主机单千兆网卡。那么，只要服务器双网卡收发流量的速率总和超过 Wireshark 主机单网卡所能接收的流量的速率上限，Wireshark 主机就不可能抓全所有的服务器流量，某些数据包势必会被丢弃。因此，要想在负载共享模式下抓全进出服务器的流量，请确保 Wireshark 主机的 NIC 的速率高于受监控的服务器网卡的速率，或采用流量镜像方法 C（用双网卡抓包）。

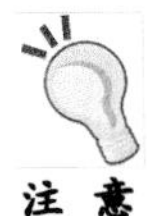

注 意

Wireshark 并不适合在高速网络环境下抓包，只要流量的速率超过 200～300Mbit/s，Wireshark 就会明显不适。因此若有待抓取的流量过于密集，请配置抓包过滤器或选用相应的商业抓包软件。

2. 在刀片服务器上抓包

图 1.11 所示为刀片式服务器机箱的硬件网络拓扑。

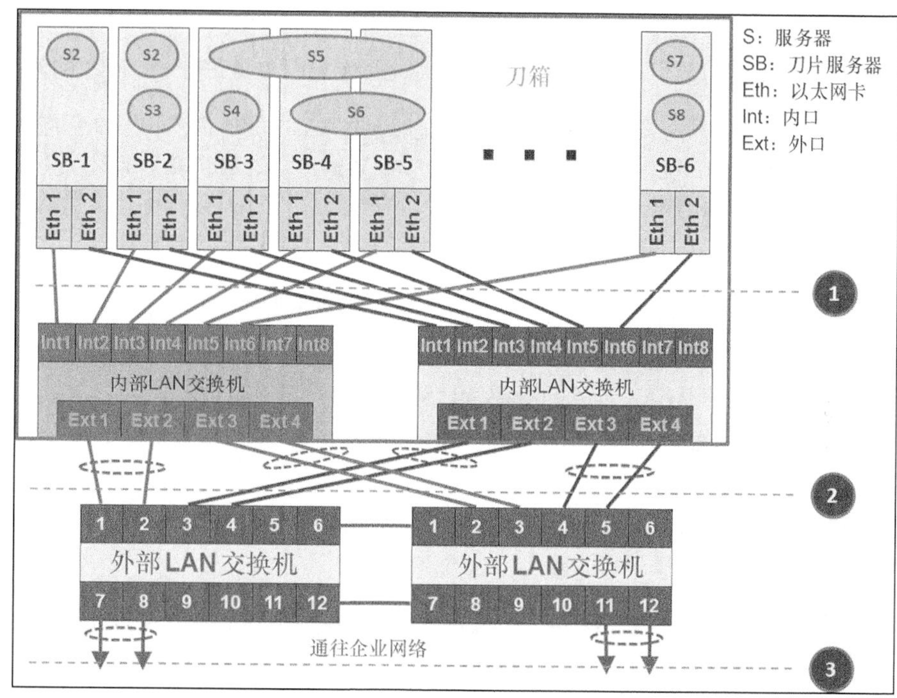

图 1.11

图 1.11 所示刀片式服务器机箱（刀箱）包含以下部件。

- **刀片服务器**：硬件刀片，通常安装在刀箱的正面。
- **服务器**：虚拟服务器，也叫虚拟机，驻留于硬件刀片服务器之内。
- **内部 LAN 交换机**：内部 LAN 交换机安装在刀箱的正面或背面。此类交换机一般都有 12～16 个内部（虚拟）端口（图 1.11 中的内口）和 4～8 个外部（物理）端口（图 1.11 中的外口）。
- **外部 LAN 交换机**：安装在通信机架上的物理交换机，不属于刀箱。

监控服务器刀箱（里刀片服务器的流量）会更困难，因为进出刀片服务器的流量是没有办法直接抓取的。有以下几种流量监控方法。

- 刀箱内部流量监控：
  - ✓ 要监控进出特定服务器的流量，请在虚拟服务器上安装 Wireshark。此时，只需确定收发流量的虚拟网卡。检查虚拟机的网络设置即可确认这一点，还可以启动 Wireshark，在 Wireshark-Capture Interface 界面确认接收流量的虚拟机网卡。

✓ 还可以将 Wireshark 安装在另一台虚拟机上，在刀箱内部交换机上开启端口镜像功能，将受监视虚拟机的流量重定向至安装了 Wireshark 的虚拟机。

➢ 刀片服务器与刀箱内部交换机所连服务器之间（见图 1.11 中的标号 1）的流量监控。

✓ 要监控刀片服务器与刀箱内部交换机所连服务器之间的流量，请在刀箱内部交换机上开启端口镜像功能，将上连刀片服务器的内口（虚拟端口）流量重定向至下连 Wireshark 主机的外口（物理端口）。大多数厂商的刀箱都支持配置这种流量镜像方法。

➢ 刀箱内部交换机所连服务器与外部交换机所连设备之间（如图 1.11 中的标号 2 所示）的流量监控。

✓ 在内部或外部 LAN 交换机开启端口镜像功能，抓取流量。

1.3.3 幕后原理

如前所述，有多种虚拟化平台可供选择。本节会简单介绍 VMware 平台的运作方式，VMware 也是比较受欢迎的虚拟化平台之一。

在每一种虚拟化平台上，都可以配置主机，令其为虚拟机提供 CPU 和内存资源，同时让虚拟机访问这些资源。

图 1.12 所示为一台配置了 4 台虚拟机（Account1、Account2、Term1 和 Term2）的虚拟化服务器（IP 地址为 192.168.1.110）。这 4 台虚拟机都是虚拟服务器，对于本例，有两台作为计费服务器，另外两台作为终端服务器。

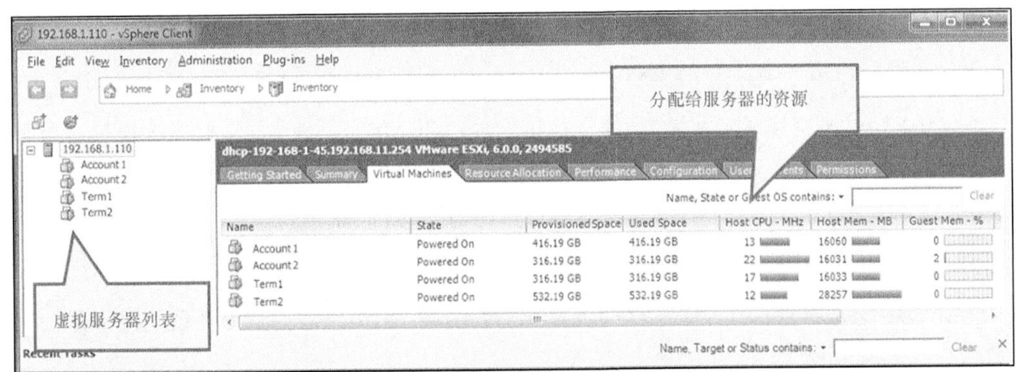

图 1.12

进入配置菜单，点选 Networking 配置选项时，会出现 vSwitch 配置界面，如图 1.13 所示。

在 vSwitch 配置界面的左侧，能看到连接了虚拟服务器的交换机内部端口；在右侧，则会看到交换机外部端口。

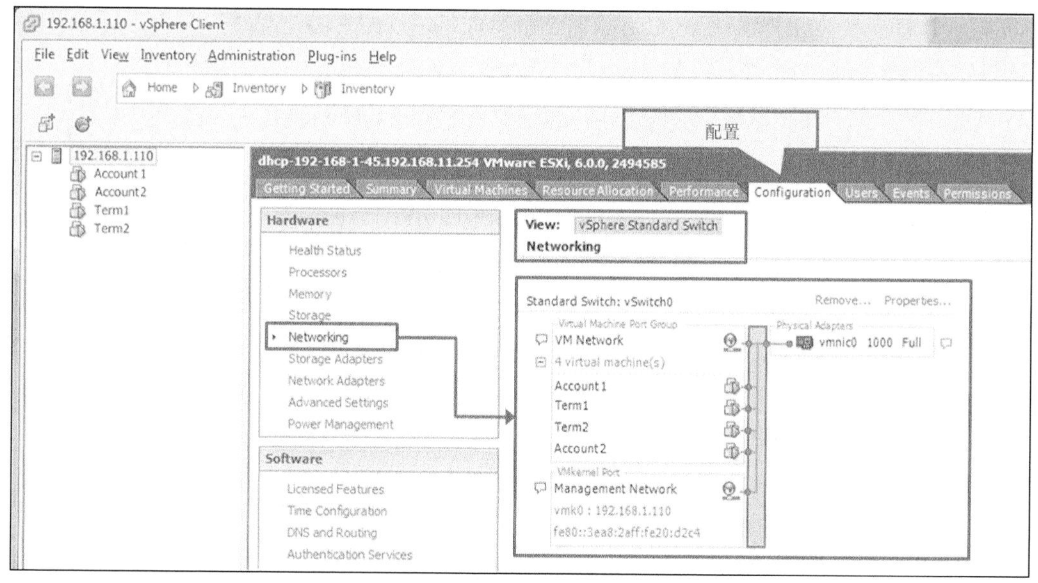

图 1.13

对于本例，左侧可以看到虚拟服务器 Account1、Account2、Term1 和 Term2，右侧可以看到交换机物理端口 vmnic0。

标准 vSwitch 和分布式 vSwitch

VMware 平台 vSphere 可提供两种虚拟交换机：标准 vSwitch 和分布式 vSwitch。

- **标准 vSwitch**：只要安装了 vSphere 就能获得，无论 vSphere 具有什么样的许可（license）。
- **分布式 vSwitch**：只有安装具有 Enterprise Plus 许可的 vSphere 才能获得。

只有分布式 vSwitch 才支持端口镜像功能，配置方法请见 VMware vSphere 6.0 文档中心的 Working With Port Mirroring 一节。

1.4 开始抓包

交待过在网络中安置 Wireshark 的秘诀之后，本节将介绍如何启动 Wireshark 软件，以及如何配置 Wireshark，以应对不同的抓包场景。

1.4.1 准备工作

在计算机上安装过 Wireshark 之后，需点击桌面→“开始”→“程序”菜单或快速启动栏上相应的图标，运行该数据包分析软件。

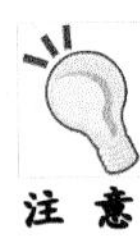

注 意

为了保持一致性，本书根据 2016 年 2 月发布的 Wireshark 2.0.2 版编写而成。一般而言（当然也有特例），若 Wireshark 版本号 X.Y.Z 中的 X 发生变化，则 X 将成为该软件的主版本（比如，Wireshark 版本 2）。Wireshark 的主版本每几年才会改变一次，其功能也会随之发生天翻地覆的变化。当 Y 发生变化时，通常表示 Wireshark 又增加了新功能或某些功能发生了重大改变。当 Z 发生变化时，一般表示修复了某些 Bug 或添加了新的协议解析器。由于 Wireshark 通常每隔几周都会发布新的次要版本，因此读者可以查阅相应的版本说明。

Wireshark 一旦运行，便会弹出图 1.14 所示的窗口（Wireshark 2.0.2 启动窗口）。

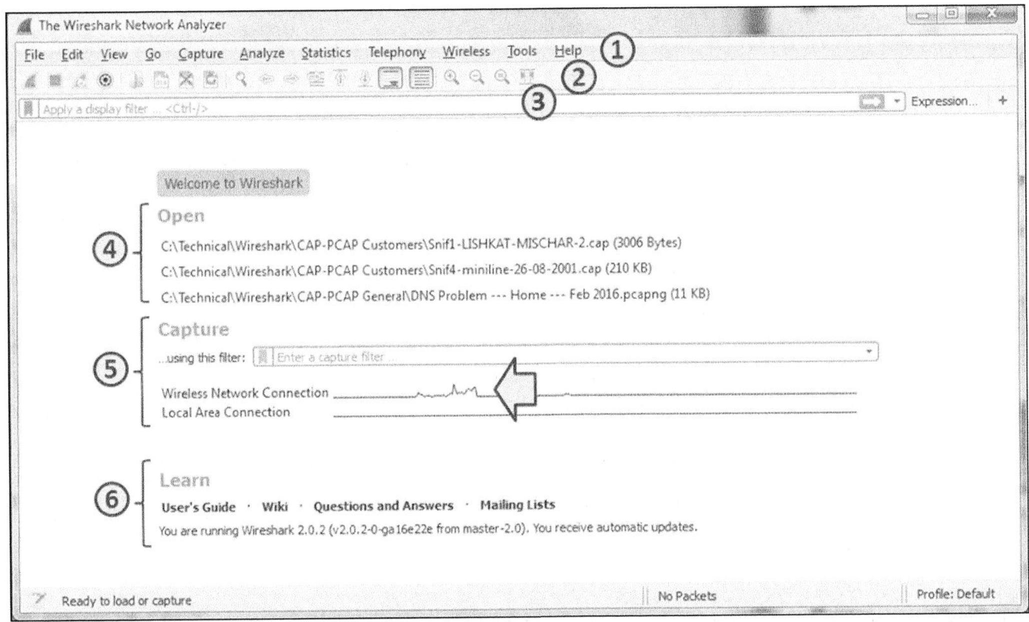

图 1.14

在 Wireshark 启动窗口中，可以看到下面这些信息。

- **主菜单**：包括 File、Edit、View、Capture 和 Statistics 等各种工具菜单（在图 1.14 中被标注为 1）。

- **快速启动工具条**：提供了各种工具菜单中常用的菜单项图标（在图 1.14 中被标注为 2）。
- **显示过滤器输入栏**：可在其中输入并应用显示过滤器（在图 1.14 中被标注为 3）。

在启动窗口的主区域，可以看见三个子区域。

- **Open** 区域，即新近打开的文件列表区域（在图 1.14 中被标注为 4）。
- **Capture** 区域，可供输入抓包过滤器，同时显示本机各块网卡的流量（在图 1.14 中被标注为 5）。

注 意

Wireshark 版本 2 会在其启动窗口界面显示所有本机网卡的流量状况，与版本 1 相比，这是一处重大改进，可方便操作人员确定本机在用的活跃网卡，并用其来抓包。

- **Learn** 区域，可引领操作人员直接进入 Wireshark 手册页面。

1.4.2 操作方法

用 Wireshark 版本 2 抓包，其实非常简单。只要运行该软件，进入启动窗口，即可看见所有本机网卡及其流量状况，请看图 1.15。

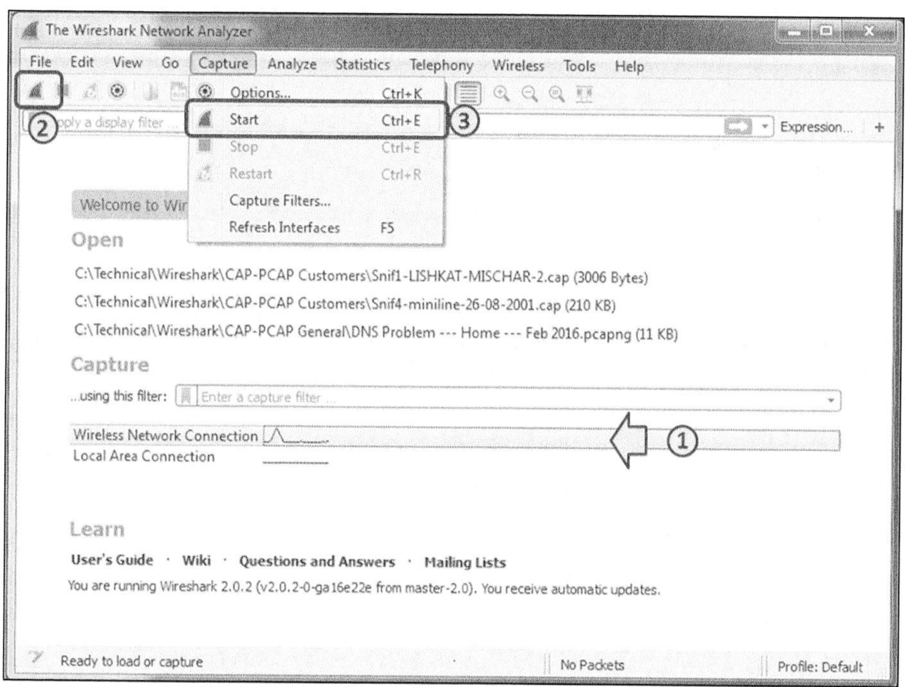

图 1.15

发起单网卡抓包的最简单的方法是直接用鼠标左键双击有流量经过的在用网卡（1）。还可以在先选中在用网卡的情况下，单击窗口上方快速启动栏里最左边的 Capture 按钮（2），或点击 Capture 菜单，选择 Start 菜单项（也可直接使用快捷键 Ctrl + E）（3）。

1. 多网卡抓包

要想同时发起多网卡抓包，只需先按下 Ctrl 或 Shift 键，再以鼠标左键单击的方式选中多块抓包网卡。如图 1.16 所示，已经同时选中了两块网卡，一块为无线网卡，另一块为有线网卡，名称分别为 Wireless Network Connection 和 Local Area Connection。

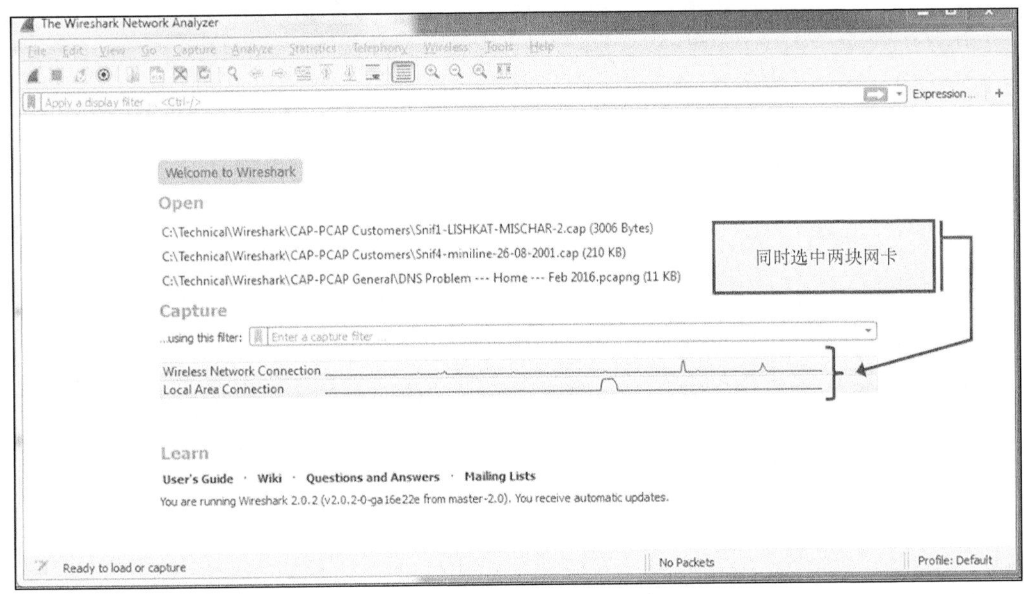

图 1.16

选中两块网卡之后，再点击快速启动栏里的 Capture 按钮，那两块网卡就会开始抓包了。由图 1.17 可知，用来抓包的无线网卡和有线网卡的 IP 地址分别为 10.0.0.4 和 169.254.170.91（自动分配的私有 IP 地址[APIPA]）。

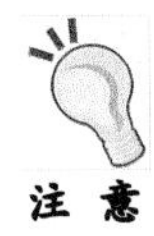

注 意

在设置计算机网卡的 IP 地址时，若设置为 DHCP 自动分配，但网络内不存在 DHCP 服务器时，操作系统便会为网卡自动分配 APIPA 地址。APIPA 地址与其他私有地址一样，可在本地使用，但网卡一旦分配了此类地址，则通常表示本地 DHCP 服务器不可用。

多网卡抓包在很多情况下都会派上用场，比方说，只要 Wireshark 主机配备了两块物理网卡，即可同时监控两台不同服务器的流量或一台路由器的两个接口的流量。典型的双网卡抓包布局如图 1.18 所示。

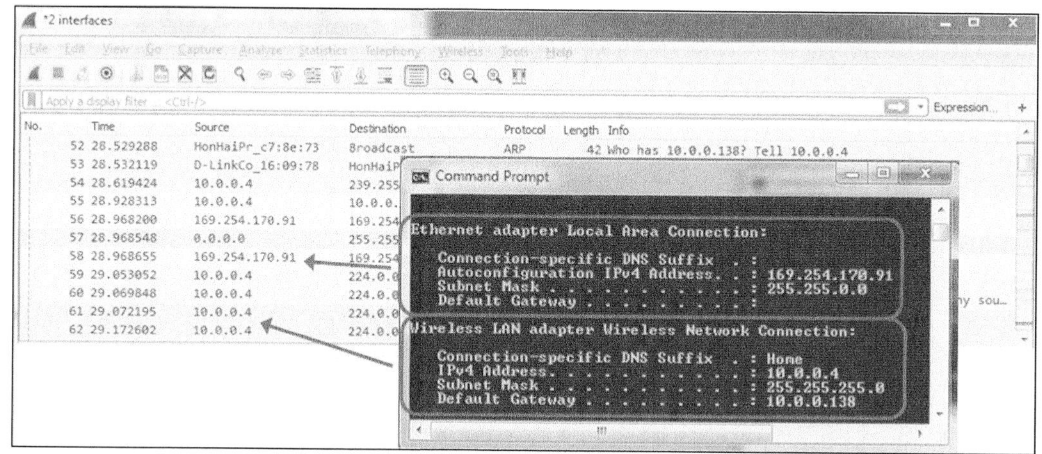

图 1.17

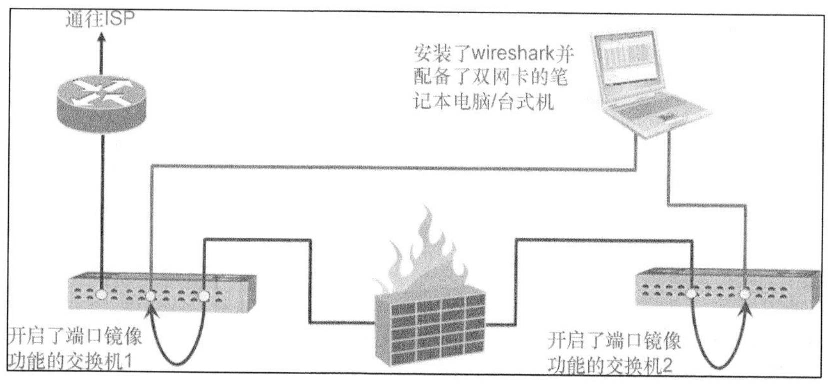

图 1.18

2. 如何配置实际用来抓包的网卡

1. 要想对实际用来抓包的网卡做进一步的配置，请点击 Capture 菜单中的 Options 菜单项，Wireshark Capture Interface 窗口会立刻弹出，如图 1.19 所示。

在图 1.19 所示的窗口中，可配置抓包网卡的以下参数。

2. 可在主窗口内的网卡列表区域选择实际用来抓包的网卡，如无需配置网卡的其他参数，直接点击 Start 按钮即可开始抓包。

3. 在左下角，有一个名为 Enable promiscuous mode on all interfaces 的复选框。一旦勾选，Wireshark 主机便会抓取交换机（端口镜像功能）重定向给自己的所有数据包，哪怕数据包的目的（MAC/IP）地址不是本机地址；若取消勾选，则 Wireshark 主机只能抓取到目的（MAC/IP）地址为本机地址的数据包，外加广播及多播数据包。

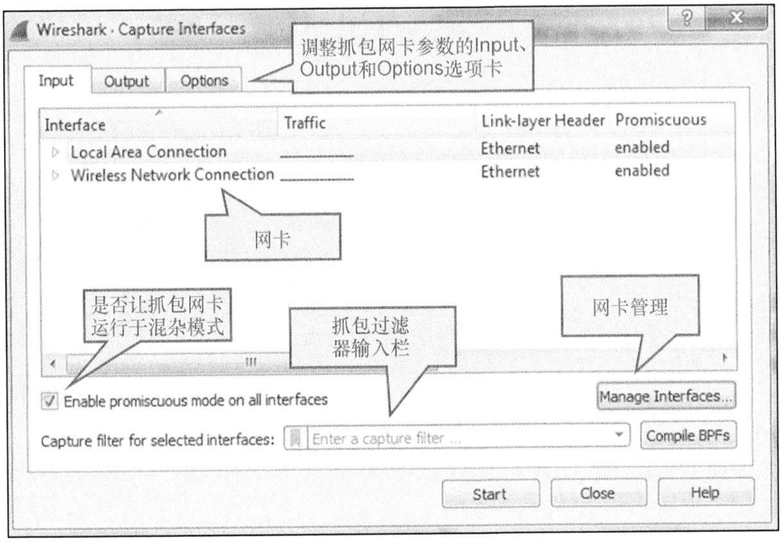

图 1.19

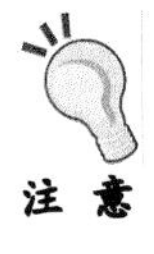

在某些情况下，勾选该复选框后，Wireshark 将无法从无线网卡抓包。因此，若选用无线网卡抓包，且一无所获时，请取消勾选该复选框。

4．在网卡列表区域的正下方，有一个抓包过滤器输入栏。第 3 章会介绍抓包过滤器。

在 Wireshark Capture Interface 窗口的顶端，可以看见三个选项卡：Input（默认打开）、Output 和 Options。

3．将抓到的数据存入多个文件

在 Wireshark - Capture Interfaces 窗口中，点击 Output 选项卡，会出现图 1.20 所示的窗口。

可在图 1.20 所示的窗口内配置 Wireshark，令其将抓包数据存入多个文件。为此，请在 Capture to a permanent file 下的 File 一栏内填入一个包含文件名的绝对路径名（或点击 Browse 按钮选择路径），Wireshark 会将抓包数据保存进该绝对路径所指向的文件。若勾选了 Create a new file automatically after 复选框，则可以设定条件，让 Wireshark 按照所指定的条件，将抓包数据存入多个文件，文件名的格式为 File 一栏内输入的“文件名”+“_xxxxx_时间戳”。该功能在某些情况下会非常管用，比方说，在有待监控的网络链路的流量极高或需要长期抓包的情况下。在这样的情况下，可以设定条件，让 Wireshark 在指定时间之后、在抓取到了指定规模的数据之后，或者在抓取到指定数量的数据包之后，将抓包数据存入一个新的文件。

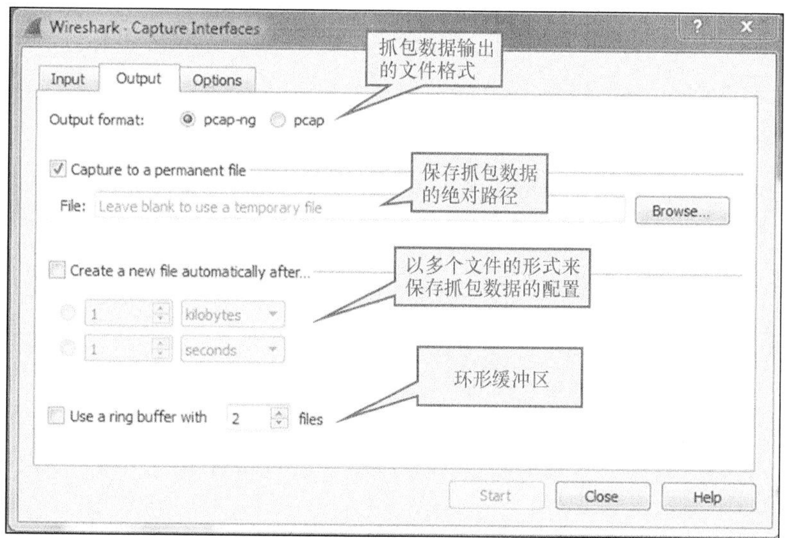

图 1.20

4．设置抓包选项参数

1．在 Wireshark - Capture Interfaces 窗口中，点击 Options 选项卡，会出现图 1.21 所示的窗口。

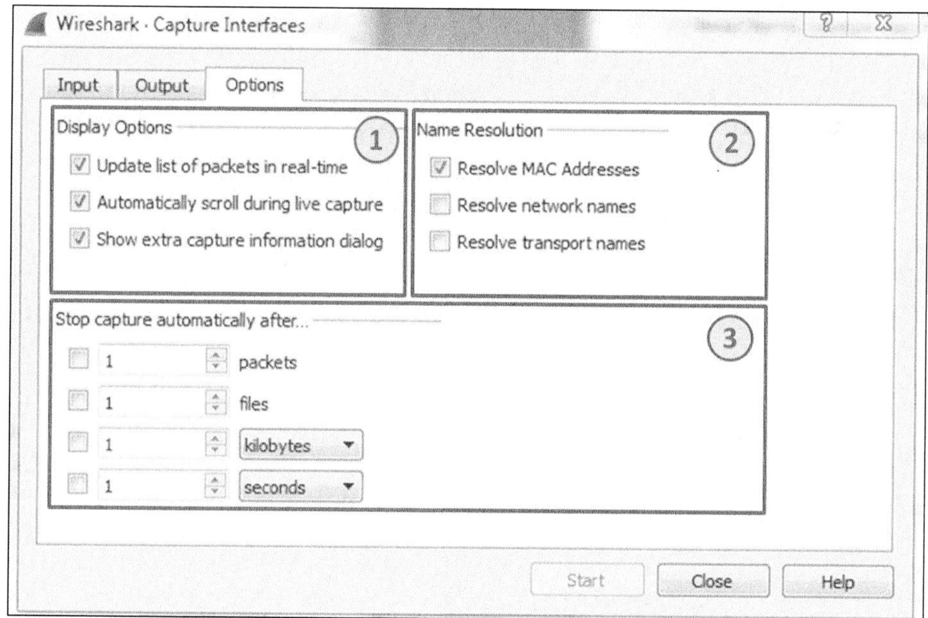

图 1.21

2．在左上区域（1），可以勾选以下抓包显示选项（Display Options）。

- **Update list of packets in real-time**：一经勾选，Wireshark 抓包主窗口将会实时显示抓取到的所有数据包。
- **Automatically scroll during live capture**：一经勾选，Wireshark 抓包主窗口会在实时显示数据包时自动滚屏。
- **Hide capture info dialog**：一经勾选，Wireshark 将不再弹出与实际用来抓包的网卡相关联的流量统计窗口[1]。

3．在右上区域，可以勾选以下名称解析选项（Name Resolution）。

- **Resolve MAC address**：一经勾选，就会让 Wireshark 在显示数据时，将 MAC 地址中的网络设备制造商 ID（vendor ID）解析为相对应的厂商（网络设备制造商）名称。
- **Resolve network name**：一经勾选，就会让 Wireshark 在显示数据时，将 IP 地址解析为相对应的 DNS 名称。
- **Resolve transport name**：一经勾选，就会让 Wireshark 在显示数据时，将第四层协议端口号解析为相对应的应用程序名称（比如，将 TCP 端口号 80 解析并显示为 HTTP，将 UDP 端口号 25 解析为并显示为 SMTP，依此类推）。

注 意

Wireshark 的名称解析功能还存在某些不足。虽然 Wireshark 能缓存 DNS 名称，但解析 IP 地址会有一个 DNS 转换的过程，可能会减拖慢抓包的速度。该过程本身也会生成额外的 DNS 查询和响应消息，在抓包文件中自然可以看见与之相对应的数据包。名称解析失败的概率很高，因为正在查询的 DNS 服务器未必知道与抓包文件中的 IP 地址相对应的各种名称。综上所述，Resolve network name 功能虽然有那么点作用，但在勾选时请仔细斟酌。

5. 网卡管理

1．如图 1.22 所示，在 Input 选项卡的右下角有一个 Manage Interfaces 按钮，点击该按钮，会弹出 Manage Interfaces 窗口。该窗口由三个选项卡构成，分别为 Local Interfaces、Pipes 和 Remote Interfaces。可在这几个选项卡中设置让 Wireshark 从哪块网卡抓取数据。

1　译者注：此处图文不符，请读者知悉。

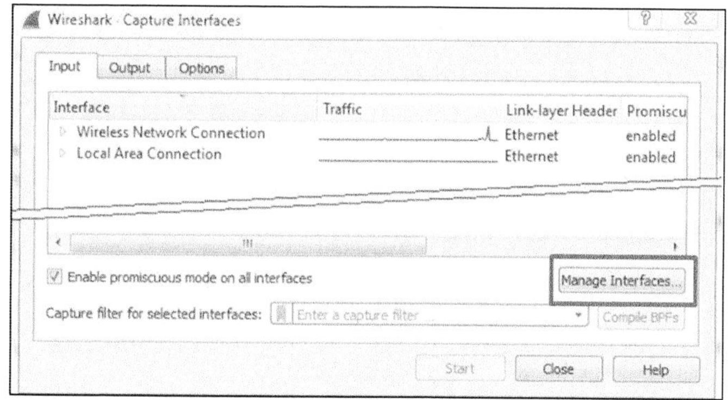

图 1.22

2．图 1.23 所示为点击 Manage Interfaces 按钮后弹出的 Manage Interfaces 窗口，在 Local Interfaces 选项卡中，可以看到所有可用的本机网卡，包括未在启动窗口的网卡列表区域出现的网卡。

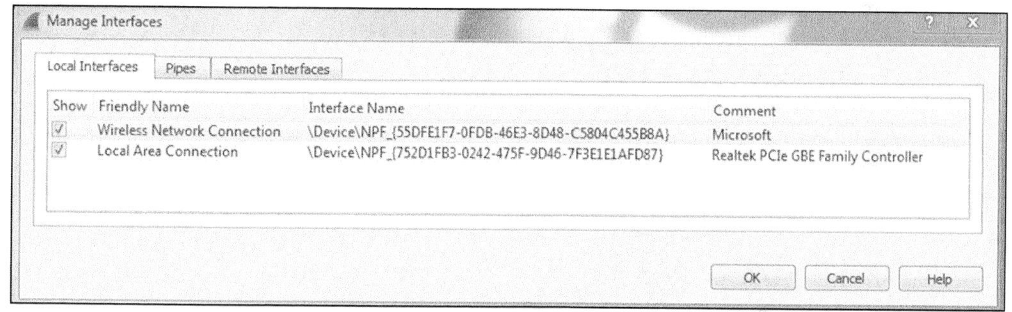

图 1.23

3．Wireshark 还能实时读取其他应用程序抓取的数据包。

6．从远程机器上抓包

要想从远程机器上抓包，请按以下步骤行事。

1．在远程机器上安装 pcap 驱动程序，也可以在远程机器上安装完整的 Wireshark 软件包。

2．在 Wireshark 启动窗口内选择 Capture 菜单，点击 Options 菜单项，在弹出的 Wireshark-Capture Interfaces 窗口中，点击 Manage Interfaces 按钮。在弹出的另一个 Manage Interfaces 窗口中，点击 Remote Interfaces 选项卡，如图 1.24 左侧所示。在 Remote Interfaces 选项卡中点击“+”按钮，会弹出图 1.24 右侧所示的 Remote Interface 窗口。

3．在 Remote Interface 窗口里输入以下参数。

- **Host**：输入远程机器的 IP 地址或主机名。
- **Port**：输入 2002，若不填，则 Wireshark 会使用默认端口 2002。
- **Authentication**：可以选择不验证（选择 Null authentication 单选按钮）；若选择验证（选择 Password authentication 单选按钮），需在 Username 和 Password 一栏里输入远程机器的用户名和密码。

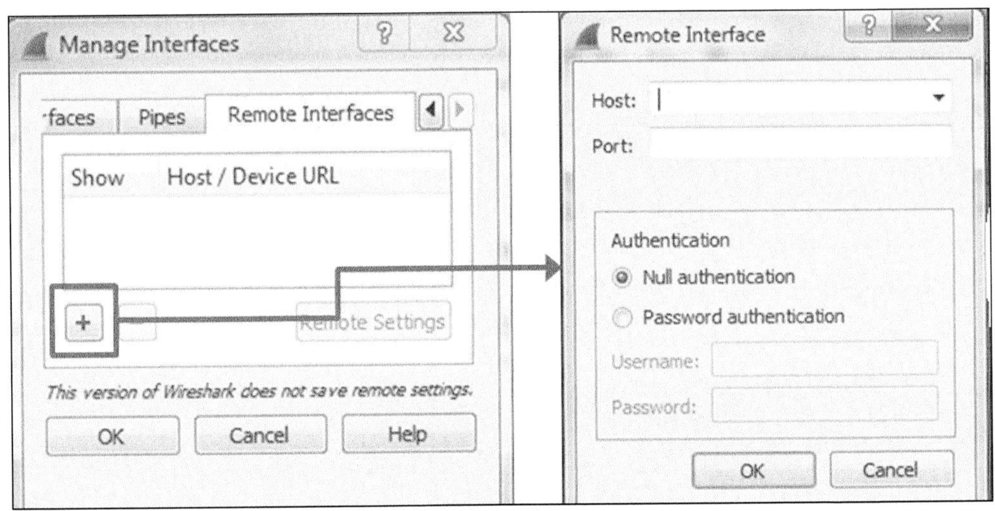

图 1.24

4. 登录有待采集数据的远程机器。

   - 安装 WinPcap。无需安装 Wireshark 本身，只需安装 WinPcap。
   - 配置防火墙，放行本机发往远程机器 TCP 2002 端口的流量。
   - 在系统账户列表里添加之前在 Remote Interface 窗口里输入的用户名和密码，并为其分配管理员权限。在 Windows 系统内，可通过“控制面板 | 用户账户和家庭安全 | 添加或删除用户账户 | 创建一个新账户”，来完成这一操作。
   - 进入 Windows 资源管理器，右键单击左侧的“计算机”图标，在右键菜单里点击“管理”。在弹出的“计算机管理”窗口中，点击左侧“服务和应用程序”下的“服务”，找到右侧的 Remote Packet Capture Protocol 服务[1]，如图 1.25 所示。

5. 回到图 1.24 所示的运行于本机的 Wireshark 的 Remote Interface 窗口界面，单击 OK 按钮，远程机器的网卡将会出现在 Local Interfaces 选项卡中。现在，可选择用远程机器的网卡抓包了，操作起来与用本机网卡抓包一模一样。

1 译者注：需要启动该服务，作者漏说了。

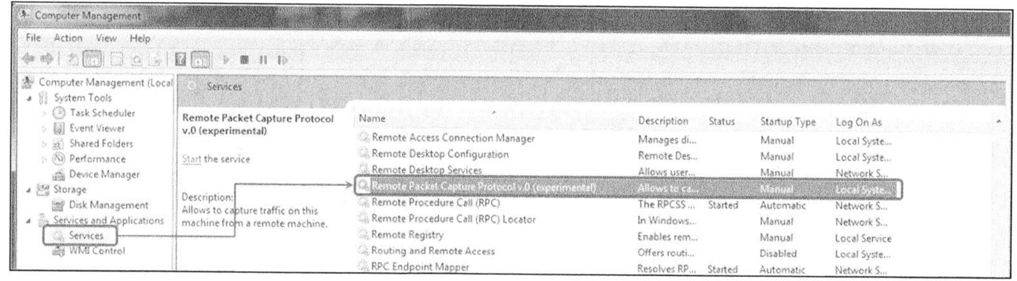

图 1.25

注 意

远程主机抓包功能的应用场合有很多，比方说，可用来监控本机与远程主机之间的连接，甚至还可以监控两台远程主机之间的连接。执行远程主机抓包任务，可观察到进出远程主机的数据包，这样一来，就能判断出远程主机的流量能否顺利抵达其他设备。远程主机抓包是一项非常强大的功能。

7. 开始抓包——在 Linux/UNIX 机器上抓包

Linux 和 UNIX 系统都自带一款古老而又实用的抓包工具，名为 TCPDUMP，实为 tcpdump 命令，它是 Wireshark 的“祖宗”。

要用 TCPDUMP 工具抓包，可执行以下（最常用的）命令。

- 从指定接口抓包：
  - ✓ 命令语法为 tcpdump -i <接口名>
  - ✓ 比如，tcpdump -i eth0
- 将从指定接口抓到的数据包存入指定文件：
  - ✓ 命令语法为 tcpdump -w <文件名> -i <接口名>
  - ✓ 比如，tcpdump -w test001 -i eth1
- 读取抓到的数据包文件：
  - ✓ 语法为 tcpdump -r <文件名>
  - ✓ 比如，tcpdump -r test001

TCPDUMP 工具抓包过滤器的写法详见第 3 章。

8. 从远程通信设备采集数据

本节将介绍如何从远程通信设备抓取数据。由于有多家厂商的网络产品都支持该功能，因此本节只会提供在某些主要厂商的网络设备上开启该功能的通用配置指南。

该功能的常规理念是，某些厂商的网络设备具备本机抓包的功能，抓包完毕之后，还支持将抓包文件导出至外部主机。

按 Cisco 的说法，该功能名为嵌入式数据包捕获（EPC）功能，配置方法可在思科官网进行搜索。配置方法所在的文档提供了 Cisco IOS 和 IOS-XE 设备的 EPC 配置示例。

在 Juniper 设备上，要用 monitor traffic 命令来实现该功能，该命令的详细说明可在 Juniper 官网进行搜索。

在 Checkpoint 防火墙上，要用 fw monitor 实用工具来实现该功能，该实用工具的详细使用说明可在 Checkpoint 官网进行搜索。

更多与该功能有关的信息，请查阅具体厂商的设备文档。虽然一般不会先在 LAN 交换机、路由器、防火墙或其他通信设备上抓包，然后再下载抓包文件进行分析，但请读者别忘了这项功能，在必要时它可能还会派上用场。

1.4.3 幕后原理

Wireshark 的抓包原理非常简单。将 Wireshark 主机的网卡接入有线或无线网络开始抓包时，介于有线（或无线）网卡和抓包引擎之间的软件驱动程序便会参与其中。在 Windows 和 UNIX 平台上，这一软件驱动程序分别叫作 WinPcap 和 Libcap 驱动程序；对于无线网卡，行使抓包任务的软件驱动程序名为 AirPacP 驱动程序。

1.4.4 拾遗补缺

若数据包的收发时间属于重要信息，且还要让 Wireshark 主机从一块以上的网卡抓包，则 Wireshark 主机就必须与抓包对象（受监控的主机或服务器）同步时间，可利用 NTP（网络时间协议）让 Wireshark 主机/抓包对象与某个中心时钟源同步时间。

当网管人员需要观察 Wireshark 抓包文件，并对照检查抓包对象所生成的日志，以求寻得排障线索时，Wireshark 主机与抓包对象的系统时钟是否同步将会变得无比重要。比方说，Wireshark 抓包文件显示的发生 TCP 重传的时间点，与受监控服务器生成的日志显示的发生应用程序报错的时间点相吻合，则可以判断 TCP 重传是拜服务器上运行的应用程序所赐，与网络本身无关。

Wireshark 软件所采用的时间取自 OS（Windows、Linux 等）的系统时钟。至于不同 OS 中 NTP 的配置方法，请参考相关操作系统配置手册。

以下所列为在 Microsoft Windows 7 操作系统内配置时间同步的方法。

1．单击任务栏最右边的时间区域，会弹出时间窗口。

2．在时间窗口中点击“更改日期和时间设置”，会弹出“日期和时间”窗口。

3．在“日期和时间”窗口中，点击“Internet 时间”选项卡，再点击“更改设置”，会弹出“Internet 时间设置”窗口。

4．在“Internet 时间设置”窗口中，选中“与 Internet 时间服务器同步”复选框，在“服务器”后的输入栏内输入时间服务器（NTP）的 IP 地址，再点“确定”按钮。

注 意

Microsoft Windows 7 及后续版本的 Windows 操作系统会默认提供几个时间服务器（格式为域名）。可选择其中一个时间服务器，让网络内的所有主机都与其同步时间。

NTP 是一种网络协议，网络设备之间可借此协议同步各自的时间。可把网络设备（路由器、交换机、防火墙）及服务器配置为 NTP 客户端，令它们与同一台 NTP 时间服务器（时钟源）对时（同步时间），时间精度要取决于那台时间服务器所处的层级（stratum）或等级（level）。NTP 时间服务器所处层级越高，其所提供的时间也就越精确。直连原子时钟并提供 NTP 对时服务的设备被称为 1 级时钟源，其精度也最高。常用的 NTP 服务器为 2～4 级。

RFC 1059（NTPv1）是定义 NTP 的第一份标准文档，RFC 1119（NTPv2）则是第二份；目前常用的 NTPv3 和 v4 则分别定义于 RFC 1305 和 RFC 5905。

NTP 服务器 IP 地址表可从多处下载。

1.5 配置启动窗口

本节会介绍与 Wireshark 启动窗口有关的基本配置，同时会介绍抓包主窗口、文件格式以及可视选项的配置。

1.5.1 准备工作

启动 Wireshark 软件，首先映入眼帘的就是启动窗口。可在此窗口中调整以下各项配置参数，来满足抓包需求：

- 工具条配置；
- 抓包主窗口配置；
- 时间格式配置；
- 名称解析；

➢ 抓包时是否自动滚屏；

➢ 字体大小；

➢ 主窗口数据包属性栏的配置。

先来熟悉一下 Wireshark 启动窗口内的主菜单和几个常用的工具条（栏），如图 1.26 所示。

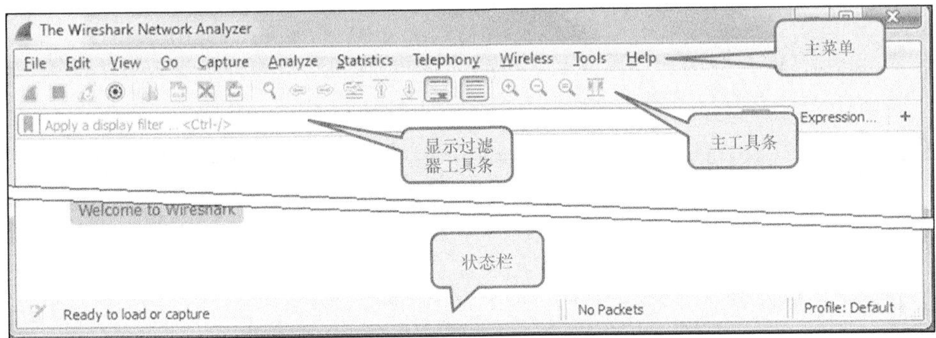

图 1.26

1. 主菜单

Wireshark 软件的主菜单位于主窗口的顶部，包括以下菜单。

➢ **File**：用来执行抓包文件操作功能，包括打开或保存抓包文件，以及导出或打印抓包数据等功能。

➢ **Edit**：用来查找并标记数据包，为数据包添加注释信息，还包括了最重要的 preferences 菜单项。第 2 章会介绍 Edit 菜单所囊括的各种功能。

➢ **View**：用来配置 Wireshark 软件窗口的外观、指定数据包的颜色、定义字体大小、变更字体、定义是否在单独的窗口内显示数据包，以及是否在抓包主窗口内以折叠或以展开的折叠树形式显示数据包的内容等。

➢ **Go**：用来快速定位指定的数据包，比方说，可利用 Go 菜单功能快速行进至抓包文件中的第一个数据包、最后一个数据包或某个具有指定编号的数据包等。

➢ **Capture**：用来配置抓包选项和抓包过滤器。

➢ **Analyze**：包含了各种数据包分析及显示选项功能，比如，显示过滤器配置功能、数据包解码功能以及 Follow TCP/UDP Stream 功能。

➢ **Statistics**：用来显示各种统计信息。利用 Statistics 菜单功能，既可以获取基本的主机和对话统计信息，也可以生成智能的 IO Graph 和 stream graph 统计信息。

- **Telephony**：用来显示 IP 电话协议和蜂窝协议流量信息。可用 Telephony 菜单功能显示并分析 RTP 和 RTCP 流量、SIP 流及统计信息、GSM 或 LTE 协议流量等。
- **Wireless**：用来显示蓝牙和 IEEE 802.11 无线网络协议流量信息。第 9 章会介绍 Wireless 菜单所囊括的各种功能。
- **Tools**：用于 Lua 操作。
- **Help**：提供了用户帮助、抓包示例、软件更新等功能。

2. 主工具条

主工具条中的各工具按钮分别对应了主菜单中的各种常用菜单项功能，可点击工具按钮来快速执行相应的任务。可勾选或取消勾选 View 菜单中的 Main Toolbar 菜单项，来显示或隐藏主工具条。

由图 1.27 可知，最左边的一组 4 个按钮与抓包操作有关，紧邻的一组 4 个按钮与文件操作有关，正中间的一组 6 个按钮与数据包的选择（跳转）操作有关，再靠右的两个按钮分别控制实时抓包自动滚屏和（数据包）配色方案的开启和关闭，最右边的一组 4 个按钮控制字体大小以及数据包属性栏。

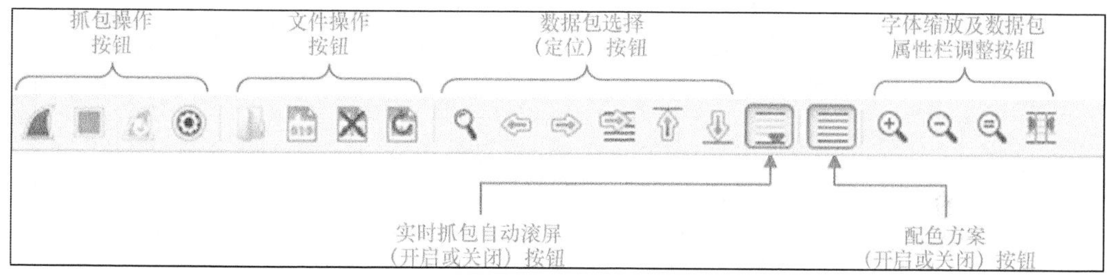

图 1.27

3. 显示过滤器工具条

显示过滤器工具条上有一个显示过滤器输入栏（1）外加 3 个按钮（2、3、4），如图 1.28 所示。

利用显示过滤器工具条，可以：

- 在显示过滤器输入栏内，手动输入显示过滤器表达式（支持自动补齐功能），或查看之前配置的显示过滤器；
- 管理显示过滤器表达式，能在 Display Filter Expression 对话窗口的帮助下，构造显示过滤表达式；

- 将新配置的显示过滤器表达添加为 Filter Expression Preferences（首选过滤表达式），供日后使用；
- 利用预定义的过滤器表达式，并选择显示过滤器。

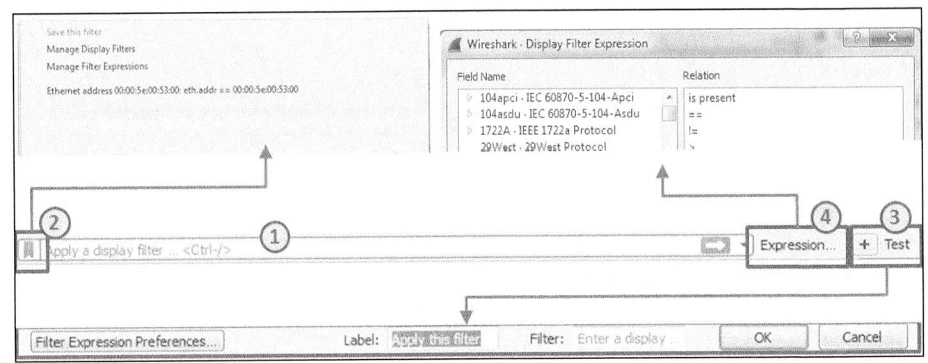

图 1.28

第 4 章会重点介绍 Wireshark 显示过滤器。

4．状态栏

在 Wireshark 主窗口的最底部，有一个状态栏，分 3 个区域，如图 1.29 所示。

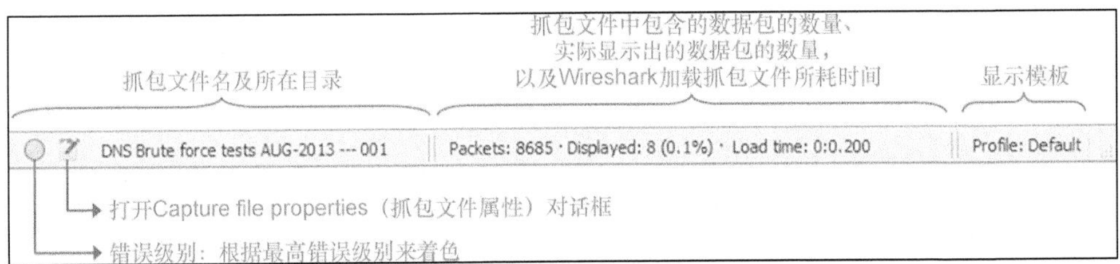

图 1.29

通过图 1.29 所示的 Wireshark 主窗口底部状态栏，可以执行下述操作。

- 观察到专家系统中的错误。
- 查看抓包文件属性，包括抓包文件信息（名称、长度、格式等信息）、抓包的开始和结束时间，以及某些常规统计信息。
- 观察到抓包文件的名称（在抓包期间，抓包文件名由 Wireshark 软件临时分配）。
- 获知抓包文件中包含的数据包的数量、Wireshark 实际显示出的数据包的数量，以及 Wireshark 加载抓包文件所消耗的时间。

➢ 获悉当前所采用的模板（profile）。更多与 Wireshark 模板有关的信息，详见第 2 章。

1.5.2 操作方法

本节会按部就班地指导读者配置 Wireshark 启动窗口和抓包主窗口。

1. 定制工具条

对于一般情况下的抓包，根本无须调整与 Wireshark 工具条有关的任何配置。但若要抓取无线网络中的数据（即要让 Wireshark 主机抓到无线网络里其他主机的无线网卡收发的数据），则需要在 Wireshark 启动窗口内激活 Wireless 工具条。为此，请点击启动窗口中的 View 菜单，并勾选 Wireless Toolbar 菜单项，如图 1.30 所示。

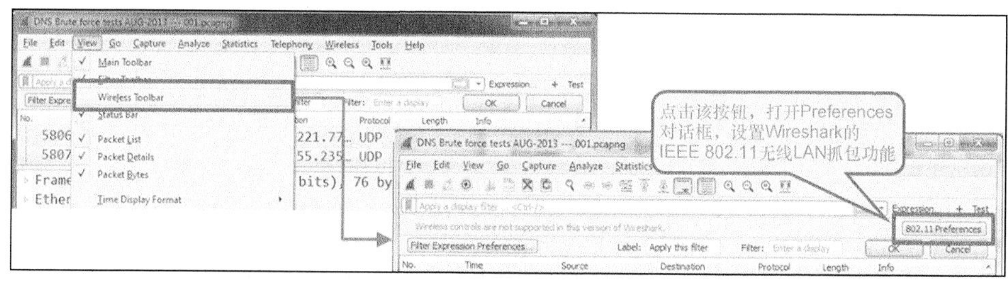

图 1.30

Wireless Toolbar 菜单项一经勾选，便会在 Wireshark 窗口中激活 Wireless 工具条。对当前版本的 Wireshark 而言，Wireless 工具条上只有一个名为 802.11 Preferences 的按钮，可点击该按钮启动 Wireshark 的 Preferences 配置窗口。第 9 章会详述无线 LAN 流量分析。

2. 定制抓包主窗口

可按图 1.31 来配置 Wireshark，定制其抓包主窗口的界面。

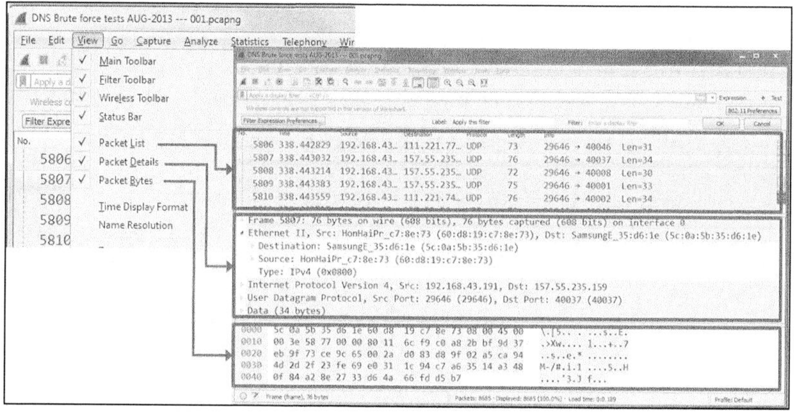

图 1.31

一般而言，无需对 Wireshark 抓包主窗口的界面做任何调整。但在某些情况下，也有可能需要取消勾选 View 菜单中的 Packet Bytes 菜单项，把抓包主窗口的空间都留给“数据包列表”区域（对应于 View 菜单中的 Packet List 菜单项）和“数据包结构”区域（对应于 View 菜单中的 Packet Details 菜单项）。

3. 名称解析

在 Wireshark 软件里，名称解析功能一经启用，数据包中的 L2（MAC）/L3（IP）地址以及第 4 层（UDP/TCP）端口号将会分别以有实际意义的名称示人，如图 1.32 所示。

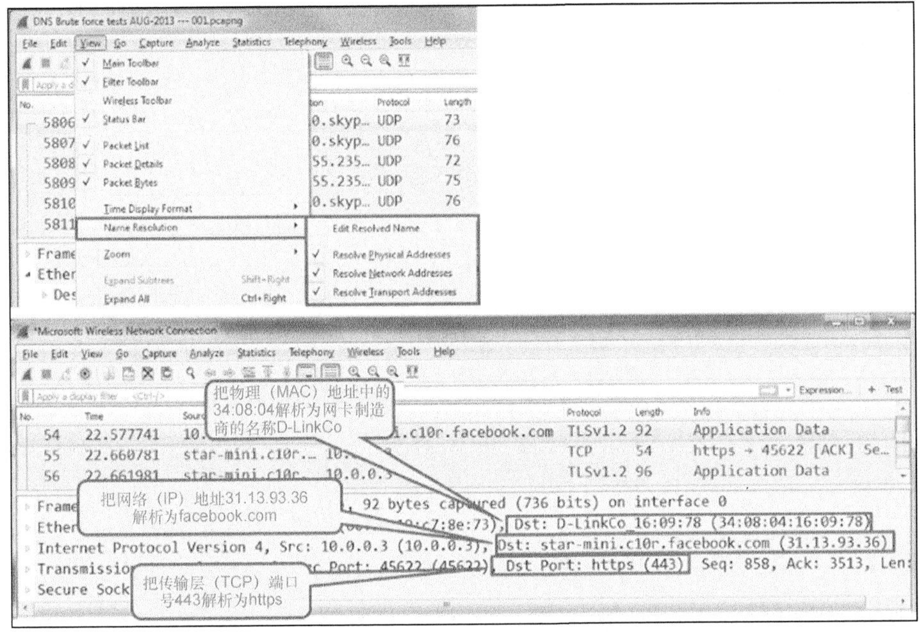

图 1.32

由图 1.32 可知，MAC 地址 34:08:04:16:09:78 归 D-Link 公司所有，IP 地址 31.13.93.36 对应的网站域名为 www.facebook.com，TCP 端口号 443 对应的应用层协议为 HTTPS。Wireshark 软件把数据包中的 MAC 地址、IP 地址以及 TCP 端口号，分别替换成了有意义的名称。

注 意

Wireshark 软件将数据包中的 MAC 地址转换（解析并显示）为网卡制造商的名称最为简单——只需查询转换表（存储在 Wireshark 安装目录下的.manuf 文件内）；将 IP 地址转换（解析并显示）为域名，会借助于 DNS，如前所述，这或多或少会影响性能；将 TCP/UDP 端口号转换为应用程序名，则要查询存储在 Wireshark 安装目录下的 Services 文件。

4．为数据包着色

通常，在使用 Wireshark 抓包时，应为抓取到的网络中的正常流量建立一个（视觉上的）基线模板。这样一来，便可以一边抓包，一边通过抓包主窗口显示出的数据包的色差，来发现潜在的令人生疑的以太网、IP 或 TCP 流量。

要让 Wireshark 体现出这样的色差，请在抓包主窗口的数据包列表区域，选择一个可疑的或需要着色的数据包，同时单击右键，在弹出的菜单 Colorize Conversation 中点选 Ethernet、IP 或 TCP/UDP（TCP 和 UDP 只有一项可选，视数据包的第 4 层类型而定）子菜单项名下的各种颜色（color）菜单项。如此操作，会让该数据包所归属的（Ethernet、IP、UDP 或 TCP）对话中的所有其他数据包都以相同的颜色示人。

现举一个给抓包文件中隶属于某条 TCP 会话的所有数据包上色的例子，如图 1.33 所示。

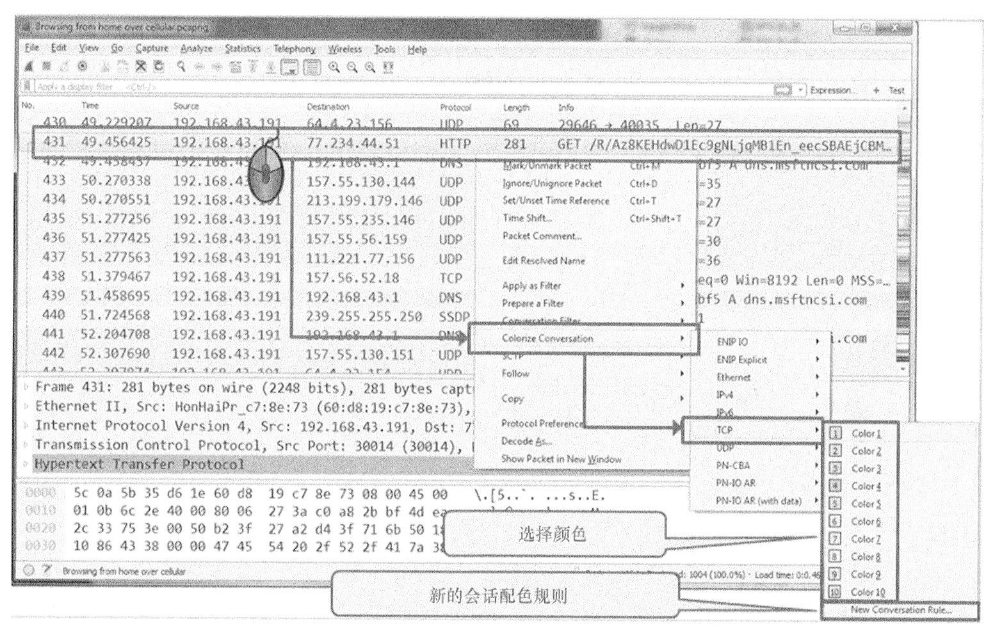

图 1.33　（Ethernet、IP、UDP 或 TCP）会话着色

要取消配色规则，请按下列步骤行事。

1．点击 View 菜单。

2．选择 Colorize Conversation 菜单项，点击 Reset Colorization 子菜单项或按下 Ctrl +空格键。

5. 字体缩放

要缩放 Wireshark 抓包主窗口的字体，请按图 1.34 所示步骤行事。

1. 点击 View 菜单。
2. 放大字体，请点中间的菜单项 Zoom In 或按 Crtl + “+” 键。
3. 缩小字体，请点中间的菜单项 Zoom Out 或按 Crtl + “−” 键。

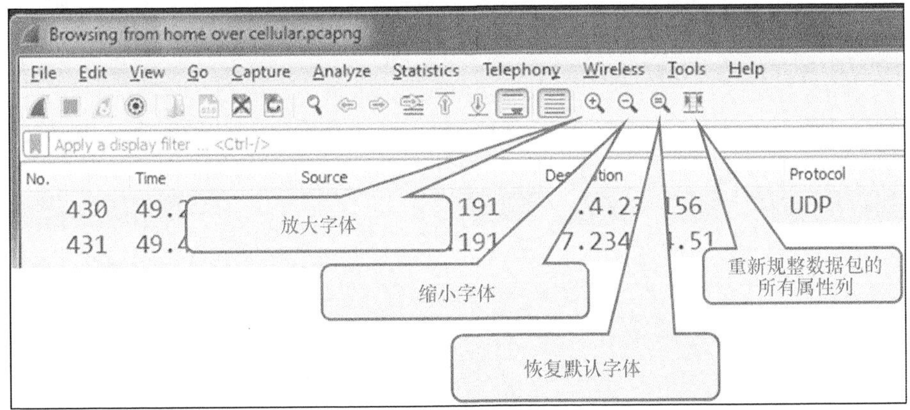

图 1.34

第2章 熟练使用Wireshark排除网络故障

本章涵盖以下内容：

- 配置用户界面[1]和配置协议参数[2]；
- 数据文件的导入和导出；
- 定义配色规则；
- 配置时间参数和汇总信息；
- 构建排障模板。

2.1 概述

本章会讨论如何娴熟地将 Wireshark 作为网络排障工具来使用，先讲如何配置用户界面，再谈如何配置全局和协议参数，接下来将讨论 Wireshark 文件夹、配置文件、文件夹和插件[3]。

本章还会讲解 Wireshark 的配色规则及配置方法，同时会介绍新添加进 Wireshark 版本 2 的智能滚动条功能，该功能对识别流量模式和协议的运作方式非常有帮助。

---

1 译者注：点击 Edit 菜单的 Preferences 菜单项，会弹出 Preferences 窗口。所谓配置用户界面，就是配置该窗口中 Appearance 配置选项里的内容。

2 译者注：即配置 Preferences 窗口中 Protocol 配置选项里的内容。

3 译者注：原文是“Next, we talk about Wireshark folders, configuration files, and folders and plugins”，译文按原文字面意思直译。

最后，会以对 Wireshark 模板（profile）及其使用方法的介绍来结束本章。所谓模板，是指为了加快排障时间，降低排障难度，事先在 Wireshark 中针对不同的网络环境、网络故障或网络协议，分别定义并保存的用户界面、协议参数、显示/抓包过滤器以及配色规则。本章会细述 Wireshark 模板，本书还会提供一些对读者有帮助的模板。

2.2 配置用户界面及全局、协议参数

通过 Edit 菜单中的 Preferences 菜单项以及 Preferences 窗口中的 Protocol 配置选项，不但能控制 Wireshark 软件的显示界面，而且还能改变该软件对常规协议数据包的抓取和呈现方式。本节将介绍如何在 Preferences 窗口的 Protocol 配置界面中配置最常见的协议。

2.2.1 准备工作

点击 Edit 菜单中的 Preferences 菜单项，Preferences 窗口会立刻弹出，如图 2.1 所示。

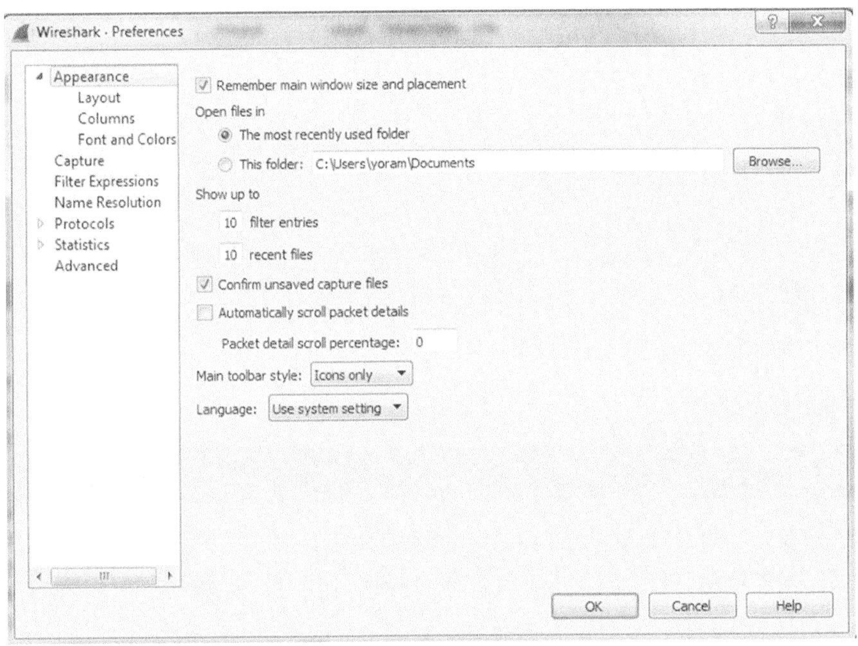

图 2.1

由图 2.1 可知，在 Preferences 窗口中，只要选择了窗口左边的配置选项，窗口的右边便会出现相应的配置参数。

2.2.2 配置方法

本节会介绍如何配置 Preferences 窗口中的 Appearance（外观）配置选项，以及如何针对最常用的协议，配置 Preferences 窗口中的 Protocol 选项。Preferences 窗口所含其余配置选项的

配置方法请见本书后面的相关章节。

注 意

由于本书旨在向读者传授 Wireshark 的使用诀窍，以及如何娴熟地将其作为排障工具来使用，因此不可能细述 Wireshark 的所有功能。Wireshark 的简单功能请参阅其官网的用户手册，作者会重点讲解可以提高用户使用娴熟度的重要和特殊的功能。

先把目光放在 Preferences 窗口所含配置选项的设置上，看看这些配置选项能否对用户有所帮助。

1. 常规的外观设置

图 2.2 所示为 Wireshark Preferences 窗口的 Appearance（外观）配置选项，可以对该选项的内容进行配置，来提高使用体验。

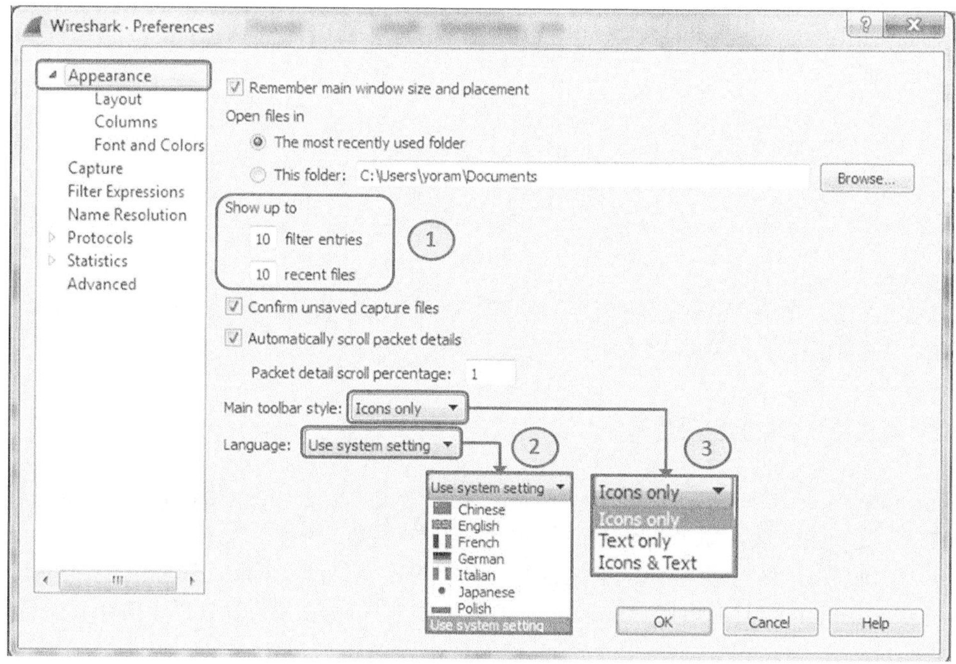

图 2.2

Preferences 窗口的 Appearance 配置选项可供配置的内容有：

- 显示过滤器和最新抓包文件的缓冲区的大小；
- 用户界面的语言（以后的版本将支持更多国家的语言）；

➢ 主工具条的显示风格——图标、文本或图标加文本。

2. 抓包主窗口的布局设置

在 Preferences 窗口的 Appearance（外观）配置选项中，有一个 Layout 子配置选项，用来设置数据包列表（Packet List）、数据包结构（Packet Details）和数据包内容（Packet Bytes）区域在 Wireshark 抓包主窗口里的呈现方式，如图 2.3 所示。

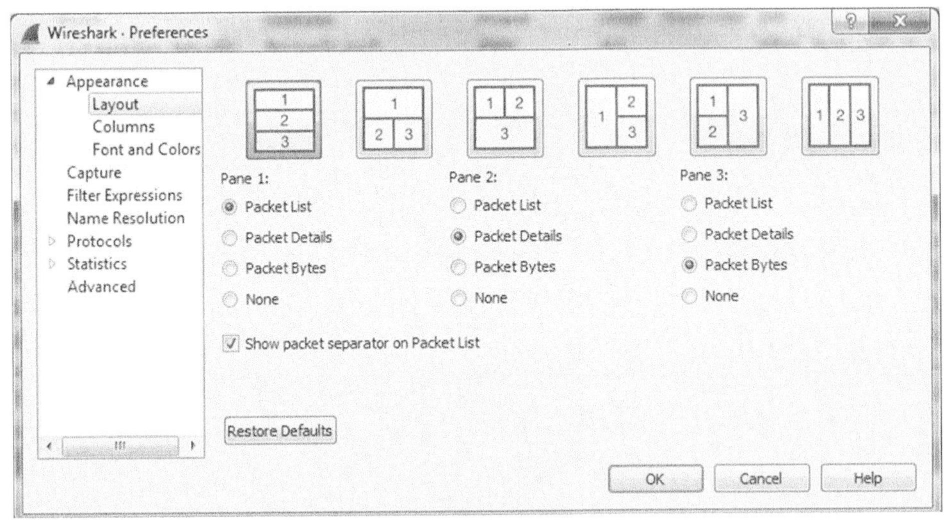

图 2.3

在图 2.3 所示的 Preferences 窗口中，可通过选择区域（Pane）的排列样式，来设置上述 3 个区域在 Wireshark 抓包主窗口中的呈现方式。

3. 调整及添加数据包属性列

在 Preferences 窗口的 Appearance（外观）配置选项中，有一个 Columns 子配置选项，用来添加或删除抓包主窗口的数据包列表区域里的数据包属性列（栏）。在默认情况下，出现在抓包主窗口的数据包列表区域里的数据包属性列有 No.（编号）、Time（抓取时间）、Source（源地址）、Destination（目的地址）、Protocol（协议类型）、Length（长度）以及 Info（信息），如图 2.4 所示。

要给数据包列表区域添加一个新列，可通过以下两个途径。

➢ 点击图 2.4 中的“+”号按钮，先在 Type 一栏里选择预定义的参数（比如，IP DSCP value、src port 和 dest port 等）作为新的属性列，再在 Title 一栏里给它起个名字，最后单击 OK 按钮。

➢ 点击图 2.4 中的“+”号按钮，先在 Type 一栏里选择 Custom（定制），再在 Fields Name 一栏里输入可在显示过滤器中露面的任一参数，然后在 Title 一栏里给它起个名字，最后点击 OK 按钮。下面举几个以定制方式在抓包主窗口中添加的数据包属性列的例子。

✓ 要想在抓包主窗口中新增一列，以便观看 TCP 数据包的 TCP 窗口大小，需在 Fields Name 一栏内输入显示过滤器参数 tcp.window_size。

✓ 要想在抓包主窗口中新增一列，以便观看每个 IP 数据包包头中的 TTL 字段值，需在 Fields Name 一栏内输入显示过滤器参数 ip.ttl。

✓ 要想在抓包主窗口中新增一列，以便观看每个 RTP 数据包中 marker 位置 1 的实例，需在 Fields Name 一栏内输入显示过滤器参数 rtp.marker。

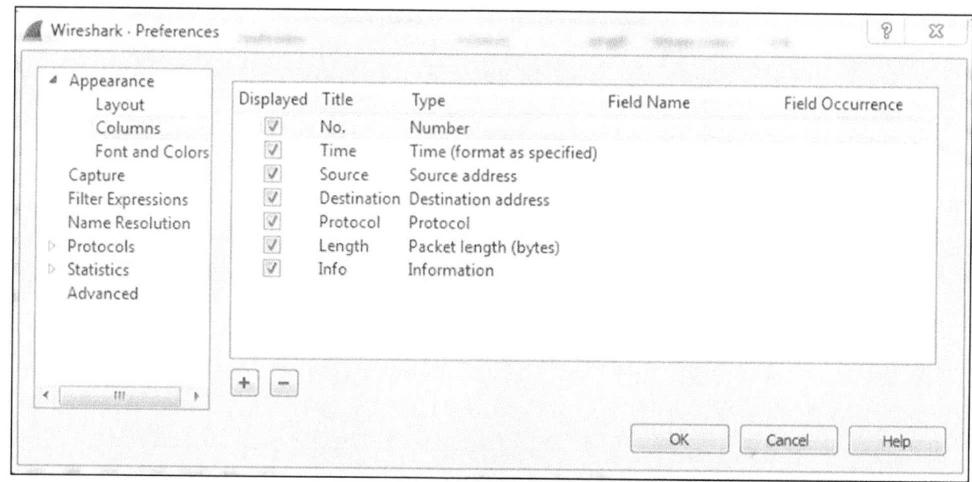

图 2.4

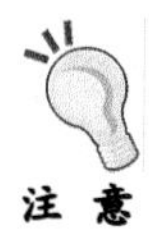

还有一种添加新的数据包属性列的办法，那就是在抓包主窗口的数据包结构区域里选择数据包的某个字段，单击鼠标右键，在弹出的菜单中点击 Apply as Column 菜单项。这么一点，那个字段就会成为数据包列表区域里新的数据包属性列。

在分析网络故障时，酌情以定制方式添加数据包属性列，可加快定位故障的原因。与此有关的内容本书后文再叙。

4. 设置字体和配色

在 Preferences 窗口的 Appearance（外观）配置选项中，有一个 Font and Colors 子配置选项，用来更改字体大小、形状及颜色。可按图 2.5 所示来修改抓包主窗口的字体。

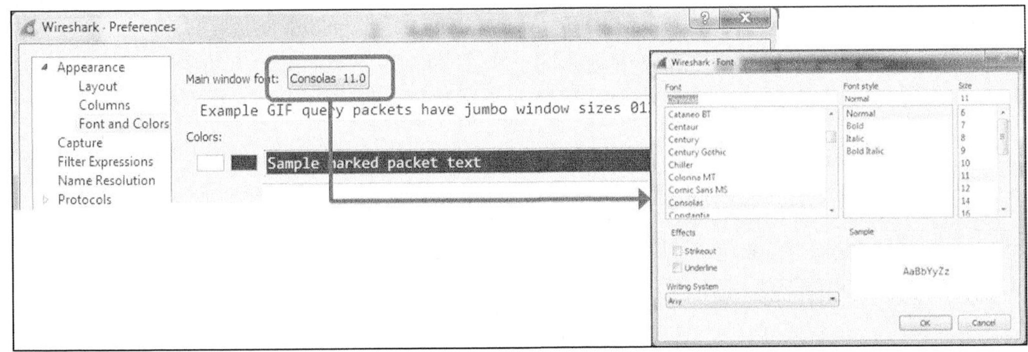

图 2.5

注 意

若不知如何将抓包主窗口的字体恢复为默认设置，请按图 2.5 所示将 Font 选为 Consolas，将 Size 选为 11.0，将 Font style 选为 Normal。

5. 抓包设置

可通过 Preferences 窗口中的 Capture 设置选项，将主机或笔记本电脑的常用网卡设置为 Wireshark 默认抓包网卡。

在图 2.6 中，作者将自己笔记本电脑上名为 Wireless Network Connection 2 的无线网卡设置为 Wireshark 默认抓包网卡。Capture 设置选项的其余配置参数保持原样。

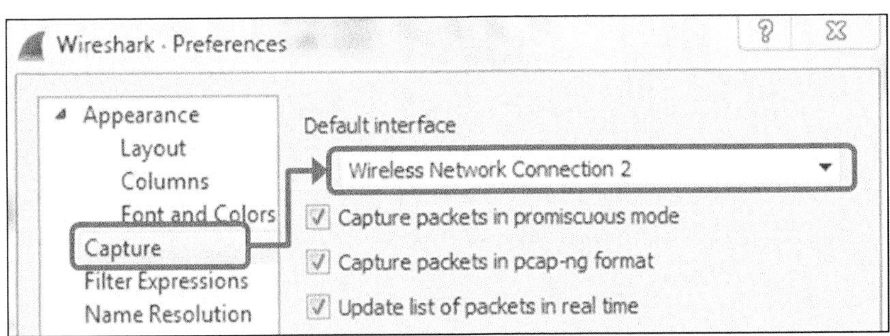

图 2.6

6. 配置显示过滤表达式首选项

可通过 Preferences 窗口中的 Filter Expressions 设置选项，来定义出现在抓包主窗口的显示过滤器工具条右边的显示过滤器表达式。

要定义这样的显示过滤器表达式，请按以下步骤行事。

1．在 Preferences 窗口中点击 Filter Expressions 设置选项，如图 2.7 所示。

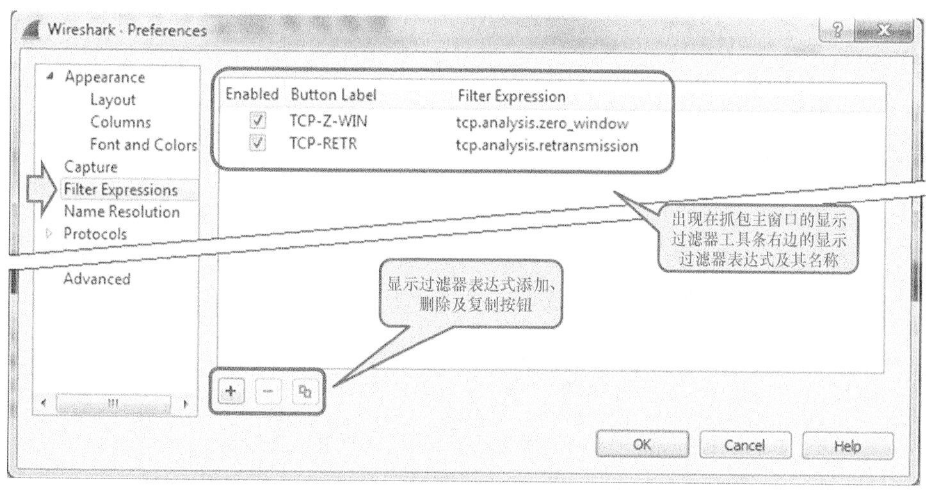

图 2.7

2．点击“+”号按钮，先在 Filter Expression 一栏里输入显示过滤器表达式，再在 Button Label 一栏里为它起个名字，最后点击 OK 按钮。

3．点击 OK 按钮之后，之前输入的显示过滤器表达式将会以按钮的形式，出现在显示过滤器工具条的右侧。

4．由图 2.8 可知，图 2.7 中定义的那两个名为 TCP-Z-WIN 和 TCP-RETR 的滤器表达式以按钮的形式，出现在了抓包主窗口的显示过滤器工具条的右侧。

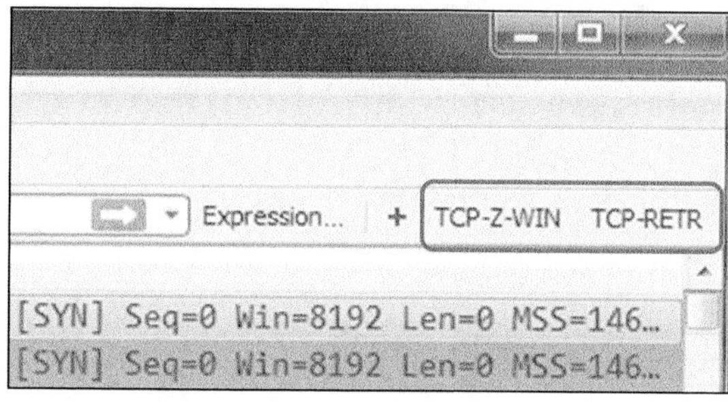

图 2.8

如本章最后一节所述，在 Wireshark 中，可为每个模板分别配置不同的显示过滤器首选项。这样一来，就可以配置出各种模板，分别用来排除 TCP、IP 电话（IPT）等各种故障，或分别用来诊断各种网络协议故障。

如第 4 章所述，在 Filter Expressions 设置选项中，应按照 Wireshark 显示过滤器的格式来配置显示过滤表达式。

7. 调整名称解析

Wireshark 支持以下 3 个层级的名称解析。

- **第二层**（**L2**）：Wireshark 可把数据包的 MAC 地址的前半部分解析并显示为网卡芯片制造商的名称或 ID。比方说，可把一个 MAC 地址的前 3 个字节 14:da:e9 解析并显示为 AsusTeckC（ASUSTeK Computer Inc，华硕计算机公司）。
- **第三层**（**L3**）：Wireshark 可把数据包的 IP 地址解析并显示为 DNS 名称。比方说，可把 157.166.226.46 这一 IP 地址，解析并显示为 CNN 网站的 Edition 页面。
- **第四层**（**L4**）：Wireshark 可把 TCP/UDP 端口号解析并显示为应用程序（服务）名称。比方说，可把 TCP 80 端口解析并显示为 HTTP，把 UDP 53 端口解析并显示为 DNS。

图 2.9 所示为在 Preferences 窗口中点击过左侧的 Name Resolution 配置选项之后，在窗口右侧出现的配置内容。

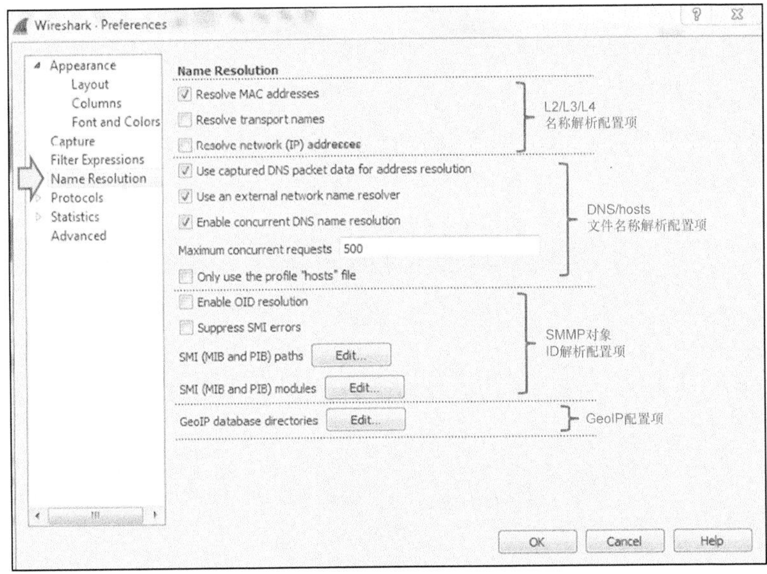

图 2.9

在图 2.9 所示的 Preferences 窗口中，可从上到下配置下述内容。

- 第 2 层、第 3 层和第 4 层名称解析。
- 执行名称解析的方法（通过 DNS 和/或 hosts 文件），以及并发的 DNS 请求数量的上限（旨在确保 Wireshark 软件的运行速度不受影响）。

- 简单网络管理协议（SNMP）的对象标识符、ID 以及是否要将它们转换为对象名称。
- GeoIP 以及是否启用它。有关详细信息，请参阅本书第 10 章[1]。

注 意

对一个 TCP/UDP 数据包的源、目端口号而言，只有把目的端口号转换为应用程序名称才有意义。源端口号一般都是随机生成（高于 1024），将其转换为应用程序名称没有任何意义。

- Wireshark 会默认解析第 2 层 MAC 地址和第 4 层 TCP/UDP 端口号，并按名称来显示。解析 IP 地址会拖慢 Wireshark 的运行速度，因为这会让 Wireshark 软件本身额外执行大量的 DNS 查询，所以在开启该功能之前应谨慎考虑。

8. 调整 Protocol 配置选项里的 IPv4 配置参数

借助于 Preferences 窗口中的 Protocols 配置选项，可调整 Wireshark 对相关协议流量的抓取和呈现方式。点击配置选项 Protocols 左边的箭头，会出现多种协议配置子选项。图 2.10 所示为选择 IPv4 或 IPv6 协议配置子选项时，出现在 Preferences 窗口右侧的配置参数。

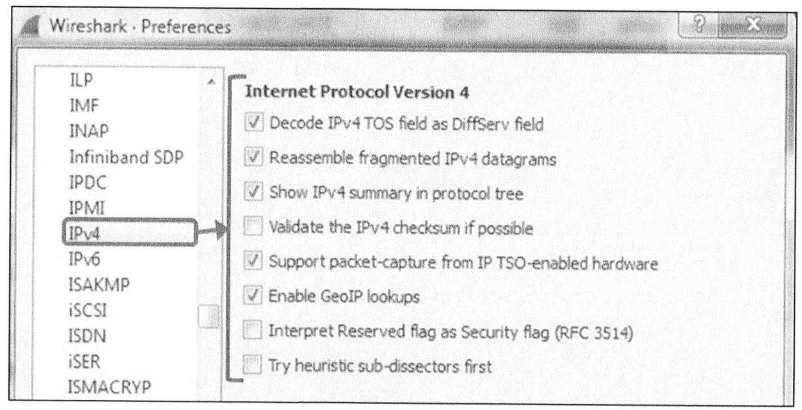

图 2.10

下面是对 IPv4 配置子选项名下的某些配置参数的解释。

- **Decode IPv4 TOS field as DiffServ field**：制定 IPv4 协议标准之初，为了能在 IPv4 网络中保证服务质量，在 IPv4 包头中设立了一个叫做服务类型（ToS）的字段。后来，IETF 又制定了一套 IPv4 服务质量的新标准（区分服务，DiffServ），打的也是 IPv4 包头中原 ToS 字段的主意，只是对其中各个位的置位方式有了新的定义。若未勾选该复选框，

1 译者注：本书第 10 章并没有 GeoIP 相关内容。

Wireshark 便会按老的 IPv4 服务质量标准，来解析所抓 IPv4 数据包包头中的 ToS 字段。

- **Enable GeoIP lookups**：GeoIP 是一个数据库，Wireshark 可根据该数据库里的内容来呈现（其所抓数据包 IP 包头中源和目的）IP 地址所归属的地理位置。若勾选该复选框，Wireshark 便会针对所抓 IPv4 和 IPv6 数据包的 IP 地址来呈现其所归属的地理位置。该子选项功能涉及名称解析，一旦开启，会拖慢 Wireshark 实时抓包速率。第 10 章会介绍如何配置 GeoIP。

9. 调整 Protocol 配置选项里的 TCP 和 UDP 配置参数

UDP 是一种非常简单的协议，与 Wireshark 版本 1 相比，Wireshark 版本 2 的 Protocols 配置选项里的 UDP 协议配置子选项几乎没有变化，可供配置的参数也不多，一般无需调整；而 TCP 协议则很是复杂，Protocols 配置选项里 TCP 协议配置子选项中可供配置的参数较多，如图 2.11 所示。

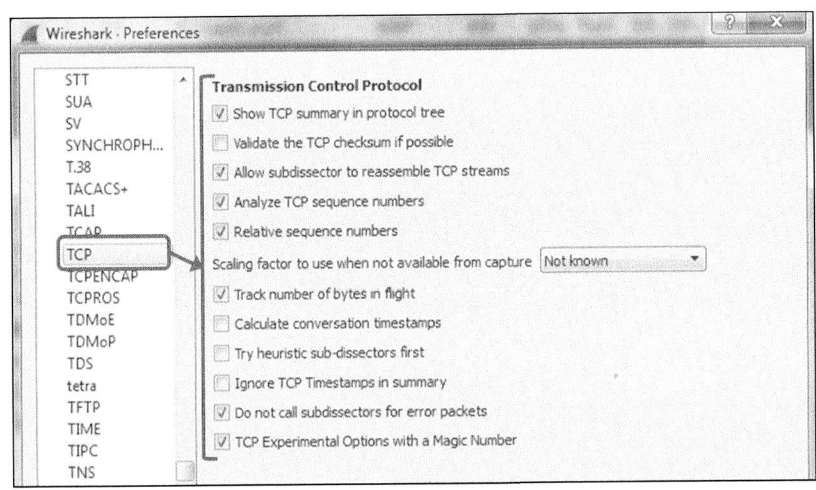

图 2.11

调整 TCP 协议配置子选项名下的参数，其实也就是调整 Wireshark 对 TCP 报文段的解析方式，以下是对其中某些参数的解释。

- **Validate the TCP checksum if possible**：Wireshark 有时会抓到超多校验和错误（checksum errors）的数据包，这要归因于在抓包主机的网卡上开启的 TCP Checksum offloading（TCP 校验和下放）功能。该功能一开，便会导致 Wireshark 将抓到的本机生成的数据包显示为 checksum errors（具体原因后文再表）。因此，若 Wireshark 抓到了超多校验和错误的数据包，则有必要先取消勾选该复选框，再去验证是否真的存在校验和问题。

- **Analyze TCP sequence numbers**：要让 Wireshark 对 TCP 数据包做详尽分析，就必须

勾选该复选框，因为 TCP sequence numbers（TCP 序列号）是 TCP 最重要的特性之一。

- **Relative sequence numbers**：主机在建立 TCP 连接时，会随机选择一个序列号，并将其值存入相互交换的第一个报文段的 TCP 头部的序列号字段。只要勾选了该复选框，Wireshark 就会把一股 TCP 数据流中第一个 TCP 报文段的（TCP 头部的）序列号字段值显示为 0，后续 TCP 报文段的序列号字段值将依次递增，从而隐藏了真实的序列号字段值。在大多数情况下，都应该让 Wireshark 显示 TCP 报文段的相对序列号（relative number），以方便网管人员查看。
- **Calculate conversation timestamps**：该复选框一经勾选，在抓包主窗口的数据包结构区域中，只要是 TCP 数据包，就会在 transmission control protocol 树下多出一个 timestamps 结构，点击其前面的箭头，就能看到 Wireshark 记录的该 TCP 数据包在本股 TCP 数据流中的时间烙印（timestamp）。让 Wireshark 显示每个 TCP 数据包的时间烙印，将有助于排查时间敏感型 TCP 应用程序的故障。

2.2.3 幕后原理

通过修改 Preferences 窗口中 Protocols 选项下相关协议子配置选项的参数，便能开启或禁用 Wireshark 软件对相应协议流量的某些分析功能。需要注意的是，为了保证 Wireshark 软件的运行速度，应尽量禁用不必要的分析功能

对 TOS 和 DiffServ 的介绍，详见本书第 10 章。

SNMP 是一种用来行使网络管理功能的协议。SNMP 对象标识符（OID）的作用是标识对象及其在管理信息库（MIB）中的位置。所谓对象，既可以是一个计数器，对流入接口的数据包进行计数；也可以是路由器接口的 IP 地址、设备的名称及安装位置、CPU 负载或任何其他可呈现或可测量的实体。

SNMP MIB 按树形结构来构建，如图 2.12 所示。顶层 MIB 对象 ID 分属不同的标准组织。每家网络厂商都会为自己的网络产品定义私有分枝（包括受管理的对象）。

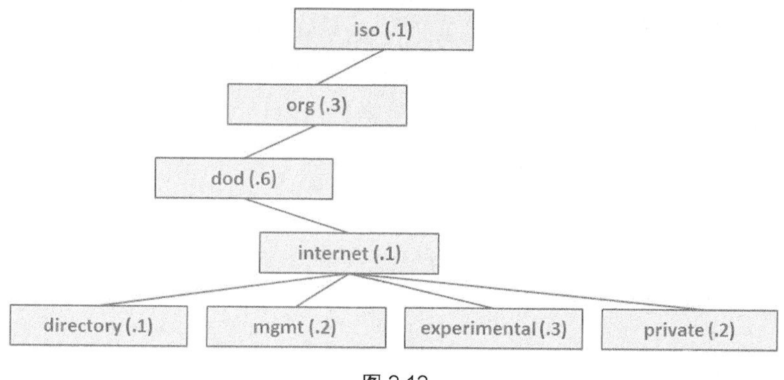

图 2.12

Wireshark 在解析 SNMP MIB 时，不但会显示对象 ID，还会显示其名称，这有助于排障人员识别受监控的数据。

2.3 抓包文件的导入和导出

将抓包文件分享给其他的运维团队或设备厂商的支持人员，以期查明网络故障的根本原因是常有的事儿。这样的抓包文件会包含很多数据包，而排障人员感兴趣的或许仅限于若干数据流或部分数据包。Wireshark 不但支持将所抓数据有选择地导出至新的文件，甚至还能修改其格式，以便传输。本节将探讨 Wireshark 支持的各种抓包文件导入和导出功能。

2.3.1 准备工作

运行 Wireshark 软件，点击主工具条上的 Capture 按钮，开始抓包（或打开一个已保存的抓包文件）。

2.3.2 配置方法

在 Wireshark 主抓包窗口内，既可以把抓来的所有数据都保存进一个文件，也能以不同的格式或文件类型导出自己所需要的数据。

现在来讲解如何执行这些操作。

1. 完整或部分导出抓包文件

既能把抓来的所有数据包（或抓包文件中的所有数据包）完整保存进一个文件，也能以各种文件格式和文件类型导出特定的数据。

要把抓来的所有数据包完整保存进一个文件（或将现有的抓包文件完整另存为一个新的文件），请按以下步骤行事。

- 点击 File 菜单里的 Save 菜单项（或按 Ctrl+S 键），在弹出窗口的“文件名”输入栏内输入有待保存的抓包文件的名称。
- 点击 File 菜单里的 Save as 菜单项（或按 Shift +Ctrl +S 键），在弹出窗口的“文件名”输入栏内输入有待保存的抓包文件的新名称。

若要保存抓包文件（或已抓数据包）中的部分数据（比如，经过显示过滤器过滤的数据），请按以下步骤行事。

- 点击 File 菜单里的 Export Specified Packets 菜单项，Export Specified Packets 窗口会立刻弹出，如图 2.13 所示。

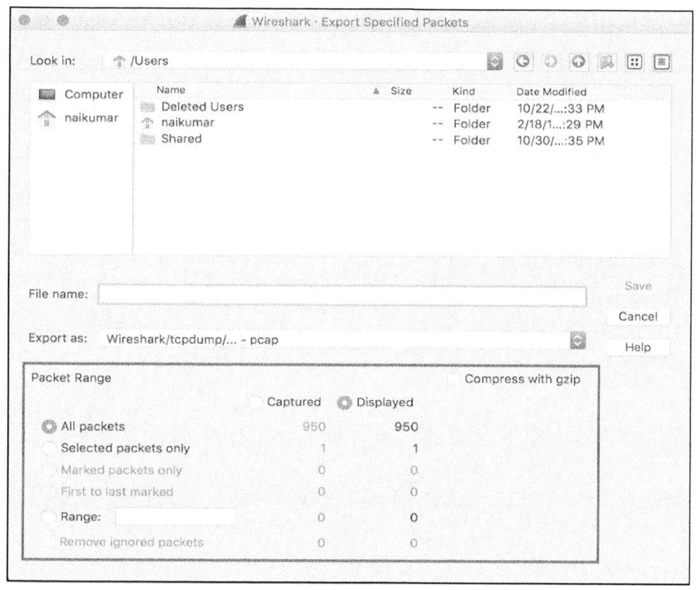

图 2.13

可在 Export Specified Packets 窗口的左下角区域，点击相应的单选按钮，来选择文件的导出方式。

- 要把抓包文件中的所有数据包或所有已抓数据包作为一个文件导出，请同时选择 All packets 和 Captured 单选按钮，再点 Save 按钮。
- 要把抓包文件（或已抓数据包）中经过显示过滤器过滤的数据包作为一个文件导出，请同时选择 All packets 和 Displayed 单选按钮，再点 Save 按钮。
- 要把已选中的数据包（即在数据包列表区域中用鼠标点选的数据包）作为一个文件导出，请选择 Selected packets only 单选框，再点 Save 按钮。
- 要把所有带标记的数据包（给数据包打标的方法是，先在“数据包列表”区域选中一个数据包，然后点击右键，在弹出的菜单中选择 Mark/unmark packet 菜单项）作为一个文件导出，请选择 Marked packets only 单选按钮，再点 Save 按钮。
- 要把“数据包列表”区域中位列两个带标记的数据包之间的所有数据包作为一个文件导出，请选择 First to last marked 单选按钮，再点 Save 按钮。
- 要把抓包文件中编号（详见“数据包列表”区域里的“No.”列）连续的那部分数据包作为一个文件导出，请选择 Range 单选按钮，并在其后的输入栏内填写数据包的编号范围，再点 Save 按钮。
- 导出抓包文件时，要是希望放弃其中的某些数据包，请先在“数据包列表”区域里选中那些数据包并单击右键，在弹出的菜单中选择 Ignore/Unignore packet tog 菜单项；再然后，选择 Export Specified Packets 窗口中的 Remove ignored packets 复选框，再点 Save 按钮。

要以压缩的形式保存数据包，请先勾选 Export Specified Packets 窗口中的 Compress with gzip 复选框，再点 Save 按钮。

上述“存盘”操作既可以基于整个抓包文件中的所有数据包来进行，也可以基于抓包文件中经过显示过滤器过滤的数据包来进行。

2. 保存数据的格式选取

Wireshark 支持将抓到的数据以不同的格式来保存，以便用各种其他工具做进一步的分析。

通过点击 File 菜单的 Export Packet Dissections 菜单项里的各个子菜单项，可将抓包文件保存为以下格式。

- **纯文本格式（*.txt）**：保存为纯文本 ASCII 文件格式。
- **PostScript（*.pst）**：保存为 PostScript 文件格式。
- **逗号分割值格式（Comma Separated Values）（*.csv）**：保存为逗号分割文件格式。这种格式的文件可为电子表格程序（比如，Microsoft Excel）所用。
- **C 语言数组格式（*.c）**：把数据包的内容以 C 语言数组的格式保存，便于导入 C 程序。
- **PSML 格式（*.psml）**：存为 PSML 文件格式。PSML 是一种基于 XML 的文件格式，只能保存数据包的汇总信息。
- **PDML 格式（*.pdml）**：存为 PDML 文件格式。PSML 也是一种基于 XML 的文件格式，但能保存数据包的详细信息。

3. 数据打印

要想打印数据，请点击 File 菜单里的 Print 菜单项，Print 窗口会立刻弹出，如图 2.14 所示。

可在 Print 窗口中做如下选择。

- 在窗口的右上角（1），可选择有待打印的数据包的具体内容。
  - ✓ 勾选 Summary line 复选框，会打印出在数据包列表（Packet Summary）区域看到的数据包的内容。
  - ✓ 勾选 Details 复选框，会打印出在数据包结构（Packet Details）区域看到的数据包的内容。

✓ 勾选 Bytes 复选框，会打印出在数据包内容（Packet Byte）区域看到的数据包的内容。

➢ 在窗口的左下区域，可选择有待打印的数据包（操作方法类似于文件保存，这在上一节已经提到）。

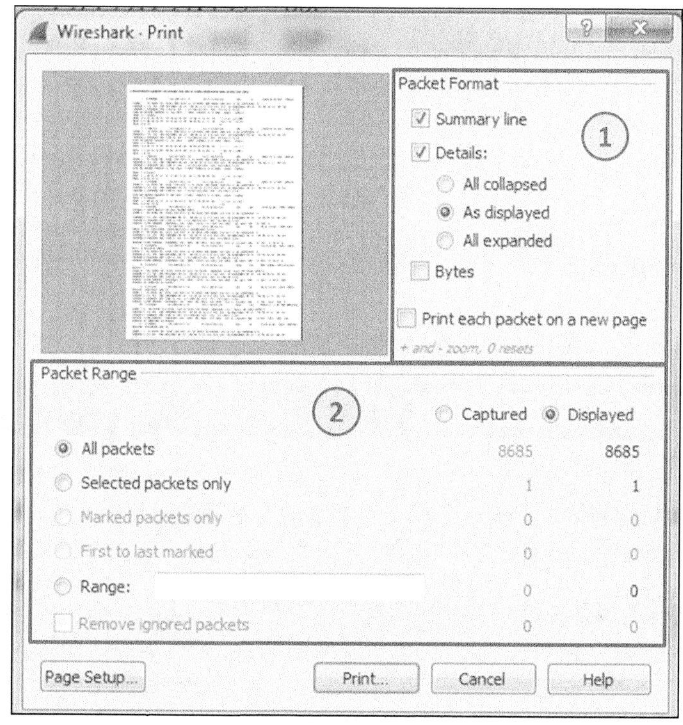

图 2.14

2.3.3 幕后原理

Wireshark 支持以文本格式或 PostScript 格式来打印数据（以后一种格式打印时，打印机应为 PostScript 感知的打印机），同时支持将数据打印至一个文件。选妥了 Print 窗口中的各个选项，点击 Print 按钮之后，会弹出操作系统自带的常规“打印”窗口，可在其中选择具体的打印机来打印。

2.3.4 拾遗补缺

要查看 Wireshark 软件存储各种文件的系统文件夹，请点击 Help 菜单中的 About Wireshark 菜单项，在弹出的 About Wireshark 窗口中选择 Folders 选项卡，如图 2.15 所示。在 About Wireshark 窗口中，可以看到 Wireshark 软件存储各种文件的实际文件夹，在窗口的最右边，可以看到存储在那些文件夹中的文件类型。

Wireshark | Authors | Folders | Plugins | Keyboard Shortcuts | License

Name	Location	Typical Files
"File" dialogs	C:\Technical\Wireshark\CAP-PCAP Customers\	capture files
Temp	C:\Users\yoram\AppData\Local\Temp	untitled capture files
Personal configuration	C:\Users\yoram\AppData\Roaming\Wireshark\	*dfilters, preferences, ethers, ..*
Global configuration	C:\Program Files\Wireshark	*dfilters, preferences, manuf, ..*
System	C:\Program Files\Wireshark	*ethers, ipxnets*
Program	C:\Program Files\Wireshark	program files
Personal Plugins	C:\Users\yoram\AppDat...ing\Wireshark\plugins	dissector plugins
Global Plugins	C:\Program Files\Wireshark\plugins\2.0.2	dissector plugins
Extcap path	C:\Program Files\Wireshark\extcap	Extcap Plugins search path

图 2.15

点击 Location 下的链接，会进入存储相应文件的文件夹。

2.4 调整数据包的配色规则

Wireshark 会根据事先定义的配色规则，用不同的颜色来分门别类地显示抓包文件中的数据。合理地定义配色规则，让匹配不同协议的数据包以不同的颜色示人（或让不同状态下的同一种协议的数据包呈现出多种颜色），能在排除网络故障时帮上大忙。

Wireshark 支持基于各种过滤条件来配置新的配色规则。这样一来，就能够针对不同的场景定制不同的配色方案，同时还能以不同的模板来保存。也就是说，网管人员可在解决 TCP 故障时启用配色规则 A，在解决 SIP 和 IP 语音故障时启用配色规则 B。

注 意

可通过定义模板（profile）的方式，来保存针对 Wireshark 软件自身的配置（比如，事先配置的配色规则和显示过滤器等）。要如此行事，请点击 Edit 菜单下的 Configuration Profiles 菜单项。

2.4.1 准备工作

要定义配色规则，请按以下步骤行事。

1．选择 View 菜单。

2．点击中下部的 Coloring Rules 菜单项，Coloring Rules-Default 窗口会立刻弹出，如图 2.16 所示。

该窗口显示的是 Wireshark 默认启用的配色规则，包括 TCP 数据包、路由协议数据包以及匹配某些协议事件的数据包的配色规则。

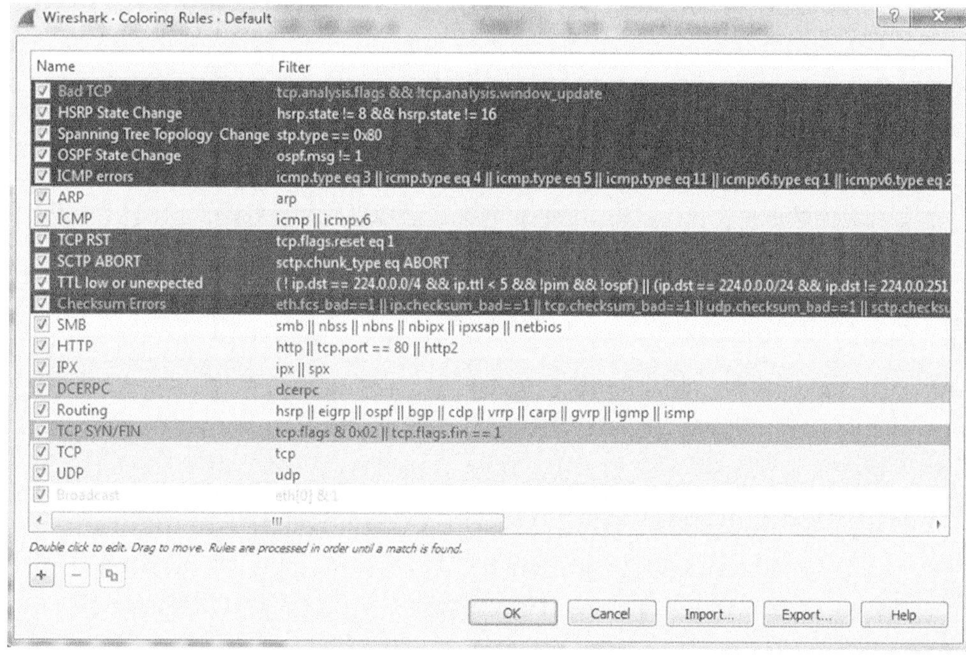

图 2.16

2.4.2 操作方法

要调整配色规则，请按以下步骤行事。

➢ 要定义一条新的配色规则，请点击“+”按钮，如图 2.17 所示。

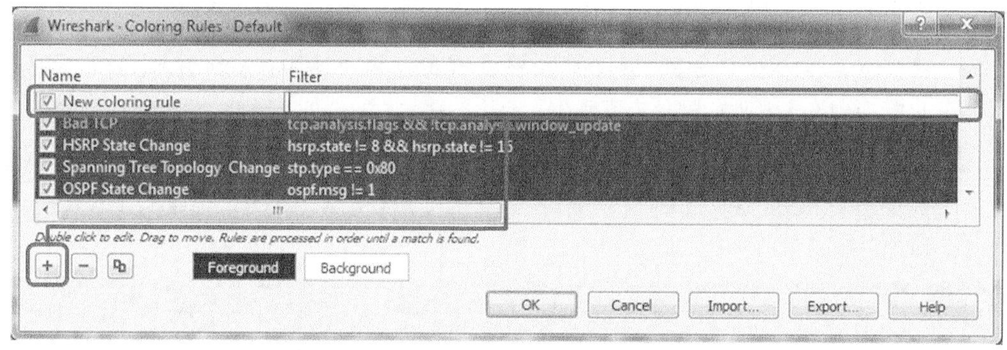

图 2.17

➢ 在 Name 栏内填入本配色规则的名称。比如，要想专为 NTP 协议数据包定制配色规则，那就在该输入栏内填入 NTP。

- 在 Filter 字段内填入显示过滤表达式，指明本配色规则对哪些数据包生效。欲知更多与显示过滤器有关的内容，请阅读第 4 章。
- 点击 Foreground 按钮，为本配色规则选择一款前景色。此款颜色将成为受本配色规则约束的数据包在抓包主窗口的数据包列表区域里的前景色。
- 点击 Background 按钮，为本配色规则选择一款背景色。此款颜色将成为受本配色规则约束的数据包在抓包主窗口的数据包列表区域里的背景色。
- 要删除一条配色规则，请点击“-”按钮（在“+”按钮的右侧）。
- 要修改现有的配色规则，请双击该配色规则。
- 点击 Import 按钮，可导入现成的配色方案；点击 Export 按钮，可导出当前的配色方案。

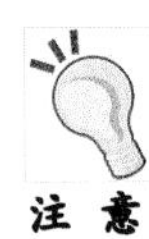

Coloring Rules 窗口中配色规则的排放次序是有讲究的。请务必确保配色规则的排放次序与配色方案的执行次序相匹配。比方说，作用于应用层协议数据包的配色规则应置于作用于 TCP/UDP 数据包的配色规则之前，只有如此，方能避免 Wireshark 为了应用层协议数据包而干扰 TCP/UDP 数据包的颜色。

2.4.3 幕后原理

Wireshark 软件中的许多操作都与显示过滤器紧密关联，定义配色规则也是如此，因为受配色规则约束的数据包都是经过预定义的显示过滤器过滤的数据包。

2.4.4 进阶阅读

- 可从 Wireshark 官方网站下载到很多经典的 Wireshark 数据包配色方案，在 Internet 上也能搜到许多其他的配色方案示例。
- 要想使用某个配色规则文件，请先将那些文件下载至本机，再在 Wireshark 中选择 View 菜单，单击 Coloring Rules 菜单项，在弹出的 Coloring Rules-Default 窗口中单击 Import 按钮，将文件导入。

2.5 配置时间参数

对时间显示格式的调整，会在 Wireshark 抓包主窗口数据包列表区域的 Time 列（默认为左边第 2 列）的内容里反映出来。在某些情况下，有必要让 Wireshark 以多种时间格式来显示数据包。比方说，在观察隶属同一连接的所有 TCP 数据包时，每个数据包的发送间隔时间是应该关注的重点；当所要观察的数据包抓取自多个来源时，则最应关注每个数据包的确切抓取时间。

2.5.1 准备工作

要配置 Wireshark 抓包主窗口数据包列表区域中数据包的时间显示格式，请进入 View 菜单，选择 Time Display Format 菜单项，其右边会出现如图 2.18 所示的子菜单。

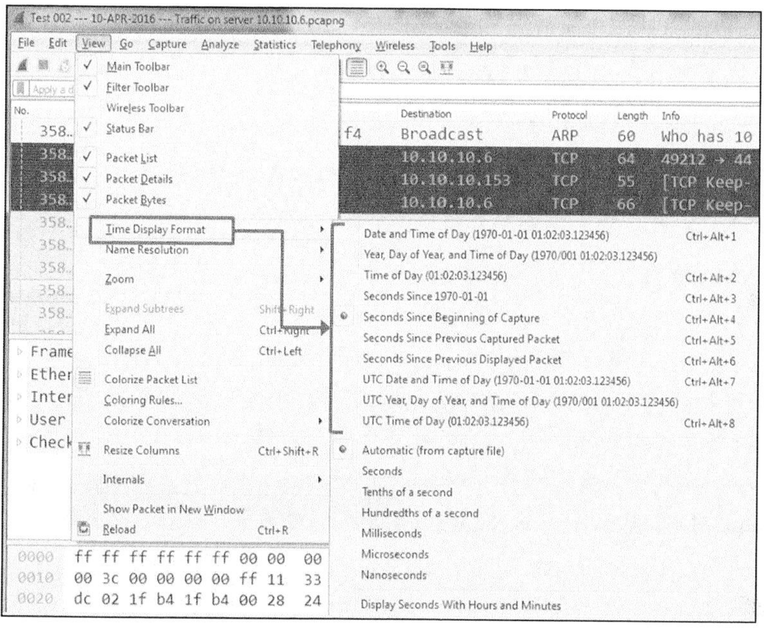

图 2.18

2.5.2 配置方法

图 2.18 所示的 Time Display Format 菜单项的上半部分子菜单包含以下子菜单项。

- **Date and Time of Day**：当通过 Wireshark 抓包来帮助排除网络故障，且故障发生的时间也是定位故障的重要依据时（比如，已获悉了故障发生的精确时间，且还想知道相同时间网络内发生的其他事件时），就应该根据具体情况，选择该子菜单项。
- **Seconds Since 1970-01-01（自 1970 年 1 月 1 日以来的秒数）**：Epoch 是指通用协调时间（格林威治标准时间的前称）的 1970 年 1 月 1 日早晨 0 点。这也是 UNIX 系统问世的大致时间。
- **Seconds Since Beginning of Capture（自开始抓包以来的秒数）**：此乃 Wireshark 默认选项。

- **Seconds Since Previous Captured Packet（自抓到上一个数据包以来的秒数）**：这也是一个常用选项，此菜单项一经点选，数据包列表区域的 Time 列将显示每个数据包的抓取时间差。当监控时间敏感型数据包（比如，TCP 流量、实时视频流量、VoIP 语音流量）时，就应该点选该子菜单项，因为此类数据包的发送时间间隔对用户体验有至关重要的影响。
- **Seconds Since Previous Displayed Packet**：在应用过显示过滤器，让 Wireshark 只显示抓包文件中部分数据的情况下（比如，在只显示隶属于某条 TCP 流的所有数据包的情况下），通常都应该点选该子菜单项。此时，网管人员更关心的应该是隶属于某条 TCP 数据流的各个数据包之间的抓取时间差。
- **UTC Date and Time of Day**：提供 UTC 时间。

Time Display Format 菜单项的下半部分子菜单项涉及对时间精度的调整。只有对时间精度要求很高的情况下，才建议更改默认设置。

可使用 Ctrl+Alt+任意数字键来调整上述时间格式选项。

2.5.3 幕后原理

为抓到的数据包留下时间烙印时，Wireshark 依据的是操作系统的时间。在默认情况下，生效的是 Seconds Since Beginning of Capture 子菜单项功能。

2.6 构建排障使用的配置模板

可定义 Wireshark 配置模板，来保存针对 Wireshark 软件自身的各种配置（比如，外观、预定义的配色规则、抓包及显示过滤器等）。要如此行事，请进入 Edit 菜单，选择 Configuration Profile 菜单项。

Wireshark 配置模板会保存下列信息。

- 对 Edit 菜单中 Preferences 菜单项包含的各配置选项的定义，包括：对 Appearance 和 Protocols 功能项的定义（比如，对 Wireshark 抓包主窗口的字体、属性列的列宽的定义）。
- 抓包过滤器。
- 显示过滤器和显示过滤器宏（详见第 4 章）。
- 配色规则。
- 定制的 HTTP、IMF 和 LDAP 头部（详见第 12 章）。
- 用户定义的解码方式，比如，作为某种功能的解码方式，用户可利用该功能临时性地改变 Wireshark 对特殊协议的解析方式。

所有配置模板文件都会保存在 Wireshark 软件 Personal Configuration 目录的 profiles 目录下。

2.6.1 准备工作

运行 Wireshark 软件，点击主工具条上的 Capture 按钮，开始抓包（或打开一个已保存的抓包文件）。

2.6.2 操作方法

要打开现有的配置模板文件，请执行如下操作。

1．可点击状态栏最后边的 Profile 区域，选择准备采用的现有配置模板，如图 2.19 所示。

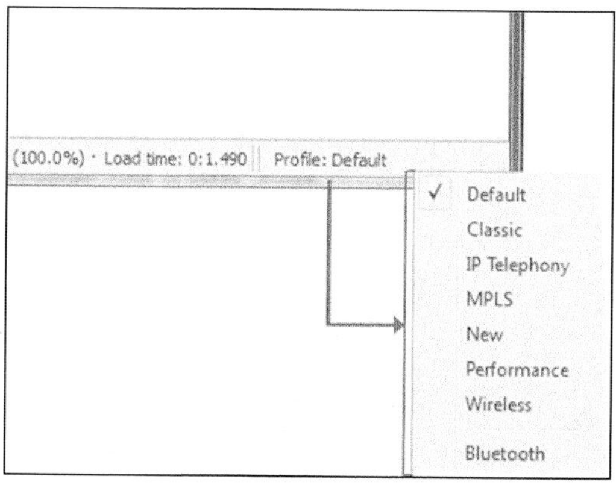

图 2.19

2．还可以进入 Edit 菜单，选择 Configuration Profiles 菜单项，在 Configuration Profiles 窗口中选择准备采用的现有配置模板，如图 2.20 所示。

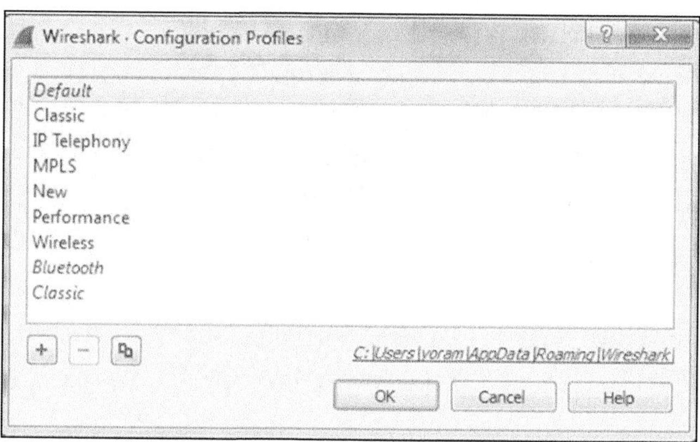

图 2.20

要创建一个新的配置模板，可执行如下步骤。

1. 右键单击状态栏最后边的 Profile 区域，在弹出的菜单中选择 New 菜单项，或者在图 2.20 所示的窗口中点击“+”号按钮。

2. 新的配置模板创建之后，在 profiles 目录下会创建一个新的目录，如图 2.21 所示。

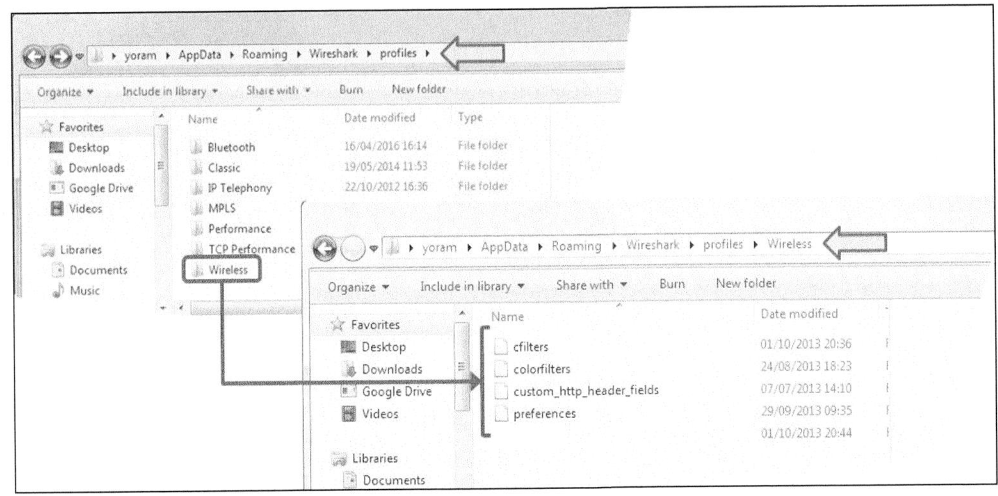

图 2.21

3. 由图 2.21 可知，在新建的配置模板目录下（本例为 Wireless 模板及 Wireless 目录），可以看到包含抓包过滤器的 cfilter 文件、包含配色规则的 colorfilters 文件、保存 HTTP 字段配置的 custom_http_header_fields 文件，以及保存 preference 菜单项功能配置的 preference 文件。

2.6.3 幕后原理

创建新的模板时，Wireshark 软件会在 profiles 目录下新建一个同名目录。此后，在关闭 Wireshark 或加载另一个配置模板时，一个名为 recent 的文件会诞生在那个新的模板目录内。该文件包含了常规的 Wireshark 窗口设置，包括可视工具栏、时间戳显示、字体缩放级别和列宽等配置。若在创建了新的配置模板之后还创建了抓包过滤器、显示过滤器和配色规则，则在那个新的模板目录内还会诞生别的文件（分别为 cfilters、dfilters 和 colorfilters）。

2.6.4 拾遗补缺

如前所述，保存模板配置参数的文件都位于 profiles 目录下。那么，自然可以在不同的配置模板之间转移配置参数，比如，在默认的 preference 文件中，包含了以下与启动窗口中的显示过滤器工具条有关的配置参数[1]。

```
####### Filter Expressions ########
gui.filter_expressions.label: SIP
gui.filter_expressions.enabled: FALSE
gui.filter_expressions.expr: sip
gui.filter_expressions.label: RTP
gui.filter_expressions.enabled: FALSE
gui.filter_expressions.expr: rtp
```

若另一个配置模板也需要这样的配置参数，则只需将这些参数复制进该配置模板目录下的 preference 文件。

2.6.5 进阶阅读

在本书随后的相关章节内，会介绍具体的配置模板。第 11 章会介绍用于排除 TCP 性能故障的配置模板，第 9 章会介绍用于无线 LAN 分析的配置模板。

1 译者注：原文是“You can of course copy parameters from one profile to another; for example, in the default performance file, you have these filters”。

第 3 章 抓包过滤器的用法

本章涵盖以下内容：

- 配置抓包过滤器；
- 配置 Ethernet 过滤器；
- 配置基于主机或网络的过滤器；
- 配置 TCP/UDP 及端口过滤器；
- 配置复合型过滤器；
- 配置字节偏移和净载匹配型过滤器。

3.1 简介

前两章介绍了如何安装 Wireshark、如何配置该软件以行使其基本或智能化功能，以及该软件在网络中的部署（或安装）位置。本章及下一章将讨论 Wireshark 抓包过滤器和显示过滤器的用法。

抓包过滤器和显示过滤器的重要区别如下所列。

- 抓包过滤器配置于抓包之前：一经应用，Wireshark 将只会抓取经过抓包过滤器过滤的数据（包或数据帧），其余数据一概不抓。本章将介绍该过滤器的用法。
- 显示过滤器配置于抓包之后：应用之时，Wireshark 已抓得所有数据。网管人员可利用显示过滤器，让 Wireshark 只显示自己心仪的数据。这种过滤器的用法将在下一章介绍。

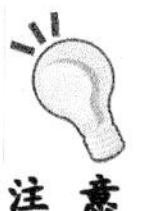

抓包过滤器的配置语法派生自 libpcap/WinPcap 库中 tcpdump 的语法，而显示过滤器的配置语法则在若干年后定义。因此，两种过滤器的配置语法并不相同。

在某些情况下，可能只想让 Wireshark 抓取某块网卡收到的部分数据，举例如下。

- 只想让 Wireshark 从某条数据量极大的受监控链路上，抓取必要的数据包。
- 只想让 Wireshark 从某个受监控的 VLAN 内，抓取进/出某指定服务器的数据包。
- 只想让 Wireshark 抓取由某种或某几种应用程序生成的数据包（比如，若网管人员怀疑网络中存在的故障与 DNS 有关，便配置了抓包过滤器，让 Wireshark 只抓取进出 Internet 的 DNS 查询及响应消息）。

除了上面列举的几种情况之外，还有很多时候，也只需让 Wireshark 从网络中抓取特定而非全部数据包。抓包过滤器一经配置并加以应用，Wireshark 将只会抓取经过其过滤的数据包，其余数据包一概不抓，网管人员可借此来采集自己心仪的数据包。

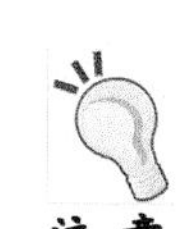

使用抓包过滤器时，请务必考虑周全。在许多情况下，运行于网络中的某些应用程序会与某些看似不相关的东西（比如，看似不相关的某种协议或某台服务器）之间有着微妙的关联。因此，在使用 Wireshark 排除网络故障时，若开启了抓包过滤器，请确保未过滤掉某些看似不相关的数据包，否则将发现不了导致故障的真正原因。现举一个常见的简单示例。若故障的表象为 HTTP 应答缓慢，但“罪魁祸首”却是 DNS 服务器不响应 DNS 查询，那么配置抓包过滤器，让 Wireshark 只抓取发往/来自 TCP 80 端口的流量，再怎么分析抓包文件都将是徒劳无功。

本章会讲解复合型、字节偏移型和净载匹配型等多种抓包过滤器的配置方法。

3.2 配置抓包过滤器

配置抓包过滤器之前，建议读者考虑两个问题：要让 Wireshark 抓取什么样的数据包；配置抓包过滤器的目的何在。一定不要忘记，Wireshark 会丢弃通不过抓包过滤器过滤检查的数据。

既可以使用 Wireshark 自带的预定义抓包过滤器，也可以使用自定义的抓包过滤器，本章会对此做重点介绍。

3.2.1 准备工作

打开 Wireshark 软件，按本章内容行事。

3.2.2 配置方法

抓包过滤器应在抓包之前配置妥当，配置步骤如下所列。

1．要配置抓包过滤器，请点击主工具条左边第 4 个 Capture options 按钮，如图 3.1 所示。

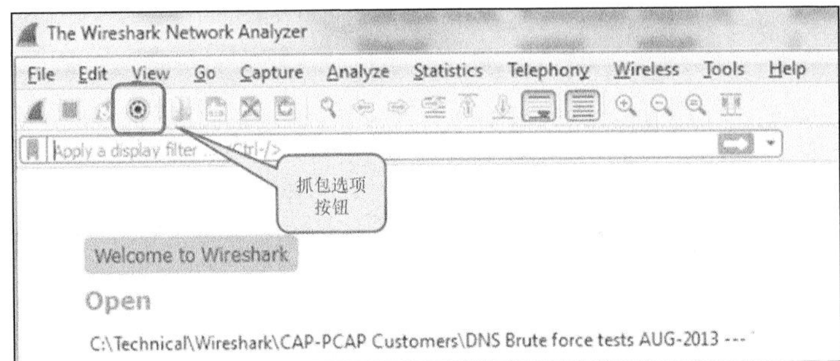

图 3.1

2．Wireshark - Capture Interfaces 窗口会立刻弹出，如图 3.2 所示。

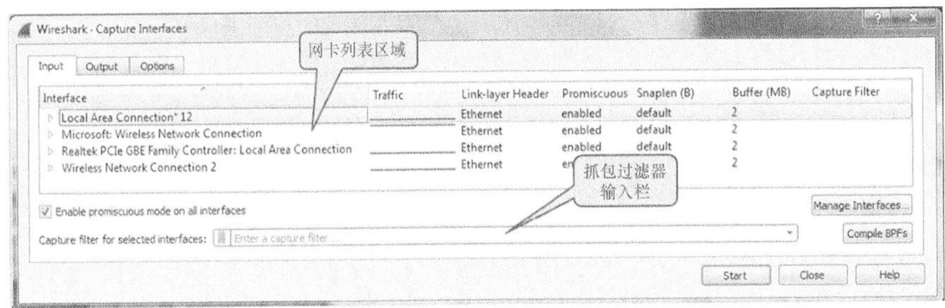

图 3.2

3．先选中用来抓包的网卡，再在 Capture filter for selected interfaces 文本框内输入待用的抓包过滤器表达式（可按第 1 章所述来判断哪块网卡为活跃网卡[在用网卡]）。在该输入栏中输入的抓包过滤器表达式会在相应网卡的 Capture Filter 栏下现身，如图 3.3 所示。图 3.3 显示的抓包过滤器 tcp port http 会让 Wireshark 只抓目的端口号为 80 的 TCP 流量。

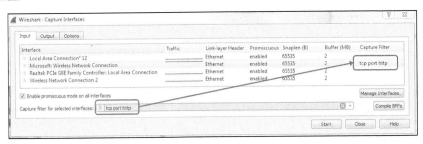

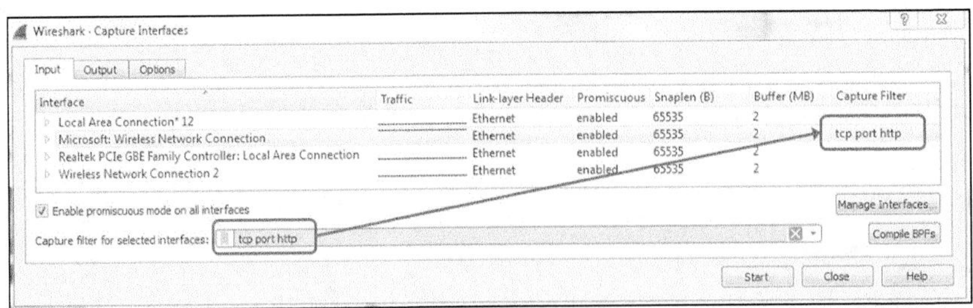

图 3.3

4．抓包过滤器表达式输入完毕之后，只要 Capture filter for selected interfaces 文本框呈绿色，就表示表达式的语法合规，于是便可点击 Start 按钮，开始抓包。

要预先定义抓包过滤器，请按以下步骤行事。

1．要预先定义抓包过滤器，请按图 3.4 所示点击 Capture 菜单中的 Capture Filters 菜单项。

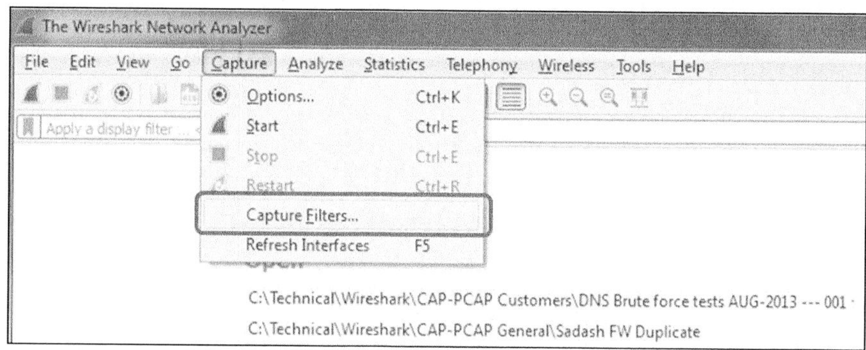

图 3.4

这会弹出图 3.5 所示的 Capture Filters 窗口。

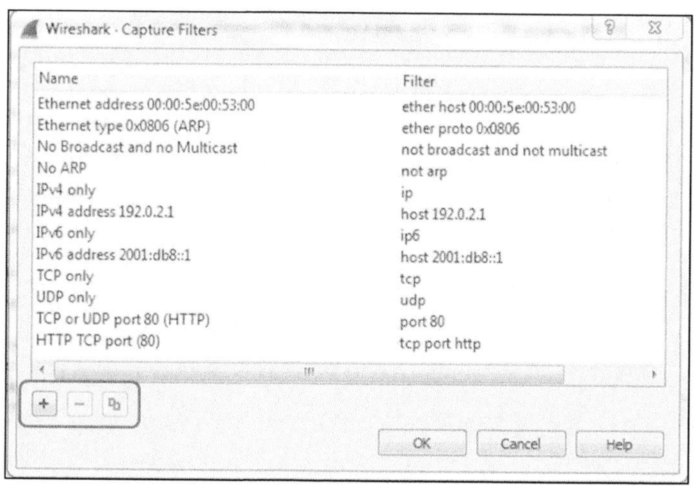

图 3.5

2．在 Capture Filters 窗口中，可点击相关按钮来添加、删除、复制抓包过滤器。

3.2.3 幕后原理

在 Wireshark - Capture Filters 窗口中，可基于伯克利数据包过滤器（Berkeley Packet Filter，BPF）的语法来配置抓包过滤器。在填写完抓包过滤器所含字符串之后，点击 Compile BPF 按钮，BPF 编译器将会检查所填字符串的语法，若通不过检查，会提示一条错误消息[1]。

除此以外，在 Capture Filter 窗口的文本框内输入抓包过滤器所含字符串时，若语法正确，文本框 Filter 部分的颜色会变绿，否则将会变红。

伯克利数据包过滤器（BPF）只会对输入进那个文本框的过滤器进行语法检查，不会检查其条件是否正确。比方说，若在文本框内只输入 host 不加任何参数，则文本框的颜色将会变红，表示通不过 BPF 编译器的检查；但若输入的是 host 192.168.1.1000，文本框的颜色将会变绿，表示通过了 BPF 编译器的检查。

BPF 所遵循的语法来源于 Steven McCanne 和 Van Jacobson 于 1992 年在伯克利大学劳伦斯伯克利实验室所写论文 *The BSD Packet Filter: A New Architecture for User-level Packet Capture*。

构成抓包过滤器的字符串名为过滤表达式。这一表达式决定了 Wireshark 对数据包的态度（是抓取还是放弃）。过滤表达式由一个或多个原词（primitive）构成。每个原词一般都会包含一个标识符（名称或数字），这一标识符可能会位列一或多个限定符之后。限定符的种类有以下 3 种。

- **type（类型）**：标识符（其形式为名称或数字）所指代的事物。可能存在的类型限定符包括主机名或主机地址标识符指代的 host 限定符、网络号标识符指代的 net 限定符、TCP/UDP 端口号标识符指代的 port 限定符等。
- **dir（方向）**：指明了发往和/或来自某个标识符（所指代的主机）的数据包的具体流动方向。比如，dir 限定符 src 和 dst 分别表示数据包源于/发往某个标识符（所指代的主机）。
- **proto（协议类型）**：精确指明了数据包所匹配的协议类型。比方说，proto 限定符 ether、ip 和 arp 分别用来指明以太网帧、IP（Internet 协议）数据包和 ARP（地址解析协议）帧。

标识符是用来进行匹配的实际条件。标识符既可以是一个 IP 地址（比如，10.1.1.1），也可以是一个 TCP/UDP 端口号（比如，53），还可以是一个 IP 网络地址（比如，用来表示 IP 网络 192.168.1.0/24 的 192.168.1）。

1　译者注：原文是“The Wireshark - Capture Filters window enables you to configure filters according to Berkeley Packet Filter (BPF). After writing a filter string, you can click on the Compile BPF button, and the BPF compiler will check your syntax, and if it's wrong you will get an error message”。在 Wireshark 第 2 版的 Capture Filters 窗口中，根本就没有什么 Compile BPF 按钮。要预定义新的抓包过滤器，只需先点击“+”号按钮，再到文本框内直接输入过滤器字符串，语法正确与否全看文本框 Filter 部分的颜色。在 Capture Interfaces 窗口里才有 Compile BPF 按钮。

对抓包过滤器 tcp dst port 135 而言：

- dst 为 dir 限定符；
- port 为 type 限定符；
- tcp 为 proto 限定符。

3.2.4 拾遗补缺

可进入 Wireshark - Capture Interfaces 窗口进行配置，让不同的抓包过滤器生效于不同的网卡，如图 3.6 所示。

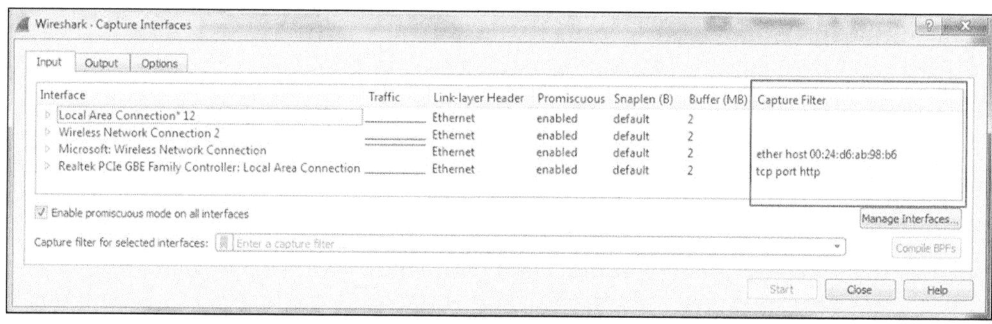

图 3.6

当 Wireshark 主机安装了双网卡，且需让两块网卡分别抓包时，就有可能需要如此配置。

抓包过滤器所含字符串都保存在 Wireshark 安装目录下的 cfilters 文件内。该文件不但会保存预定义的抓包过滤器，还会保存用户手工配置的过滤器。可将该文件复制进其他的 Wireshark 主机。cfilters 文件的具体位置要视 Wireshark 主机的操作系统及 Wireshark 软件的安装路径而定。

3.3 配置 Ethernet 过滤器

本书提及的 Ethernet 过滤器所指为第二层过滤器，即根据 MAC 地址来行使过滤功能的抓包过滤器。本节会介绍这种过滤器及其配置方法和使用方法。

3.3.1 准备工作

以下所列为一些简单的第二层过滤器。

- ether host <Ethernet host>：让 Wireshark 只抓取源于或发往由标识符 Ethernet host 所指定的以太网主机的以太网帧（即所抓以太网流量的源或目的 MAC 地址，与 Ethernet host 所定义的 MAC 地址相匹配）。

- ether dst <Ethernet host>：让 Wireshark 只抓取发往由标识符 Ethernet host 所指定的以太网主机的以太网帧（即所抓以太网流量的目的 MAC 地址，与 Ethernet host 所定义的 MAC 地址相匹配）。
- ether src <Ethernet host>：让 Wireshark 只抓取由标识符 Ethernet host 所指定的以太网主机发出的以太网帧（即所抓以太网流量的源 MAC 地址，与 Ethernet host 所定义的 MAC 地址相匹配）。
- ether broadcast：让 Wireshark 只抓取所有以太网广播流量。
- ether multicast：让 Wireshark 只抓取所有以太网多播流量。
- ether proto <protocol>：所抓以太网流量的以太网协议类型编号，与标识符<protocol>所定义的以太网协议类型编号相匹配。
- vlan <vlan_id>：让 Wireshark 只抓取由标识符<vlan_id>所指定的 VLAN 的流量。

要想让抓包过滤器中的字符串起反作用，需在原词之前添加关键字 not 或符号“！”。举例如下。

抓包过滤器 Not ether host <Ethernet host> 或 ！Ether host <Ethernet host>的意思是，让 Wireshark 舍弃源自或发往由标识符 Ethernet host 所指定的以太网主机的以太网流量（即所抓以太网流量的源或目的 MAC 地址，与 Ethernet host 所定义的 MAC 地址不匹配）。

3.3.2 配置方法

请看图 2.6 所示的网络，该网络中的一台路由器、一台服务器外加多台 PC 都连接到了同一台 LAN 交换机上。此外，有一台安装了 Wireshark 的笔记本也接入了该 LAN 交换机。在 LAN 交换机上已开启了端口镜像功能，并将整个 VLAN 1（该 LAN 交换机上的所有端口都隶属于 VLAN 1）的流量都重定向给了那台 Wireshark 主机。

图中紧随 IP 地址的符号/24 所指为该 IP 地址的 24 位子网掩码，其二进制和十进制的写法为：11111111.11111111.11111111.00000000 和 255.255.255.0。

以下所列为以图 3.7 所示网络为基础，根据特定需求配置的若干抓包过滤器。

- 要是只想让 Wireshark 抓取源于或发往某一具体 MAC 地址的流量，如源于或发往图中 PC3 的流量，抓包过滤器应如此配置：ether host 00:24:d6:ab:98:b6。
- 要是只想让 Wireshark 抓取发往某一具体 MAC 地址的流量，如发往图中 PC3 的流量，抓包过滤器应如此配置：ether dst 00:24:d6:ab:98:b6。
- 要是只想让 Wireshark 抓取源于某一具体 MAC 地址的流量，如源于图中 PC3 的流量，抓包过滤器应如此配置：ether src 00:24:d6:ab:98:b6。

- 要是只想让 Wireshark 抓取以太网广播流量，抓包过滤器应如此配置：ether broadcast 或 ether dst ff:ff:ff:ff:ff:ff。
- 要是只想让 Wireshark 抓取以太网多播流量，抓包过滤器应如此配置：ether multicast。
- 要是只想让 Wireshark 抓取特定以太网类型的流量（以太网类型代码值用十六进制数表示），比如，只抓取以太网类型为 0x0800 的流量，抓包过滤器应如此配置：ether proto 0800。

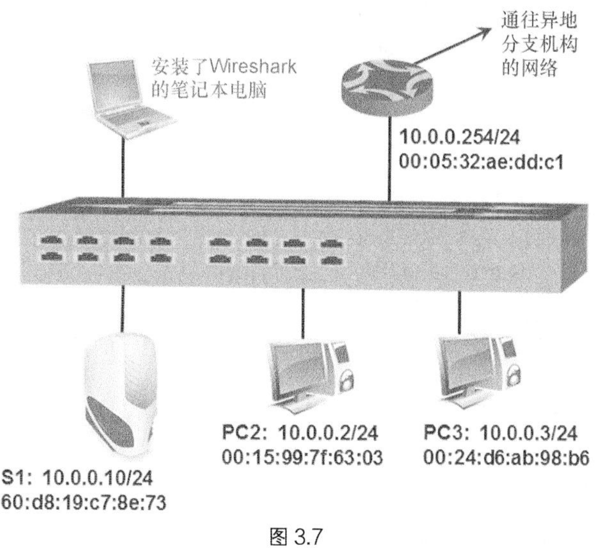

图 3.7

3.3.3 幕后原理

Wireshark Ethernet 抓包过滤器的运作原理非常简单：Wireshark 抓包引擎会先拿用户事先指定的源和/或目的主机 MAC 地址，与抓取到的以太网流量的源和/或目的 MAC 地址相比较，再筛选出源和/或目的 MAC 地址相匹配的流量。

所谓以太网广播流量，是指目的 MAC 地址为广播地址（MAC 地址为全 1，其十六进制写法为 ff:ff:ff:ff:ff:ff）的以太网流量。因此，只要启用了以太网广播过滤器，Wireshark 就只会抓取目的 MAC 地址为 ff:ff:ff:ff:ff:ff 的以太网流量。以下所列为常见的以太网广播流量。

- 第三层 IPv4 广播流量，其所对应的第二层以太网帧为以太网广播帧。以目的 IP 地址为 192.168.1.255（此乃 C 类广播地址）的 IPv4 数据包为例，与其相对应的第二层以太网帧的目的 MAC 地址就是以太网广播地址 ff:ff:ff:ff:ff:ff。
- 有特殊用途的以太网广播流量，比如，IPv4 ARP（地址解析协议）流量，其目的 MAC 地址也是以太网广播地址 ff:ff:ff:ff:ff:ff。

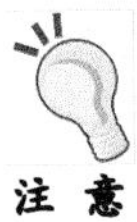
注 意

一般而言，有特殊用途的以太网广播流量对网络设备之间的“互通有无”必不可缺。除 IPv4 ARP 流量之外，此类流量还包括 RIP 路由协议流量等。

可利用多播过滤器，让 Wireshark 只抓取 IPv4/IPv6 多播流量。

- 但凡 IPv4 多播流量，其以太网帧的目的 MAC 地址必以 01:00:5e 打头。目的 MAC 地址以 01:00:5e 打头的所有以太网帧都将被视为以太网多播帧。
- 但凡 IPv6 多播流量，其以太网帧的目的 MAC 地址均以 33:33 打头。目的 MAC 地址以 33:33 打头的所有以太网帧也都被视为以太网多播帧。

以太网类型所指为以太网帧帧头的 ETHER-TYPE 字段，其值用来表示由以太网帧帧头所封装的高层协议流量的协议类型。若 ETHER-TYPE 字段值为 0x0800、0x86dd 以及 0x0806，则以太网帧帧头所封装的分别是 IPv4、IPv6 以及 ARP 流量。

3.3.4 拾遗补缺

- 要想让 Wireshark 只抓取某一特定 VLAN 的流量，抓包过滤器的语法应为 vlan <vlan number>。
- 要想让 Wireshark 只抓取某几个 VLAN 的流量，抓包过滤器的语法应为 vlan <vlan number> and vlan <vlan number> and vlan <vlan number>…

3.4 配置主机和网络过滤器

所谓主机和网络过滤器，是指基于 IP 地址的第三层过滤器，本章会介绍此类过滤器的使用及配置方法。

3.4.1 准备工作

以下所列为一些简单的第三层过滤器。

- ip 或 ipv6：让 Wireshark 只抓取 IPv4 或 IPv6 流量。
- host <host>：让 Wireshark 只抓取源于或发往由标识符 host 所指定的主机名或 IP 地址的 IP 流量。
- dst host <host>：让 Wireshark 只抓取发往由标识符 host 所指定的主机名或 IP 地址的 IP 流量。
- src host <host>：让 Wireshark 只抓取源于由标识符 host 所指定的主机名或 IP 地址的

IP 流量。

> 通过标识符 host，既可以指定 IP 地址，也可以指定与某个 IP 地址相关联的主机名称。比如，抓包过滤器 host www.packtpub.com 一经配置，Wireshark 就只会抓取发往或源于 Packt 网站的流量了，即所抓数据包的源或目的 IP 地址（在某种 Hostname-to-IP address 解析机制里）跟主机名称 www.packtpub.com 已经绑定。

- gateway <host>：让 Wireshark 只抓取穿 host 而过的流量。标识符 gateway 所指定的 host 必须为主机名称，且必须同时在某种 Hostname-to-IP address 解析机制（比如，主机名文件、DNS 或 NIS 等）以及 Hostname-to-Ethernet address 解析机制（比如，/etc/ethers 文件等）里"登记在案"。也就是说，该过滤器一经配置，Wireshark 所抓流量的源或目的 MAC 地址一定为标识符 gateway 所指定的 host 的 MAC 地址，但源或目的 IP 地址绝不会是标识符 gateway 所指定的 host 的 IP 地址。
- net <net>：让 Wireshark 只抓取源于或发往由标识符 net 所标识的 IPv4/IPv6 网络号的流量。
- dst net <net>：让 Wireshark 只抓取发往由标识符 net 所标识的 IPv4/IPv6 网络号的流量。
- src net <net>：让 Wireshark 只抓取源于由标识符 net 所标识的 IPv4/IPv6 网络号的流量。
- net <net> mask <netmask>：让 Wireshark 只抓取源于或发往由标识符 net 和 mask 共同指明的 IPv4 网络号的流量（对 IPv6 流量无效）。
- dst net <net> mask <netmask>：让 Wireshark 只抓取发往由标识符 net 和 mask 共同指明的 IPv4 网络号的流量（对 IPv6 流量无效）。
- src net <net> mask <netmask>：让 Wireshark 只抓取源于由标识符 net 和 mask 共同指明的 IPv4 网络号的流量（对 IPv6 流量无效）。
- net <net>/<len>：让 Wireshark 只抓取源于或发往由标识符 net 指明的 IPv4 网络号的流量。
- dst net <net>/<len>：让 Wireshark 只抓取发往由标识符 net 指明的 IPv4 网络号的流量。
- src net <net>/<len>：让 Wireshark 只抓取源于由标识符 net 指明的 IPv4 网络号的流量。

- broadcast：让 Wireshark 只抓取 IP 广播包
- multicast：让 Wireshark 只抓取 IP 多播包。
- ip proto <protocol code>：让 Wireshark 只抓取 IP 包头的协议类型字段值等于特定值（等于由标识符 proto 所指明的 protocol code［协议代码］值）的数据包。IP 数据包的种类繁多，随 IP 包头的协议类型字段值而异，比如，TCP 数据包（协议类型字段值为 6）、UDP 数据包（协议类型字段值为 17）和 ICMP 数据包（协议类型字段值等于 1）等。

注 意

可用 ip proto \<protocol name>（比如，ip proto \tcp）代替 ip proto <protocol code>这样的写法。

- ip6 proto <protocol>：让 Wireshark 只抓取 IPv6 主包头中下一个包头字段值等于特定值（等于由标识符 proto 所指明的 protocol 值）的 IPv6 数据包。请注意，无法使用该原词根据 IPv6 扩展包头链中的相关字段值来执行过滤。

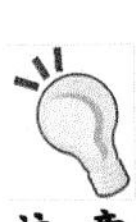
注 意

在 IPv6 包头中，有一个名为“下一个包头”的字段，用来指明本包头之后跟随的是哪一种可选扩展包头。IPv6 数据包可以形成扩展包头层层嵌套的局面。对当前版本的 Wireshark 而言，其抓包过滤器不支持基于 IPv6 扩展包头链中的相关字段值来执行过滤。

- icmp[icmptype]==<identifier>：让 Wireshark 只抓取特定类型[icmptype]的 ICMP 数据包。<identifier>表示的是 ICMP 头部中的类型字段值，比如，0（ICMP echo reply 数据包）或 8（ICMP echo request 数据包）等。

3.4.2 配置方法

这就根据上一节的内容，来举几个抓包过滤器的配置实例。

- 要让 Wireshark 只抓取源于或发往主机 10.10.10.1 的所有流量，抓包过滤器应如此配置：host 10.10.10.1。
- 要让 Wireshark 只抓取源于或发往主机 www.epubit.com 的所有流量，抓包过滤器应如此配置：host www.epubit.com。
- 要让 Wireshark 只抓取发往主机 10.10.10.1 的所有流量（即目的 IP 地址为 10.10.10.1 的数据包），抓包过滤器应如此配置：dest host 10.10.10.1。

- 要让 Wireshark 只抓取源自主机 10.10.10.1 的所有流量（即源 IP 地址为 10.10.10.1 的数据包），抓包过滤器应如此配置：src host 10.10.10.1。
- 要让 Wireshark 只抓取源于或发往 IP 网络 192.168.1.0/24 的所有流量，抓包过滤器应如此配置：net 192.168.1 或 net 192.168.1.0 mask 255.255.255.0 或 net 192.168.1.0/24。
- 要让 Wireshark 只抓取单播流量，抓包过滤器应如此配置：not broadcast 或 not multicast。
- 要让 Wireshark 只抓取源于或发往 IPv6 网络 2001::/16 的 IPv6 数据包，抓包过滤器应如此配置：net 2001::/16。
- 要让 Wireshar 只抓取源于或发往 IPv6 主机 2001::1 的所有流量，抓包过滤器应如此配置：host 2001::1。
- 要让 Wireshark 只抓取 ICMP 流量，抓包过滤器应如此配置：ip proto 1。
- 要让 Wireshark 只抓取 ICMP echo request 流量，抓包过滤器应如此配置：icmp[icmptype]==icmp-echo 或 icmp[icmptype]==8。在以上两个过滤器中，icmp-echo 和 8 分别表示 ICMP echo request 数据包的名称和类型（即 ICMP 数据包的 ICMP 头部中的类型字段值和与之对应的名称）。

3.4.3 幕后原理

配置主机过滤器时，若根据主机名执行过滤，则 Wireshark 会通过某种名称解析机制把用户输入的主机名转换为 IP 地址，并抓取与这一 IP 地址相对应的流量。比方说，若所配抓包过滤器为 host www.epubit.com，Wireshark 会通过某种名称解析机制（多半为 DNS）将其转换为某个 IP 地址，并抓取源于或发往这一 IP 地址的所有数据包。请注意，在此情形下，倘若 CNN Web 站点将访问它的流量转发给设有另一 IP 地址的其他 Web 站点，Wireshark 也只会抓取 IP 地址为前者的数据包。

3.4.4 拾遗补缺

以下所列为一些常用的抓包过滤器。

- ip multicast：用来抓取 IP 多播数据包。
- ip broadcast：用来抓取 IP 广播数据包。
- ip[2:2] == <number>：用来抓取特定长度的 IP 数据包（IP 包头的第 3、第 4 字节为 IP 包总长度字段，number 表示 IP 包总长度字段值）。
- ip[8] == <number>：用来抓取具有特定 TTL（生存时间）的 IP 数据包（IP 包头的第 9 字节为 TTL 字段，number 表示 TTL 字段值）。

➢ ip[12:4] ==ip[16:4]：表示数据包的源和目的 IP 地址相同（IP 包头的第 13 至第 16 字节为源 IP 地址字段，第 17～第 20 字节为目的 IP 地址字段）。

➢ ip[9] == <number>：用来抓取指定协议类型的 IP 数据包（IP 包头的第 10 字节为协议类型字段，number 表示协议类型字段值）。

本章的最后一节会对上述过滤器的语法做进一步的解释。图 3.8 揭示了上述过滤器的基本原理，中括号内的那两个数字用来确定抓包过滤器所要“关注”的相关协议头部（图中所示为 IP 包头，还可以关注 TCP、UDP 或其他协议头部）的内容，第一个数字指明了抓包过滤器应从协议头部的第几个字节开始关注，第二个数字则定义了所要关注的字节数。

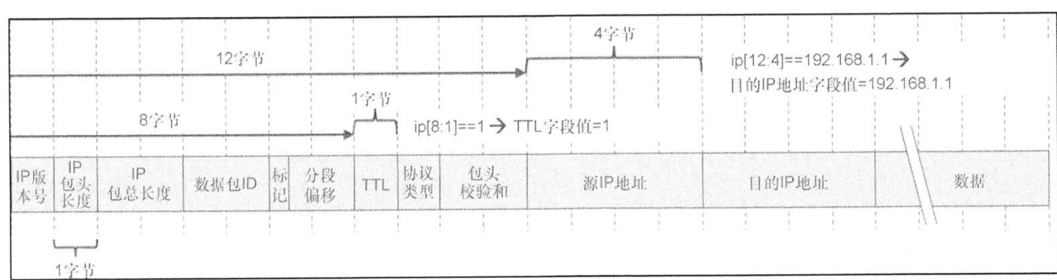

图 3.8

3.4.5 进阶阅读

➢ 欲知更多与 Wireshark 抓包过滤器有关的内容，请访问 tcpdump 手册页的主页。

3.5 配置 TCP / UDP 及端口过滤器

本节会介绍使用 Wireshark 抓包时，如何根据第 4 层协议 TCP/UDP 的端口号来实施过滤，同时会介绍这种抓包过滤方法。

3.5.1 准备工作

以下所列为几种基本的第 4 层抓包过滤器。

➢ port <port>：当根据第 4 层协议（如 TCP 或 UDP）来实施抓包过滤时，这种第 4 层过滤器一经应用，Wireshark 所抓数据包的（第 4 层协议的）源或目的端口号将匹配标识符 port 所指明的端口号。

➢ dst port <port>：当根据第 4 层协议（如 TCP 或 UDP）来实施抓包过滤时，这种第 4 层过滤器一经应用，Wireshark 所抓数据包的（第 4 层协议的）目的端口号将匹配标识符 port 所指明的端口号。

➢ src port <port>：当根据第 4 层协议（如 TCP 或 UDP）来实施抓包过滤时，这种第 4 层过滤器一经应用，Wireshark 所抓数据包的（第 4 层协议的）源端口号将匹配标识符 port 所指明的端口号。

以下所列为几种根据端口范围来执行过滤的第 4 层抓包过滤器。

- tcp portrange <p1>-<p2>或 udp portrange <p1>-<p2>：用来抓取源或目的端口范围介于 p1 和 p2 之间的 TCP 或 UDP 数据包。
- tcp src portrange <p1>-<p2>或 udp src portrange <p1>-<p2>：用来抓取源端口范围介于 p1 和 p2 之间的 TCP 或 UDP 数据包。
- tcp dst portrange <p1>-<p2>或 udp src portrange <p1>-<p2>：用来抓取目的端口范围介于 p1 和 p2 之间的 TCP 或 UDP 数据包。

除了端口号以外，抓包过滤器还能根据以下 TCP 标记来筛选数据包。

- tcp-urg：用来抓取紧急指针标记位置 1 的 TCP 数据包。
- tcp-rst：用来抓取 RESET 标记位置 1 的 TCP 数据包。
- tcp-ack：用来抓取 ACK 标记位置 1 的 TCP 数据包。
- tcp-syn：用来抓取 SYN 标记位置 1 的 TCP 数据包。
- tcp-psh：用来抓取 PUSH 标记位置 1 的 TCP 数据包。
- tcp-fin：用来抓取 FIN 位置 1 的 TCP 数据包。

3.5.2 配置方法

现根据上一节的内容，举几个抓包过滤器的配置实例，如下所列。

- 让 Wireshark 只抓目的端口号为 80 的数据包（HTTP 流量），抓包过滤器应如此配置：dst port 80 或 dst port http。
- 让 Wireshark 只抓源或目的端口号为 5060 的数据包（SIP 流量），抓包过滤器应如此配置：port 5060。
- 让 Wireshark 只抓所有用来发起（SYN 标记位置 1）TCP 连接的数据包，抓包过滤器应如此配置：tcp-syn!=0。
- 让 Wireshark 只抓所有用来发起（SYN 标记位置 1）或终止（FIN 标记位置 1）TCP 连接的数据包（TCP 连接属于全双工连接，客户端与服务器之间会建立双向连接。也就是说，建立 TCP 连接时，客户端向服务器发起连接之后，服务器也会向客户端发起连接，终止连接亦然），抓包过滤器应如此配置：tcp [tcpflags] & (tcp-syn | tcp-fin) != 0。

请注意，在过滤器 tcp[tcpflags]&(tcp-syn|tcp-fin)!=0 中，执行的是“位”运算（用的是“位与”运算符&），并非“逻辑”运算。举个例子，010 OR 101 等于 111，不等于 000。

- 让 Wireshark 只抓所有 RST 标记位置 1 的 TCP 数据包，抓包过滤器应如此配置：tcp [tcpflags]& (tcp-rst) != 0。
- 要想让 Wireshark 只抓取特定长度的数据包，抓包过滤器的写法有以下两种。
  - ✓ less <length>：让 Wireshark 只抓取不长于标识符 less 所指定的长度的数据包，其等价写法为：len <= <length>。
  - ✓ greater <length>：让 Wireshark 只抓取不短于标识符 greater 所指定的长度的数据包，其等价写法为：<len >= <length>。
- 让 Wireshark 只抓源或目的端口范围在 2000～2500 的 TCP 数据包，抓包过滤器的写法为：tcp portrange 2000-2500。
- 让 Wireshark 只抓源或目的端口范围在 5000～6000 之间的 UDP 数据包，抓包过滤器的写法为：udp portrange 5000-6000。

有些应用程序在运行时可能需要关联某段连续（而非某个具体）的 TCP 或 UDP 端口号，若要抓取涉及此类应用程序的流量，则可以根据端口范围来配置抓包过滤器。

3.5.3 幕后原理

第 4 层协议（主要是指 TCP 或 UDP）属于互连末端应用程序的协议。末端节点 A（比如，Web 客户端）向末端节点 B（比如，Web 服务器）发出连接建立请求时，最常见的“举动”就是发送（第 4 层协议）报文。运行在那两个末端节点之上，用来发起或接收连接的进程的代号称为（第 4 层）端口号。第 11 章会对此展开深入探讨。

对 TCP 和 UDP 而言，端口号就是用来标识应用程序的代号。这两种第 4 层协议之间的差别在于，前者属于面向连接的可靠协议，而后者则是无连接（即不建立连接）的不可靠协议。还有一种名叫流控传输协议（Stream Control Transport Protocol，SCTP）的第 4 层协议，这是一种高级版本的 TCP 协议，也使用端口号。

TCP 头部设有若干个标记位，这些标记位的主要作用是建立、维护及拆除连接。当 TCP 报文段的发送方将某一标记位置 1 时，其意在向 TCP 报文段的接收方传递某种信号。以下所列为 TCP 头部中几种常用的标记位。

- syn：用来表示打开连接。

- fin：用来表示拆除连接。
- ack：用来确认通过 TCP 连接收到的数据。
- rst：用来表示立刻拆除连接。
- psh：用来表示应将数据提交给末端应用程序（进程）处理。

利用第 4 层抓包过滤器，既可以让 Wireshark 只抓取某指定的基于 TCP 的应用程序生成或接收的流量，也能够筛选出开启了某个标记位的 TCP 流量。

注 意

在介绍过滤器 tcp[tcpflags]&(tcp-syn|tcp-fin)!=0 时，曾强调过使用的是运算符&，而不是更为常见的运算符&&。两种运算符的不同之处在于，使用前者（&或|）时，与运算是按位而不是按整个字段来执行的。

有趣的是，若将上面这种过滤器中的“!=”改为“==”，比如，在 Wireshark 中应用抓包过滤器 tcp[tcpflags]&(tcprst)==1 时，将抓不到任何数据包。这是因为该抓包过滤器会让 Wireshark 用 11111111 与所抓 TCP 报文段的标记字段值执行“位与”运算，并检查结果是否为 1。RST 标记位置 1 的 TCP 报文段的标记字段值为 00000010。因此，00000010 与 11111111 执行“位与”运算的结果为 00000010，并不等于 1。

换言之，若将该过滤器写为 tcp [tcpflags]&(tcp-rst)!=0，00000010 和 11111111 之间的“位与”运算结果为 00000010，不等于 0，故而能够匹配 RST 标记位置 1 的 TCP 报文段。

3.5.4 拾遗补缺

下列第 4 层抓包过滤器可供读者在某些反常情况下（比如，当网络遭到攻击时）使用。

- tcp[13] & 0x00 = 0：用来抓取所有标记位都未置 1 的 TCP 流量(在怀疑遭受空扫描[null scan]攻击时使用)。
- tcp[13] & 0x01 = 1：用来抓取 FIN 位置 1 但 ACK 位置 0 的 TCP 流量。
- tcp[13] & 0x03 = 3：用来抓取 SYN 和 FIN 位同时置 1 的 TCP 流量。
- tcp[13] & 0x05 = 5：用来抓取 RST 和 FIN 位同时置 1 的 TCP 流量。
- tcp[13] & 0x06 = 6：用来抓取 SYN 和 RST 位同时置 1 的 TCP 流量。
- tcp[13] & 0x08 = 8：用来抓取 PSH 位置 1 但 ACK 位置 0 的 TCP 流量。

图 3.9 揭示了上述 TCP 抓包过滤器的幕后原理。由图中所示 TCP 头部的格式可知，在上述 TCP 抓包过滤器中，tcp[13]所含数字 13 指代的是 TCP 头部中的“标记”字段（自 TCP 头部的起始处偏移 13 个字节），而“=”后面的 1、3、5 等数字则表示的是标记字段中各 TCP 标

记位的置位情况。

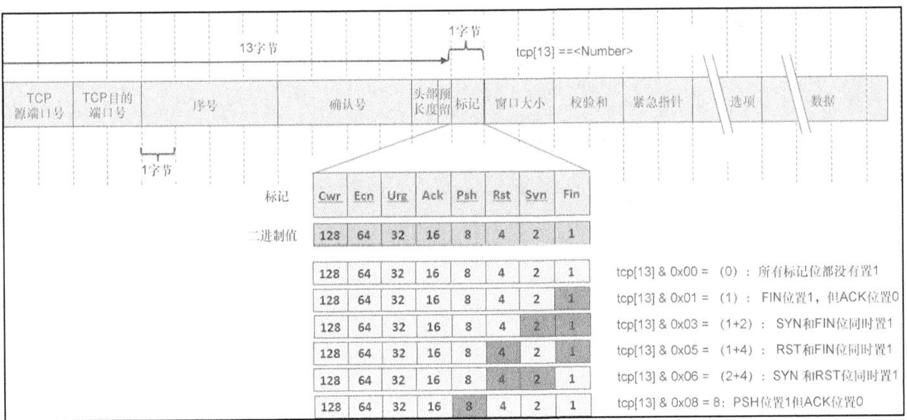

图 3.9

3.5.5 进阶阅读

第 11 章会详细介绍 TCP 和 UDP 这两种第 4 层协议。

3.6 配置复合型过滤器

复合型过滤器也叫结构化过滤器，由多个过滤条件构成，过滤条件之间通过 not、and 或 or 之类的操作符来进行关联。

3.6.1 准备工作

结构化抓包过滤器的格式如下所示：

```
[not] primitive [and | or [not] primitive ...]
```

以下所列为创建 Wireshark 抓包过滤器时经常用到的操作符。

- ！或 not
- &&或 and
- || 或 or

对于以下按位运算符：

- &用来执行“位与”运算；
- |用来执行“位或”运算。

3.6.2 配置方法

编写结构化抓包过滤器也很简单，只需根据本章前几节的内容“拼接”好满足需求的一个个条件即可。

下面给出一些经常会用到的结构化抓包过滤器。

- 要让 Wireshark 只抓单播数据包，抓包过滤器应如此配置：not broadcast and not multicast。
- 要让 Wireshark 只抓往来于 www.youtube.com 站点的 HTTP 流量，抓包过滤器应如此配置：host www.youtube.com and port 80。
- 要让 Wireshark 只抓往来于主机 192.180.1.1 的 Telnet 流量，抓包过滤器应如此配置：tcp port 23 and host 192.180.1.1。
- 要让 Wireshark 抓取所有 Telnet 流量，但由主机 192.168.1.1 发起的除外，抓包过滤器应如此配置：tcp port 23 and not src host 192.168.1.1。
- 要让 Wireshark 抓取所有访问服务器 216.58.209.68 和 216.58.209.69 的 80 端口的流量（HTTP 流量），抓包过滤器应如此配置：((tcp) and (port 80) and ((dst host 216.58.209.68) or (dst host 216.58.209.69)))。

3.6.3 幕后原理

再举一个复杂的结构化抓包过滤器示例。

- 要让 Wireshark 抓取所有 TCP 源端口范围为 5000～6000 的 Telnet 流量（即源端口范围为 5000～6000，目的端口号为 23 的 TCP 流量），抓包过滤器应如此配置：tcp dst port 23 and tcp src portrange 5000-6000。

3.6.4 拾遗补缺

最后举几个比较有意思的结构化抓包过滤器，其具体涵义由读者自行分析。

- host www.mywebsite.com and not (port 80 or port 23)
- host 192.168.0.50 and not tcp port 80
- host 10.0.0.1 and not host 10.0.0.2

3.7 配置字节偏移和净载匹配型过滤器

就过滤功能而言，字节偏移和净载匹配型过滤器要更加灵活，网管人员可凭借该工具来配置自定义型抓包过滤器(自定义型过滤器是指所含字段为非 Wireshark 解析器预定义的过滤器，可针对私有协议流量实施过滤)。只要网管人员熟悉所接触的网络协议，且对协议数据包的结构摸得门清，就能针对包中所含特定字符串定制特殊的抓包过滤器，让 Wireshark 在抓包时根据这一过滤器来筛选流量。本节会讲解如何配置这种特殊类型的抓包过滤器，同时还会列举几个在实战中可能会经常用到的配置示例。

3.7.1 准备工作

要配置字节偏移和净载匹配型抓包过滤器，请运行 Wireshark 软件，并按 3.2 节所述步骤行事。

字节偏移和净载匹配型抓包过滤器一经应用，Wireshark 便会用其中所含字符串与所抓数据包的相关协议头部中的某些字段值进行比对，并根据比对结果实施过滤。这种过滤器的格式有以下两种。

- proto [offset:bytes]，其中 offset 是指让 Wireshark 从协议头部的第几个字节开始检查，bytes 是指所要检查的字节数。比如，ip[8:1]会让 Wireshark 检查 IP 包头的第 9 个字节，而 tcp [8:2]则会让 Wireshark 检查 TCP 头部的第 9 个和第 10 个两个字节。
- proto [bytes]，其中 bytes 是指让 Wireshark 从协议头部的第几个字节开始检查。比如，ip [8]会让 Wireshark 检查 IP 包头的第 9 个字节。

有了上述过滤器，便可以让 Wireshark 在抓包时，根据 IP、UDP、TCP 等协议头部中的某些字段值来实施过滤。对于净载匹配型过滤器，还得知道下述信息。

- proto [x:y]&z = 0：表示 Wireshark 所检查的字节（的二进制）与掩码 z 执行“位与”运算后得到的结果，应等于 0（即数据包中有待检查的字段的所有位必须置 0)。
- proto [x:y]&z != 0：表示 Wireshark 所检查的字节（的二进制）与掩码 z 执行“位与”运算后得到的结果，应不等于 0（即数据包中有待检查的字段的某些指定位[具体的位通过 z 来指定]必须全都置 1)。
- proto [x:y]&z = z：表示 Wireshark 所检查的字节（的二进制）与掩码 z 执行“位与”运算后得到的结果，应与 z 本身精确匹配。
- proto [x:y] = z：表示 Wireshark 所检查的字节（的二进制）应与 z 精确匹配（即数据包中有待检查的字段的值，应精确等于 z）[1]。

3.7.2 配置方法

1．要想针对 IP 层来实施过滤，字节偏移和净载匹配型抓包过滤器的格式为：

1 译者注：原文是“proto[x:y] = z: proto[x:y] has the bits set exactly to z”。

```
ip[Offset:Bytes]
```

2. 要想根据第 4 层协议头部中的某些字段值，乃至应用程序的某些特征来实施过滤（比如，针对 UDP、TCP 头部中的某些字段值，或 FTP、HTTP 流量的某些特征来实施过滤），最常用的字节偏移和净载匹配型抓包过滤器有以下两种：

```
tcp[Offset:Bytes]
```

和

```
udp[Offset:Bytes]
```

3.7.3 幕后原理

下面给出了字节偏移和净载匹配型抓包过滤器的常规写法：

```
(proto [Offset in bytes from the start of the header : Number of bytes to check])
```

proto （协议类型，如 IP、UDP、TCP 等）[协议头部前多少个字节数:抓包过滤器所要检查的字节数]

下面举几个常用的字节偏移和净载匹配型抓包过滤器示例。

- 要让 Wireshark 只抓目的端口范围为 50～100 的 TCP 数据包，抓包过滤器应如此配置：tcp[2:2] > 50 and tcp[2:2] < 100，如图 3.10 所示。

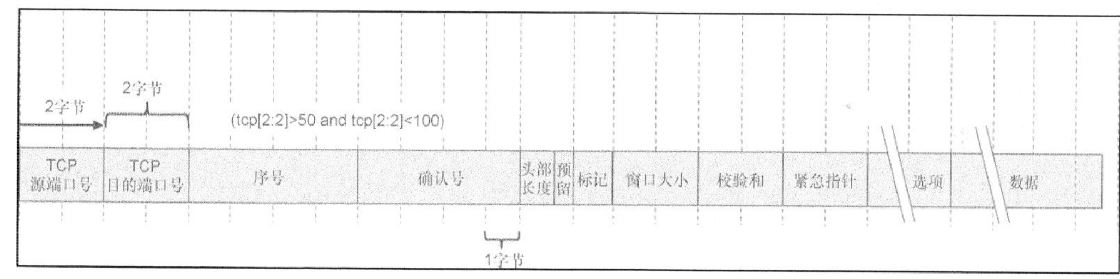

图 3.10

中括号内的第一个数字 2 表示：抓包过滤器应从（Wireshark 主机网卡所收数据包的）TCP 头部的第 2 个字节起开始检查；第二个数字 2 则指明了检查范围为 2 字节长，即只检查 TCP 头部的目的端口号字段值。数字 50 和 100 则划定了端口范围（确定了 TCP 头部中目的端口号字段值的范围）。

- 要让 Wireshark 只抓窗口大小字段值低于 8192 的 TCP 数据包，抓包过滤器应如此配置：tcp[14:2] < 8192，如图 3.11 所示。

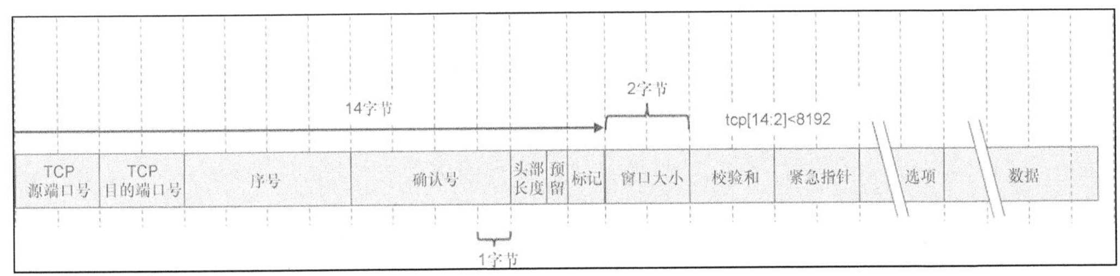

图 3.11

中括号内的第一个数字 14 表示：抓包过滤器应从（Wireshark 主机网卡所收 TCP 数据包的）TCP 头部的第 14 个字节起开始检查；第二个数字 2 则指明了检查范围为 2 字节长，即只检查 TCP 头部中窗口大小字段值；< 8192 则指明了检查条件。

- 要让 Wireshark 只抓 HTTP GET 消息，抓包过滤器应如此配置：port 80 and tcp[((tcp[12:1] &0xf0) >> 2):3] = 0x474554。

  (tcp[12:1]&0xf0)>>2 指明了 TCP 头部的长度[1]。

3.7.4 拾遗补缺

下面再给几个刊载于 tcpdump 手册页的字节偏移和净载匹配型抓包过滤器示例。

- 要让 tcpdump（或 Wireshark）只抓取 TCP 源或目的端口号均为 80 的 HTTP 流量（其实是抓取源或目的端口号均为 80，且只包含实际 HTTP 数据的 TCP 流量。也就是说，在这批数据包的 TCP 头部的 SYN 位、FIN 位或 ACK 位中，有且只有 1 位置 1），抓包过滤器应如此配置：tcp port 80 and (((ip[2:2] - ((ip[0]&0xf)<<2)) - ((tcp[12]&0xf0)>>2)) != 0)。
- 要让 tcpdump（或 Wireshark）抓取各条 TCP 会话中的首尾 2 个数据包，且这些数据

1 译者注：TCP 头部的第 13 个字节的头 4 位为有意义的位，是 TCP 头部的长度字段，用来指明 TCP 头部的长度；后 4 位预留，全都置 0。TCP 头部长度字段值乘以 4，表示 TCP 头部的实际长度。以 TCP 头部的长度为默认 20 字节的情况为例，此时，TCP 头部字段值为 0x5。于是，TCP 头部的第 13 个字节的值为 0x50。0x50 与 0xf0 执行"位与"运算的结果还是 0x50（二进制值 01010000），再执行右移两位的移位运算（>>2），得到 10100（十进制值 20，常规情况下的 TCP 头部的实际长度）。之所以要用这么复杂的表达式，是因为还得考虑 TCP 头部包含选项字段的情况。所以说，过滤表达式"(tcp[12:1]&0xf0)>>2"的作用是，只要是 TCP 报文段，不论 TCP 头部的长度为何，都能精确指明 TCP 头部的字节数）。于是，可以很容易地看出抓包过滤器"port 80 and tcp[((tcp[12:1] &0xf0) >> 2):3] = 0x474554"的真正含义，那就是让 Wireshark 先筛选出目的端口号为 80 的 TCP 报文段，再检查 TCP 净载的头三个字节是否分别精确匹配 0x47、0x45 和 0x54，即那三个字节在 Wireshark 的数据包内容区域里是不是分别以 G、E、T 的面目示人（对应于 HTTP GET 命令）。

包的源和目的 IP 地址均不隶属于抓包主机所在 IP 子网，抓包过滤器应如此配置：tcp[tcpflags] & (tcp-syn|tcp-fin) != 0 and not net <local-subnet>。请牢记，TCP 连接为全双工，此过滤器一配，对于每条 TCP 连接，Wireshark 都会抓到 4 个数据包，即建立连接三次握手时客户端和服务器之间交换的第一个数据包，外加关闭连接四次握手时两者之间互发的最后一个数据包。

- 要让 tcpdump（或 Wireshark）抓取以非以太网封装方式发送的 IP 多播或广播数据包，抓包过滤器应如此配置：ether[0] & 1 = 0 and ip[16] >= 224。
- 要让 tcpdump（或 Wireshark）抓取所有类型的 ICMP 数据包，但 ICMP echo reply 和 echo request 数据包除外（即抓取所有 ICMP 流量，但由 IP ping 程序生成的流量除外），抓包过滤器应如此配置：icmp[icmptype] != icmp-echo and icmp[icmptype] != icmp-echoreply。请注意，并不是只有执行 ping 命令才能生成 ICMP echo reply 和 echo request 数据包，执行 traceroute 等操作也有可能会生成这两种类型的数据包。

3.7.5 进阶阅读

- Wireshark 官网提供了一款 Wireshark 抓包过滤器生成工具。虽然该工具生成的抓包过滤器未必总能有效，但用它来练练手还是不错的。

第4章 显示过滤器的用法

本章涵盖以下内容：

- 显示过滤器简介；
- 配置 Ethernet、ARP、主机及网络过滤器；
- 配置 TCP/UDP 过滤器；
- 配置指定协议类型的过滤器；
- 配置字节偏移型过滤器；
- 配置显示过滤器宏。

4.1 显示过滤器简介

本节会讲解如何配置并使用 Wireshark 显示过滤器。显示过滤器要用在 Wireshark 抓取数据包之后（此时，Wireshark 抓到的数据可能已经经过了抓包过滤器的过滤），使用它的目的是要让 Wireshark 按照要求显示已经抓取到的部分数据。

可根据以下限定规则来配置 Wireshark 显示过滤器，对已经抓取到的数据包做进一步的精挑细选。

- 根据某些参数，比如，IP 地址、TCP/UDP 端口号、URL 或某台服务器的名称等。
- 根据某些条件，像“TCP 目的端口号在 1000～2000 之间”或“数据包长度不应长于 1000 字节”这样的描述，都可以算作条件。
- 根据某些现象，比如，TCP 重传、TCP 重复确认、怪异的 TCP 确认方式、数据包中某些原本应该置 0 的标记位实际却置 1、数据包“身背”协议错误状态码等现象。

➢ 根据各种应用程序参数，比如，短消息服务（Message Service，SMS）的始发地和目的地号码，或服务消息块（Server Message Block，SMB）、简单邮件传输协议（Simple Mail Transfer Protocol，SMTP）、服务器名称等。

通过网络传送的任何数据都可以过滤，在过滤时，还可以根据过滤条件生成相关统计信息和图形[1]。

本节会介绍 Wireshark 显示过滤器的各种配置方法，包括通过预制菜单配置、从数据包显示栏内截取、在 Filter 输入栏内直接输入过滤语句等。

注 意

请别忘了，捯饬显示过滤器时，有待过滤的所有数据都已被 Wireshark 抓获，显示出的数据只是经过显示过滤器筛选而已。也就是说，抓包文件依旧会保存 Wireshark 抓到的所有原始数据，可在应用显示过滤器之后，让 Wireshark 把经过筛选的数据单独保存为一个新的文件。

4.2 配置显示过滤器

配置显示过滤器时，可选择以下几种方法。

➢ 借助于显示过滤器表达式（Display Filter Expression）窗口。

➢ 在显示过滤器工具条的 Filter 输入栏里直接输入过滤语句（与此同时，Wireshark 还可以照常抓包；此法注定会成为读者以后最常用的筛选所抓数据包的方法）。

➢ 在抓包主窗口的数据包结构区域中，将数据包的某个属性值选定为显示过滤器的过滤条件。

➢ 通过 tshark 或 wireshark 命令行来配置。

本节只介绍前 3 种显示过滤器的配置方法。

4.2.1 配置准备

每条显示过滤器通常都是由若干原词构成，原词之间通过连接符（比如，and 或 or 等）连接，原词之前还可以添加 not 表示来相反的意思，其语法如下所列：

```
[not] Expression [and|or] [not] Expression...
```

其中：

➢ Expression 可以为任意原词形式的过滤表达式，比如，表示源 IP 地址的 ip.src==

1 译者注：作者的原意应该是，显示过滤器可与 Wireshark 的其他功能或内置工具配搭使用。

192.168.1.1，表示 TCP SYN 标记位置 1 的 tcp.flags.syn==1，表示发生 TCP 重传现象的 tcp.analysis.retransmission 等；

- 连接符 and|or 则用来连接各个过滤表达式；每个原词形式的过滤表达式则会包括任意长度的字符串以及一或多对括号，

表 4.1 所列为显示过滤表达式中条件操作符的用途。

表 4.1

类似于 C 语言的操作符	简写形式	描　述	举　例
==	eq	等于	ip.addr == 192.168.1.1 或 ip.addr eq 192.168.1.1
!=	ne	不等于	!ip.addr==192.168.1.1、 ip.addr != 192.168.1.1 或 ip.addr ne 192.168.1.1
>	gt	高（长、大）于	frame.len > 64
<	lt	低（短、小）于	frame.len < 1500
>=	ge	不高（长、大）于	frame.len >= 64
<=	le	不低（短、小）于	frame.len <= 1500
	is present	符合某项参数、满足某个条件，或出现某个现象	http.response
	contains	包含某个（串）字符	http.host contains epubit
	matchs	某串字符匹配某个条件	http.host matches www.epubit.com

在参数和条件操作符之间可以不留空格，也可以保留空格。

注　意

在显示过滤表达式中用条件操作符“！=”为 eth.addr、ip.addr、tcp.port 或 udp.port 等参数设定条件时，Wireshark 总会为其配上黄色背景色，这表示该过滤表达式语法无误，但并不会生效，原因如下。

当人们输入类似于 ip.addr != 192.168.1.100 这样的过滤表达式时，是希望 Wireshark 过滤掉抓包文件中源和目的 IP 地址均不为 192.168.1.100 的数据包。可惜，每个 IP 数据包必含 2 个 IP 地址，一为源 IP 地址，一为目的 IP 地址。Wireshark 根据上面这条过滤表达式执行显示过滤功能时，只要发现源或目的 IP 地址至少有一个不为 192.168.1.100，便会判定条件为真。出于这个原因，要想让 Wireshark 显示源和目的 IP 地址均不为 192.168.1.100 的数据包，显示过滤表达式的正确写法应该是：!(ip.addr == 192.168.1.100)。

表 4.2 所列为显示过滤表达式中逻辑关系操作符的用途。

表 4.2

类似于 C 语言的操作符	简写形式	描述	举　例
&&	and	逻辑与	ip.src==10.0.0.1 and tcp.flags.syn==1 由 IP 主机 10.0.0.1 发出的所有 SYN 标记位置 1，且只有该位置 1 的 TCP 数据包（即 IP 主机 10.0.0.1 建立或尝试建立 TCP 连接时发出的首个数据包）
||	or	逻辑或	ip.addr==10.0.0.1 or ip.addr==10.0.02 所有发往或源于 IP 主机 10.0.0.1 或 10.0.0.2 的数据包。
!	not	逻辑非	not arp and not icmp 除 ARP 和 ICMP 数据包之外的所有数据包

4.2.2 配置方法

可选择之前提及的几种配置方法之一来配置显示过滤器。

要用显示过滤器表达式窗口来配置显示过滤器，请按以下步骤行事。

1．请把鼠标移动至过滤器工具条上的 Expression 按钮，如图 4.1 所示。

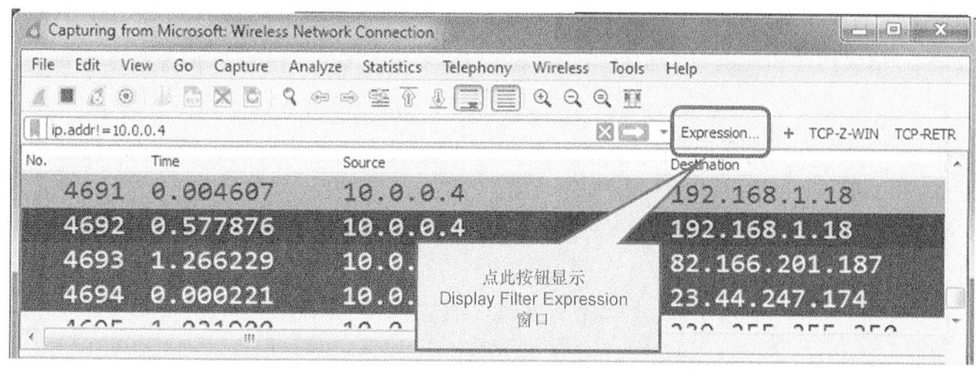

图 4.1

2．点击 Expression 按钮，Display Filter Expression 窗口会立刻弹出，如图 4.2 所示。

Display Filter Expression 窗口由以下几个重要区域构成。

➢ **Field Name（协议头部中的字段名称）**：在该区域，可利用 Wireshark 预定义的协议模板来配置显示过滤器所含各参数。点最左边的小三角形，即可浏览到相关协议的各个属性（或协议头部中各字段的名称），并可选择相应的属性作为显示过滤器的参数。

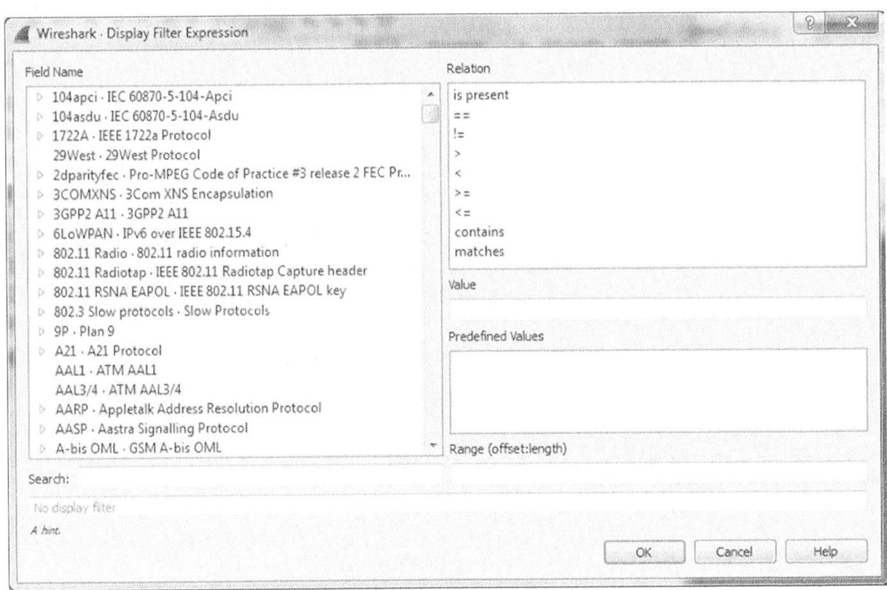

图 4.2

例 1

要想基于某一具体的 IPv4 地址来构造显示过滤器，就得先找到 IPv4 协议，点其左边的小三角形，暴露出 Wireshark 所支持的 IPv4 的各项属性（或 IPv4 包头中的各个字段），然后再选择 ip.addr 作为显示过滤器的参数即可。

例 2

要想基于某一具体的 TCP 源或目的端口号来构造显示过滤器，需先找到 TCP 协议，点击左边的小三角形，暴露出 Wireshark 所支持的 TCP 的各项属性（或 TCP 头部的各个字段），然后再选择 tcp.port 作为显示过滤器的参数即可。

- **Relation（关系）**：可从该区域选择条件操作符。选择“==”表示“等于”，选择“!=”表示“不等于”，依此类推。

例 3

注 意

要想让 Wireshark 只显示包含 SIP INVITE 方法的数据包，需先在 Field name 下面找到 SIP 协议，点其左边的“+”号，在暴露出的 Wireshark 所支持的 SIP 协议的各项属性中选择 sip.Method；然后在 Relation 区域中选择“==”；最后在 Value 区域中输入 invite。

➢ **Value（值）**：可在该区域的输入栏内输入事先从 Filed Name 区域中选择的协议头部字段（或协议属性）的字段值（或属性值）。

例 4

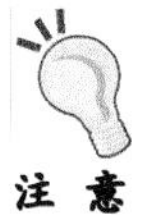
注 意

要想让 Wireshark 只显示 TCP 头部中 SYN 标记位置 1 的数据包，需先在 Field Name 找到 TCP 协议，点击左边的小三角形，然后在暴露出的 Wireshark 所支持的 TCP 的各项属性（或 TCP 头部中的各个字段）中选择 tcp.flags.syn，最后在 Value 区域的输入栏中输入 1。

➢ **Predefined values（预定义值或预定义选项）**：该区域是否有效，取决于定义显示过滤器时，在 Field Name 区域中所选择的协议类型或协议属性。该区域的内容既有可能是布尔值（True 或 Flase），也有可能是 Wireshark 为某种协议或某种协议的某项属性预先定义的一系列选项。

例 5

注 意

在 Field Name 区域的 TCP 协议中，包含了一个名为 tcp.option_kind 的属性，此属性与 TCP 头部选项有关（欲知更多与 TCP 头部选项有关的信息，请阅读本书第 11 章）。若在配置显示过滤器时，选择了该属性，则只要点选 Relation 区域内的相关条件操作符，在 Predefined values 区域内便会出现 Wireshark 为该属性预先定义的某些选项。

➢ **Search（搜索）**：用来搜索过滤器表达式。要是忘记了某个过滤表达式的写法，便可在该区域内输入过滤表达式所包含的字符，让 Field Name 区域显示包含这些字符的完整的协议相关过滤表达式。比方说，在 Search 输入栏内输入 ip fragment 时，Field Name 区域便会显示出包含 ip fragment 字样的 OpenFlow 和 Cisco NetFlow 协议过滤表达式，如图 4.3 所示。

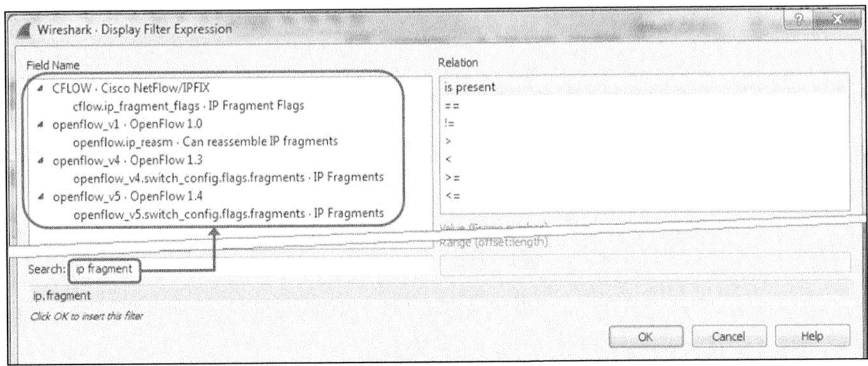

图 4.3

在 Search 输入栏内输入 ipv4 fragment 时，Field Name 区域便会显示出包含 ipv4 fragment 字样的 IPv4 协议分片相关过滤表达式，如图 4.4 所示。

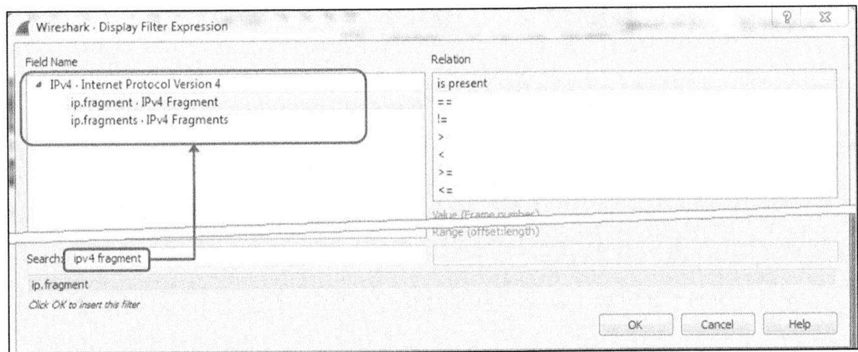

图 4.4

在显示过滤器工具条的 Filter 输入栏内直接输入显示过滤器的方法如下所示。

1. 只要掌握了显示过滤器的配置语法，在显示过滤器工具条的 Filter 输入栏内直接输入显示过滤语句，可谓是一种最为方便的配置显示过滤器的方法了，如图 4.5 所示。

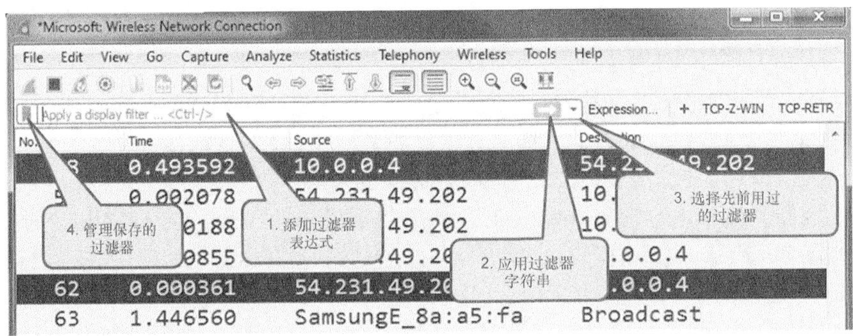

图 4.5

2. 向 Filter 输入栏内输入显示过滤语句所包含的字符时，输入栏的背景色可能会呈以下三种颜色之一。

➢ **绿色**：表示输入的过滤语句正确，可应用于抓包文件。

➢ **红色**：表示输入的过滤语句有误，在应用于抓包文件之前必须修改。

➢ **黄色**：只要过滤语句中包含了操作符“!=”，Filter 输入栏的背景色就会呈黄色，这并不表示过滤语句有误，只是提醒用户，过滤语句在应用于抓包文件之后，可能不会生效。

3. 要应用输入的显示过滤器，请点击 Filter 输入栏靠右的“右箭头”按钮，或按回车键。

4. 要选择先前定义的显示过滤器，请点击 Expression 按钮左边的“向下”按钮。

5. 要管理显示过滤器和显示过滤器表达式，请点击 Filter 输入栏最左边的按钮，如图 4.6 所示。

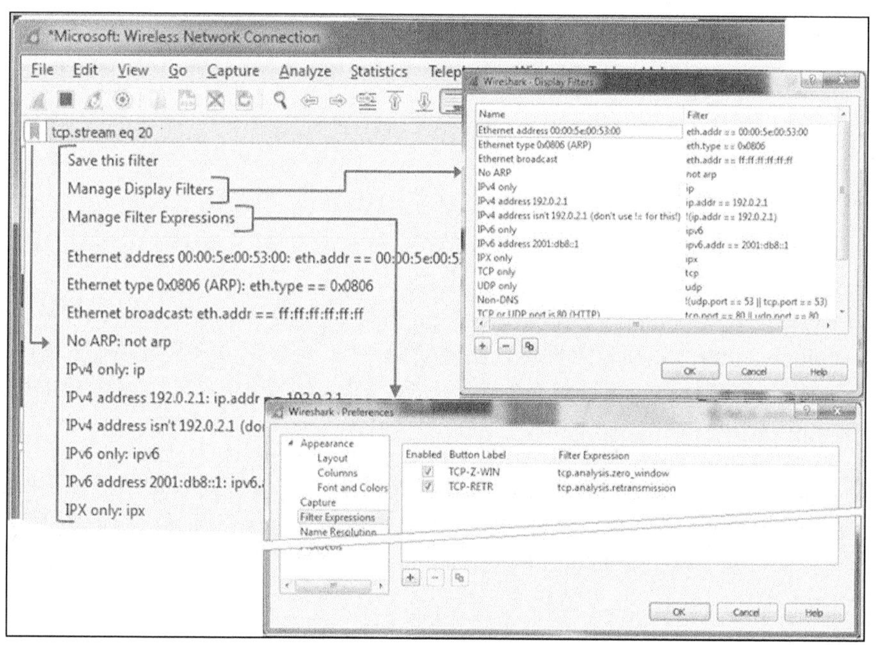

图 4.6

6. 只要在弹出的下拉菜单中选择 Manage Display Filters 菜单项，即可在 Display Filter 窗口中添加显示过滤器，以供将来使用（比如，为特定的配置模板添加专用的显示过滤器）。

7. 在弹出的下拉菜单中选择 Manage Filter Expressions 菜单项，会进入 Perference 窗口的

Filter Expression 配置界面，可点击窗口右半边的“+”按钮添加显示过滤表达式。以这种方式添加的显示过滤表达式将会出现在显示过滤器工具条的最右侧，其目的是便于使用。

还可以在抓包主窗口的数据包结构区域内，将数据包的某个属性值指定为显示过滤器。

这是一种定义显示过滤器的快捷方法。可在抓包主窗口中的数据包结构区域内，把数据包的某个属性（特征或协议头部字段值）指定为显示过滤器。为此，请在该区域内选中相关数据包的某个属性，单击右键，在弹出的菜单中包含了几个与显示过滤器有关的菜单项，如图 4.7 所示。

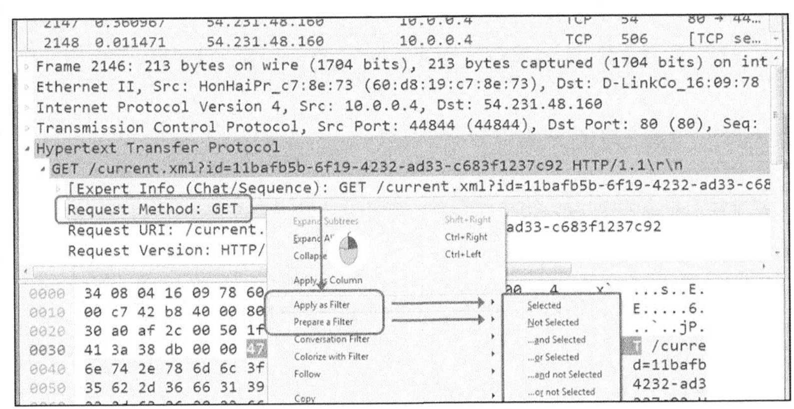

图 4.7

以下是对图 4.7 所示的菜单中各菜单项的介绍。

➢ **Apply as Filter（直接作为显示过滤器使用）**：只要点选了该菜单项下的各子菜单项，事先选定的数据包的属性将会作为显示过滤器（或其中的一项参数），并同时作用于抓包文件。

➢ **Prepare a Filter（作为有待应用的显示过滤器）**：只要点选了该菜单项下的各子菜单项，事先选定的数据包的属性将会成为有待应用的显示过滤器（或其中的一项参数）（选定后，需点 **Apply** 按钮才能生效）。

以下所列为上述两个右键菜单项中都包含的两个子菜单项的作用。

➢ **Selected：**将选定的字段或参数作为显示过滤参数。

➢ **Not Selected：**以逻辑非的方式将选定的字段或参数作为显示过滤参数。

现举例对以上两个子菜单项的作用加以说明。若在某个 HTTP 数据包的 hypertext transfer protocol 下选中 request.method：GET，同时单击右键，并在弹出的菜单中选择了 Apply as Filter 菜单项下的 Selected 子菜单项，则 Wireshark 将会在显示过滤器工具栏的 Filter 输入栏内自动生成显示过滤表达式 http.request.method == GET；若选择了 Apply as Filter 菜单项下的 Not Selected 子菜单项，则 Wireshark 会在显示过滤器工具栏的 Filter 输入栏内自动生成显示过滤表达式!(http.request.method == "GET")。这也正是这两个子菜单项的区别所在。

此外，还可以使用 Apply as Filter 和 Prepare a Filter 菜单项所包含的 and selected、or selected、and not selected 或 or not selected 子菜单项来构造显示过滤表达式。

4.2.3 幕后原理

显示过滤器为 Wireshark 软件所独有。用 Wireshark 执行抓包分析任务时，有很多地方都会用到显示过滤器，相关内容会在本书后续章节随文讲解。

在显示过滤器工具条的 Filter 输入栏内输入显示过滤器时，可借助于自动补齐特性来完成过滤器的构造。试举一例，在 Filter 输入栏内输入 tcp.f 时，自动补齐特性将会生效，Wireshark 会在该输入栏下自动列出所有以 tcp.f 打头的显示过滤器参数（即 TCP 数据包的属性或 TCP 头部中的字段），如图 4.8 所示。对于本例，以 tcp.f 打头的显示过滤器参数是 tcp.flag（可利用该参数来引用 TCP 头部中的各标记位字段值）。

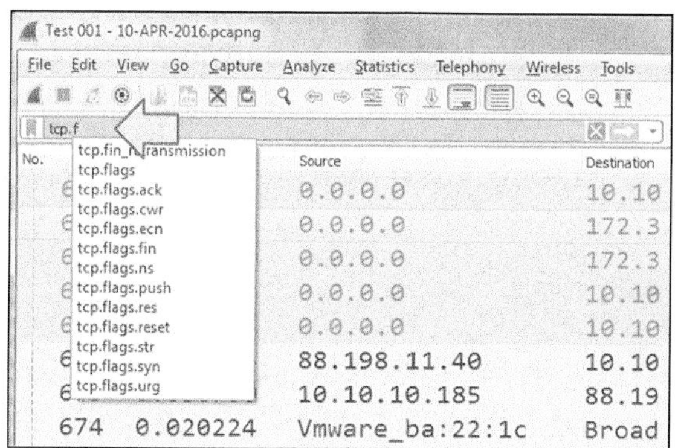

图 4.8

4.2.4 拾遗补缺

本节将介绍几个与 Wireshark 显示过滤器有关的操作技巧。

➢ 如何获悉显示过滤器所包含的参数？

✓ 在 Wireshark 抓包主窗口的数据包结构区域中，只要选中了任何一种协议头部的某个字段，与该字段相对应的显示过滤参数将会出现在抓包主窗口底部状态栏的左侧，如图 4.9 所示。

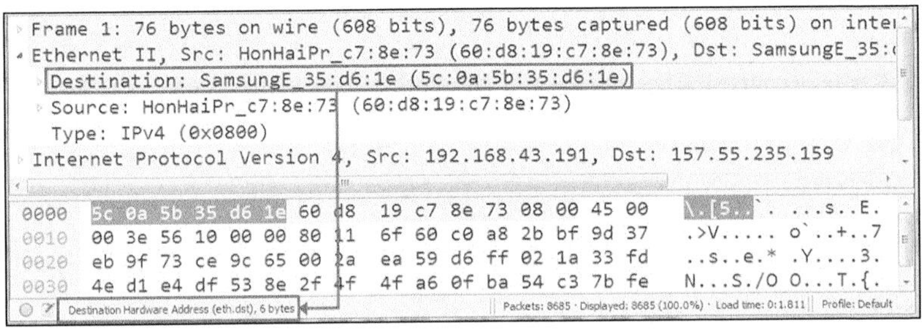

```
Frame 1: 76 bytes on wire (608 bits), 76 bytes captured (608 bits) on inte
Ethernet II, Src: HonHaiPr_c7:8e:73 (60:d8:19:c7:8e:73), Dst: SamsungE_35:
  Destination: SamsungE_35:d6:1e (5c:0a:5b:35:d6:1e)
  Source: HonHaiPr_c7:8e:73 (60:d8:19:c7:8e:73)
  Type: IPv4 (0x0800)
Internet Protocol Version 4, Src: 192.168.43.191, Dst: 157.55.235.159

0000  5c 0a 5b 35 d6 1e 60 d8  19 c7 8e 73 08 00 45 00   \.[5..`. ...s..E.
0010  00 3e 56 10 00 00 80 11  6f 60 c0 a8 2b bf 9d 37   .>V..... o`..+..7
0020  eb 9f 73 ce 9c 65 00 2a  ea 59 d6 ff 02 1a 33 fd   ..s..e.* .Y....3.
0030  4e d1 e4 df 53 8e 2f 4f  4f a6 0f ba 54 c3 7b fe   N...S./O O...T.{.

Destination Hardware Address (eth.dst), 6 bytes   Packets: 8685 · Displayed: 8685 (100.0%) · Load time: 0:1.811   Profile: Default
```

图 4.9

- 如何在数据包列表区域中添加新列？

  ✓ 可在 Wireshark 抓包主窗口的数据包结构区域中，把数据包的某个属性（或协议头部中的某个字段）作为数据包列表区域中的新列。具体的操作方法是，选中数据包的某个属性（或协议头部中的某个字段），点击右键，在弹出的菜单中选择 Apply as Column 菜单项。比方说，可把 tcp.window_size_value 属性作为数据包列表区域中的新列，以便在抓包时同步观察 TCP 窗口大小。TCP 的性能与窗口大小息息相关，第 11 章会对此展开深入讨论。

4.3 配置 Ethernet、ARP、主机和网络过滤器

本节会介绍如何配置第 2 层过滤器（基于 Ethernet 地址或 Ethernet 帧的某些属性来进行过滤）和第 3 层过滤器（基于 IP 地址或某 IP 数据包的某些属性来进行过滤）。此外，还会讲解如何配置地址解析协议（ARP）过滤器。

4.3.1 配置准备

配置 Ethernet 显示过滤器的目的，是要让 Wireshark 只显示相关的第二层 Ethernet 帧；配置 IP 显示过滤器的目的，则是让 Wireshark 只显示必要的第三层 IP 数据包。第一种过滤器所依据的是 MAC 地址或 Ethernet 帧的某些属性，第二种过滤器则要仰仗 IP 地址或 IP 数据包的某些属性。

以下两个显示过滤参数经常会在以“帧间间隔时间”为条件来行使过滤功能的显示过滤器中使用。

- frame.time_delta：该参数是指当前帧与 Wireshark 所抓上一帧之间的（接收或抓取）时间间隔，即 Wireshark 在抓到了上一帧之后隔了多久，收到了当前帧。第 6 章会介绍其用法。
- frame.time_delta_displayed：该参数是指当前帧与 Wireshark 显示出的上一帧之间的（抓取或接收）时间间隔，即 Wireshark 抓到了已显示出的上一帧（已抓到但未予显示的帧不算）后隔了多久，收到了当前帧。该参数的用法也将在第 5 章介绍。

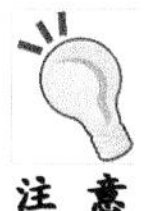

分析 Wireshark 所抓数据帧之间的时间间隔，会对解决 TCP 性能问题提供很大的帮助。可在 Wireshark IO Graphs 工具生成的图形中利用以上两个参数，来监控 TCP 的性能。

以下所列为实战中常用的 L2（Ethernet）显示过滤器。

- eth.addr == <MAC Address>：让 Wireshark 只显示具有指定 MAC 地址的数据帧。
- eth.dst == <MAC Address> 或 eth.src == <MAC Address>：让 Wireshark 只显示具有指定源、目 MAC 地址的数据帧。
- eth.type == <Protocol Type （十六进制数，格式为 0xNNNN）>：让 Wireshark 只显示指定以太网类型的流量。

以下所列为实战中常用的 ARP 显示过滤器。

- arp.opcode == <value>：让 Wireshark 只显示指定类型的 ARP 帧（ARP 帧按其所含操作代码字段值，可分为 ARP 应答帧、ARP 响应帧、RARP 应答帧、RARP 响应帧）。
- arp.src.hw_mac == <MAC Address>：让 Wireshark 只显示由具有指定 MAC 地址的主机发出的 ARP 帧。

以下所列为实战中常用的 IP 显示过滤器。

- ip.addr == <IP Address>：让 Wireshark 只显示发往或源自设有指定 IP 地址的主机的数据包。
- ip.dst == <IP Address>或 ip.src == <IP Address> 让 Wireshark 只显示由设有指定 IP 地址的主机发出的数据包，或只显示发往设有指定 IP 地址的主机的数据包。
- ip.ttl == <value>、ip.ttl < value>或 ip.ttl > <value>：让 Wireshark 只显示 IP 包头中 TTL 字段值为指定值的数据包。
- ip.len = <value>或 ip.len > <value>或 ip.len < <value>：让 Wireshark 只显示指定长度的 IP 数据包（IP 包头中有一个 2 字节的总长度字段）。
- ip.version == <4/6>：让 Wireshark 只显示具有指定 IP 版本号的 IP 数据包（不论 IPv4 还是 IPv6，IP 包头都包含了一个 1 字节的版本号字段）。

4.3.2 配置方法

表 4.3 所列为若干常用的 L2 和 L3 Wireshark 显示过滤器的例子。

表 4.3

地址格式	语　法	举　例
MAC（以太网）地址	eth.addr == xx:xx:xx:xx:xx:xx eth.addr == xx-xx-xx-xx-xx-xx eth.addr == xxxx.xxxx.xxxx 在以上过滤表达式中，x 为十六进制数 0～f	eth.addr == 00:50:7f:cd:d5:38 eth.addr ==00-50-7f-cd-d5-38 eth.addr == 0050.7fcd.d538
以太网广播地址	Eth.addr == ffff.ffff.ffff	
IPv4 主机地址	ip.addr == x.x.x.x 其中，x 为 0～255	ip.addr == 192.168.1.1
IPv4 网络地址	ip.addr == x.x.x.x/y 其中，x 为 0～255，y 为 0～32	ip.addr == 192.168.200.0/24 该过滤表达式涵盖了 C 类网络 192.168.200.0/24 中的所有 IP 地址
IPv6 主机地址	ipv6.addr == x:x:x:x:x:x:x:x ipv6.addr == x::x:x:x:x 在以上过滤表达式中，x 为十六进制数 0～f	ipv6.addr == fe80::85ab:dc2e:ab12:e6c7
IPv6 网络地址	ipv6.addr == x::/y 其中，x 为十六进制数 0～f，y 为 0～128	ipv6.addr == fe80::/16 该过滤表达式涵盖了 IPv6 前缀 fe80::/16 所隶属的全部 IPv6 地址

表 4.3 给出了 IPv4 和 IPv6 地址与显示过滤器参数 ip.addr 和 ipv6.addr 配搭使用时的表示方法。只要 Wireshark 显示过滤器语句中包含有 IPv4 或 IPv6 地址，都可以采用与该表相同的表示方法。

Ethernet 过滤器

Ethernet 过滤器分为以下两类。

- 要让 Wireshark 只显示发往或源于具有某 MAC 地址的主机的数据帧，显示过滤器的写法应类似于：
  - ✓ eth.src == 10:0b:a9:33:64:18
  - ✓ eth.dst == 10:0b:a9:33:64:18
- 要让 Wireshark 只显示以太网广播帧，显示过滤器的写法为：
  - ✓ eth.dst == ffff.ffff.ffff 或 Eth.dst == ff:ff:ff:ff:ff:ff

ARP 过滤器

以下所列为两种 ARP 过滤器的写法。

- 要让 Wireshark 只显示 ARP 请求帧，显示过滤器的写法为：
  - ✓ arp.opcode == 1

- 要让 Wireshark 只显示 ARP 应答帧，显示过滤器的写法为：
  - ✓ arp.opcode == 2

IP 和 ICMP 过滤器

- 要让 Wireshark 只显示由设有指定 IP 地址的主机发出的 IP 数据包，显示过滤器的写法应类似于：
  - ✓ ip.src == 10.1.1.254
- 要让 Wireshark 显示数据包时将设有某指定 IP 地址的主机发出的 IP 数据包排除在外，显示过滤器的写法应类似于：
  - ✓ ! ip.src == 64.23.1.1
- 要让 Wireshark 只显示交换于某一对 IP 主机之间的所有 IP 数据包，显示过滤器的写法应类似于：
  - ✓ ip.addr == 192.168.1.1 and ip.addr == 200.1.1.1
- 要让 Wireshark 只显示发往 IP 多播目的地址的所有数据包，显示过滤器的写法为：
  - ✓ ip.dst == 224.0.0.0/4
- 要让 Wireshark 只显示发源于 IP 子网 192.168.1.0/24 的所有 IP 数据包，显示过滤器的写法为：
  - ✓ ip.src==192.168.1.0/24
- 要让 Wireshark 只显示发往或源于设有某个（或某些）IPv6 地址的主机的 IPv6 数据包，显示过滤器的写法应类似于：
  - ✓ ipv6.addr == ::1
  - ✓ ipv6.addr == 2008:0:130F:0:0:09d0:666A:13ab
  - ✓ ipv6.addr == 2006:0:130f::9c2:876a:130b
  - ✓ ipv6.addr == ::

复杂的显示过滤器

- 要让 Wireshark 只显示由隶属于指定 IP 子网（比如 10.0.0.0/24）的主机，发往域名中包含指定字符串的网站（比如 sohu）的所有 IP 流量，显示过滤器的写法为：
  - ✓ ip.src == 10.0.0.0/24 and http.host contains "sohu"

- 要让 Wireshark 只显示由隶属于指定 IP 子网（比如 10.0.0.0/24）的主机，访问域名以.com 结尾的网站的所有 IP 流量，显示过滤器的写法为：
  - ✓ ip.addr == 10.0.0.0/24 or http.host matches "\.com$"
- 要让 Wireshark 只显示发源于指定 IP 子网（比如 10.0.0.0/24）的所有 IP 广播流量，显示过滤器的写法为：
  - ✓ ip.src ==10.0.0.0/24 and eth.dst == ffff.ffff.ffff
- 要让 Wireshark 只显示所有广播包，但主机在执行 ARP 请求操作时所触发的广播包除外，显示过滤器的写法为：
  - ✓ not arp and eth.dst == ffff.ffff.ffff
- 要让 Wireshark 显示除 ICMP 包和 ARP 帧以外的所有流量，显示过滤器的写法为：
  - ✓ not arp && not icmp 或 not arp and not icmp

4.3.3 幕后原理

本节将解释上一节所举显示过滤器示例的幕后原理。

- **以太网广播**：以太网广播帧是指目的 MAC 地址为全 1 的以太网帧，正因如此，要让 Wireshark 只显示已抓取的所有以太网广播帧，显示过滤器应写成 eth.dst == ffff.ffff.ffff（十六进制数 F 等于二进制数 1111）。
- **IPv4 多播**：IPv4 多播数据包的目的 IP 地址范围介于 224.0.0.0～239.255.255.255 之间，若转换为二进制，则介于 11100000.00000000.00000000.0000000～11101111.11111111.11111111.11111111 之间。

  仔细观察 IPv4 多播地址的二进制表示方式，应不难发现，IPv4 多播地址一定是以 1110 打头。因此，要让 Wireshark 只显示已抓取的所有 IPv4 多播数据包，显示过滤器应写成 ip.dst == 224.0.0.0/4。

  也就是说，首字节的头 4 位为 1110（二进制数 11100000 等于十进制数 224），掩码长度为 4 位的 IP 地址都属于 IPv4 多播地址范围，此类 IPv4 地址的首字节总是介于 224～239 之间。
- **IPv6 多播**：IPv6 多播地址的首字节总是 ff，随后的一个字节由 4 位标记字段和 4 位范围字段组成。因此，要筛选出 IPv6 多播数据包，显示过滤器就应该写成 ipv6.dst == ff00::/8。ff00::/8 表示以 ff 打头的所有 IPv6 地址，即 IPv6 多播地址。

4.3.4 进阶阅读

- 欲知更多有关 Ethernet（以太网）的内容，请参阅第 8 章。

4.4 配置 TCP/UDP 过滤器

TCP 和 UDP 是 IP 协议族中的两种主要协议，都可供驻留在不同主机上的应用程序互通有无。只要在某台主机上执行了某款网络应用程序的客户端程序，便拉开了从某个 TCP/UDP 源端口（具体的端口号为操作系统随机选择，但通常都高于 1024）向早已监听多时的该应用程序服务器端目的 TCP/UDP 端口（端口号一般为提前预设或已登记在案的固定端口号）建立 TCP/UDP 会话的序幕。上述源端口号和目的端口号，外加客户端主机和服务器端主机的 IP 地址，可唯一地标识某特定主机与服务器之间运行此款应用程序所建立的 TCP/UDP 会话。TCP 和 UDP 头部自然也会包含源端口号字段和目的端口号字段。

TCP 和 UDP 头部还包含其他字段。UDP 头部的结构非常简单，而 TCP 头部的结构要复杂许多。因此，在配置显示过滤器时，TCP 过滤器所涉及的过滤参数也会多得多。

本节会介绍各种类型的 TCP/UDP 显示过滤器的配置方法。

4.4.1 配置准备

配置显示过滤器之前，需要知道应让 Wireshark 从抓包文件里筛选出哪些数据包，并据此来精确编制显示过滤语句。

1. TCP 和 UDP 端口号显示过滤器

要想根据 TCP/UDP 端口号来筛选数据包，可用以下显示过滤器。

- tcp.port == <value>或 udp.port == <value>：让 Wireshark 在显示数据包时，根据指定的 TCP/UDP 源、目端口号来筛选。
- tcp.dstport == <value>或 udp.dstport == <value>：让 Wireshark 在显示数据包时，根据指定的 TCP/UDP 目的端口号来筛选。
- tcp.srcport == <value>或 udp.srcport == <value>：让 Wireshark 在显示数据包时，根据指定的 TCP/UDP 源端口号来筛选。

2. TCP 头部过滤器

UDP 头部的结构非常简单，只包含源/目端口号字段、数据包长度字段，以及校验和字段。因此，对 UDP 数据包而言，最重要的特征就是源、目端口号。

TCP 头部则截然不同。因为 TCP 是一种面向连接的协议，内置有可靠的传输机制，所以 TCP 头部要比 UDP 头部复杂得多。不过，Wireshark 完全能够理解 TCP 所具备的面向连接以及可靠性保证等机制。Wireshark 提供了 tcp.flags、tcp.analysis 等诸多功能强大的涉及 TCP 的显示过滤参数，只要运用得当，发现并解决 TCP 性能问题（比如，TCP 重传、重复确认、零窗口等问题）或运作问题（TCP 半开连接、会话重置等问题）自然不在话下。

以下所列为实战中常用的有关 TCP 的显示过滤参数。

- tcp.analysis：可用该参数来作为分析与 TCP 重传、重复确认、窗口大小有关的网络性能问题的参照物。在这一过滤参数名下，还包含多个子参数（在 Filter 输入栏内，可借助自动补齐特性，来获取该参数名下完整的子参数列表），如下所列。
  - ✓ tcp.analysis.retransmission 用来让 Wireshark 显示重传的 TCP 数据包。
  - ✓ tcp.analysis.duplicate_ack 用来让 Wireshark 显示确认多次的 TCP 数据包。
  - ✓ tcp.analysis.zero_window 用来让 Wireshark 显示被其标记为零窗口通告的 TCP 数据包（TCP 会话一端的主机通过此类 TCP 数据包，向对端主机报告：本机 TCP 窗口大小为 0，请贵机停止通过该会话发送数据）。

注 意

Wireshark 在调用 tcp.analysis 参数筛选数据包时，并不会检查数据包的 TCP 头部，所依据的是其自带的专家系统对 TCP 传输机制的分析和理解。

- tcp.flags：该参数一经调用，Wireshark 就会检查数据包 TCP 头部中各标记位的置位情况。以下所列为该参数名下的几个子参数。
  - ✓ tcp.flags.syn == 1 用来让 Wireshark 显示 SYN 标记位置 1 的 TCP 数据包。
  - ✓ tcp.flags.reset == 1 用来让 Wireshark 显示 RST 标记位置 1 的 TCP 数据包。
  - ✓ tcp.flags.fin == 1 用来让 Wireshark 显示 FIN 标记位置 1 的 TCP 数据包。
  - ✓ tcp.window_size_value < <value>：该过滤参数一经调用，Wireshark 将会只显示 TCP 头部中窗口大小字段值低于指定值的数据包。可利用该参数来排除与 TCP 窗口过小有关的网络性能问题，此类问题有时要拜赐于参与 TCP 会话的网络设备反应过慢。

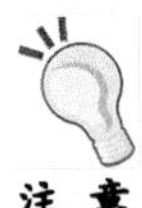
注 意

可利用 tcp.flags 过滤参数，让 Wireshark 检查 IP 包的 TCP 头部中各标记位的置位情况。

4.4.2 配置方法

先举几个 TCP/UDP 显示过滤器的配置实例。

- 要让 Wireshark 只显示涌向 HTTP 服务器的所有流量，显示过滤器应如此配置：
  - ✓ tcp.dstport == 80
- 要让 Wireshark 只显示由 IP 子网 10.0.0.0/24 内的主机访问 HTTP 服务器的所有流量，显示过滤器应如此配置：
  - ✓ ip.src==10.0.0.0/24 and tcp.dstport == 80
- 要让 Wireshark 只显示在某条特定的 TCP 连接（比如，在抓包文件中编号为 6 的 TCP 连接）中发生重传的所有 TCP 数据包，显示过滤器应如此配置：
  - ✓ tcp.stream eq 6 && tcp.analysis.retransmission

要想让 Wireshark 只显示某条 TCP 会话从建立到终结，会话双方生成的所有数据包，请在抓包主窗口选择一个隶属于该 TCP 连接（也叫 TCP Stream[TCP 流]）的 TCP 数据包，同时点右键，在弹出的菜单中选择 Follow TCP Stream 菜单项。一条 TCP Stream 是指 TCP 会话双方从建立连接到终止连接那段时间内交换的所有数据包。只要点击过 Follow TCP Stream 菜单项，在 Filter 输入栏内会自动出现 tcp.stream eq <value>的字样。这里的 value 就是 Wireshark 在抓包文件中为这条 TCP 连接分配的标识（编）号。对于前例，过滤参数中所引用的标识号为 6，标识号可为任意数字（在所有抓包文件中，该标识号从 1 开始分配），如图 4.10 所示。

File Edit View Go Capture Analyze Statistics Telephony Wireless Tools Help

tcp.stream eq 6 | Expression... + TCP-Z-WIN TCP-RETR

No.	Time	Source	Destination	Protocol	Length	Info
35	0.000000	10.0.0.2	82.166.201.179	TCP	66	62642 → 80 [SYN] Seq=0 Win=8192 Len=0 MSS=146…
41	0.017915	82.166.201.179	10.0.0.2	TCP	66	80 → 62642 [SYN, ACK] Seq=0 Ack=1 Win=29200 L…
42	0.000177	10.0.0.2	82.166.201.179	TCP	54	62642 → 80 [ACK] Seq=1 Ack=1 Win=66792 Len=0
63	0.070690	10.0.0.2	82.166.201.179	TCP	1506	[TCP segment of a reassembled PDU]
64	0.000007	10.0.0.2	82.166.201.179	HTTP	547	GET /home/0,7340,L-8,00.html HTTP/1.1
69	0.020277	82.166.201.179	10.0.0.2	TCP	54	80 → 62642 [ACK] Seq=1 Ack=1453 Win=32128 Len…
70	0.000667	82.166.201.179	10.0.0.2	TCP	54	80 → 62642 [ACK] Seq=1 Ack=1946 Win=35040 Len…
72	0.001558	82.166.201.179	10.0.0.2	TCP	1506	[TCP segment of a reassembled PDU]
73	0.000086	82.166.201.179	10.0.0.2	TCP	1506	[TCP segment of a reassembled PDU]
74	0.000073	10.0.0.2	82.166.201.179	TCP	54	62642 → 80 [ACK] Seq=1946 Ack=2905 Win=66792

图 4.10

导致 TCP 重传的原因有很多，本书第 11 章会对此展开深入讨论。

注意

当使用 Wireshark 分析 TCP 重传、重复确认，以及其他可能会影响网络性能的现象的原因时，应借助于 tcp.analysis 过滤参数及 Follow TCP Stream 菜单项把上述现象与具体的 TCP 连接建立起关联。

再举几个与 TCP/UDP 有关的显示过滤器配置实例。

- 要让 Wireshark 只显示某条特定 TCP 连接中出现窗口问题的 TCP 数据包，显示过滤器应如此配置：
  - ✓ tcp.stream eq 0 && (tcp.analysis.window_full||tcp.analysis.zero_window)
  - ✓ tcp.stream eq 0 and（tcp.analysis.window_full or tcp.analysis.zero_window）
- 要让 Wireshark 只显示 IP 地址为 10.0.0.5 的主机访问 DNS 服务器的流量，显示过滤器应如此配置：
  - ✓ ip.src == 10.0.0.5 && udp.port == 53
- 要让 Wireshark 只显示包含某指定字符串（区分大小写）的 TCP 数据包（比如，在百度中搜索关键字 Windows），显示过滤器应如此配置：
  - ✓ tcp contains "Windows"
- 要让 Wireshark 只显示由 IP 地址为 10.0.0.3 的主机生成的所有 TCP 重传数据包，显示过滤器应如此配置：
  - ✓ ip.src ==10.0.0.3 and tcp.analysis.retransmission
- 要让 Wireshark 只显示涌向 HTTP 服务器的所有流量，显示过滤器应如此配置：
  - ✓ tcp.dstport == 80
- 要让 Wireshark 只显示由指定主机建立 TCP 连接时生成的所有数据包（若某台主机在执行某种形式的 TCP 端口扫描，或某台主机感染了蠕虫病毒时，就会批量生成此类数据包），显示过滤器应如此配置：
  - ✓ ip.src == 10.0.0.5 && tcp.flags.syn == 1 && tcp.flags.ack == 0
- 要让 Wireshark 只显示由指定主机发送的包含 HTTP cookie 的所有数据包，显示过滤器应如此配置：
  - ✓ ip.src == 10.0.0.3 &&（http.cookie || http.set_cookie）

4.4.3 幕后原理

图 4.11 和图 4.12 分别示出了 IPv4 包头和 TCP 头部的格式，由于 UDP 头部的结构比较简单，只包括源、目端口号字段、长度字段以及校验和字段，因此不再示出。先来看一下 IP 包头的结构。

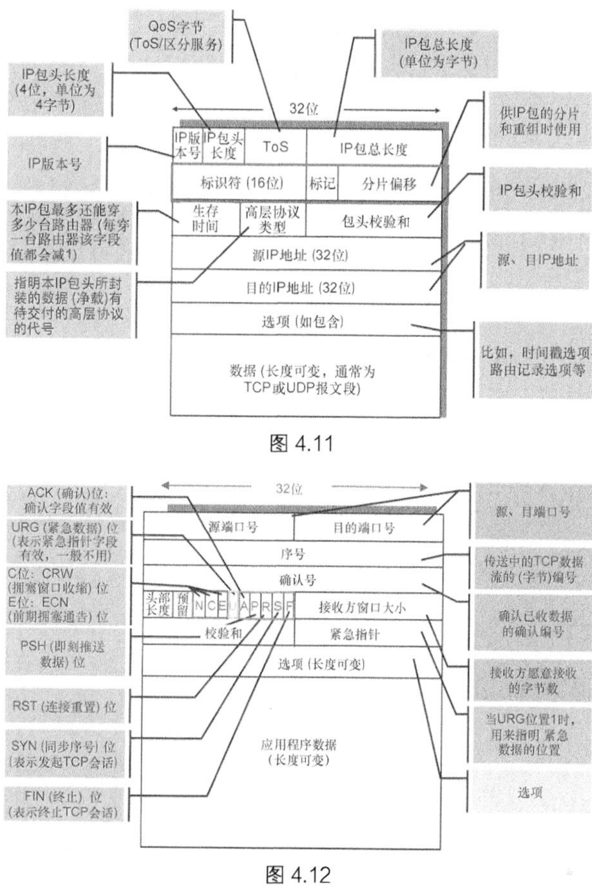

图 4.11

图 4.12

下面简单介绍一下 IPv4 包头中的若干重要字段。

- **版本**：表示 IP 协议的版本号，其值为 4。
- **IP 包头长度**：用来指明 IP 包头的长度，单位为 4 字节，其值一般为 5，最大值为 15（考虑了 IP 包头中含有选项字段的情况）。
- **ToS（服务类型）**：一般都采用区分服务（Differentiated Services，DiffServ）的置位方式，用来区分不同类型流量的贵贱程度。

注 意

在发布于 1981 年 9 月的 RFC 791 中，曾把 QoS 字段命名为 ToS（服务类型）字段，并针对该字段中的每一位定义了一套置位方式。在 1998 年发布的 RFC 2474、RFC 2475，以及后来发布的其他 Internet 文档中，又围绕该字段定义了区分服务标准，并重新定义了一套置位方式，同时得到了广泛应用。

- **长度**：表示整个 IP 包的总长度。
- **标识符、长度以及分片偏移**：每个 IP 包都有一个 ID（标识符）。当 IP 包以分片方式传送时，接收方能凭借这三个字段值来进行重组。
- **生存时间（TTL）**：该字段的起始值为 64、128 或 256（随发包主机的操作系统而异），数据包在转发过程中，路径沿途的每一台路由器都会将该字段值减 1。这是为了防止网络中的数据包形成转发环路。若收到了 TTL 字段值为 1 的数据包，路由器在将其值递减为 0，同时，还会做丢弃处理。
- **高层协议类型**：用来指明 IP 包头所封装的高层协议类型，若其值为 6，就表示 IP 包封装的是 TCP 报文段；若为 1，则表示封装的是 ICMP 报文。
- **校验和**：该字段包含的是 IP 包的校验和。IP 包的发送方会采用某种错误检测机制，针对整个 IP 包计算一个值，并在发送时将该值填入校验和字段。收到 IP 包时，接收方也会先用相同的机制计算出一个值，再将该值与 IP 包的校验和字段值进行比对，若两值不等，则认为 IP 包在传送时发生了错误。
- **源、目 IP 地址**：顾名思义，这 2 个字段值分别为 IP 包的源和目的 IP 地址。
- **选项**：IPv4 数据包一般不含该字段。

接下来，再来看一下紧随 IP 包头的 TCP 头部的结构。

下面来介绍一下 TCP 头部中的若干重要字段。

- **源、目端口号**：这两个字段值，再加上 IP 包头中的源、目 IP 地址，即能唯一地标识一条 TCP 连接。
- **序列号**：用来统计发送方通过 TCP 连接交付给接收方的数据的字节数。
- **确认号**：该字段指明了（执行确认的）TCP 发送方期待接收的下一个 TCP 数据包中的序列号字段值。本书第 11 章会对该字段的用途做深入探讨。
- **头部长度**：用来表示 TCP 头部的长度，同时还能指明 TCP 头部中是否包含有选项字段。
- **预留**：该字段为预留供将来使用的标记位字段。
- **标记位（8 个）**：作用包括发起连接（SYN 位）、终止连接（FIN 位）、重置连接（RST 位）、快推数据至应用层（PSH 位）。本书第 11 章会详细介绍这些 TCP 标记位。
- **接收方窗口大小**：用来表示接收方分配的接收 TCP 数据的缓存容量。
- **校验和**：用来存储经过校验和计算产生的值，计算范围“覆盖”TCP 头部、数据以及

IP 头部中的某些字段。

- **选项**：包括时间戳选项字段、接收方窗口扩张选项字段及最长报文段大小（MSS）选项字段等。MSS 选项字段指明了该字段的通告方（即发出含 MSS 选项字段的 TCP 报文段的主机）希望（逆向）接收的 TCP 净载的最大长度。本书第 11 章将会对 MSS 选项字段做进一步的探讨。

4.4.4 拾遗补缺

TTL 字段是 IP 包头中非常有用的字段。通过该字段值，就能弄清 IP 包所穿越的路由器的台数。在默认情况下，由不同操作系统生成的 IP 包的 TTL 字段值都比较固定（只有 64、128 和 256 这三种可能），而 IP 包在 Internet 上传输时所穿路由器的台数最多也不能超过 30（在私有网络中，这一数字将会更低）。因此，若一 IP 包的 TTL 字段值为 120，则其所穿路由器的台数必定为 8；若 TTL 字段值为 52，则所穿路由器的台数将会是 12。

4.4.5 进阶阅读

- 欲进一步了解与 TCP/IP 协议栈有关的内容，请参阅第 11 章。

4.5 配置指定协议类型的过滤器

本节会介绍如何针对常用的应用层协议（比如，DNS 协议、HTTP 协议、FTP 协议），来配置 Wireshark 显示过滤器。

本节的目标是要向读者传授如何在排除网络故障时，通过 Wireshark 显示过滤器来助一臂之力。在随后的章节里，也会出现与排除网络故障有关的内容。

4.5.1 配置准备

要配置显示过滤器，只需运行 Wireshark 软件，无需其他任何准备。

4.5.2 配置方法

本节会介绍如何针对若干常用的（应用层）协议，配置 Wireshark 显示过滤器。

1. HTTP 显示过滤器

以下所列为一些在实战中常用的 HTTP 显示过滤器。

- 要让 Wireshark 只显示访问某指定主机名的 HTTP 协议数据包，显示过滤器应如此配置：

- ✓ http.host == <"hostname">[1]

- ➢ 要让 Wireshark 只显示包含 HTTP GET 方法的 HTTP 协议数据包，显示过滤器应如此配置：
  - ✓ http.request.method == “GET”
- ➢ 要让 Wireshark 只显示 HTTP 客户端发起的包含指定 URI 请求的 HTTP 协议数据包，显示过滤器应如此配置：
  - ✓ http.request.uri == <"Full request URI">。比如，http.request.uri == "/v2/rating/mail.google.com"。
- ➢ 要让 Wireshark 只显示 HTTP 客户端发起的包含某指定字符串的 URI 请求的 HTTP 协议数据包，显示过滤器应如此配置：
  - ✓ http.request.uri contains "URI String"

  比如，http.request.uri contains "mail.google.com"（只显示包含字符串“mail.google.com”的 URI 请求的 HTTP 协议数据包）。
- ➢ 要让 Wireshark 只显示网络中传播的所有包含 cookie 请求的 HTTP 协议数据包（请注意，cookie 总是从 HTTP 客户端发往 HTTP 服务器），显示过滤器应如此配置：
  - ✓ http.cookie
- ➢ 要让 Wireshark 只显示所有包含由 HTTP 服务器发送给 HTTP 客户端的 cookie set 命令的 HTTP 协议数据包，显示过滤器应如此配置：
  - ✓ http.set_cookie
- ➢ 要让 Wireshark 只显示所有由 Google HTTP 服务器发送给本地 HTTP 客户端，且包含 cookie set 命令的 HTTP 协议数据包，显示过滤器应如此配置：
  - ✓ (http.set_ cookie) && (http contains "google")
- ➢ 要让 Wireshark 只显示包含 ZIP 文件的 HTTP 数据包，显示过滤器应如此配置：
  - ✓ http matches "\.zip" && http.request.method == "GET"

1 译者注：原文是“Display all HTTP packets going to hostname:http.request.method == <"Request methods">”，原文有误。

2. DNS 显示过滤器

来举几个 DNS 显示过滤器示例。

- 要让 Wireshark 只显示所有 DNS 查询和 DNS 响应数据包，显示过滤器应如此配置：
  - ✓ dns.flags.response == 0 （DNS 查询）
  - ✓ dns.flags.response == 1 （DNS 响应）
- 要让 Wireshark 只显示所有 answer count 字段值大于或等于 4 的 DNS 响应数据包[1]，显示过滤器应如此配置：
  - ✓ dns.count.answers >= 4

3. FTP 显示过滤器

以下所列为实战中常用的 FTP 显示过滤器。

- 要让 Wireshark 只显示所有包含特定的 FTP 请求命令的 FTP 数据包，显示过滤器应如此配置：
  - ✓ ftp.request.command == <"requested command">
- 要让 Wireshark 只显示所有通过 TCP 端口 21 传送的包含 FTP 命令的 FTP 数据包，显示过滤器应如此配置：
  - ✓ ftp
- 要让 Wireshark 只显示所有从 TCP 端口 20 或从其他端口发出的包含实际 FTP 数据的 FTP 数据包，显示过滤器应如此配置：
  - ✓ ftp-data

4.5.3 幕后原理

Wireshark 显示过滤语句的正则表达式的语法，与 Perl 语言的正则表达式的语法相同。

以下所列为正则表达式中元字符的含义。

- ^：用来匹配行的开头。

1 译者注：即只显示答案部分（answer section）包含的 DNS 资源记录不低于 4 条的 DNS 响应数据包。要是读者不明所以，请先弄清 DNS 协议数据包的结构。

- $：用来匹配行的结尾。
- |：用来表示二者任选其一。
- ( )：起分组的作用。
- *：匹配 0 次或多次前一模式（字符）。
- +：匹配 1 次或多次前一模式（字符）。
- ？：匹配 0 次或 1 次前一模式（字符）。
- {n}：精确匹配 n 次前一模式（字符）。
- {n,}：匹配至少 n 次前一模式（字符）。
- {n,m}：匹配既不能低于 n 次也不能高于 m 次前一模式（字符）。

可利用上述元字符来配置非常复杂的显示过滤器，下面举几个例子。

要让 Wireshark 只显示包含请求下载 ZIP 文件的 GET 命令的 HTTP 请求数据包，显示过滤器应如此配置：

http.request.method == "GET" && http matches "\.zip" && !(http.accept_encoding == "gzip, deflate") [1]。

要让 Wireshark 只显示发往域名以.com 结尾的 Web 站点的 HTTP 数据包，显示过滤器应如此配置：

http.host matches ".com$"

4.6 配置字节偏移型过滤器

字节偏移型显示过滤器的通用格式为 Protocols[x:y] == <value>。这种过滤器实际上就是先通过 x 来定位到数据包协议头部中的某个字段（即该字段位于协议头部起始处第 x 个字节），并检查接下来 y 个字节的值是否等于 value。Wireshark 会根据检查结果来显示抓包文件中的相关数据。

这种过滤器的应用场合非常广泛，只要熟知各种协议头部的格式，对其中各字段的位置及长度了然于胸，就能随心所欲地使用它在抓包文件中筛选出自己想看的数据包。

1　译者注：原文是“look for HTTP GET commands that contain ZIP files: http.request.method == "GET" && http matches "\.zip" && !(http.accept_encoding =="gzip, deflate")”。译者认为原文有误，在译者看来，只要把显示过滤器配置为 http contains "\.zip" && http.request.method== "GET"，甚至直接配置为 http contains "\.zip"就够了。

4.6.1 配置准备

除了要运行 Wireshark 软件，打开抓包文件以外，本节无需任何准备工作。字节偏移型显示过滤器的通用格式为：

```
Protocols[x:y] == <value>
```

其中，x 指明了显示过滤器检查协议头部的位置（应从协议头部开始处的第几个字节开始检查），y 表示显示过滤器所要检查的字节数。

4.6.2 配置方法

先举几个字节偏移型显示过滤器的例子，如下所示。

➢ 要让 Wireshark 只显示在以太网内传送的 IPv4 多播数据包，字节偏移型显示过滤器应如此配置：

eth.dst[0:3] == 01:00:5e（RFC 1112 第 6.4 节规定，IPv4 多播数据包在以太网内传送时，其以太网帧的多播目的 MAC 地址一定会在 MAC 地址空间 01-00-5E-00-00-00～01-00-5E-FF-FF-FF 之内）。

➢ 要让 Wireshark 只显示在以太网内传送的 IPv6 多播数据包，字节偏移型显示过滤器应如此配置：

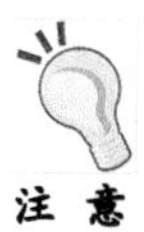

eth.dst[0:2] == 33:33:00（RFC 2464 第 7 节规定，IPv6 多播数据包在以太网内传送时，其以太网帧的多播目的 MAC 地址一定是以 33-33 打头）。

4.6.3 幕后原理

网管人员只要熟知各种协议报文结构，便可利用字节偏移型显示过滤器，直接根据数据包协议头部的第某某字节到某某字节的内容，在 Wireshark 抓包文件中做一番筛选。对于上一节所举的 Wireshark 字节偏移型示例，就必须熟悉以太网帧的结构。

4.7 配置显示过滤器宏

配置显示过滤器宏，是创建复杂的显示过滤器的便捷通道，可以一次配置，多次使用。

4.7.1 配置准备

要配置显示过滤器宏，请进入 Analyze 菜单，选择 Display Filter Macros 菜单项，在弹出的 Display Filter Macros 窗口中点击“+”按钮，如图 4.13 所示。

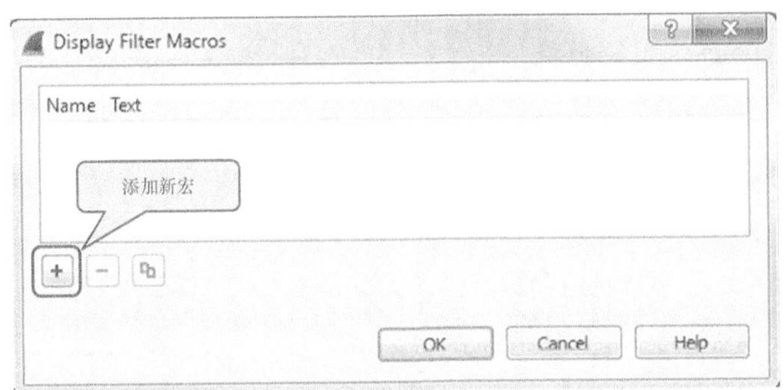

图 4.13

4.7.2 配置方法

1．请先在 Name 文本框内输入一个名称，这也就是显示过滤器宏的名称，再在 Text 文本框里输入需多次使用的显示过滤语句，输入完毕后点 OK 按钮。

2．要调用显示过滤器宏，请在抓包主窗口的 Filter 输入栏内输入宏调用语句：

```
$(macro_name:parameter1;paramater2;parameter3 ...)
```

3．现举例加以说明。配置一个名叫 test01 的显示过滤器宏，其作用是让 Wireshark 只显示指定源 IP 地址和指定目的端口号的 TCP 数据包。

4．先配置显示过滤器宏：在 Name 文本框内输入 test01，作为显示过滤器宏的名称；在 Text 文本框内输入 ip.src==$1 && tcp.dst port==$2。其中，$1 和$2 用来取代传递给显示过滤器宏的参数。然后，点 OK 按钮。最后，在 Display Filter macros 窗口内再点一次 OK 按钮，保存这一显示过滤器宏。

5．再调用显示过滤器宏 test01：若要让 Wireshark 只显示所有源 IP 地址为 10.0.0.4，目的端口号为 80 的数据包，则需在抓包主窗口的 Filter 输入栏内输入${test01:10.0.0.4; 80}。其中，10.0.0.4 和 80 分别表示要传递给宏 test01 的 IP 地址参数和 TCP 端口号参数。

4.7.3 幕后原理

显示过滤器宏的运作原理非常简单：先用符号“$”加编号作为显示过滤器的位置参数；当随后在 Filter 输入栏内调用显示过滤器宏时，相关显示过滤参数会按编号的顺序传递进来。

第5章 基本信息统计工具的用法

本章涵盖以下内容：

- Statistics 菜单中 Capture File Properties（抓包文件属性）工具的用法；
- Statistics 菜单中 Resolved Addresses（经过解析的地址）工具的用法；
- Statistics 菜单中 Protocol Hierarchy（协议层级）工具的用法；
- Statistics 菜单中 Conversations（会话）工具的用法；
- Statistics 菜单中 Endpoints（端点）工具的用法；
- Statistics 菜单中 HTTP 工具的用法；
- Statistics 菜单中 Flow Graph（数据流图）工具的用法；
- 基于 IP 的信息统计报表的创建方法。

5.1 简介

Wireshark 之所以普及，其自带的一整套信息统计工具功不可没。Wireshark 的信息统计工具既包括可列出端点及端点间对话的简单统计工具（Endpoints 工具和 Conversations 工具），也包括 Flow Graph 和 I/O Graph 这样的高级工具。

本章及下一章将会讲解如何使用上述信息统计工具。本章会介绍能提供网络基本信息的简单信息工具。所谓网络基本信息是指：网络中哪些设备之间有过“交流”、哪些设备“话多”哪些设备“话少”，以及在链路上呼啸而过的数据包的长度等信息。在下一章，将介绍 Flow Graph 和 I/O Graph 等高级信息统计工具，这样的工具可让网管人员更详细地了解网络中的风吹草动。

有一些出现在 Statistics 菜单中的工具本书不会提及，这些工具要么是用途一目了然（比如，Packet Lengths[数据包长度]工具），要么几乎没什么用处（比如，ANSP 和 BACnet 工具等）。还有一些工具会在其他相关章节介绍，比如，Service Response Time（服务行响应时间）和 DNS 工具。

Wireshark 自带的信息统计工具，都在其主窗口的 Statistics 菜单名下。要使用这些工具，请点击 Statistics 菜单下相应的菜单项或子菜单项。

5.2 Statistics 菜单中 Capture File Properties 工具的用法

本节会介绍如何通过 Wireshark 来获悉在网络中穿梭往来的数据包的总体信息。Wireshark 2 Statistics 菜单里的 Capture File Properties 菜单项取代了 Wireshark1 相同菜单里的 Summary 菜单项。

5.2.1 准备工作

启动 Wireshark 软件，先打开一个抓包文件（或双击一块网卡，开始抓包），再选择 Statistics 菜单。

5.2.2 使用方法

1. Capture File Properties 工具归于 Statistics 菜单名下，要想使用此工具，请在 Statistics 菜单中点击 Capture File Properties 菜单项，如图 5.1 所示。

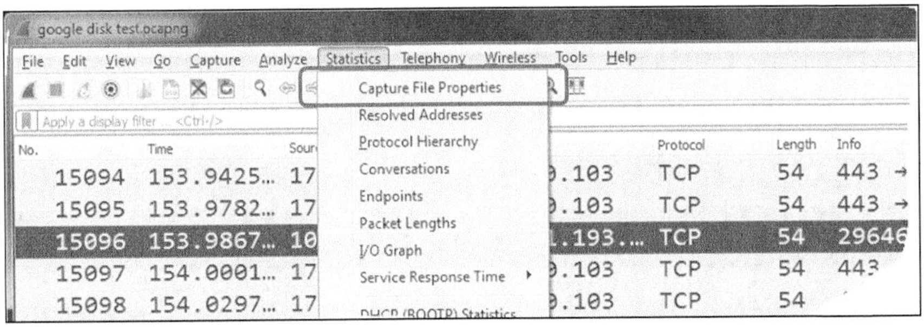

图 5.1

Capture File Properties 窗口会立刻弹出，如图 5.2 所示。

2. 从图 5.2 中可以看到，该窗口的上半部分包含以下区域。

- **File**：通过该区域中的信息，可以了解抓包文件的各种属性，比如，抓包文件的名称、路径信息，以及抓包文件所含数据包的“规模”（length）等信息。
- **Time**：通过该区域中的信息，可以获悉抓包的开始、结束以及持续时间。

- **Capture**：通过该区域中的信息，可以得知安装了 Wireshark 的主机的硬件及操作系统信息。
- **Interfaces**：通过该区域中的信息，可以了解到有关抓包网卡的信息，包括该网卡在操作系统注册表中的信息（左侧）、在抓包时是否启用了抓包过滤器、网卡类型以及对所抓数据包大小的限制。
- **Statistics**：通过该区域中的信息，可以了解到本次抓包（或 Wireshark 所展示的当前抓包文件）的常规统计信息，比如，所抓数据包的数量、Wireshark 显示出的数据包的数量等。

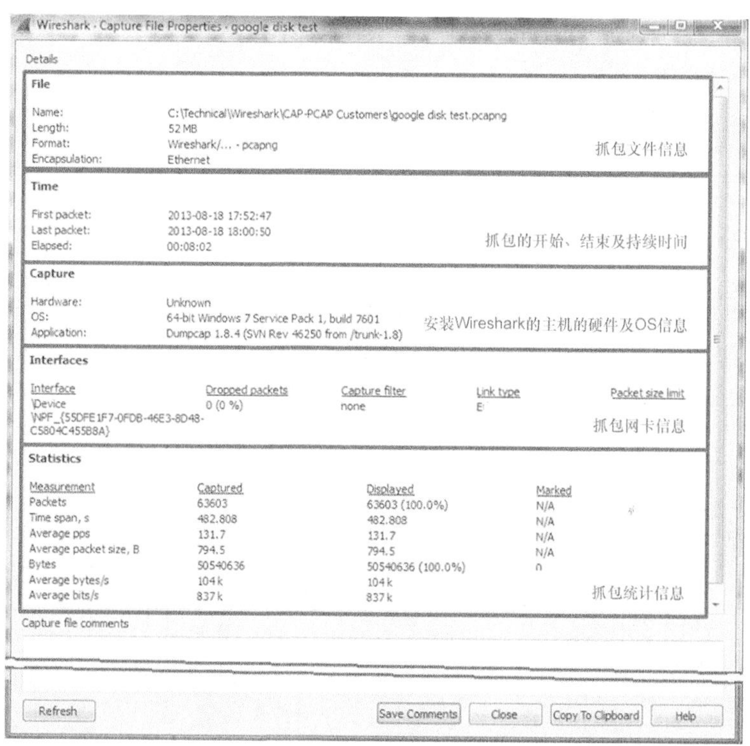

图 5.2

5.2.3 幕后原理

Capture File Properties 窗口所提供的信息默认来源于所有已抓取的数据包，但若应用了显示过滤器，则来源于经过过滤的数据包。要是有人问："通过 Wireshark 能得知网络中平均每秒过往的数据包的个数及字节数吗？"在 Capture File Properties 窗口中就能找到答案。

5.2.4 拾遗补缺

通过 Capture File Properties 窗口，可以了解到在整个抓包过程中，平均每秒过往的所有数据包以及经过显示过滤器过滤的数据包的个数及字节数。

5.3 Statistics 菜单中 Resolved Addresses 工具的用法

本节会介绍 Wireshark 第 2 版的一项新功能：已抓数据包的 IP 地址、TCP/UDP 目的端口号，以及以太网（MAC）地址的名称转换功能。

5.3.1 准备工作

启动 Wireshark 软件，先打开一个抓包文件（或双击一块网卡，开始抓包），再选择 Statistics 菜单。

5.3.2 使用方法

在 Statistics 菜单中点击 Resolved Addresses 菜单项，会弹出 Resolved Addresses 窗口，如图 5.3 所示。

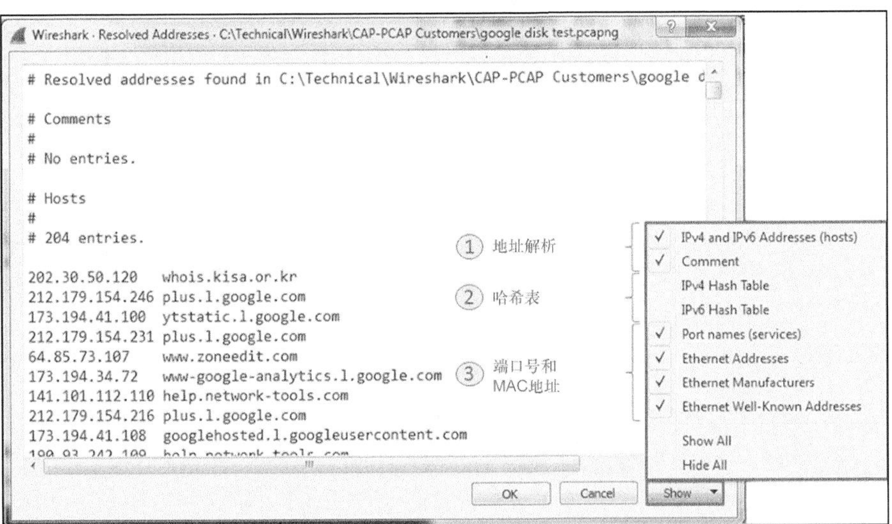

图 5.3

Resolved Addresses 窗口提供了以下信息。

- Comment（注释信息）：若要查看注释信息，请点击 Show 按钮，激活 Comment 菜单项。
- hosts（IPv4/IPv6 地址 DNS 解析信息）：提供了所抓数据包的 IP 地址的 DNS 名称。

- IPv4/IPv6 Hash Table（IPv4/IPv6 地址哈希表）：提供了所抓数据包的 IP 地址的哈希值。
- Service（服务或应用程序名称信息）：提供了公认的 TCP 或 UDP 端口名称。
- Ethernet Addresses、Ethernet Manufacturers 和 Ethernet Well-Known Addresseses：提供了 MAC 地址信息以及拥有 MAC 地址的网卡制造商的信息。

5.3.3 幕后原理

要将所抓数据包的 IP 地址解析为 DNS 名称，Wireshark 需借助于安装它的主机的名称解析机制，即要借助于 DNS 解析机制或位于 Wireshark 主目录中的 Wireshark hosts 文件。

至于 MAC 地址中的前三个字节与网卡制造商名称之间的对应关系，Wireshark 则会参照 IEEE 802 委员会制定的 MAC 地址转换表。

公认的 TCP 和 UDP 端口号及相应的服务名称由 IANA 定义。

5.3.4 拾遗补缺

借助于 Wireshark 的这项新功能，可以了解到抓包文件中与各种名称有关有用信息，对网络故障排除很有帮助。

5.4 Statistics 菜单中 Protocol Hierarchy 工具的用法

本节会介绍如何通过 Wireshark 来获悉在网络中穿梭往来的数据包所归属的协议层级。

5.4.1 准备工作

启动 Wireshark 软件，先打开一个抓包文件（或双击一块网卡，开始抓包），再选择 Statistics 菜单。

5.4.2 使用方法

1. Protocol Hierarchy 工具归于 Statistics 菜单名下，要想使用此工具，请在 Statistics 菜单中点击 Protocol Hierarchy 菜单项，如图 5.4 所示。

   Protocol Hierarchy Statistics 窗口会立刻弹出。透过该窗口，可以了解到抓包文件所含数据包归属的协议类型的分布情况。

2. 图 5.5 所示为 Wireshark 以每协议为基础呈现的数据包的分布情况统计信息。

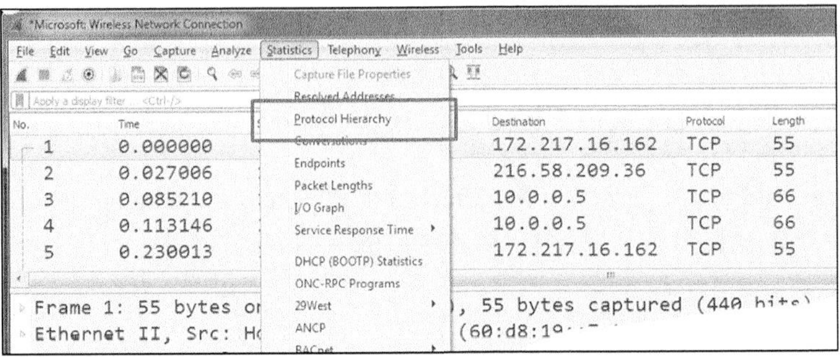

图 5.4

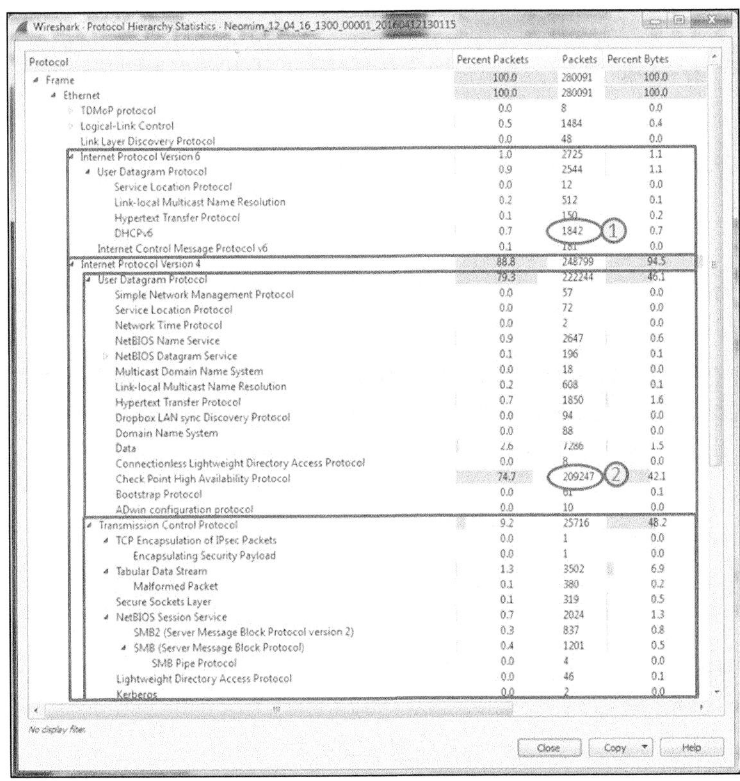

图 5.5

下面是对 Protocol Hierarchy Statistics 窗口中每一列的解释。

- **Protocol：**用来表示数据包所归属的协议名称。
- **Percent Packets：**指明了抓包文件所含数据包在每一种协议类型中的占比情况（按数据包的个数来统计）。
- **Packets：**指明了每一种协议类型的数据包的个数。

- **Percent Bytes**：指明了抓包文件所含数据包在每一种协议类型中的占比情况（按数据包的字节数来统计）。
- **Bytes**：指明了每一种协议类型的数据包的字节数。
- **Bit/s**：指明了某种协议类型的数据包在抓包时段内的传输速率。
- **End Packets**：指明了隶属于该协议类型的数据包的纯粹数量。试举一例，若 TCP 协议的 Packets 和 End Packets 数量分别为 5762 和 4571 个，这就表示此抓包文件中以 TCP 头部封装的数据包的总数为 5762 个，但只有 4571 个纯 TCP 数据包，即这些数据包的 TCP 头部之后再无高层协议头部，而其他的 1191 个数据包在 TCP 头部之后还紧跟了高层协议头部（比如，HTTP 头部）。
- **End Bytes**：指明了隶属于该协议类型的数据包的纯粹字节数。
- **End Bit/s**：指明了隶属于该协议类型的纯粹的数据包在抓包时段内的传输速率。

注 意

End Packets、End Bytes 以及 End Bit/s 分别指明了只算某种协议的数据包（即此种协议的头部为数据包中的最高层协议头部）的个数、字节数以及在抓包时段内的传输速率。以 TCP 为例，虽然 FTP、HTTP、SSL 数据包都可算作 TCP 数据包，但这些应用层协议在建立或终止 TCP 连接时发出 TCP 数据包，是不含高层头部信息的（比如，用来建立 HTTP 连接的 TCP SYN 数据包等），此类数据包便算作纯 TCP 数据包。若 Internet Protocol Version 4（IPv4 数据包）所对应的 End Packets、End Bytes 以及 End Bit/s 三列的都是 0，则是因为该抓包文件中的 IPv4 数据包全都包含了更高层的协议头部。

在图 5.5 中，有两个地方值得关注。

- Wireshark 抓到了 1842 个 DHCPv6 数据包。若受监控的网络为纯 IPv4 网络，请禁用网络设备及主机的 IPv6 和 DHCPv6 功能。
- Wireshark 抓到的 CPHA（CheckPoint High Availability，CheckPoint 高可用性）数据包的数量超过了 20 万个，占在受监控网络里所抓数据包总数的 74.7%。此类数据包是归属同一集群的两台 CheckPoint 防火墙之间互发的 HA 同步数据包，主要作用是在防火墙之间的更新会话表。此类数据包的发送量一旦过高，便会严重影响网络性能。解决方法是在两台防火墙之间开通一条专用直连链路，让两者在相互同步会话表时，不再影响网络。

5.4.3 幕后原理

简而言之，由 Protocol Hierarchy 工具生成的统计信息也是根据抓包文件的内容计算而得。

读者需关注以下两点。

- 该工具生成的所有 Percent（占比）信息都是针对同一层次的协议类型而言。比方说，在图 5.6 中，逻辑链路控制帧、IPv4 数据包、IPv6 数据包、ARP 帧、Cisco ISL 帧的 Percent Packets 分别为 0.5%、88.8%、1.0%、9.6%和 0.1%。这表示上述 5 种数据包在 Wireshark 抓到的所有以太网帧（Ethernet）中所占比重分别为 0.5%、88.8%、1.0%、9.6%和 0.1%，五者相加正好等于 100%。

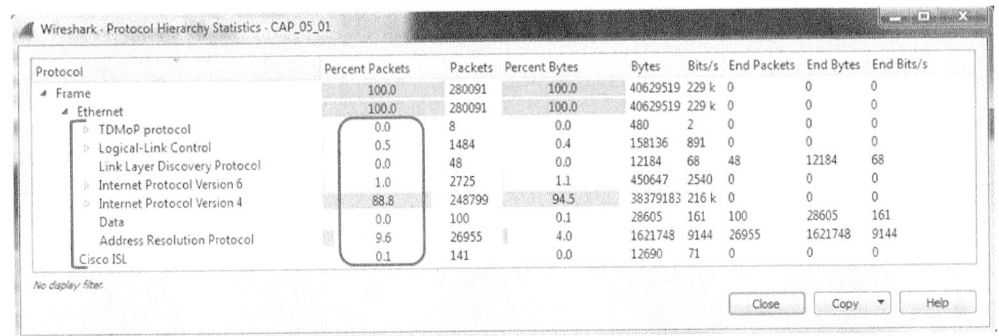

Wireshark · Protocol Hierarchy Statistics · CAP_05_01

Protocol	Percent Packets	Packets	Percent Bytes	Bytes	Bits/s	End Packets	End Bytes	End Bits/s
Frame	100.0	280091	100.0	40629519	229 k	0	0	0
Ethernet	100.0	280091	100.0	40629519	229 k	0	0	0
TDMoP protocol	0.0	8	0.0	480	2	0	0	0
Logical-Link Control	0.5	1484	0.4	158136	891	0	0	0
Link Layer Discovery Protocol	0.0	48	0.0	12184	68	48	12184	68
Internet Protocol Version 6	1.0	2725	1.1	450647	2540	0	0	0
Internet Protocol Version 4	88.8	248799	94.5	38379183	216 k	0	0	0
Data	0.0	100	0.1	28605	161	100	28605	161
Address Resolution Protocol	9.6	26955	4.0	1621748	9144	26955	1621748	9144
Cisco ISL	0.1	141	0.0	12690	71	0	0	0

No display filter.

Close Copy Help

图 5.6

- 此外，在图 5.7 中，TCP 数据包占总数据包的 75.70%，但 HTTP 数据包只占总数据包的 12.74%，除此之外，就只有在总数据包中占 2.90%的 SSL 数据包算是 TCP 数据包了（也就是说，除了 HTTP 数据包和 SSL 数据包之外，再无其他的 TCP 数据包）。这是因为，Wireshark 在统计高层协议数据包时，只认高层协议头部。对于本例，所有端口号为 80 或 443 但不含 HTTP 或 SSL 头部的 TCP 数据包（比如，用来建立连接的 TCP SYN 数据包，或不含 HTTP 头部只含 HTTP 数据的 TCP 数据包），都未被算作为 HTTP 或 SSL 数据包。

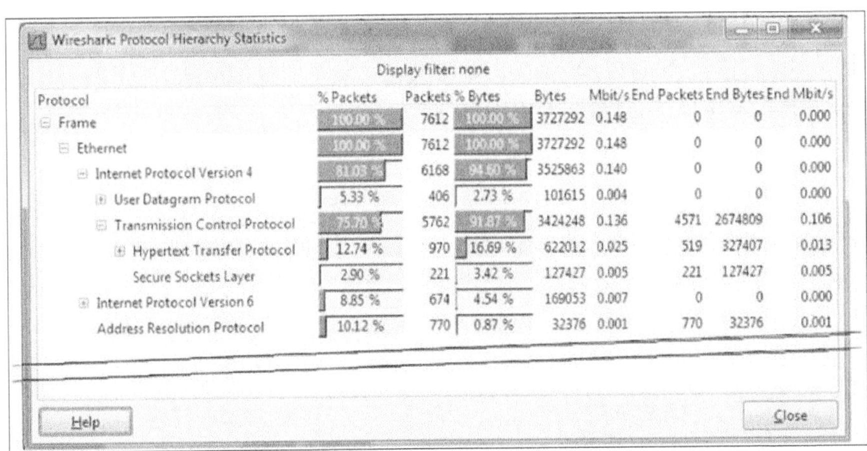

Wireshark: Protocol Hierarchy Statistics

Display filter: none

Protocol	% Packets	Packets	% Bytes	Bytes	Mbit/s	End Packets	End Bytes	End Mbit/s
Frame	100.00 %	7612	100.00 %	3727292	0.148	0	0	0.000
Ethernet	100.00 %	7612	100.00 %	3727292	0.148	0	0	0.000
Internet Protocol Version 4	81.03 %	6168	94.60 %	3525863	0.140	0	0	0.000
User Datagram Protocol	5.33 %	406	2.73 %	101615	0.004	0	0	0.000
Transmission Control Protocol	75.70 %	5762	91.87 %	3424248	0.136	4571	2674809	0.106
Hypertext Transfer Protocol	12.74 %	970	16.69 %	622012	0.025	519	327407	0.013
Secure Sockets Layer	2.90 %	221	3.42 %	127427	0.005	221	127427	0.005
Internet Protocol Version 6	8.85 %	674	4.54 %	169053	0.007	0	0	0.000
Address Resolution Protocol	10.12 %	770	0.87 %	32376	0.001	770	32376	0.001

Help Close

图 5.7

5.4.4 拾遗补缺

要让 Wireshark 在 Protocol Hierarchy 工具生成的统计信息中，把不含高层协议头部但只含高层协议数据的 TCP 数据包，也算作该高层协议数据包，请在首选项窗口（点 Edit 菜单，选择 Preferences 菜单项）中，点 Protocol 前的箭头，选中 TCP 协议，取消勾选 Allow subdissector to reassemble TCP streams 复选框。也可以在抓包主窗口中随便选择一个 TCP 数据包，在数据包结构区域内选择 TCP 头部，单击右键，在弹出的菜单中选择 Protocol Preferences 菜单项，取消勾选 Allow subdissector to reassemble TCP streams 子菜单项。

5.5 Statistics 菜单中 Conversations 工具的用法

本节会介绍如何获取网络中的设备间的对话信息。

5.5.1 准备工作

启动 Wireshark 软件，先打开一个抓包文件（或双击一块网卡，开始抓包），再选择 Statistics 菜单。

5.5.2 使用方法

Conversations 工具归于 Statistics 菜单名下，要想使用此工具，请在 Statistics 菜单中点击 Conversations 菜单项，如图 5.8 所示。

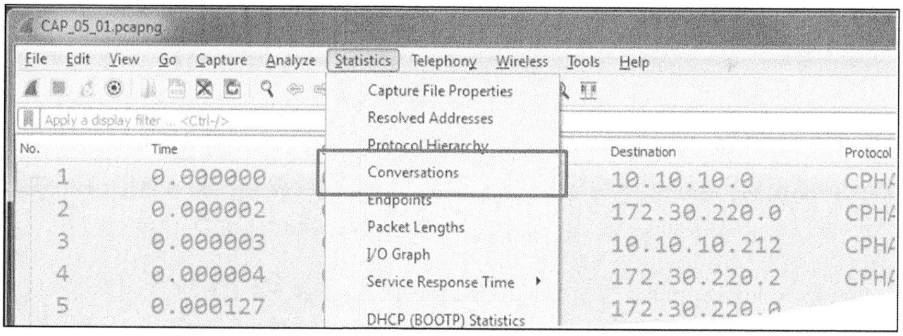

图 5.8

Conversations 窗口会立刻弹出，如图 5.9 所示。

可点选图 5.9 所示 **Conversations** 窗口中相应的选项卡，来观看网络中的主机之间在第 2、3、4 层上的对话。

- **Ethernet**：来观察具有不同 MAC 地址的主机间发生过什么样的交流。
- **IPv4**：来观察具有不同 IPv4 地址的主机间有过什么样的沟通。

➢ **TCP 或 UDP**：来观察具有不同 IPv4 地址的主机间所建立的各种 TCP（或 UDP）对话。

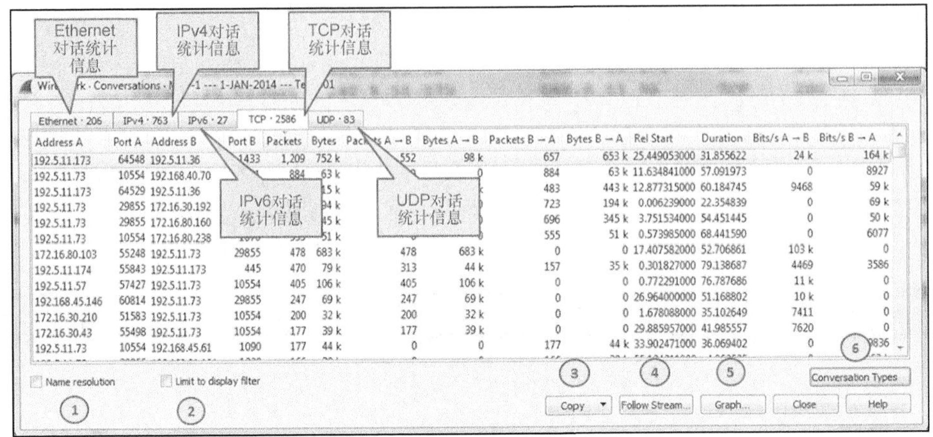

图 5.9

通过观察主机之间在第 2、3、4 层上的对话，既可以发现发生在第 2 层的广播风暴，也可以查明发生在第 3、4 层的 Internet 链路负载过高等问题。

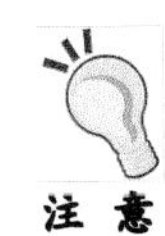

注 意

若网管人员发现内网有大量数据包都涌向某一特定公网 IP 地址的 80 端口，则应试着在自己的主机上用浏览器也访问一下这一 IP 地址，看看该 Web 站点为什么受内网用户的热捧。

要是一无所获，请访问任何一个标准的域名解析 Web 站点（比如，http://who.is/），并输入这一公网 IP 地址，便可得知内网用户的 HTTP 流量都发到什么样的网站去了。

要想用相应的名称来取代在 Conversations 窗口的各选项卡中露面的 MAC 地址、IP 地址，以及 TCP/UDP 端口号，需勾选左下角的 Name resolution 复选框（图 5.9 中的 1）。但在此之前，还应在主窗口的 View 菜单的 Name Resolution 菜单项下点选相应的子菜单项。

还可以勾选 Conversations 窗口左下角的 Limit to display filter 复选框（图 5.9 中的 2），应用显示过滤器。这样一来，Conversations 窗口将只会显示经过显示过滤器过滤的信息。

Wireshark 版本 2 的 Conversations 窗口多了一项新功能，要通过 Graph 按钮来触发（图 5.9 中的 5）。只要在 TCP 选项卡中先选中一条 TCP 对话，再点击 Graph 按钮，便会弹出 TCP Time Sequence（tcptrace）窗口。选择 Statistics 菜单的 TCP Stream Graphs 菜单项，点击其 Time Sequence（tcptrace）子菜单，也会弹出 TCP Time Sequence（tcptrace）窗口，下一章会对此进行介绍。

要将选项卡的信息以 CSV 或 YAML 的格式复制进剪贴板，请点击 Copy 按钮（图 5.9 中的 3）[1]。

在 TCP 或 UDP 选项卡中，先选中一行（一条 TCP 或 UDP 对话），再点击 Follow Stream 按钮（图 5.9 中的 4）。这么一点，便会生成一个已应用于抓包文件的显示过滤器，在 Wireshark 主窗口的数据包列表区域，将只会显示隶属于该 TCP 或 UDP 对话的数据包。

在 Conversations 窗口中，还可以按图 5.10 所示，先选中一条会话，单击右键，在弹出的菜单里选择与过滤器和数据包上色功能有关的菜单项或子菜单项。

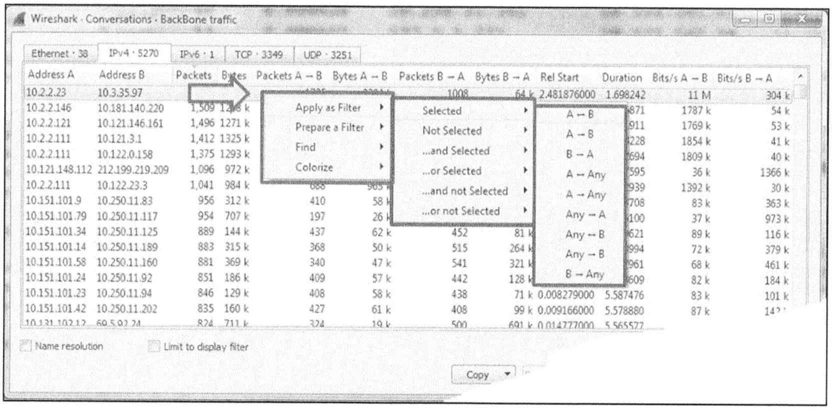

图 5.10

Wireshark 2.0 版本可以选择在 Conversations 窗口中现身的各种协议选项卡（点击 Conversation Types 按钮，在弹出的菜单中选择相应的协议选项卡），而 Wireshark 1.0 版本的 Conversations 窗口会出现全套协议选项卡，而且是固化的。

5.5.3 幕后原理

网络对话（conversation）是指发生于一对指定端点（主机、服务器或网络设备）间的所有流量。比方说，一次 IP 对话是指交换于具有不同 IP 地址的两台主机间的所有流量；而一次 TCP 或 UDP 对话则包括了 4 大特征（源、目 IP 地址外加源、目端口号）全都匹配的数据包。

5.5.4 拾遗补缺

借助 Conversations 工具，能发现各种不易觉察的网络问题。

根据 Ethernet 对话统计信息（在 Conversations 窗口中点击 Ethernet 选项卡，便会呈现 Ethernet 对话统计信息），可以观察到下述信息。

- 广播包的数量是否过于庞大。若是，则很有可能遭遇了广播风暴（要是情况比较严重，估计在 Ethernet 对话统计信息中，都看不到一个单播包）。

1 译者注：原文是“To copy table data, click on the Copy button (3)”。

将 Wireshark 主机接入发生了严重广播风暴的网络时，Wireshark 每秒会抓取到数以万计的数据包，这不但会导致其停止显示数据包，而且还会使得主机屏幕卡顿。此时，只有断开 Wireshark 主机网卡的网线，才能看清抓到的数据包。

➢ 是否存在大多数数据包的源 MAC 地址全都相同的现象（即大多数数据包是否都是由具有某特定 MAC 地址的主机发出）。若是，则可能是某块主机的网卡发生了故障。此时，只要瞥一眼 Address A 的前半部分——网卡芯片制造商的 ID（比如 ibm 或 cisco），或许就知道是哪台主机的网卡出故障了。

虽然 MAC 地址的前半部分标明了网卡芯片制造商的 ID，但这只表示网络中有某台主机安装了该网卡芯片制造商生产的网卡，而 PC 机或笔记本电脑制造商却未必生产网卡。因此，还得登录以太网交换机，查看该 MAC 地址是从哪个端口学得，这样才好找到那台因网卡发生故障而生成巨流的主机。

根据 IP 对话统计信息（在 Conversations 窗口中点击 IPv4 选项卡，便会呈现 IPv4 对话统计信息），可以观察到下述信息。

➢ 是否有某个（或若干）IP 地址有极高的曝光率。若有，且这个（或这几个）IP 地址归服务器所有，则纯属正常；不过，出现这种情况，也有可能是有人在用黑客工具扫描网络，或某台 PC 机生成了过多的流量所导致。

➢ 是否有人用黑客工具扫描网络（第 19 章会对此做深入探讨）。网络扫描也分为两种：一种是正常扫描，比如，SNMP 网管系统发出 ping 包探测网络设备是否健在；另一种是异常扫描，即有人用黑客工具扫描网络（或中了病毒的主机不由自主地扫描网络）。

➢ 通过图 5.11，可以清楚地看见有台主机正在扫描网络。

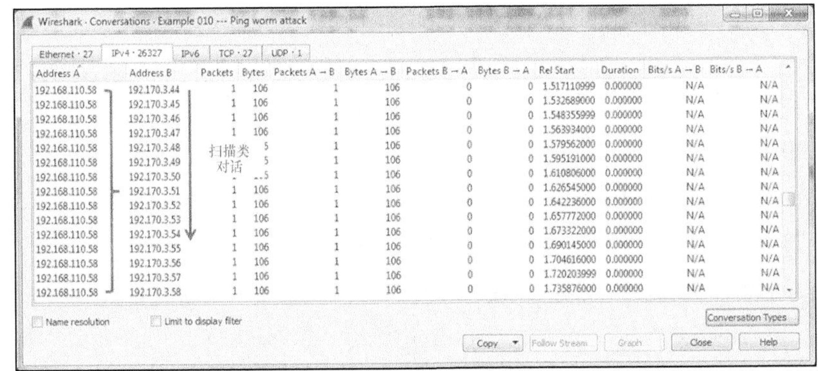

Address A	Address B	Packets	Bytes	Packets A→B	Bytes A→B	Packets B→A	Bytes B→A	Rel Start	Duration	Bits/s A→B	Bits/s B→A
192.168.110.58	192.170.3.44	1	106	1	106	0	0	1.517110999	0.000000	N/A	N/A
192.168.110.58	192.170.3.45	1	106	1	106	0	0	1.532689000	0.000000	N/A	N/A
192.168.110.58	192.170.3.46	1	106	1	106	0	0	1.548355999	0.000000	N/A	N/A
192.168.110.58	192.170.3.47	1	106	1	106	0	0	1.563934000	0.000000	N/A	N/A
192.168.110.58	192.170.3.48	[illegible]	[illegible]	1	106	0	0	1.579562000	0.000000	N/A	N/A
192.168.110.58	192.170.3.49	[illegible]	[illegible]	1	106	0	0	1.595191000	0.000000	N/A	N/A
192.168.110.58	192.170.3.50	[illegible]	[illegible]	1	106	0	0	1.610806000	0.000000	N/A	N/A
192.168.110.58	192.170.3.51	1	106	1	106	0	0	1.626545000	0.000000	N/A	N/A
192.168.110.58	192.170.3.52	1	106	1	106	0	0	1.642236000	0.000000	N/A	N/A
192.168.110.58	192.170.3.53	1	106	1	106	0	0	1.657772000	0.000000	N/A	N/A
192.168.110.58	192.170.3.54	1	106	1	106	0	0	1.673322000	0.000000	N/A	N/A
192.168.110.58	192.170.3.55	1	106	1	106	0	0	1.690145000	0.000000	N/A	N/A
192.168.110.58	192.170.3.56	1	106	1	106	0	0	1.704616000	0.000000	N/A	N/A
192.168.110.58	192.170.3.57	1	106	1	106	0	0	1.720203999	0.000000	N/A	N/A
192.168.110.58	192.170.3.58	1	106	1	106	0	0	1.735876000	0.000000	N/A	N/A

图 5.11

图 5.11 显示了一个经典的 IP 扫描场景：有一个 IP 地址（192.168.110.58）正按序向隶属于同一 IP 子网的 IP 地址（从 192.170.3.44～58）快速发出 ping 包（图 5.11 只显示出了一小部分 IP 对话）。随后，又继续扫描 IP 子网 192.170.4.0（图中并未显示）。实际上，是网络中一台设有 IP 地址 192.168.110.58 的主机感染上了蠕虫病毒，中招的主机持续发送巨量 ping 包，其后果是导致网络链路（比如，WAN 链路）严重拥塞。

根据 TCP/UDP 对话统计信息（在 Conversations 窗口中点击 TCP 或 UDP 选项卡，便会呈现 TCP 或 UDP 对话统计信息），可以观察到下述信息。

- ➢ 是否有某一台主机打开了过多的 TCP（或 UDP）连接。对单台主机而言，打开 10～20 个连接纯属正常，但若连接数过百，那就应该去好好查一查了。
- ➢ 是否有主机试图与稀奇古怪的 TCP/UDP 目的端口号建立连接。若有，则表示网络可能遇到了麻烦。

在图 5.12 中，通过观察 TCP 选项卡中的信息，可以很容易地发现有人在执行标准的 TCP 端口扫描。

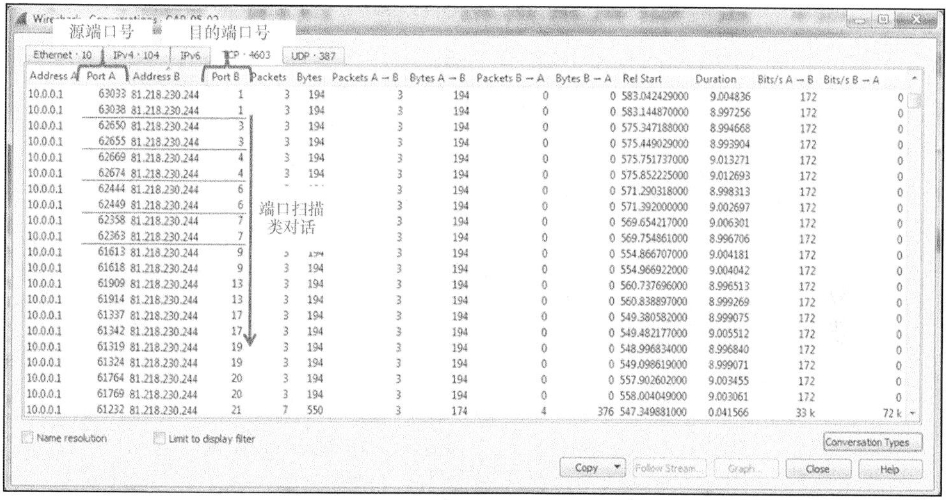

源端口号　目的端口号

Ethernet · 10 | IPv4 · 104 | IPv6 | TCP · 4603 | UDP · 387

Address A	Port A	Address B	Port B	Packets	Bytes	Packets A→B	Bytes A→B	Packets B→A	Bytes B→A	Rel Start	Duration	Bits/s A→B	Bits/s B→A
10.0.0.1	63033	81.218.230.244	1	3	194	3	194	0	0	583.042429000	9.004836	172	0
10.0.0.1	63038	81.218.230.244	1	3	194	3	194	0	0	583.144870000	8.997256	172	0
10.0.0.1	62650	81.218.230.244	3	3	194	3	194	0	0	575.347188000	8.994668	172	0
10.0.0.1	62655	81.218.230.244	3	3	194	3	194	0	0	575.449029000	8.993904	172	0
10.0.0.1	62669	81.218.230.244	4	3	194	3	194	0	0	575.751737000	9.013271	172	0
10.0.0.1	62674	81.218.230.244	4	3	194	3	194	0	0	575.852225000	9.012693	172	0
10.0.0.1	62444	81.218.230.244	6	[illegible]	[illegible]	3	194	0	0	571.290318000	8.998313	172	0
10.0.0.1	62449	81.218.230.244	6			3	194	0	0	571.392000000	9.002697	172	0
10.0.0.1	62358	81.218.230.244	7			3	194	0	0	569.654217000	9.006301	172	0
10.0.0.1	62363	81.218.230.244	7			3	194	0	0	569.754861000	8.996706	172	0
10.0.0.1	61613	81.218.230.244	9	[illegible]	[illegible]	3	194	0	0	554.866707000	9.004181	172	0
10.0.0.1	61618	81.218.230.244	9	3	194	3	194	0	0	554.966922000	9.004042	172	0
10.0.0.1	61909	81.218.230.244	13	3	194	3	194	0	0	560.737696000	8.996513	172	0
10.0.0.1	61914	81.218.230.244	13	3	194	3	194	0	0	560.838897000	8.999269	172	0
10.0.0.1	61337	81.218.230.244	17	3	194	3	194	0	0	549.380582000	8.999075	172	0
10.0.0.1	61342	81.218.230.244	17	3	194	3	194	0	0	549.482177000	9.005512	172	0
10.0.0.1	61319	81.218.230.244	19	3	194	3	194	0	0	548.996834000	8.996840	172	0
10.0.0.1	61324	81.218.230.244	19	3	194	3	194	0	0	549.098619000	8.999071	172	0
10.0.0.1	61764	81.218.230.244	20	3	194	3	194	0	0	557.902602000	9.003455	172	0
10.0.0.1	61769	81.218.230.244	20	3	194	3	194	0	0	558.004049000	9.003061	172	0
10.0.0.1	61232	81.218.230.244	21	7	550	3	174	4	376	547.349881000	0.041566	33 k	72 k

端口扫描类对话

Name resolution　Limit to display filter　Conversation Types

Copy　Follow Stream...　Graph...　Close　Help

图 5.12

由图 5.12 可知，有一个 IP 地址（10.0.0.1）不停地尝试连接另一个 IP 地址（81.218.230.244）的各个端口（TCP 1、3、4、6、7 等端口）。

这是一个典型的 TCP 扫描，10.0.0.1 向 81.218.230.244 的每个端口分别各发两个数据包：从源端口 63033 和 63038 向目的端口 1 发送两个数据包；从源端口 63650 和 63655 向端口 3 发送两个数据包，依此类推。

在 Conversations 窗口的各选项卡中，只要点击 Address A 一栏，便会立刻发现是否有人执行扫描。

5.6 Statistics 菜单中 Endpoints 工具的用法

本节会介绍如何查看抓包文件中与数据包的发送或接收端点（Endpoint）有关的统计信息。

5.6.1 准备工作

启动 Wireshark 软件，先打开一个抓包文件（或双击一块网卡，开始抓包），再选择 Statistics 菜单。

5.6.2 使用方法

1．Endpoints 工具归于 Statistics 菜单名下，要想使用此工具，请在 Statistics 菜单中点击 Endpoints 菜单项，如图 5.13 所示。

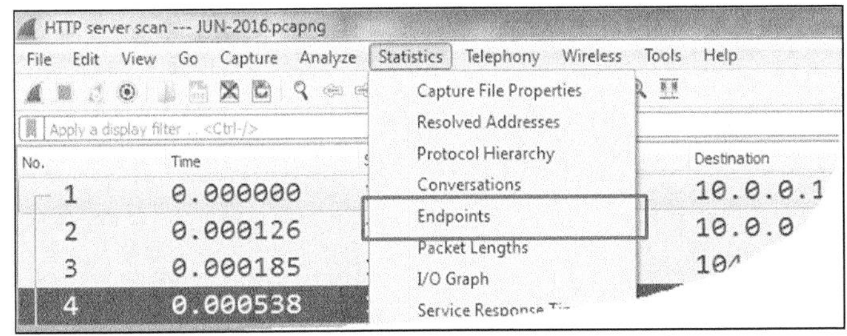

图 5.13

2．Endpoints 窗口将立刻弹出，如图 5.14 所示。

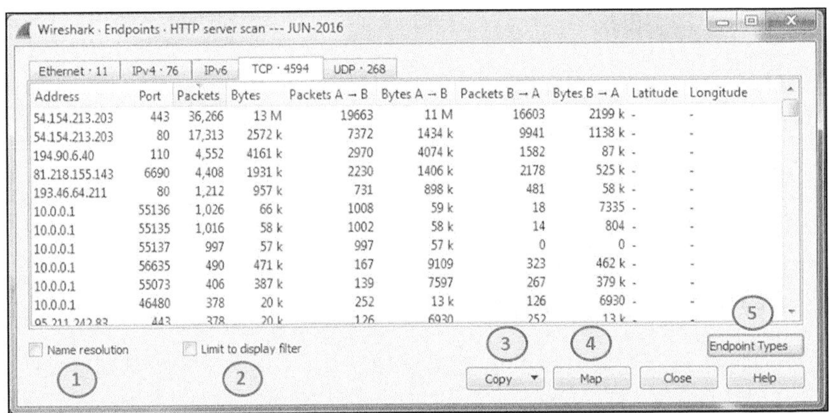

Address	Port	Packets	Bytes	Packets A → B	Bytes A → B	Packets B → A	Bytes B → A	Latitude	Longitude
54.154.213.203	443	36,266	13 M	19663	11 M	16603	2199 k	-	-
54.154.213.203	80	17,313	2572 k	7372	1434 k	9941	1138 k	-	-
194.90.6.40	110	4,552	4161 k	2970	4074 k	1582	87 k	-	-
81.218.155.143	6690	4,408	1931 k	2230	1406 k	2178	525 k	-	-
193.46.64.211	80	1,212	957 k	731	898 k	481	58 k	-	-
10.0.0.1	55136	1,026	66 k	1008	59 k	18	7335	-	-
10.0.0.1	55135	1,016	58 k	1002	58 k	14	804	-	-
10.0.0.1	55137	997	57 k	997	57 k	0	0	-	-
10.0.0.1	56635	490	471 k	167	9109	323	462 k	-	-
10.0.0.1	55073	406	387 k	139	7597	267	379 k	-	-
10.0.0.1	46480	378	20 k	252	13 k	126	6930	-	-

图 5.14

可点击 Endpoints 窗口内相应的选项卡，来观察与第 2、3、4 层端点（Ethernet 端点、IP 端点、TCP/UDP 端点）有关的统计信息。

以 Endpoints 窗口中的 TCP 选项卡为例，从左到右可以观察到：

- TCP 端点的 IP 地址和端口号（分别对应 Address 和 Port 一栏）；
- TCP 端点收发数据包的总数和总字节数（分别对应 Packets 和 Bytes 一栏）；
- TCP 端点发出的数据包的个数和字节数（分别对应 Tx Packets 和 Tx Bytes 一栏）；
- TCP 端点收到的数据包的个数和字节数（分别对应 Rx Packets 和 Rx Bytes 一栏）[1]。

在 Endpoints 窗口的底部，有以下复选框或按钮。

- **Name resolution**：一经勾选，Endpoints 窗口中的所有第 2、3、4 层地址都会以相应的名称示人，但在此之前，还应在主窗口的 View 菜单的 Name Resolution 菜单项下点选相应的子菜单项。
- **Limit to display filter**：一经勾选，Endpoints 窗口将只会显示经过显示过滤器过滤的信息（在抓包主窗口中已经应用了显示过滤器）。
- **Copy**：点此按钮，便会将选项卡里的信息以 CSV 或 YAML 的格式复制进剪贴板。
- **Map**：在 GeoIP 配置妥当的情况下，点此按钮会根据端点 IP 的归属地来显示其在地图上的地理信息。有关 GeoIP 配置，详见第 10 章。

5.6.3 幕后原理

借助于 Endpoints 窗口，即可获悉 Wireshark 探测到的与所有第 2、3、4 层端点有关的统计信息。通过这些统计信息，可以很好的解释以下现象。

- Ethernet 端点（MAC 地址）少，IP 端点（IP 地址）多：对于这种现象，可能是因为所有进出本地 LAN（IP 子网）的 IP 流量都由一台路由器来负责转发。也就是说，对于源或目的 IP 地址不隶属于本地 IP 子网的所有数据包，其源或目的 MAC 地址都会是那台路由器内网 LAN 口的 MAC 地址，这属于正常情况。
- IP 端点（IP 地址）少，TCP 端点（TCP 端口号）多：说白一点，就是每个 IP 端点都试图建立或已经建立了多条 TCP 连接。对于这种现象，可能正常也可能不正常。若建立或试图建立多条 TCP 连接的 IP 端点为服务器，这就属于正常情况；否则，极有可能是有人在发动网络攻击（比如，TCP SYN 攻击）。

5.6.4 拾遗补缺

现以从某网络中心弄来的一份抓包文件为例，来教读者如何查看 Wireshark 生成的

1 译者注：译者安装的 Wireshark 的 Endpoints 窗口和图 5.14 完全不同，根本就没有那么多列，译文酌改。

Endpoints 统计信息。

在 Endpoints 窗口中，点击 Ethernet 选项卡，如图 5.15 所示。首先，可判断出在该网络中心的内部网络中，绝大部分流量都被一台 Cisco 设备和一台 HP 设备垄断（1）。其次，可以发现内部网络中有几台设备的 MAC 地址不归任何网络设备厂商所有（2）。再次，可以了解内部网络中广播帧（3）、生成树协议帧（4）和 IPv4 和 IPv6 多播帧（5）（如本书第 10 章所述，IPv6 多播帧的 MAC 地址以 33:33:00 打头）的发送情况。最后，还可以观察到内部网络中 Cisco 私有协议（CDP、VTP、DTP、UDLD、PAgP）帧的发送情况。

Wireshark · Endpoints · 25-1-2012 test 1

Ethernet · 21 | IPv4 · 191 | IPv6 · 6 | TCP · 7428 | UDP · 22

Address		Packets	Bytes	Packets A→B	Bytes A→B	Packets B→A	Bytes B→A
CiscoInc_99:1c:00	1	274,765	54 M	145945	21 M	128820	33 M
HewlettP_52:9b:c3		171,752	33 M	79800	21 M	91952	12 M
ac:16:2d:75:80:d7		68,789	13 M	32540	6447 k	36249	6790 k
2c:76:8a:4e:9d:67	2	19,050	3364 k	9395	2492 k	9655	872 k
ac:16:2d:75:65:5f		15,871	4679 k	7819	3759 k	8052	920 k
Tp-LinkT_82:29:ce		3,880	2496 k	1795	833 k	2085	1662 k
Broadcast	3	594	53 k	0	0	594	53 k
Spanning-tree-(for-bridges)_00	4	415	24 k	0	0	415	24 k
00:0f:34:d1:ea:e0		283	18 k	250	16 k	33	1980
WistronI_ae:77:69		273	45 k	273	45 k	0	0
CiscoInc_d1:ea:d8		158	11 k	137	9816	21	1260
IPv4mcast_7f:ff:fa		84	23 k	0	0	84	23 k
33:33:00:01:00:02	5	65	10 k	0	0	65	10 k
00:0f:34:d1:ea:cc		64	4638	55	4098	9	540
CDP/VTP/DTP/PAgP/UDLD	6	59	9126	0	0	59	9126

Name resolution　Limit to display filter　Endpoint Types

Copy　Map　Close　Help

图 5.15

如图 5.16 所示，点击过 IPv4 选项卡之后，即可看出，发往 Internet 的数据包有一大半（13031 个数据包）都发给了 IP 地址 54.230.47.224（该抓包文件获取自一条宽带上网线路）。

Wireshark · Endpoints · CAP_05_05

Ethernet · 14 | IPv4 · 460 | IPv6 · 2 | TCP · 1569 | UDP · 57

Address	Packets	Bytes	Packets A→B	Bytes A→B	Packets B→A	Bytes B→A	Latitude	Longitude
10.0.10.140	87,981	47 M	38382	7403 k	49599	40 M	-	-
54.230.47.224	13,031	10 M	8402	10 M	4629	517 k	-	-
62.219.186.7	4,169	522 k	2068	360 k	2101	162 k	-	-
192.115.106.35	4,143	506 k	2042	343 k	2101	162 k	-	-
192.185.48.133	3,008	2729 k	1958	2652 k	1050	77 k	-	-
212.179.154.241	2,681	1827 k	1685	1700 k	996	126 k	-	-
81.218.31.176	2,531	2026 k	1550	1708 k	981	317 k	-	-
92.122.132.30	2,216	1859 k	1323	1722 k	893	137 k	-	-
81.218.31.177	1,594	1043 k	786	590 k	808	452 k	-	-
82.80.216.232	1,490	1356 k	975	1324 k	515	32 k	-	-
173.194.112.183	1,278	497 k	767	423 k	511	73 k	-	-
84.95.150.21	1,244	665 k	678	495 k	566	170 k	-	-

Name resolution　Limit to display filter　Endpoint Types

Copy　Map　Close　Help

图 5.16

为了弄清 IP 地址为 54.230.47.224 的主机为什么这么受内网用户的追捧，作者在浏览器中输入该 IP 地址。不过，无论是通过 HTTP 还是通过 HTTPS 访问，浏览器都报了错，如图 5.17 所示。

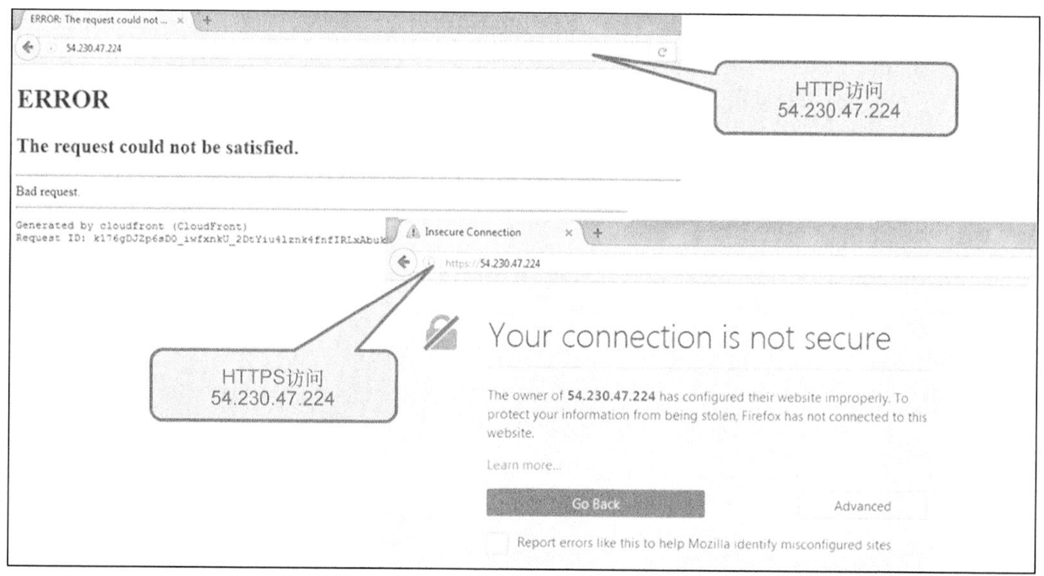

图 5.17

为了继续查明 IP 地址 54.230.47.224 究竟是什么网站，作者点击了 TCP 选项卡，同时勾选了 Name resolution 复选框，如图 5.18 所示。

1. Endpoints 窗口显示出了与 IP 地址 54.230.47.224 相对应的 DNS 名称。当然，还得在 View 菜单的 Name Resolution 菜单项下点选 Resolve Network Address 子菜单项，然后让 Wireshark 刷新主机表。

Wireshark · Endpoints · CAP_05_04

Ethernet · 14 | IPv4 · 460 | IPv6 · 2 | TCP · 1569 | UDP · 57

Address	Port	Packets	Bytes	Packets A→B	Bytes A→B	Packets B→A	Bytes B→A	Latitude	Longitude
dszm9ngjxq8pm.cloudfront.net	80	13,031	10 M	8402	10 M	4629	517 k	-	-
masgeriat-aharon.co.il	80	3,008	2729 k	1958	2652 k	1050	77 k	-	-
toolbarqueries.l.google.com	443	2,634	1819 k	1664	1698 k	970	121 k	-	-
a39.g.akamai.net	80	2,531	2026 k	1550	1708 k	981	317 k	-	-
10.0.10.140	61595	2,326	1656 k	841	98 k	1485	1557 k	-	-
e974.g.akamaiedge.net	80	2,216	1859 k	1323	1722 k	893	137 k	-	-
10.0.10.140	62491	2,003	1628 k	707	78 k	1296	1550 k	-	-
10.0.10.140	55805	1,961	1587 k	693	79 k	1268	1508 k	-	-
10.0.10.140	64700	1,950	1573 k	688	76 k	1262	1497 k	-	-
10.0.10.140	64732	1,846	1502 k	649	72 k	1197	1429 k	-	-
10.0.10.140	55931	1,840	1497 k	646	71 k	1194	1426 k	-	-

☑ Name resolution　☐ Limit to display filter　Endpoint Types

Copy　Map　Close　Help

图 5.18

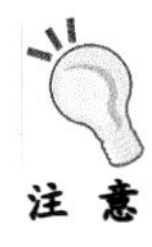
注 意

Wireshark 软件的某些窗口（功能）会在运作时自动刷新主机表，而另一些窗口（功能）则不然。作者使用的 2.0.3 版 Wireshark 的 Endpoints 窗口不会自动刷新。此时，要勾选 Limit to display filter 复选框，让 Wireshark 刷新 Endpoints 窗口的主机表。要是无须使用显示过滤器，可在刷新主机表之后取消勾选 Limit to display filter 复选框。

2．选中待查的主机，单击右键，先在弹出的菜单中选择 Apply a filter | Selected，再返回 Wireshark 主抓包窗口。

3．在 Wireshark 主抓包窗口中，先选中一个数据包，再到数据包结构区域的 IPv4 包头结构中（的源或目的地址字段）选中待查的主机名，点击右键，在弹出的菜单中选择 Copy | Description，如图 5.19 所示（用 Ctrl+Shift+D 组合键也能起到相同效果）：

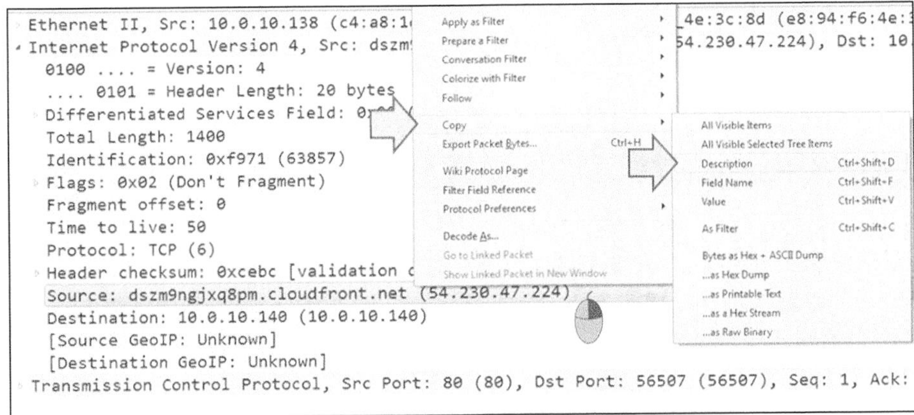

图 5.19

4．如图 5.20 所示，将复制进剪切板里的字符复制进浏览器，在“掐头去尾”后按回车键，即可查明 IP 地址 54.230.47.224 到底是什么样的网站了。

图 5.20

在浏览器里用该网站的 DNS 名称来访问，就能成功地打开该网站了。

5.7 Statistics 菜单中 HTTP 工具的用法

本节会介绍如何查看抓包文件中有关 HTTP 流量的统计信息。

5.7.1 准备工作

启动 Wireshark 软件，先打开一个抓包文件（或双击一块网卡，开始抓包），再选择 Statistics 菜单。

5.7.2 使用方法

HTTP 工具归于 Statistics 菜单名下，要想使用此工具，请在 Statistics 菜单中点击 HTTP 菜单项，如图 5.21 所示。

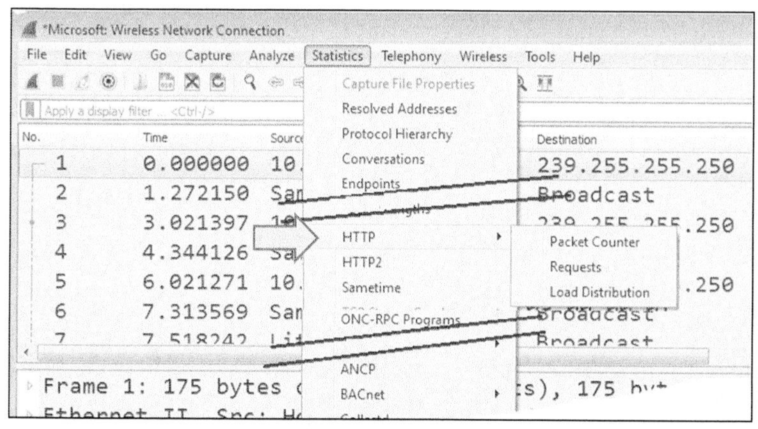

图 5.21

以下所列为 HTTP 菜单项名下的子菜单项。

- **Packet Counter**：可用来了解抓包文件中 HTTP 数据包的总数，以及其中 HTTP 请求数据包和 HTTP 响应数据包分别为多少。
- **Requests**：可用来了解主机请求访问的 Web 站点的分布情况，以及所访问的 Web 站点上的具体资源（指向资源的 URL）。
- **Load Distribution**：可用来了解抓包文件中 HTTP 数据包（包括 HTTP 请求和 HTTP 响应数据包）在各 Web 站点间的分布情况（即访问过哪些 Web 站点）。

首先，来看一下 Packet Counter 子菜单项的用法。

1．点击 Statistics | HTTP | Packet Counter。

2．Packet Counter 窗口会立刻弹出，如图 5.22 所示。

Packet Counter 窗口显示了 HTTP 请求和 HTTP 响应数据包的总数。

3．要想基于某个指定的 Web 站点，来生成并查看有关 HTTP 请求的统计信息，可先在

Display filter 输入栏里输入显示过滤表达式 http.host contains <host_name>或 http.host ==<host_name>（具体输入哪一个，要看是想精确匹配 Web 站点的域名，还是想只匹配域名中的某个字符串），再点击 Apply 按钮。

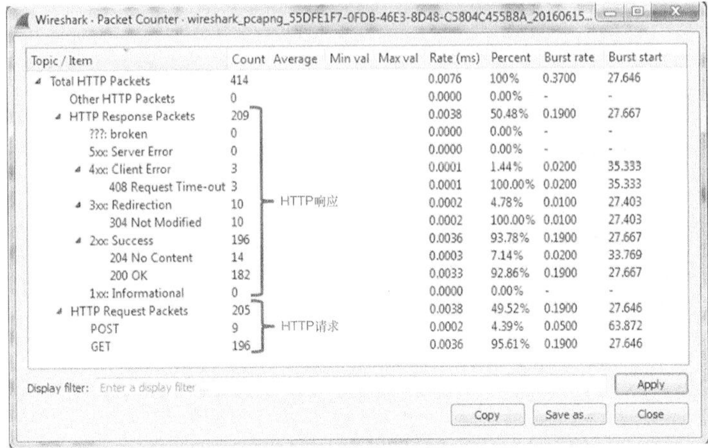

图 5.22

其次，来介绍一下 Requests 子菜单项的用法。

1．点击 Statistics | HTTP | Requests，会弹出 Requests 窗口，如图 5.23 所示。

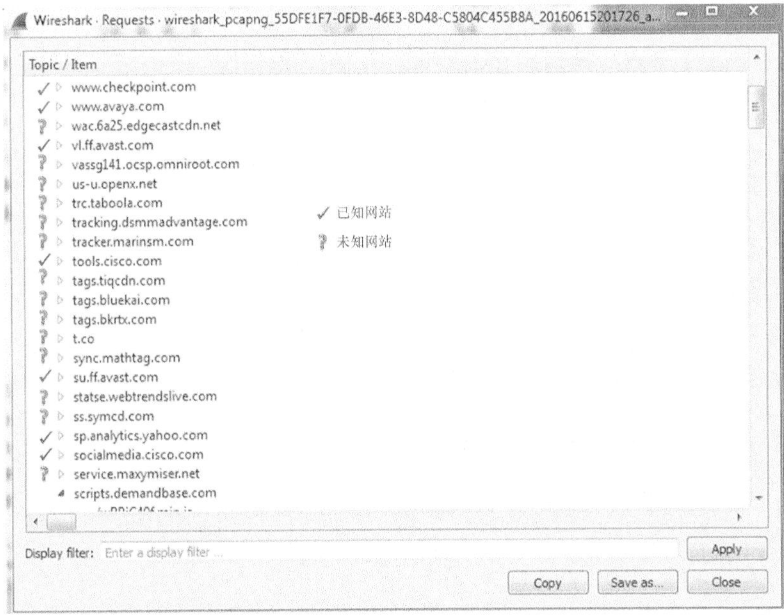

图 5.23

2．要想基于某个指定的 Web 站点来生成有关 HTTP 请求的统计信息，可先在 Display filter 输入栏里输入显示过滤表达式 http.host contains <host_name>或 http.host==<host_name>（具体输入哪一个，要看是想精确匹配 Web 站点的域名，还是想只匹配域名中的某个字符串），再点击 Apply 按钮。

3．举个例子，要想看看内网用户都访问了 Web 站点 www.ndi-com.com 上的哪些资源，请在 Display filter 输入栏里输入显示过滤表达式 http.host==ndi-com.com，如图 5.24 所示。

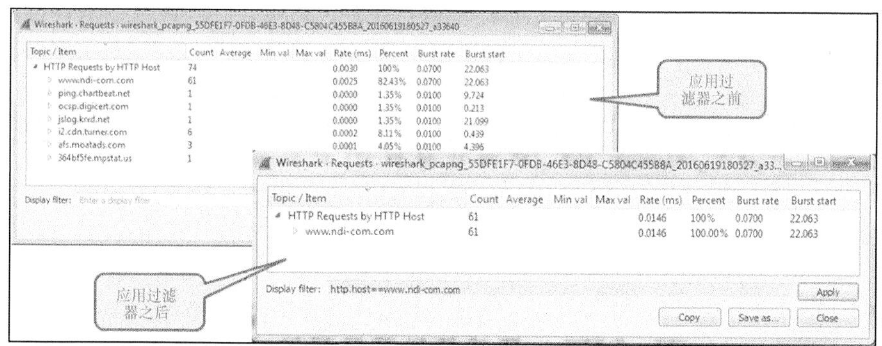

图 5.24

最后，来研究一下 Load Distribution 子菜单项的用法。

1．点击 Statistics | HTTP | Load Distribution。

2．Load Distribution 窗口会立刻弹出，如图 5.25 所示。

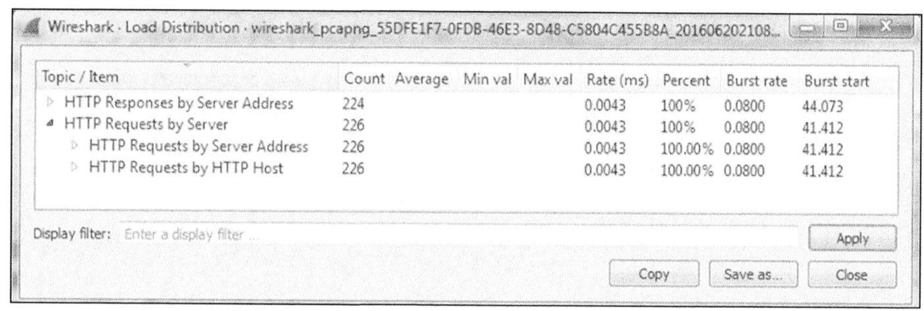

图 5.25

3．可点击最左边的小三角形展开 HTTP Response 和 HTTP Requests 项，来观看 Wireshark 基于所有 IP 数据包生成的有关 HTTP 负载分配的统计信息。

第 12 章会讲解如何利用上述工具来执行 HTTP 分析。

5.7.3 幕后原理

在访问某个 Web 站点时，浏览器通常会发出多次 HTTP 请求，从多个位置下载资源。比如，当访问 CNN Web 站点时，浏览器会被该 Web 站点传回的 HTTP 响应消息牵引至 CNN 网站的 Edition 页面，然后需要借助若干 URL 从多个位置请求（下载）资源。

5.7.4 拾遗补缺

要想对 HTTP 数据包做进一步的分析，还需借助于特殊的工具。Fiddler 是最常使用的 HTTP 数据包分析工具，大家可以自行下载并研究使用。

Fiddler 是一款专门为排除 HTTP 协议故障而开发的软件，其用户界面能详尽的显示与 HTTP 有关的数据。

5.8 配置 Flow Graph（数据流图），查看 TCP 流

本节会介绍 Statistics 菜单中 Flow Graph 工具的用法。

5.8.1 配置准备

启动 Wireshark 软件，先打开一个抓包文件（或双击一块网卡，开始抓包），再选择 Statistics 菜单。

5.8.2 配置方法

点击 Flow Graph 菜单项，Flow 窗口会立刻弹出，如图 5.26 所示。

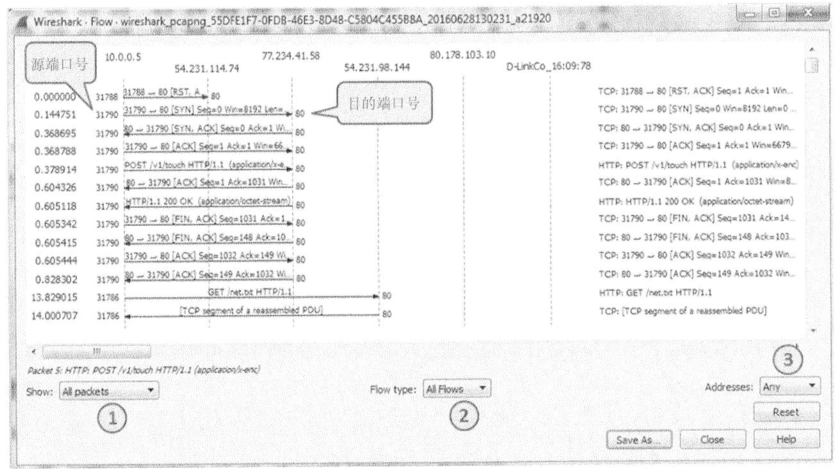

图 5.26

在 Flow 窗口中，可以看到数据包的抓取时间（最左边）、数据包的源、目地址（视箭头的指向而定），以及数据包的源、目端口号（视箭头的指向而定）。

点击任何一个会话箭头，都能在 Wireshark 抓包主窗口的数据包列表区域里定位到相应的

数据包。

Flow 窗口内置有若干功能项（复选框）可供选择，下面是对这些功能项的解释。

- Show（Limit to display filter 复选框，图 5.26 中的 1）：显示所有捕获的数据包，或只显示由显示过滤器过滤的数据包。
- Flow type（图 5.26 中的 2）：可在下拉菜单中选择所要查看的各种数据流。若点选 TCP Flows 菜单项，则 Wireshark 会根据抓包文件中的所有数据包或所有经过显示过滤器过滤的数据包，来生成含 TCP 标记、序列号、ACK 号以及报文段长度的 TCP 数据流图。在针对抓包文件应用显示过滤器 http.request，且同时勾选 Limit to display 复选框并将 Flow type 设置为 TCP Flows 的情况下，Flow 窗口将只会显示 PSH 位置 1（详见第 12 章）的 TCP 流（实为包含 HTTP GET 命令的 HTTP 数据包）。
- Address（图 5.26 中的 3）：只有 IP（network）地址一种选项。

5.8.3 幕后原理

只是根据抓包文件生成简单的统计信息而已。

5.8.4 拾遗补缺

TCP 故障有时很是让人头疼，要想弄清故障的原委，就必须绘制出 TCP 端点间的数据流图。一般而言，绘制 TCP 数据流图的最佳方式是借助于某款绘图软件，这样的软件应具有友好的图形界面。当然，也可以用不同颜色的彩色铅笔在纸上手工绘制。

针对 Wireshark 开发的 Cascade Pilot 软件包正是绘制 TCP 数据流图的绝佳工具。

图 5.27 所示为作者自制的 TCP 数据流图。

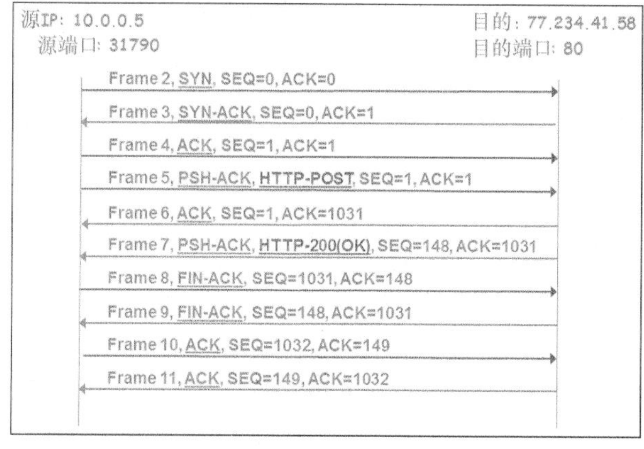

图 5.27

借助于图 5.27，可清楚地观察到 TCP 连接的建立方式（Frame 2～4）；客户机 10.0.0.5 如何向服务器 77.234.41.58 发出 HTTP POST 命令，并获得了服务器的回应（220（OK））（Frame 5～7）；TCP 连接的按序拆除方式（Frame 8～11）。

在本书的第 12 章以及与应用层协议有关的其他各章，读者还会看到更多类似自制的 TCP 数据流图。万事开头难，TCP 数据流图只要多画几次，即可熟能生巧。

5.9 生成与 IP 属性有关的统计信息

本节会介绍如何让 Wireshark 基于抓包文件生成与各种 IP 属性有关的统计信息。所谓 IP 属性是指源 IP 地址、目的 IP 地址以及 IP 协议类型等。

5.9.1 准备工作

启动 Wireshark 软件，先打开一个抓包文件（或双击一块网卡，开始抓包），再选择 Statistics 菜单，在其底部有以下两个菜单项，如图 5.28 所示。

- IPv4 Statistics 菜单项。
- IPv6 Statistics 菜单项。

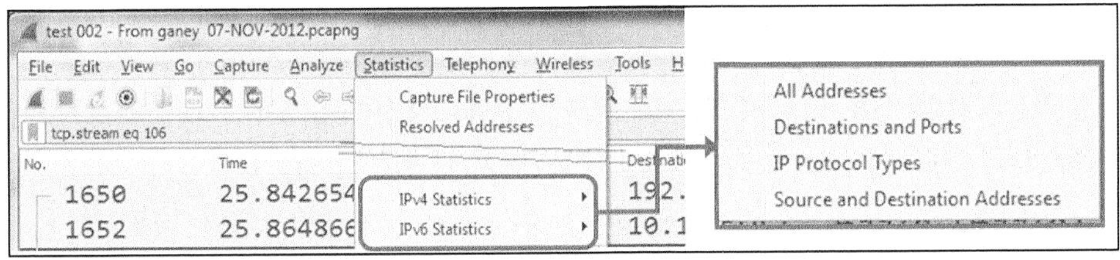

图 5.28

以下所列为 IPv4/IPv6 Statistics 菜单项名下的子菜单项：

- All Addresses 子菜单项；
- Destinations and Ports 子菜单项；
- IP Protocols Types 子菜单项；
- Source and Destination Address 子菜单项。

5.9.2 使用方法

要让 Wireshark 基于抓包文件生成有关 IP 地址的统计信息，请按以下步骤行事。

1．点击 Statistics | IPv4 Statistics | All Addresses 或 Statistics | IPv6 Statistics | All Addresses。

2．All Addresses 窗口会立刻弹出，如图 5.29 所示。

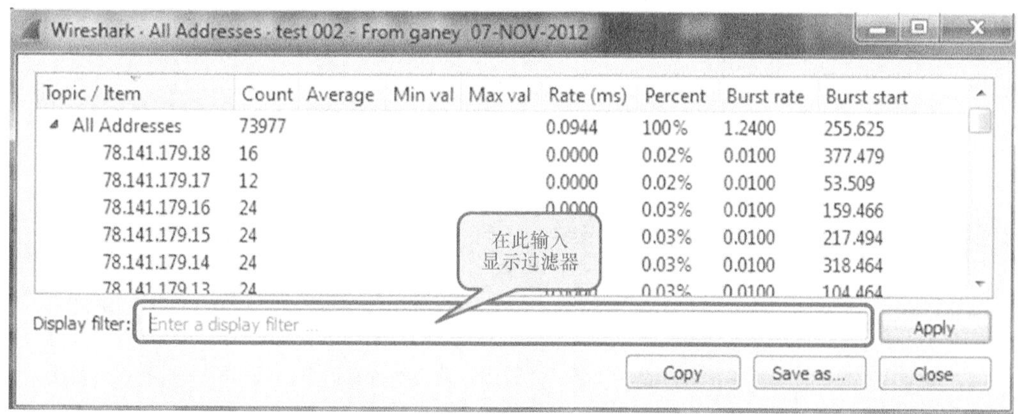

图 5.29

3．图 5.29 所示信息一目了然，无需解释。重要的是，可在 Display filter 输入栏里输入过滤器。比方说，可输入显示过滤器 tcp.analysis.retransmission，让 Wireshark 在 All Addresses 窗口中显示涉及 TCP 重传的 IP 地址，如图 5.30 所示。由图 5.30 可知，IP 地址 10.10.10.30 涉及 1262 次 TCP 重传。

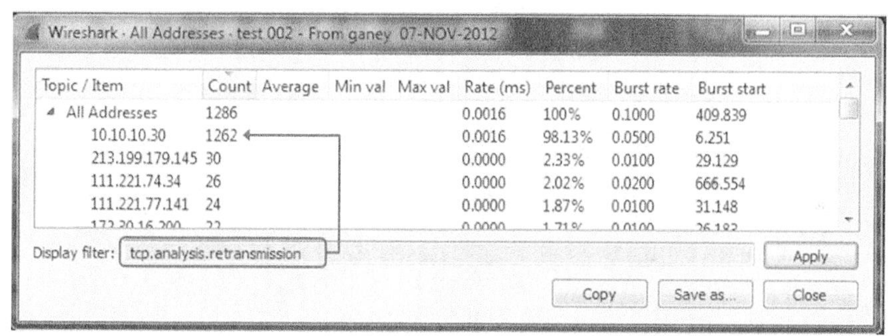

图 5.30

4．使用其他工具也能展示相同的信息。比如，使用本章之前介绍的 Statistics 菜单中的 Conversations 工具，或者直接在 Wireshark 抓包主窗口中应用相应的显示过滤器。

要让 Wireshark 基于抓包文件生成有关目的 IP 地址和目的 UDP/TCP 端口号的统计信息，请按以下步骤行事。

1．点击 Statistics | IPv4 Statistics | Destination and Ports 或 Statistics | IPv6 Statistics | Destination and Ports。

2．Destination and Ports 窗口会立刻弹出，可在 Display filter 输入栏内输入显示过滤表达式（比如，tcp.analysis.zero_window），对原生信息加以过滤，如图 5.31 所示。

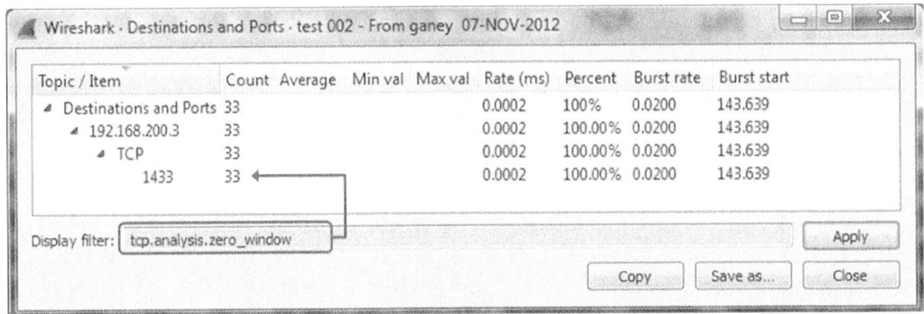

图 5.31

要让 Wireshark 基于抓包文件生成有关 IP 协议类型的统计信息，请按以下步骤行事。

1．点击 Statistics | IPv4 Statistics | Protocol Types 或 Statistics | IPv6 Statistics | Protocol Types。

2．IP Protocol Types 窗口会立刻弹出，如图 5.32 所示。

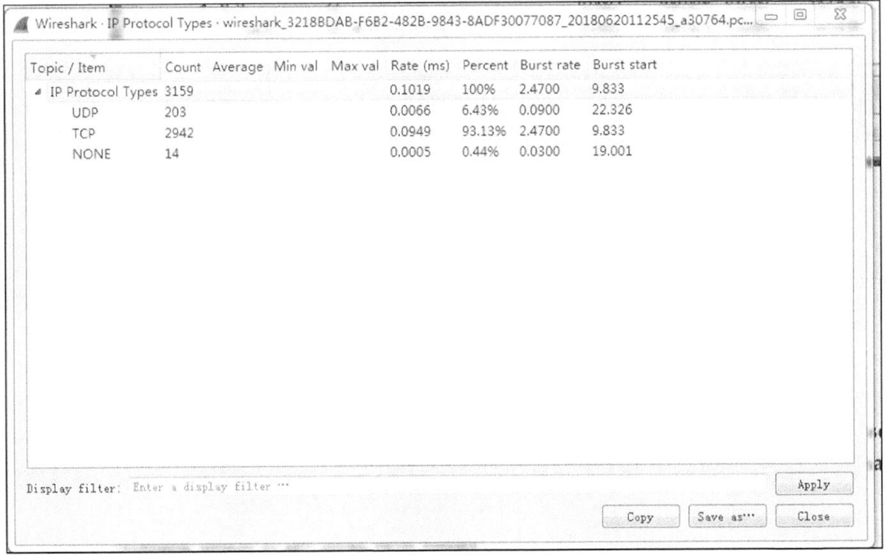

图 5.32

要让 Wireshark 基于抓包文件生成有关源、目 IP 地址的统计信息，请按以下步骤行事。

1．点击 Statistics | IPv4 Statistics | Source and Destination Addresses 或 Statistics | IPv6 Statistics | Source and Destination Addresses。

2．Source and Destination Addresses 窗口会立刻弹出，如图 5.33 所示。

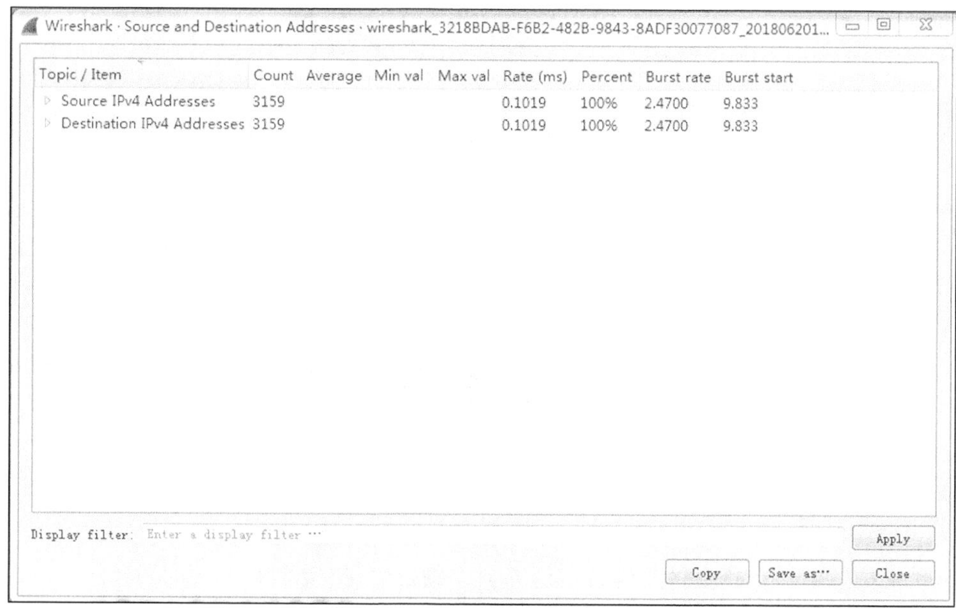

图 5.33

本章作为示例呈现的抓包文件为 CAP_05_08。

5.9.3 幕后原理

不涉及任何幕后原理，只是让 Wireshark 基于抓包文件生成相应的统计信息而已。

5.9.4 拾遗补缺

Wireshark 内置了诸多统计信息生成工具（比如，Capture File Properties 工具、Protocol Hierarchy 工具、Conversations 工具和 Endpoints 工具等），可利用这些工具来生成各式各样的统计信息。排除网络故障时，由这些工具生成的统计信息或许能帮上网管人员的大忙。

第 6 章 高级信息统计工具的用法

本章涵盖以下内容：

- 配置支持显示过滤器的 I/O Graphs 工具，来定位与网络性能有关的问题；
- 用 I/O Graphs 工具测量网络的吞吐量；
- I/O Graphs 工具的高级配置方法（启用 Y 轴 unit 参数）；
- TCP Stream Graphs 菜单项中 Time Sequence（Stevens）子菜单项的用法；
- TCP Stream Graphs 菜单项中 Time Sequence（tcptrace）子菜单项的用法；
- TCP Stream Graphs 菜单项中 Throughput 子菜单项的用法；
- TCP Stream Graphs 菜单项中 Round Trip Time 子菜单项的用法；
- TCP Stream Graphs 菜单项中 Window Scaling 子菜单项的用法。

6.1 简介

上一章介绍了内置于 Wireshark 软件的基本信息统计工具的用法，这些工具包括 Capture File Properties 工具、Protocol Hierarchy 工具、Conversations 工具和 Endpoints 工具等。本章会介绍 I/O Graphs、TCP Stream Graphs 等高级信息统计工具，同时还会对 UDP multicast streams 等高级工具做简单介绍。

凭借本章所要介绍的 Wireshark 高级信息统计工具，可以更为细致入微地观察到网络中的风吹草动。Wireshark 高级信息统计工具主要有以下两种。

- I/O Graphs 工具：借助于该工具，同时配搭预先定义的显示过滤器，即可生成各种易于阅读的信息统计图表。比如，可生成单 IP 主机吞吐量统计图表、两台或多台主机间流量负载统计图表、应用程序网络吞吐量统计图表、TCP 现象分布统计图表、帧间时间间隔统计图表，以及 TCP 序列号和确认号之间的时间间隔统计图表等。

➢ TCP Stream Graphs 工具：利用该工具，便可深窥单条 TCP 连接（TCP 数据流）的内在。因此，该工具能帮助网管人员分析 TCP 故障，定位故障起因。

Wireshark 版本 2 对 I/O Graphs 和 TCP Stream Graphs 这两样工具又做了大幅优化。本章会介绍这两种工具的使用方法，还会在后面的相关章节讨论如何利用这两种工具来定位并解决网络故障。

6.2 配置支持显示过滤器的 I/O Graphs 工具，来定位与网络性能有关的问题

本节会介绍 I/O Graphs 工具的使用方法，以及如何配置该工具来排除网络故障。

6.2.1 配置准备

启动 Wireshark 软件，先打开一个抓包文件（或双击一块网卡，开始抓包），再点击 Statistics 菜单中的 I/O Graphs 菜单项，会弹出 I/O Graphs 窗口。若在抓包过程中如此行事，通过观察 I/O Graphs 窗口显示的信息，便可获知网络的实时统计信息。

6.2.2 配置方法

Statistics 菜单中的 I/O Graphs 菜单项一经点击，I/O Graphs 窗口会立刻弹出，如图 6.1 所示。

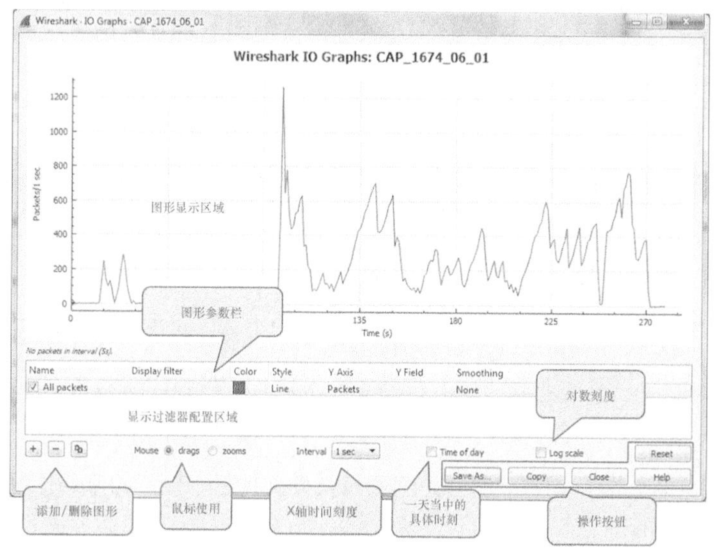

图 6.1

在 I/O Graphs 窗口中，上半部分为图形显示区域，该区域的下面是显示过滤器配置区域，可在此配置显示过滤器，并根据显示过滤器来展示相关图形。由图 6.1 可知，在默认情况下，图形的 X 轴表示的是时间（单位为秒），Y 轴表示的是流量速率（单位为数据包/秒）。

显示过滤器配置区域下面还有若干按钮、下拉菜单以及单/复选框。

可利用以下按钮和单选框，来控制图形的显示方式。

- 左下角的+/-号和复制按钮：用于图形的添加、删除及复制。
- Mouse drags/zooms 单选按钮和右下角的 Reset 按钮：分别点选那两个单选按钮，便能以不同的方式缩放图形；点击 Reset 按钮，可使图形恢复初始大小。

可利用以下下拉菜单和复选框，来配置图形的 X 轴（时间轴）参数。

- Interval 下拉菜单：可在该下拉菜单中指定一个计时单位，计时单位的取值范围为 1 毫秒～10 分钟。

注 意

若把 X 轴的 Interval 参数值指定为 1 秒（1s），且图形显示区域中的图形反映出的峰值为 1000，则意味着在抓包时间段内，Wireshark 测量出的流量传输峰值速率为 1000 个数据包/秒。可要是把 X 轴的 Tick Interval 参数值更改为 100 毫秒（100ms），那么图形显示区域中的图形反映出的峰值状况势必有所不同，这是因为计时单位从 1 秒被调整为了 100 毫秒。

- Time of day（一天当中的具体时刻）复选框：一旦勾选，图形的 X 轴的时间格式将会按一天当中的具体时刻来显示；若取消勾选，则图形的 X 轴的时间格式将会以抓包时长来显示。

可利用以下复选框来配置 Y 轴（速率轴）参数。

- Log scale 复选框：一经勾选，Y 轴长度将会以对数（Logarithmic）方式呈现；取消勾选，Y 轴长度将会以线性方式呈现。

下面给出图形配置方法。

- 在 I/O Graphs 窗口中，可添加、删除、复制以及更改图形，步骤如下所列。
    1. I/O Graphs 窗口刚启动时，会默认基于抓包文件中的所有数据包生成并显示以 X 轴和 Y 轴构成的图形。
    2. 要让 Wireshark 将经过显示过滤器过滤的数据包以图形的方式体现出来，请点击窗口左下角的“+”按钮。

3. 在新行的 Name 一栏为有待生成的图形指定一个名称。

4. 在 Display filter 一栏按照显示过滤器的语法输入显示过滤表达式。与抓包主窗口的显示过滤器输入栏一样，在输入过程中，可以借助 Wireshark 的语法自动补齐特性。

5. 通过 Color 和 Style 一栏为有待生成的图形指定颜色及风格（可保留默认设置）。

6. 可选择的图形风格包括 Line（线状）、Impulse（脉冲）、Bar（粗线）、Dot（点状）、Square（方块）、Diamond（菱形）等。若有待生成的是流量图，则应选 Line 风格，而 Dot 风格则适合用来生成事件分析（比如，TCP 重传、重复确认等事件分析）图。

7. 若要了解数据包的平均传输速率（亦即在每个计时单位内的平均传输速率），可在 Smoothing 一栏中选择一个值。

图 6.2 所示为针对抓包文件 CAP_1674_06_02，不加过滤以及施加显示过滤器 tcp.analysis.duplicate_ack 和 tcp.analysis.fast_retransmission 时，用 I/O Graphs 工具生成的流量图。

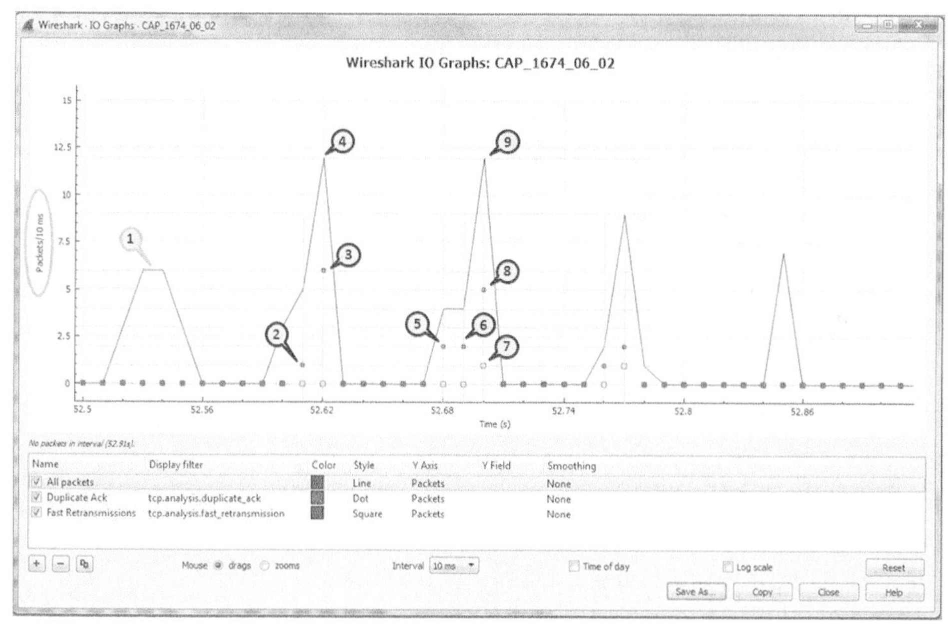

图 6.2

由图 6.2 可知，X 轴所表示的流量计时单位为 10 毫秒（Interval 下拉菜单项为 10ms），Y 轴所表示的流量速率单位为数据包/ 10 毫秒。名为 All packets 的图 1 体现了抓包文件中所有数据包的流量状况，未经任何过滤，该图的显示风格为线状（Line）；名为 Duplicate Ack 的图 2 体现了对抓包文件施加过滤器 tcp.analysis.duplicate_ack 时的流量状况，该图的显示风格为点状（Dot）；名为 Fast Retransmission 的图 3 体现了对抓包文件施加过滤器 tcp.analysis.fast_ retransmissionn 时的流量状况，该图的显示风格为方框状（Square）。这三幅流量图在 I/O Graphs 窗口均以极度放大的方式显示，着重显示了自开始抓包以来的第 52.5～52.86 秒之间的流量状况。

流量在第 52.53～52.54 秒达到了第一次高峰：6 个数据包/10 毫秒（图 6.2 中的 1），接下来的两次流量高峰都是 12 个数据包/10 毫秒（图 6.2 中的 4 和 9）。

至于 TCP 重复确认事件，在第 52.61 秒发生了一次（2），在 52.62 秒发生了 6 次（3），在 52.68 秒发生了两次（5），在 52.69 秒发生了两次（6），在 52.60 秒发生了 5 次（8）。此外，在 52.60 秒还发生了一次快速重传事件（7）。

在 Wireshark 抓包主窗口应用了相同的显示过滤器之后，即可在数据包列表区域观察到与 I/O Graphs 窗口相对应的 TCP 重复确认和快速重传事件，如图 6.3 所示。此时，可以很容易地观察到从第 52.62 秒开始的 6 次 TCP 重复确认事件。

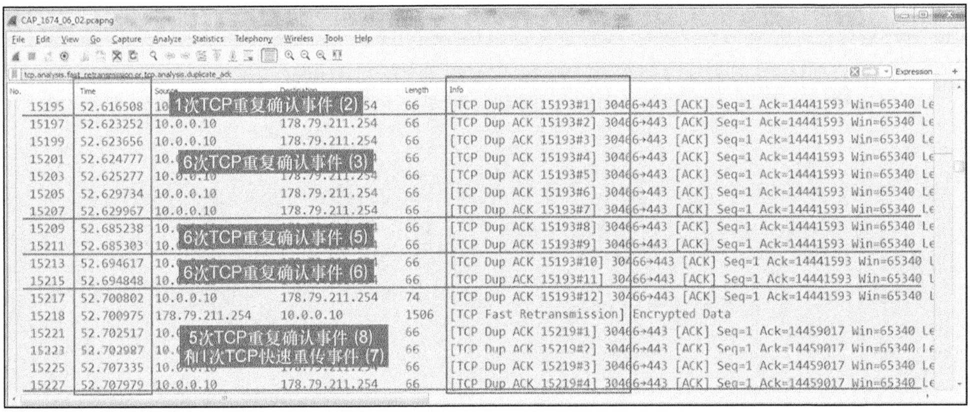

图 6.3

在本书以后探讨各种协议的章节里，读者会了解到 I/O Graph 工具精确制图的重要性，以及应该在何时、何处让该工具生成合适的图形。

6.2.3 幕后原理

I/O Graphs 工具是 Wireshark 软件中最重要的工具之一，网管人员可借此工具来在线监控网络性能，或对网络故障做离线分析。

使用 I/O Graphs 工具时，如何配置与 X 轴和 Y 轴参数结合使用的显示过滤器是重中之重。

Y 轴可用的计量参数有两种。第一种是速率参数——是用对应于 X 轴的计时单位来计量的数据包的个数（packets）、字节数（bytes）和位数（bits）。第二种参数包括 SUM、COUNT FRAMES、COUNT FIELDS、MAX、MIN、AVG 和 LOAD，如图 6.4 所示。有一些网络性能指标在使用图形方式表示时，只能使用 Y 轴的第二种参数，无法使用第一种速率参数。6.4 节会介绍第二种 Y 轴计量参数的使用方法。

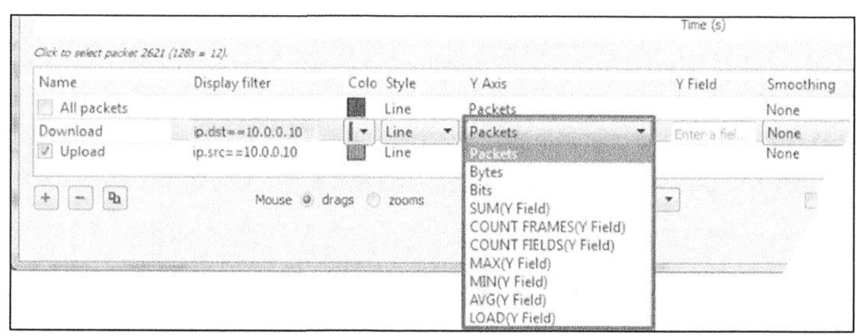

图 6.4

还有一个重要功能值得关注，那就是显示过滤器配置区域最左边的 Smoothing（新版本改为 SMA period）一栏，如图 6.5 所示。Smooth（平滑）意味着 I/O Graphs 工具在生成图形时不会绘制每个样本的值，而是会在单位时间内累积最新的 10、20、50、100、200……个样本，建立并绘制这些样本（10、20、50、100、200……个样本）的平均值。

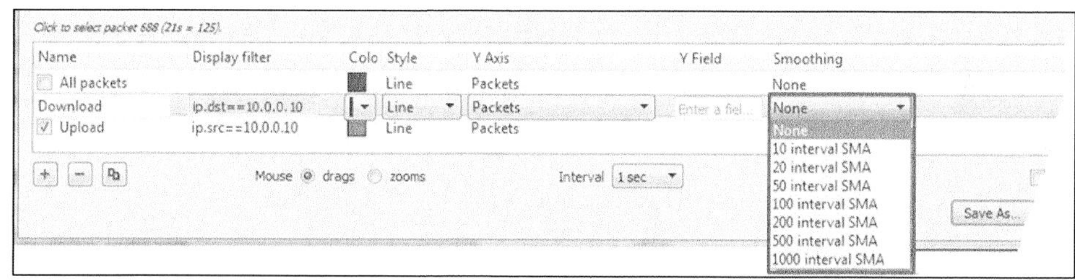

图 6.5

在测量链路的带宽/吞吐量并生成相应的图形时，会用到 Smoothing 参数，读者稍后即知。

6.2.4 拾遗补缺

要查看 I/O Graphs 窗口的快捷功能菜单项列表，请将鼠标移动到图形显示区域，点击右键，如图 6.6 所示。

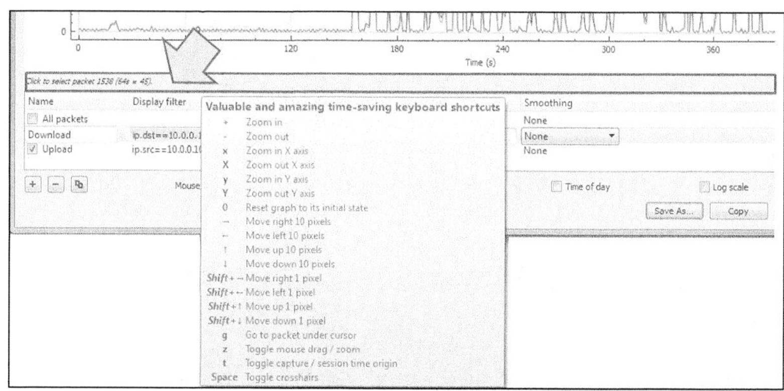

图 6.6

可在图 6.6 显示的菜单中选择适当的菜单项来操纵图形的显示方式。比如，缩放整个图形，或缩放图形的 X 或 Y 轴等。

6.3 用 IO Graphs 工具测量链路的吞吐量

I/O Graphs 工具同样是测量网络吞吐量的一把利器。借助于该工具，同时再配搭预先设定的显示过滤器，便可测量出各种流量的吞吐量。本节会举几个测量网络吞吐量的实例。

6.3.1 使用准备

把 Wireshark 主机连接到已激活端口镜像功能的交换机端口（具体操作步骤详见第 1 章），应保证能通过该交换机端口接收到过往于有待监控的主机或服务器的所有流量。启动 Wireshark 软件，先双击相应的网卡开始抓包，再点击 Statistics 菜单中的 IO Graphs 菜单项。

所谓测量网络吞吐量，既可以指测量两台末端设备之间（PC 到服务器、IP 电话到 IP 电话、PC 到 Internet）的通信线路的流量，也可以指测量发往具体的某一种应用程序的流量[1]，请看图 6.7。

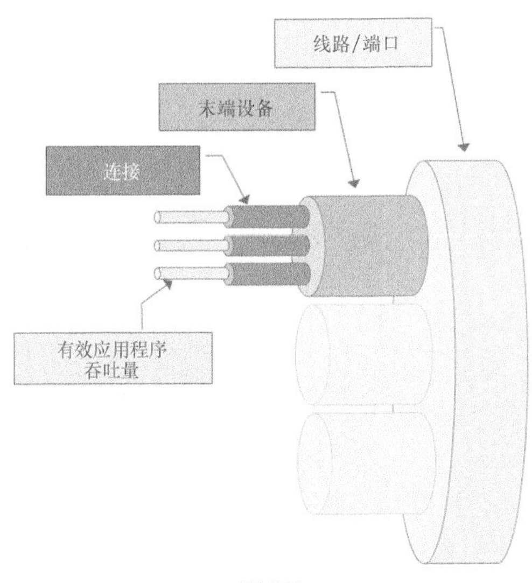

图 6.7

测量某条链路、某一对末端设备之间或某条连接的流量，了解流量的来源，往往是定位网络故障的第一步。

常规的流量测量方法包括测量主机到主机的流量、测量发往某指定服务器的所有流量、测

1 译者注：原文是“When measuring the throughput, we can measure it on a communication line between end devices (PC to server, phone to phone, PC to the internet) or to a specific application”。

算发往某指定服务器上运行的某种应用程序的所有流量、统计某指定服务器发生的与 TCP 性能有关的所有现象等。

6.3.2 测量方法

本节会给出若干测算网络流量时常用的显示过滤器。

1. 测量下载/上传流量

图 6.8 和图 6.9 所示为根据抓包文件 CAP_1674_06_03，用 I/O Graphs 工具生成的流量图。生成抓包文件时，有一台 IP 地址为 10.0.0.10 的 PC 在浏览网页的同时还在观看 YouTube 网站上的视频。

在图 6.8 和图 6.9 所示的 I/O Graphs 窗口中，配置了两个显示过滤器，并根据这两个显示过滤器分别生成了名为 Downstream 和 Upstream 的流量图。

- Downstream 流量图：显示了发往 IP 地址 10.0.0.10 的所有流量（根据显示过滤器 ip.dst==10.0.0.10 生成），颜色为红（上面的线状图），表示的是下载（下行）流量。
- Upstream 流量图：显示了源于 IP 地址 10.0.0.10 的所有流量（根据显示过滤器 ip.src==10.0.0.10 生成），颜色为绿（下面的线状图），表示的是上传（上行）流量。

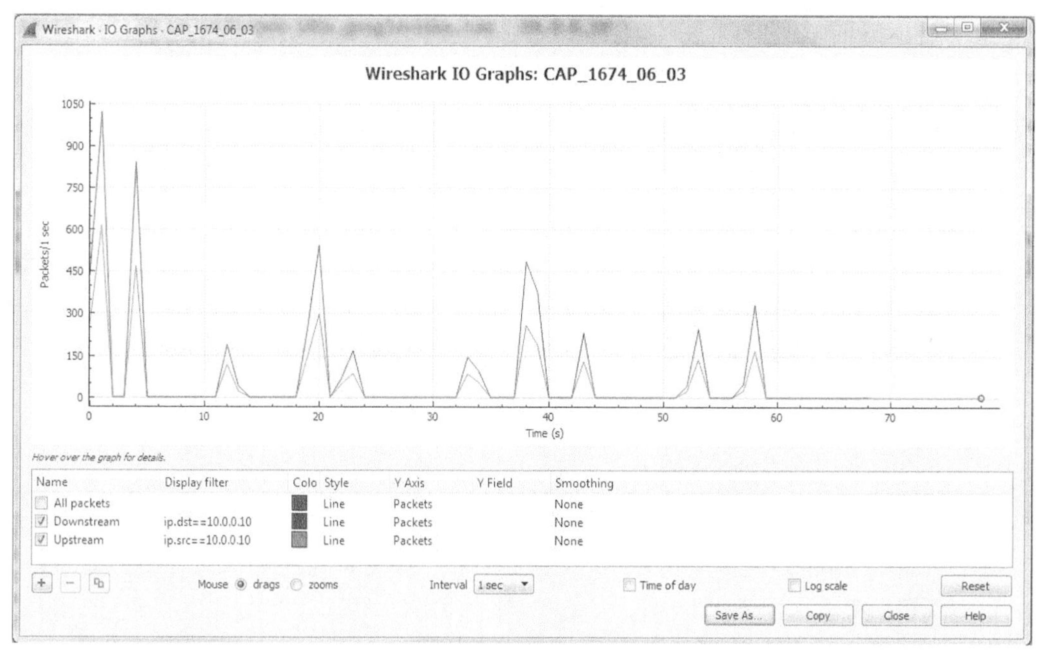

图 6.8

由图 6.8 可知，流量图 Downstream 和 Upstream 显示的测量结果所根据的参数是：将 X 轴的计时单位（Interval）配置为 1 秒，将 Y 轴的流量速率单位配置为数据包的个数/秒。于是，可以得出结论：用户在观看视频时，上下行数据包的个数之比约为 1∶2。

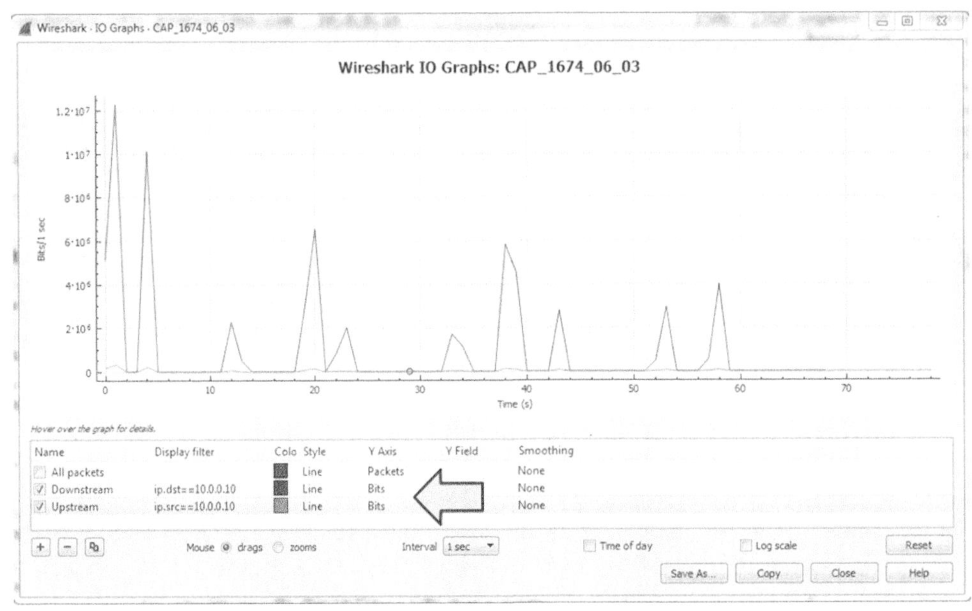

图 6.9

根据图 6.9 所示的流量图 Downstream 和 Upstream，可以获知观看高清视频所占用的合理带宽（单位为 bit/s）。对于本例，用户观看的是 YouTube 网站上的视频。如读者所见，最初的下载流量峰值速率为 10Mbit/s（点开视频窗口出现小的圆形箭头时），从那时起，持续观看视频的下载流量峰值速率为 6Mbit/s。

由图 6.8 和图 6.9 还可以看出，上传和下载流量是非常不对称的，大部分流量都是下载流量。图 6.10 给出了答案。

No.	Time	Source	Destination	Length	Info
2995	4.527812	10.0.0.10	r2.sn-oxu8pnpvo-i45s.googlevideo.com	54	2236→443 [ACK] Seq=10783 Ack=2704974 Wi
2996	4.527896	r2.sn-oxu8pnpvo-i45s.googlevideo.com	10.0.0.10	1506	[TCP segment of a reassembled PDU]
2997	4.528602	r2.sn-oxu8pnpvo-i45s.googlevideo.com	10.0.0.10	1506	[TCP segment of a reassembled PDU]
2998	4.528653	10.0.0.10	r2.sn-oxu8pnpvo-i45s.googlevideo.com	54	2236→443 [ACK] Seq=10783 Ack=2707878 Wi
2999	4.529601	r2.sn-oxu8pnpvo-i45s.googlevideo.com	10.0.0.10	1506	[TCP segment of a reassembled PDU]
3000	4.529642	r2.sn-oxu8pnpvo-i45s.googlevideo.com	10.0.0.10	1506	[TCP segment of a reassembled PDU]
3001	4.529665	10.0.0.10	r2.sn-oxu8pnpvo-i45s.googlevideo.com	54	2236→443 [ACK] Seq=10783 Ack=2710782 Wi
3002	4.529742	r2.sn-oxu8pnpvo-i45s.googlevideo.com	10.0.0.10	1506	[TCP segment of a reassembled PDU]
3003	4.529766	r2.sn-oxu8pnpvo-i45s.googlevideo.com	10.0.0.10	1506	[TCP segment of a reassembled PDU]
3004	4.529783	10.0.0.10	r2.sn-oxu8pnpvo-i45s.googlevideo.com	54	2236→443 [ACK] Seq=10783 Ack=2713686 Wi
3005	4.530598	r2.sn-oxu8pnpvo-i45s.googlevideo.com	10.0.0.10	1506	[TCP segment of a reassembled PDU]
3006	4.530635	r2.sn-oxu8pnpvo-i45s.googlevideo.com	10.0.0.10	1506	[TCP segment of a reassembled PDU]
3007	4.530656	10.0.0.10	r2.sn-oxu8pnpvo-i45s.googlevideo.com	54	2236→443 [ACK] Seq=10783 Ack=2716590 Wi
3008	4.530733	r2.sn-oxu8pnpvo-i45s.googlevideo.com	10.0.0.10	1506	[TCP segment of a reassembled PDU]

纯TCP确认报文段

填充了下载数据的TCP报文段

图 6.10

由图 6.10 可知，IP 地址为 10.0.0.10 的主机从 googlevideo.com 每收到（下载）两个数据包，必定会回发（上传）一个确认数据包，这就是上下行数据包的个数之比为 1:2 的原因所在（见图 6.8）。然而，要是观察数据包的长度，则可以看到 IP 地址为 10.0.0.10 的主机每次接收的两个数据包的长度为 1506 字节，而每次回发的确认数据包的长度只有 54 字节。

2. 测量两台末端设备之间的若干条数据流

要测量两台端设备之间的流量，应配置显示过滤器，让 Wireshark 筛选出相应的流量。

用 Wireshark 打开抓包文件 CAP_1674_06_04，点击 Statistics | Conversations，会立刻弹出 Conversations 窗口，如图 6.11 所示。在图 6.11 中，可以看到三条最繁忙的连线，如下所列。

- 终端服务器客户端 192.168.1.192 向终端服务器 172.30.0.10 发起的一条连线。
- 终端服务器 172.30.0.10 向数据库服务器 172.30.0.22 发起的两条连线。

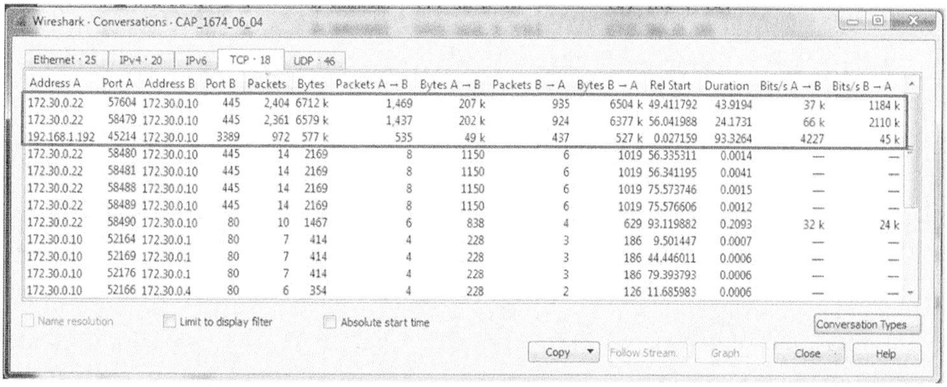

Wireshark · Conversations · CAP_1674_06_04

Ethernet · 25 | IPv4 · 20 | IPv6 | TCP · 18 | UDP · 46

Address A	Port A	Address B	Port B	Packets	Bytes	Packets A → B	Bytes A → B	Packets B → A	Bytes B → A	Rel Start	Duration	Bits/s A → B	Bits/s B → A
172.30.0.22	57604	172.30.0.10	445	2,404	6712 k	1,469	207 k	935	6504 k	49.411792	43.9194	37 k	1184 k
172.30.0.22	58479	172.30.0.10	445	2,361	6579 k	1,437	202 k	924	6377 k	56.041988	24.1731	66 k	2110 k
192.168.1.192	45214	172.30.0.10	3389	972	577 k	535	49 k	437	527 k	0.027159	93.3264	4227	45 k
172.30.0.22	58480	172.30.0.10	445	14	2169	8	1150	6	1019	56.335311	0.0014	—	—
172.30.0.22	58481	172.30.0.10	445	14	2169	8	1150	6	1019	56.341195	0.0041	—	—
172.30.0.22	58488	172.30.0.10	445	14	2169	8	1150	6	1019	75.573746	0.0015	—	—
172.30.0.22	58489	172.30.0.10	445	14	2169	8	1150	6	1019	75.576606	0.0012	—	—
172.30.0.22	58490	172.30.0.10	80	10	1467	6	838	4	629	93.119882	0.2093	32 k	24 k
172.30.0.10	52164	172.30.0.1	80	7	414	4	228	3	186	9.501447	0.0007	—	—
172.30.0.10	52169	172.30.0.1	80	7	414	4	228	3	186	44.446011	0.0006	—	—
172.30.0.10	52176	172.30.0.1	80	7	414	4	228	3	186	79.393793	0.0006	—	—
172.30.0.10	52166	172.30.0.4	80	6	354	4	228	2	126	11.685983	0.0006	—	—

Name resolution　Limit to display filter　Absolute start time　Conversation Types

Copy　Follow Stream...　Graph...　Close　Help

图 6.11

针对上述 3 条连线配置的显示过滤器如下所列。

- ip.addr==172.30.0.22 && tcp.port==57604 && ip.addr==172.30.0.10 && tcp.port==445
- ip.addr==172.30.0.22 && tcp.port==58479 && ip.addr==172.30.0.10 && tcp.port==445
- ip.addr==192.168.1.192 && tcp.port==45214 && ip.addr==172.30.0.10 && tcp.port==3389

图 6.12 所示为基于抓包文件 CAP_1674_06_04，用 I/O Graphs 工具，分别根据上述显示过滤器生成的名为 MS-TSC、C-S Traffic 1、C-S Traffic 2 的流量图。透过这三张流量图，可以观察到在终端服务器 172.30.0.10 向数据库服务器 172.30.0.22 发起的连线中有两次流量高峰。流量图 C-S Traffic 1 体现了右边的那次流量高峰（棕色），流量图 C-S Traffic 2 则体现了左边的那次（绿色）。

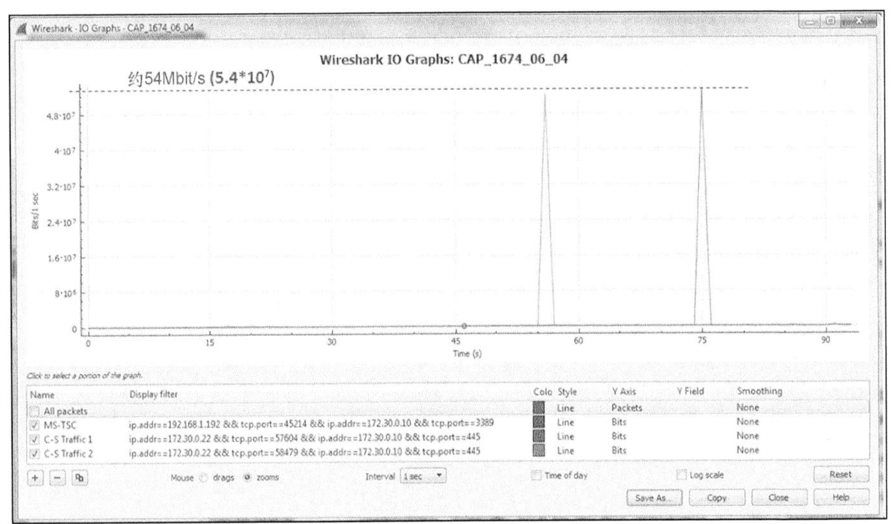

图 6.12

由于后两条连线（终端服务器->数据库服务器）所生成的流量远高于第一条连线（终端服务器客户端->终端服务器）所生成的流量，因此在图 6.12 中根本就看不清流量图 MS-TSC（图中的虚线为作者添加）。为了看清流量图 MS-TSC，作者取消勾选了流量图 C-S Traffic 1、C-S Traffic 2，如图 6.13 所示。

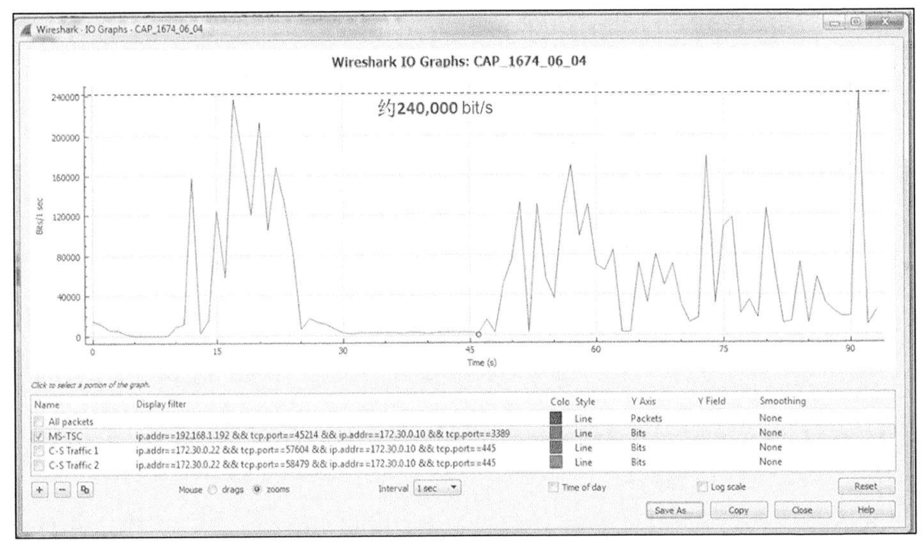

图 6.13

由图 6.13 可知，第一条连线（终端服务器客户端->终端服务器）所生成的流量的峰值速率为 240000bit/s（图中的虚线为作者添加）。

3. 测量应用程序生成的流量

要想测量由某一种应用程序所生成的网络流量，从而达到评判其性能的目的，需先围绕该应用程序所监听的 TCP/UDP 端口号，或访问该应用程序所触发的 TCP/UDP 连接，配置显示过滤器，筛选相关流量。

借助 I/O Graphs 窗口，生成与某种应用程序挂钩的流量图的方法多种多样，下面介绍其中的一种。

- 在抓包主窗口的数据包列表区域内，任选一个隶属于由该应用程序所触发的 UDP/TCP 数据包（即在交换于固定的 IP 地址+固定的 UDP/TCP 端口号之间的数据流中任选一个 UDP/TCP 数据包）。
- 在选定的 UDP/TCP 数据包上单击右键，在弹出的菜单中选择 Follow UDP stream 或 Follow TCP stream 菜单项。
- 这么一点，将会导致 Wireshark 在其抓包主窗口顶部的 Filter 输入栏内自动生成一个显示过滤表达式，其格式为 tcp.streameq<number>或 udp.streameq<number>，其中 number 表示这股 TCP/UDP 数据流在抓包文件中的编号。
- 进入 IO Graphs 窗口，点击“+”号按钮，将这一显示过滤表达式复制进 Display Filter 输入栏。在 IO Graphs 窗口的图形显示区域内，会显示出 Wireshark 针对这条 TCP 或 UDP 数据流生成的图形，如图 6.14 所示。

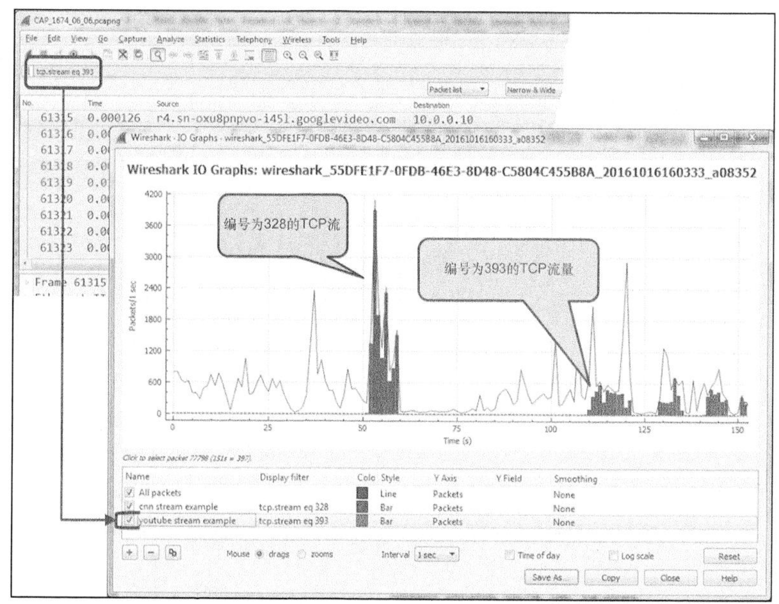

图 6.14

4. 结合 TCP 事件分析功能来揭示 TCP 流在传输过程中发生的变故

要获悉某条指定的 TCP 数据流中发生了多少次干扰该数据流传输的事件，请按下列步骤行事。

1. 用 Wireshark 打开一个抓包文件（本例打开的抓包文件文件名为 CAP_1674_06_06，也可以在 Wireshark 启动窗口内双击一块网卡，开始抓包），点击 Statistics | I/O Graph，激活 I/O Graphs 窗口。
2. 在 I/O Graphs 窗口中，针对抓包文件应用显示过滤器 tcp.stream eq 0，生成第一幅流量图。该图会显示抓包文件中编号为 0 的这股 TCP 流的流量速率。
3. 针对抓包文件应用显示过滤器 tcp.stream eq 0 and tcp.analysis.retransmissions，生成第二幅流量图。该图会显示抓包文件中编号为 0 的这股 TCP 流的流量速率。该图会显示抓包文件中编号为 0 的这股 TCP 流中发生的 TCP 重传事件（可据此来获悉是否存在末端设备传递数据不畅等现象）。

以上两幅流量图如图 6.15 所示。

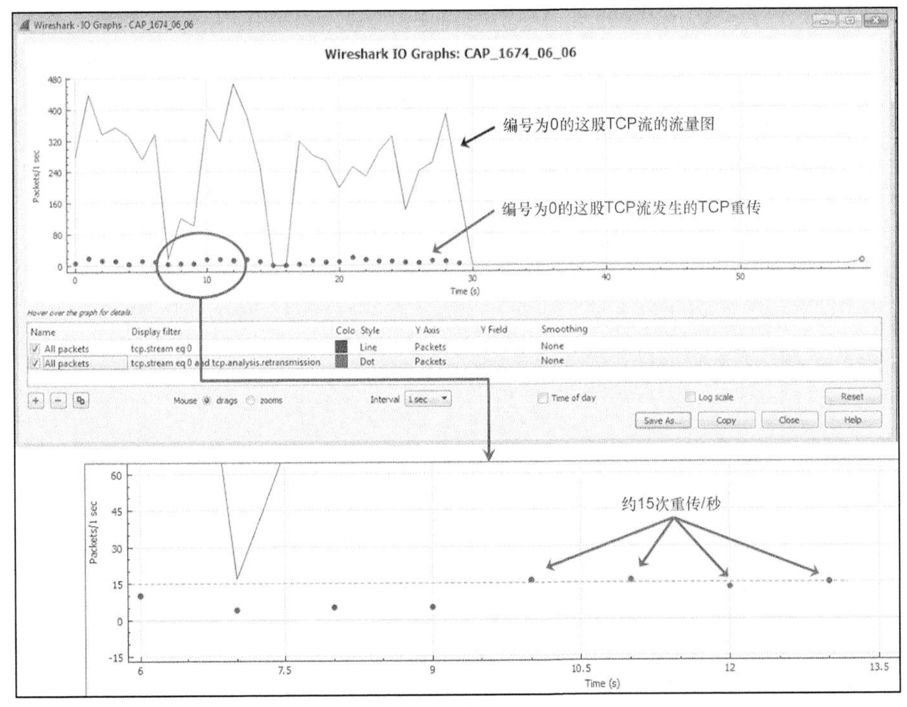

图 6.15

第 10 章会介绍如何使用 I/O Graphs 工具来深入分析 TCP 流量。

6.3.3 幕后原理

I/O Graphs 工具的强大之处要立足于操作者对显示过滤器的熟练配置，并生成通俗易懂的各种形状的图形。通过 I/O Graphs 工具，可以基于数据包的任何特征来制定显示过滤器，随意监控流量。

6.3.4 拾遗补缺

I/O Graphs 工具的强大之处体现在，可把由各种显示过滤器筛选出的流量，以各种图形的方式加以展现。在显示过滤器的帮助下，无论是哪一种数据包，无论其具有哪一种特征，都能通过/IO Graphs 工具以各种图形的方式加以展示。

用 I/O Graphs 工具生成必要的图形，可以一目了然地在抓包文件（本例抓包文件名为 CAP_1674_06_07）中查看指定用户发送的 SMS 消息。

1. 配置显示过滤器，筛选出包含 Submit_SM 命令的 SMPP（Short Message Peer to Peer）数据包。Submit_SM 命令是发送 SMS 的 SMPP 命令。

2. 要筛选这种 SMPP 数据包，显示过滤表达式的写法为 smpp.destination_addr == "phone number"。对于本例，请在 I/O Graphs 窗口中输入显示过滤器 smpp.source_addr == 0529992525，如图 6.16 所示。

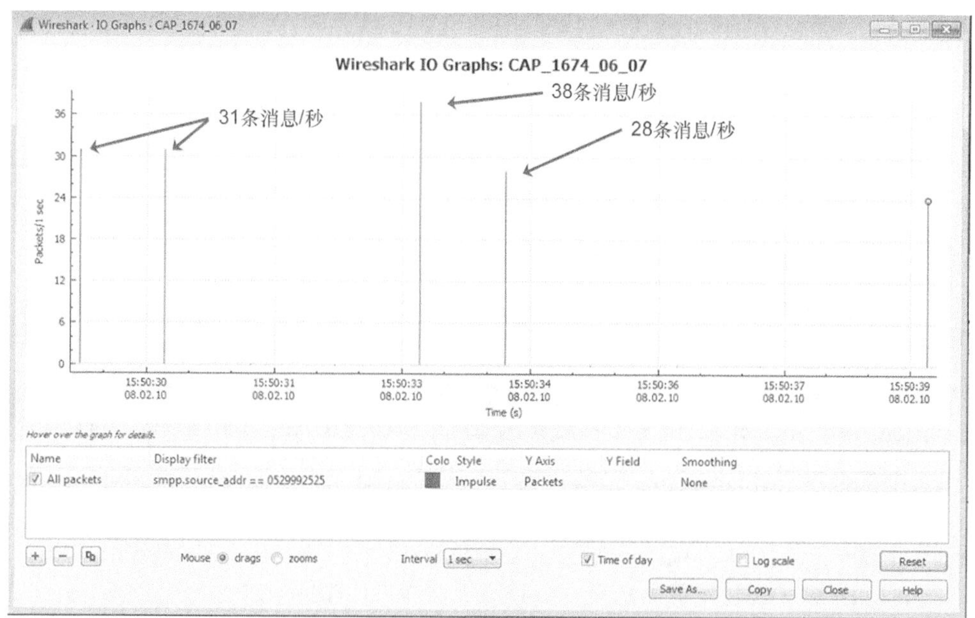

图 6.16

通过 I/O Graphs 工具生成的图形，还可以直观反映抓包文件（CAP_1674_06_08）中 HTTP

请求的次数。

1．用 Wireshark 打开一个抓包文件（或在 Wireshark 启动窗口内双击一块网卡，开始抓包），点击 Statistics | I/O Graphs，激活 I/O Graphs 窗口。

2．在 I/O Graphs 窗口中输入显示过滤器 http.request。

3．会得到图 6.17 所示的图形。

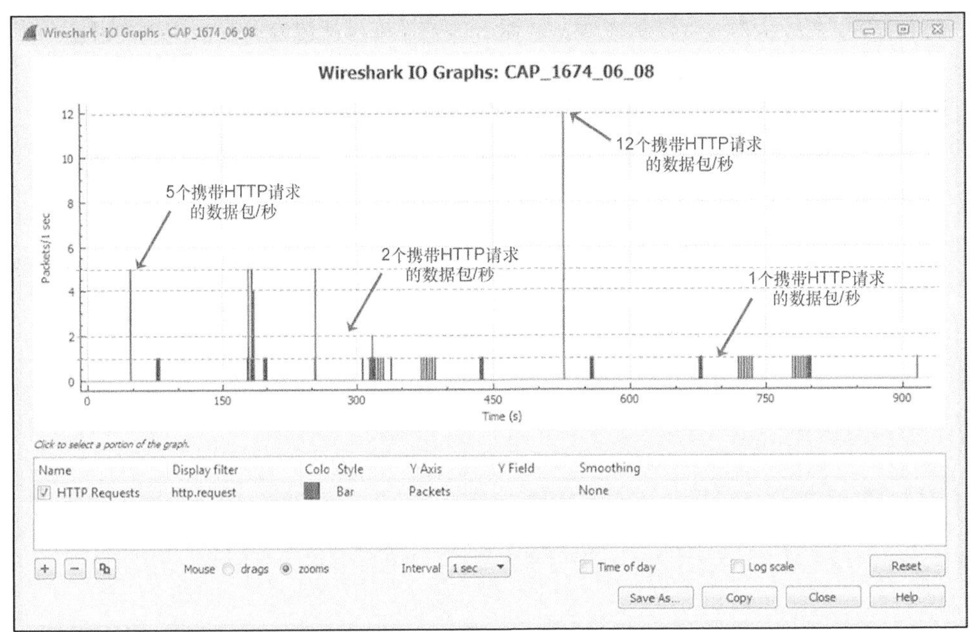

图 6.17

图 6.17 可以很直观地反映出含 HTTP 请求的数据包的速率（单位为数据包/秒）。

本节的目的是展示 I/O Graphs 工具的基本功能。在介绍相关协议的随后章节里，会使用 I/O Graphs 工具来深入分析各种协议的行为。

6.4 启用 Y 轴其他参数的 I/O Graphs 工具的高级用法

前几节都是在介绍 I/O Graphs 工具的常规用法，在由该工具生成的有关反映网络性能的图形中，采用的 Y 轴参数（对应于 I/O Graphs 窗口中显示过滤器配置区域的 Y Axis 一栏中下拉菜单的各个菜单项）仅限于 Packets/Interval（数据包/计时单位）、Bytes/Interval（字节/计时单位）或 Bits/Interval（位/计时单位）。不过，还有一些网络性能指标在使用图形方式表示时，是无法使用以上三种速率单位的。比如，某些查询和响应消息之间的时差、数据帧接收（抓取）时间间隔、网络延迟，以及本节将要测量的其他网络性能指标。这也正是 Y Axis 一栏的下拉菜单还包含其他菜单项的原因所在，在 Wireshark 版本 1 的 I/O Graphs 窗口中，这些菜单项对应于 Y 轴区域内 Unit 下拉菜单中的 Advanced 选项。

6.4.1 使用准备

在 I/O Graphs 窗口的显示过滤器配置区域内，点击 Y Axis 一栏的下拉菜单，如图 6.18 所示。

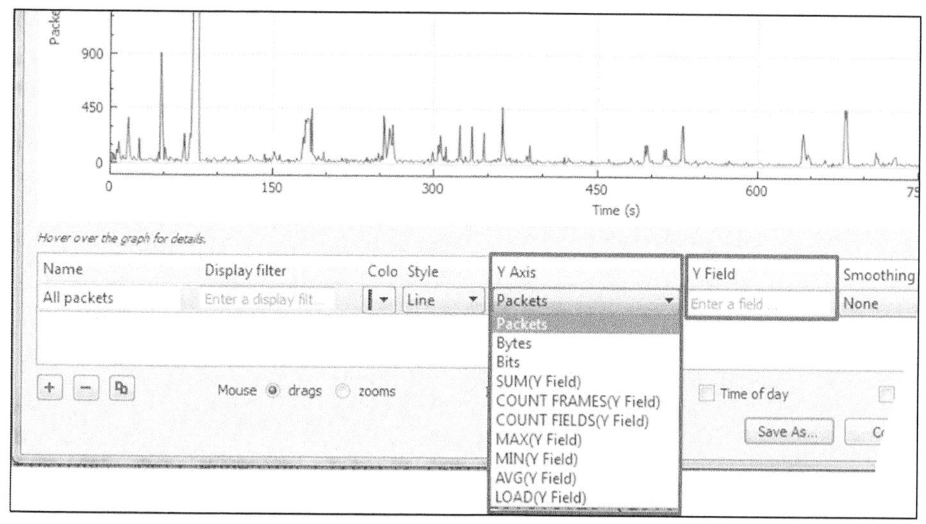

图 6.18

除了之前介绍过的 Packet、Bytes 和 Bits 以外，还有以下菜单项（Y 轴参数）可供选择。

- **SUM（Y Field）**：只要在其右边的 Y Field 输入栏内填入适当的条件（比如，显示过滤参数 ip.len），Wireshark 就会统计在每个计时单位内（具体的计时单位通过选择控制 X 轴参数的 Interval 下拉菜单项来指定），实际传输的 IP 数据包的总字节数（即累加相关 IP 数据包包头的总长度字段值，可通过在 Filter 输入栏内填入显示过滤表达式来指明具体计算哪一类 IP 数据包的总字节数），并生成相关图形[1]。

- **COUNT FRAMES（Y Field）**：只要在其右边的 Y Field 输入栏中填入适当的条件，Wireshark 就会统计在每个计时单位内发生的匹配该条件的现象，并生成相关图形。

- **COUNT FIELDS（Y Field）**：只要在其右边的 Y Field 输入栏中填入适当的条件（比如，某种协议头部中的字段名），Wireshark 就会统计出在每个计时单位内所传数据包中该字段出现的次数，并生成相关图形。

- **MAX（Y Field）**：只要在其右边的 Y Field 输入栏中填入适当的参数，Wireshark 就会统计出在每个计时单位内所传数据包中相关参数的最高值，并生成相关图形。

---

1 译者注：原文只有一句“Draws a graph with the summary of a parameter in the tick interval”。译者不才，一句英文要用这么多汉字来译，要是读者嫌烦，请视而不见。

- **MIN（Y Field）**：只要在其右边的 Y Field 输入栏中填入适当的参数，Wireshark 就会统计出在每个计时单位内所传数据包中相关参数的最低值，并生成相关图形。
- **AVG（Y Field）**：只要在其右边的 Y Field 输入栏中填入适当的参数，Wireshark 就会统计出在每个计时单位内所传数据包中相关参数的平均值。
- **LOAD（Y Field）**：用来生成与响应时间有关的图形。

在 Y Field 输入栏内，可填入适当的条件，让 I/O Graphs 工具根据所填条件生成相应的图形。

6.4.2 使用方法

要使用含 Y 轴其他参数的 I/O Graphs 工具的高级功能，请按以下步骤行事。

1. 启动 Wireshark 软件，先打开一个抓包文件（或双击一块网卡，开始抓包），点击 Statistics 菜单中的 IO Graph 菜单项。
2. 在弹出的 I/O Graphs 窗口的显示过滤器配置区域中，点击 Y Axis 一栏的下拉菜单。
3. 该下拉菜单除了包含 Packet、Bytes 和 Bits 菜单项以外，还包含了以 SUM（Y Field）为首的其他菜单项（Y 轴高级参数）。
4. 可供选择的高级参数包括 SUM（Y Field）、COUNT FRAMES（Y Field）、COUNT FIELDS（Y Field）、MAX（Y Field）、MIN（Y Field）、AVG（Y Field）、LOAD（Y Field）。
5. 在下拉菜单的右边，还有一个 Y Field 输入栏，只有在其中填入了适当的条件，与其对应的 Graph 方能在 IO Graphs 窗口的图形显示区域露面。

接下来，将以举例的方式来说明含 Y 轴其他参数的 I/O Graphs 工具的高级用法。

1. 生成数据帧接收（抓取）时间间隔统计图形

排除网络故障时，通过观察 Wireshark 抓包文件中相关数据帧（封装 TCP 报文段的数据帧）的抓取时间间隔，通常有助于判断出是否存在与 TCP 的性能和语音/视频等交互式应用的性能有关的问题。让 I/O Graphs 工具生成（封装 TCP/UDP 报文段的）数据帧抓取间隔时间统计图形，无疑是一种比较直观的了解 TCP/UDP 性能的方法。在使用 I/O Graphs 工具时，要配搭显示过滤参数 frame.time_delta 和 frame.time_delta_displayed。

图 6.19 所示的 I/O Graphs 窗口基于抓包文件 CAP_06_09。

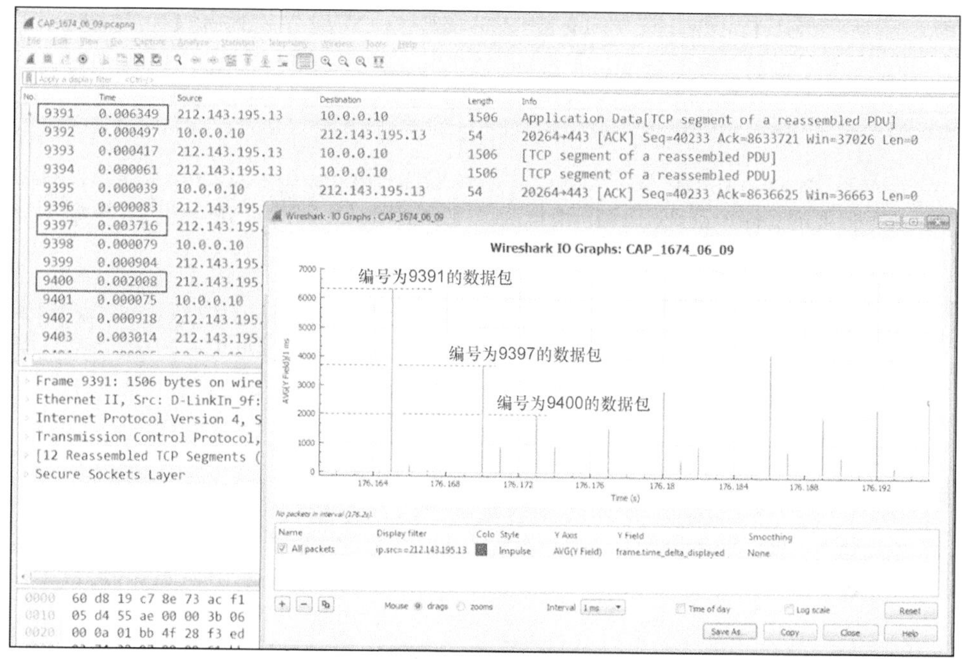

图 6.19

由图 6.19 可知，在 I/O Graphs 窗口中配置了以下参数。

- 在显示过滤器配置区域内，应用了显示过滤器 ip.src == 212.143.195.13，其作用是从抓包文件中筛选出源 IP 地址为 212.143.195.13 的 IP 数据包（从 IP 地址为 212.143.195.13 的公网 Web 站点发往抓包主机的 IP 数据包）。
- 在 Y Axis 一栏的下拉菜单中，选择了 AVG (Y Axis)菜单项，用来显示平均帧间间隔时间。
- 在 Y Field 输入栏内，填入了显示过滤参数 frame.time_delta，该参数是指当前帧与 Wireshark 所抓上一帧之间的（接收或抓取）时间间隔，即 Wireshark 在抓到了上一帧之后隔了多久，收到了当前帧。
- 在 Interval 下拉菜单中，选择了菜单项 1ms。
- 以自抓包开始以来第 176 秒为中心，高度放大图形显示区域。

由经过高度放大的图形显示区域可知，Y 轴的时间参数以微秒为单位，编号为 9391 的数据包和 Wireshark 所抓的前一个数据包之间的间隔时间为 6349 微秒。

可让 I/O Graphs 工具使用 Y 轴参数 MAX (Y Field)/MIN (Y Field)/AVG (Y Field)，同时生成三幅图形。

图 6.20 所示为让 I/O Graphs 工具使用 Y 轴参数 MAX (Y Field)/MIN (Y Field)/AVG (Y Field)，并施加显示过滤参数 frame.time_delta，同时生成的以下三幅图形。

➢ 第一幅图（名称以 AVG 打头）。

✓ 在 Display filter 输入栏里填入了显示过滤语句 ip.src ==212.143.195.13，目的是先在抓包文件中筛选出源 IP 地址为 212.143.195.13 的所有 IP 数据包，再根据筛选结果生成该图。

✓ 在 Y Axis 一栏的下拉菜单里选择了 AVG(Y Field)菜单项。在其右边的 Y Field 输入栏内输入了显示过滤参数 frame.time_delta，目的是让 Wireshark 生成在单位时间（10ms）内抓到的源 IP 地址为 212.143.195.13 的 IP 数据包（帧）的平均时间间隔图。

➢ 第二幅图（名称以 MIN 打头）。

✓ 在 Display filter 输入栏里填入了显示过滤语句 ip.src ==212.143.195.13，目的是先在抓包文件中筛选出源 IP 地址为 212.143.195.13 的所有 IP 数据包，再根据筛选结果生成该图。

✓ 在 Y Axis 一栏的下拉菜单里选择了 MIN(Y Field)菜单项，在其右边的 Y Field 输入栏内输入了显示过滤参数 frame.time_delta，目的是让 Wireshark 生成在单位时间（10ms）内抓到的源 IP 地址为 212.143.195.13 的 IP 数据包（帧）的最短时间间隔图。

➢ 第三幅图（名称以 MAX 打头）。

✓ 在 Display Filter 输入栏里填入了显示过滤语句 ip.src ==212.143.195.13，目的是先在抓包文件中筛选出源 IP 地址为 212.143.195.13 的所有 IP 数据包，再根据筛选结果生成该图。

✓ 在 Y Axis 一栏的下拉菜单里选择了 MAX(Y Field)菜单项，在其右边的 Y Field 输入栏内输入了显示过滤参数 frame.time_delta，目的是让 Wireshark 生成在单位时间（10ms）内抓到的源 IP 地址为 212.143.195.13 的 IP 数据包（帧）的最长时间间隔图。

在图 6.20 所示的 I/O Graphs 窗口中，为了以更直观的方式体现那三幅图的区别，为第一幅图选择的图形风格为 Impluse（脉冲线），为第二幅图选择的图形风格为 Square（方框），为第三幅图选择的图形风格为 Diamond（菱框）。图 6.20 中由 Wireshark 生成的在单位时间内抓取数据包（帧）的最长、最短以及平均间隔时间图到底有什么作用呢？能在排查网络故障时助我们一臂之力吗？在介绍具体协议的第 10 章和第 19 章会给出答案。

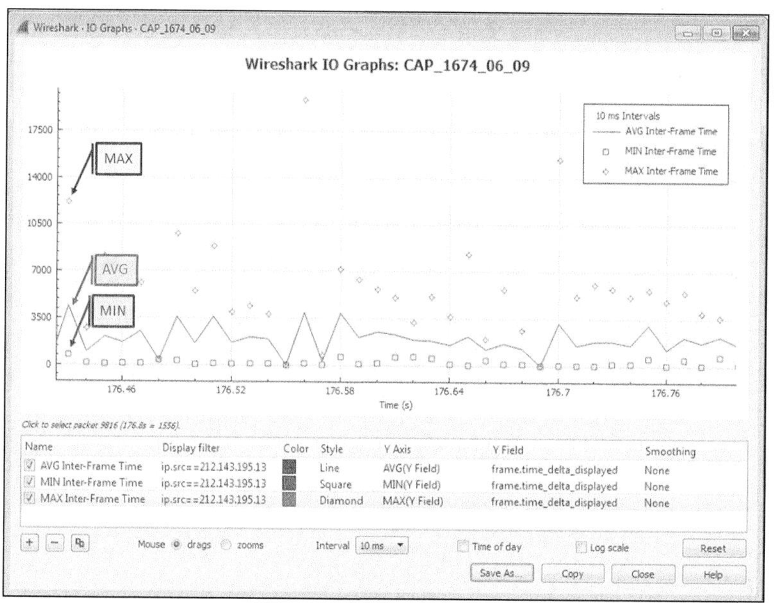

图 6.20

2. 获悉 TCP 流中发生了多少次 TCP 事件

与 TCP 有关的事件多种多样，比如 TCP 重传事件、滑动窗口事件、重复 ACK（或等不来 ACK）事件等。要了解在某个时间段内发生过多少次与 TCP 有关的事件，还得动动 I/O Graphs 窗口中 Calc 下列菜单栏里 Count（*）菜单项功能的脑筋，具体操作步骤如下所列。

图 6.21 所示为由抓包文件 CAP_1674_06_10 生成的 Conversation 窗口，窗口中可以看到两条 TCP 流（两次 TCP 对话）。

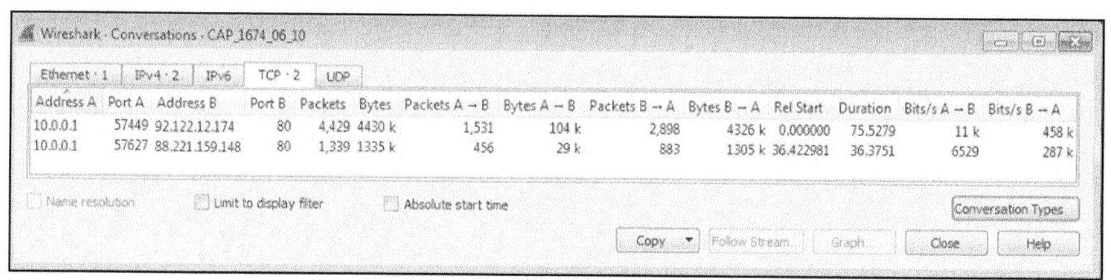

图 6.21

要想通过 I/O Graphs 工具来了解在这两次 TCP 对话期间发生过多少次 TCP 事件，请按以下步骤行事。

1．点击 Statistics 菜单中的 I/O Graphs 菜单项，打开 I/O Graphs 窗口。

2．在 I/O Graphs 窗口中，创建以下两幅图。

- 第一幅图：在该图形的 Display filter 输入栏内输入显示过滤器 ip.addr==10.0.0.1 && tcp.port==57449 && ip.addr==92.122.12.174 && tcp.port==80。
- 第二幅图：在该图形的 Display filter 输入栏内输入显示过滤器 ip.addr==10.0.0.1 && tcp.port==57627 && ip.addr==88.221.159.148 && tcp.port==80

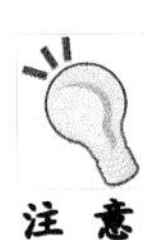

可让 Wireshark 自动生成上述显示过滤器，具体方法是在 Conversations 窗口的 TCP 选项卡内选中一条 TCP 对话，单击右键，在弹出的 Prepare a Filtcr 菜单中选择 Selected|A<->B，便会在 Wireshark 抓包主窗口中的显示过滤器工具栏内自动生成类似的显示过滤器。可将其复制进 I/O Graphs 窗口内相应图形的 Display filter 输入栏。在 Wireshark 抓包主窗口的数据包列表区域，选中隶属于该 TCP 对话的任一数据包，点击右键，在弹出的 Follow 菜单中选择 TCP Stream 子菜单项，也能让 Wireshark 自动生成起相同效果的显示过滤器。

3．配置 Y 轴参数。

- 在那两幅图形的 Y Axis 下拉菜单中选择 COUNT FRAMES（Y Field）菜单项。
- 在 Y Field 输入栏内，填入指代所有 TCP 事件的显示过滤参数 tcp.analysis，也可以填入代具体 TCP 事件的显示过滤参数，比如 tcp.analysis.retransmissionst 或 tcp.analysis.zero_window 等。
- 当填入显示过滤参数 tcp.analysis 时，I/O Graphs 窗口会显示图 6.22 所示的图形。

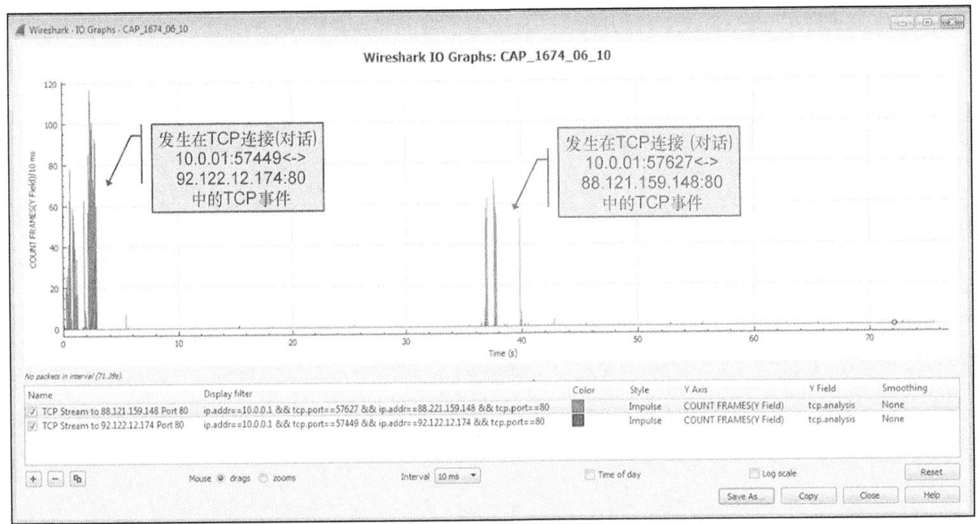

图 6.22

透过图 6-22，能够很直观地观察到 TCP 事件分别集中发生在两个时段，可高度放大那两个时段的图形，来了解具体发生的 TCP 事件。

3. 统计 Y Field 输入栏所指定的数据包的属性

Y Axis 下拉菜单的 COUNT FIELDS（Y Field）菜单项的功能是，统计 Y Field 输入栏所指定的数据包的属性（或协议的特征）在抓包文件（包含数据包）中出现的次数。在进行统计之前，可在 Display filter 输入栏内输入显示过滤器，对抓包文件做第一步的筛选。

COUNT FIELDS（Y Field）菜单项的使用方法如下所列。

- 在图形的 Display filter 输入栏内，输入显示过滤器。
- 在图形的 Y Axis 下拉菜单中，选择 COUNT FIELDS（Y Field）菜单项。
- 在图形 Y Field 输入栏内，输入有待统计的数据包的属性（或协议特征）。

这就来举一个使用 COUNT FIELDS（Y Field）菜单项的例子，如图 6.23 所示，该图所示的 I/O Graphs 窗口生成自抓包文件 CAP_1674_06_11。

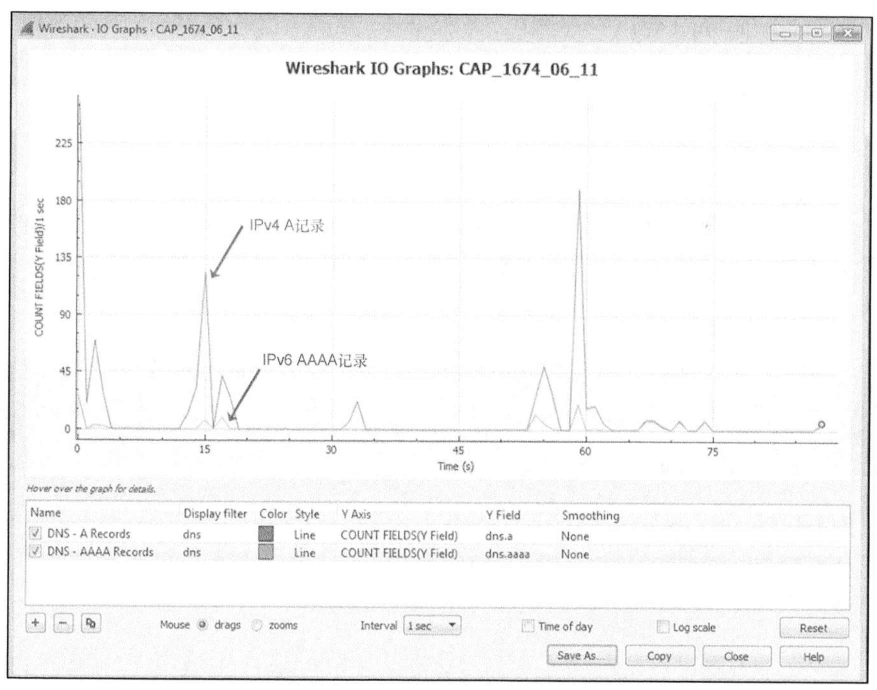

图 6.23

透过图 6.23，可以很直观地了解到在指定时间单位（本例为 1 秒）内，I/O Graphs 工具统计出的 DNS A 记录和 AAAA 记录在抓包文件（所含数据包）中出现的次数。峰值较高的图统计的是 IPv4 DNS A 记录，峰值较低的图统计的是 IPv6 DNS AAAA 记录。

6.4.3 幕后原理

I/O Graphs 工具是 Wireshark 软件所奉献的最高效也是最强大的工具之一。标准的 I/O Graphs 工具可用来生成与网络性能有关的基本信息统计图，一旦启用了 Y 轴的其他参数，便可让 I/O Graphs 工具生成各种更为直观的图形（比如，生成与单股或多股 TCP 数据流有关的高级信息统计图）。

在 I/O Graphs 窗口的显示过滤器配置区域内，有一个 Display filter 输入栏，只要输入正确的显示过滤表达式，便可让 I/O Graphs 工具基于某一对主机的 IP 地址、某台服务器的 IP 地址或某条 TCP 连接来生成相关统计图形。要想获知流量的细节，就得启用 Y 轴的其他参数，激活 IO Graphs 工具的高级功能，下面举两个例子。

- 先在 Display filter 输入栏内输入显示过滤器，从抓包文件中筛选出 TCP 流量；再借助启用了 Y 轴其他参数的 I/O Graphs 工具，来获悉某条 TCP 数据流中各数据包之间的延迟差异[1]。
- 先在 Display filter 输入栏内输入显示过滤器，从抓包文件中筛选出视频/RTP 流量；再借助启用了 Y 轴其他参数的 I/O Graphs 工具，来统计 RTP 数据包中 M（Marker）位置 1 的数据包的数量[2]。

6.4.4 拾遗补缺

只要在 I/O Graphs 窗口的图形展示区域点对了地方（把鼠标移动到相关图形上时，若图形的左下角出现“click to select packet xxx（x=y）”字样，就表示点对了地方），就能在 Wireshark 抓包主窗口的数据包列表区域定位到相应的参考数据包。

6.5 TCP Stream Graphs 菜单项中 Time-Sequence（Stevens）子菜单项的用法

TCP Stream Graphs 工具是 Wireshark 提供的用来深度分析应用程序行为的工具集。本节以及随后的几节会介绍如何使用这套工具来洞察应用程序的举动，并定位相关故障原因。

6.5.1 使用准备

启动 Wireshark 软件，打开一个抓包文件，或双击一块网卡开始抓包。虽然可在抓包的同

1 译者注：原文是“On the left—TCP stream. On the right—time delta between frames in the stream”。

2 译者注：原文是“On the left—video/RTP stream. On the right—occurrence of a marker bit”。

时使用 TCP Stream Graphs 菜单项中的 Time-Sequence(Stevens)工具，但该工具并不会在线实时生成统计信息，故建议在使用该工具之前，先停止抓包。

6.5.2 使用方法

要观看由 TCP Stream Graphs 菜单项下 Time-Sequence（Stevens）工具生成的统计信息，请按以下步骤行事。

1. 在抓包主窗口的数据包列表区域内，选中一个隶属于有待监控的某股 TCP 数据流的数据包。

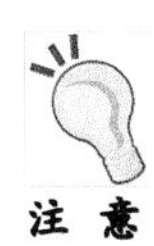

在数据包列表区域内，隶属于某股 TCP 流的数据包，必然是有来有往。因此，在该区域内选择数据包，让 TCP Stream Graphs 工具生成统计信息时，要看清方向（要关注数据包的源和目的 IP 地址）。比方说，要让 TCP Stream Graphs 工具生成与 HTTP 下载流量有关的统计信息，就应该选择下行方向的数据包（即数据包的源 IP 地址为公网地址[源端口号一般为 80]，目的 IP 地址为内网地址）。

2. 选择 Statistics 菜单下的 TCP Stream Graphs 菜单项，点击其名下的 Time-Sequence Graph（Stevens）子菜单项。

   Sequence Numbers（Stevens）窗口会立刻弹出，如图 6.24 所示。

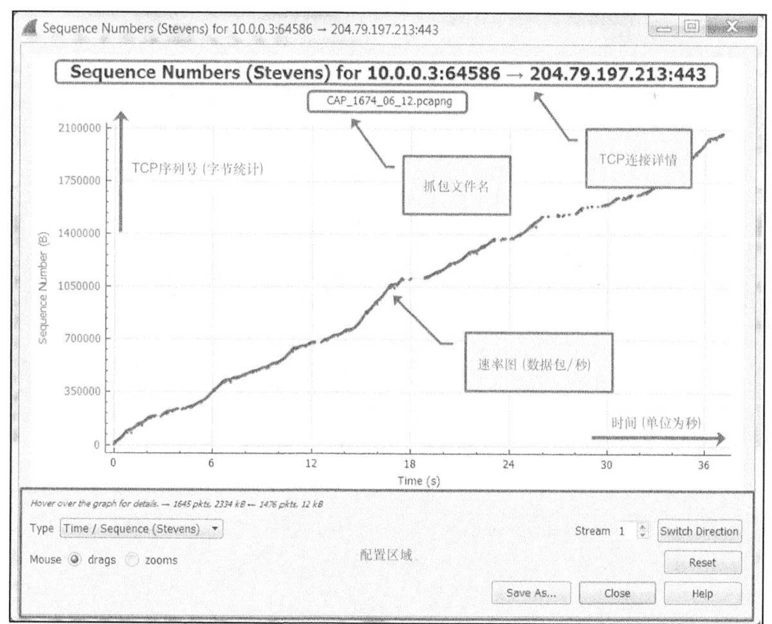

图 6.24

Time-Sequence Graphs（Stevens）子菜单项所生成的图形实际上反映的是，随着时间的推移，受监控的 TCP 对话在某个方向所传数据的字节数。出现在图 6.34 中的是一条几乎连续的斜线，中间有几处断裂。

注 意

Sequence Numbers（Stevens）窗口中的 Y 轴表示（TCP）序列号，作用是统计通过指定 TCP 对话传递的数据的字节数，但在图 6.34 中，作者将速率单位写成了数据包/秒。其实，数据包/秒和字节/秒没有区别——图中的每一个点都指向一个数据包（详见本节后文）。

在第 10 章会讲解该图所表示的内容，以及如何借助其来解决网络故障。

3. 若受监控的 TCP 对话正在传输文件，那么为了获悉传输速率，只需计算单位时间内所传输的数据包的字节数，如图 6.25 所示。

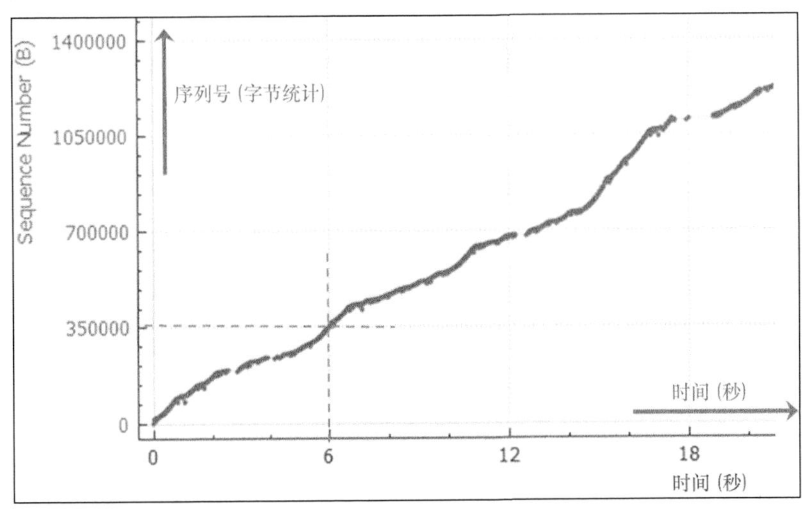

图 6.25

4. 由图 6.25 可知，该 TCP 连接（对话）在 6 秒内传输了 350000 字节，传输速率约为 58000 字节/秒，或 58kbit/s。

5. Sequence Numbers（Stevens）窗口的 Mouse | drags 单选按钮是默认点选的。此时，可以按住鼠标左键上、下、左、右拖拽图形。比方说，可以拖拽图形靠近 Y 轴，来查看指定数据包的序列号。

注 意

在点选了 Mouse | drags 单选按钮的情况下，还可以用鼠标滚轮或同时按下 Ctrl 和“+”或“−”键缩放图形。

6．Mouse | zooms 单选按钮一经点选，便开启了图形的局部放大功能。图 6.26 所示为如何对图形局部放大两次，以获悉特定的时间周期内 TCP 对话的细节。由图 6.26 可知，局部放大的时段为自抓包开始的第 16～第 19 秒之间。

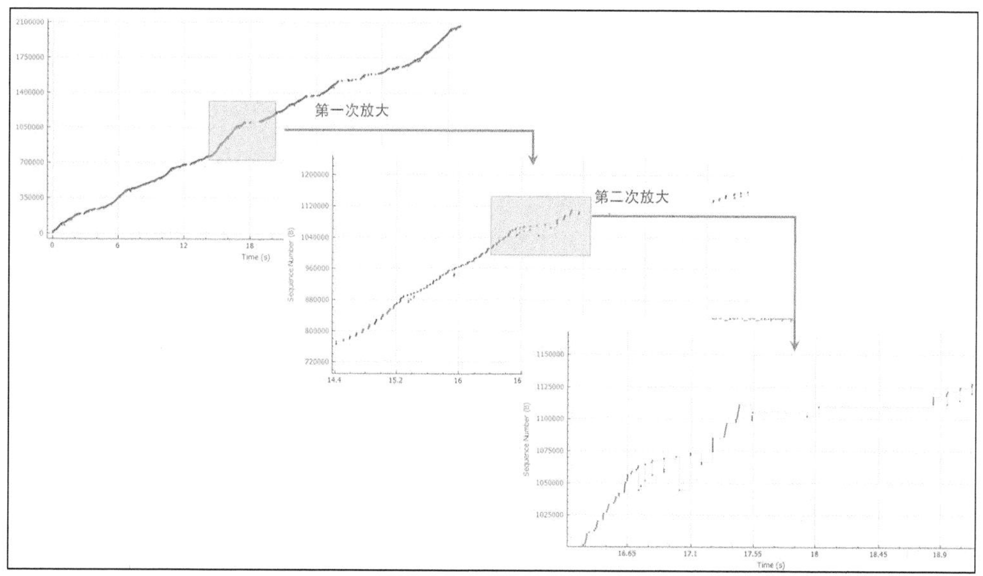

图 6.26

7．以下是对 Sequence Numbers（Stevens）窗口内的其他配置按钮、菜单的介绍。

- Type 下拉菜单：位于窗口左下角，在 Mouse | drags 单选按钮的上面。该菜单名下的各个菜单项包括 Time/Sequence (Stevens)、Round Trip Time、Throughput、Time/Sequence (tcptrace)、Window Scaling，如图 6.27 所示，这些菜单项分别对应不同类型的 TCP 流图。

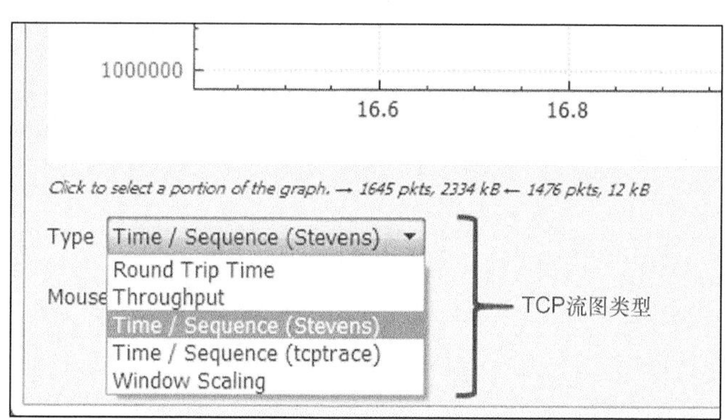

图 6.27

- Stream 输入栏：位于窗口右下角，用来显示图形中呈现的 TCP 流在抓包文件中的编号，也可以指定编号，让 Wireshark 生成相应 TCP 流的图形。

- Switch Direction 按钮：位于 Stream 输入栏的右边。该按钮一经点击，Wireshark 便会针对相反方向的同一条 TCP 对话生成流量图。若之前选择显示 TCP 对话为从服务器到客户机的数据下载方向，则相反方向是指客户机响应服务器的同一条 TCP 对话的数据上传方向——对于一条 TCP 对话而言，在上传方向，一般都是客户机发给服务器的 TCP 确认报文段。
- Reset 按钮：位于 Switch Direction 按钮的下方。该按钮一经点击，图形将会恢复原状。
- Help 按钮：一经点击，Wireshark 便会弹出帮助手册，并自动定位至 TCP Stream Graphs 相关主题。
- Save As 按钮：用来将图形保存至硬盘，存盘文件支持的格式有.pdf、.png、.bmp 或.jpg。

6.5.3 幕后原理

要想针对某股 TCP 数据流，统计抓包时段内在某个指定方向上传输的数据包的字节数（包括应用程序头部），只需统计相关数据包的 TCP 头部中的序列号字段值。TCP Stream Graph 菜单项下的 Time-Sequence Graph (Stevens)工具行使的就是这个功能，只是以图形的方式加以呈现。

图中的每一个点实际上都对应抓包文件中的一个 TCP 报文段，而每一个点所对应的 Y 轴的坐标值，都表示相应 TCP 报文段的序列号字段值（相对序列号）。这样统计出来的字节数实际上只包括了在某个方向上传输的（经由 TCP 头部封装的）应用程序数据（包含应用程序头部，但不含以太网头部、IP 包头及 TCP 头部），如图 6.28 所示。

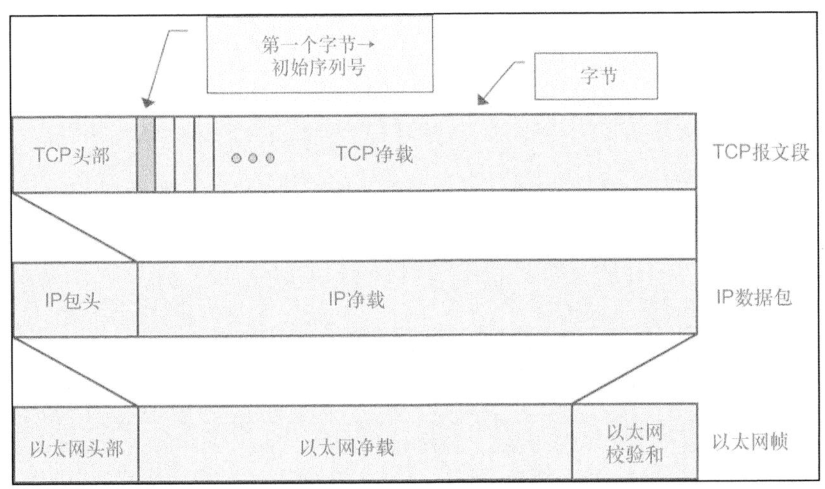

图 6.28

通过 TCP Stream Graphs 菜单项中的 Time-Sequence Graph (Stevens)工具所生成的图形，对分析基于 TCP 的应用程序的举动大有裨益（对此将后文再表）。比方说，一条“连绵不断”的斜线就预示着正常的文件传输，而斜线要是“时断时续”，则表示文件传输存在问题；斜线的角度越大，就表示文件的传输速率极高，反之，则表示文件传输缓慢（当然，还得视 X、Y 轴的刻度而定）。

6.5.4 拾遗补缺

在 Sequence Numbers（Stevens）窗口内，一旦点选了 Mouse | drags 单选按钮，用鼠标左键单击图形中的一个点，即可在抓包主窗口的数据包列表区域定位到与其相对应的数据包。由图 6.29 可知，在抓包开始的第 15.24 秒，该 TCP 对话发出了 8119 号数据包，其序列号字段值略高于 872,000，约 0.1 秒之后，又发出了 8191 号数据包，其序列号字段值与 8119 号数据包相同。

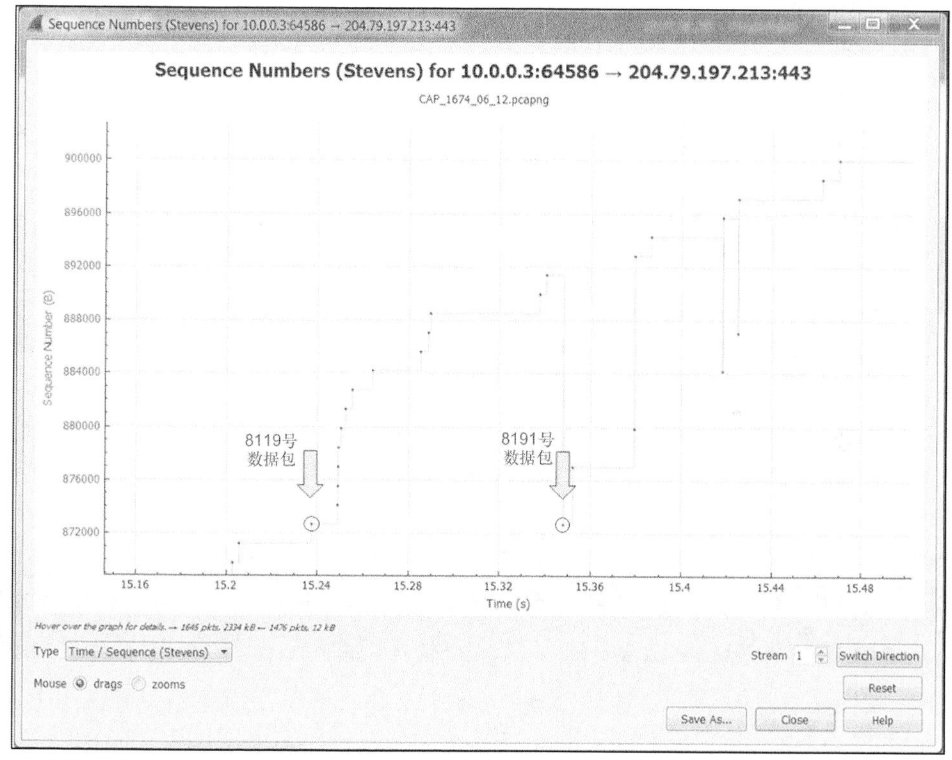

图 6.29

只要在图 6.29 所示的 Sequence Numbers（Stevens）窗口中点击表示 8119 号和 8191 号数据包的那两个点，即可在 Wireshark 抓包主窗口的数据包列表区域定位到 8119 号和 8191 号数据包。图 6.30 所示为点击 8119 号数据包的结果，由图可知，8119 号数据包捕获于第 15.248 秒，其 TCP 头部中的序列号字段值为 872674。

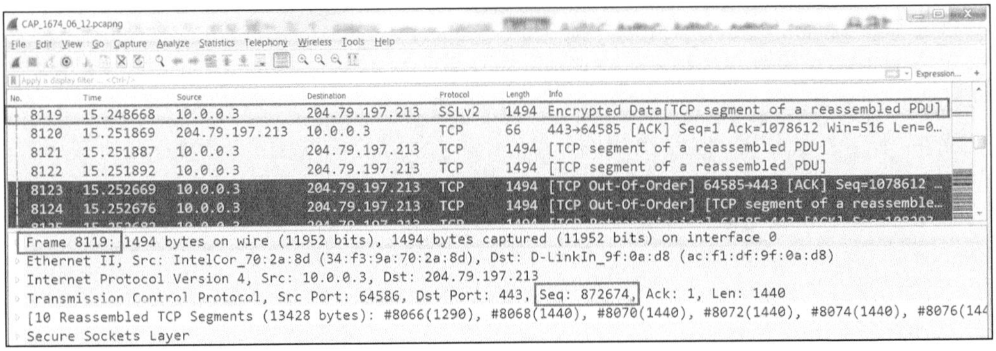

图 6.30

图 6.31 所示为点击 8191 号数据包的结果，由图可知，8191 号数据包捕获于第 15.25 秒，其 TCP 头部中的序列号字段值仍为 872674。

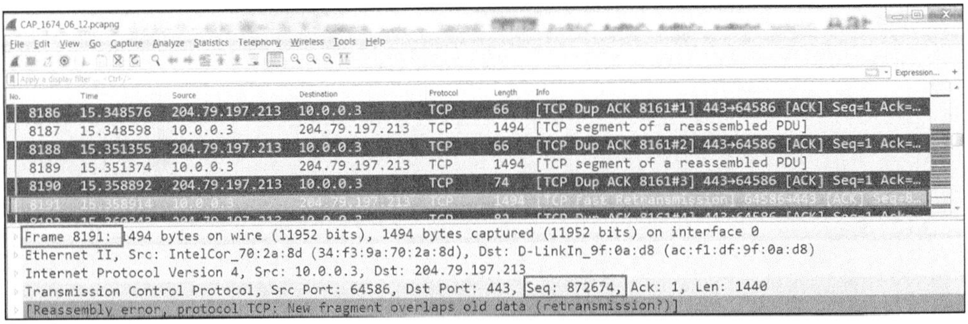

图 6.31

观看图形时，一定要清楚此图是针对哪一种应用程序生成的。用 TCP Stream Graphs 菜单项中 Time-Sequence Graph（Stevens）工具生成的相似的图形，对 A 应用程序来说可能是正常的，但对 B 应用程序来说则未必。

6.6 TCP Stream Graphs 菜单项中 Time-Sequence（tcptrace）子菜单项的用法

TCP Stream Graphs 菜单项中的 Time-Sequence（tcptrace）子菜单项功能脱胎于 UNIX tcpdump 工具，可提供有待监控的 TCP 连接的诸多详细信息。可用这些信息来分析与此 TCP 连接有关的种种问题，包括 TCP 确认、TCP 重传，以及 TCP 窗口大小等信息。

6.6.1 使用准备

启动 Wireshark 软件，打开一个抓包文件，或双击一块网卡，开始抓包。虽然可在抓包的同时使用 TCP Stream Graphs 菜单项中的 Time-Sequence（tcptrace）工具，但该工具并不会在线实时生成统计信息，故建议在使用之前，先停止抓包。本节使用的示例抓包文件为CAP_1674_06_05 和 CAP_1674_06_14。

6.6.2 使用方法

要观看由 TCP Stream Graphs 菜单项下 Time-Sequence（tcp-trace）工具生成的统计信息图，请按以下步骤行事。

1. 在抓包主窗口的数据包列表区域内，选中一个隶属于有待监控的某股 TCP 数据流的数据包。对于本例，选中的是抓包文件 CAP_1674_06_05 中的第 100 号数据包，隶属于编号为 0 的 TCP 流。

在数据包列表区域内，隶属于某股 TCP 流的数据包，必然是有来有往。因此，在选择数据包，让 TCP Stream Graphs 工具生成统计信息时，要看清方向（要关注数据包的源和目的 IP 地址）。比方说，要让 TCP Stream Graphs 工具生成与 HTTP 下载流量有关的统计信息，就应该选择下行方向的数据包（即数据包的源 IP 地址为公网地址[源端口号一般为 80]，目的 IP 地址为内网地址）。

2. 从 Statistics 菜单中选择 TCP Stream Graphs Time Sequence（tcptrace）。选择 Statistics 菜单下的 TCP Stream Graphs 菜单项，点击其名下的 Time-Sequence（tcp-trace）子菜单项。

3. Sequence Numbers（tcptrace）窗口会立刻弹出，如图 6.32 所示。出现在图形顶部的副标题列出了抓包文件名。

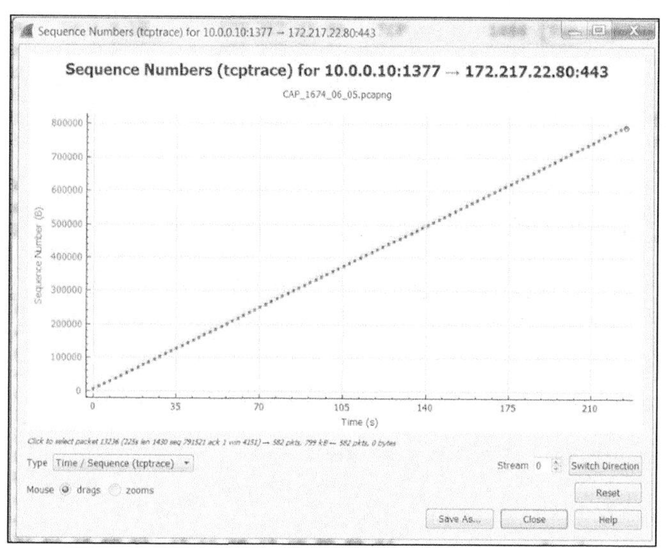

图 6.32

4．图 6.33 所示为在图 6.32 特定区域用鼠标圈出一块然后进行放大之后的样子。

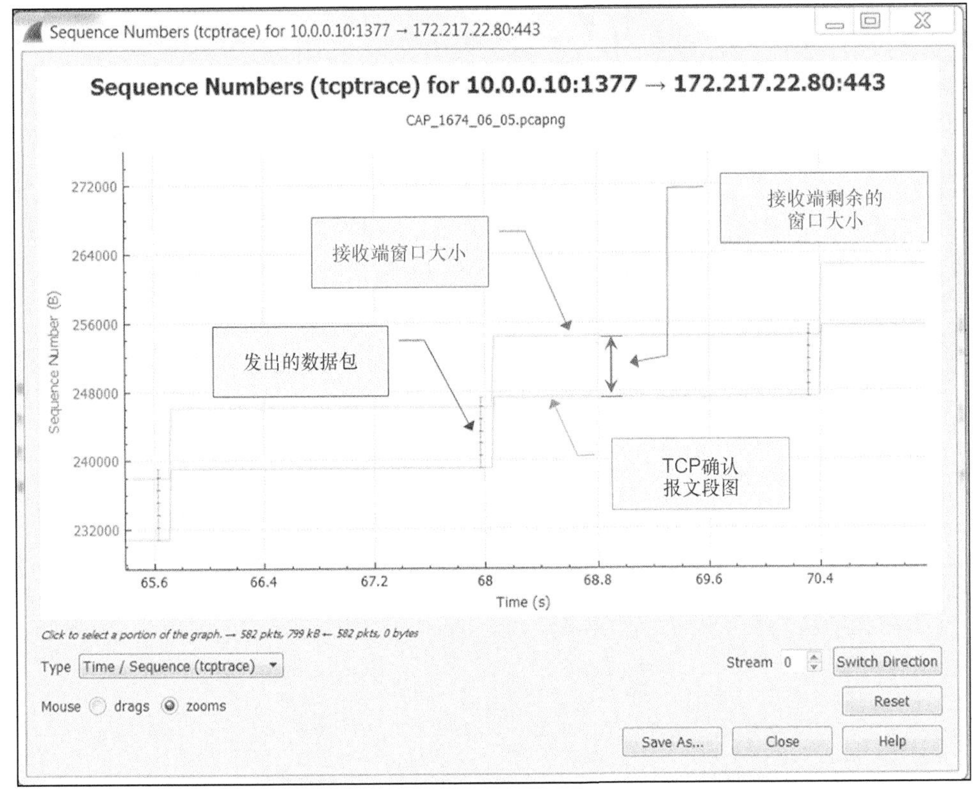

图 6.33

5．Sequence Numbers（tcptrace）窗口中的图形反映的是，抓包时段内受监控的 TCP 对话在某个方向上传输数据的进展情况。在图 6.33 中，可以看到：

- 一条条短的垂直蓝线，表示通过受监控的 TCP 对话（连接）发送的 TCP 报文段；
- 蓝线下面的棕线图形，表示逆向的 TCP 确认报文段；
- 蓝线上面的绿线图形，表示数据包发送过程中接收端 TCP 窗口大小。棕线和绿线之间的空间表示 TCP 接收端剩余的 TCP 缓冲区的大小，TCP 接收端的 TCP 缓冲区用来限制 TCP 发送端向 TCP 接收端发送的数据量。当棕线和绿线彼此靠拢直至重叠时，就表示接收端窗口渐满，发送端需降速或停止发送数据。

6．对图 6.43 中的图形进一步地放大，如图 6.34 所示。

通过图 6.34 所示的图形，可以了解到以下情况：

- 发送端在抓包开始的第 75 秒发出了几个数据包；

- 那几个数据包在发出后约 80～90 毫秒（抓包开始的第 75.08～第 75.09 秒）得到了接收端的确认；
- 接收端的空闲窗口大小约为 7000 字节，对应于 Y 轴的序列号区间 271000～264000。

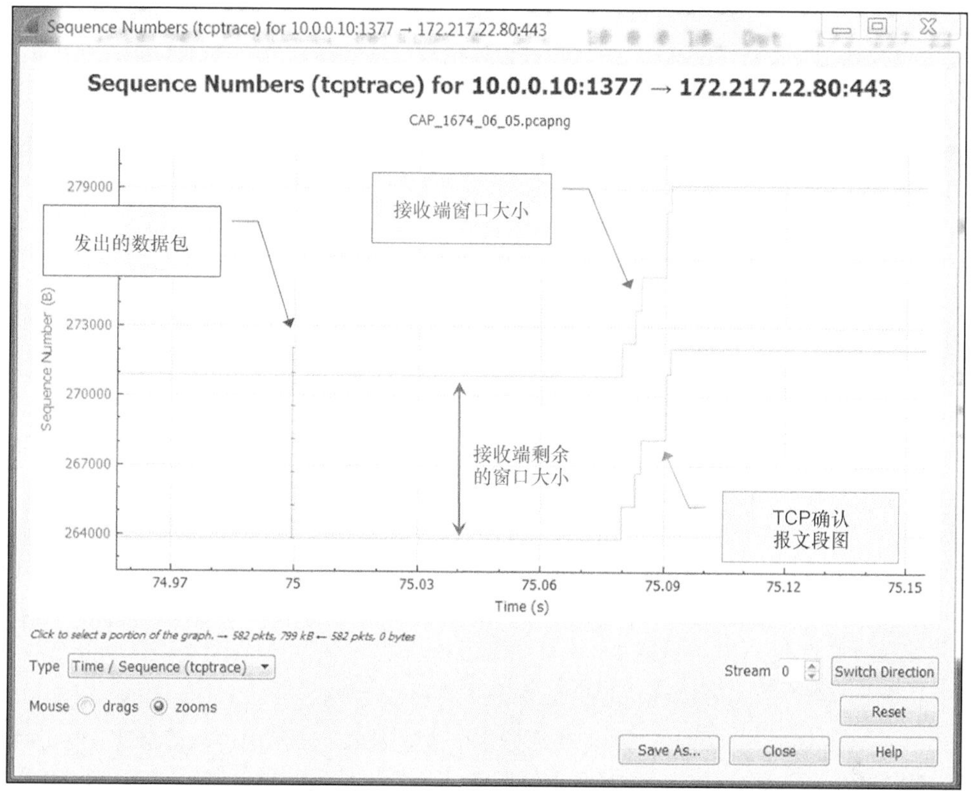

图 6.34

要想在 Wireshark 抓包主窗口的数据包列表区域里验证上述情况，请先在 Sequence Numbers（tcptrace）窗口中点选 Mouse | drags 单选按钮，再到该窗口的图形区域用鼠标点击其中表示数据包的蓝色短线。这么一点，便会在数据包列表区域定位到相应的数据包，通过 Info 一栏即可了解到该数据包的一般信息，如图 6.35 所示。

由图 6.35 所示的 Wireshark 抓包主窗口可知，发送端发出了 6 个携带数据的 IP 数据包，其源 IP 地址为 10.0.0.10，目的 IP 地址为 172.217.22.80。这 6 个数据包是同一个 TCP 数据包的所有分段，故而会在开始抓包的第 74.99 秒左右集中发送。接下来，还可以看到接收端发出的 6 个纯 TCP 确认报文段，通过 Info 一栏，可以获悉接收端的空闲接收窗口大小约为 7,000 字节，与图 6.34 所示图形中绿线和棕线之间的 Y 轴距离匹配。

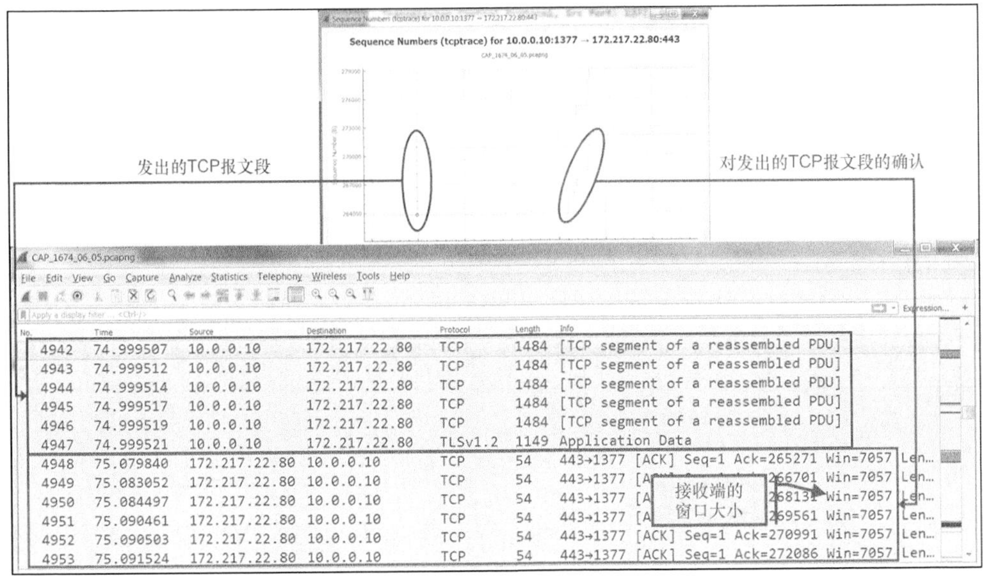

图 6.35

6.6.3 幕后原理

TCP Stream Graphs 菜单项下的 Time-Sequence（tcptrace）子菜单项功能脱胎于 UNIX tcpdump 命令，启用该菜单项功能，就会让 Wireshark 统计（指定 TCP 对话在特定方向上）由 TCP 接收端所通告的 TCP 窗口大小（TCP 接收端分配给该 TCP 会话的系统缓存容量）、重传的数据包以及对所收数据的确认（ACK）情况等。

由 Time-Sequence（tcptrace）子菜单项功能生成的图形反映出的信息量极其丰富，可为网络排障的诊断提供重要的线索。这样的曲线图能栩栩如生地反映出 TCP 数据发送过程中的诸多现象，比如，TCP 窗口的填充速度高于预期以及大量 TCP 重传等现象。

6.6.4 拾遗补缺

在某些情况下，尤其是用 TCP 高速数据传输的情况下，由 Time-Sequence（tcptrace）工具生成的图形看起来可能像是一条斜率完美而又从不间断的直线，但只要对这道直线加以放大，便会发现某些问题。

图 6.36 所示为用 Time-Sequence（tcptrace）工具基于抓包文件 CAP_1674_06_14 生成的图形。

对图 6.36 所示 Sequence Numbers 窗口中的图形加以放大，即可发现在数据发送过程中存在的发送停顿、TCP 重传等问题，如图 6.37 所示。

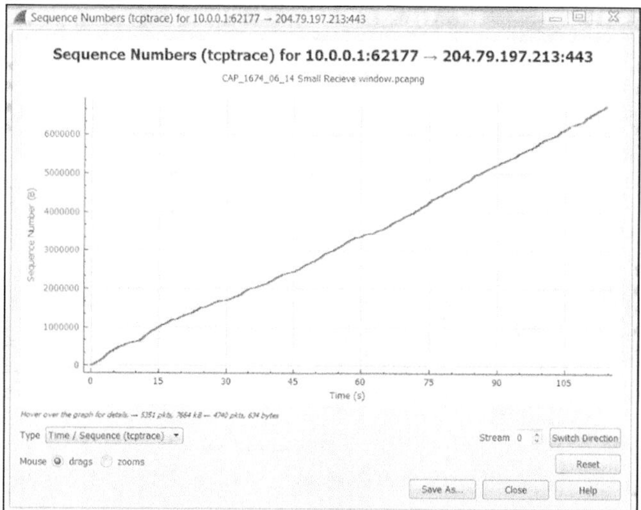
Sequence Numbers (tcptrace) for 10.0.0.1:62177 → 204.79.197.213:443
CAP_1674_06_14 Small Recieve window.pcapng
Sequence Number (B)
Time (s)
Type Time / Sequence (tcptrace)
Stream 0
Switch Direction
Mouse drags zooms
Reset
Save As...
Close
Help

图 6.36

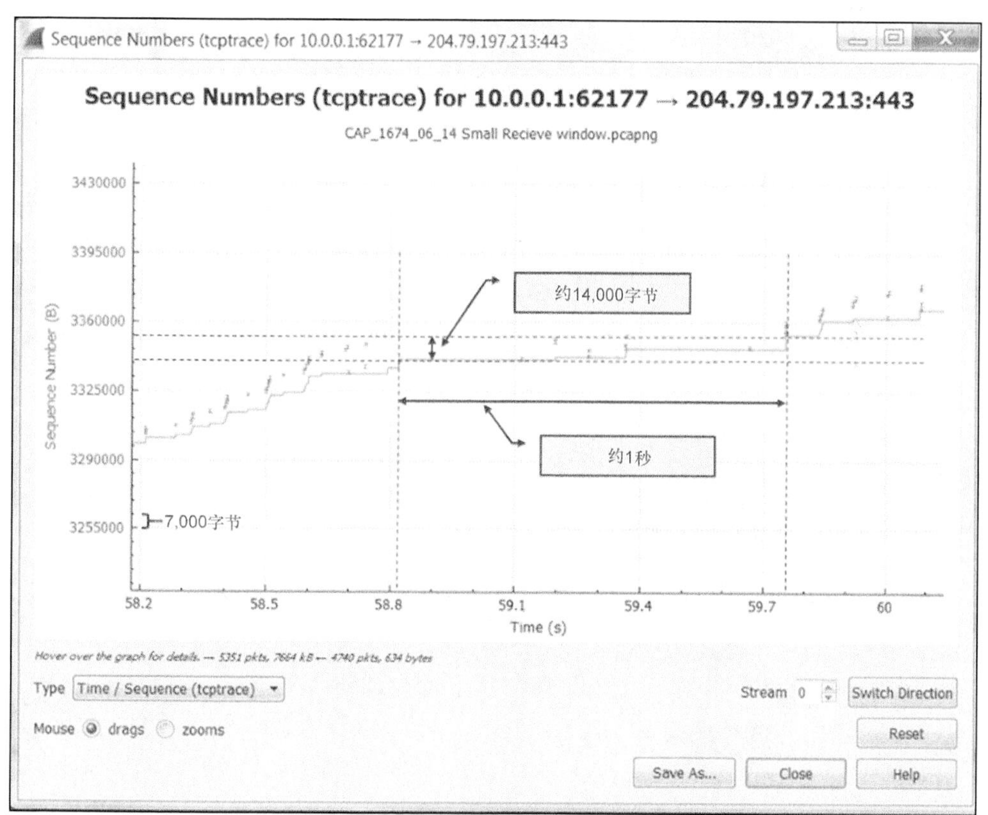
Sequence Numbers (tcptrace) for 10.0.0.1:62177 → 204.79.197.213:443
CAP_1674_06_14 Small Recieve window.pcapng
约14,000字节
约1秒
7,000字节
Sequence Number (B)
Time (s)
Hover over the graph for details. → 5351 pkts, 7664 kB ← 4740 pkts, 634 bytes
Type Time / Sequence (tcptrace)
Stream 0
Switch Direction
Mouse drags zooms
Reset
Save As...
Close
Help

图 6.37

由图 6.37 可知，在第 58.8～59.8 秒之间，发送端只发送了 14000 字节的数据（Y 轴序列号之差），与该 TCP 对话的其他时段所发数据相比，该时段发送速率极为缓慢。

经过放大的图形中的每个小竖条都表示携带应用层数据的 TCP 报文段，其 TCP 起始序列号（小竖条的尾部所在位置）和终止序列号（小竖条的头部所在位置）都与 Y 轴（Sequence Number）上的数字相对应。脱离于大部队的小竖条表示 TCP 重传，而灰色的小竖条则表示重复确认。第 11 章会细述诸如 TCP 重传和重复确认之类的 TCP 事件。

6.7 TCP Stream Graphs 菜单项中 Throughput Graph 子菜单项的用法

借助于 TCP Stream Graphs 菜单项中的 Throughput Graph 子菜单项功能，不但能了解某条 TCP 连接的吞吐量，而且还能根据具体的应用程序，判断 TCP 连接是否稳定。

6.7.1 使用准备

启动 Wireshark 软件，打开一个抓包文件，或双击一块网卡，开始抓包。虽然可在抓包的同时使用 TCP Stream Graphs 菜单项中的 Throughput Graph 工具，但该工具并不会在线实时生成统计信息，故建议在使用其之前，先停止抓包。

6.7.2 使用方法

要观看由 TCP Stream Graphs 菜单项下 Throughput Graph 工具生成的统计信息图，请按以下步骤行事。

1. 在抓包主窗口的数据包列表区域内，选中一个隶属于有待监控的某股 TCP 数据流的数据包。
2. 选择 Statistics 菜单下的 TCP Stream Graphs 菜单项，点击其名下的 Throughput Graph 子菜单项。
3. Throughput 窗口会立刻弹出，如图 6.38 所示。

图 6.37 所示的 Throughput 窗口呈现的是示例抓包文件 CAP_1674_06_14 中编号为 0 的 TCP 流的吞吐量图。透过此图，可以了解到以下情况。

- TCP 连接的吞吐量。对于本例，这条编号为 0 的 TCP 连接的吞吐量约为 700～800kbit/s。
- TCP 报文段的长度（TCP 数据净载的长度）。

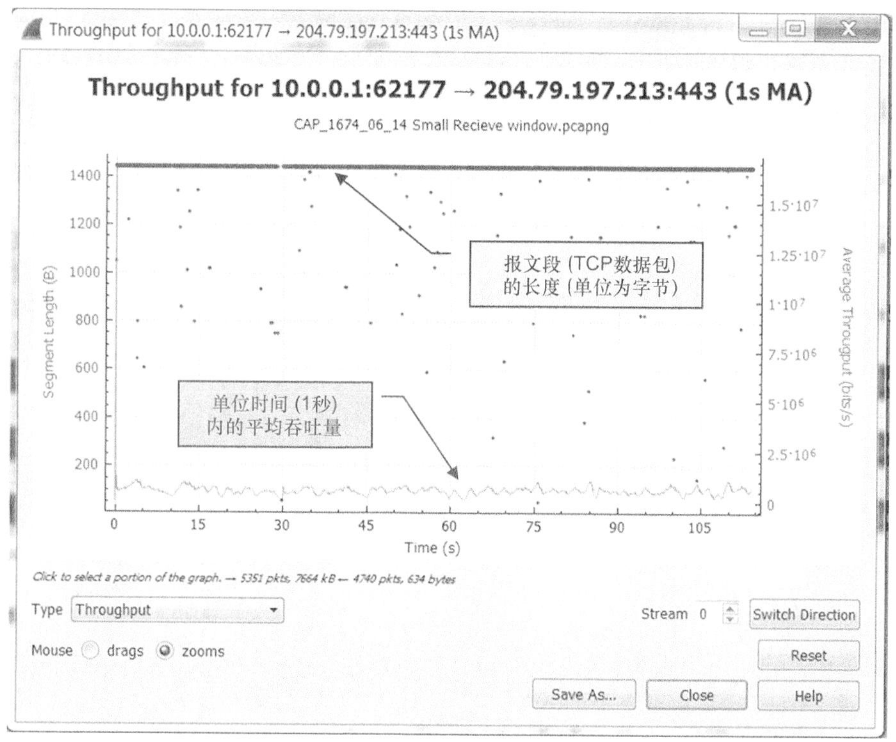

图 6.38

注 意

在数据网络领域，对数据单元的学名（正式名称）的定义随数据单元本身所处 OSI 层而异——在第 2 层叫帧（比如，以太网帧），在第 3 层叫数据包（比如，IP 数据包），在第 4 层叫报文段（segment）或数据报（datagram）（比如，TCP 报文段或 UDP 数据报）。协议数据单元（Protocol Data Unit，PDU）是上述各种数据单元的通用名称。在大多数情况下，都会使用帧或数据包之类的术语，本书也是如此，但有很多时候会引起混淆。不管怎样，重要的是要理解本书所讨论的内容与哪一层有关，具体的称谓如何并不重要。

Throughput Graph 工具所生成的图形所能呈现的网络状况或许不如 Time-Sequence（tcptrace）和 Time-Sequence（Stevens）工具所反映的那么全面，但仍可以栩栩如生地反映出应用程序吞吐量的骤然降低，从而预示着网络存在问题。

6.7.3 幕后原理

TCP Stream Graphs 菜单项下的 Throughput Graph 工具只统计单位时间内在某一指定方向上发送的数据包的字节数，亦即统计数据包的 TCP 头部中的序列号字段值，然后再以图形的方式加以呈现。因此，以此统计出来的吞吐量（流量传输速率）实际上只是在某个方向上传输的经由 TCP 头部封装的应用程序数据（包含应用程序头部，不含 IP 包头及 TCP 头部）的吞吐量，单位为字节/秒（byte/s）。

6.7.4 拾遗补缺

若 TCP 连接的数据传输速率非常稳定，则 Throughput Graph 工具生成的图形将几乎不会有太大的波动，如图 6.39 左侧的图形所示；否则，Throughput Graph 工具生成的图形会忽高忽低，出现大幅波动，如图 6.39 右侧的图形所示。

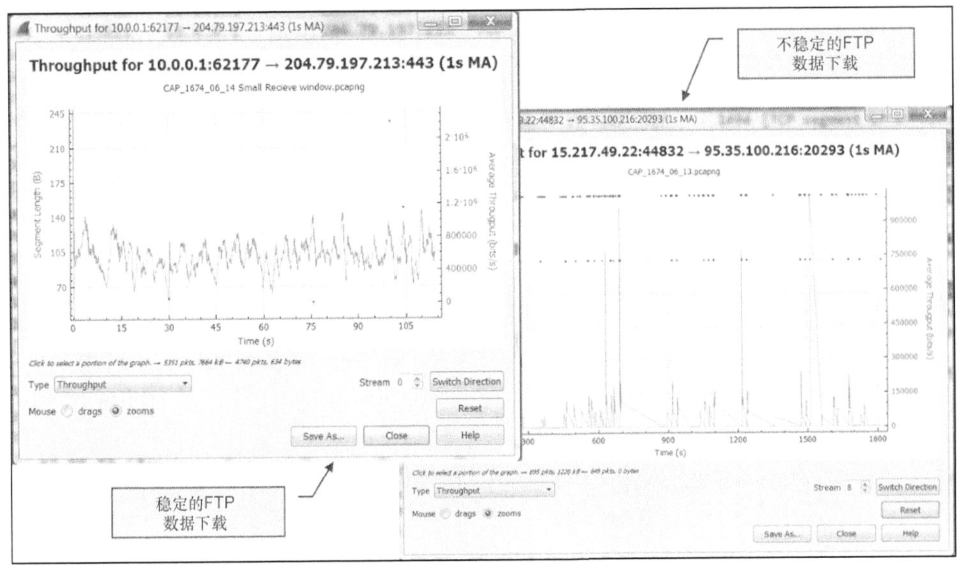

图 6.39

I/O Graphs 工具也可以生成类似的吞吐量图。需要注意的是，I/O Graphs 工具会基于抓包文件包含的数据包生成双向的吞吐量图，而 Throughput Graph 工具只会基于指定的数据包所隶属的某条 TCP 流生成单向的吞吐量图。若在 I/O Graphs 窗口中应用了正确的显示过滤器，则同样可以生成 Throughput Graph 工具所生成的单向 TCP 对话的吞吐量图（单位为字节/秒）。

6.8 TCP Stream Graphs 菜单项中 Round Trip Time Graph 子菜单项的用法

借助于 TCP Stream Graphs 菜单项中的 Round Trip Time Graph 子菜单项功能，能了解到某条 TCP 连接中特定方向上的所有 TCP 报文段的往返时间（RTT）。所谓某 TCP 报文段的往返时间，是指 TCP 接收方从发出具有某特定序列号字段值的 TCP 报文段，到收到接收方的 TCP 确认报文段所经历的时间。通过观察 Round Trip Time Graph 工具生成的图形，可以很好地了解指定 TCP 连接的性能。

6.8.1 使用准备

启动 Wireshark 软件，打开一个抓包文件，或双击一块网卡，开始抓包。虽然可在抓包的同时使用 TCP Stream Graphs 菜单项中的 Round Trip Time Graph 工具，但该工具并不会在线实时生成统计信息，故建议在使用其之前，先停止抓包。

本小节会用 Round Trip Time Graph 工具基于抓包文件 CAP_1674_06_13 中编号为 8 的 TCP 流（隶属于该 TCP 流的一个数据包是抓包文件中的第 85 号数据包）来生成示例图形。

6.8.2 使用方法

要观看由 TCP Stream Graphs 菜单项下 Round Trip Time Graph 工具生成的统计信息图，请按以下步骤行事。

1. 在抓包主窗口的数据包列表区域内，选中一个隶属于有待监控的某股 TCP 数据流的数据包。

2. 选择 Statistics 菜单下的 TCP Stream Graph 菜单项，点击其名下的 Round Trip Time Graph 子菜单项。

3. Round Trip Time 窗口会立刻弹出，如图 6.40 所示。

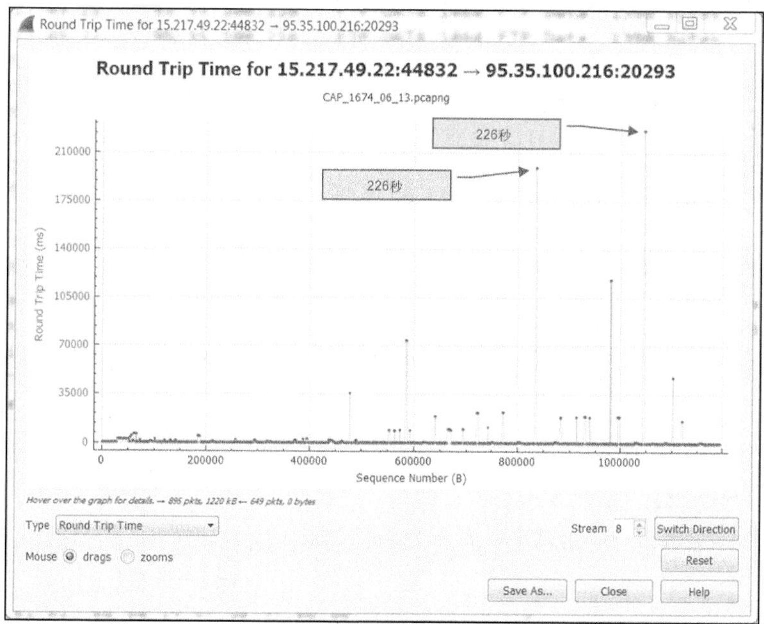

图 6.40

4. 由图 6.39 可知，通过该 TCP 对话发送的大多数字节（序列号）在很短的时间内都得到了确认，只是有些不太稳定性，会影响 TCP 的性能。

5. 要想用 I/O Graphs 工具生成这一图形，请使用显示过滤器 tcp.analysis.ack_rtt[1]。

6. 在 Round Trip Time 窗口内，可点选 Mouse | zooms 单选按钮，启用图形的局部放大功能，更细致地观察该 TCP 对话在发送某些字节（序列号）时的确认情况。

6.8.3 幕后原理

由 TCP Stream Graphs 菜单项下 Round Trip Time Graph 工具生成的图形实际上为（通过该 TCP 会话发送的 TCP 报文段的 TCP 头部的）序列号字段值与（收到的相应确认 TCP 报文段所耗）时间之间的关系图。也就是说，该图会记录下该 TCP 连接中在指定方向上传输的每一个 TCP 报文段从发出直至收到接收方的确认所消耗的时间。

6.8.4 拾遗补缺

在 Wireshark 抓包主窗口的数据包列表区域内，选中一个 TCP（纯）ACK 数据包，便可在其数据包结构区域的底部查看到显示过滤参数 tcp.analysis.ack_rtt 的值，如图 6.41 所示。

```
No.   Time        Source          Destination     Protocol  Length  Sequence number  The RTT to ACK the segment was  Info
2385  113.009272  15.217.49.22    95.35.100.216   TCP       1464    1043377                                          [TCP Retrans
2386  0.000352    95.35.100.216   15.217.49.22    TCP       66      1                226.153034000                   20293→44832
2388  3.867462    15.217.49.22    95.35.100.216   FTP-DATA  1072    1047571                                          FTP Data: 10

Frame 2386: 66 bytes on wire (528 bits), 66 bytes captured (528 bits) on inter...
Ethernet II, Src: SierraWi...

    Urgent pointer: 0
  Options: (12 bytes), No-Operation (NOP), No-Operation (NOP), Timestamps
  [SEQ/ACK analysis]
    [This is an ACK to the segment in frame: 2238]
    [The RTT to ACK the segment was: 226.153034000 seconds]
    [iRTT: 0.301347000 seconds]
```

图 6.41

要是 Round Trip Time Graph 工具生成的图形所反映的 TCP RTT 值并不稳定，也不能说就一定存在问题，这或许是应用程序的天性使然。TCP 发送方要耗时良久才能等来相应的 TCP 确认报文段，原因不外有三：真的存在问题；服务器正在等待响应；用户在浏览 Web 服务器的同时，又点开了新的连接。

在 Wireshark 版本 2 的 TCP Stream Graphs 菜单项名下的所有子菜单项窗口中，右下角都有一个 Type 下拉菜单，可利用其来任意切换各种图形。

1 译者注：原文是“If you want to see this graph in the I/O graphs, use the tcp.analysis.ack_rtt filter”。按照作者的描述，用 I/O Graphs 工具应该生成不了图 6.40 所示的图形。

6.9 TCP Stream Graphs 菜单项中 Window Scaling Graph 子菜单项的用法

借助于 TCP Stream Graphs 菜单项中的 Window Scaling Graph 子菜单项功能，能了解到通过 TCP 连接传送数据时，由接收方所通告的窗口大小。对于任何一条 TCP 连接，当接收方发送 TCP 报文段，确认收到的数据时，会以设置 TCP 头部中窗口字段值的形式，向发送方通告本方接收数据的能力。通过观察 Window Scaling Graph 工具生成的图形，即可很好地了解指定 TCP 连接的性能。

6.9.1 使用准备

启动 Wireshark 软件，打开一个抓包文件，或双击一块网卡，开始抓包。虽然可在抓包的同时使用 TCP Stream Graphs 菜单项中的 Window Scaling Graph 工具，但该工具并不会在线实时生成统计信息，故建议在使用之前，先停止抓包。

6.9.2 使用方法

要观看由 TCP Stream Graphs 菜单项下 Window Scaling Graph 工具生成的统计信息图，请按以下步骤行事。

1. 在抓包主窗口的数据包列表区域内，选中一个隶属于有待监控的某股 TCP 数据流的数据包。
2. 选择 Statistics 菜单下的 TCP Stream Graph 菜单项，点击其名下的 Window Scaling Graph 子菜单项。
3. Window Scaling 窗口会立刻弹出，如图 6.42 所示。

透过图 6.42，可以很明显地看出由接收方或发送方所导致的数据传输性能下降问题。原因可能是服务器或客户端主机反应较慢，不能迅速处理收到的所有数据。于是，接收方便以降低接收窗口的形式，告知发送方：自己的接收能力有限，请不要发得太快。

6.9.3 幕后原理

TCP Stream Graphs 菜单项下的 Window Scaling Graph 工具会记录在 TCP 连接的指定方向上传递的每一个 TCP 报文段的（TCP 头部的）窗口字段值，然后再以图形的方式加以呈现。与 TCP 窗口有关的内容，详见第 10 章。

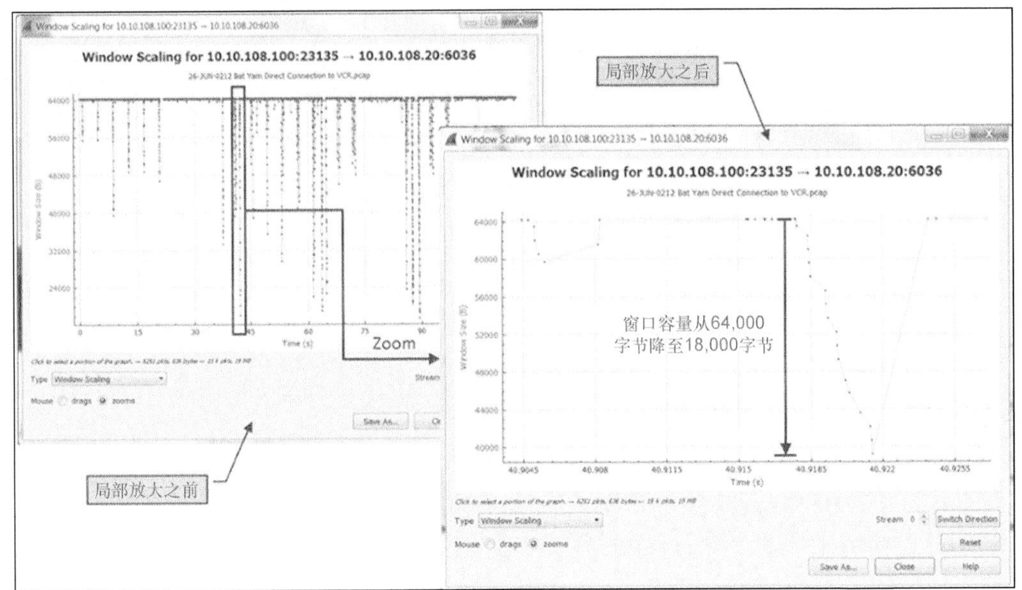

图 6.42

6.9.4 拾遗补缺

当 TCP 接收方所通告的窗口变窄时，相关应用程序的吞吐量也会相应降低。TCP 窗口大小完全受控于建立 TCP 连接的两个端点（亦即服务器和客户端主机），TCP 窗口大小的变化与网络自身的性能无关。

第7章 Expert Information工具的用法

本章将介绍 Expert Information 工具的用法，该工具可对网络中的各种风吹草动（各种网络事件或网络故障）做深层次的分析。本章涵盖以下内容：

- 如何借助 Expert Information 工具排除网络故障；
- 认识 Errors 事件；
- 认识 Warnings 事件；
- 认识 Notes 事件。

7.1 简介

Expert Information 工具是内置于 Wireshark 软件中的最强大的工具之一，该工具不但能在抓包过程中自动识别网络中发生的异常情况，甚至还能给出导致异常情况的具体原因。本章将介绍 Expert Information 工具的用法。本书后文还会细述如何将该工具与其他工具相结合，来发现并解决网络故障。

注 意

用 Wireshark 对网络、通信链路、主机服务器做第一次检查时，即可动用 Expert Information 工具，让 Wireshark 自行诊断抓到的首批流量。这样一来，便可在对流量做进一步的分析之前，获悉在网络中发生的与故障相关联的各种事件。应把注意力集中在持续发生的事件，比如，TCP 重传、以太网校验和错误、DNS 问题以及 IP 地址冲突等事件。

7.2 节会介绍在排除网络故障时如何使用 Expert Information 工具，随后几节会描述如何解读由该工具生成的信息。

7.2 如何使用 Expert Information 工具排障网络故障

借助于 Expert Information 工具，可获知由 Wireshark 软件在抓包过程或抓包文件中识别出的各种网络事件和异常情况。本节会介绍如何启动 Expert Information 工具，以及如何发现各种网络事件。

7.2.1 使用准备

启动 Wireshark 软件，先打开一个抓包文件，或双击一块网卡，开始抓包。

7.2.2 使用方法

要使用 Expert Information 工具，请在抓包主窗口内选择 Analyze 菜单，点击其名下的 Expert Information 菜单项，如图 7.1 所示。

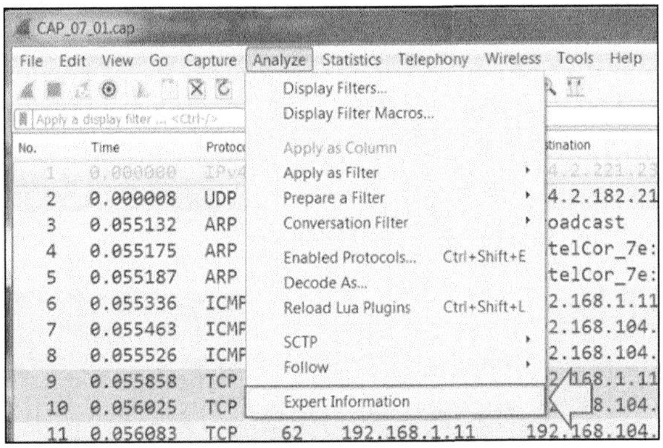

图 7.1

Expert Information 窗口会立刻弹出，该窗口会显示一张事件列表，如图 7.2 所示。

由图 7.2 可知，在 Expert Information 窗口的事件列表中，会把 Wireshark 软件在抓包文件（本例为 CAP_07_01）中感知到的所有有效事件按严重程度（Severity）——Error、Warning、Note、Chat，以及 Packet Comment（如存在）——由高到低依次列出。

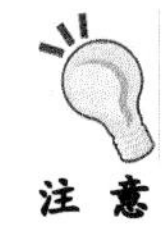

注 意

在 Expert Information 窗口的事件列表里，最右边的一栏名为 Count，Count 栏里的数字显示的是各种事件发生的次数。

以下所列为可能出现在 Severity 一栏里的事件。

- **Error**：表示 Wireshark 在抓到的数据包中感知到或识别出了严重的错误。比如，感知到了“畸形”数据包（畸形的 SPOOLSS 或 GTP 协议数据包等），或者识别出了某些数据包的某种协议头部的某些字段值跟预期值不符（比如，以太网帧的以太网校验和错误，以及 IPv4 数据包的 IP 包头的校验和字段值跟预期值不符［IPv4 数据包通不过校验和检查］等）。图 7.3 所示为当 Wireshark 识别出某些以太网帧存在以太网校验和错误时，在 Expert Information 窗口中显示的 Error 事件的各种子事件。

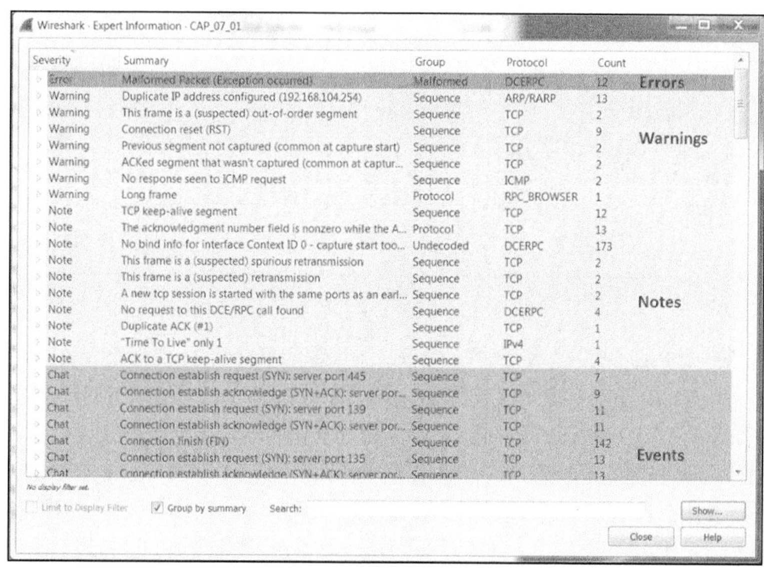

图 7.2

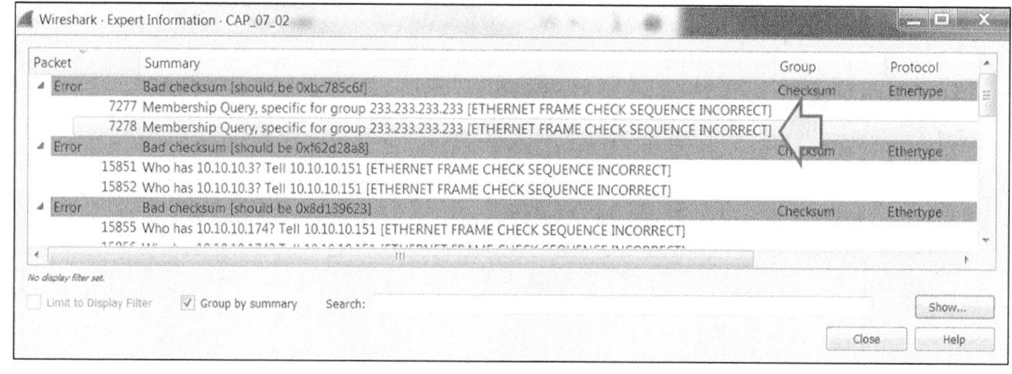

图 7.3

点击 Error 左侧的小三角形，即可展开该 Error 子事件，观察到该子事件名下（符合该 Error 子事件特征）的所有数据包。点击任一数据包，都可以在抓包主窗口的数据包列表区域定位到该数据包。

➢ **Warning**：表示 Wireshark 在抓到的数据包中感知到或识别出了一般性问题。比如，感知到了存在 TCP zero window、TCP window full、TCP 报文段失序、TCP 报文段丢失等现象，或识别出了相关网络协议在运作时生成的数据包的内容与正常情况不一致。所谓一般性问题几乎都是应用程序问题或通信问题。图 7.4 所示为 Wireshark 在抓包文件中感知到的符合 Warning 事件特征的各种子事件。

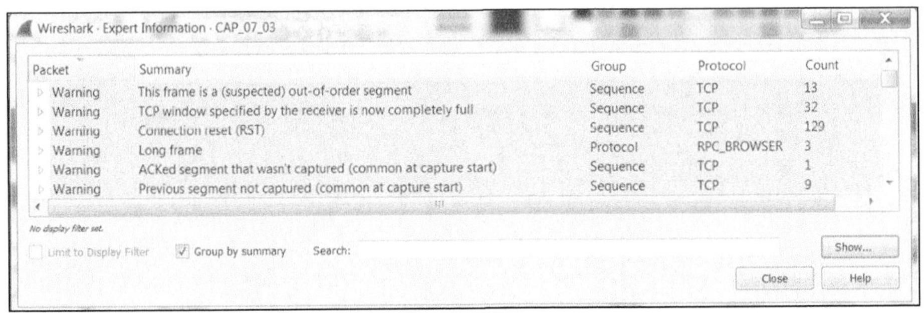

图 7.4

➢ **Note**：表示 Wireshark 在抓到的数据包中感知到了可能会引发故障的异常现象。比如，感知到了 TCP 重传、重复确认以及快速重传等现象。虽然上述现象可能会对网络产生严重影响，但也属于 TCP 的正常行为。Wireshark 认为某些数据包符合 Notes 事件的特征，只是想提醒用户，这些数据包有导致问题的嫌疑。图 7.5 所示为 Note 事件的各种子事件。比如，TCP 重传和 TCP 重复确认等。发生了这样的事件，可能会对网络性能产生影响（比如，某种应用程序的运行速度变慢），但仍属于 TCP 协议的正常行为。

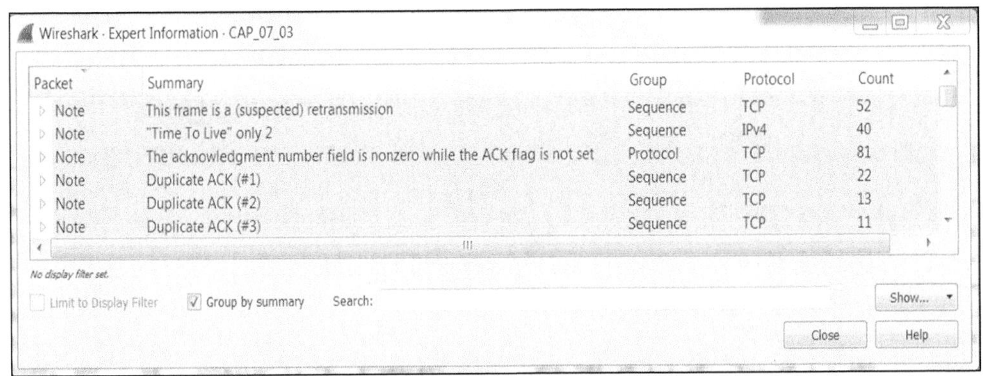

图 7.5

➢ **Chat**：被 Wireshark 归类为 Chat 事件的数据包都符合常规流量的特征。Chat 事件的子事件包括 TCP window update（TCP 窗口更新）、TCP connection establish request（TCP 连接建立请求）（SYN）、TCP connection establish acknowledge（TCP 连接建立确认）（SYN + ACK）、TCP connection finish（TCP 连接建立终止）（FIN）、TCP connection reset（TCP 连接重置）（RST）以及包含多种状态码的各种 HTTP 事件（比如，HTTP GET

和 HTTP POST）等，如图 7.6 所示。

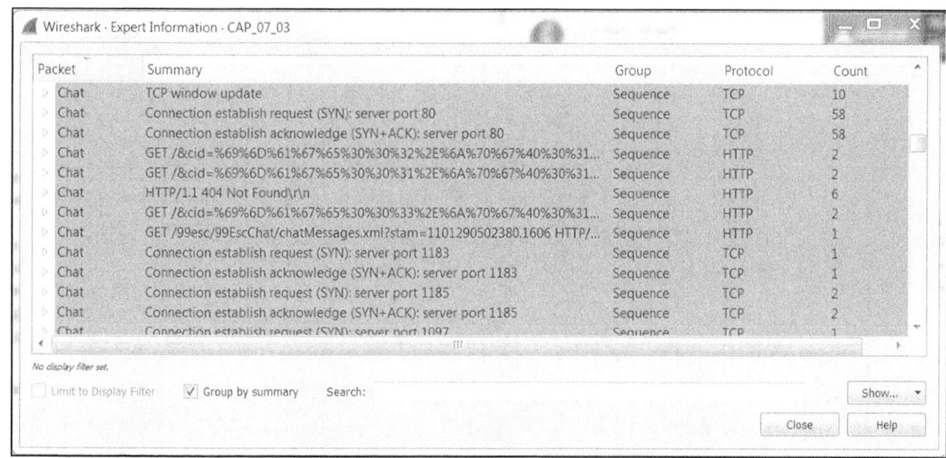

图 7.6

➢ **Packet Comment**：可在抓包主窗口的数据包列表区域内给每个数据包添加注释信息。Wireshark 会把含注释信息的数据包一一记录在案，并归类为 Packet Comment 事件，置入 Expert Information 窗口。

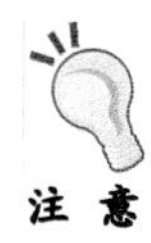

要想给某个数据包添加注释信息，请先在抓包主窗口的数据包列表区域选中该数据包，再单击右键，在弹出的菜单中点击 Packet Comment 菜单项（见图 7.7），然后在弹出的 Packet xxx（数据包编号）Comment 窗口内输入所要添加的注释信息。

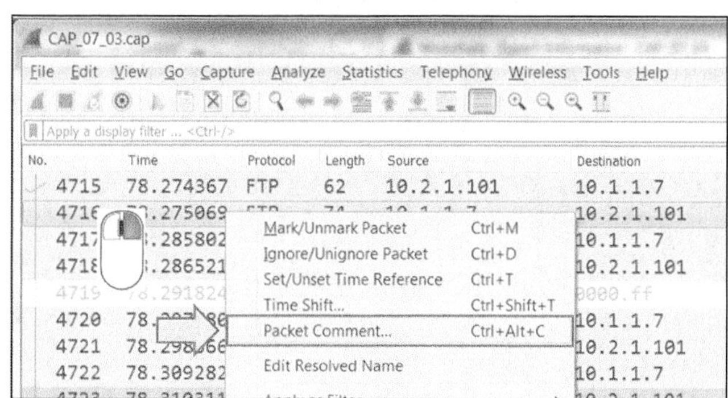

图 7.7

Expert Information 工具的常规操作说明如下。

➢ 在 Expert Information 窗口的底部，有 Limit to Display Filter 和 Group by summary 复选框，外加一个 Search 输入栏，可在该输入栏内输入指定的关键字，来搜索相应的事件。

➢ 在 Expert Information 窗口中，点击事件名称之前的小三角形，展开该事件，再点击该事件名下的数据包，即可在 Wireshark 抓包主窗口的数据包列表区域定位到该数据包[1]。

注 意

需要注意的是，在某些情况下，Wireshark 感知到的某些 Warning 事件可能无关紧要，但识别出的某些 Note 事件却偏偏会影响网络性能。排除网络故障时，需关注其内在，切勿只看表面。只有如此，方能查明故障的来源。

➢ Expert Information 窗口中事件列表的第三列名为 Gruop，表示该事件所属的分类或分组。由图 7.8 可知，事件列表中的第一行（Warning 事件的第 1 个子类）属于 TCP 协议的 Sequence 类事件（1）。事件列表中的第 3 行（Warning 事件的第 3 个子类）属于 RPC_Browser 协议的 Protocol 类（2）。事件列表中的第 7 行（Note 事件的第 2 个子类）属于 IPv4 协议的 Sequence 类（3）。Group 名称相同的事件都符合相同的特征，比方说，发生在某种协议的数据包上的与序列号参数有关的 Sequence 类事件。

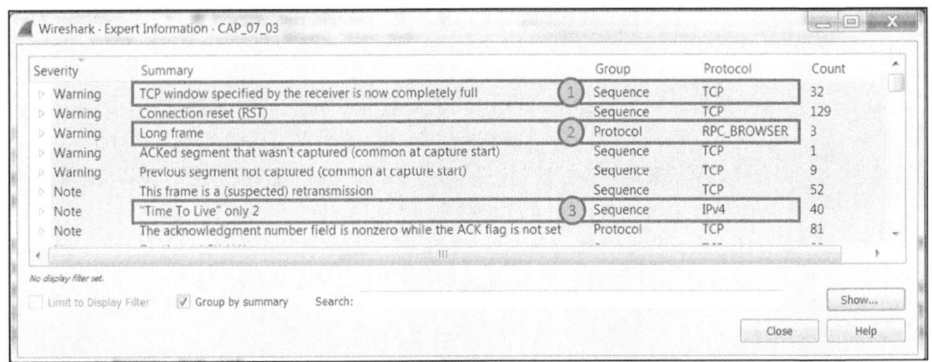

图 7.8

7.2.3 幕后原理

Expert Information 工具是内置于 Wireshark 中的一套专家系统，能自动提供与网络异常状况有关的信息，在某些情况下，还能给出导致网络异常的可能原因。对于这套专家系统的诊断结果，无论是否合乎情理，总是需要再三分析。

Wireshark 摆乌龙的情况时有发生，既有可能是杯弓蛇影，谎报军情（误报故障）；也有可能会一叶障目（感知不到网络的异常状况）。

1 译者注：原文是“To go to the event in the packet capture pane, simply click on the packet under the event in the expert window, and it will lead you to it”。

不要忘记，解决网络故障靠的是网管人员的大脑以及知识储备。Wireshark 虽然非常智能，但毕竟只是工具。

当出于某种原因(有利或不利原因)，只能抓到部分数据(未能抓全数据)时，由于 Wireshark 并不知道自己所抓数据不完整，因此便会通过 Expert Information 工具来指出网络中存在异常状况。本书后文所举诸多示例都涉及这种情况。

7.2.4 拾遗补缺

可基于 Expert Information 工具所生成的事件信息或划定的事件分类，来配置显示过滤器，让 Wireshark 只显示符合某种事件特征的数据包。为此，请按以下步骤行事。

1. 点击抓包主窗口中显示过滤器输入栏右边的 Expression 按钮。
2. 在弹出的 Display Filter Expression 窗口的左侧找到 Expert-Expert Info 配置选项（在底部的 Search 一栏内输入 expert，可自动定位到 Expert-Expert Info 配置选项）。
3. 点击 Expert-Expert Info 配置选项前面的小三角形，将显示出_ws.expert.message-Message、_ws.expert.group-Group 和_ws.expert.severity-Severity level 这三个显示过滤参数，如图 7.9 所示。

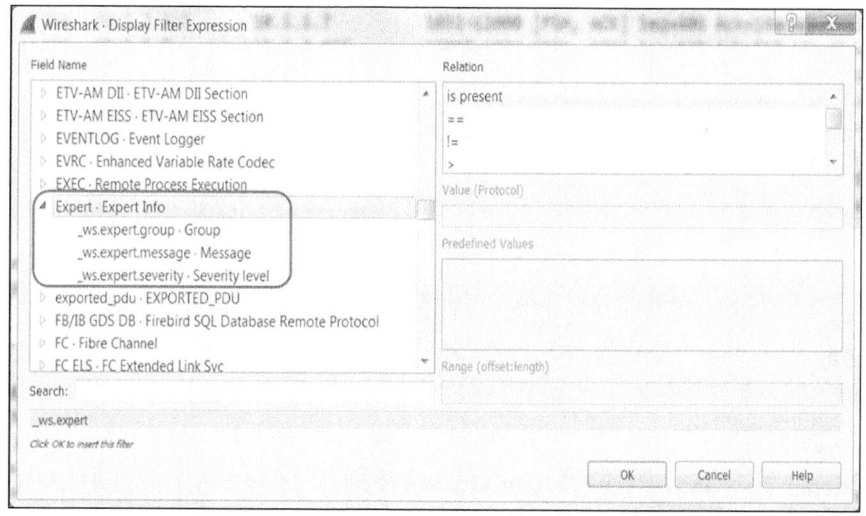

图 7.9

下面是对那三个显示过滤参数的解释。

- expert.group 所指为 Expert Information 工具生成的专家消息（expert message）所属的编组（或分类）。当显示过滤器中包含该参数时，Wireshark 便会根据专家消息的类型

（比如，校验和问题、TCP 序列号问题以及安全性问题等）来进行过滤。

- expert.message 所指为 Expert Information 工具生成的具体的专家消息。当显示过滤器中包含该参数时，Wireshark 便会根据专家消息中特定的字串（若关系词［relation］为 contains，则为包含特定的字串；若关系词为 matches，则为匹配特定的字串）来筛选数据包。
- expert.severity 所指为 Wireshark 对感知到的事件按出故障概率的高低（事件的严重程度），呈现在 Expert Information 窗口中的事件类别的名称（Error、Warning、Note 等）。可供该参数选择的条件包括 Error、Warning、Note 等。若在显示过滤器中包含该参数，则 Wireshark 在执行过滤功能时，所依据的条件就是数据包的特征是否符合特定的事件类别。

还有一种根据 Expert Information 工具所生成的事件来配置显示过滤器的方法。请在 Expert Information 窗口的事件列表中选中一个符合指定事件特征的数据包，点击鼠标右键，会弹出图 7.10 所示的菜单。

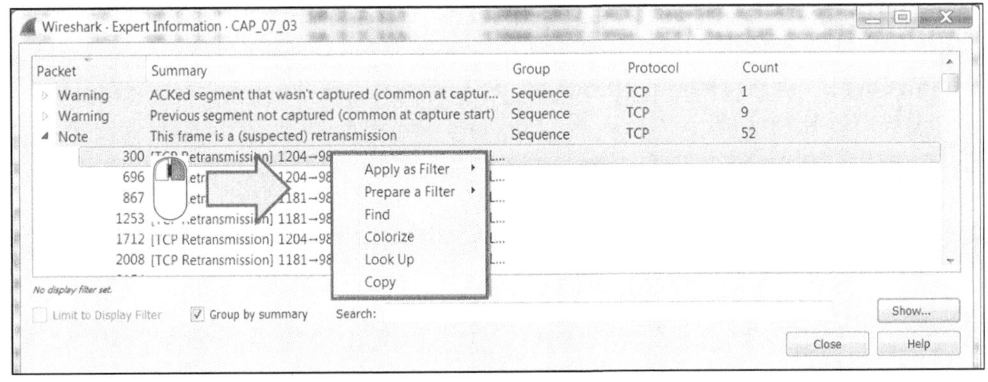

图 7.10

以下是对图 7.10 所示的菜单中各菜单项的功能介绍。

- **Apply as Filter（直接作为显示过滤器使用）**：只要点选了该菜单项下的各子菜单项，选定的数据包所具备的事件特征将会作为显示过滤器（或其中的一项参数），并同时作用于抓包文件。
- **Prepare a Filter（作为有待应用的显示过滤器）**：只要点选了该菜单项下的各子菜单项，选定的数据包所具备的事件特征将会成为有待应用的显示过滤器（或其中的一项参数）（选定后，需点 Apply 按钮才能生效）。
- **Find**：一经点选，便会在 Wireshark 抓包主窗口的数据包列表区域内定位到下一个具备的该事件特征的数据包。

➢ **Colorize**：用来调整具备各种事件特征的数据包的配色规则。

➢ **Look Up**：针对指定的事件特征执行百度（Google）搜索。

➢ **Copy**：用来将 Summary 一栏内的事件信息复制为文本。

7.2.5 进阶阅读

➢ 第 8 章以及涉及协议的相关章节。

7.3 认识 Error 事件

本节将引领读者去认识由 Wireshark 在抓包时（或抓包文件中）所感知到或识别出的各种 Error 事件，比如，抓到了校验和错误或格式错误的数据包时。

7.3.1 准备工作

运行 Wireshark 软件，先打开一个抓包文件（或双击一块网卡，开始抓包），再启动 Expert Information 工具。

7.3.2 操作方法

1．点击抓包主窗口中 Analyze 菜单下的 Expert Information 菜单项，打开 Expert Information 窗口。在 Expert Information 窗口的事件列表中，Error 事件会默认位居前列。

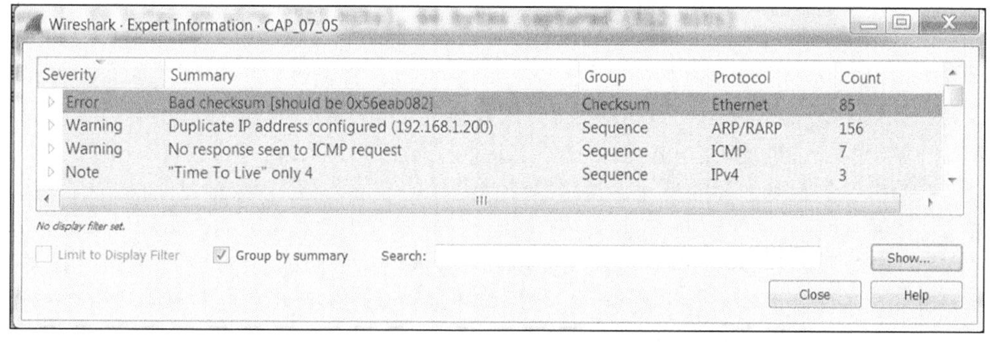

图 7.11

由图 7.11 可知，Wireshark 在抓包文件中感知到了校验和类的 Error 事件。就本例而言，既有可能是抓包文件中真的存在校验和错误的以太网帧，也有可能是 checksum offload 参数方面的配置问题。

2．点击 Error 左边的小三角形，展开 Error 事件，点击该事件名下的一个数据包，即可在 Wireshark 抓包主窗口的中定位到该数据包，如图 7.12 所示。

由图 7.12 所示 Wireshark 主窗口数据包结构区域的信息可知，那个编号为 7 的帧存在校验和错误。在本节所用的抓包文件（文件名为 CAP_07_05）中可以看到，存在校验和错误的所有以太网帧都是出自一台设备。要想得知错误事件是因何而起，便可从那台设备开始检查。与以太网本身以及以太网故障有关的更多信息，详见第 8 章。

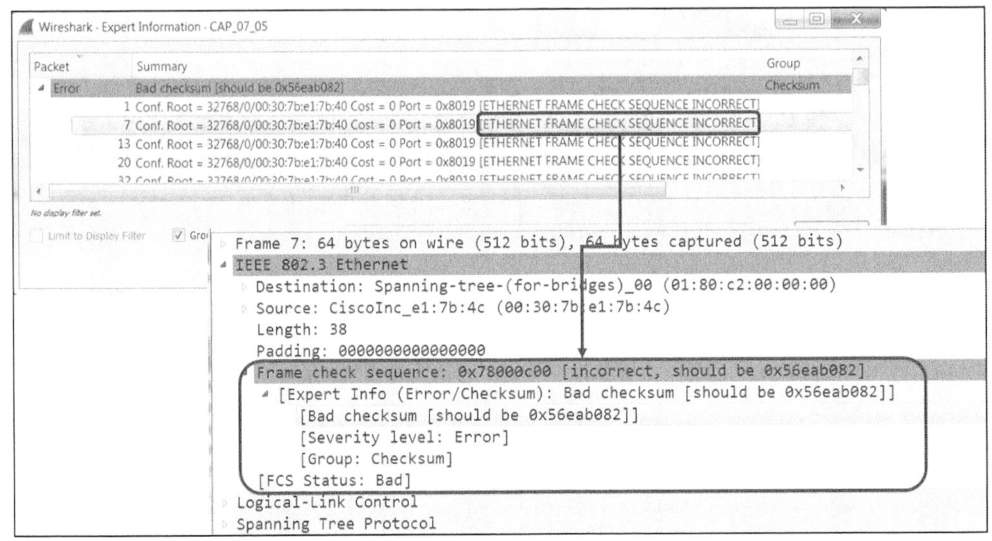

图 7.12

7.3.3 幕后原理

校验和机制是一种错误检测机制，用来检测数据包在传输过程中是否发生了损坏。现以 IP 校验和计算来说明其原理：生成 IP 数据包的设备先把整个数据包按 16 位分成若干等份，再计算每一等份的二进制反码之和，然后计算二进制反码之和的反码。也就是说，最终的计算结果为“每等份”的反码之和的反码。那样的计算结果将被存入该 IP 数据包的校验和字段。接收 IP 数据包的设备会执行步骤相同的计算（执行计算时，要算上实际的校验和字段值），并判断最终的计算结果是否为 0。若不为 0，则表示 IP 数据包在传输过程中发生了损坏。错误检查机制既可以基于完整的数据包来执行，也可以基于协议头部来执行。每一种协议（Ethernet、IP、TCP、UDP）都有自己的一套错误检查机制。

某些操作系统支持一种名为 checksum offload（校验和计算下放）的功能，这也是为了节省 CPU 资源。也就是说，操作系统把执行 IP、TCP、UDP 校验和计算这样的网络功能下放给了 NIC（网卡），让 NIC 以硬件的方式执行相关计算（只要 NIC 驱动支持），不再由 TCP/IP 协议栈来完成。若开启了出站方向（TX）上的 checksum offload 功能，NIC 便会在数据包即将上线传送之前，完成相关校验和计算。而 Wireshark 在抓取本机生成的数据包时，会在其到达 NIC 之前完成，而此时由本机生成的数据包的 IP、TCP、UDP 头部的校验和字段值并不正确

（对于本机生成的数据包，其 IP、TCP、UDP 头部的校验和字段值的填写任务归 NIC 负责）。于是，Wireshark 就会感知到数据包校验和有误之类的 Error 事件。

因为如此，即便 Wireshark 通过 Expert Information 工具反映出抓到了许多校验和出错的数据包，但只要这些数据包的源 IP 地址为本机 IP，那就有极有可能是拜赐于 checksum offload 机制。

可配置 Wireshark，令其不检查所抓数据包的 IP 或 TCP 校验和。

- 要关闭 IP 校验和的检查，请点击抓包主窗口的 Edit 菜单下的 Preferences 菜单项，在弹出的 Preferences 窗口中，点击 Protocol 左边的小三角形，选择 IPv4 协议配置选项，取消选中 Validate the IPv4 checksum if possible 复选框，最后点击 OK 按钮。
- 要关闭 TCP 校验和的检查，请点击抓包主窗口的 Edit 菜单下的 Preferences 菜单项，在弹出的 Preferences 窗口中，点击 Protocol 左边的小三角形，选择其中的 TCP 协议配置选项，取消选中 Validate the TCP checksum if possible 复选框，最后点击 OK 按钮。

7.3.4 拾遗补缺

对于 Wireshark 自称抓到畸形数据包这种情况，要一分为二来看待。出现这种情况，既有可能是因为 Wireshark 抓到了真的畸形数据包，也有可能是拜 Wireshark 软件自身的 bug 所赐。此时，可使用其他抓包工具来定位问题。可访问 Wireshark 官网，报告该软件可能存在的 bug。

注 意

当 Wireshark 自称抓到了大把畸形数据包或通不过校验和检查的数据包时，问题极有可能出在 checksum offload 机制或 Wireshark 的协议解码器上面。对任何一个网络而言，穿梭于其中的数据包只要有 1%～2% 的“害群之马”（即具备 Error 事件特征的数据包），不但会导致事故频发（比如，会导致 TCP 重传），而且还会使得网速明显慢过预期。因此，只要网络用起来大致正常，Wireshark 是不可能抓到那么多真的害群之马的。

7.3.5 进阶阅读

- 第 8 章。

7.4 认识 Warning 事件

如前所述，当 Wireshark 在抓到的数据包中感知到了一般性问题时，便会通过 Expert Information 工具生成 Warning 事件信息，而所谓的一般性问题几乎都是应用程序问题或通信问题。本节会介绍什么是 Warnings 事件。

7.4.1 准备工作

运行 Wireshark 软件，先打开一个抓包文件（或双击一块网卡，开始抓包）。

7.4.2 操作方法

1. 点击抓包主窗口中 Analyze 菜单下的 Expert Information 菜单项，打开 Expert Information 窗口。

2. Warning 事件将会是默认出现在 Expert Information 窗口的事件列表中的第二种事件。若 Wireshark 在抓包文件中未识别出 Error 事件，则 Warning 事件会首先出现在 Expert Information 窗口的事件列表中。图 7.13 所示为 Wireshark 在抓包文件 CAP_07_04 中识别出的 Warning 事件。

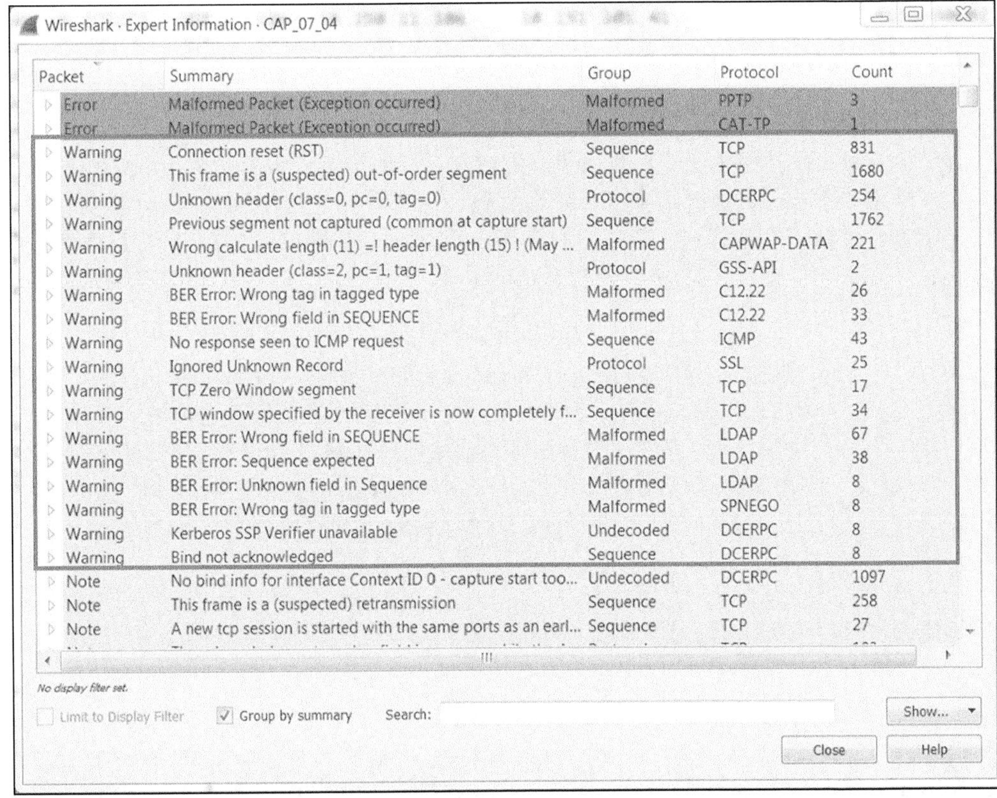

图 7.13

下面是对 Warnings 事件名下的几种常见子事件的简单介绍。

- 含 Reassembly 字样的子事件：大多是指 Wireshark 抓到了未能重组的数据包。一般而言，这都是 Wireshark 协议解析器问题。
- 与 TCP 窗口有关的两种子事件（在 Summary 一栏里含 Window 字样的子事件）：几乎都是指 Wireshark 感知到了网络中存在 TCP zero window 或 window full 问题。一般而言，都是建立 TCP 连接的端设备（客户端或服务器）忙不过来所致。
- 与重置 TCP 连接有关的子事件（在 Summary 一栏里含 Connection reset (RST)字样的子事件）：出现这种事件并不意味着网络故障。第 11 章会进一步地解释 TCP 重置机制。
- 与 TCP 报文段丢失有关的子事件（在 Summary 一栏里含 Previous segment not capture、Previous segment lost 以及 out of order segment 字样的子事件）：这几种子事件都属于 TCP 故障，将会在第 11 章讲解。

3．要想了解某种 Warning 事件的更多信息，请选中一个 Warning 事件，单击右键，在弹出的菜单中选择 Look Up 子菜单，执行百度（Google）查询。

7.4.3 幕后原理

Wireshark 能感知到抓包文件中数据包所具备的种种特征，举例如下。

- Wireshark 会关注数据包 TCP 头部中的窗口大小字段值，并会检测该字段值是否递减为 0，若是，便会通过 Expert Information 工具生成相关信息。
- Wireshark 能识别出 TCP 报文段是否在传输途中失序，若是，便会通过 Expert Information 工具生成相关信息；所谓失序是指 TCP 报文段未按发送主机发出的顺序到达接收主机。
- Wireshark 能感知到接收主机在通过 TCP 收到数据之后，是否做出了确认，若否，便会通过 Expert Information 工具生成相关信息。

凭借 Wireshark 所提供的以上信息，再结合其他信息，定能有效定位与 TCP 有关的故障。本书第 11 章会细述如何排除涉及 TCP 的故障。

7.4.4 拾遗补缺

请注意，Warning 事件只是 Wireshark 自认为不符合协议常规运作方式的非关键事件。比方说，以下两种 Warning 事件。

- TCP reset（TCP 重置）：TCP 重置事件虽然属于 TCP 协议运作的一部分，但终止 TCP 连接应采用常规的四次握手（TCP FIN），而不是 TCP 重置。因此，一旦发生 TCP reset 事件，既有可能是因为网络真的出了问题，也有可能是因为 TCP 应用程序的开发人员选择以 TCP 重置方式终止连接。

- TCP zero window（TCP 零窗口）：表示 TCP 接收主机缓存已满，无法通过 TCP 连接接收新的数据。图 7.13 还呈现了另外一种 TCP 协议 Sequence 类的 Warning 事件（Summary 一栏包含“TCP window specified by the receiver…”字样），这可能表示 TCP 连接的某个端点存在问题，但这仍属于 TCP 的一种运作方式[1]。

在图 7.13 所示的事件列表中，有些 Warning 事件的 Summary 一栏包含了“Unknown header”、“BER Error: Wrong tag in tagged type”等字样。Wireshark 之所以会通过 Expert Information 工具生成这些 Warning 事件，是因为从抓包文件中识别出了格式有误的数据包[2]。与各种 Error 事件一样，重要的是要理解 Warning 事件本身，而不应只关注其类别和颜色。

7.4.5 进阶阅读

- 第 8 章以及涉及协议的相关章节。

7.5 认识 Note 事件

如前所述，Wireshark 只要在抓包文件或抓到的数据包中，感知到或识别出可能会导致问题的异常现象（TCP 重传、重复确认以及快速重传等现象），便会通过 Expert Information 工具生成 Notes 事件信息。虽然这些异常现象可能会影响网络的性能（比如，影响网速），但有时也属于 TCP 的正常行为。

7.5.1 准备工作

运行 Wireshark 软件，打开一个抓包文件（或双击一块网卡，开始抓包）。

7.5.2 操作方法

1. 点击抓包主窗口中 Analyze 菜单下的 Expert Information 菜单项，打开 Expert Information 窗口。
2. Note 事件将会是默认出现在 Expert Information 窗口的事件列表中的第三种事件，如图 7.14 所示。

下面是对 Note 事件名下的几种常见子事件的简单介绍。

---

1 译者注：原文是“An indication to a slow end device on the connection; here we have another behavior of the protocol that can be due to a problem on one of the sides of the connection, but this is still how TCP works”，译文未按原文字面意思翻译。

2 译者注：原文是“Messages like unknown header, BER error: wrong tag in tagged type, and so on. These messages indicate that there are problems in the packet structure。

- TCP 重传、重复确认以及快速重传这三种子事件（即 Summary 一栏里包含 Retransmissions、fast retransmission、Duplicate ACK 字样的子事件）：通常都预示着网速慢、丢包或通过 TCP 传输数据的主机（应用程序）忙不过来。
- 与 TCP keep-alive 机制有关的子事件（即 Summary 一栏里含 keep-alive 字样的子事件）：通常预示着 TCP 或基于 TCP 的应用程序存在问题。
- 与 IP 数据包的生存时间有关的子事件（即 Summary 一栏里含 time to live 字样的子事件）：通常预示着路由问题。

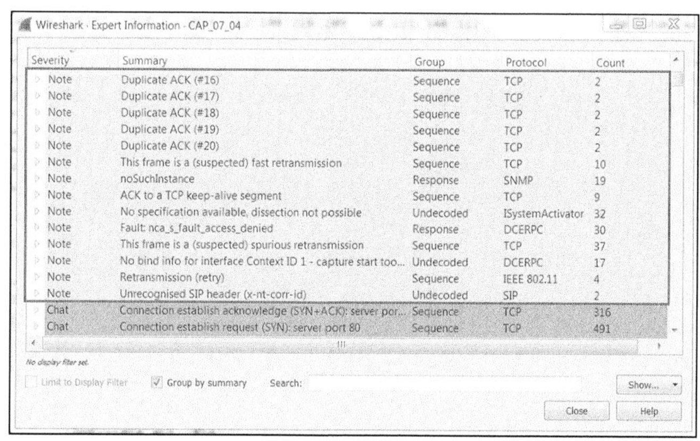

图 7.14

注 意

Note 事件名下的其他几类子事件将会在 TCP 和应用程序相关章节中讨论。

7.5.3 幕后原理

Wireshark 能感知到其所抓数据包的种种特征，举例如下。

- 对于 TCP 数据包，Wireshark 能通过检查其 TCP 头部中的序列号字段和确认号字段值，来发现并提示存在 TCP 重传或与 TCP 序列号有关的其他问题。
- 对于 IP 数据包，Wireshark 会检查其 IP 包头的 TTL 字段值，若该字段值为 1，便会发现并提示存在路由环路问题。
- Wireshark 还能识别出看起来正常但其实有问题的 TCP keep-alive 数据包。

凭借 Wireshark 所提供的以上信息，再结合其他信息，定能有效定位影响网络性能的故障。

7.5.4 拾遗补缺

本节介绍的 Note 事件名下的每一种子事件，并非是由固定的某一种类型的网络故障所导致。以 TCP 重传现象为例，这种现象既有可能是因为丢包错误所导致，也有可能是因为网络状况差（带宽低、延迟高）而引发的数据包未能按时到达所导致，还有可能是拜服务器或客户端停止响应所赐。Wireshark 能够通过 Expert Information 工具提示存在 TCP 重传这样的现象。至于如何定位原因及解决问题？请继续阅读本书。

7.5.5 进阶阅读

➢ 第 8 章以及涉及协议的相关章节。

第 8 章 Ethernet 和 LAN 交换

本章涵盖以下内容：

- 发现广播及错包风暴；
- 生成树协议分析；
- VLAN 及 VLAN tagging 问题分析。

8.1 简介

本章将关注如何发现并解决第 2 层网络故障，重点讲解 Ethernet 相关故障（比如，广播/多播风暴和错包风暴），以及如何定位故障之源头。此外，本章还会介绍几种第 2 层协议及技术（比如，生成树协议和 VLAN 技术）。

由于第 2 层故障会影响高层协议的运作，因此在解决网络故障时，只有先确保网络的第 2 层完好无损，才有继续排查第 3、4 层协议的必要性。比如，若在第 2 层存在丢包现象，则势必会导致 TCP（第 4 层协议）重传，但最终的表象将会是应用程序无法运行或运行缓慢。

8.2 发现广播和错包风暴

广播/多播及错包风暴应属通信网络中的最难解决的故障之一了。导致此类故障的原因有很多，比如，第 2 层环路、针对第 2 层的攻击、网络适配器（网卡）故障，或某款应用程序（某台主机上的某个服务）持续不断地在网络中发包等。本节会介绍几个发现、分类以及解决此类故障的秘诀。

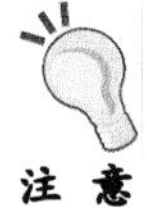
注 意

广播/多播风暴是指在网络中传播的广播包的数量每秒高达数千乃至数万。一般而言，广播风暴发生之日，便是网络瘫痪之时。

8.2.1 准备工作

当网络中发生了广播风暴，网管人员得到征召前去处理时，收到不外是“网速怎么这么慢呀”或“为什么××应用打不开了呀”之类的反馈。

要想精确定位故障原因，必须具备以下常识。

- 路由器是不会转发广播流量的。
- VLAN 之间也不会交换广播流量，每个 VLAN 都是一个单独的广播域，所以说一个 VLAN 也被称为一个广播域。
- 任何一台 LAN 交换机都不会转发错包（比如，CRC 校验检查失败的数据包、长度低于下限 64 字节的数据包等）。
- 除非做了特殊配置，否则 LAN 交换机必会转发多播流量。
- 只有开启多播路由功能的路由器（只有做了特殊配置的路由器）才会转发多播流量。
- 在每一个 Ethernet LAN 中，都会存在数量合理的广播数据包；若非如此，主机之间便不能正常通信。倘若广播数据包的数量过多，则反过来又会影响网络的正常运行。
- 交换机或路由器会把广播/多播流量转发至控制平面/CPU 进行处理，但前提是已经做过了配置，让这两种设备如此行事，或开启了交换机的 3 层功能。这可能会影响控制平面的正常运作（比如，会导致 OSPF 邻接关系不稳定）[1]。

注 意

广播包数量过多跟广播风暴完全是两码事。广播包过多（比如，每秒几百个）会加重网络的负担，但几乎不会降低用户对网络的使用体验，而广播风暴则会彻底导致网络瘫痪。应弄清网络在正常运作时广播包的占比情况，并为此设定一个基准值，排障期间可拿该基准值作为参考。

8.2.2 操作方法

要查明导致广播或错包风暴的原因，请按以下步骤行事。

1　译者注：原文是 Broadcasts/multicasts are forwarded to the control plane/CPU of the switch or router, if it is configured to do so or enabled with layer 3 capabilities. This may result in control plane instability (for example, OSPF adjacency flaps)”。

1. 因为最先感觉出网络慢或断网的肯定是用户，所以应首先向他们咨询以下问题。

    - 是总部的网络有问题，还是某个分支机构的网络有问题？
    - 是整个网络有问题，还是某个 VLAN 有问题？
    - 是整个公司（办公楼）的网络有问题，还是某一层楼的网络有问题？

    当然，在询问用户的时候可千万不要使用 VLAN 这样的专业词汇，用户可不懂网络。应该这么问：是贵部门内部使用的某些应用程序有问题，还是整个公司的所有应用程序使用起来都有问题？这么问的目的是确定网络故障的影响范围。

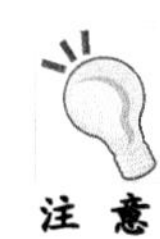

在一个组织机构的网络中，VLAN 通常都基于每个（或若干）部门、每个（或若干）地理区域、每个（或若干）行政职能单位来划分。比如，既可以把整个人力资源部或财务部的 PC 划入一个 VLAN，也可以把运行同一套业务软件的 PC 划入一个 VLAN。这样一来，只要问一下某个部门的某位员工，或使用某款业务软件的某位操作人员，就能够缩小排障范围了。

2. 第二个问题应该比较好问：是所有联网应用程序都不能用了呢，还是用起来卡得要命？若发生了广播风暴，网络会变得非常之卡，一般的联网应用程序都将完全不能使用。到了如此田地，网管人员应扪心自问：

    - 是生成树问题吗？
    - 是某台设备触发了广播风暴吗？
    - 是路由环路问题吗（第 10 章将深入探讨环路问题问题）？

    经常有人问作者：“网络中广播包的数量达到多少才算是过多呢？”

该问题的答案不止一个，要取决于网络设备的配置、网络设备所运行的协议，以及网络中主机的数量。

在一个运转正常的网络中，每台设备每分钟制造 1～2 个广播包（最多不超过 4～5 个）应算是合理。比如，若网络中每个 VLAN 内有 100 台设备，则每秒广播包的数量最多不应超过 9～10 个（5 个广播包×100 台设备/60 秒）。倘若真的超过了这一数字，只要每秒数不过千，并且网管人员知道广播包的出处，也不能说网络存在问题。

1. 生成树问题

只要生成树协议发生故障，那么充斥于网络中的广播包的数量将会达到每秒数千甚至上万（生成树协议的运作方式，以及因其故障而导致广播风暴的原因请见下一节）。此时，用来抓包的 Wireshark 软件，甚至连安装 Wireshark 的主机，可能都会卡死。为了隔离故障（要让网络在第 2 层无环），应关掉 Wireshark，立刻找到并拔掉多插的那根网线（光纤）。然后，需登录交换机，检查 STP 相关配置，查看 STP 的运行状态及日志输出。

2. 某台设备（主机）触发了广播风暴

当广播风暴是由某台设备（主机）所引起时，通常具有以下典型特征。

- 广播包速率极高（数千甚至上万个/秒）[1]。
- 在绝大多数情况下，广播包都发源于单一源头，但在遭到攻击时除外（当网络遭受攻击时，广播包可能来源于多处）。
- 广播包速率恒定，亦即 Wireshark 所抓广播数据帧之间的时间间隔几乎完全相等。

现在，将以图 8.1 至图 8.3 为例，来讲解如何根据上述三大典型特征去定位由某台主机所触发的广播风暴。

由图 8.1 可知，Wireshark 抓到了大把广播包，广播包的源 MAC 地址都一模一样（归一块 HP 网卡所有），目的 MAC 地址自然是 ff:ff:ff:ff:ff:ff。

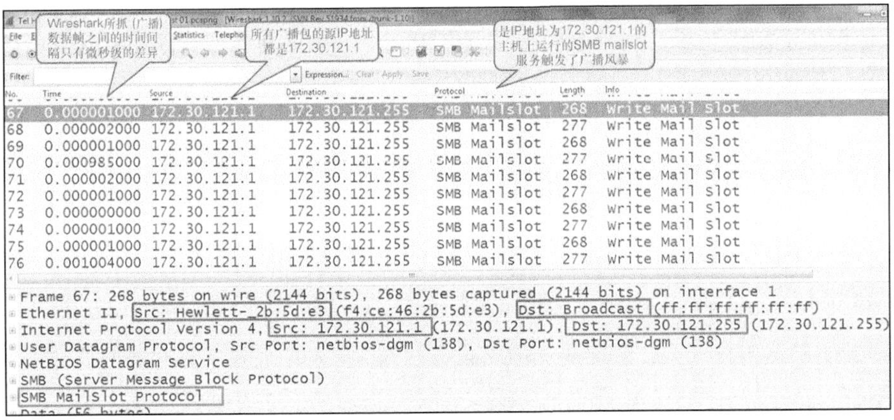
Wireshark所抓（广播）数据帧之间的时间间隔只有微秒级的差异
所有广播包的源IP地址都是172.30.121.1
是IP地址为172.30.121.1的主机上运行的SMB mailslot服务触发了广播风暴
No. Time Source Destination Protocol Length Info
67 0.000001000 172.30.121.1 172.30.121.255 SMB Mailslot 268 Write Mail Slot
68 0.000002000 172.30.121.1 172.30.121.255 SMB Mailslot 277 Write Mail Slot
69 0.000001000 172.30.121.1 172.30.121.255 SMB Mailslot 268 Write Mail Slot
70 0.000985000 172.30.121.1 172.30.121.255 SMB Mailslot 277 Write Mail Slot
71 0.000002000 172.30.121.1 172.30.121.255 SMB Mailslot 268 Write Mail Slot
72 0.000001000 172.30.121.1 172.30.121.255 SMB Mailslot 277 Write Mail Slot
73 0.000000000 172.30.121.1 172.30.121.255 SMB Mailslot 268 Write Mail Slot
74 0.000001000 172.30.121.1 172.30.121.255 SMB Mailslot 277 Write Mail Slot
75 0.000001000 172.30.121.1 172.30.121.255 SMB Mailslot 268 Write Mail Slot
76 0.001004000 172.30.121.1 172.30.121.255 SMB Mailslot 277 Write Mail Slot
Frame 67: 268 bytes on wire (2144 bits), 268 bytes captured (2144 bits) on interface 1
Ethernet II, Src: Hewlett-_2b:5d:e3 (f4:ce:46:2b:5d:e3), Dst: Broadcast (ff:ff:ff:ff:ff:ff)
Internet Protocol Version 4, Src: 172.30.121.1 (172.30.121.1), Dst: 172.30.121.255 (172.30.121.255)
User Datagram Protocol, Src Port: netbios-dgm (138), Dst Port: netbios-dgm (138)
NetBIOS Datagram Service
SMB (Server Message Block Protocol)
SMB MailSlot Protocol

图 8.1　广播包泛滥

图 8.1 所示抓包主窗口 Time 属性栏所启用的时间格式是"当前帧与 Wireshark 所显示出的上一帧之间的接收时间间隔（单位为秒）"（seconds since the previous displayed packet）。可在抓包主窗口的 View 菜单的 Time Display Format 菜单项下，选择数据包在 Time 属性栏里所呈现的时间格式。

1　译者注：原文是 "Significant number of broadcasts per second (thousands and more)"。其实，其他原因所导致的广播风暴也有这样的特征。

图 8.2[1]所示为通过 Wireshark IO Graphs 工具所生成的图形，由图可知，目的 MAC 地址为 ff:ff:ff:ff:ff:ff 的广播包的速率已经高达 5000 个/秒。

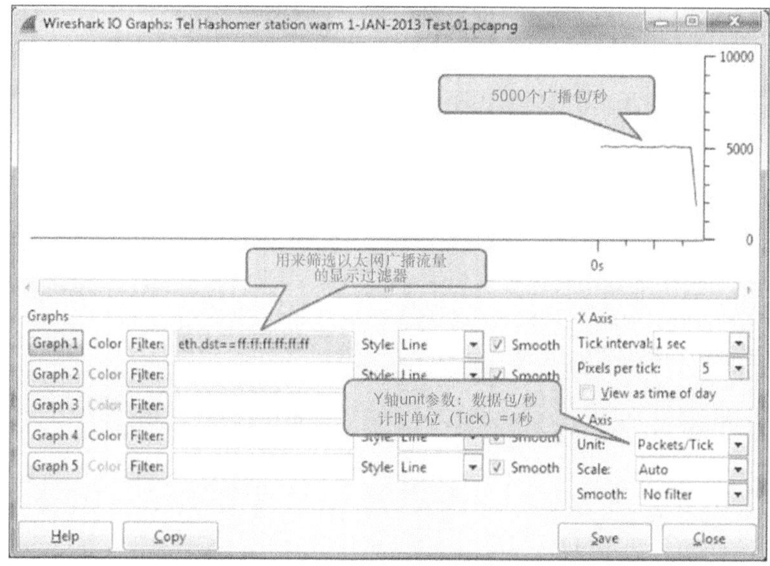

图 8.2　广播包泛滥：IO Graphs 工具生成的图形

图 8.3 所示为由 Statistics 菜单名下的 Conversations 工具生成的 Conversations 窗口。借此窗口，可以观看到设备之间发生的以太网、IPv4、TCP/UDP 对话。通过该窗口中 Ethernet 或 IPv4 标签栏内的信息都可以看出，网络中充斥着大量的广播数据包（只用了 18 秒就抓到了 87142 个源 MAC 地址和源 IP 地址都相同的广播包）。

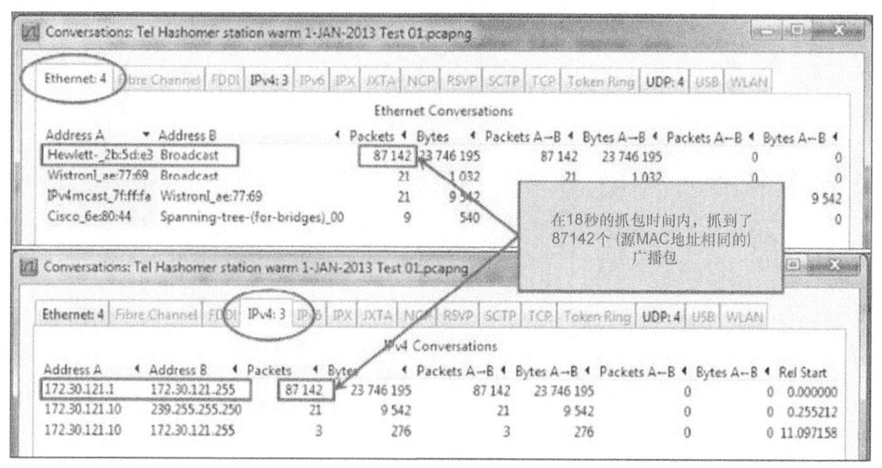

图 8.3　广播包泛滥：Conversations 工具生成的 Conversations 窗口

1　译者注：本书明明是介绍 Wireshark 第 2 版，但是第 8 章的这几幅图还是基于 Wireshark 第 1 版。

对于本例，导致广播风暴的罪魁祸首是一个叫做 SMB Mailslot 的服务。在 MAC 地址和 IP 地址已知的情况下，应该很快就能找到那台发送广播包的主机。只要仔细检查该主机，禁用运行于其上的 SMB Mailslot 服务，便可以解决广播风暴问题了。

注 意

在禁用生产网络内任何一台主机上的某个服务（特别是隶属于主机操作系统的服务）之前，应再三斟酌。在禁用之后，要等主机或网络稳定运行一段时间之后，才能离开。

排障动作执行完毕后，建议再用 Wireshark 抓包，来验证广播风暴是否消失。

3. 有时间规律可循的广播风暴

还有一种广播风暴，发作起来极有规律（比如，每隔固定的时间便发作一次），请看图 8.4。

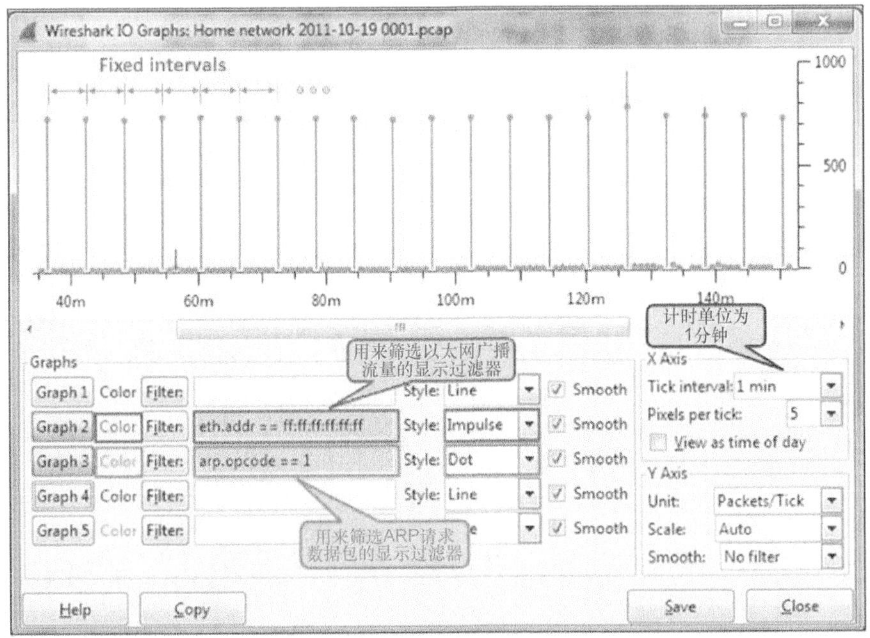

图 8.4 发作起来极有规律的广播风暴

由图 8.4 可知，在 IO Graphs 工具所生成的图形中，X 轴参数计时单位（Tick interval）被设成了 1 分钟，此外，还针对 Graph 2 和 Graph 3 分别应用了下面这两个显示过滤器。

- 针对 Graph 2（所生成的图形颜色为红色，形状为脉冲[impulse]）应用了显示过滤器 eth.addr == ff:ff:ff:ff:ff:ff，意在筛选出所有以太网广播数据包。

➢ 针对 Graph 3（所生成的图形颜色为绿色，形状为点状[dot]）应用了显示过滤器 arp.opcode ==1，意在筛选出所有 ARP 请求数据包。

通过 IO Graphs 窗口的图形显示区域中的红、绿两种图形，可以很容易地看出，ARP 请求数据包每隔 5 分钟就要来一次大规模喷发。只要点一下图形显示区域中任一绿色“小点”，就能在抓包主窗口的数据包列表区域定位到相应的 ARP 请求数据包。

图 8.5 所示为每 5 分钟喷发一次的 ARP 请求流量在 Wireshark 抓包主窗口数据包列表区域里的样子。

Home network 2011-10-19 0001.pcap [Wireshark 1.10.2 (SVN Rev 51934 from /trunk-1.10)]

File Edit View Go Capture Analyze Statistics Telephony Tools Internals Help

Filter: Expression... Clear Apply Save

D-Link设备的MAC地址

No.	Time	Source	Destination	Protocol	Length	Info
55656	50	D-LinkIn_f4:7b:a2	Broadcast	ARP	42	Who has 10.0.0.13? Tell 10.0.0.138
55657	50	D-LinkIn_f4:7b:a2	Broadcast	ARP	42	Who has 10.0.0.14? Tell 10.0.0.138
55658	5065.3932	D-LinkIn_f4:7b:a2	Broadcast	ARP	42	Who has 10.0.0.15? Tell 10.0.0.138
55659	5065.394140	D-LinkIn_f4:7b:a2	Broadcast	ARP	42	Who has 10.0.0.16? Tell 10.0.0.138
55660	5065.400402	D-LinkIn_f4:7b:a2	Broadcast	ARP	42	Who has 10.0.0.17? Tell 10.0.0.138
55661	5065.415423	D-LinkIn_f4:7b:a2	Broadcast	ARP	42	Who has 10.0.0.18? Tell 10.0.0.138
55662	5065.430599	D-LinkIn_f4:7b:a2	Broadcast	ARP	42	Who has 10.0.0.19? Tell 10.0.0.138
55663	5065.445484	D-LinkIn_f4:7b:a2	Broadcast	ARP	42	Who has 10.0.0.20? Tell 10.0.0.138
55664	5065.460512	D-LinkIn_f4:7b:a2	Broadcast	ARP	42	Who has 10.0.0.21? Tell 10.0.0.138
55665	5065.475497	D-LinkIn_f4:7b:a2	Broadcast	ARP	42	Who has 10.0.0.22? Tell 10.0.0.138
55666	5065.490491	D-LinkIn_f4:7b:a2	Broadcast	ARP	42	Who has 10.0.0.23? Tell 10.0.0.138
55667	5065.594474	D-LinkIn_f4:7b:a2	Broadcast	ARP	42	Who has 10.0.0.24? Tell 10.0.0.138
55668	5065.595355	D-LinkIn_f4:7b:a2	Broadcast	ARP	42	Who has 10.0.0.25? Tell 10.0.0.138
55669	5065.596241	D-LinkIn_f4:7b:a2	Broadcast	ARP	42	Who has 10.0.0.26? Tell 10.0.0.138

图 8.5　ARP 扫描

由图 8.5 可知，所谓 ARP 请求流量定期喷发问题，是因一台 D-Link 路由器扫描内网所致。这台路由器的上述举动是好是坏还不好判断，熟知网络内运行的各种网络设备的习性，在任何情况下都不是坏事。

8.2.3 幕后原理

在以太网内，第 3 层 IP 广播包在传播之前会被先封装为第 2 层以太网帧。对于设有 IPv4 地址的设备所发出的每一个 IP 广播包（其目的 IP 地址为子网广播地址，详见第 10 章），封装其的以太网帧的目的 MAC 地址必定为全 F（十六进制）。

以下所列为在 IP 网络中常见的几种广播包。

➢ 支撑 TCP/IP 协议正常运行的广播包，比如，ARP 请求数据包、DHCP 请求数据包等。

➢ 某些应用层协议生成的广播包，比如，NetBIOS 名字服务（NetBIOS Name Service，NBNS）查询数据包、NetBIOS 服务器消息（NetBIOS Server Message Block，SMB）通告数据包，以及网络时间协议（Network Time Protocol，NTP）数据包等。

- 某些应用程序（比如，Dropbox、Microsoft Network Load Balancing 或某些证券期货类行情应用）也会生成广播包。

IPv6 只分单播、多播和任播，并无广播一说。因此，IPv6 协议要依靠多播来行使 IPv4 协议通过广播来完成的诸多功能，比如，邻居发现功能（相当于 IPv4 的地址解析功能）、地址自动分配功能（DHCP）。与此有关的内容将在本书后文介绍。

8.2.4 拾遗补缺

在作者处理过的众多案例里，经常会碰到同一个问题，那就是如何配置 LAN 交换机上的多播/广播风暴控制特性（在 Cisco 交换机上，要通过 storm-control broadcast/multicast level 命令来激活该特性）。据作者所知，有很多人在配置多播/广播风暴控制特性时，都会把广播（或多播）数据包的速率配置为 50、100 或 200 个/秒，但如此配置，考虑的还不够全面。只要在网络中部署了基于广播（或多播）的应用程序，广播（或多播）包的流动速率将会超过上述配置值。这样一来，必将导致交换机向网管系统发送 trap 消息，甚至会自动 shutdown 多播数据包速率超限的端口。交换机到底会如何行事，则要视其多播/广播风暴特性的配置参数来决定（Cisco 交换机依靠 storm-control action{shutdown | trap}命令来决定是发送 trap 消息，还是 shutdown 相关端口）。

其实，只要把广播（或多播）数据包的速率阈值指定的再高一点就可以规避上述问题了。当广播风暴来临时，网络中广播包的速率将会接近每秒上万。因此，把广播（或多播）数据包的速率阈值设置为每秒 1000～2000，则既可以起到安全防护的目的，也不会对常规的网络操作造成任何影响。

要是读者不习惯把广播（或多播）数据包的速率阈值指定的过高，那就应该对网络流量进行审计，以获悉末端工作站在使用网络的高峰期发出的广播流量的速率，并将这一速率（可适当提高）设置为阈值。

8.2.5 进阶阅读

- 与 IPv4 有关的内容，详见本书第 10 章。

8.3 生成树协议故障分析

读者应该都和生成树协议（STP）打过交道，最起码也听说过这种协议。作者之所以给本节冠以“生成树协议故障分析”之名，是因为该协议有以下三种主要版本。

- **（常规的）生成树协议（Spanning Tree Protocol，STP）**：基于 1998 年颁布的 IEEE 802.1D 标准（亦称 802.1D-1998）。
- **快速生成树协议（Rapid Spanning Tree Protocol，RSTP）**：基于 2001 年颁布的 IEEE 802.1W 标准，后被追加至 802.1D 标准（亦称 802.1D-2004）。

- 多生成树（**Multiple Spanning Tree，MST**）：最初定义于 IEEE 802.1S 标准，后来并入了 IEEE 802.1Q 标准。

除以上列出的 3 个 STP 版本之外，Cisco 及其他网络设备厂商也开发出了几个 STP 的私有版本。本节将聚焦于 STP 标准版本 STP/RSTP/MST，重点关注如何排除与此有关的故障。

8.3.1 分析准备

查明 STP 故障的最佳途径就是登录 LAN 交换机，执行 LAN 交换机厂商的相关命令（比如，Cisco IOS 或 JUNOS 命令）去发现并解决故障。若在 LAN 交换机上启用了 SNMP 功能，则网管控制台会收到与 STP 有关的 SNMP trap 信息，除非因 STP 故障导致交换机与网管系统之间失去联系。

本节的主旨是如何利用 Wireshark 来协助排除 STP 故障，尽管并不建议在 STP 故障发生之初就立刻动用 Wireshark。请打开笔记本，启动 Wireshark，开始在 LAN 里抓包吧。

8.3.2 分析方法

要解决 STP 故障，先得回答网络中与 STP 有关的以下两个问题。

- 网络中运行的是哪个版本的 STP？
- 在故障显现的同时，发生过任何网络拓扑变更事件吗？

1. 网络中运行的是哪个版本的 STP

通过对网桥协议数据单元（Bridge Protocol Data Unit，BPDU）的解析，Wireshark 能识别出网络中运行的是哪个版本的 STP。BPDU 是一种在开启 STP 功能的交换机之间传递的信令帧，以（第 2 层）多播方式发送。

运行 STP 的交换机会发出以下两个版本的 BPDU：

- 运行常规 STP 的交换机会发出协议版本 ID 字段值为 0 的 BPDU；
- 运行 RSTP/MST 的交换机会发出协议版本 ID 字段值为 3 的 BPDU。

注 意

在定义 STP 的相关标准文档中，根本就没有出现过 switch（交换机）这样的字眼，只能看见 bridge（网桥）或 multiport bridge（多口网桥）之类的同义词。本书会交替使用网桥和交换机这两个术语。

2. 发生过多次网络拓扑变更事件吗

解决 STP 故障时，应重点关注网络中是否多次发生拓扑变更事件。对 STP 而言，网络拓扑发生变动也属正常，但若发生的次数太多，则会对网络性能产生影响，因为这会让交换机老化 MAC，进而导致单播帧的泛洪。

典型的拓扑变更事件包括 LAN 链路中断、LAN 内有新交换机上线运行等。图 8.6 所示为 Wireshark 抓到的表示发生拓扑变更事件的 BPDU。

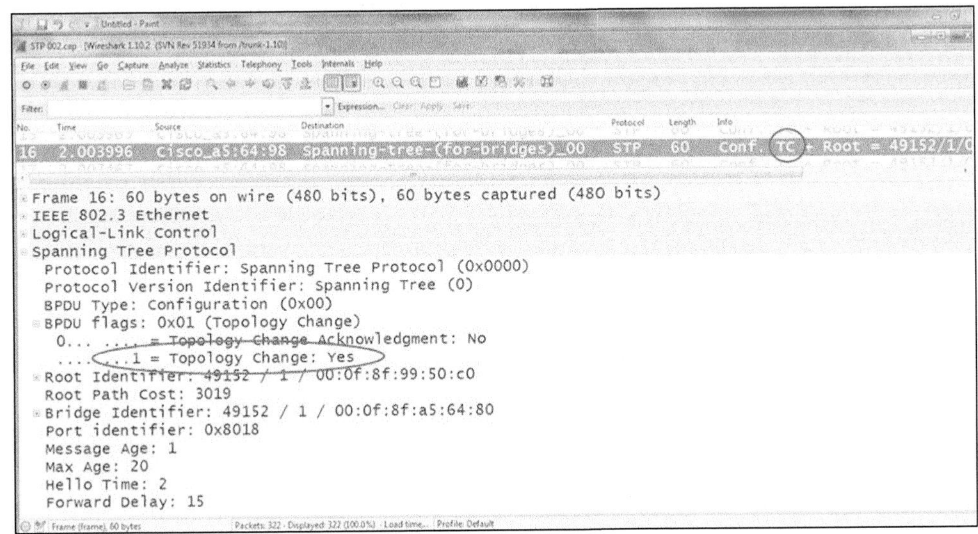

图 8.6　STP：拓扑变更

若 Wireshark 感知出超多的网络拓扑变更事件（一般都是由用户频繁开关 PC 所引起），请登录 LAN 交换机，在用来直连主机（不支持 STP 的设备）的端口上激活 portfast（速端口）特性（Cisco 交换机的私有特性，其他网络设备厂商也有类似特性，其具体称谓请查阅各厂商的随机文档）。

注　意

对于运行常规 STP（IEEE 802.1D）的 Cisco 交换机而言，主机一旦接入，须坐等约 1 分钟，才能开始正常收发数据包。在此期间，该主机将无法与任何其他网络设备通信。为防止此类情况的发生，Cisco 交换机支持一种名叫 portfast 的特性，只要在直连主机的交换机端口上激活该特性，主机在正常收发数据之前将只需稍等片刻（通常为 8～10 秒）。

倘若在执行上述操作之后，网络拓扑变更事件依旧持续发生，那就需要开展更深层次的排障工作。请注意，虽然 Wireshark 感知出的网络拓扑变更事件都是由直连末端工作站的交换机端口所引发，但也有可能是因两台交换机之间的互连链路翻动（Up/Down）所致。

8.3.3 幕后原理

开发生成树协议的目的，是要确保 LAN 中不产生第 2 层环路。若用多条链路把两台或两台以上的交换机连在一起，LAN 中将会产生环路，如图 8.7 所示。

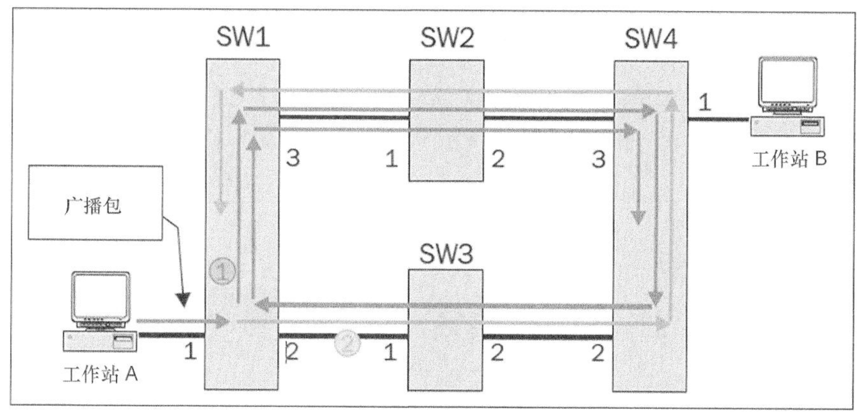

图 8.7　生成树协议：环路如何创建

现在来看一下 LAN 中的广播风暴是如何因环路而起的。

- 工作站 A 把一广播包发送进 LAN。这一广播包可以是 ARP 帧、NetBIOS 数据包或其他任何目的 MAC 地址（十六进制）为全 F 的以太网帧。
- 由于交换机会向除接收端口以外的所有端口转发广播包，因此从端口 1 收到广播包之后，SW1 会从端口 2、3 外发。
- 收到广播包之后，SW2 和 SW3 会分别通过各自的端口 2 外发给 SW4。
- SW4 会把从端口 2 和端口 3 收到的广播包，再分别从端口 3 和端口 2 外发。
- 现在，便诞生了 2 个一模一样、无限循环的广播包，广播包的发源地 SW1 上的端口 3 和端口 2 也将会分别收到一个。
- SW1 会再次从端口 3 和端口 2 外发，其余交换机也会无止境地复制广播包，成千上万个广播包很快会封锁整个 LAN。当然，到底有多快，则要取决于那几台交换机的转发速度。

启用了生成树协议的交换机之间会在逻辑层面自动构建树状拓扑（无环拓扑），从而能起到预防环路的效果。也就是说，交换机之间势必会有被生成树协议阻断的冗余链路，若在用链路故障，生成树协议也能感知得到，会自动让交换机激活先前被阻断的冗余链路。

图 8.8 所示为在一个交换机之间冗余链路多多的 LAN 内，STP 是怎样创建树状拓扑结

构的。

运行 STP 的 LAN 交换机之间会以多播方式互发一种称为 BPDU 的信令帧。由图 8.9 可知，PBDU 的目的 MAC 地址为以太网多播地址，源 MAC 地址为生成其的 LAN 交换机的 MAC 地址。

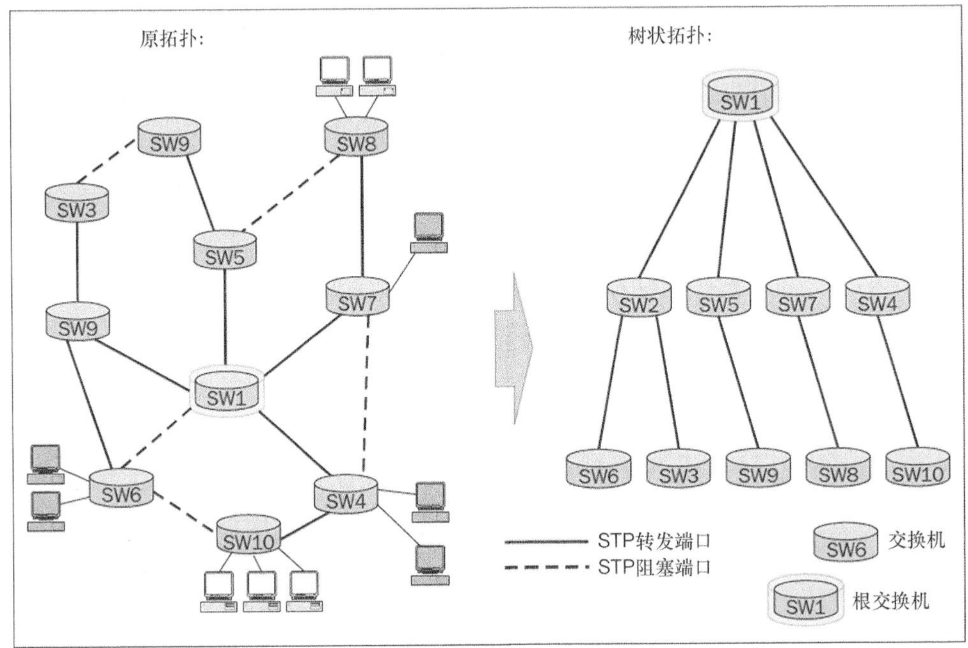

图 8.8　生成树：原拓扑 Vs.树状拓扑

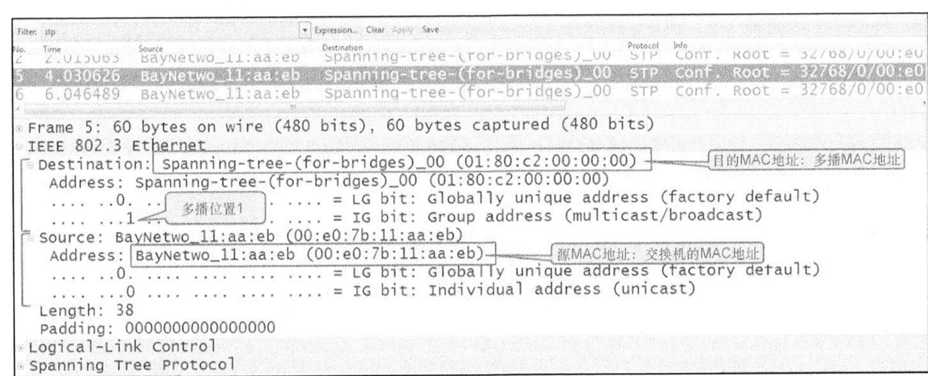

图 8.9　BPDU 的源和目的 MAC 地址

BPDU 会封装在 802.3 Ethernet 帧内发送，其格式（即配置 BPDU 的格式）如图 8.10 所示。

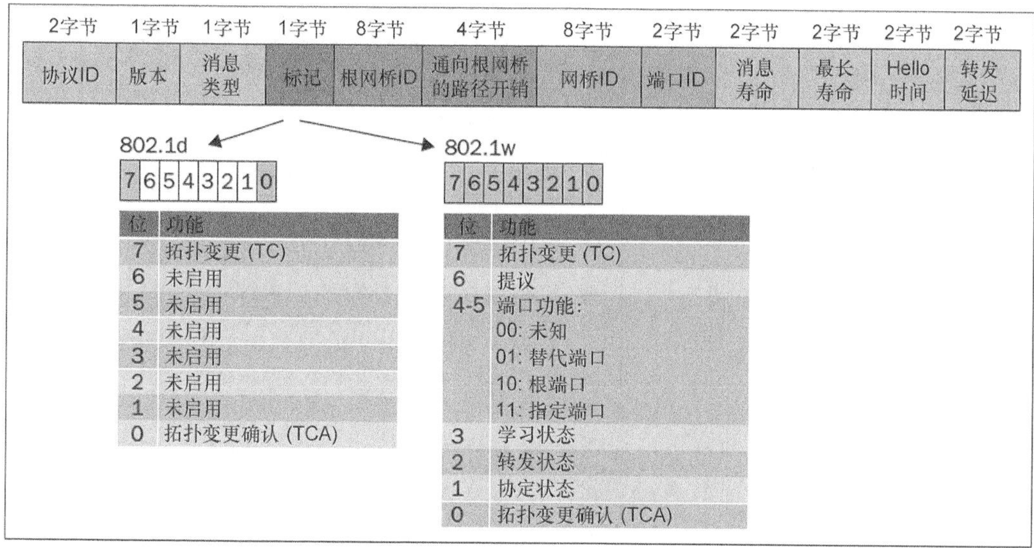

图 8.10 生成树 BPDU 以太网帧的格式

对 BPDU 帧的各个字段的解释请见表 8.1。

表 8.1

字段名	长度（单位为字节）	描述	值	Wireshark 中引用该字段的显示过滤参数
协议 ID	2	协议标识符	始终为 0	stp.protocol
版本	1	STP 的版本	常规 STP = 0 RSTP = 2 MST = 3	stp.version
消息类型	1	BPDU 的类型	常规 STP = 0 RSTP = 2 MST = 2	stp.type
标记	1	协议标记	详见图 8.10	stp.flags
根网桥 ID	8	根网桥的标识符，由根网桥优先级和根网桥的硬件（MAC）地址构成	根网桥的优先级值 + 根网桥的 MAC 地址	stp.root.prio stp.root.ext stp.root.hw
通向根网桥的路径开销	4	将数据帧转发至根网桥的成本	其值由 STP 计算而得。在根网桥发出的 BPDU 中，该字段值为 0	stp.root.cost
网桥 ID	8	发出本 BPDU 的网桥标识符，由该网桥的优先级值和硬件（MAC）地址构成	发出本 BPDU 的网桥的优先级值+网桥的 MAC 地址	stp.bridge.prio stp.bridge.ext stp.bridge.hw

续表

字段名	长度（单位为字节）	描述	值	Wireshark 中引用该字段的显示过滤参数
端口 ID	2	端口标识符	发出本 BPDU 的交换机端口的标识符	stp.port
消息寿命	2	根据当前 BPDU“判断”出的由根网桥生成的“原始”BPDU 的寿命	由根网桥生成的每个 BPDU 的消息寿命字段值都是 0，BPDU 只要被其他网桥中继转发一次，消息寿命字段值都会加 1	stp.msg_age
最长寿命	2	BPDU 自被根网桥生成之时起，可在网络中“存活”的最长时间	通常=20	stp.max_age
Hello 时间	2	网桥定期发送 BPDU 的间隔时间	通常=2 秒	stp.hello
转发延迟	2	交换机端口在侦听和学习状态逗留的时间	通常=15 秒	stp.forward

若让网络中的交换机运行 MSTP，则相应的 BPDU 帧里势必会包含更多的内容，以承载与 MSTP 有关的参数。

端口状态

对运行常规 STP 的交换机而言，其端口会呈以下几种 STP 状态。

- **禁用（Disabled）**：处于该状态下的交换机端口既不会转发任何数据帧，也不会侦听 BPDU。
- **阻塞（Blocking）**：处于该状态下的交换机端口不会转发任何数据帧，但会侦听 BPDU。
- **侦听（Listening）**：处于该状态下的交换机端口只能收发 BPDU，既不能转发数据帧，也不能获悉其 MAC 地址。
- **学习（Learning）**：处于该状态下的交换机端口虽然不能转发数据帧，但可解析收到的数据帧，且能根据获悉到的 MAC 地址构建 MAC 地址表。
- **转发（Forwarding）**：处于该状态下的交换端口能正常收发 BPDU，能正常学习并构建 MAC 地址表，自然也能正常转发数据帧。

将设备接入 LAN 交换机时，交换机端口的 STP 状态会经历以下变迁。

- 从禁用状态变迁至侦听状态，要花 20 秒的时间。
- 从侦听状态变迁至学习状态，要花 15 秒的时间。
- 从学习状态变迁至转发状态，要花 15 秒的时间。

对运行 RSTP/MSTP 的交换机而言，其端口会呈以下几种 STP 状态。

- **丢弃（Discarding）**：处于该状态下的交换机端口会丢弃所有数据帧。
- **学习（Learning）**：处于该状态下的交换机端口不能转发数据帧，但可解析收到的数据帧，且能根据获悉到的 MAC 地址构建 MAC 地址表。
- **转发（Forwarding）**：处于该状态下的交换端口能正常收、发 BPDU，能正常构建 MAC 地址表，自然也正常转发数据帧。

运行 RSTP/MSTP 的 LAN 交换机的端口从丢弃状态过渡到转发状态一般只需短短几秒，具体时长要视 LAN 的拓扑结构和复杂程度而定。

8.3.4 拾遗补缺

排除 STP 故障时，最好是直接登录 LAN 交换机查看其日志。要是在网络中还部署有基于 SNMP 的网管系统，通过观察并分析 LAN 交换机发送的 SNMP trap 信息，也会对故障排除有所帮助。

接下来，将以三个 STP 版本的 BPDU 帧为例，让读者熟悉 BPDU 帧的某些重要字段。

图 8.11 所示为运行常规 STP 的交换机发出的 BPDU。通过该 BPDU 的源 MAC 地址字段值，可判断出 BPDU 发送交换机为一台 Nortel 交换机；通过根网桥 ID 字段值和网桥 ID 字段值（两个字段里包含的 MAC 地址一模一样），可判断出那台 Nortel 交换机就是 LAN 中的根交换机；通过端口 ID 字段值（0x8003），可判断出是那台 Nortel 交换机上编号为 3 的端口发出了该 BPDU。

图 8.12 所示为 RSTP 的 BPDU 帧。通过协议 ID 字段值（2），可判断出该 BPDU 由运行 RSTP 的交换机发出；通过标记字段值（0x3c，即 2、3、4、5 位置 1），可判断出发出该 BPDU 的交换机端口为 STP 指定端口。

图 8.13 所示为运行 MSTP 的交换机发出的 BPDU 帧。由图可知，在标准 BPDU 的常规信息之后还附着了 MST 扩展信息。

```
No.  Time       Source            Destination       Protocol  Info
4    1.999919   Nortel_43:44:00   Spanning-tree-STP           Conf. Root = 32768/0/00:1d:42:43:44:00

Frame 4: 60 bytes on wire (480 bits), 60 bytes captured (480 bits)
IEEE 802.3 Ethernet
  Destination: Spanning-tree-(for-bridges)_00 (01:80:c2:00:00:00)
  Source: Nortel_43:44:00 (00:1d:42:43:44:00)
  Length: 38
  Padding: 0000000000000000
Logical-Link Control
Spanning Tree Protocol
  Protocol Identifier: Spanning Tree Protocol (0x0000)
  Protocol Version Identifier: Spanning Tree (0)
  BPDU Type: Configuration (0x00)
  BPDU flags: 0x00
  Root Identifier: 32768 / 0 / 00:1d:42:43:44:00
  Root Path Cost: 0
  Bridge Identifier: 32768 / 0 / 00:1d:42:43:44:00
  Port identifier: 0x8003
  Message Age: 0
  Max Age: 20
  Hello Time: 2
  Forward Delay: 15
```

发出该BPDU的交换机的MAC地址

根网桥ID字段值和网桥ID字段值相同，通往根网桥的路径开销为0

端口ID字段值

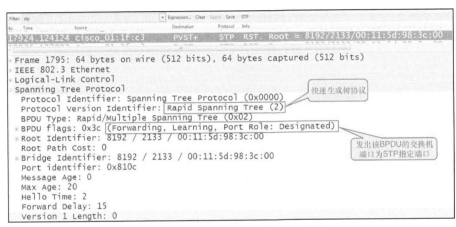

图 8.11　STP 根交换机发出的生成树 BPDU 帧

```
Filter: stp                     Expression... Clear Apply Save STP
No.  Time              Source          Destination  Protocol  Info
17924.124124       Cisco_01:1f:c3      PVST+        STP       RST. Root = 8192/2133/00:11:5d:98:3c:00

Frame 1795: 64 bytes on wire (512 bits), 64 bytes captured (512 bits)
IEEE 802.3 Ethernet
Logical-Link Control
Spanning Tree Protocol
  Protocol Identifier: Spanning Tree Protocol (0x0000)
  Protocol Version Identifier: Rapid Spanning Tree (2)
  BPDU Type: Rapid/Multiple Spanning Tree (0x02)
  BPDU flags: 0x3c (Forwarding, Learning, Port Role: Designated)
  Root Identifier: 8192 / 2133 / 00:11:5d:98:3c:00
  Root Path Cost: 0
  Bridge Identifier: 8192 / 2133 / 00:11:5d:98:3c:00
  Port identifier: 0x810c
  Message Age: 0
  Max Age: 20
  Hello Time: 2
  Forward Delay: 15
  Version 1 Length: 0
```

快速生成树协议

发出该BPDU的交换机端口为STP指定端口

图 8.12　生成树 BPDU 帧包含的重要信息

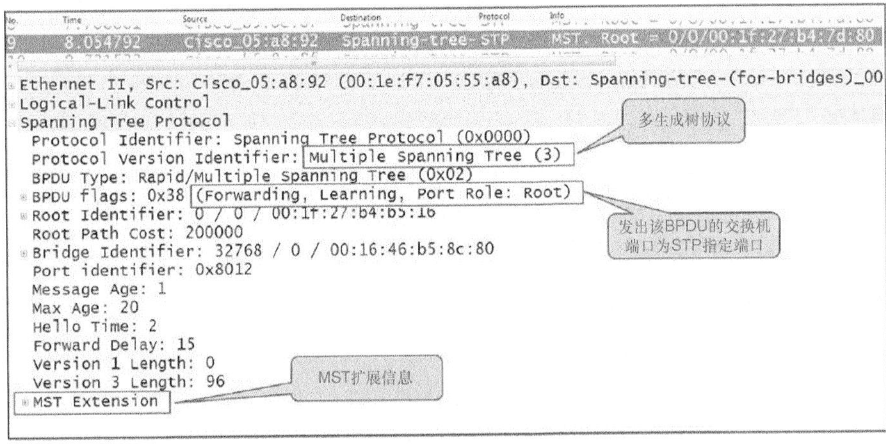

```
No.  Time       Source            Destination        Protocol  Info
9    8.054792   Cisco_05:a8:92    Spanning-tree-STP            MST. Root = 0/0/00:1f:27:b4:7d:80

Ethernet II, Src: Cisco_05:a8:92 (00:1e:f7:05:55:a8), Dst: Spanning-tree-(for-bridges)_00
Logical-Link Control
Spanning Tree Protocol
  Protocol Identifier: Spanning Tree Protocol (0x0000)
  Protocol Version Identifier: Multiple Spanning Tree (3)
  BPDU Type: Rapid/Multiple Spanning Tree (0x02)
  BPDU flags: 0x38 (Forwarding, Learning, Port Role: Root)
  Root Identifier: 0 / 0 / 00:1f:27:b4:b5:16
  Root Path Cost: 200000
  Bridge Identifier: 32768 / 0 / 00:16:46:b5:8c:80
  Port identifier: 0x8012
  Message Age: 1
  Max Age: 20
  Hello Time: 2
  Forward Delay: 15
  Version 1 Length: 0
  Version 3 Length: 96
MST Extension
```


图 8.13　包含扩展信息的 MST BPDU 帧

8.4 VLAN 和 VLAN tagging 故障分析

VLAN（Virtual LAN）是一项以虚拟的方式分割一台物理交换机的技术，其目的是用一台物理交换机虚拟出多个相互隔离的 LAN，虚拟 LAN 中的“虚拟”一词也正是来源于此。本节会介绍 VLAN 流量的监控方法。

本节的目的是要让读者掌握如何通过 Wireshark 来分析与 VLAN 有关故障。当然，解决相关故障的最直接的方法则是登录交换机，执行相关排障或修复命令。

8.4.1 分析准备

对 VLAN 流量的监控有以下两种方式：

- 监控在某个 VLAN 内传播的流量；
- 监控通过 Trunk 端口传播的带 VLAN 标记的流量。

监控在某个 VLAN 内传播的流量非常简单，只要稍作配置即可实现。现在来重点谈一谈监控带 VLAN 标记的流量需要注意什么。

使用 Wireshark 抓取通过 Trunk 端口传播的流量时，未见得能够看到数据包中的 VLAN 标记。Wireshark 能否显示出数据包的 VLAN 标记，要取决于安装 Wireshark 的操作系统、实际用来抓包的网卡（**NIC**）以及网卡驱动程序。

操作系统和网卡是否支持接收带 VLAN 标记的数据包，要完全取决于操作系统开发商和网卡芯片制造商。有关详情请查阅操作系统/网卡使用手册，或执行百度（Google）搜索。

图 8.14 所示的网络由好几个 VLAN 组成，其拓扑结构也颇为经典。上面一台核心层交换机（SW1）分别通过一条 Trunk 链路（所谓 Trunk 链路，是指用来传递带 VLAN 标记的以太网帧的链路）与下面两台接入层交换机（SW2 和 SW3）相连。该网络由 VLAN 10、20、30 这三个 VLAN 组成，各个 VLAN 的主机之间不能彼此通信。

8.4.2 分析方法

请以正确的方法把 Wireshark 主机与图 8.14 所示交换机相连，这就来看看如何相连。

1. 监控在某个 VLAN 内传播的流量

要想监控整个 VLAN 的流量，请按以下步骤行事。

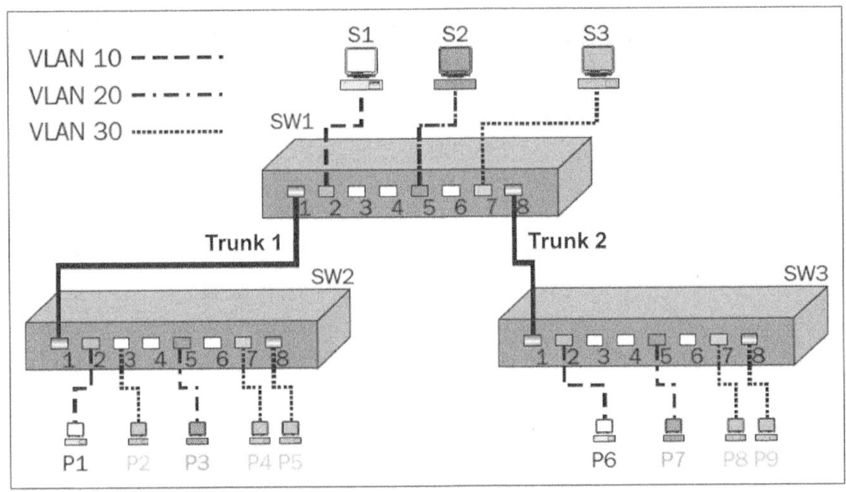

图 8.14 VLAN 标记

1. 将 Wireshark 主机接入核心层交换机上的某个端口。

2. 在 SW1 上配置端口镜像，把受监控 VLAN 的流量重定向给连接了 Wireshark 主机的端口。试举一例，要想监控在 VLAN 10 内传播的流量，而 Wireshark 主机连接的是 SW1 上的端口 4，那么在 Cisco 交换机 SW1 上应执行如下命令。

 - Switch(config)#monitor session 1 source vlan 10
 - Switch(config)#monitor session 1 destination interface fastethernet0/4

上述命令一配，Wireshark 便可以抓到由 SW1 转发的 VLAN 10 的流量了。

每家交换机厂商都有自己的一套端口镜像的配置方法，要想获悉具体的配置命令，请登录它们的官网搜索以下关键字：SPAN（Cisco）；port mirror 或 port mirroring（HP、Dell、Juniper 及其他厂商）。在刀片服务器机箱内执行流量监控时，一般只能监控到某个物理端口的流量；借助于某些软件（比如，Cisco Nexus 1000V 软交换机），可以监控到刀片服务器机箱里指定服务器的流量。

2. 监控通过 Trunk 端口传播的带 VLAN 标记的流量

监控通过 Trunk 端口传播的带 VLAN 标记的流量会麻烦点儿。麻烦出在实际用来抓包的网卡以及网卡驱动程序对待 VLAN 标记的态度上。

可按以下简单的步骤，来验证 Wireshark 主机所配备的网卡是否支持抓取带 VLAN 标记的数据包。

1. 在交换机上开启端口镜像功能，让 Wireshark 主机直接抓取从 Trunk 端口重定向而来的数据包，观看其是否携带 VLAN 标记。若是，便说明 Wireshark 主机所配备的网卡支持抓取带 VLAN 标记的数据包，请继续抓包。

2. 若否，则需要配置 Wireshark 主机所配备的网卡。假设 Wireshark 主机的操作系统为 Windows 7，请点击“控制面板”→“网络和 Internet”→“查看网络状态和任务”→“本地连接”，在弹出的“本地连接 状态”窗口中按图 8.15 所示步骤行事。

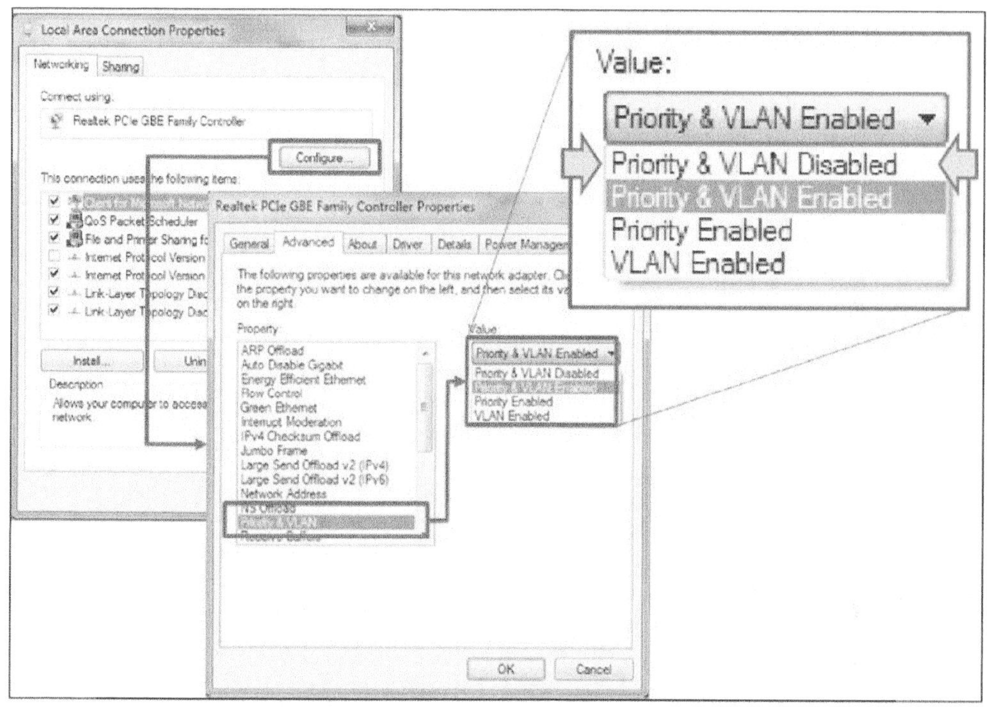

图 8.15　关闭抓包网卡的优先级和 VLAN（Priority & VLAN）属性

选择了 Priority & VLAN Disabled 之后，再点 OK，网卡就会把数据包中的 VLAN 标记传递给 WinPcap 驱动程序和 Wireshark 软件了。

注 意

图 8.15 是以配置一台联想（Lenovo）笔记本自带的 Realtek 网卡来举例，机器不同、网卡不同，配置方法也必不相同，但配置原理必然相同。原理是，在网卡上禁用数据包的 VLAN 标记剔除功能，让网卡把带 VLAN 标记的数据包原封不动地传递给 WinPcap 驱动。如此一来，通过 Wireshark 软件，就能看见数据包以太网帧头中的 VLAN 标记了。

8.4.3 幕后原理

所谓 VLAN 标记，是数据帧帧头内一块 4 字节的数据，其中记录了该帧所归属的 VLAN ID 以及其他信息。VLAN 标记的格式如图 8.17 所示。收到数据包之后，大多数网卡及其驱动程序都会原封不动地交给高层处理。只要在配备了这些网卡的主机上安装 Wireshark 软件，在抓获的数据包中必将包括 VLAN ID（见图 8.16）。但还有一些具备复杂功能的网卡（比如，Intel 和 Broadcom 吉比特芯片组的网卡），在保留默认配置的情况下，能自身消化掉数据包中的 VLAN ID。此时，要想让 VLAN ID 在 Wireshark 抓获的数据包中露面，就必须更改此类网卡的默认配置，禁用其消化 VLAN ID 的功能。

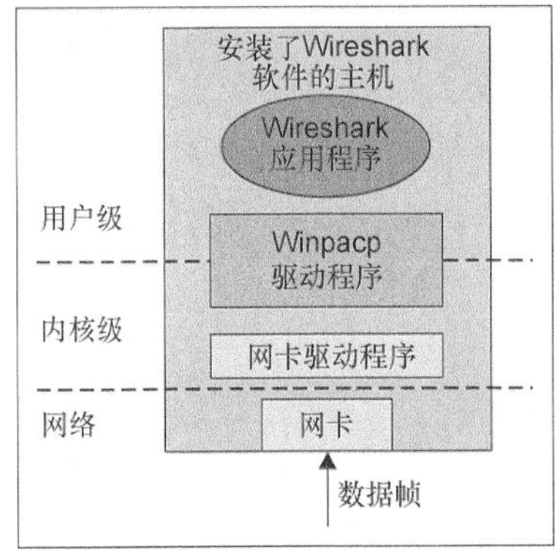

图 8.16 抓包网卡对以太网帧的处理方式

配置 NIC 驱动时，应确保其保留以太网帧的 VLAN 标记，将以太网帧原封不动地转发给由 Wireshark 提供的 WinPcap 驱动程序。

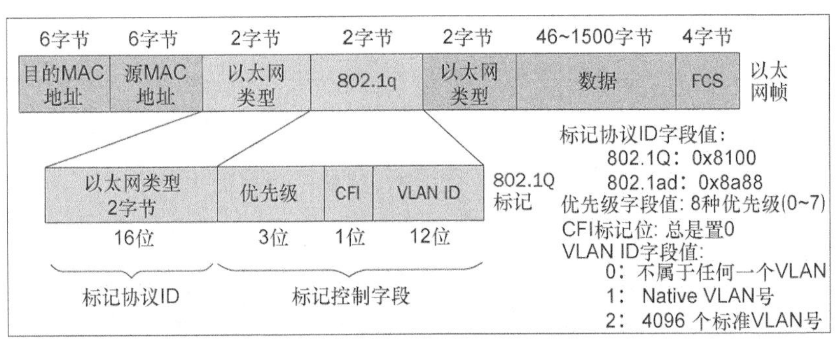

图 8.17 给以太网帧打上 VLAN 标记的方法

图 8.18 所示为一个打了 VLAN 标记的以太网帧，该帧携带的 VLAN 标记为 20（VLAN ID=20）。

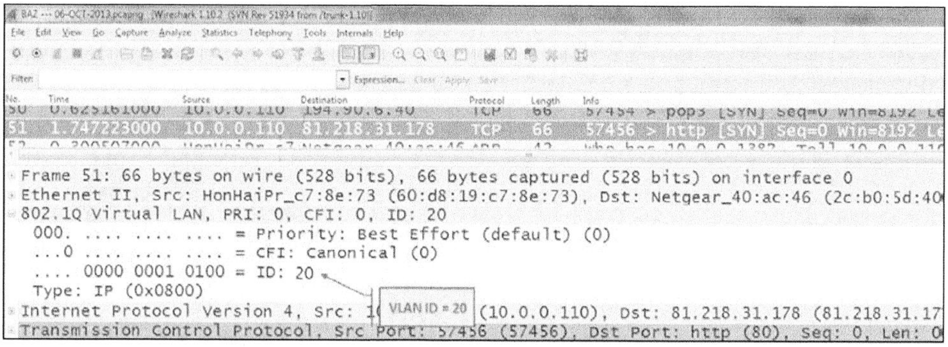

图 8.18　带 VLAN 标记的数据包

8.4.4　拾遗补缺

有时，可能会抓到携带双 VLAN 标记的以太网帧，这种以太网帧遵循的是 IEEE 802.1ad 标准。此类以太网帧中的第一个 VLAN 标记叫做 S 标记（S-tag）（IEEE 802.1ad），由服务提供商的边界设备所打；第二个 VLAN 标记名为 C 标记（C-tag）（IEEE 802.1Q），由（服务提供商的）客户的设备所打。这一给以太网帧打两个以太网标记的机制也被称为 Q-in-Q 机制。

8.4.5　进阶阅读

- 欲知更多与 WinPcap 有关的信息，请访问 WinPcap 主页。
- 欲知更多与 UNIX/Linux tcpdump 库有关的信息，请访问 tcpdump 主页。

第 9 章 无线 LAN

本章涵盖以下内容：

- 认识无线网络及其标准；
- 无线网络射频故障、故障分析及故障排除；
- 无线 LAN 抓包。

9.1 学习目标

读完本章，读者不但能学会如何分析无线 LAN 流量，还将掌握如何诊断用户申告的无线网络连通性及性能故障。

9.2 认识无线网络及其标准

十多年来，无线 LAN 越来越受人们的欢迎，现已成为小型网络设备保持在线的重要联网方式之一。从宏观角度来看，无线网络可分为下几种类型（见图 9.1）。

- **无线个人区域网络（Wireless Personal Area Networks，WPAN）**：无线设备彼此之间的距离保持在 5～10 米之内，比如，特设（ad-hoc）网络。
- **无线局域网（Wireless Local Area Network，WLAN）**：无线设备彼此之间的距离可保持在 100 米之内。
- **无线城域网（Wireless Metropolitan Area Network，WMAN）**：无线设备彼此之间的距离保持在 100 米～5 千米（3.1 英里）之内，通常该网络会覆盖城郊。

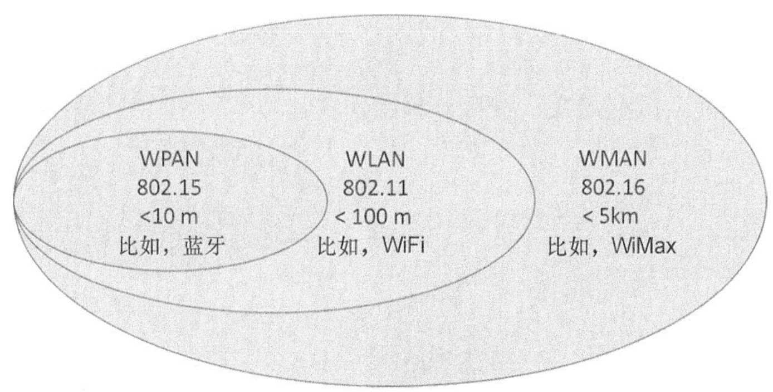

图 9.1　无线网络的类型

先来简单认识一下各种 WLAN 的标准。自 20 世纪 90 年代中期以来，IEEE 802.11 委员会一直致力于开发无线 LAN 的标准，已经颁布了从 802.11b 到 802.11ac 等若干标准，如表 9.1 所列。

表 9.1

标准	802.11b	802.11a	802.11g	802.11n	802.11ac
年代	1999	1999	2003	2009	2013
频率	2.4GHz	5GHz	2.4GHz	2.4/5GHz	5GHz
通道数	3	<=24	3	动态	动态
传输技术	DSSS	OFDM	DSSS/OFDM	OFDM	OFDM
数据速率（Mbit/s）	1、2、5.5、11	6、9、12、18、24、36、48、54	6、9、12、18、24、36、48、54-OFDM	≤450	1300（Wave1）、6930（Wave2）

9.2.1　认识 WLAN 设备、协议及术语

对网管人员而言，通晓无线射频（wireless radio）原理以及各种 WLAN 设备的运作机制，将有助于理解并排除用户申告的各种无线网络故障。

9.2.2　接入点（AP）

无线 LAN 网络离不开 AP 这种硬件，无线工作站/设备（名为 STA）只有先连接到 AP，才能和有线网络通信。AP 一般都会以有线方式与上游的交换机/路由器相连。

9.2.3　无线局域网控制器（WLC）

无线局域网控制器（WLC）也是一种硬件，可通过 IEEE CAPWAP（无线接入点的控制和配置）协议（该协议基于 Cisco 轻量级接入点协议[LWAPP]）来管理大量的轻量级无线 AP，并与这些 AP 进行通信。AP 和控制器之间会通过 CAPWAP，来同时传输控制流量（DTLS 加密）及数据流量（可选择使用 DTLS 加密）。

AP 的部署模式可分独立式（见图 9.2）和集中式（见图 9.3）两种。

➢ **独立部署模式**：顾名思义，按照该部署模式，AP 将得到单独部署及维护。该部署模式也是中小企业最常用的部署模式。在中小企业的网络内，只需要部署几台 AP。

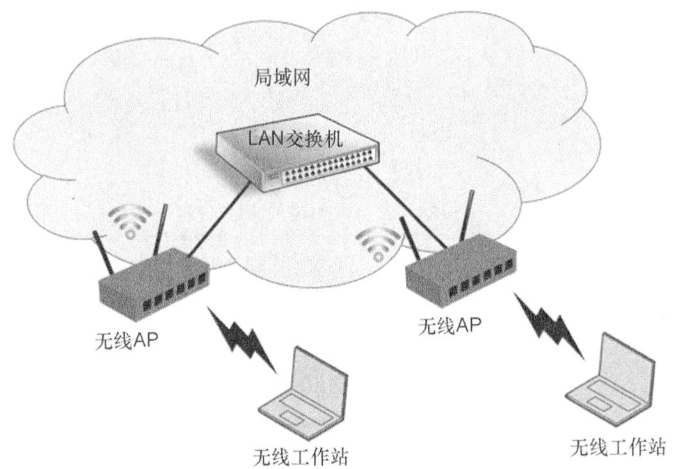

图 9.2　无线 AP 的独立部署模式

➢ **集中部署模式**：按照该部署模式，将会部署大量的 AP。AP 的配置、安全性/策略的设置以及软件/固件的更新等都会由无线 LAN 控制器来统一管理。AP 和控制器之间可通过第 2 层/第 3 层网络来打通。如前所述，AP 要由运行 CAPWAP 协议的无线控制器来管理，数据流量以及控制流量也会通过这种协议来传送。

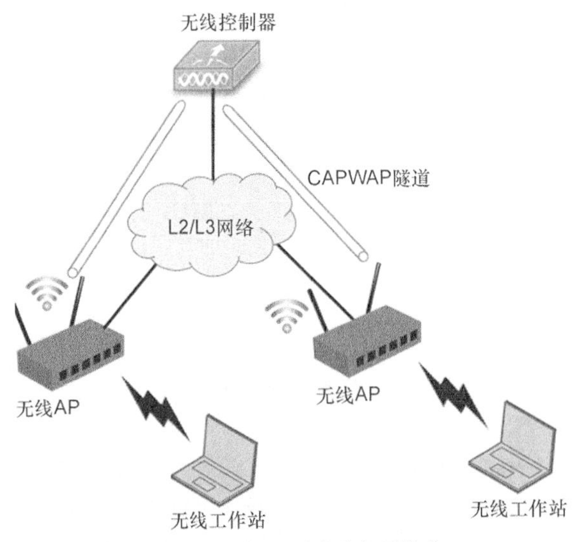

图 9.3　无线 AP 的集中部署模式

对用来组建无线 LAN 的各种设备有了基本了解之后，再来见识一下与无线网络技术有关的一些术语。

- **STA**：使用无线服务的无线工作站或无线客户端。
- **AP**：为无线客户端提供无线服务的设备。
- **DS**：分布式系统，互连 AP 的 LAN。
- **BSS**：基本服务集（Basic Service Set），由一组相互通信的无线设备构成，这些无线设备的通信介质具备相同的特征（比如，相同的射频和调制方案）。
- **ESS**：扩展服务集（Extended Service Set），由位于同一逻辑网段（比如，同一 IP 子网和 VLAN）的若干基本服务集构成。

要想更好地理解以上术语，请细看图 9.4。

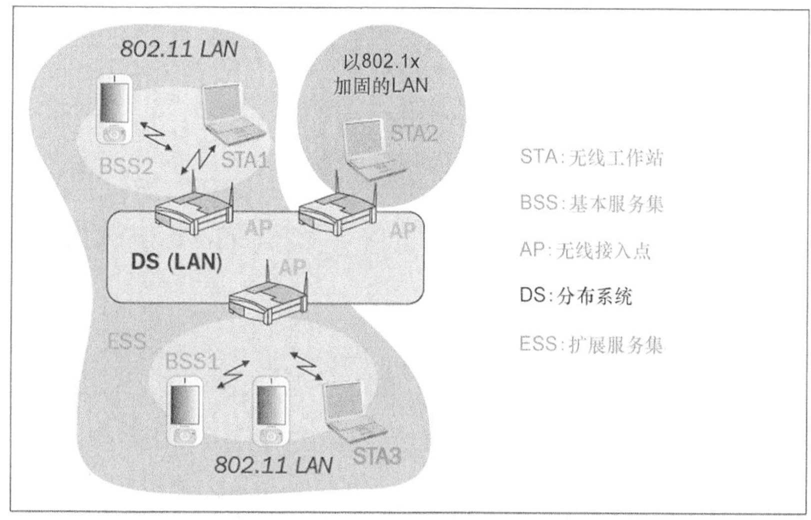

图 9.4　无线 LAN 分布系统和服务集

9.3　无线网络射频故障、故障分析及故障排除

9.3.1　排障准备

当有用户投诉无线网络无法连接或频繁掉线时，应第一时间携带配有无线网卡的笔记本赶赴用户所在位置（离用户使用无线网络的地方越近越好），验证无线网络是否正常。

9.3.2　排障方法

要想找出无线网络故障的根本原因，请按以下步骤行事。

1. 确定用户的无线网络到底是完全不能使用，还是用的不爽（频繁掉线、网速慢、无线信号时强时弱等都算用的不爽）？
2. 确定无线网络用的不爽的具体地点，是在整栋大楼/整个楼层的不同区域呢，还是在某个特定的区域？

1. 无线网络连接不上

若所有用户都连接不上无线网络，则应登录覆盖受故障影响区域的 AP（独立部署模式），检查其运行及健康状态。

若 AP 由控制器集中管理，则可以登录控制器的图形用户界面（GUI）来检查 AP 的运行和健康状态，尤其是要检查由 AP 提供无线服务的 SSID。图 9.5 所示为一台 Cisco 无线控制器的用户管理界面显示的 AP 的信息（包括 AP 的数量、开机时间等）。

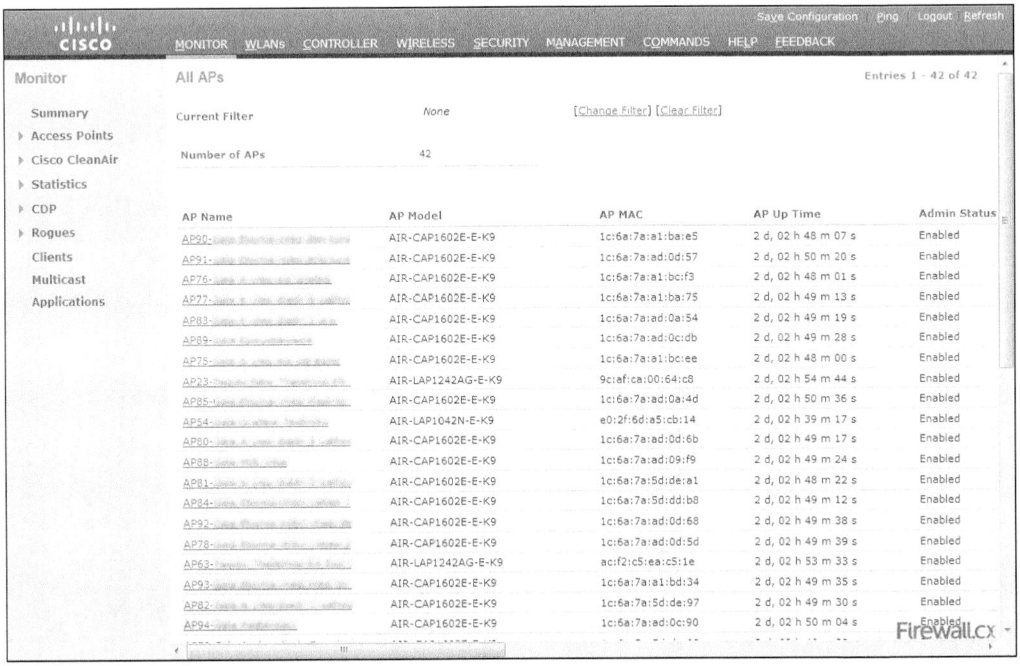

Save Configuration | Ping | Logout | Refresh

CISCO　MONITOR　WLANs　CONTROLLER　WIRELESS　SECURITY　MANAGEMENT　COMMANDS　HELP　FEEDBACK

Monitor: Summary, Access Points, Cisco CleanAir, Statistics, CDP, Rogues, Clients, Multicast, Applications

All APs　　Entries 1 - 42 of 42

Current Filter　None　[Change Filter] [Clear Filter]

Number of APs　42

AP Name	AP Model	AP MAC	AP Up Time	Admin Status
AP90-	AIR-CAP1602E-E-K9	1c:6a:7a:a1:ba:e5	2 d, 02 h 48 m 07 s	Enabled
AP91-	AIR-CAP1602E-E-K9	1c:6a:7a:ad:0d:57	2 d, 02 h 50 m 20 s	Enabled
AP76-	AIR-CAP1602E-E-K9	1c:6a:7a:a1:bc:f3	2 d, 02 h 48 m 01 s	Enabled
AP77-	AIR-CAP1602E-E-K9	1c:6a:7a:a1:ba:75	2 d, 02 h 49 m 13 s	Enabled
AP83-	AIR-CAP1602E-E-K9	1c:6a:7a:ad:0a:54	2 d, 02 h 49 m 19 s	Enabled
AP89-	AIR-CAP1602E-E-K9	1c:6a:7a:ad:0c:db	2 d, 02 h 49 m 28 s	Enabled
AP75-	AIR-CAP1602E-E-K9	1c:6a:7a:a1:bc:ee	2 d, 02 h 48 m 00 s	Enabled
AP23-	AIR-LAP1242AG-E-K9	9c:af:ca:00:64:c8	2 d, 02 h 54 m 44 s	Enabled
AP85-	AIR-CAP1602E-E-K9	1c:6a:7a:ad:0a:4d	2 d, 02 h 50 m 36 s	Enabled
AP54-	AIR-LAP1042N-E-K9	e0:2f:6d:a5:cb:14	2 d, 02 h 39 m 17 s	Enabled
AP80-	AIR-CAP1602E-E-K9	1c:6a:7a:ad:0d:6b	2 d, 02 h 49 m 17 s	Enabled
AP88-	AIR-CAP1602E-E-K9	1c:6a:7a:ad:09:f9	2 d, 02 h 49 m 24 s	Enabled
AP81-	AIR-CAP1602E-E-K9	1c:6a:7a:5d:de:a1	2 d, 02 h 48 m 22 s	Enabled
AP84-	AIR-CAP1602E-E-K9	1c:6a:7a:5d:dd:b8	2 d, 02 h 49 m 12 s	Enabled
AP92-	AIR-CAP1602E-E-K9	1c:6a:7a:ad:0d:68	2 d, 02 h 49 m 38 s	Enabled
AP78-	AIR-CAP1602E-E-K9	1c:6a:7a:ad:0d:5d	2 d, 02 h 49 m 39 s	Enabled
AP63-	AIR-LAP1242AG-E-K9	ac:f2:c5:ea:c5:1e	2 d, 02 h 53 m 33 s	Enabled
AP93-	AIR-CAP1602E-E-K9	1c:6a:7a:a1:bd:34	2 d, 02 h 49 m 35 s	Enabled
AP82-	AIR-CAP1602E-E-K9	1c:6a:7a:5d:de:97	2 d, 02 h 49 m 30 s	Enabled
AP94-	AIR-CAP1602E-E-K9	1c:6a:7a:ad:0c:90	2 d, 02 h 50 m 04 s	Enabled

Firewall.cx

图 9.5　一台 Cisco 无线控制器的用户管理界面显示的 AP 列表及 AP 的状态信息

请注意，AP 发现控制器、加入无线网络域以及下载配置/策略会有一个过程，要花费一定的时间。建议读者参考相关厂商的排障文档来诊断并解决故障。

若 AP 从无线控制器的用户管理界面中消失不见，则 AP 和无线控制器之间可能存在连通性问题。通过抓包来诊断 AP 与无线控制器之间连通性问题的方法，与诊断两台 PC 之间的连通性问题的方法相同。

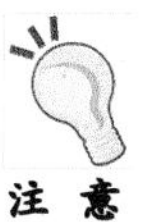

需要注意的是，并非所有的 AP 都会广播 SSID。因此，若用户投诉某个 SSID 消失不见，很可能是它并未得到 AP 的广播。此时，请试着手工指明有待加入的无线网络的 SSID 以及相应的通行证——用户名/密码。

2. 无线网络质量不佳或频繁掉线

若用户申告无线网络用的不爽，请按以下步骤行事。

图 9.6 所示为 Windows 操作系统提供的定位 WiFi 故障的标配工具，通过该工具可以了解到无线网络的以下特征。

- 信号强度，即接收信号强度指示符（RSSI，Received Signal Strength Indicator）。
- 无线接入点 ID，即 SSID（Service Set Identification）。
- 无线网络所启用的安全协议。
- 射频类型（图 9.6 中所示的 Windows 7 系统接入的是 802.11n 无线网络）

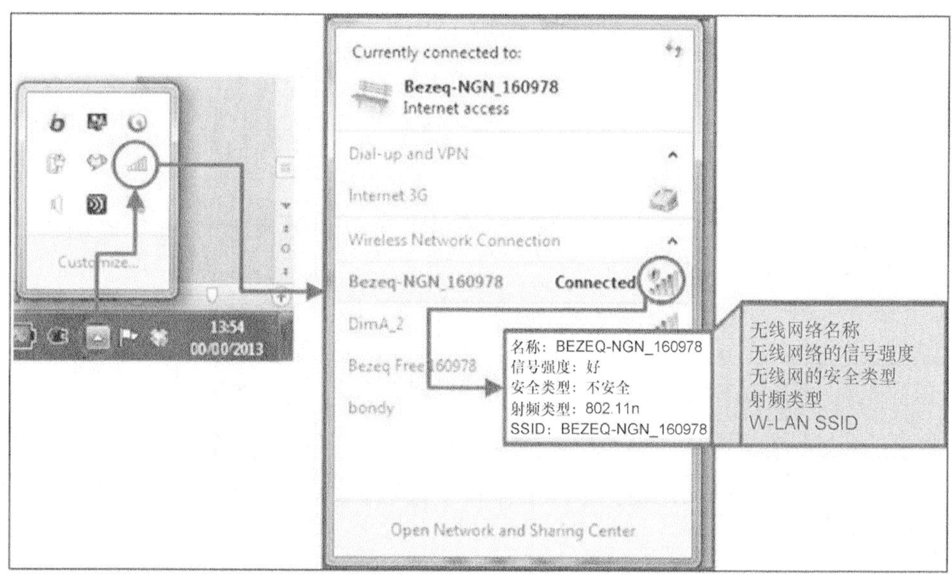

图 9.6　安装 Window 7 系统的 PC“感知”的无线网络及其特征

还可以使用专用软件（比如，Acrylic WiFi 免费版、用于 Windows 的 Homedale、用于 Apple Mac 的 NetSpot 免费版，或 macOS 无线诊断工具）来勘察 WiFi 网络。可利用这些工具，来发现可用的无线网络，勘察无线网络的信号强度、信道、链路质量等更多详细信息。这样一来，便可获知用户所在位置的无线网络的概要信息，以及可能存在的频率干扰、信号干扰、射频问题。某些软件还支持监控特定周期内的无线信号质量。

请注意图 9.7 所示的 Acrylic 界面的 Rssi 一栏下的数字。数值越高，就表示与之相对应的无线网络信号越强。

- **−60dBm 及以上**：表示无信号质量上佳。
- **−80dBm～−60dBm**：表示无线信号质量尚可。
- **−80 dBm～−90dBm**：表示无线信号较弱。
- **−90 dBm 及以下**：表示无线信号极弱。

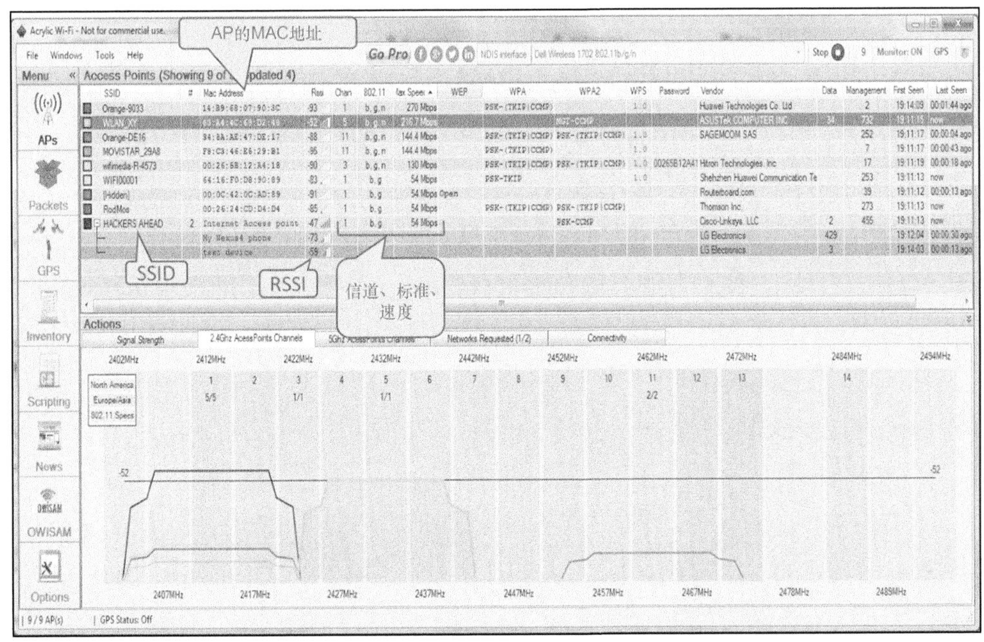

图 9.7　Acrylic 软件界面呈现的无线网络、RSSI 等级以及无线网络的速度

若 Rssi 栏下的数字为−80dBm 以上，则表示无线信号的质量在中等以上，要是用户依然不断投诉，那就应该看看是否存在信道干扰问题或其他射频问题了。信噪比（SNR，Signal-to-Noise Ratio）是衡量无线网络质量的重要参数之一，该参数所指为无线网络环境中信号功率与噪声功率之间的比率。

注 意

来介绍一下作者的无线网络设计经验：要想让无线网络承载标准的企业级应用程序流量，信号强度不能低于−75dBm；要想跑 VoIP 流量的话，信号强度至少应在−65dBm 以上。

要想检查无线网络是否存在信号干扰问题，需部署具备特殊功能的软件，来随时监控无线网络的信号强度。有一款名为 inSSIDer 的软件不但能监控周边指定无线 AP 的信号强弱（RSSI），还能图形的方式精确加以呈现，图 9.8 所示为这款软件的运行界面。

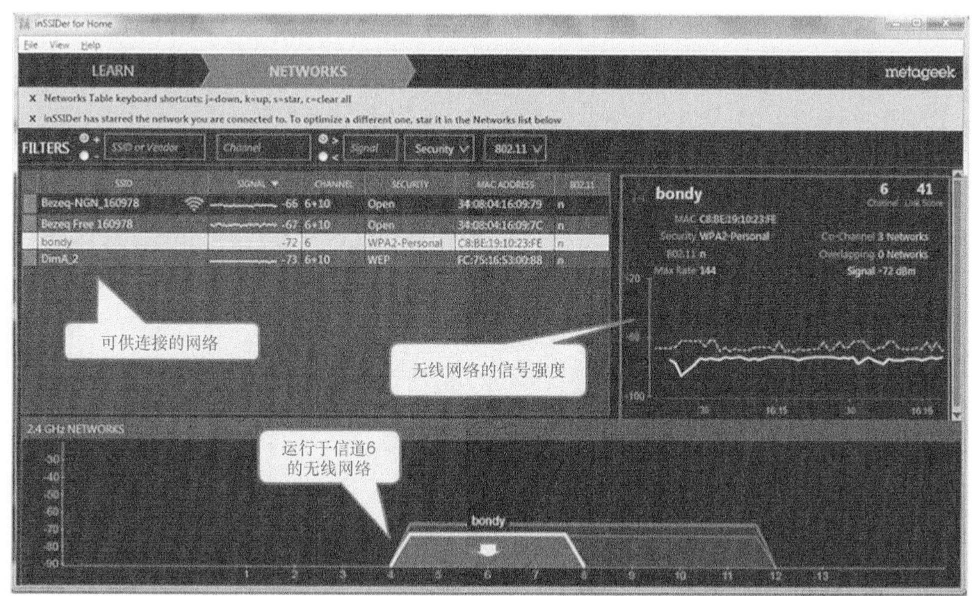

图 9.8　inSSIDer 软件的无线网络监控界面

请检查是否存在以下问题。

- 所在区域是否有不同的 AP 运行于同一信道。
- NSR 值是否过低。当信号强度偏低（RSSI 值低于−90dBm）和/或噪声偏高时，NSR 值一般会偏低。

802.11 网络所使用的是为 ISM（工业、科学和医疗）预留的 2.4 GHz 频带，该频带无需授权即可使用。因此，该频带会受到各种东西（比如，无线监控探头、微波炉、无绳电话/耳机、无线游戏机控制台/控制器、运动检测器，甚至是荧光灯，如图 9.9 所示）的干扰而导致数据传输不畅。

在可能存在信号干扰的区域（比如，机场、港口以及军事区域等），可使用无线频谱分析仪来检查是否存在信号干扰问题。主流的频谱分析仪生产厂商包括 Fluke Networks、Agilent 以及 Anritsu 等。

用 Wireshark 抓取并分析 WiFi 控制帧。首先，应检查 AP 能否正常广播 Beacon（信标）帧，无线工作站能否收到 Beacon 帧。图 9.10 所示为 Wireshark 抓取的 Beacon 帧的帧结构。

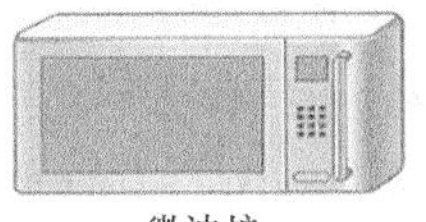

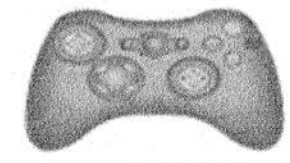

图 9.9 802.11 网络干扰源

```
No. Time      Source               Destination Protocol Info
39  3.174400  Cisco-Li_03:30:53    Broadcast   802.11   Beacon frame, SN=562, FN=0, Flags=.
40  3.276800  Cisco-Li_03:30:53    Broadcast   802.11   Beacon frame, SN=563, FN=0, Flags=.
41  3.370200  Cisco-Li_03:30:53    Broadcast   802.11   Beacon frame, SN=564, FN=0, Flags=.
42  3.478602  Cisco-Li_03:30:53    Broadcast   802.11   Beacon frame, SN=565, FN=0, Flags=.
43  3.584060  Cisco-Li_03:30:53    Broadcast   802.11   Beacon frame, SN=566, FN=0, Flags=.
44  3.666400  Cisco-Li_03:30:53    Broadcast   802.11   Beacon frame, SN=567, FN=0, Flags=.

Frame 39: 78 bytes on wire (624 bits), 78 bytes captu
IEEE 802.11 Beacon frame, Flags: ........
  Type/Subtype: Beacon frame (0x08)
  Frame Control: 0x0080 (Normal)
  Duration: 0
  Destination address: Broadcast (ff:ff:ff:ff:ff:ff)
  Source address: Cisco-Li_03:30:53 (00:14:bf:03:30:53)
  BSS Id: Cisco-Li_03:30:53 (00:14:bf:03:30:53)
  Fragment number: 0
  Sequence number: 562
IEEE 802.11 wireless LAN management frame
  Fixed parameters (12 bytes)
  Tagged parameters (42 bytes)
```

由AP发出的Beacon帧

BSS：基站 (ID)

图 9.10 AR 发出的 Beacon 帧的帧结构

AP 会定期发出 Beacon 帧，并在其中包含与自身所提供的无线网络有关的信息，以宣告该无线网络的存在。信息包括无线网络的 SSID、无线网络所启用的安全方法，以及时间戳等其他参数。

无线工作站/设备（配备的无线网卡）也会持续扫描所有 802.11 射频信道，监听 Beacon 帧，来选择最佳 AP 并与之关联。为了向 AP 和指定的 SSID 注册，无线工作站需要确认 Beacon 帧。

无线工作站还会发出探测请求（Probe Request）帧来查探附近的 AP 和无线网络。若探测请求帧所查探的无线网络与之兼容，则该无线网络的 AP 会回复探测响应（Probe Response）帧。探测响应帧中包含了 Beacon 帧中的所有参数，无线工作站可据此调整加入无线网络所需要的参数。

接收并确认过 Beacon 帧之后，无线工作站将通过标准的 DHCP 过程获取其 IP 地址相关参数；与 DHCP 有关的内容详见第 10 章。

9.4 无线 LAN 抓包

9.4.1 抓包选项

若在安装了 Wireshark 的无线工作站上抓取本机与网络内其他有线/无线设备之间的流量，且只准备分析常规的网络流量，无需分析无线网络的 802.11 控制流量或射频/链路层信息，则不用特殊设置。只需运行 Wireshark 软件，指明用来抓包的无线网卡，应用必要的抓包过滤器，令该无线网卡以混杂模式运行即可。

注 意

要用 Wireshark 抓取无线工作站上运行的不同进程之间的流量，应将 Loopback 接口指定为抓包网卡。

若既要抓取安装了 Wireshark 的无线工作站收发的流量，又要抓取网络内不同无线设备之间的流量，同时还得分析无线网络的 802.11 控制数据包或射频/链路层信息，则必须让抓包网卡在监视模式下运行，如图 9.11 所示（安装在 Apple macOS Sierra 10.12.6 上的 Wireshark 版本 10.6）。这样的抓包方式俗称隔空（Over-the-Air，OTA）抓包。

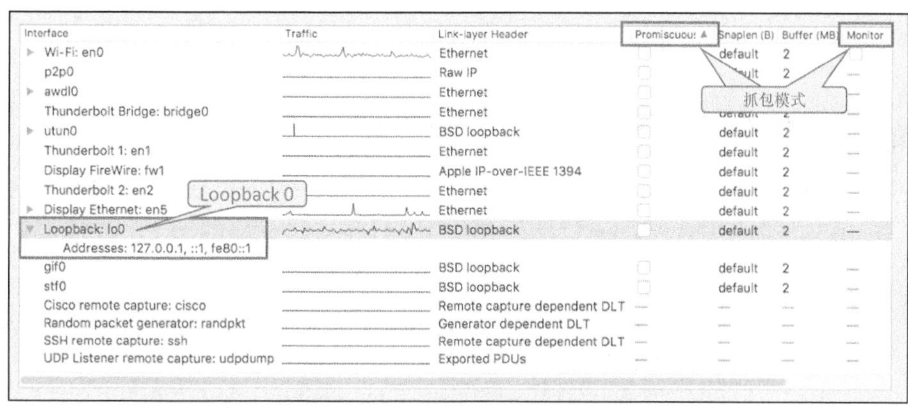

图 9.11 Wireshark 网卡抓包选项

请注意，Wireshark 隔空（OTA）抓包的能力有限；有几款商业软件可以更为全面地监控无线网络的流量。

注 意

某些基于 UNIX 的操作系统和 Apple macOS（10.6 或更高版本）内置了一些工具，比如，airportd、airport utility、Wireless Diagnostics 和 tcpdump，都可用来抓取并分析无线网络的流量。

9.4.2 抓包准备

对可用的抓包选项有了基本的认识之后，应该去了解无线工作站如何关联无线网络，以及在关联之后如何访问网络服务/获取数据了。

- 为了关联到一个无线网络，无线工作站要接收 AP 发出的 Beacon 帧和/或与 AP 交换探测请求/探测响应帧。
- 成功关联之后，无线工作站会通过无线网络的身份验证并获得访问权限。
- 无线网络会根据事先定义的策略，向无线工作站授予 IPv4/IPv6 地址。
- 对于需要通过 Web 验证才能接入的无线网络，用户需要接受无线服务提供商的条款和条件。这一验证过程可能不是必须的，视提供无线网络接入服务的提供商的策略而定。

上述接入过程的每一步都有可能会出现问题，这些问题可能会让无线工作站无法关联到无线网络，以至于不能获取数据。本节会探讨以下常见问题：

- 无线工作站无法加入拥有指定的 SSID 的无线网络；
- 成功关联到某个无线网络之后，通不过身份验证。

9.4.3 抓包方法

请参阅 9.3 节，并确保无线网络射频/链路层能正常运作。

1. 无线工作站无法加入拥有指定 SSID 的无线网络

运行 Wireshark 软件，让无线网卡在监控模式下抓包，同时应用显示过滤器，过滤掉本无线工作站（安装了 Wireshark 的排障主机）自身收发的流量。

注 意

如本书前文所述，可在抓包主窗口中的数据包结构区域内选中指定数据包的某个属性（特征或协议头部字段），单击右键，选择 Apply as Column 菜单项，将该属性（特征、协议头部字段）新增为数据包列表区域里的数据包属性列。比方说，可将无线网络的数据速率、信号强度以及有助于排除网络故障的所有东西添加为数据包列表区域里的数据包属性列[1]。

来看一下一台刚开机的 Apple 无线设备加入某 SSID 的情况。由图 9.12 可知，该无线设备

1 译者注：整段原文为“As discussed in previous chapters, locate the field of interest in a given frame, right-click on it, and select Apply as Column to add the field as a column. For example, you can add data rate, strength, and so on, which will be very helpful during troubleshooting”。

发出了一个探测请求帧，AP 也回复了一个探测响应帧。本例使用的显示过滤器为（wlan.fc == 0x4000）or（wlan.fc == 0x5008）。

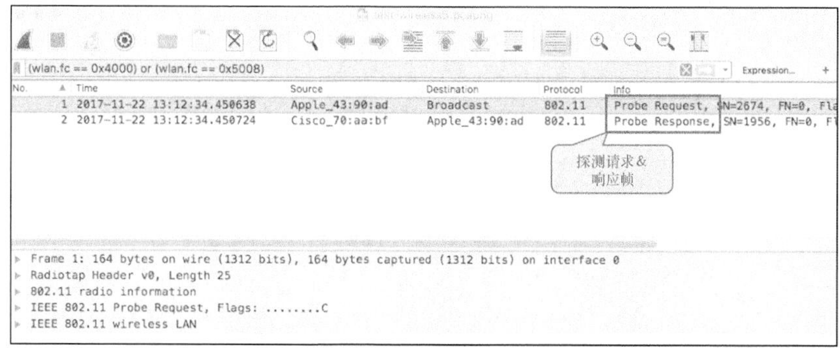

图 9.12　探测请求帧和探测响应帧

请注意，探测请求帧属于广播帧，其目的 MAC 地址全为 F（十六进制）。

由图 9.13 可知，一个有效的探测响应帧不但会在其 802.11 射频信息头部中包含射频/链路层信息（比如频率、信道及 SNR 等信息），还会在 802.11 MAC 地址头部中包含发送方信息及 BSS 信息等。

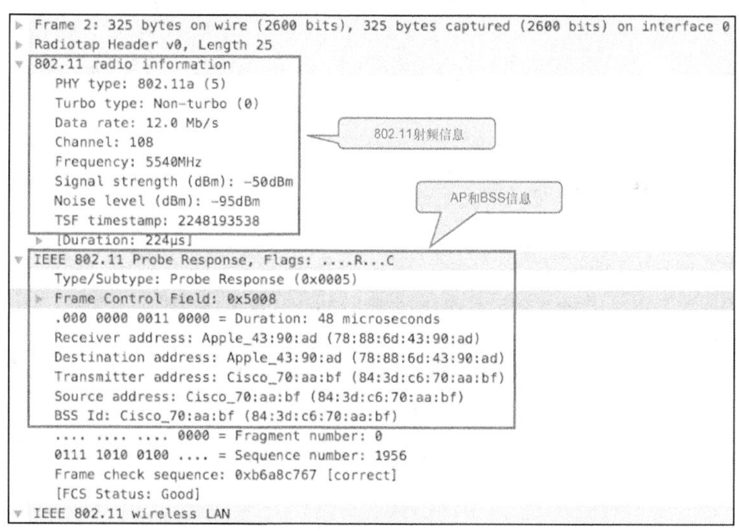

图 9.13　探测响应帧的头部详情（射频、AP 及 BSS 信息）

图 9.14 所示为探测响应帧的帧主体（frame body）包含的无线网络的 SSID、无线网络支持的速率（Mbit/s）等参数[1]。要确保探测响应帧的帧主体包含的所有参数与发出探测请求帧的

1　译者注：原文是“The next image shows SSID, supported rates in Mbps, and other capabilities in the 802.11 wireless LAN header”。原文有误，译文酌改。

无线工作站的无线网卡兼容。

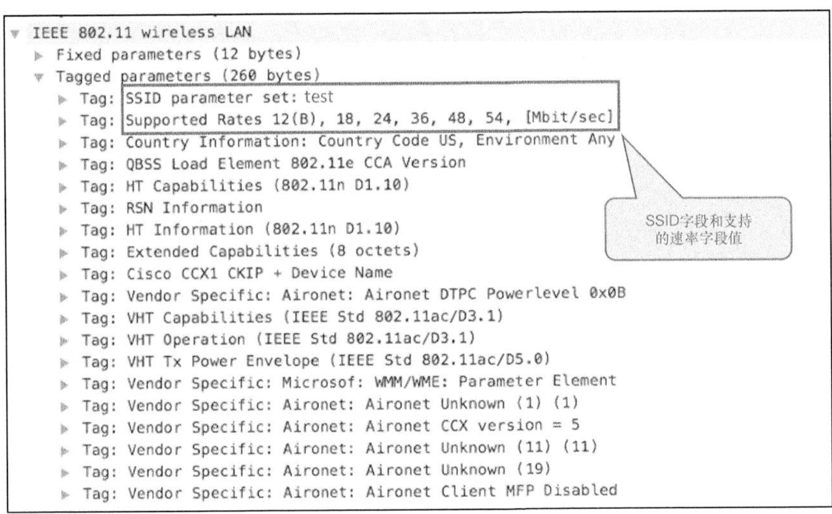

图 9.14　探测请求帧的帧主体的内容

得到响应之后，无线工作站将会与由 AP 提供服务的具有指定 SSID 的无线网络相关联。图 9.15 所示为互发过探测请求帧和探测响应帧之后，无线工作站为了与 AP 成功关联进一步交换的消息。

Source	Destination	Protocol	Info
Apple_43:90:ad	Broadcast	802.11	Probe Request, SN=2674, FN=0, Flags=........C, SSID=…
Cisco_70:aa:bf	Apple_43:90:ad	802.11	Probe Response, SN=1956, FN=0, Flags=....R...C, BI=1…
Apple_43:90:ad	Cisco_70:aa:bf	802.11	Authentication, SN=2675, FN=0, Flags=........C
	Apple_43:90:ad (78:8…	802.11	Acknowledgement, Flags=........C
Cisco_70:aa:bf	Apple_43:90:ad	802.11	Authentication, SN=2967, FN=0, Flags=........C
Apple_43:90:ad	Cisco_70:aa:bf	802.11	Association Request, SN=2676, FN=0, Flags=....R...C,…
	Apple_43:90:ad (78:8…	802.11	Acknowledgement, Flags=........C
Cisco_70:aa:bf	Apple_43:90:ad	802.11	Association Response, SN=2968, FN=0, Flags=........C

图 9.15　无线工作站与 AP 相关联催生的消息

查看由 AP 发送的关联响应帧（图 9.15 中的最后一个帧）的帧主体，其状态代码字段值为 0x0000，如图 9.16 所示。这表示无线工作站与通告指定 SSID 的 AP 关联成功。

```
▶ Frame 8: 181 bytes on wire (1448 bits), 181 bytes captured (1448 bits) on interface 0
▶ Radiotap Header v0, Length 25
▶ 802.11 radio information
▶ IEEE 802.11 Association Response, Flags: ........C
▼ IEEE 802.11 wireless LAN
  ▼ Fixed parameters (6 bytes)
    ▶ Capabilities Information: 0x0111
      Status code: Successful (0x0000)
      ..00 0000 0101 1111 = Association ID: 0x005f
  ▶ Tagged parameters (122 bytes)
```

图 9.16　无线工作站与 AP 关联：状态代码

2. 成功关联到某个无线网络之后，通不过身份验证

关联成功之后，若 Wireshark 能抓到无线工作站与 AP 之间交换的用户数据流量，则 AP 所通告的无线网络极有可能未启用任何安全策略。这种情况在商场或酒店非常常见，这些场所的无线网络一般会都获准顾客接入，至少在接入时不会在设备层面执行验证。不过，接入无线网络之后，顾客在无线设备上浏览网页时，大多需要通过应用层面的身份验证。此时，顾客需要输入通行证——用户名/密码，或许还得接受某些条款或条件才能继续享用无线服务。

在解决无线网络验证问题之前，先得了解一下网线网络的验证框架和各种验证方法。

可扩展身份验证协议（Extensible Authentication Protocol，EAP）是当今最为常见的身份验证框架之一，得到了各个无线设备生产厂商的广泛支持。该框架本身虽非验证机制，但提供了通用的验证和协商方法（名为 EAP 方法）。目前，有 40 种以上的 EAP 方法（比如，LEAP、EAP-TLS、EAP-MD5、EAP-FAST、EAP-IKEv2 等）可用来保证设备间的安全通信。

注意：

- EAP 定义于 RFC 5274，原先定义于 RFC 3748；
- RFC 4017 对无线 LAN 专用的 EAP 方法提出了要求；
- 欲了解 EAP 数据包所使用的类型和代码[1]，请参阅 IANA EAP 注册信息表；
- IEEE 802.1X 定义了 EAP 数据包在 LAN 内的封装方法(EAP over LAN)，俗称 EAPoL。

现以图 9.17 所示的 Wireshark 截屏为例，来讲解成功关联至无线网络之后，发生的验证经过。

由图 9.17 可知，应用了显示过滤器(wlan.da == 78:88:6d:43:90:ad or wlan.sa == 78:88:6d:43:90:ad)&& (eapol.type == 0)。其中，78:88:6d:43:90:ad 为无线工作站配备的无线网卡的 MAC 地址。

- 9#数据包：AP 向无线工作站发出 EAP 验证请求，表明自己的身份。
- 10#数据包：无线工作站（一台 Apple 设备）响应验证请求，表明自己的身份。
- 12#数据包：AP 提出使用 EAP-TLS 方法建立安全隧道，来保护所有 EAP 通信（这种 EAP 验证方法名为受保护的 EAP[Protected EAP，PEAP]）。
- 13#数据包：Apple 设备开始向 AP 发出 v1.2 的 TLS 数据包。

---

1 译者注：作者所说的“类型”和“代码”应该分别是 EAP 数据包的“数据”部分的第一个字节类型字段值，以及 EAP 数据包包头的代码字段值。这两个字段的作用解释起来太过复杂，请读者自行查阅相关文档。

➢ 15～46#数据包：AP 和 Apple 设备交换更多的数据包，以完成身份验证过程。

(wlan.da == 78:88:6d:43:90:ad or wlan.sa == 78:88:6d:43:90:ad) && (eapol.type == 0)

No.	Time	Source	Destination	Protocol	Info
9	2017-11-22 13:12:34.501146	Cisco_70:aa:bf	Apple_43:90:ad	EAP	Request, Identity
10	2017-11-22 13:12:34.507876	Apple_43:90:ad	Cisco_70:aa:bf	EAP	Response, Identity
12	2017-11-22 13:12:34.514071	Cisco_70:aa:bf	Apple_43:90:ad	EAP	Request, Protected EAP (EAP-PEAP)
13	2017-11-22 13:12:34.519892	Apple_43:90:ad	Cisco_70:aa:bf	TLSv1.2	Client Hello
15	2017-11-22 13:12:34.532204	Cisco_70:aa:bf	Apple_43:90:ad	TLSv1.2	Server Hello, Certificate, Server Key Exchange, Serv…
16	2017-11-22 13:12:34.534391	Apple_43:90:ad	Cisco_70:aa:bf	EAP	Response, Protected EAP (EAP-PEAP)
18	2017-11-22 13:12:34.539159	Cisco_70:aa:bf	Apple_43:90:ad	TLSv1.2	Server Hello, Certificate, Server Key Exchange, Serv…
19	2017-11-22 13:12:34.541276	Apple_43:90:ad	Cisco_70:aa:bf	EAP	Response, Protected EAP (EAP-PEAP)
21	2017-11-22 13:12:34.547166	Cisco_70:aa:bf	Apple_43:90:ad	TLSv1.2	Server Hello, Certificate, Server Key Exchange, Serv…
22	2017-11-22 13:12:34.548235	Apple_43:90:ad	Cisco_70:aa:bf	EAP	Response, Protected EAP (EAP-PEAP)
24	2017-11-22 13:12:34.553950	Cisco_70:aa:bf	Apple_43:90:ad	TLSv1.2	Server Hello, Certificate, Server Key Exchange, Serv…
25	2017-11-22 13:12:34.556025	Apple_43:90:ad	Cisco_70:aa:bf	EAP	Response, Protected EAP (EAP-PEAP)
27	2017-11-22 13:12:34.560205	Cisco_70:aa:bf	Apple_43:90:ad	TLSv1.2	Server Hello, Certificate, Server Key Exchange, Serv…
28	2017-11-22 13:12:34.563027	Apple_43:90:ad	Cisco_70:aa:bf	EAP	Response, Protected EAP (EAP-PEAP)
30	2017-11-22 13:12:34.567549	Cisco_70:aa:bf	Apple_43:90:ad	TLSv1.2	Server Hello, Certificate, Server Key Exchange, Serv…
31	2017-11-22 13:12:34.577214	Apple_43:90:ad	Cisco_70:aa:bf	TLSv1.2	Client Key Exchange, Change Cipher Spec, Encrypted H…
33	2017-11-22 13:12:34.584050	Cisco_70:aa:bf	Apple_43:90:ad	TLSv1.2	Change Cipher Spec, Encrypted Handshake Message
34	2017-11-22 13:12:34.587696	Apple_43:90:ad	Cisco_70:aa:bf	EAP	Response, Protected EAP (EAP-PEAP)
36	2017-11-22 13:12:34.592117	Cisco_70:aa:bf	Apple_43:90:ad	TLSv1.2	Application Data
37	2017-11-22 13:12:34.594082	Apple_43:90:ad	Cisco_70:aa:bf	TLSv1.2	Application Data
39	2017-11-22 13:12:34.599355	Cisco_70:aa:bf	Apple_43:90:ad	TLSv1.2	Application Data
40	2017-11-22 13:12:34.601265	Apple_43:90:ad	Cisco_70:aa:bf	TLSv1.2	Application Data
42	2017-11-22 13:12:34.616438	Cisco_70:aa:bf	Apple_43:90:ad	TLSv1.2	Application Data
43	2017-11-22 13:12:34.619179	Apple_43:90:ad	Cisco_70:aa:bf	TLSv1.2	Application Data
45	2017-11-22 13:12:34.623411	Cisco_70:aa:bf	Apple_43:90:ad	TLSv1.2	Application Data
46	2017-11-22 13:12:34.625549	Apple_43:90:ad	Cisco_70:aa:bf	EAP	Response, Protected EAP (EAP-PEAP)
48	2017-11-22 13:12:34.728888	Cisco_70:aa:bf	Apple_43:90:ad	EAP	Success

图 9.17　EAP 认证过程

➢ 48#数据包：该 EAP 数据包由 AP 发出，其包头的代码字段值为 3，如图 9.18 所示，表示 EAP 认证成功。

```
▶ Frame 48: 71 bytes on wire (568 bits), 71 bytes captured (568 bits) on interface 0
▶ Radiotap Header v0, Length 25
▶ 802.11 radio information
▶ IEEE 802.11 QoS Data, Flags: ......F.C
▶ Logical-Link Control
▼ 802.1X Authentication
    Version: 802.1X-2004 (2)
    Type: EAP Packet (0)
    Length: 4
▼ Extensible Authentication Protocol
    Code: Success (3)
    Id: 197
    Length: 4
```

图 9.18　EAP 数据包包头的代码字段值为 3，表示 EAP 验证成功

EAP 验证顺利完成之后，无线工作站和 AP 还得完成 4 次握手，意在让两种设备独立证明自身的合法性，且无需公开之前的共享密钥，如图 9.19 所示。这可让无线网络免受任何形式的无赖 AP 的危害。4 次握手执行完毕之后，无线工作站才可以访问无线网络内的数据。

eapol.keydes.type == 2

No.	Time	Source	Destination	Protocol	Info
49	2017-11-22 13:12:34.729182	Cisco_70:aa:bf	Apple_43:90:ad	EAPOL	Key (Message 1 of 4)
50	2017-11-22 13:12:34.729886	Apple_43:90:ad	Cisco_70:aa:bf	EAPOL	Key (Message 2 of 4)
52	2017-11-22 13:12:34.731210	Cisco_70:aa:bf	Apple_43:90:ad	EAPOL	Key (Message 3 of 4)
53	2017-11-22 13:12:34.731904	Apple_43:90:ad	Cisco_70:aa:bf	EAPOL	Key (Message 4 of 4)

图 9.19　4 次握手

9.4.4 拾遗补缺

Riverbed 公司的 AirPcap

在之前讨论的场景中，Apple 设备（一台 Apple Mac 笔记本电脑）要求采用并执行了一种非常特殊的身份验证和封装方法。还可以使用市面上有售的各种商业工具（比如，Riverbed 公司出品的 AirPcap 无线网络适配器[可与 Wireshark 紧密结合]以及 SteelCentral 数据包分析仪）来进行抓包分析。Riverbed 公司的产品包可生成全面的报告，并达到完全可视化的效果。

在无线工作站、AP 及控制器之间抓取流量的更多手段

本章前文只涉及无线工作站和 AP 之间的交互，以及相关的流量抓取。Cisco 和 Aruba/HPE 等无线设备厂商出品的 AP 和/或无线控制器还能以嗅探（sniffer）模式运行。在这种模式下运行时，AP/WLC 会发出特殊的 UDP 流量（目的 UDP 端口号可以指定，比如，5555）。在安装了 Wireshark 的无线工作站上，可配置显示过滤器（指明目的 UDP 端口号 5555）来抓取并筛选出这种流量，Wireshark 版本 2 会将这种流量解码为 peekremote（Wireshark 版本 1 会解码为 airopeek）流量。能抓到这样的流量，不但可以确认 AP 和无线工作站之间畅通无阻，还能用来验证无线网络的各种射频/链路层参数。

在正常情况下，无线工作站和 AP 之间的所有控制/数据流量的净载均已加密，用 Wireshark 无法解密。建议读者在遇到重大无线网络故障时联系相关厂商，看看有没有可能在 AP/WLC 上解密这些流量。

此外，当采用集中部署模式时，AP 和 WLC 之间的数据/控制流量都会通过 CAPWAP 隧道传输。可用 Wireshark 抓取并解码经过 CAPWAP 封装的流量（抓包方式类似于抓取同一网络内两台 PC 之间的流量）。

注 意

要想用 Wireshark 解码 CAPWAP 控制流量，请在 Wireshark 主窗口中选择 Preferences | Protocols | CAPWAP-CONTROL，勾选右边的 Cisco Wireless Controller Support 复选框。若取消勾选该复选框，Wireshark 在显示 CAPWAP 控制数据包时，会将其标为畸形（malformed）数据包。

第 10 章 网络层协议及其运作方式

本章涵盖以下内容：

- IPv4 协议的运作原理；
- IPv4 地址解析协议的运作方式及故障排除；
- ICMP 协议的运作方式及故障分析/排除；
- IPv4 单播路由选择的运作方式及故障分析；
- 与 IP 数据包分片有关的故障分析；
- IPv4 多播路由选择运作原理；
- IPv6 协议的运作原理；
- IPv6 扩展头部；
- ICMPv6 协议的运作方式及故障分析/排除；
- IPv6 自动配置特性；
- 基于 DHCPv6 的地址配置；
- IPv6 邻居发现协议的运作原理和故障分析。

10.1 简介

本章聚焦于 OSI 参考模型的第 3 层，会讲解如何用 Wireshark 观察第 3 层协议（IPv4/IPv6）的举动以及如何分析单、多播数据包。此外，还将介绍 IPv4 地址解析协议（ARP）、IPv6 邻居发现协议（ND）以及动态/无状态 IPv6 地址配置机制，同时会探讨如何排除与上述协议和机制有关的故障。

读完本章，读者将会掌握如何用 Wireshark 分析并排除端到端的 IPv4 和 IPv6 单、多播连通性故障。

虽然排除网络故障的方法多种多样，但最实用和最有效的方法莫过于自下而上的排障方法了。该方法始于 OSI 参考模型的最底层（物理层）。当端点之间丧失连通性时，采用该方法的排障思路是：先检查最底层的要素，并依次检查较高一层，直至查明故障原因。图 10.1 所示为自下而上的排障思路。

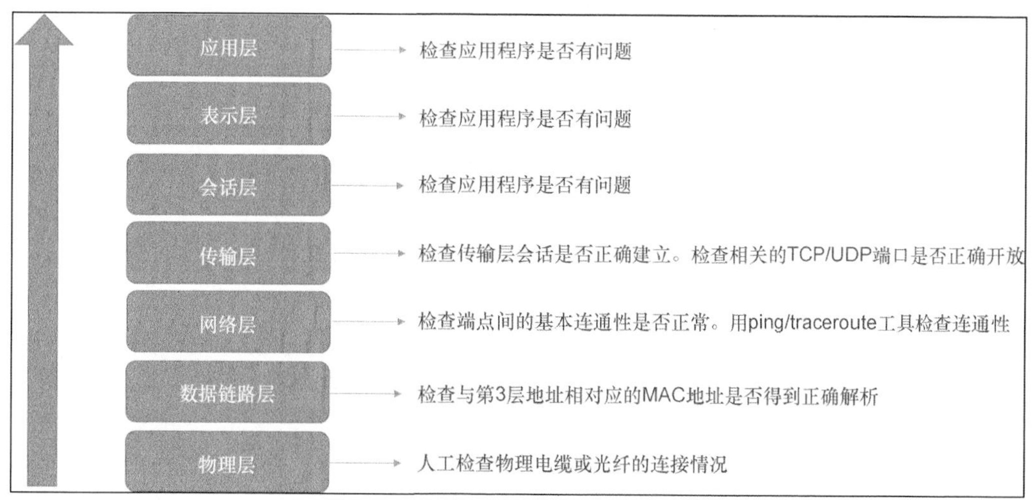

图 10.1　ISO 自下而上的网络故障排除方法

10.1.1　IPv4 协议的运作原理

在 OSI 参考模型中，网络层的作用是通过网络层地址让设备具备全局唯一性，同时让分属不同网络的末端系统之间建立连接，传送数据。网络层还要负责从上层（传输层）接收报文段，用包含源、目标识符的网络层头部封装报文段，并将封装后的数据包转发至远程末端系统。

IP 是一种网络层协议，最常用的网络层协议是 IPv4 协议[1]。IPv4 包头的格式如图 10.2 所示。

图 10.3 所示为 Wireshark 抓到的 IPv4 数据包的包头的样子。

1　译者注：原文是“IP is the network layer protocol and is the most commonly deployed network layer protocol of the internet and other network is IPv4”。

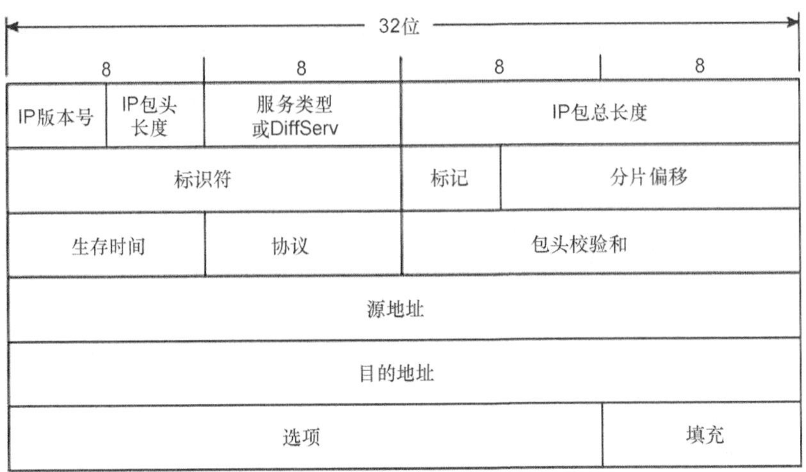

图 10.2　IPv4 数据包包头的格式

```
▽ Internet Protocol Version 4, Src: 10.0.0.1 (10.0.0.1), Dst: 10.0.0.101 (10.0.0.101)
    Version: 4
    Header Length: 20 bytes
  ▽ Differentiated Services Field: 0x00 (DSCP 0x00: Default; ECN: 0x00: Not-ECT (Not ECN-Capable Transport))
      0000 00.. = Differentiated Services Codepoint: Default (0x00)
      .... ..00 = Explicit Congestion Notification: Not-ECT (Not ECN-Capable Transport) (0x00)
    Total Length: 100
    Identification: 0x002e (46)
  ▽ Flags: 0x00
      0... .... = Reserved bit: Not set
      .0.. .... = Don't fragment: Not set
      ..0. .... = More fragments: Not set
    Fragment offset: 0
    Time to live: 255
    Protocol: ICMP (1)
  ▽ Header checksum: 0xa705 [validation disabled]
      [Good: False]
      [Bad: False]
    Source: 10.0.0.1 (10.0.0.1)
    Destination: 10.0.0.101 (10.0.0.101)
    [Source GeoIP: Unknown]
    [Destination GeoIP: Unknown]
```

图 10.3　IPv4 数据包的包头结构

10.1.2　IP 编址

IPv4 地址是分配给 IP 网络内每台联网设备的逻辑网络层标识符，在该 IP 网络内具备唯一性。IPv4 地址是一个长度为 32 位的标识符，分为网络 ID 部分和主机 ID 部分，其格式如图 10.4 所示。

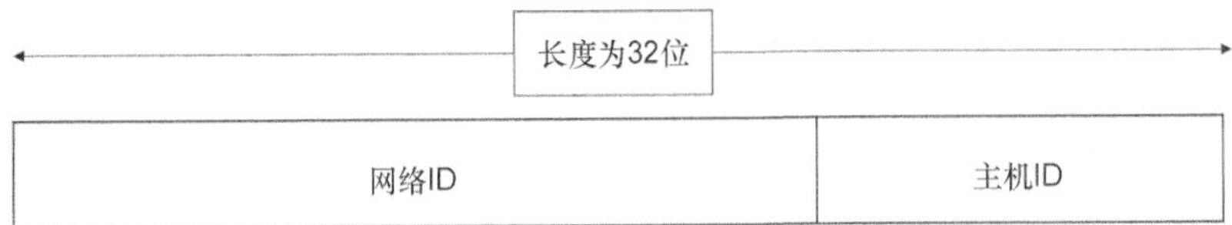

图 10.4　IPv4 地址格式

网络 ID 用来标识主机所在 IP 网络。同一 IP 网络内的所有节点共享相同的网络 ID[1]。主机 ID 用来标识同一 IP 网络内的每台主机。在为同一网络内的节点分配 IP 地址时，每个节点的主机 ID 必须具备唯一性。子网掩码总是会随 IP 地址一起分配给主机，子网掩码的作用是指明 IP 地址的网络 ID 部分。比方说，若 IP 地址 10.0.0.1 的子网掩码为 255.255.255.0，则表示该 IP 地址的前三个字节为网络 ID，最后一个字节为主机 ID。

虽然 IPv4 地址的长度是 32 位（二进制），但总会用点分十进制来表示。具体的表示方法为：先将一个长度 32 位的 IP 地址按 8 位编组分为 4 个字节，再将每个字节的 8 位二进制数转换为十进制数，最后将那 4 个十进制数用“.”隔开。

IPv4 地址可分为以下 3 种类型。

- **单播地址**：用于点对点通信，按此通信方式，数据将会从某一发送节点传送至相同或不同网络内的某一接收节点。IPv4 单播地址的范围为 1.0.0.0～223.255.255.255。
- **多播地址**：用于点对多点通信，按此通信方式，数据将会从某一发送节点传送至相同或不同网络内的多个接收节点。IPv4 多播地址的范围为 224.0.0.0～239.255.255.255。
- **广播地址**：用于点对多点通信，按此通信方式，数据将会从某一发送节点传送至同一网络内的所有接收节点。每个 IP 子网的最后一个 IP 地址就是 IP 广播地址。IP 地址 255.255.255.255 名为有限广播地址。

10.2 IPv4 地址解析协议的运作方式及故障排除

Ethernet（以太网技术）是一种最受欢迎的主流 LAN（局域网）技术，数据传输速率低至 10Mbit/s，高至 400Gbit/s。Ethernet 数据链路层协议用 48 位 MAC 地址作为数据链路层标识符。本节将探讨 IPv4 ARP 的运作方式及故障排除。

10.2.1 准备工作

按照自下而上的排障方法，要想解决任何一个 IP 连通性问题，首先得确保能把相关主机的 IP 地址通过 ARP 成功解析为对应的 MAC 地址。

10.2.2 排障方法

请看图 10.5 所示的 LAN 拓扑。

在图 10.5 所示 LAN 内，假设 PC1 尝试访问 PC2。

1．在 PC1（10.1.1.101）上 ping PC2（10.1.1.102）。若 PC1 对 PC2 的 MAC 地址不得而知，

1 译者注：这句正确的的表达方式应该是“为同一 IP 网络内的所有节点分配的 IP 地址的网络 ID 相同”。

便会发出 ARP 请求数据包，目的是获悉 PC2 的 MAC 地址[1]。

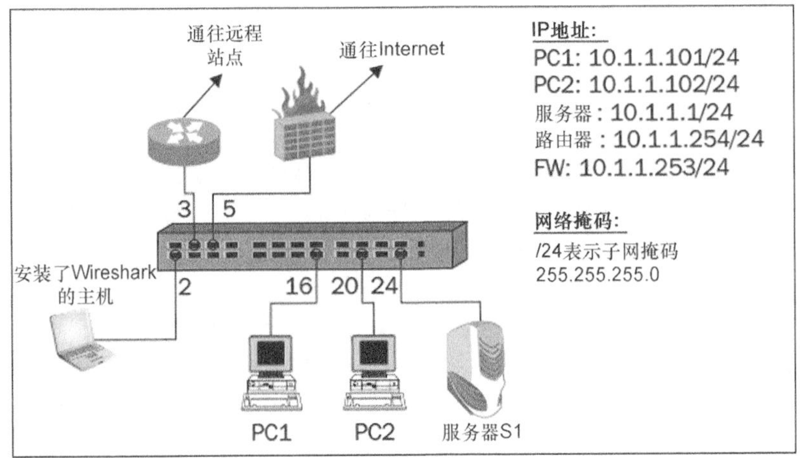

图 10.5　LAN 拓扑

2. 在 PC1 上执行 arp-a 命令，检查其 ARP 缓存表，看看能否发现与 IP 地址 10.1.1.102 相对应的 MAC 地址。

3. 如能发现，则表示 PC1 发出了 ARP 请求数据包，并收到了 PC2 回复的 ARP 应答数据包。

4. 如未发现，请将 Wireshark 主机连接到交换机上的一个空闲端口，开启交换机的端口镜像功能，开始抓包。应该将连接 PC1 和 PC2 的交换机端口的入向和出向流量重定向给 Wireshark 主机。图 10.6 所示为 Wireshark 抓到的 ARP 数据包。

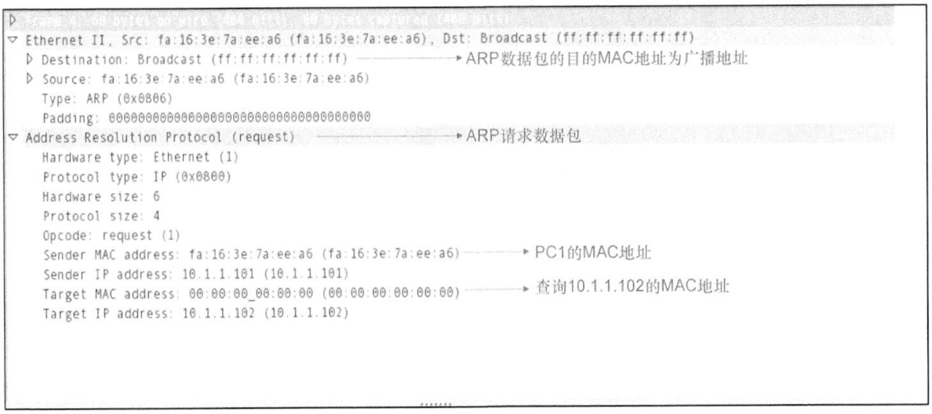

```
▷
▽ Ethernet II, Src: fa:16:3e:7a:ee:a6 (fa:16:3e:7a:ee:a6), Dst: Broadcast (ff:ff:ff:ff:ff:ff)
  ▷ Destination: Broadcast (ff:ff:ff:ff:ff:ff) ────────→ARP数据包的目的MAC地址为广播地址
  ▷ Source: fa:16:3e:7a:ee:a6 (fa:16:3e:7a:ee:a6)
    Type: ARP (0x0806)
    Padding: 000000000000000000000000000000000000
▽ Address Resolution Protocol (request) ────────→ARP请求数据包
    Hardware type: Ethernet (1)
    Protocol type: IP (0x0800)
    Hardware size: 6
    Protocol size: 4
    Opcode: request (1)
    Sender MAC address: fa:16:3e:7a:ee:a6 (fa:16:3e:7a:ee:a6) ────→PC1的MAC地址
    Sender IP address: 10.1.1.101 (10.1.1.101)
    Target MAC address: 00:00:00_00:00:00 (00:00:00:00:00:00) ────→查询10.1.1.102的MAC地址
    Target IP address: 10.1.1.102 (10.1.1.102)
```

图 10.6　Wireshark 抓到的 ARP 请求数据包

1　译者注：原文是“Trigger ping probes from PC1 (10.1.1.101) to PC2 (10.1.1.102). This will trigger an ARP request from PC1 to PC2”。第一句是废话；第二句直译为“这将触发从 PC1 到 PC2 的 ARP 请求”。

5．查看 Wireshark 是否抓到了 PC1 发出的 ARP 请求数据包。由图 10.6 可知，PC1 发出了 ARP 请求数据包。ARP 数据包的目的 MAC 地址为广播地址 ff.ff.ff.ff.ff.ff，读者想必已经注意到了。

- 若只从连接 PC1 的交换机端口的入向抓到了该 ARP 请求数据包，但未从连接 PC2 的交换机端口的出向抓到，则很有可能是交换机丢弃了 ARP 数据包。
- 若从连接 PC1 的交换机端口的入向也未抓到该 ARP 请求数据包，请检查 PC1 和交换机之间的物理线缆。
- 若从连接 PC1 和 PC2 的交换机端口都抓到了 ARP 请求数据包，但却未抓到 ARP 应答数据包，请检查 PC2。

```
▽ Ethernet II, Src: fa:16:3e:ce:50:b0 (fa:16:3e:ce:50:b0), Dst: fa:16:3e:7a:ee:a6 (fa:16:3e:7a:ee:a6)
  ▷ Destination: fa:16:3e:7a:ee:a6 (fa:16:3e:7a:ee:a6)
  ▷ Source: fa:16:3e:ce:50:b0 (fa:16:3e:ce:50:b0)
    Type: ARP (0x0806)
    Padding: 000000000000000000000000000000000000
▽ Address Resolution Protocol (reply)
    Hardware type: Ethernet (1)
    Protocol type: IP (0x0800)
    Hardware size: 6
    Protocol size: 4
    Opcode: reply (2)
    Sender MAC address: fa:16:3e:ce:50:b0 (fa:16:3e:ce:50:b0)
    Sender IP address: 10.1.1.102 (10.1.1.102)
    Target MAC address: fa:16:3e:7a:ee:a6 (fa:16:3e:7a:ee:a6)
    Target IP address: 10.1.1.101 (10.1.1.101)
```

ARP应答数据包的目的MAC地址是单播地址：PC1的MAC地址

ARP应答数据包

PC2的MAC地址

PC1的MAC地址

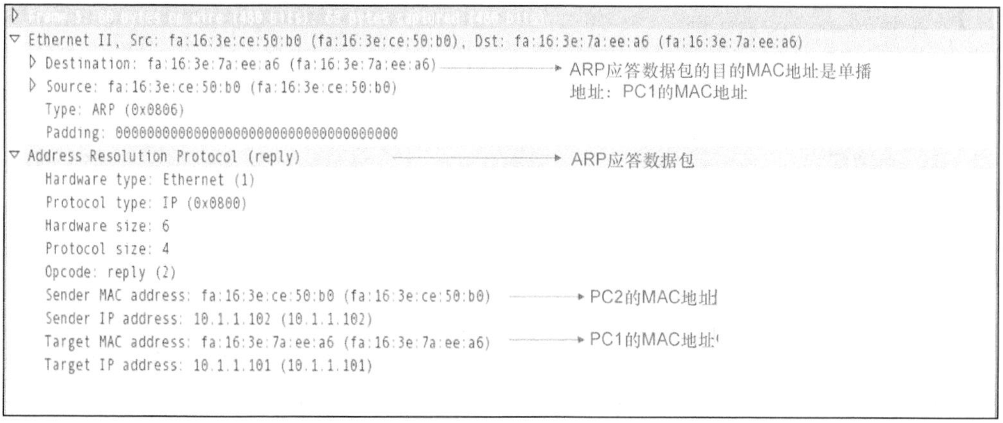

图 10.7　Wireshark 抓到的 ARP 应答数据包

6．检查 Wireshark 是否抓到了 ARP 应答数据包。图 10.7 所示为 PC2 发给 PC1 的 ARP 应答数据包的格式。可以看出，该 ARP 应答数据包将会以单播方式发往 PC1 的 MAC 地址。

- 若从连接 PC2 的交换机端口的入向抓到了 ARP 应答数据包，但未从连接 PC1 的交换机端口的出向抓到，则极有可能是交换机丢弃了 ARP 应答数据包。
- 若从连接 PC2 的交换机端口的入向也未抓到 ARP 应答数据包，请检查 PC2 和交换机之间的物理线缆。
- 若从连接 PC1 和 PC2 的两个交换机端口都抓到了 ARP 应答数据包，但 PC1 的 ARP 缓存表中没有相应的 ARP 记录，请检查 PC1。

表 10.1 所列为与 ARP 有关的显示过滤器。

表 10.1　　　　　　　　　　Wireshark ARP 相关显示过滤器

显示过滤表达式	描　　述	显示过滤器示例
Arp	从抓包文件中筛选出所有 ARP 数据包	arp
arp.opcode==<opcode>	根据 ARP 数据包中 Opcode 字段值来筛选数据包。Opcode 字段值为 1，表示所有 ARP 请求数据包；Opcode 字段值为 2，表示所有 ARP 应答数据包	arp.opcode==1 arp.opcode==2
arp.src.hw_mac==<mac>	根据 ARP 数据包中“Sender hardware address”字段值来筛选数据包	arp.src.hw_mac== fa:16:3e:ce:50:b0
arp.dst.hw_mac==<mac>	根据 ARP 数据包中“Target hardware address”字段值来筛选数据包	arp.dst.hw_mac== Fa:16:3e:ce:50:b0
arp.isgratuitous==<>	从抓包文件中筛选出所有免费（Gratuitous）ARP 数据包	arp.isgratuitous==true

1. ARP 攻击和缓解措施

ARP 是一种非常简单的协议，并没有内置任何身份验证或其他安全机制，很容易遭到攻击。网络中的恶意之徒既可以利用 ARP 来发动 ARP 中毒攻击，从而达到窃取数据的目的，也可以先执行 ARP 扫描，再发展为拒绝服务（DoS）攻击。本节将介绍各种基于 ARP 的攻击手段，并讲解如何使用 Wireshark 来检测这些攻击。

ARP 中毒和中间人（Man-in-the-Middle）攻击

攻击者用其主机太网卡的 MAC 地址来污染受攻击主机的 ARP 缓存，是中间人攻击的一种手段。ARP 缓存一旦受到污染，每台受攻击主机只要与其他设备通信，其所有流量便会被攻击主机所截取。攻击主机在读取流量之后，还可以奉还给实际的目的主机。

之所以把上述攻击手段归为中间人攻击，是因为攻击设备位居任意两台受攻击设备的通信路径之间。此外，由于发动攻击的主机能用错误信息来污染受攻击主机的 ARP 缓存，因此也有人把这种攻击手段称为 ARP 中毒。

图 10.8 所示为这一中间人攻击的示例。

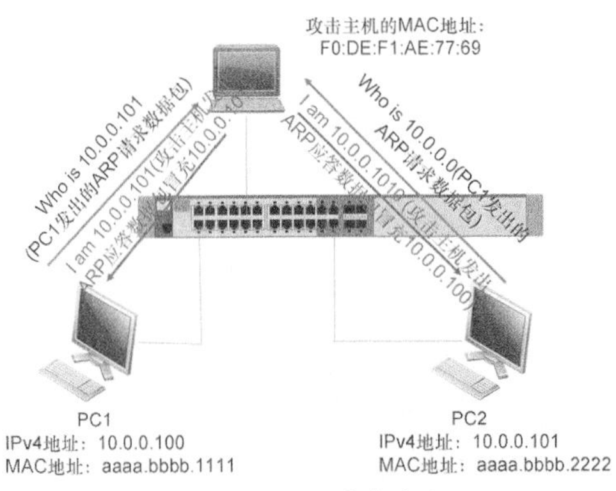

图 10.8　ARP 中毒攻击

图 10.9 所示为发动 ARP 中毒攻击的同时，Wireshark 抓到的相关数据包。

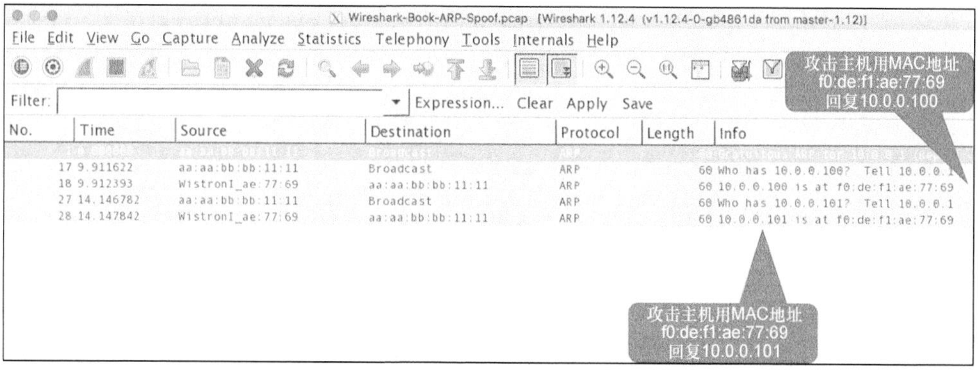

No.	Time	Source	Destination	Protocol	Length	Info
17	9.911622	aa:aa:bb:bb:11:11	Broadcast	ARP	60	Who has 10.0.0.100? Tell 10.0.0.1
18	9.912393	WistronI_ae:77:69	aa:aa:bb:bb:11:11	ARP	60	10.0.0.100 is at f0:de:f1:ae:77:69
27	14.146782	aa:aa:bb:bb:11:11	Broadcast	ARP	60	Who has 10.0.0.101? Tell 10.0.0.1
28	14.147842	WistronI_ae:77:69	aa:aa:bb:bb:11:11	ARP	60	10.0.0.101 is at f0:de:f1:ae:77:69

图 10.9　遭受 ARP 中毒（欺骗）攻击期间，Wireshark 抓到的相关数据包

由图 10.9 可知，攻击主机发出包含 MAC 地址 f0:de:f1:ae:77:69 的 ARP 应答数据包，来回应 IP 为 10.0.0.100 和 10.0.0.101 的主机发出的 ARP 请求数据包。在生产网络内，Wireshark 可能会在几秒钟之内抓到成千上万个数据包，可应用显示过滤器，来筛选出自己感兴趣的数据包。

免费 ARP

当一主机欲验证其 IP 地址是否与其他主机冲突时，便会发出一种特殊的 ARP 数据包——免费 ARP（Gratuitous ARP，GARP）数据包。这种 ARP 数据包的 Sender IP address 字段值与 Target IP address 字段值相同，如图 10.10 所示。网络中存在 GARP 数据包，并不表示发生了异常情况。有些设备会主动发出 GARP 数据包。比如，某些厂商的家用宽带路由器会定期发送免费 ARP 数据包，目的是要刷新内网主机的 ARP 缓存，使其避免遭受 ARP 欺骗攻击。GARP 数据包的目的 MAC 地址为广播地址。

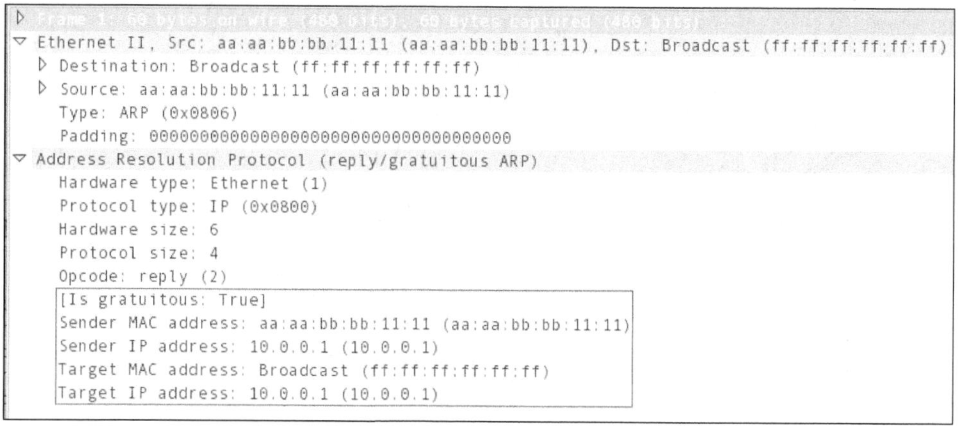

```
▷ Frame 1: 60 bytes on wire (480 bits), 60 bytes captured (480 bits)
▽ Ethernet II, Src: aa:aa:bb:bb:11:11 (aa:aa:bb:bb:11:11), Dst: Broadcast (ff:ff:ff:ff:ff:ff)
  ▷ Destination: Broadcast (ff:ff:ff:ff:ff:ff)
  ▷ Source: aa:aa:bb:bb:11:11 (aa:aa:bb:bb:11:11)
    Type: ARP (0x0806)
    Padding: 000000000000000000000000000000000000
▽ Address Resolution Protocol (reply/gratuitous ARP)
    Hardware type: Ethernet (1)
    Protocol type: IP (0x0800)
    Hardware size: 6
    Protocol size: 4
    Opcode: reply (2)
    [Is gratuitous: True]
    Sender MAC address: aa:aa:bb:bb:11:11 (aa:aa:bb:bb:11:11)
    Sender IP address: 10.0.0.1 (10.0.0.1)
    Target MAC address: Broadcast (ff:ff:ff:ff:ff:ff)
    Target IP address: 10.0.0.1 (10.0.0.1)
```

图 10.10　GARP 数据包

虽然在生产网络中应该能够抓到 GARP 数据包，但恶意之徒也可以释放包含任一 IP 地址

外加本机 MAC 地址的 GARP 数据包，来达到窃取数据的目的。

可应用 Wireshark 显示过滤器 arp.isgratuitous，从包含海量数据包的抓包文件中筛选出 GARP 数据包，如图 10.11 所示。

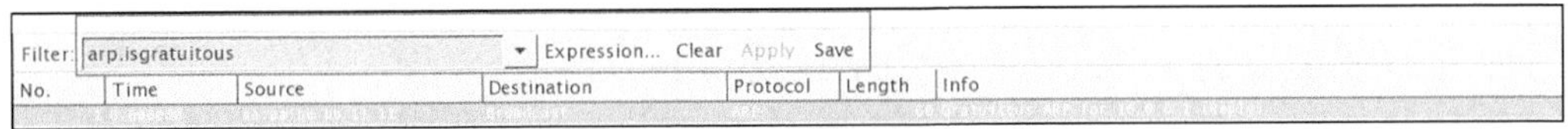

图 10.11 用来筛选 GARP 数据包的显示过滤器

基于 ARP 扫描的 DoS 攻击

为了建立网络设备清单，网管人员的一般做法是发出 ARP 请求数据包，扫描子网内的所有 IP 地址。在这种情况下，由网管系统生成的 ARP 请求数据包的 Target hardware address 字段值将不断改变，但 Sender IP address 和 Sender hardware address 字段值将始终保持不变，分别为安装管理系统的服务器的 IP 地址和 MAC 地址。收到 ARP 请求数据包之后，末端主机会提取其中的 Sender IP address 和 Sender hardware address 字段值，来填充本机 ARP 缓存表。这也是末端主机的默认行为，目的是为了提高通信效率。可惜，任何恶意之徒都可以利用这一默认行为发动 ARP 扫描攻击。具体的攻击手法是，在发出 ARP 请求数据包时不停地更改 Sender IP address 和 Sender hardware address 字段值，最终达到污染 LAN 网络内所有末端主机的 ARP 缓存表的目的。

IPv4 LAN 的正常运作离不开 ARP 请求和 ARP 应答这两种数据包。以下所列为作者对这种 ARP 数据包的某些看法。

- ARP 请求数据包源于多个不同的 MAC 地址（即源 MAC 地址字段值多有不同）。
  - ✓ 这大多属于正常情况——ARP 请求数据包是 LAN 中 IP 设备间相互通信的支柱，但前提是数目不能过多[1]。
  - ✓ 若发出 ARP 请求数据包的设备的 MAC 地址未在本 LAN 的网络设备清单里登记，则很有可能是攻击。
- ARP 请求数据包大都源自于单一 MAC 地址。
  - ✓ 若该 MAC 地址归安装了网管系统的服务器所有，则纯属正常。
  - ✓ 若该 MAC 地址归一台宽带路由器所有，则可能是该路由器在执行网络扫描。
  - ✓ 要是无法确定该 MAC 地址归哪台设备所有，则网络很有可能正面临着蠕虫病毒或 ARP 中毒攻击。请务必仔细查找原因[2]！

---

1 译者注：原文是“If the sources are legitimate, it is a normal operation”，译文未按原文翻译。

2 译者注：原文是“If the source is not legitimate, it could be an attack”。

可使用 Wireshark Statistics 菜单中的某些工具来辨别网络是否正面临 ARP 扫描。请在 Statistics 菜单中点击 Protocol Hierarchy 菜单项，结果如图 10.12 所示。通过观察 Protocol Hierarchy Statistics 窗口中 ARP 帧的占比情况，即可了解到网络内是否正面临任何 ARP 扫描攻击。

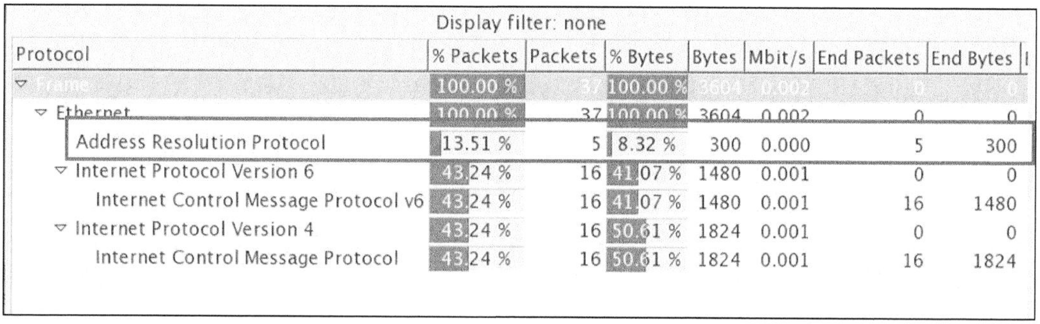

Display filter: none

Protocol	% Packets	Packets	% Bytes	Bytes	Mbit/s	End Packets	End Bytes
▽ Frame	100.00 %	37	100.00 %	3604	0.002	0	0
▽ Ethernet	100.00 %	37	100.00 %	3604	0.002	0	0
Address Resolution Protocol	13.51 %	5	8.32 %	300	0.000	5	300
▽ Internet Protocol Version 6	43.24 %	16	41.07 %	1480	0.001	0	0
Internet Control Message Protocol v6	43.24 %	16	41.07 %	1480	0.001	16	1480
▽ Internet Protocol Version 4	43.24 %	16	50.61 %	1824	0.001	0	0
Internet Control Message Protocol	43.24 %	16	50.61 %	1824	0.001	16	1824

图 10.12　Statistics 菜单中 Protocol Hierarchy 工具

10.2.3　幕后原理

LAN 内的 IP 主机之间要想互相通信，除了要知道对方主机的 IPv4 或 IPv6 地址（目的 IP 地址）以外，还得获悉其 48 位 MAC 地址。

ARP 的用途就是根据已知目的主机的 IPv4 地址，解析出与其对应的 MAC 地址。ARP 数据包的格式如图 10.13 所示。

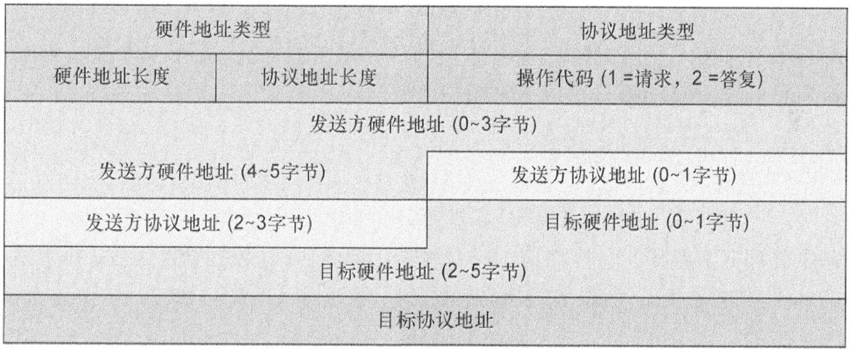

<table>
<tr><td colspan="2">硬件地址类型</td><td colspan="2">协议地址类型</td></tr>
<tr><td>硬件地址长度</td><td>协议地址长度</td><td colspan="2">操作代码 (1 =请求，2 =答复)</td></tr>
<tr><td colspan="4">发送方硬件地址 (0~3字节)</td></tr>
<tr><td colspan="2">发送方硬件地址 (4~5字节)</td><td colspan="2">发送方协议地址 (0~1字节)</td></tr>
<tr><td colspan="2">发送方协议地址 (2~3字节)</td><td colspan="2">目标硬件地址 (0~1字节)</td></tr>
<tr><td colspan="4">目标硬件地址 (2~5字节)</td></tr>
<tr><td colspan="4">目标协议地址</td></tr>
</table>

图 10.13　ARP 数据包的格式

执行 MAC 地址解析的节点会发出目的 MAC 地址为广播地址（ff.ff.ff.ff.ff.ff）的 ARP 请求数据包。在 ARP 请求数据包中，操作代码字段值为 1，发送方硬件地址字段值为发出该 ARP 请求数据包的节点的 MAC 地址，发送方协议地址字段值为发出该 ARP 请求数据包的节点的 IP 地址，目标硬件地址字段值为 0，目标协议地址字段值为 MAC 地址解析对象的 IP 地址。

响应节点（MAC 地址解析对象）将以单播方式（向执行 MAC 地址解析的节点）回复操作代码字段值为 2 的 ARP 应答数据包。

注意

由于 ARP 数据包的目的 MAC 地址是广播地址，因此 ARP 协议的作用域仅为本地 LAN。要想向本 IP 子网内（MAC 地址未知、IP 地址已知）的主机发送 IP 数据包（数据包的源 IP 地址和目的 IP 地址隶属同一 IP 子网），就得先行发送 ARP 请求数据包，解析出相应主机的 MAC 地址。要想向本 IP 子网之外的主机发送 IP 数据包（数据包的源 IP 地址和目的 IP 地址分属不同 IP 子网），也得先行发送 ARP 请求数据包，解析出本子网中默认网关（出口路由器）的 MAC 地址。

10.3 ICMP 协议的运作方式及故障分析/排除

Internet 控制消息协议（ICMP）是一种网络层协议，主要用途是为 IP 协议提供报错及诊断信息。ping 和 traceroute 便是仰仗 ICMP 消息来检测并报告 IP 协议故障的实用工具。ICMP 消息在网络中传播时要套上标准的 IP 包头。对一个 ICMP 数据包而言，其 IP 包头的协议类型字段值为 1，IP 包头之后紧跟 ICMP 净载。ICMP 消息的格式如图 10.14 所示。

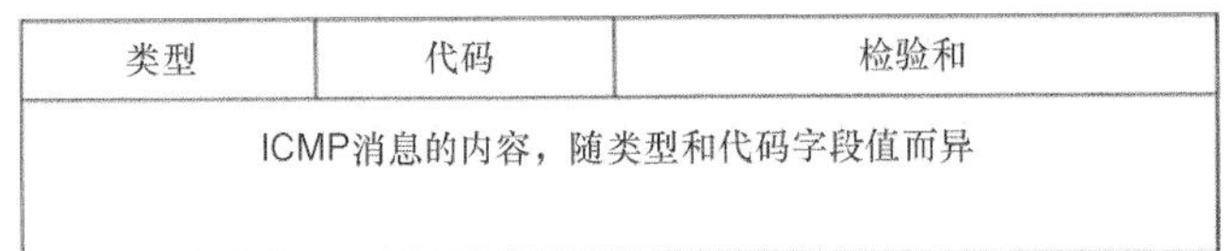

图 10.14　ICMP 消息的格式

在各种 ICMP 消息中，用来验证网络连通性的是 ICMP echo request 和 echo reply 消息，这两种 ICMP 消息的类型字段值分别为 8 和 0。

10.3.1 排障准备

按照自下而上的排障方法，解决末端应用程序故障（比如，Web 服务或 Mail 服务故障）时，应首先检查数据链路层。一旦按照上一节所述步骤检查过数据链路层之后，就应该去检查端点之间的网络层连通性了，常用的故障检测及排查工具（比如，ping 和 traceroute）在这个阶段会派上大用场。

10.3.2 排障方法

请看图 10.15 所示的 IPv4 网络。

在图 10.15 所示的网络中，在 PC1 上 ping PC2，所生成的 ICMP 数据包的以太网帧头和 IP 包头的源、目地址字段值分别是 PC1 和 PC2 的 MAC 地址和 IP 地址，因为 PC1 和 PC2 隶属同一个 LAN（IP 子网）[1]。

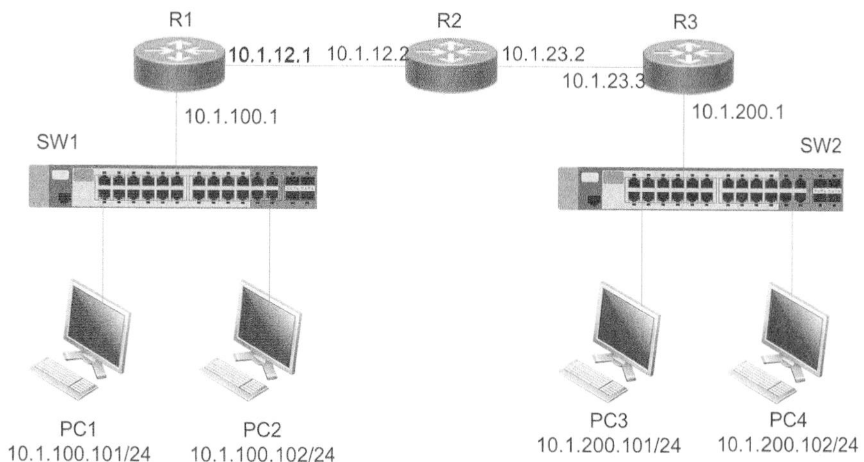

图 10.15　IPv4 网络拓扑

1. 在 PC1（10.1.100.101）上 ping PC2（10.1.100.102），会导致 PC1 向 PC2 发出 ICMP echo request 消息。
2. 若执行 ping 命令的终端窗口出现 time out 字样，就表示 PC1 未收到 PC2 回复的 ICMP echo reply 消息，请继续在 PC1 的终端窗口内执行 arp–a 命令，验证 PC2 的 MAC 地址是否在本机 ARP 缓存表中现身[2]。
3. 请将 Wireshark 主机连接到 SW1 上的一个空闲端口，开启交换机的端口镜像功能，开始抓包。
4. 检查 Wireshark 是否抓到了 PC1 发出的 ICMP echo request 消息。图 10.16 所示为 Wireshark 抓到的 PC1 发往 PC2 的 ICMP echo request 消息。
    - 若从连接 PC1 和 PC2 的交换机端口都抓到了 PC1 发往 PC2 的 ICMP echo request 消息，但未抓到 PC2 回复的 ICMP echo reply 消息，请登录 PC2，检查其防火墙等相关设置。
    - 若从连接 PC1 的交换机端口抓到了 PC2 回复的 ICMP echo reply 消息，但从连接

1　译者注：原文是“In the preceding diagram, when a Ping probe is triggered from PC1 to PC2, there will not be any change in IP or Ethernet header from PC1 to PC2 as they both are in same LAN”。作者所说的“change”（变化）可能是指，当 PC1 和 PC2 不隶属同一 IP 子网时，在 PC1 上 ping PC2，所生成的数据包的以太网帧头的目的 MAC 地址字段值将不再是 PC2 的 MAC 地址，而是网关路由器以太网接口的 MAC 地址。

2　译者注：原文为“If there is no echo reply from PC2, make sure that the MAC address for PC2 is populated in the local ARP cache table”。译文酌改。

PC2 的端口未抓到，请检查交换机 SW1 是否丢弃了该 ICMP 消息。

- 若从连接 PC1 的端口也未抓到 ICMP echo request 消息，请检查 PC1 和 SW1 之间的物理线缆。

```
▽ Internet Protocol Version 4, Src: 10.1.100.101 (10.1.100.101), Dst: 10.1.100.102 (10.1.100.102)
    Version: 4
    Header Length: 20 bytes
  ▷ Differentiated Services Field: 0x00 (DSCP 0x00: Default; ECN: 0x00: Not-ECT (Not ECN-Capable Transport))
    Total Length: 100
    Identification: 0x001d (29)
  ▷ Flags: 0x00
    Fragment offset: 0
    Time to live: 255
    Protocol: ICMP (1) ——————→ 协议类型字段值为1，表示IP包头后封装的是ICMP消息
  ▷ Header checksum: 0xdeae [validation disabled]
    Source: 10.1.100.101 (10.1.100.101)
    Destination: 10.1.100.102 (10.1.100.102)
    [Source GeoIP: Unknown]
    [Destination GeoIP: Unknown]
▽ Internet Control Message Protocol
    Type: 8 (Echo (ping) request) ——————→ ICMP echo request消息
    Code: 0
    Checksum: 0x6d4a [correct]
    Identifier (BE): 6 (0x0006)
    Identifier (LE): 1536 (0x0600)
    Sequence number (BE): 0 (0x0000)
    Sequence number (LE): 0 (0x0000)
    [Response frame: 14]
  ▷ Data (72 bytes)
```

图 10.16 Wireshark 抓到的 ICMP echo request 数据包

5. 检查 Wireshark 是否抓到了 PC2 发出的 ICMP echo reply 消息。图 10.17 所示为 Wireshark 抓到的从 PC2 发往 PC1 的 ICMP echo reply 消息。

```
▽ Internet Protocol Version 4, Src: 10.1.100.102 (10.1.100.102), Dst: 10.1.100.101 (10.1.100.101)
    Version: 4
    Header Length: 20 bytes
  ▷ Differentiated Services Field: 0x00 (DSCP 0x00: Default; ECN: 0x00: Not-ECT (Not ECN-Capable Transport))
    Total Length: 100
    Identification: 0x001d (29)
  ▷ Flags: 0x00
    Fragment offset: 0
    Time to live: 255
    Protocol: ICMP (1)
  ▷ Header checksum: 0xdeae [validation disabled]
    Source: 10.1.100.102 (10.1.100.102)
    Destination: 10.1.100.101 (10.1.100.101)
    [Source GeoIP: Unknown]
    [Destination GeoIP: Unknown]
▽ Internet Control Message Protocol
    Type: 0 (Echo (ping) reply) ——————→ ICMP echo reply消息
    Code: 0
    Checksum: 0x754a [correct]
    Identifier (BE): 6 (0x0006)
    Identifier (LE): 1536 (0x0600)
    Sequence number (BE): 0 (0x0000)
    Sequence number (LE): 0 (0x0000)
    [Request frame: 13]
    [Response time: 1.158 ms]
  ▷ Data (72 bytes)
```

图 10.17 Wireshark 抓到的 ICMP echo reply 数据包

- 若从连接 PC1 和 PC2 的交换机端口都抓到了 ICMP echo reply 消息，则表示一切正常[1]。
- 若从连接 PC2 的交换机端口抓到了 ICMP echo reply 消息，但从连接 PC1 的端口未抓到，请检查交换机是否丢弃了该 ICMP 消息。
- 若从连接 PC2 的端口也未抓到 ICMP echo reply 消息，请检查 PC2 和 SW1 之间的物理线缆。

表 10.2 所列为与 ICMP 有关的显示过滤器。

表 10.2

显示过滤表达式	描　　述	显示过滤器示例
Icmp	筛选出所有 ICMP 数据包	icmp
icmp.type==<type>	基于 ICMP 消息中的类型字段值来筛选数据包。类型字段值为 8 表示所有 ICMP echo request 消息，类型字段值为 0 表示所有 ICMP echo reply 消息	icmp.type==0 icmp.type==8
icmp.code==<code>	基于 ICMP 消息中的代码字段值来筛选数据包	icmp.code==0

1. ICMP 攻击和缓解措施

虽然 ICMP 是一款强大的 IPv4 协议报错和诊断工具，但也可以利用它来发动 DoS 攻击。

2. ICMP 泛洪（flood）袭击

ICMP 泛洪攻击是一种常见的 DoS 攻击，表象为网络内的恶意之徒向目标主机（某台服务器）发出大量的 ICMP 数据包，如图 10.18 所示。

可使用 Wireshark Statistics 菜单中的某些工具来辨别网络是否面临 ARP 扫描。请在 Statistics 菜单中点击 Protocol Hierarchy 菜单项，结果如图 10.18 所示。通过观察 Protocol Hierarchy Statistics 窗口中 ICMP 帧(Frame)的占比情况，即可了解到网络内是否面临任何 ICMP 泛洪攻击。由图 10.18 可知，Wireshark 在几秒之内便抓到了 6 万条 ICMP 消息，ICMP 消息在所有数据包中独占 99%以上，这就表示网络正遭受 ICMP 泛洪攻击。

1　译者注：原文是“If the echo reply is seen in port connecting PC1 and PC2, then everything is working fine”。直译为“如果从连接 PC1 和 PC2 的端口上看见了 echo reply，则一切正常”，请问要怎样才能在端口上“看见”数据包呢？

ICMP smurf 攻击

ICMP smurf 攻击属于另外一种分布式 DoS 攻击，具体的攻击方式是，恶意之徒向一或多台目的主机发出大量的 ICMP echo request 数据包，在数据包的 IP 包头的源 IP 地址字段则会填入目标受攻击主机的 IP 地址。如此一来，受攻击主机将会收到大量的 ICMP echo reply 数据包，从而达到恶意消耗其资源的目的。

几秒之内抓到了6万条ICMP消息

Display filter: none

Protocol	% Packets	Packets	% Bytes	By[illegible]	Mbit/s	End Packets	End Bytes	End Mbit/s
▿ Frame	100.00 %	66132	100.00 %	[illegible]4300	0.794	0	0	0.000
▿ Ethernet	99.99 %	66127	99.99 [illegible]	7533850	0.794	0	0	0.000
▿ Internet Protocol Version 4	99.85 %	66035	99[illegible] %	7527606	0.793	0	0	0.000
Open Shortest Path First	0.02 %	16	0.02 %	1440	0.000	16	1440	0.000
Internet Control Message Protocol	99.83 %	66019	99.89 %	7526166	0.793	66019	7526166	0.793
▿ Logical-Link Control	0.06 %	41	0.04 %	3116	0.000	0	0	0.000
Spanning Tree Protocol	0.06 %	37	0.03 %	2220	0.000	37	2220	0.000
Dynamic Trunk Protocol	0.00 %	2	0.00 %	120	0.000	2	120	0.000
Cisco Discovery Protocol	0.00 %	2	0.01 %	776	0.000	2	776	0.000
Data	0.01 %	4	0.00 %	308	0.000	4	308	0.000
Address Resolution Protocol	0.07 %	47	0.04 %	2820	0.000	47	2820	0.000
▿ Cisco ISL	0.01 %	5	0.01 %	450	0.000	0	0	0.000
▿ Ethernet	0.01 %	5	0.01 %	450	0.000	0	0	0.000
▿ Logical-Link Control	0.01 %	5	0.01 %	450	0.000	0	0	0.000
Dynamic Trunk Protocol	0.01 %	5	0.01 %	450	0.000	5	450	0.000

图 10.18

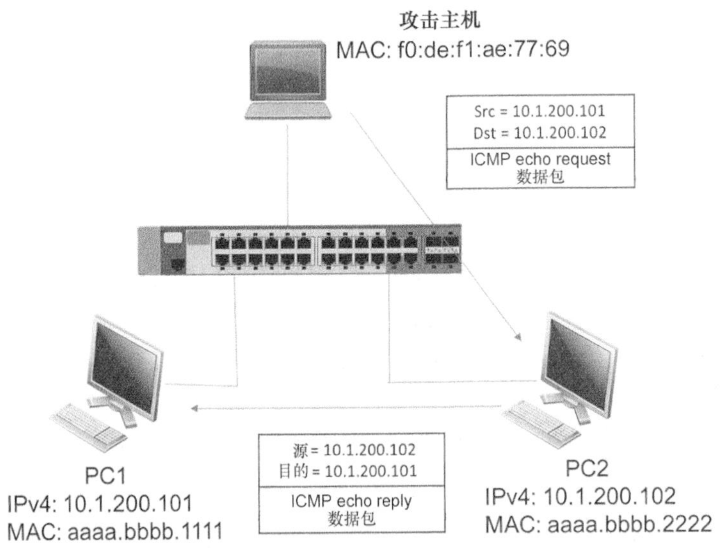

图 10.19　ICMP smurf 攻击示例

由图 10.19 可知，攻击主机冒充 PC1 的 IP 地址，向 PC2 发出 ICMP echo request 数据包。于是，PC1 将被迫接收 PC2 发出的 ICMP echo reply 数据包，造成了资源的无谓消耗。

若在交换机上激活了 L2 安全特性，则攻击主机将无法执行 MAC 地址欺骗（意即攻击主机在发出 ICMP echo request 数据包时，只能冒充 PC1 的 IP 地址，无法冒充其 MAC 地址）。那么，在攻击主机发动攻击时，用 Wireshark 抓包，并仔细观察 ICMP 数据包的源 MAC 地址，即可识别出攻击主机的 MAC 地址，然后，便可 shutdown 学得该 MAC 地址的交换机端口，从而阻断攻击。

10.3.3 幕后原理

要想在图 10.20 所示网络中验证 PC1 和 PC3 之间的 IP 连通性，可在 PC1 上 ping PC3。

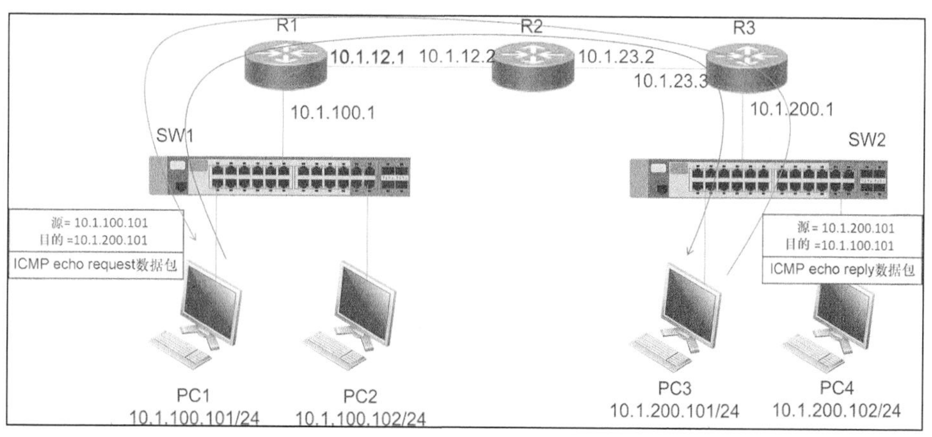

图 10.20

在 PC1 ping PC3 所生成的 ICMP echo request 数据包中（类型字段值为 8），源 IP 地址为 10.1.100.101，目的 IP 地址为 10.1.200.101。该数据包会先抵达默认网关（R1），数据包转发路径沿途的每台路由器都会根据自己的转发表来转发它。收到该 ICMP echo request 数据包后，PC3 将回复 ICMP echo reply（类型字段值为 0）。要是 ping 不通，就表示 PC1 和 PC3 之间不具备 IP 连通性。

10.4 IPv4 单播路由选择的运作方式及故障分析

IPv4 单播路由选择是指将单播数据包从某 IP 网络内的一台主机转发至相同或不同 IP 网络内的另一台主机的过程。数据包可能会穿越路径沿途的一或多台路由器，每一台路由器都会检查数据包的 IP 包头，提取其中的目的 IP 地址字段值，并对照自己的路由表来做出转发决策。

10.4.1 分析准备

将 Wireshark 主机接入交换机，启动 Wireshark 软件，在交换机上开启端口镜像功能，把受监控主机的流量重定向至 Wireshark 主机。数据包分片的主要影响对象是交互式应用（比如，数据库），应该在这些地方查找故障。

10.4.2 分析方法

若 IP 子网 10.1.100.0/24 内的 PC1 要向 IP 子网 10.1.200.0/24 内的 PC4 发送数据，会按以下步骤行事。

1. PC1 生成数据，封之以 IP 包头，先生成 IP 数据包。该 IP 数据包的源 IP 地址字段值为 10.1.100.101，目的 IP 地址字段值为 10.1.200.102。

2. PC1 再给 IP 数据包封装以太网头部，生成以太网帧。该以太网帧的源 MAC 地址字段值为 PC1 的 MAC 地址，目的 MAC 地址字段值为 R1（默认网关）的 MAC 地址。PC1 会把该以太网帧转发给 SW1。

3. SW1 是一台纯第 2 层交换机。在检查过以太网帧的帧头并对照自己的 MAC 地址表之后，SW1 将该以太网帧转发给了 MAC 地址匹配帧头中目的 MAC 地址字段值的设备（本例为 R1）。

4. 收到以太网帧之后，R1 会剥离以太网帧头，露出 IP 数据包，因为帧头中目的 MAC 地址字段值匹配本机（连接 IP 子网 10.1.200.0/24 的以太网接口的）MAC 地址。R1 在继续检查 IP 数据包的包头并对照过本机路由表之后，发现要想将该 IP 数据包转发至最终的目的网络 10.1.200.0/24，需先转发给下一跳路由器 R2。

5. R1 先将 IP 包头中的 TTL 字段值减 1，再用以太网帧头封装该 IP 数据包，生成一个新的以太网帧。该以太网帧的源 MAC 地址字段值为 R1 的 MAC 地址，目的 MAC 地址字段值为 R2 的 MAC 地址。该以太网帧将顺利抵达 R2。

6. R2 会执行类似于 R1 的转发动作——先移除以太网帧头，将 IP 包头中的 TTL 字段值减 1，查询本机路由表，封装一个新的以太网帧头，将新的以太网帧转发至 R3。

7. 收到该以太网帧之后，R3 会移除以太网帧头，将 IP 包头中的 TTL 字段值减 1，查询本机路由表，封装一个新的以太网帧头。该以太网帧的源 MAC 地址字段值为 R3 的 MAC 地址，目的 MAC 地址字段值为 PC4 的 MAC 地址。

8. 收到该以太网帧之后，PC4 会移除以太网帧头和 IP 包头，将其中的数据提交给相应的应用程序。

可以看出，在执行 IP 路由选择的过程中，数据包转发路径沿途的路由器会修改 IP 数据包的 IP 包头中的某些字段值（比如，TTL 字段值），封装 IP 数据包的以太网帧的源、目 MAC 地址字段值也会逐跳发生改变。在 PC1 和 PC4 间的数据包转发路径上，只要发生任何故障（比如，以太网封装故障、TTL 处理故障、MTU 故障等），都有可能导致两台末端主机间的数据传输中断。接下来，将会介绍如何用 Wireshark 来分析这样的 IP 单播路由选择故障。

1. 涉及 IP 数据包生存时间（TTL）的故障和攻击

如本书前文所述，穿越路由器在将 IP 数据包外发至下一跳路由器之前，会将包头中的 TTL 字段值减 1。若路由器收到 TTL 字段值为 1 的数据包，且其目的 IP 地址字段值非本机地址，便会默认丢弃该数据包，同时生成类型字段值为 11 的 ICMP 错误消息（学名为 ICMP time to live exceeded in transit[ICMP 传送过程中生存时间到期]消息）。这可以确保处于转发环路中的数据包不会在节点之间来来回回，永不消失，最多途经 255 台路由器（TTL 字段可能的最大值为 255）之后，将会被彻底丢弃。

当 Wireshark 抓到 TTL 字段值低于 5 的数据包时，其内置的 Expert Information 工具即可感知得到，会用扎眼的颜色为那样的数据包上色，如图 10.21 所示。欲了解具体情况，请按以下步骤行事。

1. 在 Wireshark 抓包主窗口内选择 Analyze 菜单，点击其名下的 Expert Information 菜单项。
2. 在弹出的 Expert Information 窗口中选择相关 Warning 或 Note 事件，以了解详情。

1145 Warn	Sequence	ICMP	No response seen to ICMP request in frame 1145
1146 Note	Sequence	IPv4	"Time To Live" only 4
1146 Warn	Sequence	ICMP	No response seen to ICMP request in frame 1146
1147 Note	Sequence	IPv4	"Time To Live" only 3
1147 Warn	Sequence	ICMP	No response seen to ICMP request in frame 1147
1148 Note	Sequence	IPv4	"Time To Live" only 2
1148 Warn	Sequence	ICMP	No response seen to ICMP request in frame 1148
1149 Note	Sequence	IPv4	"Time To Live" only 1
1149 Warn	Sequence	ICMP	No response seen to ICMP request in frame 1149
1150 Warn	Sequence	ICMP	No response seen to ICMP request in frame 1150
1151 Warn	Sequence	ICMP	No response seen to ICMP request in frame 1151

图 10.21

恶意之徒可利用 IP 数据包的 TTL 字段来发动 DoS 攻击，具体的手法是发送大量 TTL 字段值低于 5 的数据包。收到这样的数据包之后，穿越路由器会交由 CPU 处理，以生成 ICMP 错误消息，这将会严重消耗路由器的 CPU 资源。可在路由器上开启各种保护措施（比如，CPU 保护机制或 CPU 流量限率功能），来缓解此类攻击。

2. IP 地址冲突

当 IP 地址冲突涉及关键网络设备时，所表现出的症状为服务器访问速度变慢、上网速度变慢、所有设备都 ping 不通等。

- 当某台服务器的访问速度明显变慢时，其 IP 地址跟别的设备发生冲突是原因之一。要证实这一点，应先试着 ping 一下这一 IP 地址。

注 意

对安装了某些操作系统的主机而言，当 IP 地址跟别的设备发生冲突时，其网卡驱动程序将会失效（若主机的操作系统为 Windows，在屏幕的右下角还会弹出一个提示框，提示 IP 地址冲突）。然而，安装了另外一些操作系统的主机在 IP 地址跟别的设备发生冲突时，其网卡驱动程序非但不会失效，而且也不会生成任何提示信息，这才是进一步引发故障的导火索。

- 在命令行界面（CLI）（Windows 操作系统的 cmd 或 Linux 系统的任何 shell）里执行 arp –a 命令，若在命令的输出中发现刚 ping 的目的 IP 地址与两个不同的 MAC 地址挂钩，则表明存在 IP 地址冲突。
- 执行百度（Google）搜索，看看那两个 MAC 地址的前三个字节跟哪个网卡芯片制造商有瓜葛。这有助于加快定位引发 IP 地址冲突的元凶。
- 要想得知拥有那两个 MAC 地址的主机分别跟交换机的哪个端口相连，请登录交换机（当然，交换机必须是可网管交换机），根据其生成的 MAC 地址表来判断。有多款软件都可以显示出连接到每一台交换机的设备的信息（包括设备的 MAC 地址、IP 地址、DNS 名称等）。可在百度（Google）上搜索 switch port mapper 或 switch port mapping tools，来下载这些软件。
- 要是 ping 和 arp 双管齐下也看不出个所以然，请把 Wireshark 主机接入 LAN 交换机，启用端口镜像功能，抓取相关 VLAN 的流量。Wireshark 能提供更多与 IP 地址冲突有关的线索。

图 10.22 所示为 Wireshark 生成的有关 IP 地址冲突的提示信息。

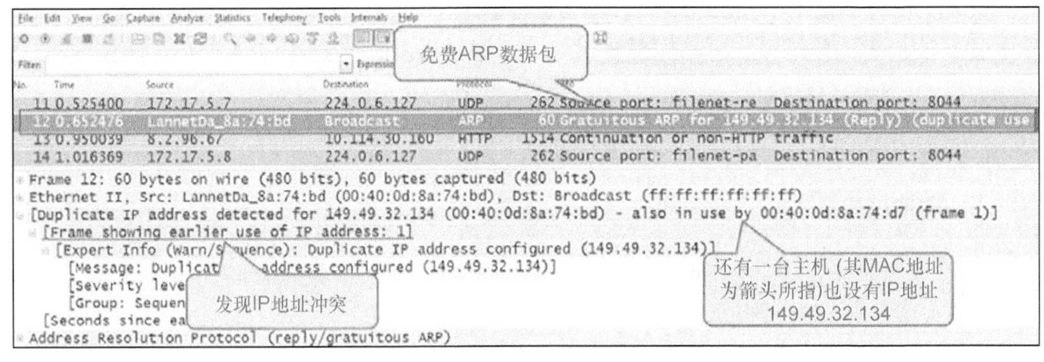

图 10.22

当同一 LAN 内有两台（或两台以上的）设备设有相同的 IP 地址时，若在一台主机上 ping 这一 IP 地址，将会导致主机的 ARP 缓存表包含该 IP 地址的两条（或多条）ARP 缓存记录，每一条都会分别与一个不同的 MAC 地址相对应。

对于安装了某些操作系统的主机（比如，安装了 Windows 操作系统的主机）而言，若 IP 地址跟别的设备冲突，则其不但会弹出窗口，提示 IP 地址冲突，而且还会让网卡驱动程序失效。

对于安装了另外一些操作系统的主机而言，若 IP 地址跟别的设备冲突，则其不会有任何表示。此时，就得 ping 和 arp 命令双管齐下。

在执行抓包任务时，只要看见 Wireshark 抓到了身背 duplicate IP 字样的数据包，一定不能掉以轻心。

10.5 与 IPv4 数据包分片有关的故障分析

对超长的数据包分片是 IP 网络中的一种常见机制。当 IP 数据包的长度超过其所穿链路的 MTU 值时，在通过该链路发送之前，需先分为几片。一般而言，IP 数据包以分片方式发送也不能说不正常，但却有可能会对性能造成影响。恶意之徒也会钻 IP 数据包分片机制的空子，来发动 DoS 攻击。

10.5.1 TCP 路径 MTU 发现

虽然与 IP 包头相关联的转发语义允许任何穿越路由器对 IP 数据包进行分片，但由于接收主机只有在重组 IP 数据包之后，才能做进一步的处理，因此很可能会产生性能问题。于是，可让穿越路由器不对 IP 数据包进行分片，而是发送信号通知发送方：“转发路径中有一条链路的 MTU 值较低，请你自行调整 MSS”。该机制被称为路径 MTU 发现（Path MTU Discovery，PMTUD），借助于该机制，便可检测出构成数据包转发路径的链路的最低 MTU 值，发送方可以调整有待发送的 IP 数据包的 MSS，使得数据传输更为高效。

10.5.2 分析方法

当 IP 包以分片方式发送时，若使用 Wireshark 软件抓包，在抓包主窗口中会看见身背 Fragmented IP protocol 字样的数据包，同时还会夹杂出现 TCP 或 UDP 数据包，如图 10.23 所示。

当定位与网络或应用程序性能有关的故障（比如，数据库客户端与服务器端之间的连接异常缓慢）时，请执行以下步骤来验证网络中是否存在 IP 包分片现象。

1. 检查数据库客户端与服务器端之间的 IP 连通性，以确保不存在其他网络层面的故障。
2. 用 Wireshark 抓取数据库客户端与服务器端之间的流量，检查是否存在 IP 包分片的现象。图 10.23 所示为 Wireshark 抓到经过分片的 IP 数据包时的景像。
3. 如怀疑性能问题与 IP 包分片有关，请调整转发路径中相关链路的 MTU 值，或找一位真正有本事的 DBA 去调整数据库软件及数据库服务器的配置参数，让服务器不把经过分片的 IP 包传送至网络。

4. 一般而言，在诸如以太网之类的网络环境中，封装在每个 IP 数据包中的数据净载（包括 TCP 头部在内）不应超过 1480 字节。因此，封装在单个 TCP 报文段内且由数据库服务器软件生成的每个数据单元的长度不应超过 1460 字节。

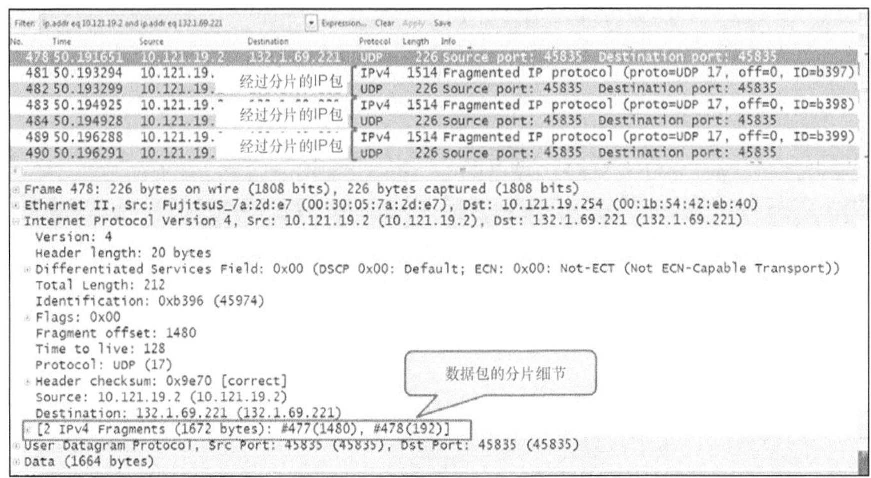

图 10.23

若 IP 数据包的某些协议头部会增加自身的长度（比如，当启用了某种隧道传输机制或者需要让 TCP 头部包含某些选项字段时），请告知 DBA，让其设法降低封装进单个 TCP 报文段中的数据单元的长度。在调整由数据库软件生成的数据单元的最大长度时，应该让 DBA 注意把握分寸，要尽量让装载了 TCP 报文段的 IP 数据包刚好不分片。

利用 IP 数据包分片机制发动的攻击

在 IP 网络内出现 IP 数据包分片虽属正常现象，但恶意之徒也可以利用该现象来发动 DoS 攻击。这种攻击名为极小分片攻击（Tiny Fragment Attack），具体的攻击手段是，攻击者向受害主机发送数量庞大的经过分片的短 IP 数据包。由于受害主机会重新组装那些经过分片的短 IP 数据包，因此会严重影响其性能，或导致其缓冲区溢出。

图 10.24 所示为 Wireshark 抓到的长度为 100 字节、经过分片的 IP 包；攻击者甚至可以发出更短的经过分片的数据包，对受害主机实施 DoS 攻击。

注 意

Wireshark 在抓到经过分片的数据包时，会默认执行重组操作，让多个经过分片的数据包以单 IP 包的面目示人。这会让排障人员以为网络内未发生 IP 数据包分片现象。

长度为100字节、
经过分片的IP数据包

```
100 3.410618   10.1.234.2   10.1.200.102   IPv4   118 Fragmented IP protocol (proto=ICMP 1, off=80, ID=002a)
101 3.410622   10.1.234.2   10.1.200.102   IPv4   118 Fragmented IP protocol (proto=ICMP 1, off=160, ID=002a)
102 3.410634   10.1.234.2   10.1.200.102   IPv4   118 Fragmented IP protocol (proto=ICMP 1, off=240, ID=002a)
103 3.410638   10.1.234.2   10.1.200.102   IPv4   118 Fragmented IP protocol (proto=ICMP 1, off=320, ID=002a)
108 3.412428   10.1.234.2   10.1.200.102   ICMP   118 Echo (ping) request  id=0x0008, seq=3/768, ttl=254 (no response f
109 3.412435   10.1.234.2   10.1.200.102   IPv4   118 Fragmented IP protocol (proto=ICMP 1, off=80, ID=002b)
110 3.412439   10.1.234.2   10.1.200.102   IPv4   118 Fragmented IP protocol (proto=ICMP 1, off=160, ID=002b)
```

图 10.24

要让 Wireshark 显示真正的经过分片的数据包，需要做一番设置，具体步骤如下所列。

1．点击 Edit 菜单的 Preference 菜单项。

2．在弹出的 Preference 窗口中，点击 Protocols 配置选项右边的小三角形，查找并点击 IPv4 配置子选项。

3．取消勾选 Reassemble fragmented IPv4 datagrams 复选框，点击 OK 按钮。

10.5.3 幕后原理

要想透彻弄清 IP 数据包的分片机制，需先理解以下两个定义数据单元长度（所指为通过网络传送的数据的单位长度）的重要术语，如图 10.25 所示。

- 最大传输（或传送）单元（MTU）：是指由 IP 包头和数据部分组成的 IP 数据包的长度[1]。
- 最大报文段大小（MSS）：是指 TCP 报文段内数据净载的最大长度，亦即 TCP 向 IP 交付的每个数据单元的最大长度[2]。

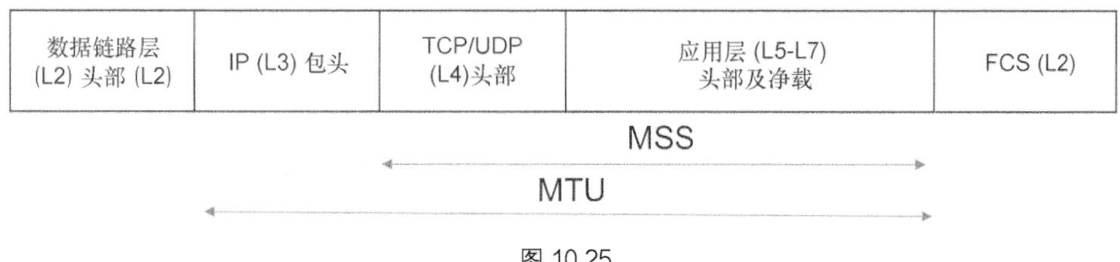

图 10.25

图 10.26 所示为 IPv4 数据包的分片机制。

1　译者注：原文是“This is the size of the IP packet including the header and the data”。译文虽按字面意思翻译，但作者给 MTU 下的定义有待商榷。

2　译者注：图 10.25 对 MSS 的定义是错误的，MSS 不包含 TCP/UDP 头部的长度。

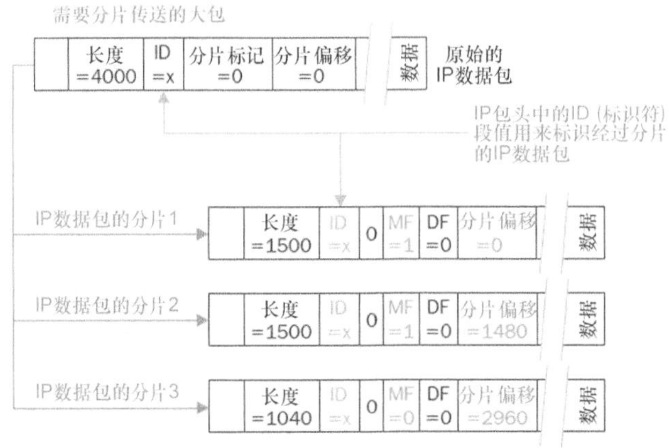

图 10.26

原始的大 IP 数据包流入 NIC 或路由器接口，该 IP 数据包过长，需要分片发送。这一大 IP 数据包会被分为若干小 IP 数据包发送（具体分为几个，要视大 IP 数据包的原始长度而定）。

IP 数据包以分片方式发送时，IP 包头中的以下字段将发挥作用。

- **标识符（ID）**：其值等于原始数据包包头的 ID 字段值。
- **标记字段中的位 b（bit 0）**：总是置 0。
- **标记字段中的位 1（DF 位）**：置 0，表示本 IP 数据包可被分片；置 1，表示本 IP 数据包不能被分片。
- **标记字段中的位 2（MF 位）**：置 0，表示本 IP 数据包是最后一个分片；置 1，表示本 IP 数据包是众多分片之一，且不是最后一个分片。
- **分片偏移**：表示分片 IP 数据包中数据净载的首字节，相对于原始 IP 数据包（未分片 IP 数据包）中数据净载的首字节的偏移字节数。

对于 IPv4 数据包，生成它的主机以及转发路径沿途的路由器都可以对它进行分片。

PMTUD 要仰仗 IP 包头中的 DF（不分片，Do not Fragment）标记位来运作。当一台穿越路由器收到 IP 数据包时，若发现数据包的长度高于外发接口的 IP MTU 值，且包头中的 DF 标记位置 1，便会一丢了之，同时生成类型字段值为 3、代码字段值为 4 的 ICMP 消息（类型字段值为 3 的 ICMP 消息被归类为目的不可达类 ICMP 消息，类型字段值为 3、代码字段值为 4 的 ICMP 消息名为 ICMP“需要分片，但不分片位置 1”消息，亦名 PTB 消息）。该 ICMP 消息将会被发送给数据包的发送主机，其内容会包含路由器外发接口的 MTU 值。

由图 10.27 可知，对位于数据包转发路径 R1->R3 中的 R2 而言，数据包的外发接口的 MTU 值为 100。当 R2 从 R1 收到任何长度超过 100 的 IP 数据包时，都会一丢了之，并生成类型字段值为 3、代码字段值为 4 的 ICMP 消息。

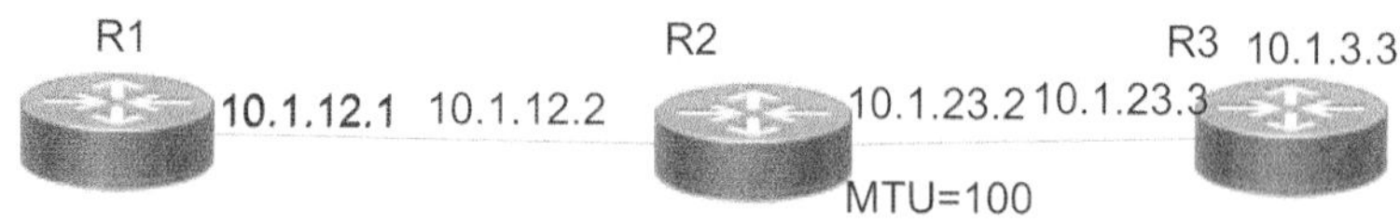

图 10.27

如图 10.28 所示，R2 丢弃了经过分片的数据包，同时生成了类型字段值为 3、代码字段值为 4 的 ICMP 消息。数据包的发送主机会根据该 ICMP 消息通告的 MTU 值调整所发 IP 包的 MSS，进行有效的数据传输。

Filter: Expression... Clear Apply Save

No.	Time	Source	Destination	Protocol	Length	Info
1	0.000000	10.1.12.2	224.0.0.5	OSPF	94	Hello Packet
2	5.008264	10.1.12.1	224.0.0.5	OSPF	94	Hello Packet
3	7.096664	10.1.12.1	10.1.3.3	ICMP	214	Echo (ping) request id=0x0004, seq=0/0, ttl=255 (no response found
4	[illegible]	[illegible]	[illegible]	ICMP	[illegible]	[illegible]
5	7.097973	10.1.12.1	10.1.3.3	ICMP	214	Echo (ping) request id=0x0004, seq=1/256, ttl=255 (no response fou
6	9.105919	10.1.12.1	10.1.3.3	ICMP	214	Echo (ping) request id=0x0004, seq=2/512, ttl=255 (no response fou
7	9.106280	10.1.12.2	10.1.12.1	ICMP	70	Destination unreachable (Fragmentation needed)
8	9.107244	10.1.12.1	10.1.3.3	ICMP	214	Echo (ping) request id=0x0004, seq=3/768, ttl=255 (no response fou
9	9.651858	10.1.12.2	224.0.0.5	OSPF	94	Hello Packet
10	11.114122	10.1.12.1	10.1.3.3	ICMP	214	Echo (ping) request id=0x0004, seq=4/1024, ttl=255 (no response fo
11	11.114428	10.1.12.2	10.1.12.1	ICMP	70	Destination unreachable (Fragmentation needed)

目的IP地址为10.1.3.3的数据包，长度为214字节

R2生成的类型字段值为3、代码字段值为4的ICMP消息

```
▽ Internet Protocol Version 4, Src: 10.1.12.2 (10.1.12.2), Dst: 10.1.12.1 (10.1.12.1)
    Version: 4
    Header Length: 20 bytes
  ▷ Differentiated Services Field: 0x00 (DSCP 0x00: Default: ECN: 0x00: Not-ECT (Not ECN-Capable Transport))
    Total Length: 56
    Identification: 0x0000 (0)
  ▷ Flags: 0x00
    Fragment offset: 0
    Time to live: 255
    Protocol: ICMP (1)
  ▷ Header checksum: 0x8fc0 [validation disabled]
    Source: 10.1.12.2 (10.1.12.2)
    Destination: 10.1.12.1 (10.1.12.1)
    [Source GeoIP: Unknown]
    [Destination GeoIP: Unknown]
▽ Internet Control Message Protocol
    Type: 3 (Destination unreachable)
    Code: 4 (Fragmentation needed)
    Checksum: 0x63b4 [correct]
    MTU of next hop: 100
  ▷ Internet Protocol Version 4, Src: 10.1.12.1 (10.1.12.1), Dst: 10.1.3.3 (10.1.3.3)
  ▷ Internet Control Message Protocol
```

在类型字段值为3、代码字段值为4的ICMP消息中包含了数据包外发接口的MTU值100

图 10.28

表 10.3 所列为与 IP 数据包分片有关的显示过滤器。

表 10.3

显示过滤表达式	描　述	显示过滤器示例
ip.flags.mf==<flag>	筛选出所有 MF 标记位置 1 的经过分片的数据包	ip.flags.mf==1
ip.fragment	筛选出所有经过分片的数据包	ip.fragment
ip.flags.df==<flag>	筛选出所有 DF 标记位置 1 的数据包	ip.flags.df==1

10.6 IPv4 多播路由选择运作原理

IPv4 多播路由是指将数据包从单一源主机转发至位于相同或不同 IPv4 网络内的一或多台接收主机的过程。多播数据包的源 IP 地址总是单播 IP 地址，目的 IP 地址一定是多播 IP 地址（224.0.0.0～239.255.255.255）。仰仗多播来接收流量的末端应用程序会通过带外机制解析多播 IP 地址，利用某种多播组成员协议（比如，IGMP）来加入相应的多播组（即宣告自己有意接收该多播组地址的流量）。运行多播应用程序的主机将会向直连路由器发送 IGMP 加入消息，以期订阅相应的多播流量。

直连多播接收主机且具备多播路由功能的路由器被称为最后一跳路由器（LHR），直连多播源主机且具备多播路由功能的路由器被称为第一跳路由器（FHR）。LHR 会运行诸如 PIM 之类的多播路由协议，并遵循最短路径，构造出一颗通往 FHR 的多播树。FHR 会把多播数据流量放到这棵多播树上传送。多播的部署模式有若干种，以下所列为最为常见的两种模式。

- **稀疏模式**：按此模式部署，有一台多播路由器将会被指定为公共的聚合点（Rendezvous Point，RP）路由器，每台 LHR 都会构造通往 RP 的多播树。这种多播树名为共享树。FHR 从与己直连的多播源主机收到多播流量后，会以单播方式先转发给 RP，RP 会通过共享树转发给多播接收主机。
- **特定源多播模式**：按此模式部署，每台 LHR 都会构造通往直连多播源主机的 FHR 的多播树，无需部署 RP。

10.6.1 运作原理

现以图 10.29 为例，来说明多播路由选择运作原理。假设多播接收主机希望从直连 R1 的多播源主机接收目的 IP 地址为 239.1.1.1 的多播流[1]。

对于本例，RP 的 IP 地址为 10.1.8.8，RP 路由器直连 R2。

- 多播接收主机向与己直连的多播路由器（R3、R4）发出 IGMP 加入请求消息，希望订阅目的 IP 地址为 239.1.1.1 的多播流量。收到 IGMP 加入请求消息之后，LHR 路由器（R3 和 R4）会构造通往 RP 的共享树。R3 和 R4 都把 R2 作为上游路由器，来构

1　译者注：原文是“assume that the receivers are joining a stream using 239.1.1.1 as multicast address from the source connected to R1”。

造通往 RP 的多播共享树。

➢ 直连多播源主机的 FHR（R1）收到第一个多播数据包之后，会封装进 PIM 注册消息，以单播方式发送给 RP。

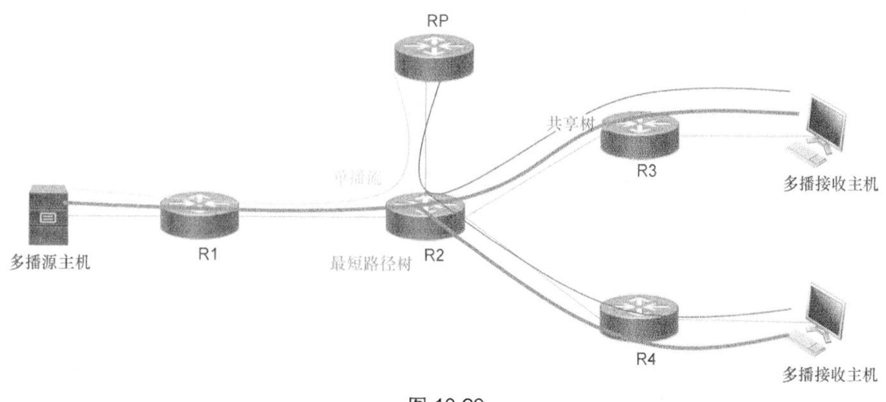

图 10.29

➢ 图 10.30 所示为 R1 发往 RP 的 PIM 注册消息，其中包含(封装)了源 IP 地址为 10.1.17.7 目的 IP 地址为 239.1.1.1 的多播数据包。PIM 注册消息本身为单播 IP 数据包，IP 包头中的源 IP 地址字段值为 10.1.12.1（FHR 路由器的 IP 地址），目的 IP 地址字段值为 10.1.8.8（RP 的 IP 地址）。

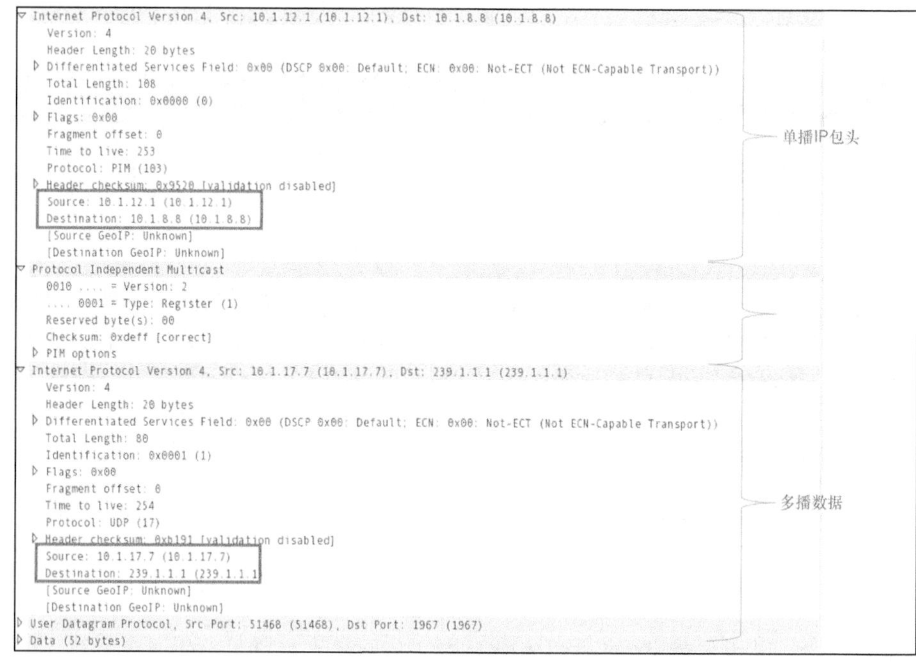

图 10.30

- 收到 PIM 注册消息之后，RP 会移除单播 IP 包头，提取其中的多播数据包，将其放到共享树上转发。
- 收到 RP 发来的多播数据包之后，LHR 的默认行为是另行构造一颗通往多播源主机的多播树，该树为最短路径树。

虽然单、多播流量的转发过程各不相同，但转发路径沿途中的路由器处理单、多播 IP 包头的方式并没有太大差异。比如，任何路由器在转发单、多播数据包时的都会将包头的 TTL 字段值减 1。所以说，适用于排除 IPv4 单播路由故障的分析方法同样适用于排除 IPv4 多播路由故障。

10.6.2 拾遗补缺

多播应用有一大半都是音频或视频类应用程序，而多播流量的接收速率是排除网络故障时的重要指标之一。Wireshark 可基于抓包文件生成 UDP 多播流量统计信息表，该表会列出多播流量的各种分析指标（比如，Packet/s、Avg BW 和 Max BW 等）。在排除多播流量故障时，该表将非常有用。要用 Wireshark 生成 UDP 多播流量统计信息表来分析多播流量故障，请按以下步骤行事。

1. 点击 Statistics 菜单中的 UDP Multicast Streams 菜单项。
2. 在弹出的 UDP Multicast Streams 窗口中应用显示过滤器，筛选出相应的多播流，观察其各项速率指标。

10.7 IPv6 协议的运作原理

随着 20 世纪 90 年代初互联网泡沫的破灭，依赖 IP 网络的企业变得越来越多，从而导致 IPv4 地址空间日益枯竭。业界很快意识到要用一种新的网络层协议，来适应并满足不断增长的联网需求。于是，下一代 IP（IPng）的研发拉开了序幕。

起初，业界只是在努力扩展流协议（ST2），企图尽快解决 IP 地址耗尽问题，但该问题却因为网络地址转换（NAT）和动态地址分配（比如，DHCP）等功能的诞生，而得到了一定程度的缓解，这也使得业界有足够的时间来研发 IPng。研发 IPng 的目的不仅是要解决网络地址空间不足的问题，还得同时兼顾 IPv4 协议所面临的限制和其他问题。最终，ST2 被正式命名为 IPv5，IPng 则被正式命名为 IPv6。

IPv6 地址的长度为 128 位，地址空间巨大[1]。IPv6 地址的长度虽然是 IPv4 地址的 4 倍，但

1 译者注：原文是“IPv6 is of 128-bit size and therefore provides a very large address space”，前半句直译为“IPv6 的长度为 128 位……”。

IPv6 包头的结构却得到了精简，从而使得网络设备对 IPv6 数据包的处理更为高效[1]。IPv6 包头的格式如图 10.31 所示。

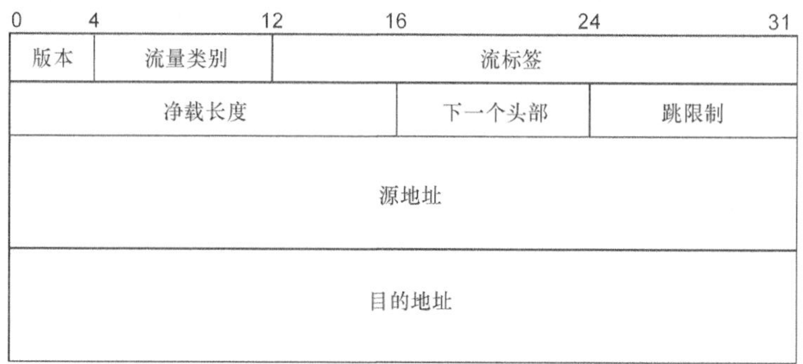

图 10.31

图 10.32 所示为 Wireshark 抓到的 IPv6 数据包。

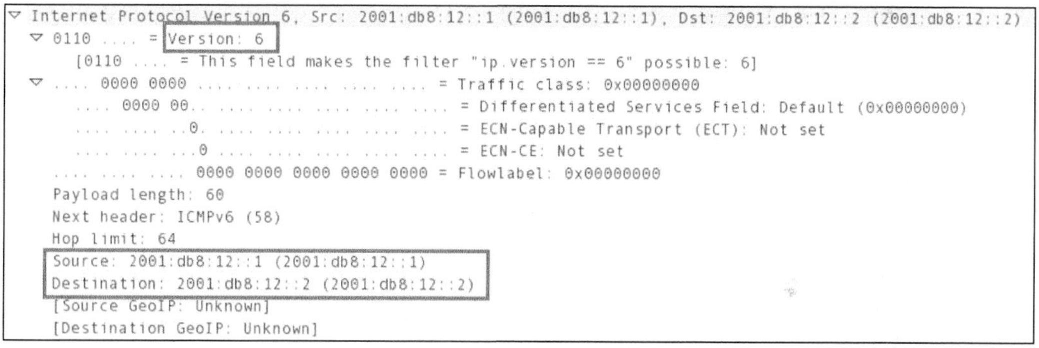

```
▽ Internet Protocol Version 6, Src: 2001:db8:12::1 (2001:db8:12::1), Dst: 2001:db8:12::2 (2001:db8:12::2)
  ▽ 0110 .... = Version: 6
      [0110 .... = This field makes the filter "ip.version == 6" possible: 6]
  ▽ .... 0000 0000 .... .... .... .... .... = Traffic class: 0x00000000
      .... 0000 00.. .... .... .... .... .... = Differentiated Services Field: Default (0x00000000)
      .... .... ..0. .... .... .... .... .... = ECN-Capable Transport (ECT): Not set
      .... .... ...0 .... .... .... .... .... = ECN-CE: Not set
    .... .... .... 0000 0000 0000 0000 0000 = Flowlabel: 0x00000000
    Payload length: 60
    Next header: ICMPv6 (58)
    Hop limit: 64
    Source: 2001:db8:12::1 (2001:db8:12::1)
    Destination: 2001:db8:12::2 (2001:db8:12::2)
    [Source GeoIP: Unknown]
    [Destination GeoIP: Unknown]
```

图 10.32

10.7.1 IPv6 编址

与 IPv4 地址一样，IPv6 地址也是为接入网络的每一台设备分配的逻辑网络层标识符，同样具备唯一性。IPv6 地址的长度为 128 位，由网络前缀和接口 ID 两部分构成。IPv4 地址的表示方法虽为用点号隔开的 4 个十进制数，但 IPv6 地址却用由用冒号隔开的 8 块 16 位二进制数来表示。IPv6 地址的格式如图 10.33 所示。

1 译者注：原文是“While the size of an IPv6 address is four times larger than IPv4, the header size is simplified for efficient packet processing”，直译为“IPv6 地址的长度虽然是 IPv4 地址的 4 倍，但 IPv6 包头的大小得到了精简……”。

网络前缀				接口ID			
←16→	←16→	←16→	←16→	←16→	←16→	←16→	←16→

图 10.33

网络前缀用来标识主机所驻留的网络，接口 ID 则用来标识网络内的主机。虽然在表示 IPv6 地址时，为了提高书写效率，用 8 组十六进制数替代 128 位二进制数，但遵循以下书写原则，可使得 IPv6 地址看起来更为简洁：

- IPv6 地址中的所有前导 0 全都可以省略；
- 连续的十六进制数 0 可以用::来表示；
- 在 IPv6 地址内，::只能出现一次；

IPv6 地址分为若干种类型，以下所列为主要类型。

- **本地链路地址**：指定链路范围内不可路由的单播地址，用于本地链路上主机间的通信，包含这种地址的数据包不能逾越任何一台路由器。所有控制平面的协议数据包（比如，OSPF Hello 数据包）会包含此类地址。任何支持 IPv6 功能的接口（网卡）都会配备一个本地链路地址。本地链路地址的范围为 fe80::/10。
- **全局单播地址**：全局可路由单播地址，作用域为整个公网。全局单播地址的范围是 2000::/3，大多数联网设备的 IPv6 地址都出自该范围。
- **本地唯一地址**：私网范围的单播地址，不能在公网上路由，地址范围为 fc00::/8 和 fd00::/8。
- **多播地址**：与 IPv4 地址一样，用于点对多点通信，地址范围是 ff00::/8。

还有其他几种类型的 IPv6 地址，比如，嵌入 IPv4 地址的 IPv6 地址以及恳求节点多播地址，为控制篇幅，这里不再赘述。

读者势必已经注意到，IPv6 并没有广播地址，所有类型的广播通信都可以用 IPv6 多播地址来满足。如前所述，IPv6 多播地址的范围为 ff00::/8，第一组十六进制数的后 4 位的值指明了多播地址的范围。比方说，1 表示目的地址为该地址的 IPv6 多播数据包的发送范围为本地节点，2 为本地链路，5 为本地站点，E 为公网范围。表 10.4 所列为各种 IPv6 多播地址和范围及用途：

表 10.4

地 址	范 围	用 途
FF01::1	本地节点	所有节点
FF01::2	本地节点	所有路由器

续表

地　址	范　围	用　途
FF02::1	本地链路	所有节点
FF02::2	本地链路	所有路由器
FF02::5	本地链路	OSPFv3 路由器
FF02::6	本地链路	OSPFv3 DR 路由器
FF02::1:FFXX:XXXX	本地链路	恳求节点

10.8 IPv6 扩展头部

IPv4 包头还可以包含 IP 选项字段，主要用来传达额外的网络层信息。不过，收到包含 IP 选项字段的 IPv4 数据包之后，路由器都会交给 CPU 处理，在路由器的内部，通过慢速路径来转发数据包，会引发性能问题。在 IPv6 领域，可以用独立而又灵活的 IPv6 扩展头部来编码那样的网络层信息，而又不增加 IPv6 包头的长度。对 IPv6 数据包而言，IPv6 扩展头部位于 IPv6 包头和传输层头部之间，通过设置 IPv6 包头和扩展头部中下一个头部字段值，来标识存在的 IPv6 扩展头部。

表 10.5 所列为某些常见的 IPv6 扩展头部。

表 10.5

IP 协议号（IPv6 NH 字段值）	扩展头部名称	描　述	参　考
0	IPv6 逐跳选项扩展头部	可选的扩展头部，用来传达额外的信息，数据包转发路径沿途中的每台路由器都会处理这样的信息。路由器可能会把含这种扩展头部的 IPv6 数据包交由 CPU 处理	RFC 8200
44	分片扩展头部	用于处理分片事宜，作用类似于 IPv4 包头中与数据包分片有关的字段，但 IPv6 数据包的分片只能由源主机执行	RFC 8200
50	安全封装净载扩展头部	用来传达安全信息，可提供机密性、身份验证和完整性等	RFC 4303
60	目的扩展头部	用来向 IPv6 数据包的最终目的接收主机传达某些指令	RFC 8200

图 10.34 所列为含扩展头部的 IPv6 数据包的格式。

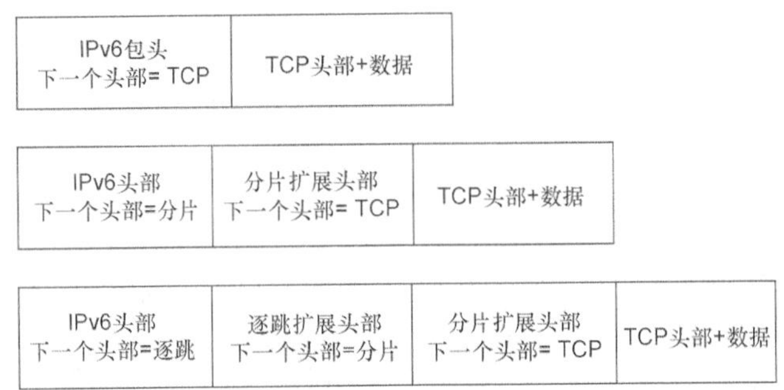

图 10.34

图 10.35 所示为 Wireshark 抓到的含扩展头部的 IPv6 数据包。

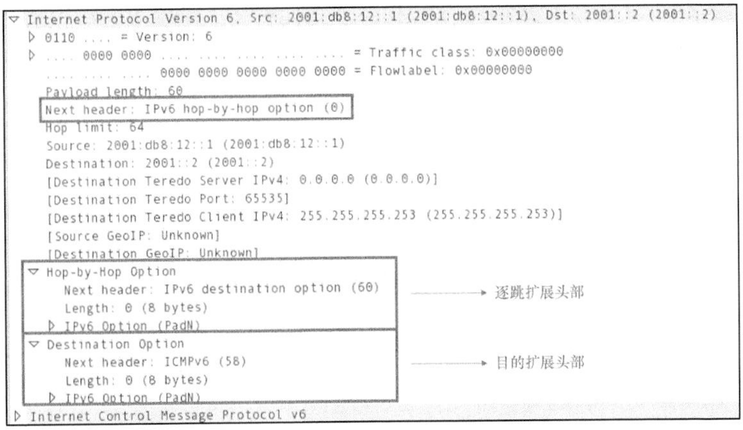

```
▽ Internet Protocol Version 6, Src: 2001:db8:12::1 (2001:db8:12::1), Dst: 2001::2 (2001::2)
  ▷ 0110 .... = Version: 6
  ▷ .... 0000 0000 .... .... .... .... .... = Traffic class: 0x00000000
    .... .... .... 0000 0000 0000 0000 0000 = Flowlabel: 0x00000000
    Payload length: 60
    Next header: IPv6 hop-by-hop option (0)
    Hop limit: 64
    Source: 2001:db8:12::1 (2001:db8:12::1)
    Destination: 2001::2 (2001::2)
    [Destination Teredo Server IPv4: 0.0.0.0 (0.0.0.0)]
    [Destination Teredo Port: 65535]
    [Destination Teredo Client IPv4: 255.255.255.253 (255.255.255.253)]
    [Source GeoIP: Unknown]
    [Destination GeoIP: Unknown]
  ▽ Hop-by-Hop Option
      Next header: IPv6 destination option (60)        ——→ 逐跳扩展头部
      Length: 0 (8 bytes)
    ▷ IPv6 Option (PadN)
  ▽ Destination Option
      Next header: ICMPv6 (58)                         ——→ 目的扩展头部
      Length: 0 (8 bytes)
    ▷ IPv6 Option (PadN)
▷ Internet Control Message Protocol v6
```

图 10.35

10.8.1 IPv6 扩展头部和攻击

IPv6 虽然在设计上考虑了安全性，但恶意之徒仍可利用扩展头部来发动 DoS 攻击。如前所述，由于流量转发路径沿途的所有穿越路由器都要处理 IPv6 数据包中的逐跳扩展头部，因此会消耗这些路由器的大量 CPU 资源。同理，若将大量包含 IPv6 目的扩展头部的数据包转发给指定的主机或服务器，同样会消耗它们的大量资源。

10.8.2 准备工作

将 Wireshark 主机接入交换机，启动 Wireshark 软件，在交换机上开启端口镜像功能，将受监控主机的流量重定向至 Wireshark 主机。观察 Wireshark 抓包主窗口，看看能不能抓到包含扩展头部的 IPv6 数据包。

10.8.3 操作方法

图 10.36 所示为 Wireshark 抓到的包含扩展头部的 IPv6 数据包。

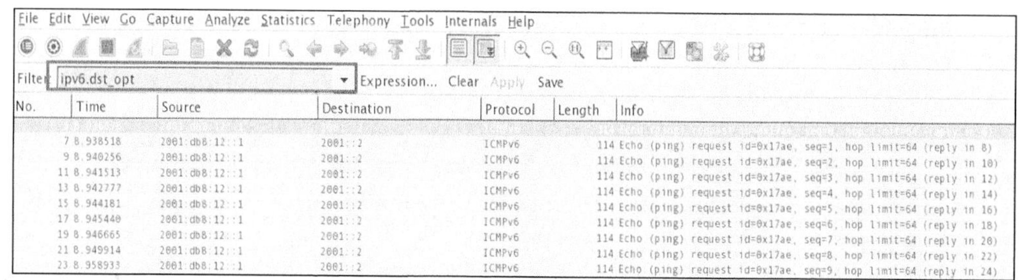

图 10.36

由图 10.36 可知，应用显示过滤器 ipv6.dst_opt，即可筛选出包含目的扩展头部的所有 IPv6 数据包。应用显示过滤器 ipv6.hop_opt，则可筛选出包含逐跳扩展头部的所有 IPv6 数据包。

应用显示过滤器虽可筛选出包含扩展头部的 IPv6 数据包，缩小流量的审查范围，但仍需执行额外的手动分析，来判断网络中出现的那些 IPv6 数据包是正常流量还是攻击流量。

IPv6 数据包分片

如前所述，分片是指将一个大 IP 包分为多个小包，目的是要顺利通过转发路径沿途 MTU 值最低的链路。IPv6 数据包的分片方式与 IPv4 数据包完全不同。以下所列为两种 IP 数据包在分片方面的主要区别。

- 任何穿越路由器都能对 IPv4 数据包分片（只要 IPv4 包头中的 DF 位置 0），而 IPv6 数据包只能在源主机分片，任何穿越路由器都不得对 IPv6 数据包分片。
- IPv4 数据包的包头会直接携带与分片有关的详细信息，而经过分片的 IPv6 数据包会携带专为 IPv6 定义的单独的扩展头部，这样的扩展头部只会出现在经过分片的 IPv6 数据包中。

10.8.4 幕后原理

由图 10.37 可知，对位于 IPv6 数据包转发路径 R1->R3 中的 R2 而言，数据包的外发接口的 MTU 值为 1280，该接口所连链路是转发路径中 MTU 值最低的链路。

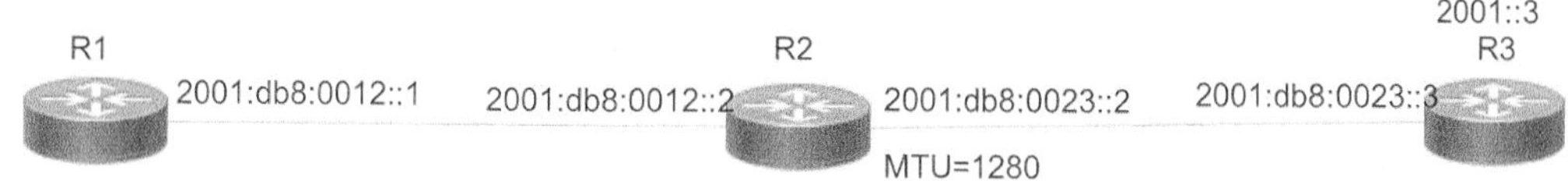

图 10.37

在默认情况下，当 R2 从 R1 收到大于 1280 的 IPv6 数据包时，会一丢了之，同时还会生成类型字段值为 2 的 ICMPv6 错误消息，如图 10.38 所示。

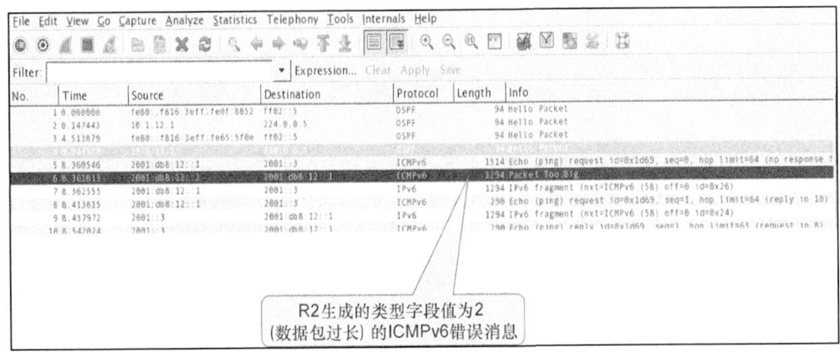

图 10.38

由图 10.38 可知，R2 在丢弃 R1 发来的大 IPv6 数据包的同时，向 R1（实际生成 IPv6 数据包的设备）发出了类型字段值为 2 的 ICMPv6 错误消息，消息中包含了 IPv6 数据包外发接口的 MTU 值。

R1 会缓存 R2 发出的 ICMP 消息，并根据其中的 MTU 值切分 IPv6 数据包，如图 10.39 所示。

Filter: ipv6.fragment

No.	Time	Source	Destination	Protocol	Length	Info
10	8.542024	2001::3	2001:db8:12::1	ICMPv6	290	Echo (ping) reply id=0x1d69, seq=1, hop limit=63 (request in 8)
12	8.543217	2001:db8:12::1	2001::3	ICMPv6	290	Echo (ping) request id=0x1d69, seq=2, hop limit=64 (reply in 14)
14	8.795052	2001::3	2001:db8:12::1	ICMPv6	290	Echo (ping) reply id=0x1d69, seq=2, hop limit=63 (request in 12)
16	8.796357	2001:db8:12::1	2001::3	ICMPv6	290	Echo (ping) request id=0x1d69, seq=3, hop limit=64 (reply in 18)
18	9.049014	2001::3	2001:db8:12::1	ICMPv6	290	Echo (ping) reply id=0x1d69, seq=3, hop limit=63 (request in 16)
20	9.050332	2001:db8:12::1	2001::3	ICMPv6	290	Echo (ping) request id=0x1d69, seq=4, hop limit=64 (reply in 23)
23	9.310012	2001::3	2001:db8:12::1	ICMPv6	290	Echo (ping) reply id=0x1d69, seq=4, hop limit=63 (request in 20)

图 10.39

由图 10.40 可知，IPv6 分片扩展头部包含了与 IPv6 数据包分片有关的所有详细信息。IPv4 数据包的包头会直接携带与分片有关的详细信息，而 IPv6 数据包的分片信息包含在单独的扩展头部里。

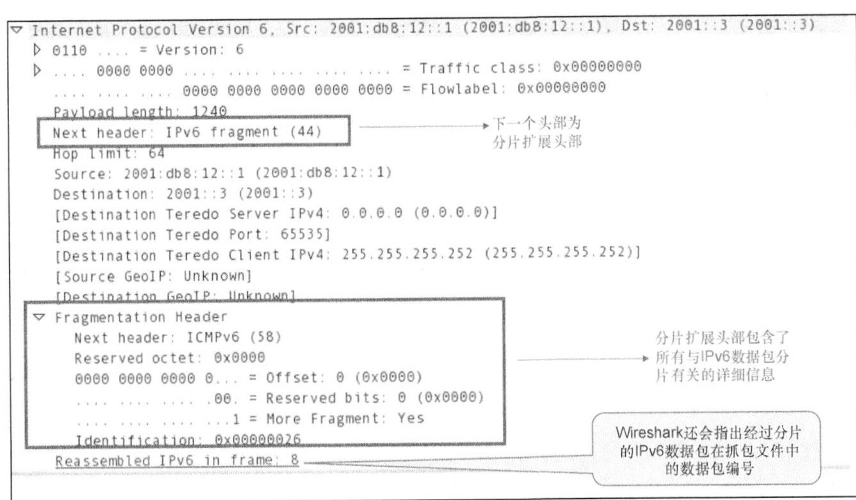

图 10.40

恶意之徒会利用 IPv6 数据包的分片机制来发动 DoS 攻击。攻击者可发出大量包含 IPv6 分片扩展头部的数据包，让受攻击主机不停地重组经过分片的数据包，导致其内存耗尽。

表 10.6 所列为与 IPv6 数据包分片有关的显示过滤器。

表 10.6

过滤表达式	描　　述	显示过滤器示例
ipv6.hop_opt	筛选出所有带逐跳扩展头部的 IPv6 数据包	ipv6.hop_opt
ipv6.dst_opt	筛选出所有带目的扩展头部的 IPv6 数据包	ipv6.dst_opt
ipv6.fragment	筛选出所有带分片扩展头部的 IPv6 数据包	ipv6.fragment

10.9 ICMPv6 协议的运作方式及故障分析/排除

ICMPv6 是为 IPv6 开发的 ICMP 增强版，不但具备协议报错和路径诊断功能，还得到了进一步扩展，兼具其他网络层功能。以下所列为 ICMPv6 的重要用途：

- 用来发现 IPv6 路由器和邻居节点；
- 用来执行 IPv6 无状态自动配置；
- 用来执行路径 MTU 发现；
- 检测并隔离故障。

ICMPv6 是 IPv6 的组成部分，包含 ICMPv6 消息的 IPv6 数据包的包头或扩展头部的下一个头部字段值为 58。ICMPv6 消息的格式如图 10.41 所示。

类型	代码	校验和
消息主体		

图 10.41

ICMPv6 消息多种多样，分别用来行使协议报错、信息通告或路径发现等功能。本节将专注于 ICMPv6 的故障检测及隔离功能，后文将介绍 ICMPv6 的更多应用。

10.9.1 排障准备

当启用 IPv6 功能的末端主机面临连通性故障时，可利用 ping 和 traceroute 等工具来检测并定位故障。ping IPv6 地址会触发执行路径诊断功能的 ICMPv6 消息。可在 IPv6 流量转发路径沿途的一或或多台主机上安装 Wireshark，在不同的位置抓取 IPv6 数据包，进行分析。

10.9.2 排障方法

1. 图 10.42 所示为如何在 R1 上诊断通往 R3（IPv6 地址为 2001::3）的路径是否通畅。在 R1 上 ping 2001::3，便会令其生成 ICMPv6 echo request 消息，该消息会首先送达 R2。

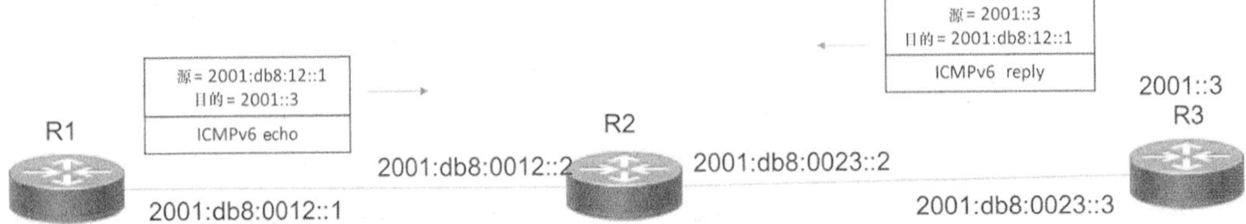

图 10.42

2. 图 10.43 所示为 Wireshark 抓到的 R1 发出的目的地址为 R3 的 ICMPv6 echo request 消息（类型字段值为 128 的 ICMPv6 消息）。

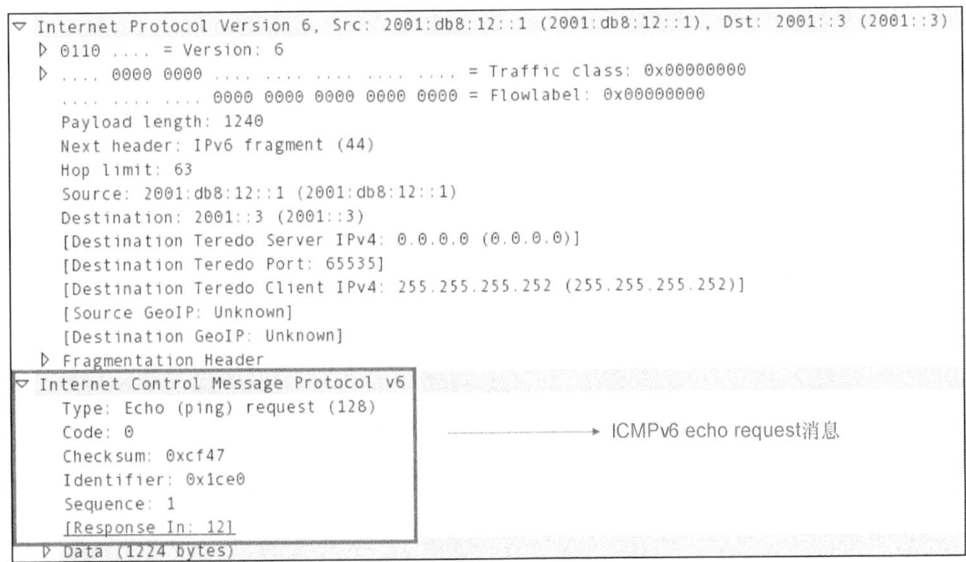

图 10.43

3. 收到 ICMPv6 echo request 消息之后，R3 会回复 ICMPv6 echo reply 消息。

图 10.44 所示为 Wireshark 抓到的 R3 回复给 R1 的 ICMPv6 echo reply 消息。

```
▽ Internet Protocol Version 6, Src: 2001::3 (2001::3), Dst: 2001:db8:12::1 (2001:db8:12::1)
  ▷ 0110 .... = Version: 6
  ▷ .... 0000 0000 .... .... .... .... .... = Traffic class: 0x00000000
    .... .... .... 0000 0000 0000 0000 0000 = Flowlabel: 0x00000000
    Payload length: 1240
    Next header: IPv6 fragment (44)
    Hop limit: 64
    Source: 2001::3 (2001::3)
    [Source Teredo Server IPv4: 0.0.0.0 (0.0.0.0)]
    [Source Teredo Port: 65535]
    [Source Teredo Client IPv4: 255.255.255.252 (255.255.255.252)]
    Destination: 2001:db8:12::1 (2001:db8:12::1)
    [Source GeoIP: Unknown]
    [Destination GeoIP: Unknown]
  ▷ Fragmentation Header
▽ Internet Control Message Protocol v6
    Type: Echo (ping) reply (129)
    Code: 0
    Checksum: 0xce47
    Identifier: 0x1ce0
    Sequence: 1
    [Response To: 10]
    [Response Time: 103.977 ms]
```

ICMPv6 echo reply消息

图 10.44

在故障期间执行长 ping 操作时，可能会发生间歇性丢包现象。用 Wireshark 打开一个很大的抓包文件，即便筛选出所有 ICMPv6 数据包，应该也很难看出哪些 ICMPv6 echo request 消息在发出之后，并未收到相应的 ICMPv6 echo reply 消息。此时，Expert Information 工具便有了用武之地，请按以下步骤行事。

1．在 Wireshark 抓包主窗口内选择 Analyze 菜单，点击其名下的 Expert Information 菜单项。

2．在弹出的 Expert Information 窗口中选择并展开相关的 Warning 事件。

Warning 事件会统计并记录抓包文件中未收到回应的所有 ICMPv6 echo request 消息，如图 10.45 所示。

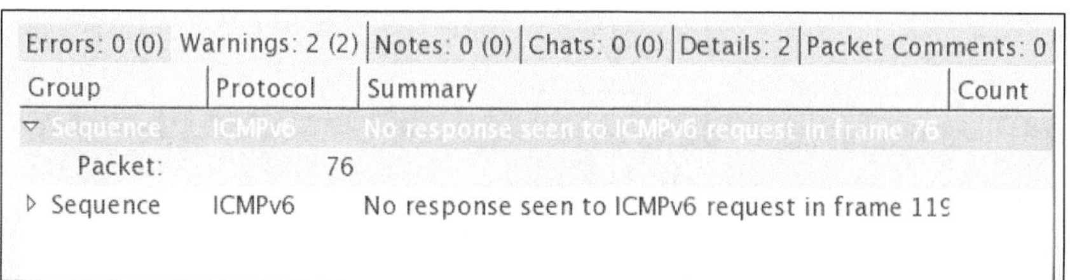

Errors: 0 (0) Warnings: 2 (2) | Notes: 0 (0) | Chats: 0 (0) | Details: 2 | Packet Comments: 0

Group	Protocol	Summary	Count
▽ Sequence	ICMPv6	No response seen to ICMPv6 request in frame 76	
Packet:	76		
▷ Sequence	ICMPv6	No response seen to ICMPv6 request in frame 119	

图 10.45

10.10 IPv6 地址自动配置特性

IPv6 最大的优点之一是支持网络设备（主机）自动配置其接口（网卡）的 IPv6 地址。有了这一优点，支持 IPv6 功能的设备便可以即插即用的方式接入 IPv6 网络。

10.10.1 准备工作

当激活了 IPv6 地址自动配置特性的末端主机无法联网时，首先应确保其网卡是否正确且自动地设有本地链路地址。对于 UNIX/Linux 主机，执行 ifconfig –a 命令，即可显示其网卡所设 IPv6 地址。若网卡并未设置任何 IPv6 地址，则问题可能出在主机操作系统的 IPv6 协议栈上。若网卡设有 IPv6 本地链路地址，则接下来应启动 Wireshark，开始抓包，看看能否抓到与路由器交换的 ICMPv6 路由器恳求和 ICMPv6 路由器通告消息。

10.10.2 运作方式

1. 在图 10.46 所示的网络中，IPv6 地址自动配置特性一经激活，那台 IPv6 主机就应该会发出目的地址为所有路由器多播地址的 ICMPv6 路由器恳求消息。

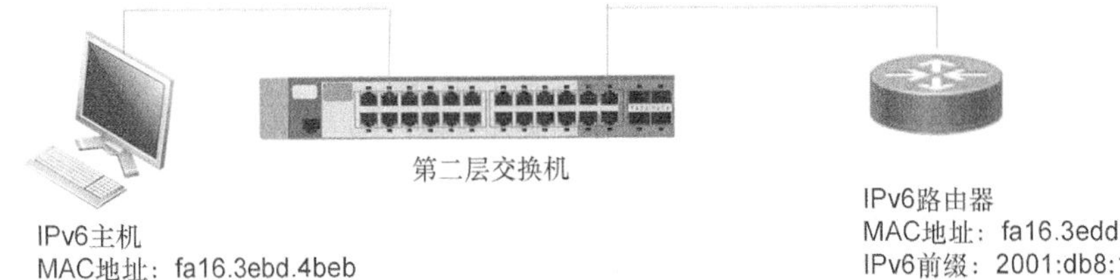

图 10.46

2. 查看 Wireshark 抓包文件，验证 IPv6 主机是否发出了 ICMPv6 路由器恳求消息。

3. 图 10.47 所示为 Wireshark 抓到的 IPv6 主机发出的 ICMPv6 路由器恳求消息。不难发现，ICMPv6 路由器恳求消息的源链路层地址选项包含了该主机的 MAC 地址。为了执行地址解析，收到 ICMPv6 路由器恳求消息的任何路由器都将缓存这一 MAC 地址。

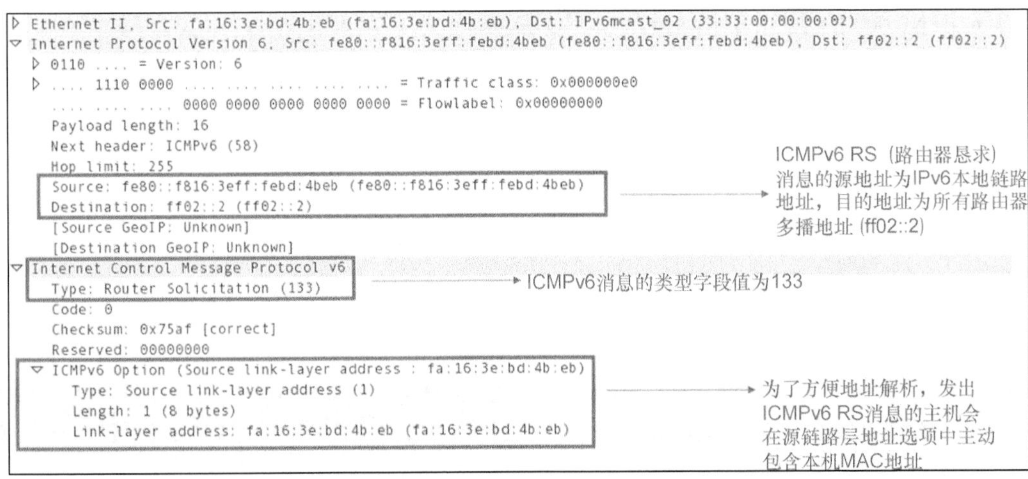

图 10.47

4．检查路由器是否发出了 ICMPv6 路由器通告消息，消息中会包含可供末端主机执行 IPv6 地址自动配置的详细信息。

5．图 10.48 所示为 Wireshark 抓到的路由器发出的 ICMPv6 路由器通告消息，其目的地址为所节点多播地址（ff02::1）。由于 LAN 内的所有节点都将监听这一多播 IPv6 地址，因此都能接收并处理消息中包含的信息。

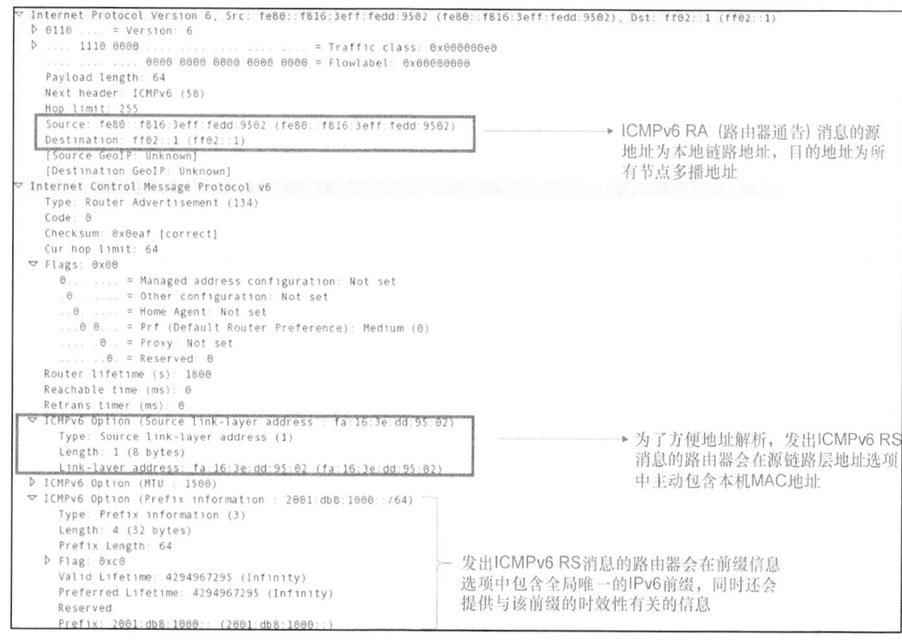

图 10.48

6．ICMPv6 路由器通告消息用来传达（路由器通告的）IPv6 前缀（前缀长度不超过 64 位）及相关信息。由图 10.48 可知，路由器通告的 IPv6 前缀为 2001:db8:1000 ::/64。有两个计时器变量——有效周期（Valid Lifetime）和首选周期（Preferred Lifetime）——会随该 IPv6 前缀一并通告，这两个参数分别表示该 IPv6 前缀可供“on-link 确定”（on-link determination）和“自动化地址自动配置”（automatic address autoconfiguration）使用的时长（单位为秒）[1]。

若 Wireshark 未抓到图 10.48 所示的 ICMPv6 路由器通告消息，则需要检查路由器的配置，

1　译者注：原文是“This prefix will be advertised with a twotimer variable. The Valid lifetime is the length of the time this prefix can be used on the link as a valid address. The Preferred lifetime is the length of the time this address generated from the received prefix prefers”。译者认为作者对 ICMPv6 消息的“前缀信息选项”的有效周期（Valid lifetime）和首选周期（Preferred lifetime）字段的解释是错误的，译文按 *TCP/IP Illustrated, Volume 1: The Protocols, Second Edition* 一书第 411 页翻译。

确保路由器激活了 IPv6 自动配置功能，通告了相关前缀。

10.10.3 幕后原理

具备 IPv6 功能的设备自动配置本机接口（网卡）的 IPv6 地址的行为，被称为无状态地址自动配置（Stateless Address Auto Configuration，SLAAC）。如前文所述，无论什么设备，只要激活了 IPv6 功能，便会为本机网卡默认分配隶属于 fe80::/10 的本地链路地址。按照 IPv6 地址格式的要求，IPv6 地址中的接口 ID（最后 64 位）部分应具备全网唯一性。那么，如何确保每台 IPv6 设备为本机接口（网卡）自动配置的 IPv6 地址一定具备全网唯一性呢？在 LAN 内，MAC 地址是为主机的每块网卡分配的数据链路层标识符，自然具备全网唯一性。这是为了确保能将数据帧送达正确的主机。IPv6 自动配置特性可充分利用 MAC 地址所具备的全网唯一性。不过， 头疼的是 MAC 地址的长度为 48 位，而接口 ID 的长度则是 64 位。MAC 地址则由 24 位组织唯一标识符（Organizational Unique Identifier，OUI）和 24 位厂商分配的标识符（Vendorassigned Identifier）构成。因此，要按以下步骤将 48 位 MAC 地址转换为 64 位 EUI-64 地址格式：

- 在 MAC 地址的 OUI 和供应商分配的标识符之间，插入一个十六进制值 FFFE（转换自 16 位的二进制值）；
- 将 OUI 中的 U/L 标记位（第 7 位）置 1。

图 10.49 演示了上述步骤。

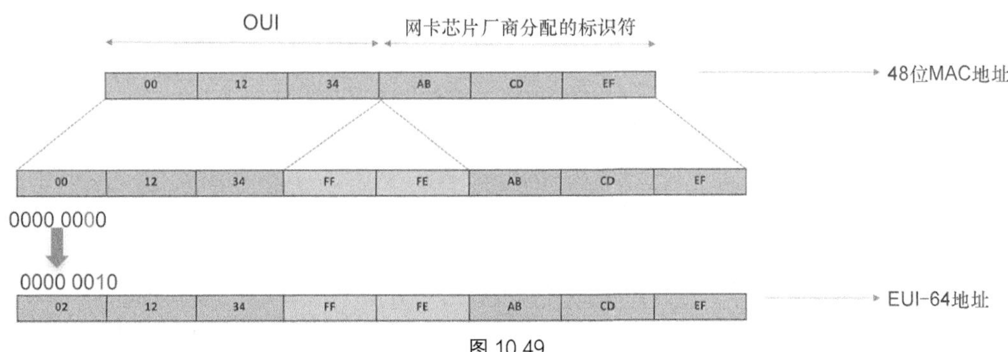

图 10.49

IPv6 主机会把转换后得到的 64 位 EUI-64 地址再结合 64 位网络前缀{fe80::/10 ＋ 54 位全 0}，自动配置为本机网卡的 128 位 IPv6 本地链路地址，该地址在本地链路具备唯一性。顾名思义，包含本地链路地址的 IPv6 数据包的作用域为本地链路，因此这样的 IPv6 数据包无法被转发至本 LAN 网络之外。

IPv6 SLAAC（无状态地址自动配置）机制是指先让路由器通告全局唯一的公网 IPv6 前缀，再借助于末端主机所具备的生成 EUI-64 地址的能力，最终为末端主机的网卡自动配置全局唯一的 IPv6 地址。ICMPv6 具备信令协议的功能，路由器可利用该协议，向 LAN 网络中的末端主机通告 IPv6 前缀。以下所列为两种用来行使上述信令功能的 ICMPv6 消息：

- 路由器恳求消息；
- 路由器通告消息。

任何启用 IPv6 自动配置功能的末端主机都会发出 ICMPv6 路由器恳求消息。这种 ICMPv6 消息的源地址一般为主机网卡的本地链路地址，目的地址为所有路由器本地链路多播地址（ff02::2）。图 10.50 所示为 ICMPv6 路由器恳求消息的格式。

<table>
<tr><td>类型字段值=133</td><td>代码字段值=0</td><td>校验和</td></tr>
<tr><td colspan="3">预留</td></tr>
<tr><td colspan="2">选项</td><td></td></tr>
</table>

图 10.50

接入 LAN 的路由器会定期发出 ICMPv6 路由器通告消息，消息中会包含供末端主机自动配置 IPv6 地址所需的 IPv6 前缀及相关信息。这种 ICMPv6 消息的源地址为路由器接口的本地链路地址，目的地址为所有节点本地链路多播地址（ff02::1）。图 10.51 所示为 ICMPv6 路由器通告的格式。

<table>
<tr><td>类型字段值=133</td><td colspan="3">代码字段值=0</td><td>校验和</td></tr>
<tr><td>跳限制</td><td>M</td><td>O</td><td>预留</td><td>路由器生命周期</td></tr>
<tr><td colspan="5">可达时间</td></tr>
<tr><td colspan="5">重传计时器</td></tr>
<tr><td colspan="4">选项</td><td></td></tr>
</table>

图 10.51

10.11 基于 DHCPv6 的地址分配

IPv6 SLAAC 支持即插即用，简单而又容易使用，但并非自动配置 IPv6 地址的唯一方法。DHCPv6 是另一种集中式的 IPv6 地址分配方法，兼具地址分配和管理的功能。本节将探讨如何分析某些最为常见的 DHCPv6 故障。

10.11.1 分析准备

确保 DHCPv6 服务器已配置妥当，能为请求获取地址的 DHCP 客户端分配 IPv6 地址。在 UNIX/Linux 主机上，执行 ifconfig –a 命令，将列出本机网卡的 IPv6 地址。若发现网卡的 IPv6

地址并非由 DHCPv6 服务器分配，请在 LAN 内部署 Wireshark 主机，开始抓包。

10.11.2 分析方法

1. 检查末端主机是否发出了 DHCPv6 恳求（SOLICIT）消息。该消息是客户端主机发出的第一条 DHCPv6 消息，用来定位在线提供 IPv6 地址的一或多台 DHCPv6 服务器。DHCPv6 恳求消息的源地址为该客户端主机的本地链路地址，目的地址为本地链路范围多播地址，也叫作所有 DHCP 中继地址（ff02::1:2）。

2. 若 Wireshark 未抓到 DHCPv6 恳求消息，则有可能是客户端主机配置不当或无法正常运作，需要执行如下操作。

   ➢ 检查主机网卡是否启用了 IPv6 功能。

   ➢ 检查是否为该网卡分配了本地链路地址。

   ➢ 检查该网卡是否激活，是否从 DHCPv6 服务器获取了 IPv6 地址。

3. 若 Wireshark 抓到了 DHCPv6 恳求消息，请确保消息中包含了客户端 ID 选项。DHCPv6 服务器要利用该选项所包含的信息来分辨 DHCPv6 客户端，这些信息有助于 DHCPv6 服务器对该客户端的关联以及将相同的地址重新分配给客户端。DHCPv6 服务器会忽略不含客户端 ID 选项的 DHCPv6 恳求消息。因此，若 Wireshark 抓到了这样的 DHCPv6 恳求消息，则 DHCPv6 服务器不为发出该消息的客户端主机分配 IPv6 地址也在意料之中（见图 10.52）。

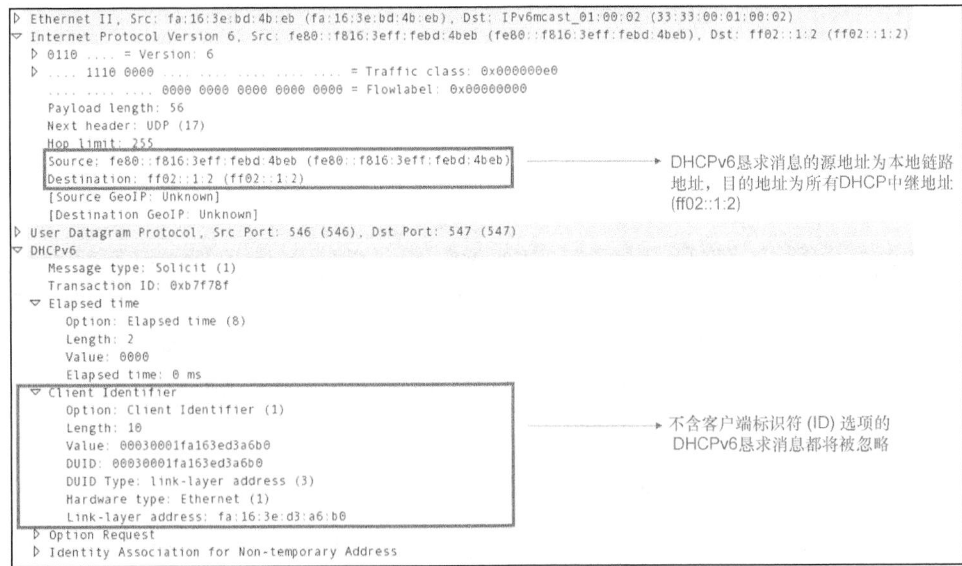

图 10.52

4. 接下来，要检查 Wireshark 是否抓到了 DHCPv6 通告（Advertise）消息。只要顺利接收了包含客户端 ID 选项的了 DHCPv6 恳求消息，DHCPv6 服务器便会以单播方式回复 DHCPv6 通告消息。若网络内的 DHCPv6 服务器不止一台，则所有服务器都将回复 DHCPv6 通告消息。

5. 若 Wireshark 没有抓到 DHCPv6 通告消息，则可能是 DHCPv6 服务器配置不当或不能正常运作。

   - 检查 LAN 内是否有 DHCPv6 服务器正在侦听 IPv6 地址 ff02::1:2，检查方式是在 DHCPv6 客户端上执行 ICMPv6 ping ff02::1:2 命令。如能 ping 通该地址，则表示网络内存在侦听 DHCPv6 恳求消息的 DHCPv6 服务器。
   - 到 DHCPv6 服务器上检查 DHCPv6 地址池的配置。
   - 检查 DHCPv6 服务器的 IPv6 或 DHCPv6 协议栈是否存在问题，具体的检查方法要视不同类型的 DHCPv6 服务器而定。

6. 图 10.53 所示为 Wireshark 抓到的 DHCPv6 服务器发出的 DHCPv6 通告消息。不难发现，该消息将以单播方式发送给希望获取 IPv6 地址的 DHCPv6 客户端。DHCPv6 通告消息会包含服务器标识符选项，在网络内不止一台 DHCPv6 服务器的情况下，DHCPv6 客户端要靠服务器标识符选项中的信息来辨别 DHCPv6 服务器。若 DHCPv6 通告消息中未包含客户端标识符选项（来自 DHCPv6 恳求消息），则 DHCP 客户端将忽略该消息。

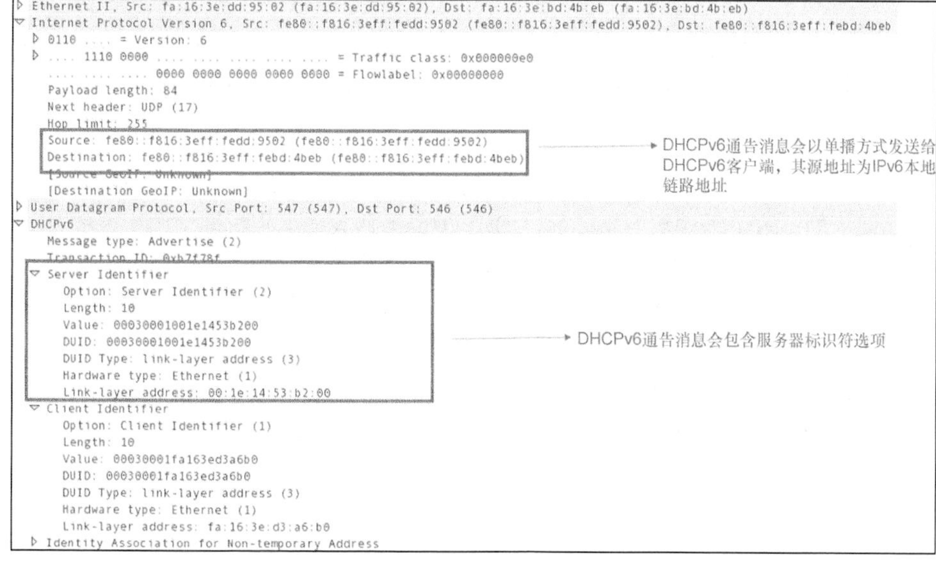

图 10.53

7．验证 DHCPv6 客户端是否发出了 DHCPv6 请求（Request）消息，如图 10.54 所示。

```
▷ Ethernet II, Src: fa:16:3e:bd:4b:eb (fa:16:3e:bd:4b:eb), Dst: IPv6mcast_01:00:02 (33:33:00:01:00:02)
▽ Internet Protocol Version 6, Src: fe80::f816:3eff:febd:4beb (fe80::f816:3eff:febd:4beb), Dst: ff02::1:2 (ff02::1:2)
  ▷ 0110 .... = Version: 6
  ▷ .... 1110 0000 .... .... .... .... .... = Traffic class: 0x000000e0
    .... .... .... 0000 0000 0000 0000 0000 = Flowlabel: 0x00000000
    Payload length: 98
    Next header: UDP (17)
    Hop limit: 255
    Source: fe80::f816:3eff:febd:4beb (fe80::f816:3eff:febd:4beb)
    Destination: ff02::1:2 (ff02::1:2)
    [Source GeoIP: Unknown]
    [Destination GeoIP: Unknown]
▷ User Datagram Protocol, Src Port: 546 (546), Dst Port: 547 (547)
▽ DHCPv6
    Message type: Request (3)
    Transaction ID: 0xb7ffbd
  ▷ Elapsed time
  ▽ Client Identifier
      Option: Client Identifier (1)
      Length: 10
      Value: 00030001fa163ed3a6b0
      DUID: 00030001fa163ed3a6b0
      DUID Type: link-layer address (3)
      Hardware type: Ethernet (1)
      Link-layer address: fa:16:3e:d3:a6:b0
  ▽ Option Request
      Option: Option Request (6)
      Length: 4
      Value: 00170018
      Requested Option code: DNS recursive name server (23)
      Requested Option code: Domain Search List (24)
  ▽ Server Identifier
      Option: Server Identifier (2)
      Length: 10
      Value: 00030001001e1453b200
      DUID: 00030001001e1453b200
      DUID Type: link-layer address (3)
      Hardware type: Ethernet (1)
      Link-layer address: 00:1e:14:53:b2:00
  ▷ Identity Association for Non-temporary Address
```

DHCPv6请求消息的源地址为本地链路地址，目的地址为所有DHCP中继地址

DHCPv6请求消会同时包含客户端ID和服务器ID选项

图 10.54

8．若抓到了 DHCPv6 请求消息，请检查消息中是否包含了相关的客户端 ID 和服务器 ID 选项。由于该消息的目的地址为所有 DHCP 中继地址，因此 LAN 内的所有 DHCPv6 服务器都能接收到。

9．最后，要观察 Wireshark 是否抓到了 DHCPv6 应答（Reply）消息。收到 DHCPv6 客户端发出的DHCPv6 请求消息之后，DHCPv6 服务器会先从本机地址池中分配 IPv6 地址，再发出 DHCPv6 应答消息通告该地址。若 LAN 内的 DHCPv6 服务器不止一台，则 DHCPv6 客户端主机将会根据 DHCPv6 应答消息中的服务器标识符选项，来辨别分配 IPv6 地址的 DHCPv6 服务器。

10．由图 10.55 可知，DHCPv6 应答消息是真正包含 IPv6 地址信息的消息。DHCPv6 应答消息的源地址为 DHCPv6 服务器的本地链路地址，将以单播方式发往 DHCPv6 客户端主机。

```
▷ Ethernet II, Src: fa:16:3e:dd:95:02 (fa:16:3e:dd:95:02), Dst: fa:16:3e:bd:4b:eb (fa:16:3e:bd:4b:eb)
▽ Internet Protocol Version 6, Src: fe80::f816:3eff:fedd:9502 (fe80::f816:3eff:fedd:9502), Dst: fe80::f816:
  ▷ 0110 .... = Version: 6
  ▷ .... 1110 0000 .... .... .... .... .... = Traffic class: 0x000000e0
    .... .... .... 0000 0000 0000 0000 0000 = Flowlabel: 0x00000000
    Payload length: 84
    Next header: UDP (17)
    Hop limit: 255
    Source: fe80::f816:3eff:fedd:9502 (fe80::f816:3eff:fedd:9502)
    Destination: fe80::f816:3eff:febd:4beb (fe80::f816:3eff:febd:4beb)
    [Source GeoIP: Unknown]
    [Destination GeoIP: Unknown]
▷ User Datagram Protocol, Src Port: 547 (547), Dst Port: 546 (546)
▽ DHCPv6
    Message type: Reply (7)
    Transaction ID: 0xb7ffbd
  ▷ Server Identifier
  ▷ Client Identifier
  ▽ Identity Association for Non-temporary Address
      Option: Identity Association for Non-temporary Address (3)
      Length: 40
      Value: 000300010000a8c000010e000005001820010db802000000...
      IAID: 00030001
      T1: 43200
      T2: 69120
    ▽ IA Address
        Option: IA Address (5)
        Length: 24
        Value: 20010db802000000adf8c97f60492ffaffffffffffffffff
        IPv6 address: 2001:db8:200:0:adf8:c97f:6049:2ffa (2001:db8:200:0:adf8:c97f:6049:2ffa)
        Preferred lifetime: infinity
        Preferred lifetime: infinity
```

DHCPv6应答消息的源地址为DHCPv6服务器的本地链路地址，将以单播方式发往DHCPv6客户端

分配的IPv6地址

图 10.55

10.11.3 幕后原理

图 10.56 所示为在基于 DHCPv6 的 IPv6 地址分配过程中，DHCPv6 服务器与 DHCPv6 客户端之间的交互过程。

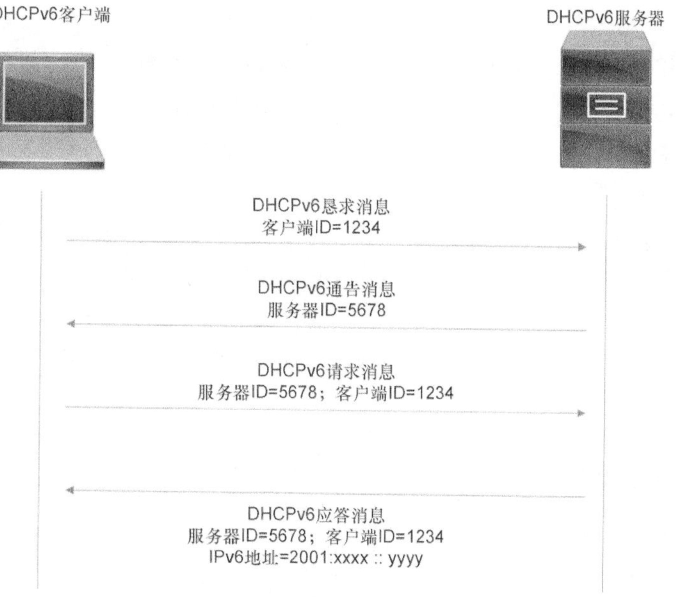

图 10.56

由 DHCP 客户端主机率先发出的 DHCPv6 恳求消息属于 UDP 数据包，UDP 目的端口号为 547。DHCPv6 恳求消息将以泛洪方式发送，其目的地址为 DHCPv6 多播地址 ff02::1:2，源地址为 DHCP 客户端主机的 IPv6 本地链路地址。

收到 DHCPv6 恳求消息之后，DHCPv6 服务器将回复 DHCPv6 通告消息。该消息将以单播方式发往 DHCPv6 客户端主机（其目的地址为 DHCPv6 客户端主机的 IPv6 本地链路地址）。要是网络中存在不止一台 DHCPv6 服务器，则所有 DHCPv6 服务器都将回复 DHCPv6 通告消息。每台服务器都会在消息中包含各自的服务器 ID 选项。

收到 DHCPv6 通告消息之后，DHCPv6 客户端会发出 DHCPv6 请求消息。该消息会包含服务器 ID 选项，以指明请求地址分配的 DHCPv6 服务器。

收到 DHCPv6 请求消息之后，DHCPv6 服务器会从本机池分配 IPv6 地址，发出包含 IPv6 前缀及相关详细信息（比如，IPv6 前缀的生命周期）的 DHCPv6 应答消息。

表 10.7 所列为与 IPv6 DHCP 有关的显示过滤器。

表 10.7

显示过滤参数	描　　述	显示过滤器示例
dhcpv6	筛选出所有 DHCPv6 数据包	dhcpv6
dhcpv6.msgtype==<>	根据消息类型，筛选出所有 DHCPv6 数据包	dhcpv6.msgtype==solicit dhcpv6.msgtype==advertise
dhcpv6.iaaddr.ip==<>	筛选出具有指定 IA 地址的所有 DHCPv6 数据包	dhcpv6.iaaddr.ip==<addr>

10.12　IPv6 邻居发现协议的运作原理和故障分析

当第 3 层网络内的设备通过 IPv6 来寻址时，就得用 IPv6 邻居发现（ND）协议来解析与 IPv6 地址相关联的 MAC 地址。与 IPv4 协议所使用的 ARP 不同，IPv6 ND 要借助于某些种类的 ICMPv6 消息，来行使地址解析功能。

ICMPv6 邻居恳求（neighbor solicitation）消息是 ICMPv6 消息的一种，请求执行 MAC 地址解析的节点会发出这种 ICMPv6 消息，去查询 IPv6 地址的链路层地址。该消息在功能上类似于 IPv4 的 ARP 请求消息。由于 IPv6 没有广播一说，因此 ICMPv6 邻居恳求消息的目的地址为 IPv6 受恳求节点多播地址。ICMPv6 邻居恳求消息的格式如图 10.57 所示。

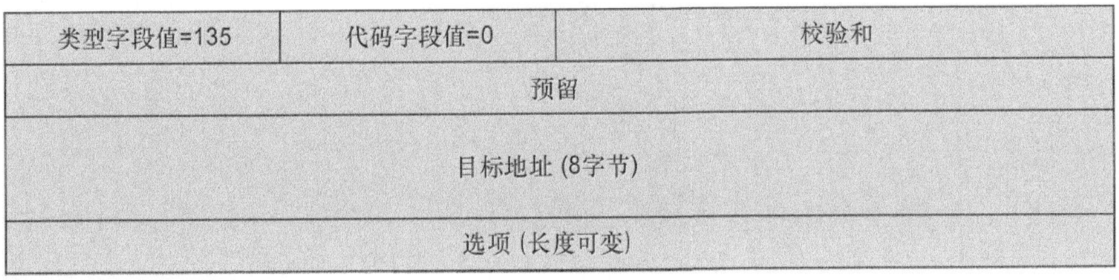

<table>
<tr><td>类型字段值=135</td><td>代码字段值=0</td><td>校验和</td></tr>
<tr><td colspan="3">预留</td></tr>
<tr><td colspan="3">目标地址 (8字节)</td></tr>
<tr><td colspan="3">选项 (长度可变)</td></tr>
</table>

图 10.57

ICMPv6 邻居通告（neighbor advertisement）也是 ICMPv6 消息的一种，回应 MAC 地址解析的节点会发出这种消息(消息中会包含与 IPv6 地址相关联的 MAC 地址)，来回复 ICMPv6 邻居恳求消息。这种消息在功能上类似于 IPv4 的 ARP 应答消息。ICMPv6 邻居通告消息会以单播方式发往请求执行 MAC 地址解析的节点。

ICMPv6 邻居通告消息的格式如图 10.58 所示。

<table>
<tr><td colspan="4">类型字段值=136</td><td>代码字段值=0</td><td>校验和</td></tr>
<tr><td>R</td><td>S</td><td>O</td><td colspan="3">预留</td></tr>
<tr><td colspan="6">目标地址 (8字节)</td></tr>
<tr><td colspan="6">选项 (长度可变)</td></tr>
</table>

图 10.58

10.12.1 排障方法

1．如图 10.59 所示，假设 PC1（2001:DB8::1）准备访问 PC2（2001:DB8::2）。

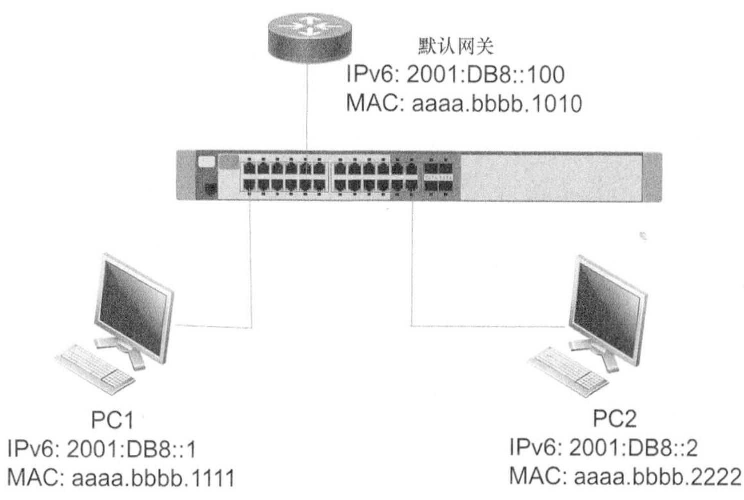

图 10.59　IPv6 拓扑

2．在 PC1 上 ping PC2，将会让 PC1 生成 ICMPv6 邻居恳求消息，意在解析 PC2 的 MAC 地址。

3．检查 PC1 的 IPv6 邻居表，看看能否发现与 IPv6 地址 2001:DB8::2 相对应的 MAC 地址。查看 IPv6 邻居表的命令随 PC1 所安装的 OS 而异。

➢ 若 PC1 安装的 OS 为 macOS，执行 ndp –na 命令，即可列出 IPv6 邻居的详细信息。

➢ 若 PC1 安装的 OS 为 Windows，请执行 netsh interface ipv6 show neighbor 命令。

4. 若发现了与 IPv6 地址 2001:DB8::2 相对应的 MAC 地址，则可以肯定 PC2 收到了 PC1 发出的 ICMPv6 邻居恳求消息，并且回复了 ICMPv6 邻居通告消息（见图 10.60）。

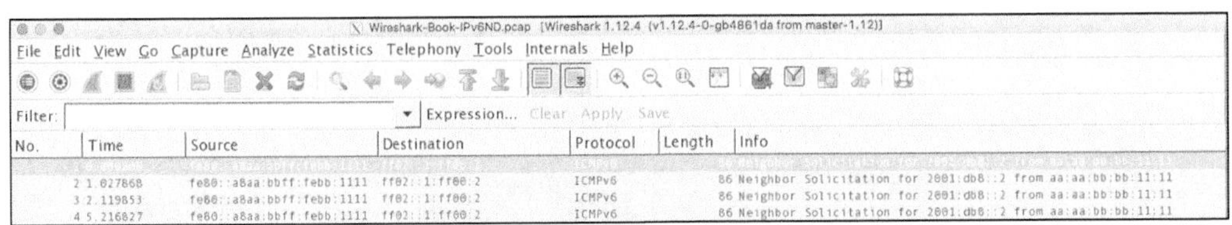

图 10.60

5. 若未发现与 IPv6 地址 2001:DB8::2 相对应的 MAC 地址，请将 Wireshark 主机连接到交换机上的一个空闲端口，开启交换机的端口镜像功能开始抓包。应该将连接 PC1 和 PC2 的交换机端口的入向和出向流量重定向给 Wireshark 主机。

6. 检查 Wireshark 是否抓到了 PC1 发出的 ICMPv6 邻居恳求消息。图 10.61 所示为 Wireshark 抓到的 PC1 发出的 ICMPv6 邻居恳求消息，PC1 的 MAC 地址包含在“源链路层地址”（Source link-layer address）选项中。

```
▷ Frame 1: 86 bytes on wire (688 bits), 86 bytes captured (688 bits)
▷ Ethernet II, Src: aa:aa:bb:bb:11:11 (aa:aa:bb:bb:11:11), Dst: IPv6mcast_ff:00:00:02 (33:33:ff:00:00:02)
▽ Internet Protocol Version 6, Src: fe80::a8aa:bbff:febb:1111 (fe80::a8aa:bbff:febb:1111), Dst: ff02::1:ff00:2 (ff02::1:ff00:2)
  ▷ 0110 .... = Version: 6
  ▷ .... 1110 0000 .... .... .... .... .... = Traffic class: 0x000000e0
    .... .... .... 0000 0000 0000 0000 0000 = Flowlabel: 0x00000000
    Payload length: 32
    Next header: ICMPv6 (58)
    Hop limit: 255
    Source: fe80::a8aa:bbff:febb:1111 (fe80::a8aa:bbff:febb:1111)
    Destination: ff02::1:ff00:2 (ff02::1:ff00:2) ——→ ICMPv6邻居恳求消息的目的地址为受恳求节点多播地址
    [Source GeoIP: Unknown]
    [Destination GeoIP: Unknown]
▽ Internet Control Message Protocol v6 ——→ ICMPv6消息
    Type: Neighbor Solicitation (135) ——→ 类型字段值135=ICMPv6邻居请求消息
    Code: 0
    Checksum: 0x6172 [correct]
    Reserved: 00000000
    Target Address: 2001:db8::2 (2001:db8::2) ——→ 目标IPv6地址
  ▽ ICMPv6 Option (Source link-layer address : aa:aa:bb:bb:11:11)
      Type: Source link-layer address (1)
      Length: 1 (8 bytes)
      Link-layer address: aa:aa:bb:bb:11:11 (aa:aa:bb:bb:11:11) ——→ 本地MAC地址
```

图 10.61

➢ 若 Wireshark 从连接 PC1 的交换机端口的入向抓到了 ICMPv6 邻居恳求消息，但未从连接 PC2 的交换机端口的出向抓到，则可能是交换机丢弃了该消息。

➢ 若 Wireshark 未从连接 PC1 的交换机端口抓到 ICMPv6 邻居恳求消息，请检查 PC1 的网卡与交换机之间的物理线缆。

➢ 若 Wireshark 从连接 PC1 和 PC2 的交换机端口都抓到了 ICMPv6 邻居恳求消息，但未抓到 ICMPv6 邻居通告消息，请检查 PC2。

7. 同理，检查 Wireshark 是否抓到了 PC2 发出的 ICMPv6 邻居通告消息。

➢ 若 Wireshark 从连接 PC2 的端口的入向抓到了 ICMPv6 邻居通告消息，但未从连接 PC1 的端口的出向抓到，则很可能是交换机丢弃了 ICMPv6 邻居通告消息。

➢ 若 Wireshark 未从连接 PC2 的交换机端口的入向抓到 ICMPv6 邻居通告消息，请检查 PC2 和交换机之间的物理线缆。

➢ 若 Wireshark 从连接 PC1 和 PC2 的交换机端口都抓到了 ICMPv6 邻居通告消息，但 PC1 IPv6 邻居表中仍未出现与 PC2 的 IPv6 地址相关联的 MAC 地址，请检查 PC1。

表 10.8 所列为与 IPv6 邻居发现机制有关的显示过滤器。

表 10.8

显示过滤参数	描　述	显示过滤器示例
icmpv6.type==<type>	根据 ICMPv6 消息的类型字段值，来筛选数据包。类型字段值=135，将筛选出所有 IPv6 邻居恳求数据包；类型字段值=136，将筛选出所有 IPv6 邻居通告数据包	icmpv6.type==135 icmpv6.type==136
icmpv6.nd.ns.target_address==<ipv6_addr>	根据目标 IPv6 地址字段值，来筛选 ICMPv6 邻居恳求数据包	icmpv6.nd.ns.target_address==2001:DB8::2
icmpv6.nd.ns.target_address==<ipv6_addr>	根据目标 IPv6 地址字段值，来筛选 ICMPv6 邻居通告数据包	icmpv6.nd.na.target_address==2001:db8::1

IPv6 地址冲突检测

在 IPv4 网络中，IP 地址冲突总是让人头疼。由于 IPv4 协议并没有内置地址冲突检测机制，因此生产网络中一旦发生 IP 地址冲突，就有酿成重大事故的可能。有鉴于此，IPv6 协议采用了重复地址检测（Duplicate Address Detection，DAD）机制的设计。

10.12.2 DAD 的运作方式

当通过静态（手工指定）或动态机制（比如，SLAAC 或 DHCPv6）为主机的网卡分配 IPv6 地址时，在启用新分配的 IPv6 地址之前，主机会发出一条 ICMPv6 邻居恳求消息，同时将其目的地址字段值设置为该 IPv6 地址。若有待执行 DAD 验证的 IPv6 地址是主机网卡唯一可用的 IPv6 地址，则主机会将该 ICMPv6 邻居恳求消息的源地址设置为全 0，如图 10.62 所示。

```
▷ Ethernet II, Src: fa:16:3e:bd:4b:eb (fa:16:3e:bd:4b:eb), Dst: IPv6mcast_ff:49:2f:fa (33:33:ff:49:2f:fa)
▽ Internet Protocol Version 6, Src: :: (::), Dst: ff02::1:ff49:2ffa (ff02::1:ff49:2ffa)
  ▷ 0110 .... = Version: 6
  ▷ .... 1110 0000 .... .... .... .... .... = Traffic class: 0x000000e0
    .... .... .... 0000 0000 0000 0000 0000 = Flowlabel: 0x00000000
    Payload length: 32
    Next header: ICMPv6 (58)
    Hop limit: 255
    Source: :: (::)
    Destination: ff02::1:ff49:2ffa (ff02::1:ff49:2ffa)
    [Source GeoIP: Unknown]
    [Destination GeoIP: Unknown]
▽ Internet Control Message Protocol v6
    Type: Neighbor Solicitation (135)
    Code: 0
    Checksum: 0x82ec [correct]
    Reserved: 00000000
    Target Address: 2001:db8:200:0:adf8:c97f:6049:2ffa (2001:db8:200:0:adf8:c97f:6049:2ffa)
  ▽ ICMPv6 Option (Nonce)
      Type: Nonce (14)
      Length: 1 (8 bytes)
      Nonce: 798925f7e279
```

图 10.62

如本节前文所述，ICMPv6 邻居恳求消息的目的地址为受恳求节点多播地址（因此 LAN 内的所有节点都能收到该消息）。在 ICMPv6 邻居恳求消息发出之后，若得到了任何一个节点的响应（收到 ICMPv6 邻居通告消息），主机即可检测出另一节点设有相同的 IPv6 地址，便不会让冲突的 IPv6 地址生效。若未从任何一个节点收到 ICMPv6 邻居通告消息，主机就可以安全地启用该 IPv6 地址了。

第 11 章 传输层协议分析

本章涵盖以下内容：

- UDP 的运作原理；
- UDP 协议分析及故障排除；
- TCP 的运作原理；
- 排除 TCP 连通性故障；
- 解决 TCP 重传问题；
- TCP 滑动窗口机制；
- 对 TCP 的改进——选择性 ACK 和时间戳选项；
- 排除与 TCP 的数据传输吞吐量有关的故障。

11.1 简介

本章将聚焦于 OSI 参考模型的传输层，会深入分析各种第 4 层协议（TCP、UDP、SCTP）的运作方式。传输层协议是主机之间的通信协议，负责运行于不同主机上的末端应用程序之间的数据交换。用户数据报协议（UDP）是一种简单的无连接协议，只用来将数据报传递给既定的接收主机，不依赖任何可靠性机制。传输控制协议（TCP）则是一种面向连接的协议，其主要用途是在末端应用程序之间提供可靠的、拥塞感知的数据传输服务。

超过 80%的互联网流量把 TCP 作为传输层协议。任何一款对丢包敏感的末端应用程序对可靠性的要求都很高，此类应用程序都会用 TCP 作为传输层协议。比如，基于 HTTP 的 Web 服务器就使用 TCP 作为传输层协议。TCP 虽能提供可靠性，但由于会重传丢掉的数据，因此将会造成数据延迟传送。某些末端应用（比如，IP 语音/视频）对丢包不甚敏感，但对抖动/延迟非常敏感，此类应用程序应使用 UDP 而非 TCP 来作为传输层协议。

本章将讨论各种传输层协议的基本原理、常见故障，以及如何用 Wireshark 来分析并排除协议故障。

11.2 UDP 的运作原理

UDP 是一种轻量级传输层协议，只能提供尽力而为的服务。对于能够容忍丢包或由应用层来维系可靠性的末端应用而言，UDP 是传输层协议的理想选择。比方说，简单文件传输协议（TFTP）（一种极为简单的文件传输协议）就用 UDP 作为传输层协议。TFTP 会在应用层对收到的每块数据报进行确认。因此，即便 UDP 并没有内置任何可靠性机制，这样的应用程序仍然可以使用 UDP 作为传输层协议。

对一个 IP 数据包而言，其 IP 包头中的协议类型字段值为 17，就表示该 IP 数据包封装的是 UDP 数据报。UDP 头部的格式如图 11.1 所示。

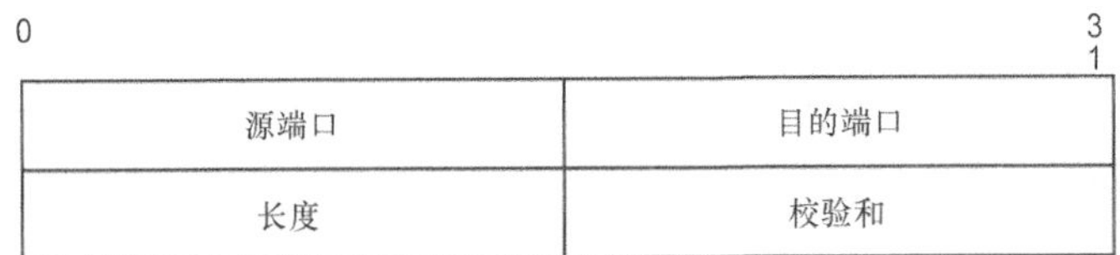

图 11.1 UDP 头部的格式

生成 UDP 流的主机会从 UDP 端口范围 1024～65535 中随机选择一个本机未使用的端口号，作为隶属于该流（的 UDP 数据包或数据报）的 UDP 源端口号。UDP 流的目的端口号用来标识在目的主机上运行的末端应用程序。目的端口号一般出自众所周知的 UDP 应用程序端口范围 1～1023。

表 11.1 给出了几个众所周知的 UDP 应用程序端口号。

表 11.1　总所周知的 UDP 应用程序端口号

应用程序名	UDP 端口号
域名系统（DNS）	53
BOOTP 服务器	67
BOOTP 客户端	68

图 11.2 所列为 Wireshark 抓到的 UDP 数据包。

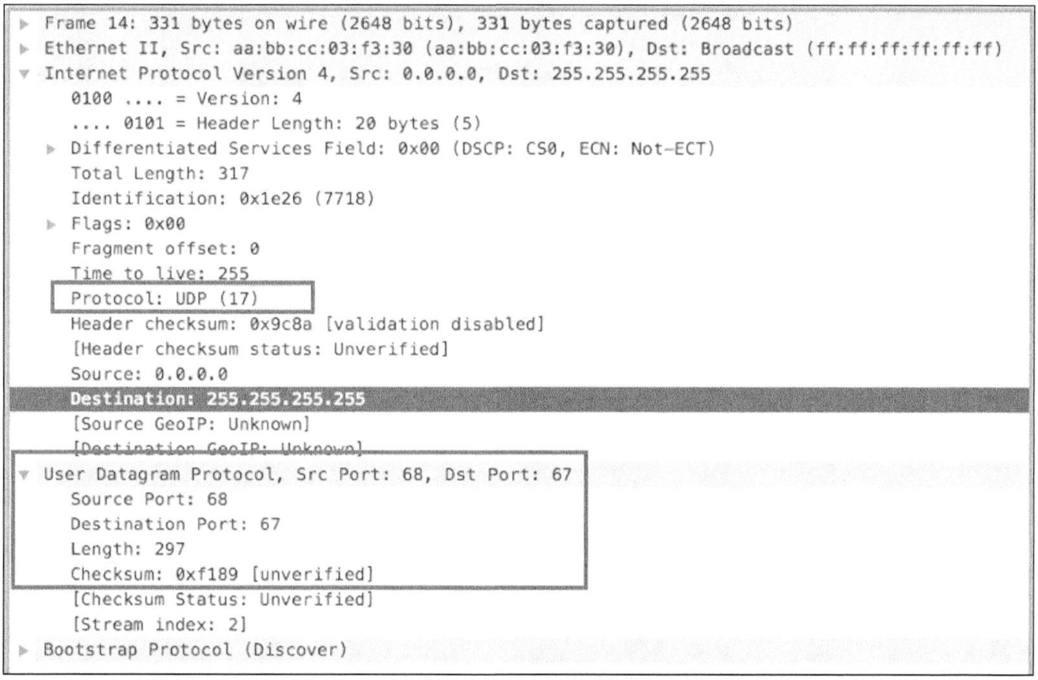

```
▶ Frame 14: 331 bytes on wire (2648 bits), 331 bytes captured (2648 bits)
▶ Ethernet II, Src: aa:bb:cc:03:f3:30 (aa:bb:cc:03:f3:30), Dst: Broadcast (ff:ff:ff:ff:ff:ff)
▼ Internet Protocol Version 4, Src: 0.0.0.0, Dst: 255.255.255.255
    0100 .... = Version: 4
    .... 0101 = Header Length: 20 bytes (5)
  ▶ Differentiated Services Field: 0x00 (DSCP: CS0, ECN: Not-ECT)
    Total Length: 317
    Identification: 0x1e26 (7718)
  ▶ Flags: 0x00
    Fragment offset: 0
    Time to live: 255
    Protocol: UDP (17)
    Header checksum: 0x9c8a [validation disabled]
    [Header checksum status: Unverified]
    Source: 0.0.0.0
    Destination: 255.255.255.255
    [Source GeoIP: Unknown]
    [Destination GeoIP: Unknown]
▼ User Datagram Protocol, Src Port: 68, Dst Port: 67
    Source Port: 68
    Destination Port: 67
    Length: 297
    Checksum: 0xf189 [unverified]
    [Checksum Status: Unverified]
    [Stream index: 2]
▶ Bootstrap Protocol (Discover)
```

图 11.2　Wireshark 抓到的 UDP 数据包

11.3　UDP 协议分析和故障排除

基于 UDP 的大多数应用程序虽然都能容忍丢包，但任何一条大量丢包的 UDP 流都有可能会导致非常糟糕的终端用户体验。本节将探讨 UDP 流传输故障的一些常见原因，同时会介绍如何用 Wireshark 来分析并排除此类故障。

11.3.1　排障准备

当 UDP 流中断传输时，首先应验证源、目主机之间的网络连通性，用 ping 或 traceroute 等工具即可验证。可按第 10 章所述方法来排除任何网络连通性故障。若源、目主机之间可以正常连通（网络连通性正常），请按下一小节所述步骤行事。

11.3.2　排障方法

在图 11.3 所示的网络中，PC1（10.1.100.101）和 PC3（10.1.200.101）上安装的 UDP 应用程序之间无法传递 UDP 流。

1. 请登录防火墙或其他安全设备，开通相应的 UDP 端口。若流量传输路径中的硬件防火墙或终端主机上开启的软件防火墙未开通相应的 UDP 端口，则势必会中断 UDP 流的转发。

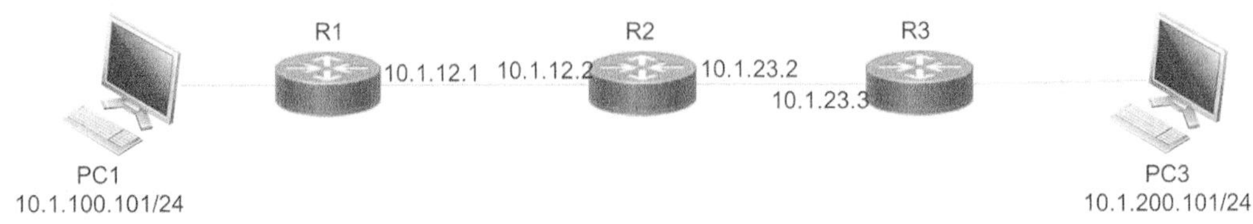

图 11.3 UDP 排障示例拓扑

2. 弄清 UDP 流的目的 UDP 端口号，检查 PC3 是否正监听该 UDP 端口。登录 PC3，执行某些命令，或者进行 UDP 端口扫描，均可完成这项检查。

3. 若有登录 PC3 的权限，执行 netstat 命令，即可得知该主机是否正监听相应的 UDP 目的端口。

4. 若没有登录 PC3 的权限，则可通过 UDP 端口扫描来进行检查，有多款扫描工具可用来完成这项检查。若 PC3 未监听相应的 UDP 端口，便会在丢弃 UDP 流的同时发出某种 ICMP 消息（ICMP 目的端口不可达消息）。

5. 若 PC3 正监听相应的 UDP 端口，下一步就得用 Wireshark 抓包进行相关分析了。由于 UDP 属于无连接的协议，因此建议在靠近那两个端点（PC1 和 PC3）的地方分别同时抓包，抓包地点离 PC1 和 PC3 越近越好。

抓到隶属于该 UDP 流的 UDP 数据包之后，应先检查 UDP 数据包的 UDP 校验和是否正确，如图 11.4 所示。收到 UDP 数据包时，若校验和检查失败，目的主机将丢弃该包。由于 UDP 属于无连接协议，因此主机在发现 UDP 校验和错误之后，不会生成任何错误信息或执行相关确认。在默认情况下，Wireshark 可能不检查所抓 UDP 数据包的校验和。要让 Wireshark 执行这项检查，还需要做一番设置。

```
▶ Frame 7: 94 bytes on wire (752 bits), 94 bytes captured (752 bits)
▼ Ethernet II, Src: fa:16:3e:65:5f:0e (fa:16:3e:65:5f:0e), Dst: fa:16:3e:0f:88:52 (fa:16:3e:0f:88:52)
  ▼ Destination: fa:16:3e:0f:88:52 (fa:16:3e:0f:88:52)
      Address: fa:16:3e:0f:88:52 (fa:16:3e:0f:88:52)
      .... ..1. .... .... .... .... = LG bit: Locally administered address (this is NOT the factory default)
      .... ...0 .... .... .... .... = IG bit: Individual address (unicast)
  ▼ Source: fa:16:3e:65:5f:0e (fa:16:3e:65:5f:0e)
      Address: fa:16:3e:65:5f:0e (fa:16:3e:65:5f:0e)
      .... ..1. .... .... .... .... = LG bit: Locally administered address (this is NOT the factory default)
      .... ...0 .... .... .... .... = IG bit: Individual address (unicast)
    Type: IPv4 (0x0800)
▶ Internet Protocol Version 4, Src: 10.1.12.1, Dst: 10.1.3.3
▼ User Datagram Protocol, Src Port: 50238, Dst Port: 1967
    Source Port: 50238
    Destination Port: 1967
    Length: 60
  ▶ Checksum: 0x0378 [correct]
    [Checksum Status: Good]
    [Stream index: 2]
▶ Data (52 bytes)
```

图 11.4 UDP 校验和

1. 点击 Edit 菜单的 Preference 菜单项。

2. 在弹出的 Preference 窗口中，点击 Protocols 配置选项右边的小三角形，找到并点击 UDP 配置子选项。

3. 勾选 Validate the UDP checksum if possible 复选框，点击 OK 按钮。

4. 若 UDP 校验和正确，要对照观看两份抓包文件中隶属于该 UDP 流的 UDP 数据包，以确保 UDP 流能正确发往目的主机。

5. 可应用显示过滤器，让 Wireshark 只显示出隶属于指定 UDP 流的所有 UDP 数据包，这样一来，就可以很方便地比较两份抓包文件了。每一条 UDP 流在每一份抓包文件中都有自己的索引（编）号，如图 11.5 所示。为了筛选出（即让 Wireshark 只显示）隶属于指定 UDP 流的所有 UDP 数据包，需要在显示过滤器中将该索引号作为参数。图 11.5 所示为显示过滤器一经应用，Wireshark 便会按序列出具有相同源/目 IP 地址和源/目 UDP 端口号的所有数据包。

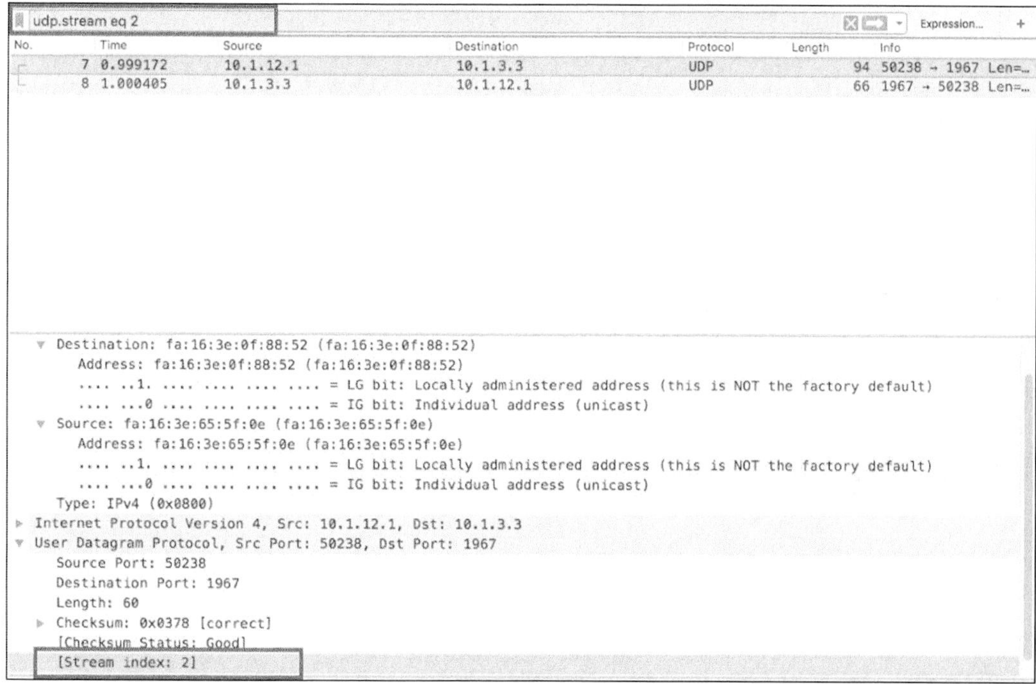

图 11.5 UDP 流索引

6. 在对照观看过两份抓包文件之后，若未发现任何问题，则可能是主机的 TCP/IP 协议栈问题。

表 11.2 所列为用来筛选 UDP 数据包的显示过滤器。

表 11.2

过滤表达式	描　　述	显示过滤器示例
udp	筛选出所有 UDP 数据包	udp
udp.stream eq<>	筛选出具有指定 UDP 流索引号的所有 UDP 数据包	udp.stream eq 2
udp.port==<>	根据 UDP 头部中的 UDP 源或目的端口号字段值，筛选 UDP 数据包	udp.port==65000
udp.srcport==<>	根据 UDP 头部中的 UDP 源端口号字段值，筛选 UDP 数据包	udp.srcport==65000
udp.dstport==<>	根据 UDP 头部中的 UDP 目的端口号字段值，筛选 UDP 数据包	udp.dstport==65000

11.4 TCP 的运作原理

TCP 是一种极为可靠的传输层协议，用来在两台主机之间建立面向连接的数据传输通道。对丢包非常敏感的终端应用程序可用 TCP 作为传输层协议。一大半 Internet 流量都通过 TCP 来传输。有许多应用程序都基于 TCP，比如，E-mail、点对点（peer-to-peer）文件共享，以及著名的 WWW 等。从应用层接收数据之后，TCP 会先将数据切分为在网络中传递的一个个数据单元，再分别用 TCP 头部封装。以 TCP 头部封装的数据单元被称为 TCP 报文段（segment）。如前所述，由于 TCP 属于面向连接的协议，因此在传递数据单元之前端点之间会通过三次握手建立连接。TCP 端点之间会相互确认自己收到的每个 TCP 报文段，任何丢失的报文段都会得到重新传送，这样一来，即可保证用 TCP 传输的数据单元的可靠性。

对一个 IP 数据包而言，其 IP 包头中的协议类型字段值为 6，就表示该 IP 数据包封装的是 TCP 数据报。TCP 头部的格式如图 11.6 所示。

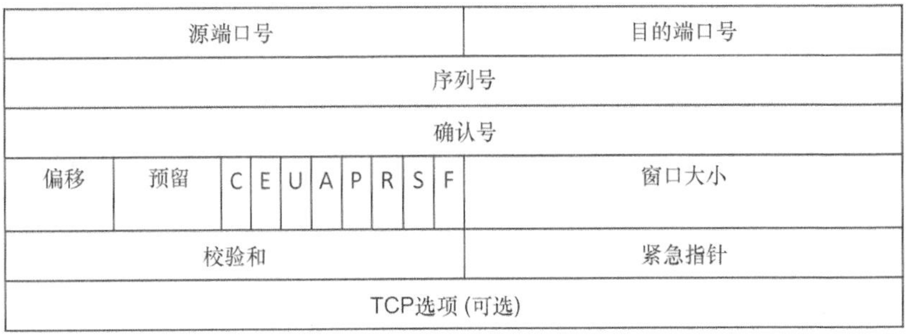

<table>
<tr><td colspan="10">源端口号</td><td>目的端口号</td></tr>
<tr><td colspan="11">序列号</td></tr>
<tr><td colspan="11">确认号</td></tr>
<tr><td>偏移</td><td>预留</td><td>C</td><td>E</td><td>U</td><td>A</td><td>P</td><td>R</td><td>S</td><td>F</td><td>窗口大小</td></tr>
<tr><td colspan="10">校验和</td><td>紧急指针</td></tr>
<tr><td colspan="11">TCP选项 (可选)</td></tr>
</table>

图 11.6　TCP 头部的格式

比之 UDP 头部（长度为固定的 8 字节），TCP 头部的长度一般为 20 字节，但长短并不固定，随其所包含的 TCP 选项而定。序列号和确认号字段在保证终端应用数据传输的可靠性方面起着关键性的作用。更多细节请见本章后文。

表 11.3 给出了几个众所周知的 TCP 应用程序端口号。

表 11.3　　　　几个众所周知的 TCP 应用程序端口号

应用程序	TCP 端口号
WWW/HTTP	80
简单邮件传输协议（SMTP）	25
安全 Shell（SSH）	22

图 11.7 所示为 Wireshark 抓到的 TCP 数据包。

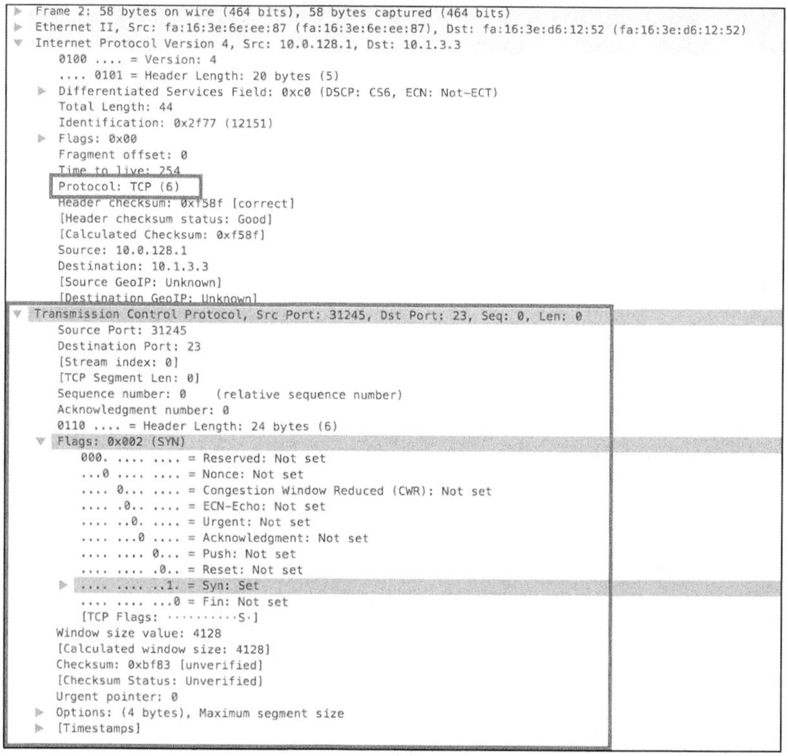

```
▶ Frame 2: 58 bytes on wire (464 bits), 58 bytes captured (464 bits)
▶ Ethernet II, Src: fa:16:3e:6e:ee:87 (fa:16:3e:6e:ee:87), Dst: fa:16:3e:d6:12:52 (fa:16:3e:d6:12:52)
▼ Internet Protocol Version 4, Src: 10.0.128.1, Dst: 10.1.3.3
    0100 .... = Version: 4
    .... 0101 = Header Length: 20 bytes (5)
  ▶ Differentiated Services Field: 0xc0 (DSCP: CS6, ECN: Not-ECT)
    Total Length: 44
    Identification: 0x2f77 (12151)
  ▶ Flags: 0x00
    Fragment offset: 0
    Time to live: 254
    Protocol: TCP (6)
    Header checksum: 0xf58f [correct]
    [Header checksum status: Good]
    [Calculated Checksum: 0xf58f]
    Source: 10.0.128.1
    Destination: 10.1.3.3
    [Source GeoIP: Unknown]
    [Destination GeoIP: Unknown]
▼ Transmission Control Protocol, Src Port: 31245, Dst Port: 23, Seq: 0, Len: 0
    Source Port: 31245
    Destination Port: 23
    [Stream index: 0]
    [TCP Segment Len: 0]
    Sequence number: 0    (relative sequence number)
    Acknowledgment number: 0
    0110 .... = Header Length: 24 bytes (6)
  ▼ Flags: 0x002 (SYN)
      000. .... .... = Reserved: Not set
      ...0 .... .... = Nonce: Not set
      .... 0... .... = Congestion Window Reduced (CWR): Not set
      .... .0.. .... = ECN-Echo: Not set
      .... ..0. .... = Urgent: Not set
      .... ...0 .... = Acknowledgment: Not set
      .... .... 0... = Push: Not set
      .... .... .0.. = Reset: Not set
    ▶ .... .... ..1. = Syn: Set
      .... .... ...0 = Fin: Not set
      [TCP Flags: ··········S·]
    Window size value: 4128
    [Calculated window size: 4128]
    Checksum: 0xbf83 [unverified]
    [Checksum Status: Unverified]
    Urgent pointer: 0
  ▶ Options: (4 bytes), Maximum segment size
  ▶ [Timestamps]
```

图 11.7　Wireshark 抓到的 TCP 数据包

11.5　排除 TCP 连通性故障

一对 TCP 进程在彼此通信时，会先建立 TCP 连接，通过 TCP 连接发送数据，数据发送完毕之后再关闭 TCP 连接。用浏览器浏览网页、通过邮件客户端连接邮件服务器、利用 Telnet 工具访问路由器，或使用基于 TCP 的其他应用程序时，都会经历上述过程。

建立 TCP 连接时，客户端会从 TCP 源端口向服务器端 TCP 目的端口发出连接建立请求。在建立或关闭 TCP 连接的过程中，可能会发生某些故障。本节的主要目标就是要利用 Wireshark 来分析并解决这些故障。

11.5.1 排障准备

对于下列任何一种故障，都可以借助 Wireshark 来分析其起因。

- 尝试运行某种基于 TCP 的应用程序，但其根本无法运行。比如，尝试用浏览器打开网页，但一无所获。
- 试图用 E-mail 客户端收取邮件，但却连不上 E-mail 服务器。
- 故障的起因可能很简单，比如，服务器宕机、服务器上的相关服务并未启动、通往服务器所在 IP 子网的路由失效等。
- 故障的起因也可能很复杂，比如，DNS 故障、IP 地址冲突、服务器内存因不足而无法接受客户端所发起的连接等。

本节将聚焦于如何借助 Wireshark 来解决上述故障。

11.5.2 排障方法

本小节将重点关注使用 Wireshark 诊断 TCP 连接故障时，应遵循的排障思路。TCP 连通性故障一般会导致某些应用程序无法运行。

当某款应用程序的客户端软件（比如，数据库客户端软件、E-mail 客户端软件或视频监控客户端软件等）连接不上其服务器端，并且连提示信息都没有的时候，应尝试按以下步骤解决故障。

1. 验证安装服务器端软件的主机和服务器端软件是否都能正常运行。
2. 验证客户端软件是否能正常运行，检查安装客户端软件的主机是否连网正常，检查该主机的 IP 地址是否配置正确（一般而言，主机的 IP 地址配置分手工配置和 DHCP 自动分配两种）。
3. 在安装客户端软件的主机上 ping 服务器主机，验证 IP 连通性能否正常建立。
4. 在运行客户端软件的同时，启动 Wireshark 开始抓包分析。应重点观察在抓包主窗口数据包列表区域中露面的 TCP 数据包，看看是否存在以下现象。
   - 客户端主机连发 3 次 SYN 位置 1 的 TCP 报文段，但服务器端主机未作任何回应。
   - 客户端主机发出了 SYN 位置 1 的 TCP 报文段之后，收到了 RST 位置 1 的 TCP 确认报文段。

只要发现了以上两种现象中的任何一种，那么不是应用程序自身的问题（比如，应用程序的服务器端软件没有启动），就是有防火墙从中作祟，封锁了相关流量。

由图 11.8 所示的 Wireshark 抓包主窗口的截屏可知，IP 地址为 10.0.0.3 的内网主机无法访问 IP 地址为 81.218.31.171 的 Web 服务器（详见编号为 61～63 的数据包，这 3 个数据包由内网主机 10.0.0.3 发出，全都是 SYN 位置 1 的 TCP 报文段）。这既有可能是因为有防火墙从中作祟，也有可能是因为 Web 服务器出了故障。通过图 11.8 还可以得知，同一台主机可以正常访问另外一台 IP 地址为 108.160.163.43 的 Web 服务器（详见编号为 65～67 的数据包）。现在可以得出结论，IP 地址为 10.0.0.3 的内网主机并不是所有网站都不能访问，只是不能访问 IP 地址为 81.218.31.171 的网站。

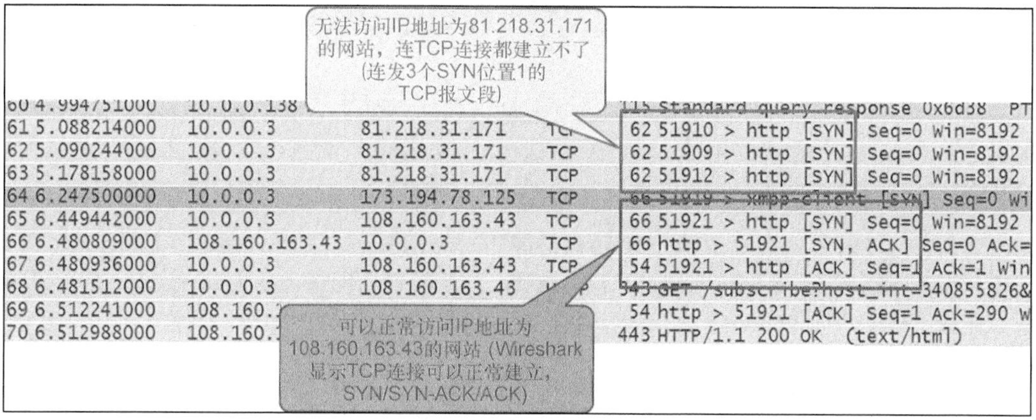

图 11.8

再举一个类似的 TCP 连接故障示例，这个故障要更加复杂，如图 11.9 所示。用户需要登录一台 IP 地址为 135.82.12.1 的视频监控服务器，去监控远程站点。故障现象是：用户在内网主机 10.0.0.3 的浏览器内输入该视频监控服务器的 IP 地址 135.82.12.1 时，可以看到登录界面，却无法登录进系统。由图 11.9 所示的 Wireshark 抓包主窗口的截屏可知，内网主机 10.0.0.3 已经建立了通往目的 IP 地址 135.82.12.1 TCP 80（HTTP）端口的连接，看起来似乎一切正常。

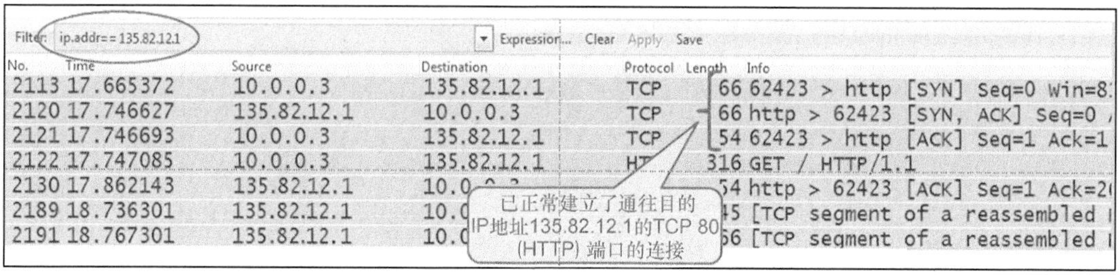

图 11.9

可只要在那份抓包文件中筛选出目的 IP 地址为 135.82.12.1（视频监控服务器）的所有流量，便可以发现，内网主机 10.0.0.3 还在尝试建立通往目的 IP 地址 135.82.12.1 的 TCP 6036 端口的连接。

由图 11.10 所示的 Wireshark 抓包主窗口的截屏可知，内网主机 10.0.0.3 在尝试建立通往目的 IP 地址 135.82.12.1 的 TCP 6036 端口的连接时，连接被重置（IP 地址为 135.82.12.1 的视频服务器回复的是 RST 位和 ACK 位同时置 1 的 TCP 报文段）。

No.	Time	Source	Destination	Protocol	Length	Info
2620	36.423135	10.0.0.3	135.82.12.1	TCP	54	62438 > http [ACK] Seq=915
		10.0.0.3	135.82.12.1	TCP	66	62442 > 6036 [SYN] Seq=0 W
		135.82.12.1	10.0.0.3	TCP	54	6036 > 62442 [RST, ACK] Se
		fe80::c067:2c23:335:	ff02::c	SSDP	208	M-SEARCH * HTTP/1.1
		10.0.0.3	194.90.1.5	ICMP	74	Echo (ping) request id=0x
		194.90.1.5	10.0.0.3	ICMP	74	Echo (ping) reply id=0x
2626	37.329129	10.0.0.3	135.82.12.1	TCP	62	62442 > 6036 [SYN] Seq=0 W
2627	37.369547	135.82.12.1	10.0.0.3	TCP	54	6036 > 62442 [RST, ACK] Se
2628	38.023274	10.0.0.3	194.90.1.5	ICMP	74	Echo (ping) request id=0x

尝试发起目的端口号为6036的TCP连接：
• SYN请求
• RST/ACK响应

图 11.10

原来，那台视频监控服务器的用户名/密码认证功能要通过 TCP 6036 端口来完成，而网络中设于防火墙上的安全策略阻断了 TCP 目的端口号为 6036 的流量，却没有阻断 TCP 目的端口号为 80 的流量。

简而言之，若某款基于 TCP/UDP 协议的应用软件无法正常使用，请确保支撑该软件的客户端及服务器端程序运行的所有 TCP/UDP 端口，没有被任何网络设备（如防火墙、路由器等）或其他应用程序（如 Windows 防火墙、瑞星杀毒软件、360 安全卫士等）封锁。

当有新的应用程序上线运行时，最好在安装其客户端程序和服务器端程序的主机上分别安装 Wireshark，将支撑该应用程序运行的所有 TCP/UDP 端口都了解清楚。只有如此，才能降低防火墙"误拒流量"事件发生的概率，软件开发人员未必会告诉你应用程序在网络层面的所作所为（有时，他们自己可能也搞不清楚）。

11.5.3 幕后原理

建立 TCP 连接时，要经历三次握手过程，如图 11.11 所示。

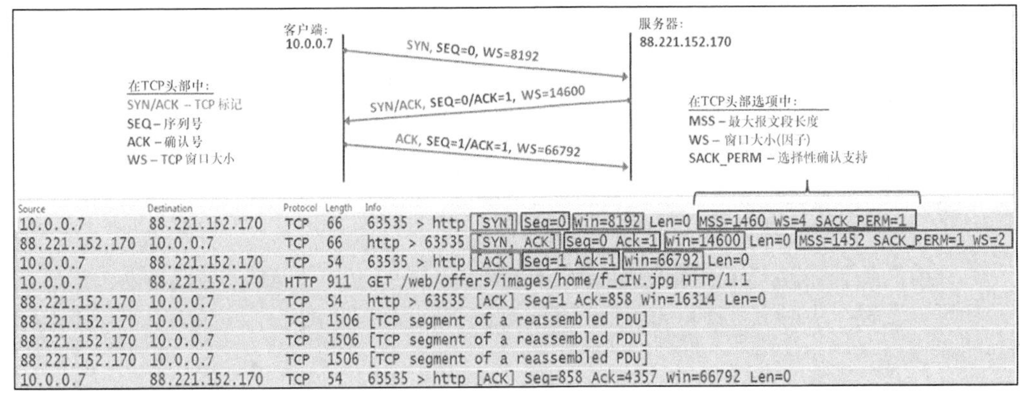

Source	Destination	Protocol	Length	Info
10.0.0.7	88.221.152.170	TCP	66	63535 > http [SYN] Seq=0 Win=8192 Len=0 MSS=1460 WS=4 SACK_PERM=1
88.221.152.170	10.0.0.7	TCP	66	http > 63535 [SYN, ACK] Seq=0 Ack=1 Win=14600 Len=0 MSS=1452 SACK_PERM=1 WS=2
10.0.0.7	88.221.152.170	TCP	54	63535 > http [ACK] Seq=1 Ack=1 Win=66792 Len=0
10.0.0.7	88.221.152.170	HTTP	911	GET /web/offers/images/home/f_CIN.jpg HTTP/1.1
88.221.152.170	10.0.0.7	TCP	54	http > 63535 [ACK] Seq=1 Ack=858 Win=16314 Len=0
88.221.152.170	10.0.0.7	TCP	1506	[TCP segment of a reassembled PDU]
88.221.152.170	10.0.0.7	TCP	1506	[TCP segment of a reassembled PDU]
88.221.152.170	10.0.0.7	TCP	1506	[TCP segment of a reassembled PDU]
10.0.0.7	88.221.152.170	TCP	54	63535 > http [ACK] Seq=858 Ack=4357 Win=66792 Len=0

图 11.11

三次握手过程分三步进行。

1. TCP 客户端发出 SYN 标记位置 1 的 TCP 报文段，以期建立 TCP 连接。在此报文段中：

   ➢ 会指明本方 TCP 初始序列号，即 TCP 客户端发往 TCP 服务器的首字节的编号；

   ➢ 会指明本方窗口大小，即客户端操作系统分配给 TCP 进程的缓存大小（内存空间）；

   ➢ 会让 TCP 头部携带某些选项，比如，MSS 或选择性确认选项（Selective ACK）等。

2. 收到 TCP 客户端发出的 TCP 连接请求报文段后，TCP 服务器会回复 TCP 报文段进行确认。在此报文段中：

   ➢ 会将 SYN 和 ACK 标记位同时置 1；

   ➢ 会指明本方 TCP 初始序列号，即 TCP 服务器发往 TCP 客户端的首字节的编号；

   ➢ 会指明本方窗口大小，即服务器端操作系统分配给 TCP 进程的缓存大小（内存空间）；

   ➢ 会根据 TCP 客户端传递过来的（TCP 头部中的）选项，设置自己的 TCP 头部的各个选项。

3. 收到 TCP 服务器发出的 SYN 和 ACK 标记位同时置 1 的 TCP 报文段后，TCP 客户端会发出 TCP 报文段进行确认。在此报文段中：

   ➢ 会将 ACK 标记位置 1；

   ➢ 会指明本方窗口大小，即客户端操作系统分配给 TCP 进程的缓存大小。尽管已在首个（SYN 标记位置 1 的）TCP 报文段中通告过该参数，但该参数对服务器至关重要，服务器必须实时掌握客户端的窗口大小，反之亦然。

在建立三次握手过程中，经常会在 TCP 头部中露面的选项如下所列。

➢ **最长报文段长度（Maximum Segment Size，MSS）**：建立 TCP 连接时，客户端和服务器端通常都会在本方发出的 SYN 标记位置 1 的报文段中包含这一选项，向对方宣告自己期望接收的 TCP 报文段的最大长度。所谓“TCP 报文段的最大长度”（MSS 值），是指 TCP 数据部分的长度，不包括 IP 包头和 TCP 头部。

➢ **窗口扩张（Windows Scale，WSopt）**：有了 WSopt 选项，就能定义一个作用于 16 位窗口大小字段的扩张因子（scale factor），以起到大幅提高窗口大小字段容量的目的。该选项包含了一个 8 位 shift count 字段，取值范围为 0～14。WSopt 选项只能在 SYN 标记位置 1 的 TCP 报文段中露面，若 shift count 字段值为 3，则窗口大小的扩张因子为 23，这就使得窗口大小字段的容量暴增 8 倍。

- ➢ **选择性确认支持（SACK-Permitted）**：SACK-Permitted 选项用来表示 TCP 报文段的发送方是否支持 SACK 功能，只会在 TCP 三次握手的前两个 TCP 报文段中露面。还有一个 SACK 选项，则用来通知 TCP 发送方，本方已接收并缓存了非连续数据块，发送方可根据 SACK 选项中的信息来判断究竟是哪个（些）数据块传丢，从而重传相应的数据块。
- ➢ **时间戳（Timestamps options，TSopt）**：供 TCP 发送方根据接收方回复的相应 ACK 报文段，测量 TCP 连接的 RTT。

三次握手结束时，TCP 客户端和 TCP 服务器：

- ➢ 会一致同意建立 TCP 连接；
- ➢ 能获悉对方（所传数据的）初始序列号值；
- ➢ 能得知对方可用来接收数据的缓存容量（TCP 窗口大小）。

注 意

建立 TCP 连接时，三次握手缺了任何一次，TCP 连接都无法成功建立，这包括：客户端在发出第一个（SYN 标记位置 1 的）TCP 报文段之后，收不到服务器端发出的 SYN 和 ACK 标记位同时置 1 的 TCP 报文段，或收到了服务器端发出的 RST 位置 1 的 TCP 报文段；在前两次握手成功之后，服务器收不到客户端发出的 ACK 标记位置 1 的 TCP 报文段等情形。

可先指定一条 TCP 流，再让 Wireshark 生成隶属于该流的 TCP 报文段的交互详图，如图 11.12 所示。

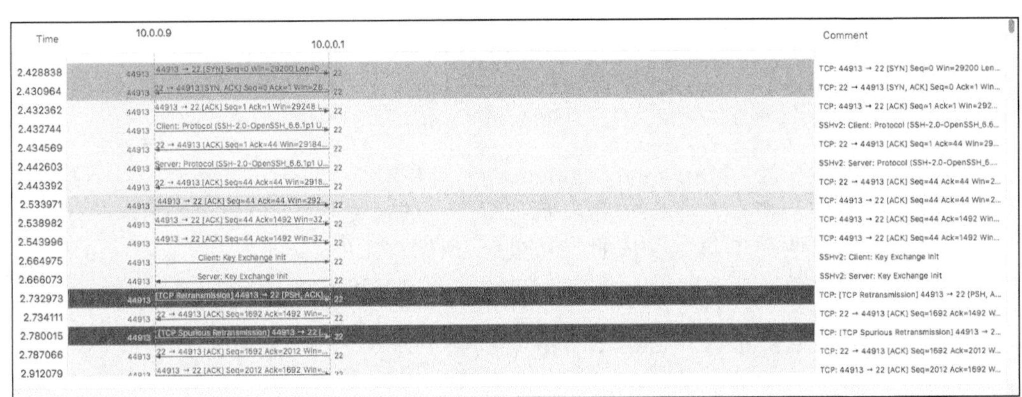

图 11.12

要想生成该图，请按以下步骤行事。

1. 在 Wireshark 抓包主窗口的数据包列表区域中选择一个隶属于指定 TCP 流的 TCP 数据

包，单击右键，选择 Flow 菜单中的 TCP Stream 菜单项。

2. 选择 Statistics 菜单中的 Flow Graph 菜单项，在弹出的 Flow 窗口中勾选 Limit to Display filter 复选框。

11.5.4 拾遗补缺

以下所列为作者总结的排除 TCP 相关故障的经验。

- 当 TCP 客户端发出 SYN 标记位置 1 的 TCP 报文段，请求建立 TCP 连接时，若收到了 RST 标记位置 1 的 TCP 报文段，请检查是不是防火墙封掉了该 TCP 客户端所要连接的 TCP 目的端口。
- TCP 客户端在发起 TCP 连接时，若连发三次 SYN 标记位置 1 的 TCP 报文段都未得到回应，则不是应用程序的服务器端（软件或主机）未能正常运作，就是防火墙封掉了该 TCP 客户端所要连接的 TCP 目的端口。
- 当出现第 4 层连通性故障时，请务必核实网络中是否部署有开启了 NAT 或 PAT 功能的设备，这些设备可能会干扰 UDP 或 TCP 的正常运作。

对于 Wireshark 所抓 TCP 数据流中的第一个 TCP 报文段，其 TCP 头部中的序列号字段值总是以 0 示人，后续 TCP 报文段的序列号字段值将依次递增，这就是所谓的相对序列号（relative sequence number）。说其相对，是因为在这第一个 TCP 报文段的 TCP 头部中，序列号字段的实际值为一个 0～2^{32}之间的整数，由 TCP 进程随机选择，但 Wireshark 为了便于跟踪，将该值设置（并显示）为 0。TCP 标准并未对如何选择 TCP 头部中的序列号字段的初始值做任何硬性规定。

由图 11.13 可知，Wireshark 把 TCP SYN 报文段中的序列号字段值设置为 0，并标记为相对序列号，这并非该 SYN 报文段的实际的序列号字段值。可以设置 Wireshark，令其保留 TCP 报文段的实际的序列号字段值，如图 11.14 所示。

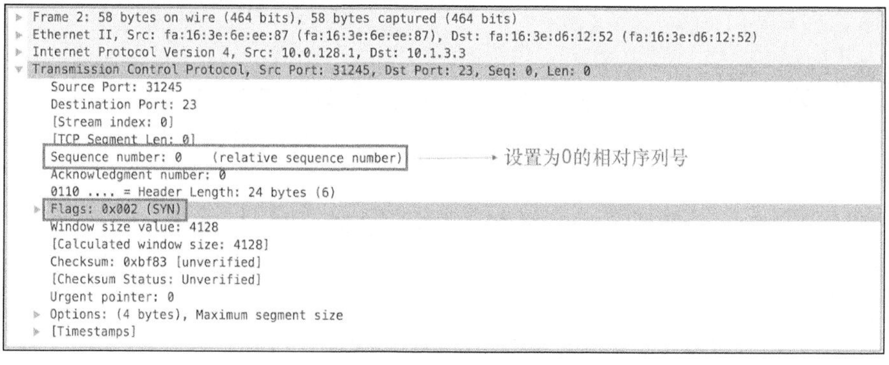

```
▶ Frame 2: 58 bytes on wire (464 bits), 58 bytes captured (464 bits)
▶ Ethernet II, Src: fa:16:3e:6e:ee:87 (fa:16:3e:6e:ee:87), Dst: fa:16:3e:d6:12:52 (fa:16:3e:d6:12:52)
▶ Internet Protocol Version 4, Src: 10.0.128.1, Dst: 10.1.3.3
▼ Transmission Control Protocol, Src Port: 31245, Dst Port: 23, Seq: 0, Len: 0
    Source Port: 31245
    Destination Port: 23
    [Stream index: 0]
    [TCP Segment Len: 0]
    Sequence number: 0    (relative sequence number)  ——→ 设置为0的相对序列号
    Acknowledgment number: 0
    0110 .... = Header Length: 24 bytes (6)
  ▶ Flags: 0x002 (SYN)
    Window size value: 4128
    [Calculated window size: 4128]
    Checksum: 0xbf83 [unverified]
    [Checksum Status: Unverified]
    Urgent pointer: 0
  ▶ Options: (4 bytes), Maximum segment size
  ▶ [Timestamps]
```

图 11.13

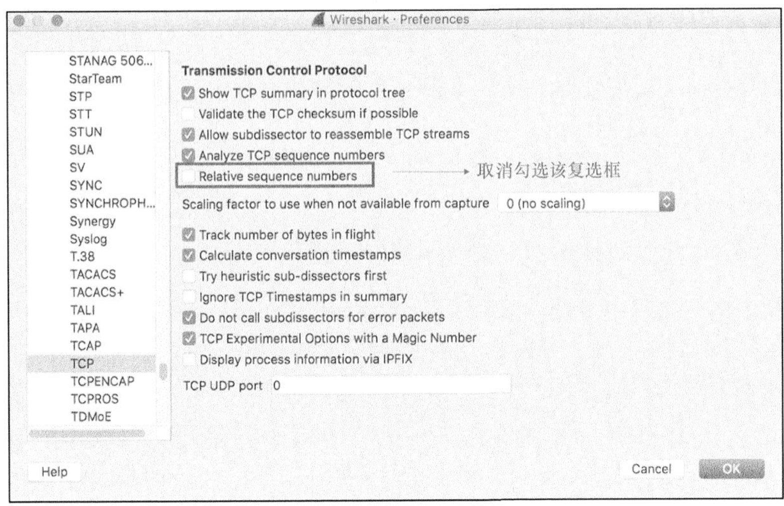

图 11.14

请按以下步骤行事。

1．点击 Edit 菜单的 Preferences 菜单项。

2．在弹出的 Preferences 窗口中，点击 Protocols 配置选项右边的小三角形，查找并点击 TCP 配置子选项。

3．取消勾选 Relative sequence numbers 复选框，点击 OK 按钮。

11.6 解决 TCP 重传问题

当 TCP 发送方发出一个或数个 TCP 报文段后，便会坐等 TCP 接收方对相关报文段的确认，若等不来确认报文段，TCP 发送方便会重新传送。显而易见，若 TCP 发送方重新传送（已经发出过的）TCP 报文段，则表明相应的 TCP 报文段很可能未被 TCP 接收方接收，或 TCP 接收方发出的确认报文段丢失。导致 TCP 重传的原因很多，发现 TCP 重传因何而起将是本节的重点。

11.6.1 排障准备

当用户普遍反应某种或某些基于 TCP 的应用程序的运行速度明显变慢时，TCP 重传可能正是罪魁祸首之一。此时，应借助于端口镜像技术，用 Wireshark 抓取相关应用程序客户端或服务器端所驻留的主机的流量，并进行流量分析。

本节会介绍如何使用 Wireshark 来帮助定位和解决 TCP 重传问题。

11.6.2 排障方法

1．启动 Wireshark 软件，选择正确的网卡抓取流量。

2．点击 Analyze 菜单下的 Expert Information 菜单项。

3．在弹出的 Expert Information 窗口中，重点关注 Note 事件，看看 Wireshark 是否感知到了 TCP 重传事件（即看看是否出现含 Retransmissions 字样的 Note 事件的子事件）。

4．若是，请点击与 Retransmissions 字样相关联的子事件之前的小三角形，再单击其名下的每一行，便可在抓包主窗口的数据包列表区域定位到相应的 TCP 重传数据包。

5．现在，作者要问：TCP 重传是因何而起呢？

用 Wireshark 从某条通信链路、某条连接 Internet 的宽带线路或服务器上的某块网卡抓取流量时，抓到的流量会涉及众多 IP 地址，牵涉到多种应用程序，甚至是同一种应用程序的不同访问模式（比如，同一数据库的不同查表模式）。此时，最重要的是要找到发生 TCP 重传现象的具体的 TCP 数据流。

可通过以下 3 种方法来查明 TCP 重传的源头。

- 在 Expert Information 窗口的 Note 事件中，对于 TCP 重传子事件名下的每一行，在抓包主窗口的数据包列表区域都能定位到与其相对应的 TCP 重传数据包（适合有经验的网管人员）。
- 在 Wireshark 抓包主窗口的 Filter 输入栏内，输入显示过滤表达式_ws.expert.message == "This frame is a (suspected) retransmission"，然后点击 Apply 按钮。Wireshark 会立刻筛选出抓包文件中所有的 TCP 重传数据包。
- 在应用过上述显示过滤表达式之后，点击 Statistics 菜单下的 Conversations 菜单项，在弹出的 Conversations 窗口中，勾选底部的 Limit to display filter 复选框，让 Wireshark 显示出存在 TCP 重传现象的所有 IP 及 TCP 会话。

1. 案例分析 1——发生在单一源 IP 地址和众多目的 IP 地址之间的 TCP 重传

由图 11.15 所示的 Wireshark 截屏可知，IP 地址为 10.0.0.5 的主机在访问 Internet 时（即连接多个 Internet Web 站点的 TCP 80 端口时）发生了多次 TCP 重传现象。由于 TCP 重传全都是由主机 10.0.0.5 发起，因此可以断定，主机 10.0.0.5 向众多 Internet Web 站点发出 TCP 报文段之后，并未按时收到相应的确认报文段。这既有可能是因为主机 10.0.0.5 发出的 TCP 报文段在 Internet 链路上传丢，Internet Web 站点由于无法收到这些报文段，故而未能按时确认，也有可能是 Internet Web 站点发出的确认报文段在 Internet 链路上传丢，主机 10.0.0.5 不能按时收到确认报文段，误以为自己发出的 TCP 报文段传丢，而发起了 TCP 重传[1]。

1 译者注：本书明明是基于 Wireshark 版本 2，但书中的很多图片还是 Wireshark 版本 1 的截图，图 11.15 中的显示过滤器在 Wireshark 版本 2 中要写成“_ws.expert.message == "This frame is a (suspected) retransmission"”。

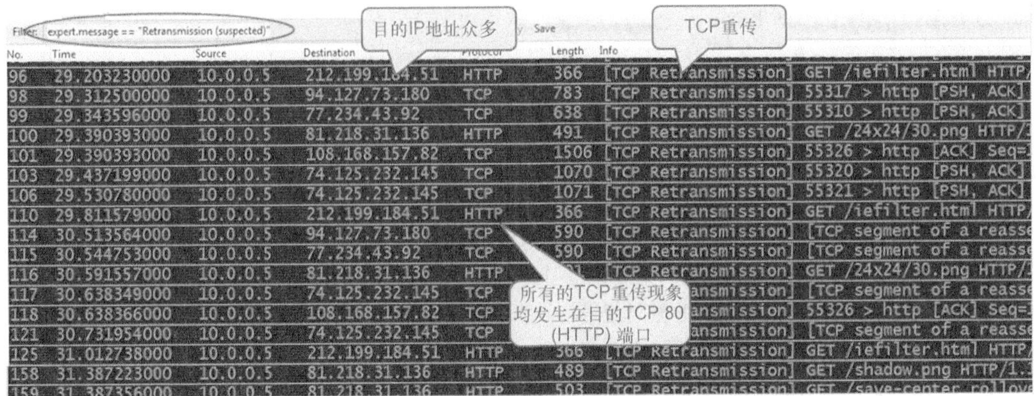

图 11.15

显而易见，一定是 Internet 链路出了问题。该如何印证这一观点呢？

1．点击 Statistics 菜单中的 I/O Graphs 菜单项。

2．观察 I/O Graphs 工具生成的流量统计信息图，如图 11.16 所示。由 I/O Graphs 工具生成的流量统计信息图可以看出，在使用 Wireshark 抓包的时段内，Internet 链路的负载几乎为空，之所以会出现这种情况，既有可能是本方 Internet 链路中断，也有可能是 ISP 网络内的上游链路中断[1]。

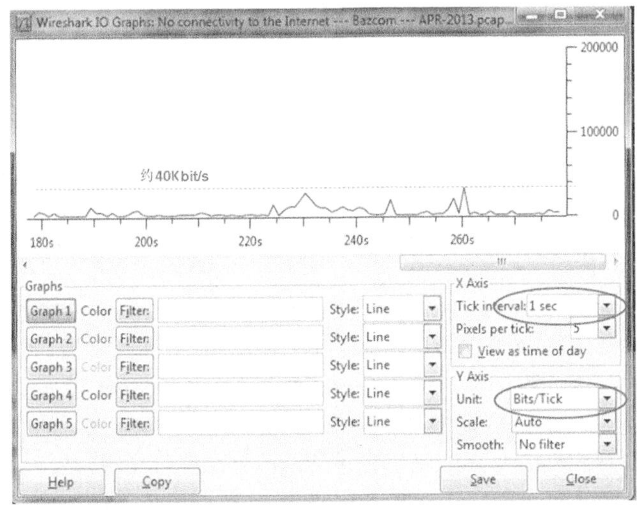

图 11.16

3．可登录用来连接 Internet 链路的设备或通过 SNMP 网管软件，来了解连接 Internet 链路的（路由器/交换机）接口的状态及丢包情况。当然，要想通过 SNMP 网管软件了解相

1　译者注：图 11.16 所示的 Wireshark 截图还是基于 Wireshark 版本 1。

关信息，还需在网络设备上激活 SNMP 代理功能。

2. 案例分析 2——发生在同一条 TCP 连接中的 TCP 重传

若 TCP 重传现象只发生在同一股 TCP 数据流之中，则预示着某种应用程序运行速度缓慢，如图 11.17 所示。

Filter: expert.message == "Retransmission (suspected)"　Expression...

所有TCP重传均发生在同一对IP地址之间

No.	Time	Source	Destination				
239	19.426155	10.90.30.12	10.1.1.200			[TCP Retransmission]	FTP Data: 1360 bytes
240	19.427305	10.90.30.12	10.1.1.200	FTP-DATA	1414	[TCP Retransmission]	FTP Data: 1360 bytes
241	19.441252	10.1.1.200	10.90.30.1	TCP	121	[TCP Retransmission]	intersys-cache > acc
252	20.319262	10.90.30.12	10.1.1.200	TCP	153	[TCP Retransmission]	accelenet > intersys
259	20.420397	10.90.30.12	10.1.1.200	FTP-DATA	1414	[TCP Retransmission]	FTP Data: 1360 bytes
269	21.275252	10.90.30.12	10.1.1.200	FTP-DATA	1414	[TCP Retransmission]	FTP Data: 1360 bytes
270	21.276400	10.90.30.12	10.1.1.200	FTP-DATA	1414	[TCP Retransmission]	FTP Data: 1360 bytes
288	22.323076	10.90.30.12	10.1.1.200	FTP-DATA	1414	[TCP Retransmission]	FTP Data: 1360 bytes
290	22.488386	10.90.30.12	10.1.1.200	FTP-DATA	1414	[TCP Retransmission]	FTP Data: 1360 bytes
291	22.489537	10.90.30.12	10.1.1.200	FTP-DATA	1414	[TCP Retransmission]	FTP Data: 1360 bytes
292	22.522244	10.90.30.12	10.1.1.200	TCP	148	[TCP Retransmission]	accelenet > intersys
301	23.124370	10.90.30.12	10.1.1.200	FTP-DATA	1414	[TCP Retransmission]	FTP Data: 1360 bytes
303	23.363588	10.90.30.12	10.1.1.200	FTP-DATA	1414	[TCP Retransmission]	FTP Data: 1360 bytes
314	24.025662	10.90.30.12	10.1.1.200	FTP-DATA	1414	[TCP Retransmission]	FTP Data: 1360 bytes
315	24.124575	10.90.30.12	10.1.1.200	TCP	159	[TCP Retransmission]	accelenet > intersys

图 11.17

要借助 Wireshark 来分析发生在同一条 TCP 连接中的 TCP 重传问题，请按以下步骤行事。

1. 点击 Statistics 菜单下的 Conversations 菜单项，在弹出的 Conversations 窗口中，勾选底部的 Limit to display filter 复选框。拜图 11.17 所示 Wireshark 抓包主窗口的 Filter 输入栏内的显示过滤器（用 Wireshark 版本 2 抓包时，该显示过滤器应写成_ws.expert.message == "This frame is a (suspected) retransmission"）所赐，Conversations 窗口只会显示 TCP 重传有关的信息。

2. 点击 Conversations 窗口中的 IPv4 选项卡，便可获知与 TCP 重传问题有关的主机的 IP 地址，如图 11.18 所示。

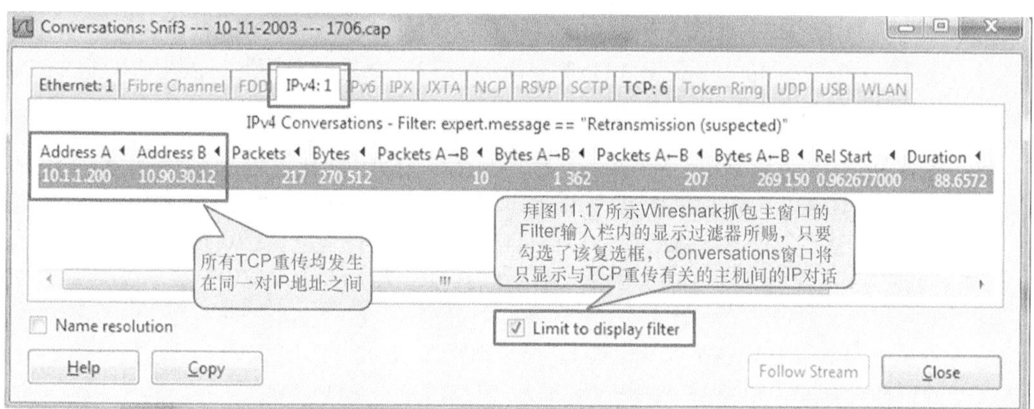

图 11.18

3．点击 Conversations 窗口中的 TCP 选项卡，便可获知 TCP 重传发生在哪些源、目端口号之间，如图 11.19 所示。

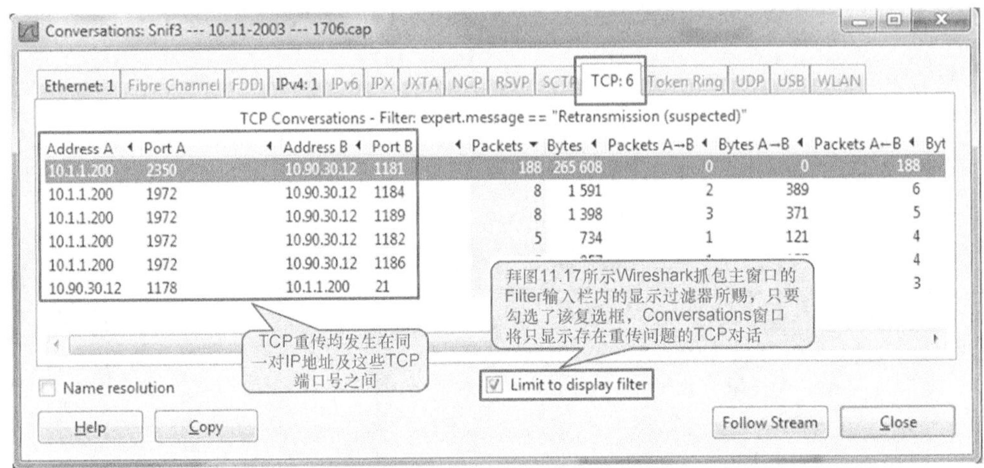

图 11.19

要想进一步分析 TCP 重传到底因何而起，请按以下步骤行事。

1．借助于 Wireshark 软件 Statistics 菜单下的 I/O Graphs 工具，检测通信链路是否拥塞。

使用 I/O Graphs 工具来判断通信链路的负载状况时，若 I/O Graphs 窗口的图形显示区域内表示流量速率的曲线几乎呈一条直线，并接近受监控链路的带宽阈值，则可以说明通信链路的负载极高。若通信链路的负载较低，则 I/O Graphs 窗口的图形显示区域内表示流量速率的曲线会起起伏伏，有很大的落差。

2．若通信链路负载不高，则应该去找找 TCP 服务器端的原因。对于本例，TCP 服务器端（主机）和客户端（主机）的 IP 地址分别为 10.1.1.200 和 10.90.30.12。通过图 11.19 可以看出，TCP 重传大多是由 TCP 客户端 10.90.30.12 发起，因此可以初步断定 TCP 服务器端反应慢。

3．通过图 11.17 可以看出，Wireshark 检测出存在 TCP 重传问题的 TCP 连接所承载的应用为 FTP-DATA。通过图 11.19 可以看出，FTP 服务器（IP 地址为 10.1.1.200）是以 FTP passive（被动）模式运行。此外，还可以判断出，FTP 客户端 10.90.30.12 已先行打开了一条目的 IP 地址为 10.1.1.200，目的 TCP 端口为 2350 的 TCP 连接，以期执行 FTP 数据上传。然后，又新建了好几条目的 IP 地址为 10.1.1.200，目的 TCP 端口为 1972 的 TCP 连接（可能为多线程 FTP）。FTP 客户端 10.90.30.12 通过这几条 TCP 连接执行 FTP 数据上传时，发生了多次重传。于是，可以断定是 FTP 服务器（IP 地址为 10.1.1.200）反应慢，导致了多次 TCP 重传（实际情况也正是如此）。

3．案例分析 3——有规律可循的 TCP 重传现象

当发现网络中存在 TCP 重传现象时，应仔细观察所有的 TCP 重传报文段是否都具有相同的特征，这一点非常重要。

由图 11.20 所示的 Wireshark 截屏可知，Wireshark 感知到的所有 TCP 重传现象均发生于同一条 TCP 连接。都是由 IP 主机 192.168.1.21（TCP 服务器端）从 TCP 源端口号 139（NebBIOS 会话服务[NetBIOS Session Service]端口），向 IP 主机 192.168.1.99（TCP 客户端）的 TCP 目的端口号 1064 发起的 TCP 重传。

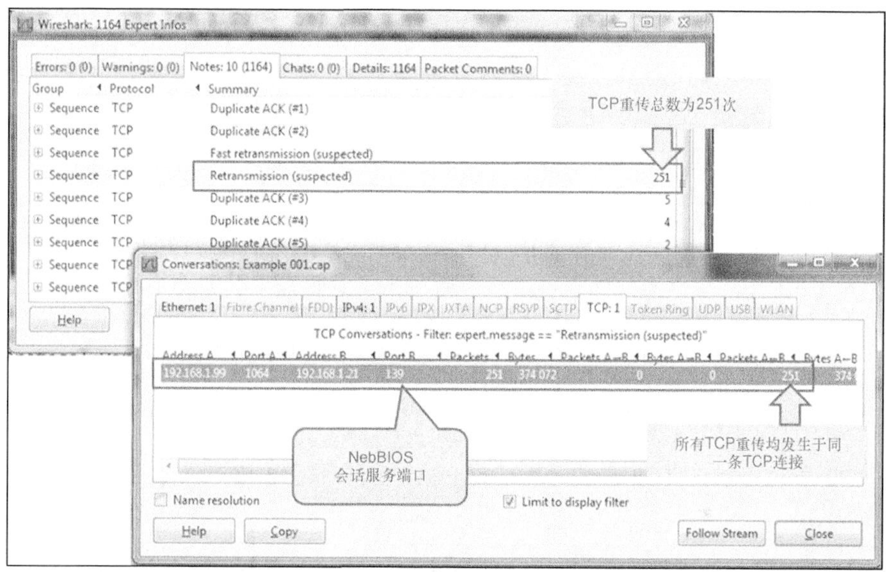

图 11.20

这看起来很像是应用程序服务器端的问题，但回过头再看 Wireshark 抓包主窗口的数据包列表区域所显示的所有 TCP 重传报文段，便可以发现一些很有意思的事情，如图 11.21 所示。

Filter: expert.message == "Retransmission (suspected)"   Expression... Clear Apply Save

No.	Time	Source	Destination	Protocol	Length	Info
1477	0.040695	192.168.1.21	192.168.1.99	TCP	1514	[TCP Retransmission]
1505	0.032809	192.168.1.21	192.168.1.99	TCP	1514	[TCP Retransmission]
1536	0.036683	192.168.1.21	192.168.1.99	TCP	1514	[TCP Retransmission]
1563	0.030141	192.168.1.21	192.168.1.99	TCP	1514	[TCP Retransmission]
1594	0.036375	192.168.1.21	192.168.1.99	TCP	1514	[TCP Retransmission]
1627	0.039216	1 .168.1.21	192.168.1.99	TCP	1514	[TCP Retransmission]
1655	0.033171	192. 1.21	192.168.1.99	TCP	1514	[TCP Retransmission]
1686	0.036725	192	92.168.1.99	TCP	1514	[TCP Retransmission]
1713	0.029351	192	92.168.1.99	TCP	1514	[TCP Retransmission]
1744	0.036509	192.	92.168.1.99	TCP	1514	[TCP Retransmission]
1768	0.421340	192.168.1.21	192.168.1.99	TCP	1514	[TCP Retransmission]
1790	0.023597	192.168.1.21	192.168.1.99	TCP	1514	[TCP Retransmission]

每隔30~35毫秒便发生一次重传

图 11.21

由图 11.21 可知，所有 TCP 重传报文段在时间间隔上都有规律可循——每隔 30 毫秒便发生一次 TCP 重传。作者已经把 Wireshark 抓包主窗口的数据包列表区域中 Time 一栏的显示格式，更改为了 seconds since the previously displayed packet。

对于本例，导致 TCP 重传的真正原因是，IP 主机 192.168.1.99（TCP 客户端）上运行的财务软件使得该主机每隔 30～36 秒变慢一次。

4．案例分析 4——因应用程序故障而导致的 TCP 重传

当应用程序的客户端或服务器端发生故障时，也会导致 TCP 重传问题。在这种情况下，通过 Wireshark 抓包可观察到：在相关 TCP 连接中，会连续发生 5 次 TCP 重传，但每次 TCP 重传的时间间隔各不相同。连续发生 5 次 TCP 重传之后，发起 TCP 重传的主机就会认为 TCP 连接中断。此时，发起 TCP 重传的主机或许还会发出 RST 位置 1 的 TCP 报文段，尝试关闭 TCP 连接（视具体的应用程序的实现方法而定）。TCP 连接中断之后，应该会发生以下两件事情之一。

- TCP 客户端发出 SYN 位置 1 的 TCP 报文段，试图重新建立 TCP 连接。对于实际操纵应用程序的最终用户而言，可能会暂时感觉到软件“动弹不得”，10～15 秒之后将会恢复正常。

- TCP 客户端不发 SYN 位置 1 的 TCP 报文段，最终用户必须重新启动应用程序（或重启应用程序的某个功能）。

图 11.22 所示为 5 次 TCP 重传之后，TCP 客户端与服务器端之间通过三次握手重新建立 TCP 连接的过程。

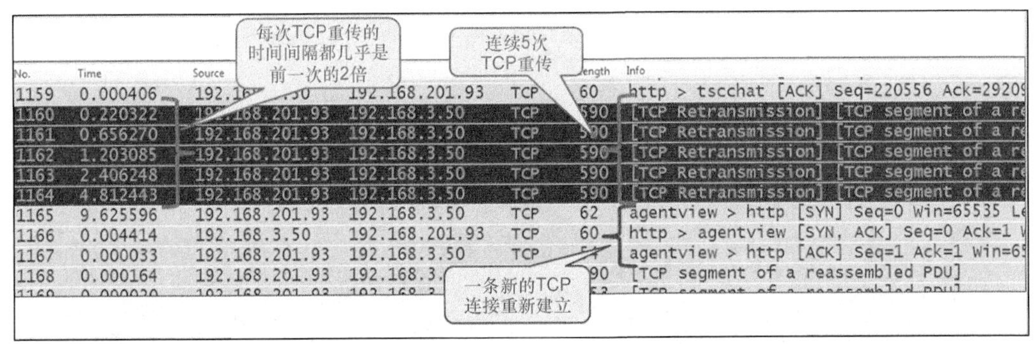

图 11.22

5．案例 5——因抖动而导致的 TCP 重传

TCP 颇能容忍延迟，但却不能容忍抖动（抖动是指每个 TCP 报文段之间的延迟变化）。当网络发生抖动时，便会触发 TCP 重传。要想得知 TCP 重传是否因抖动而起，请按以下步骤行事。

1. 当然，首先要 ping TCP 连接的目标端 IP 地址，观察 ping 命令输出中 Time 值的变化情况，获得通信链路延迟（及延迟变化）的第一手信息。
2. 检查导致抖动的具体原因，抖动可能会由以下原因所致。
   - 链路拥塞或链路状态不稳定。此时，可通过 ping 命令的输出来了解延迟的变化情况。链路时通时断便属于链路状态不稳定。
   - 安装应用程序服务器端软件的主机资源不足或硬件配置太低。此时，TCP 重传只会发生在与某种应用程序相关联的 TCP 连接之中。
   - 网络设备过载（CPU 或内存资源不足）。此时，需登录网络设备，来了解其资源使用情况。
3. 借助于第 18 章介绍的 Wireshark 软件内置的各种工具，来查找原因。

TCP 报文段的重传是 TCP 协议的天性之一，但前提是重传的频率不能太高。当重传的 TCP 报文段达到 TCP 报文段总数的 0.5%时，就会对性能产生严重影响；若达到了 5%，相应的 TCP 连接将会中断。当然，这还要取决于具体的应用程序对 TCP 重传的敏感程度。

6. 解决 TCP 重传问题的思路

当通过 Wireshark 抓包，发现某条链路（是指 Internet 链路、连接安装了 TCP 服务器端软件的主机的链路，或连接某个远程站点网络的 WAN 链路）上存在 TCP 重传现象时，应按以下思路解决重传问题。

1. 归纳总结：TCP 重传总是与某台特定主机（某个 IP 地址）、某条特定 TCP 连接或某种具体的应用程序相关联吗？
2. 逐一排除：TCP 重传是由链路状态不稳定（链路丢包）、TCP 服务器端主机或客户端主机“反应慢”、应用程序“反应慢”或是由其他原因所导致吗？
3. 若上述原因均不存在，请检查网络中是否存在抖动现象。

11.6.3 幕后原理

本小节将探讨 TCP 的常规运行方式，以及该协议在运作时可能会发生的问题。

1. TCP 序列号/确认机制的常规运作方式

重传机制是内置于 TCP 的众多机制之一，其作用是恢复受损、丢失、重复或失序交付的数据。

重传机制的实现方法非常简单：发送方先为通过 TCP 传输的数据按字节编号（序列号机

制），然后再通过 TCP 报文段的形式发出，并期待接收方的确认；若在一定的时长内未得到确认，发送方将重传数据。

收到 TCP 报文段之后，接收方会检查序列号（字段值），以验证报文段是否是按序抵达；若否，则对报文段重新排序，并按正确的顺序交付给应用层。

TCP 序列号/确认机制的运作方式如下所列。

1. 建立 TCP 连接时，双方会彼此通告自己的初始序列号。
2. 开始发送数据时，用来承载数据的 TCP 报文段的头部中会包含序列号（字段值）。第一个 TCP 报文段中的序列号表示本报文段所承载的数据净载的首字节编号。后续 TCP 报文段中的序列号则等于：上一个 TCP 报文段的序列号，加上该报文段所承载的数据的字节数，再加上 1（见图 11.23）。
3. 每发出一个 TCP 报文段，发送方便会在发出的那一刻，启动一个 RTO（Retransmission Timeout，重传超时）计时器，若在该计时器到期之前，未收到接收方发出的确认报文段，便会重新传送。

注 意

TCP 重传超时机制基于 Van Jacobson 碰撞避免及控制算法，该算法决定了 TCP 可以容忍网络的高延迟，但不能容忍剧烈的抖动。

4. 收到 TCP 报文段之后，接收方会发出相应的确认报文段，确认接收，同时告知发送方发出下一个报文段。

可通过图 11.23 所示的 Wireshark 抓包主窗口截图来研究 TCP 序列号/确认机制的运作方式。

HTTP 客户端主机 10.0.0.7 正从 HTTP 服务器 62.219.24.171 下载文件（已配置 Wireshark，在其抓包主窗口的数据包列表区域新增了 tcp.seq 和 tcp.ack 数据包属性列，具体的添加方法请参考 2.2.2 节）。

Filter: Expression... Clear Apply Save

Source	Destination	Protocol	Length	Info	SEQ	ACK
62.219.24.171	10.0.0.7	HTTP	1506	Continuation or non-HTTP traffic	120182201	1
62.219.24.171	10.0.0.7	HTTP	1506	Continuation or non-HTTP traffic	120183653	1
10.0.0.7	62.219.24.171	TCP	54	53203 > http [ACK] Seq=1 Ack=120:	1	120185105
62.219.24.171	10.0.0.7	HTTP	1506	Continuation or non-HTTP traffic	120185105	1
62.219.24.171	10.0.0.7	HTTP	1506	Continuation or non-HTTP traffic	120186557	1
10.0.0.7	62.219.24.171	TCP	54	53203 > http [ACK] Seq=1 Ack=1201	1	120188009
62.219.24.171	10.0.0.7	HTTP	1506	Continuation or non-HTTP traffic	120188009	1
62.219.24.171	10.0.0.7	HTTP	1506	Continuation or non-HTTP traffic	120189461	1
10.0.0.7	62.219.24.171	TCP	54	53203 > http [ACK] Seq=1 Ack=120:	1	120190913
62.219.24.171	10.0.0.7	HTTP	1506	Continuation or non-HTTP traffic	120190913	1
62.219.24.171	10.0.0.7	HTTP	1506	Continuation or non-HTTP traffic	120192365	1
10.0.0.7	62.219.24.171	TCP	54	53203 > http [ACK] Seq=1 Ack=120:	1	120193817
62.219.24.171	10.0.0.7	HTTP	1506	Continuation or non-HTTP traffic	120193817	1

图 11.23

由图 11.23 可知，HTTP 服务器 62.219.24.171 连续发出 2 个序列号分别为 120185105 和 120186557 的 TCP 报文段。收到这两个报文段之后，HTTP 客户端 10.0.0.7 发出了确认号为 120188009 的确认报文段，通知 HTTP 服务器发出下一个报文段。随后，HTTP 服务器便发出了序列号为 120188009 的报文段，后面还紧跟一个序列号为 120189461 的报文段。再往后，就是上述过程的重复。

HTTP 服务器 62.219.24.171 和 HTTP 客户端 10.0.0.7 之间的上述交流过程，如图 11.24 所示。

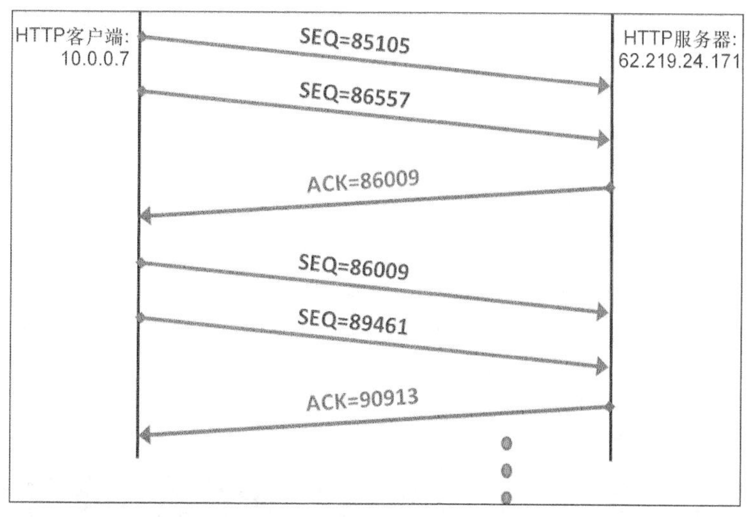

图 11.24

2. 何为 TCP 重传，因何而起

发出 TCP 报文段之后，若发送方没有收到或不能按时收到相应的确认报文段，便会出现以下两种情况：

- 发送方会按之前所述，重传未得到确认的 TCP 报文段；
- 发送方会降速传输。

通过图 11.25 不难发现，只要发生 TCP 重传，发送方便会降速传输（为清晰起见，作者为该图添加了红色直线 [需要在 Wireshark 中显示]）。

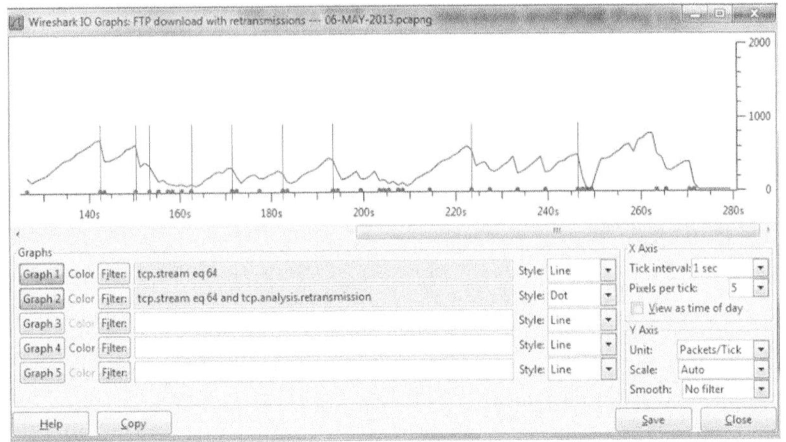

图 11.25

11.6.4 拾遗补缺

TCP 不惧怕网络的高延迟，就怕延迟发生剧烈的变化。定义 TCP 在网络发生抖动（以及其他诸多变化）时的算法被称为 Van Jacobson 算法（该算法以其发明人命名）。根据 Van Jacobson 算法的定义，对延迟而言，TCP 所能容忍的极限是网络的平均延迟的 3～4 倍。也就是说，若正常情况时网络的延迟为 100ms，TCP 容忍 300～400ms 的延迟应该不成问题，但前提是延迟的变化不能太大（即不能有剧烈的抖动）。

11.7 TCP 滑动窗口机制

TCP 端点在建立 TCP 会话之初，会在交换 TCP 报文段时，通过 TCP 头部包含的窗口大小字段值，来通告本方接收缓存的容量，并会据此控制本方可接收及处理的数据量。每个 TCP 端点都会维护一个本地接收窗口（receive window，RWND）。该窗口的容量便是 TCP 接收方可以接收并缓存以进一步处理的数据量的上限。TCP 端点在发出 TCP 报文段时，会在 TCP 头部的窗口大小字段中填入这一 RWND 值。TCP 发送方会根据 TCP 接收方通告的 RWND 值，来确定滑动窗口的容量。在未得到确认的情况下，TCP 发送方可以发送的 TCP 报文段的数量受 TCP 接收方通告的窗口大小字段值的限制[1]。

TCP 发送方会对等待确认的在途（outstanding）TCP 段的数量进行管理，以此来维护滑动窗口。TCP 发送方在收到已经发出的在途报文段的确认报文段后，将会向右滑动图 11.26 所示窗口。

---

1 译者注：原文是“It can send TCP segments to a peer of size defined in the window size before waiting for an acknowledgment”，译文酌改。

要是没有滑动窗口机制，TCP 发送方在发出一个报文段之后，必须收到 TCP 接收方的确认报文段，才能发出下一个报文段，这将对 TCP 数据传输的总吞吐量产生重大影响。

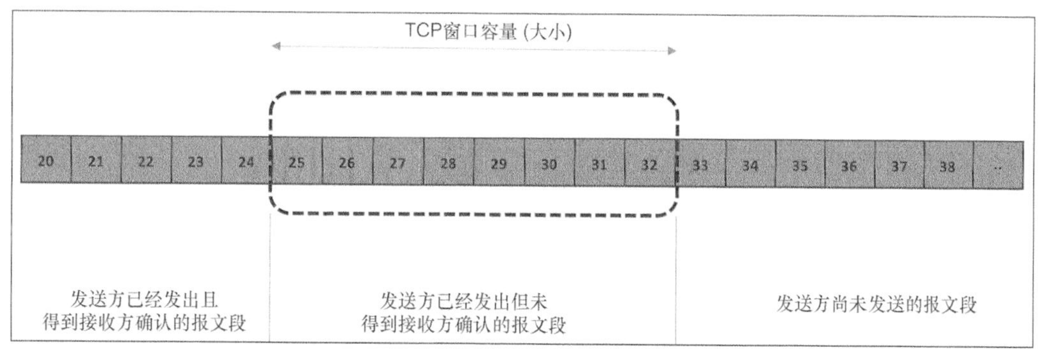

图 11.26[1]

11.7.1 准备工作

把 Wireshark 主机接入交换机，激活交换机的端口镜像功能，将有待监控的连接服务器的交换机端口的流量重定向至 Wireshark 主机[2]。用抓包过滤器筛选出指定的 TCP 流，让 Wireshark 只显示隶属于指定的 TCP 流的所有 TCP 数据包，分析起 TCP 窗口滑动机制来会容易很多。要筛选出指定的 TCP 流，请在 Wireshark 抓包主窗口的数据包列表区域内选中一个隶属于该 TCP 流的一个 TCP 数据包，然后执行以下操作。

1. 点击 Analyze 菜单。
2. 选择 Follow 菜单项。
3. 点击 TCP Stream 子菜单项。

11.7.2 运作方法

在图 11.27 中，PC1 正与 PC3 建立 TCP 会话，希望进行数据传输。

检查交换于 PC1 和 PC3 之间的 TCP 报文段的 TCP 头部，观察其窗口大小字段值是否大于 0。若窗口大小字段值为 0，则 TCP 接收方将无法接收任何报文段，数据传输将会（暂时）中断。

---

1 译者注：此图描绘的 TCP 窗口并不准确，建议读者查阅《TCP/IP Illustrated,Volume1(Second Edition)》一书的图 15.9。

2 译者注：原文是“Connect the Wireshark on the server and capture the packets”，直译为“连接服务器上的 Wireshark 并抓包”。

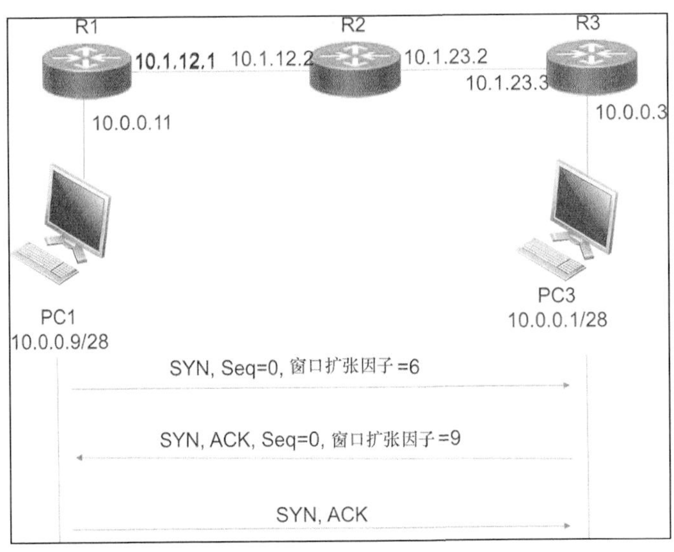

图 11.27

tcp.stream eq 1

No.	Time	Source	Destination	Protocol	Length	Info
5	7.872718	10.0.0.9	10.0.0.1	TCP	70	11805 → 23 [SYN, ECN, CWR] Seq=0 Win=4128 Len=0 MSS=536 TSval=9468…
6	7.873586	10.0.0.1	10.0.0.9	TCP	70	23 → 11805 [SYN, ACK, ECN] Seq=0 Ack=1 Win=0 Len=0 MSS=536 TSval=9…
7	7.874366	10.0.0.9	10.0.0.1	TCP	66	11805 → 23 [ACK] Seq=1 Ack=1 Win=66048 Len=0 TSval=94685668 TSecr=…
8	7.875161	10.0.0.1	10.0.0.9	TELNET	78	[TCP ZeroWindow] Telnet Data ...
9	7.875467	10.0.0.1	10.0.0.9	TELNET	108	[TCP ZeroWindow] Telnet Data ...
10	7.876077	10.0.0.9	10.0.0.1	TCP	66	11805 → 23 [ACK] Seq=1 Ack=55 Win=65184 Len=0 TSval=94685669 TSecr…
13	10.500097	10.0.0.9	10.0.0.1	TELNET	67	[TCP ZeroWindowProbe] Telnet Data ...[Malformed Packet]
14	10.500778	10.0.0.1	10.0.0.9	TCP	66	[TCP ZeroWindowProbeAck] [TCP ZeroWindow] 23 → 11805 [ACK] Seq=55 …
15	15.750401	10.0.0.9	10.0.0.1	TELNET	67	[TCP ZeroWindowProbe] Telnet Data ...[Malformed Packet]
16	15.751430	10.0.0.1	10.0.0.9	TCP	66	[TCP ZeroWindowProbeAck] [TCP ZeroWindow] 23 → 11805 [ACK] Seq=55 …
21	26.250795	10.0.0.9	10.0.0.1	TELNET	67	[TCP ZeroWindowProbe] Telnet Data ...[Malformed Packet]
22	26.251537	10.0.0.1	10.0.0.9	TCP	66	[TCP ZeroWindowProbeAck] [TCP ZeroWindow] 23 → 11805 [ACK] Seq=55 …
29	38.235254	10.0.0.1	10.0.0.9	TELNET	109	[TCP ZeroWindow] Telnet Data ...
30	38.436371	10.0.0.9	10.0.0.1	TCP	66	11805 → 23 [ACK, CWR] Seq=1 Ack=98 Win=64496 Len=0 TSval=94716228 …
67	47.251752	10.0.0.9	10.0.0.1	TELNET	67	[TCP ZeroWindowProbe] Telnet Data ...[Malformed Packet]

图 11.28

图 11.28 和图 11.29 所示为 TCP zero window 现象。由图 11.28 可知，由于 TCP 接收方（10.0.0.1）[1]不能通过新建的 TCP 会话接收任何数据，因此在收到任何 TCP 端点发出的用来新建 TCP 会话的 SYN 位置 1 的 TCP 报文段（后文简称 SYN 报文段）时，都会回复 SYN 位和 ACK 位同时置 1 的 TCP 报文段（后文简称 SYN+ACK 报文段），并将 TCP 头部的窗口大小字段值设置为 0。一般而言，只要 TCP 接收方（腾出了缓存空间）可以接收新的数据，便会发出窗口大小字段值不为 0 的 TCP 确认报文段。收到窗口大小字段值为 0 的 TCP 确认报文段之后，数据发送方会发出一种特殊的 TCP 报文段，探测 TCP 接收方的 TCP 接收窗口是否仍然为 0。这种特殊的 TCP 报文段被称为 TCP ZeroWindowProbe 报文段（Wireshark 会让这种 TCP 报文段身背 TCP ZeroWindowProbe 字样）。收到身背 TCP ZeroWindowProbe 字样的 TCP 报文段之后，数据接收方必须要进行确认，在 TCP 确认报文段内会通告本方接收窗口大小。TCP ZeroWindowProbe 报文段的发送频率受控于一种叫做 TCP Persist 的计时器。数据发送方在第一次探测之前，需等待 TCP Persist 计时器到期，以后的每次探测所等待的时间都将是上一次

1 译者注：原文为“10.0.0.9”。

的两倍，直到数据接收方的 TCP 接收窗口不再为 0。TCP ZeroWindowProbe 报文段只包含（有待发送的下一个）1 字节数据，数据接收方接纳或不接纳这个 1 字节数据，要视自己的 TCP 接收缓存的富裕程度而定。

```
▸ Frame 6: 70 bytes on wire (560 bits), 70 bytes captured (560 bits)
▸ Ethernet II, Src: fa:16:3e:86:59:a9 (fa:16:3e:86:59:a9), Dst: fa:16:3e:ab:ac:8c (fa:16:3e:ab:ac:8c)
▸ Internet Protocol Version 4, Src: 10.0.0.1, Dst: 10.0.0.9
▾ Transmission Control Protocol, Src Port: 23, Dst Port: 11805, Seq: 0, Ack: 1, Len: 0
    Source Port: 23
    Destination Port: 11805
    [Stream index: 1]
    [TCP Segment Len: 0]
    Sequence number: 0    (relative sequence number)
    Acknowledgment number: 1    (relative ack number)
    1001 .... = Header Length: 36 bytes (9)
  ▸ Flags: 0x052 (SYN, ACK, ECN)
    Window size value: 0                    ——→ 窗口大小字段值为0
    [Calculated window size: 0]
    Checksum: 0xe551 [unverified]
    [Checksum Status: Unverified]
    Urgent pointer: 0
  ▸ Options: (16 bytes), Maximum segment size, Timestamps, End of Option List (EOL)
  ▸ [SEQ/ACK analysis]
  ▸ [Timestamps]
```

图 11.29

收到了窗口大小字段值为 0 的 TCP 确认报文段之后，若数据发送方仍然“不管不顾”，继续向接收窗口为 0 的数据接收方传送数据，这一举动就被称为 TCP Zero Window Violation。若 Wireshark 在所抓数据包中感知到了数据发送方的这一举动，便会让相关 TCP 报文段身背 TCP Zero Window Violation 字样。出现 TCP Zero Window Violation 现象，一般都表示相关应用程序的 TCP 实现方式存在瑕疵。

重启服务器（PC1）之后，PC1 就应该能够在建立 TCP 会话之初通告正常的窗口容量了。由图 11.30 可知，收到 PC3（10.0.0.9）发来的 SYN 报文段后，PC1（10.0.0.1）回复了 SYN+ACK 报文段，通告了非 0 的窗口容量。此外，PC1 还在 SYN+ACK 报文段中包含了 WSopt 选项，通告了窗口扩张因子 9。这一扩张因子和窗口大小字段值共同决定了 PC1 的接收窗口大小。更多与 WSopt 选项有关的信息，请见 11.5 节。

```
▸ Internet Protocol Version 4, Src: 10.0.0.1, Dst: 10.0.0.9
▾ Transmission Control Protocol, Src Port: 22, Dst Port: 44913, Seq: 0, Ack: 1, Len: 0
    Source Port: 22
    Destination Port: 44913
    [Stream index: 0]
    [TCP Segment Len: 0]
    Sequence number: 0    (relative sequence number)
    Acknowledgment number: 1    (relative ack number)
    1010 .... = Header Length: 40 bytes (10)
  ▸ Flags: 0x012 (SYN, ACK)
    Window size value: 28960
    [Calculated window size: 28960]         ——→ TCP会话建立之初，TCP端点10.0.0.1通告的窗口大小为28960
    Checksum: 0x8bd1 [unverified]
    [Checksum Status: Unverified]
    Urgent pointer: 0
  ▾ Options: (20 bytes), Maximum segment size, SACK permitted, Timestamps, No-Operation (NOP), Window scale
    ▸ TCP Option - Maximum segment size: 1460 bytes
    ▸ TCP Option - SACK permitted
    ▸ TCP Option - Timestamps: TSval 1313603, TSecr 1316161
    ▸ TCP Option - No-Operation (NOP)
    ▾ TCP Option - Window scale: 9 (multiply by 512)   ——→ 窗口扩张因子为9
        Kind: Window Scale (3)
        Length: 3
        Shift count: 9
        [Multiplier: 512]
  ▸ [SEQ/ACK analysis]
  ▸ [Timestamps]
```

图 11.30

此后，PC1 和 PC3 会通过对方发出后续的 TCP 报文段，来提高或降低 TCP 报文段的发送频率。

11.7.3 幕后原理

以下所列为 TCP 滑动窗口机制的运作方式。

1. TCP 连接建立之后，发送方开始向接收方传送包含数据的 TCP 报文段，后者会使用接收缓存（窗口）来存放。

2. 收到了包含数据的 TCP 报文段后，接收方会发出 TCP 确认（ACK）报文段，向发送方确认已收数据字节。接收方发出 TCP 确认报文段，就表示其接收缓存（窗口）“腾出”了相应的空间[1]。

3. 发送方发出包含数据的 TCP 报文段，接收方发出 TCP 确认报文段，确认数据的接收，同时消耗接收缓存中的数据，给接收缓存腾出空间。这一过程会一直持续，直到数据传完为止。

4. 当接收方发出 TCP 确认报文段确认数据的接收时，若顺带提升或降低了 TCP 头部中的窗口大小字段值，则意味着发送方应相应提高或降低数据的传送速率，具体的计算公式如图 11.31 所示（可能会因不同的 TCP 版本而做出某些调整）。

$$\text{Throughput [字节/秒]} = \frac{\text{Window Size [字节]}}{\text{RTT [秒]}}$$

✓ Throughput：在TCP连接中传播的应用程序数据的传送速率

✓ Window Size：接收方通过TCP确认报文段通告的窗口大小 (字段值)

✓ RTT：发送方和接收方之间的往返延迟

图 11.31

TCP 头部中的窗口大小字段的长度为 16 位，该字段可能的最大值为 65535。大多数硬件都可以处理超过 65535 字节的 TCP 段。要想通告高于 65535 的窗口容量，就得在 TCP 会话建立阶段发出的 TCP 报文段中包含 WSopt 选项，通告窗口扩张因子。TCP 发送方会根据以下公式来计算 TCP 接收方实际的接收窗口容量。

1　译者注：原文是“After several packets, the receiver sends an ACK to the sender, confirming the acceptance of the bytes sent by it. Sending the ACK empties the receiver window”。译者认为，在 TCP 接收方，若应用程序不去读取或消耗 TCP 接收缓存中的数据，发出 TCP 确认报文段是不能让 TCP 接收缓存腾出空间的。

实际的接收窗口容量[字节] =窗口大小字段值* （$2^{扩张因子}$）

举个例子，若 TCP 接收方通告的窗口大小字段值为 457，窗口扩张因子为 6，则其实际的接收窗口容量为 29248 字节。

Wireshark 会计算并显示 TCP 接收方实际的接收窗口容量，如图 11.32 所示。

```
▶ Frame 5: 66 bytes on wire (528 bits), 66 bytes captured (528 bits)
▶ Ethernet II, Src: fa:16:3e:09:27:cf (fa:16:3e:09:27:cf), Dst: fa:16:3e:ef:a9:bb (fa:16:3e:ef:a9:bb)
▶ Internet Protocol Version 4, Src: 10.0.0.9, Dst: 10.0.0.1
▼ Transmission Control Protocol, Src Port: 44913, Dst Port: 22, Seq: 1, Ack: 1, Len: 0
    Source Port: 44913
    Destination Port: 22
    [Stream index: 0]
    [TCP Segment Len: 0]
    Sequence number: 1    (relative sequence number)
    Acknowledgment number: 1    (relative ack number)
    1000 .... = Header Length: 32 bytes (8)
  ▶ Flags: 0x010 (ACK)
    Window size value: 457
    [Calculated window size: 29248]
    [Window size scaling factor: 64]
    Checksum: 0x29f6 [unverified]
    [Checksum Status: Unverified]
    Urgent pointer: 0
  ▼ Options: (12 bytes), No-Operation (NOP), No-Operation (NOP), Timestamps
    ▶ TCP Option - No-Operation (NOP)
    ▶ TCP Option - No-Operation (NOP)
    ▶ TCP Option - Timestamps: TSval 1316162, TSecr 1313603
  ▶ [SEQ/ACK analysis]
  ▼ [Timestamps]
      [Time since first frame in this TCP stream: 0.003524000 seconds]
      [Time since previous frame in this TCP stream: 0.001398000 seconds]
```

图 11.32

11.8 对 TCP 的改进——选择性 ACK 和时间戳选项

为了增强 TCP 的性能，协议设计者花了不少时间对 TCP 做出了多处改进。本节会探讨对 TCP 做出的几处重要改进，还会介绍如何用 Wireshark 进行相关的分析。

11.8.1 做好准备

在感觉到 TCP 流的数据传输性能大幅下降，明显不及预期时，请将 Wireshark 主机接入网络，用 Wireshark 抓取相应的 TCP 流量进行分析。

11.8.2 分析方法

为保持向后兼容，要求 TCP 对等体双方在连接建立的三次握手期间，用 TCP 头部中的选项（比如，选择性 ACK[SACK]或 TCP 时间戳），来协商是否同时支持某项增强功能。TCP 头部中的相关选项会在 SYN 报文段和 SYN+ACK 报文段中露面。

1. TCP 选择性 ACK（SACK）选项

TCP SACK 功能是 TCP 的一种可选功能，建立 TCP 连接时，端点之间会互发包含 TCP SACK-Permitted 选项的 SYN 报文段和 SYN+ACK 报文段，来探测对方是否支持该功能。TCP

SACK-Permitted 选项会在 SYN 报文段和 SYN+ACK 报文段的 TCP 头部中现身[1]。当支持 TCP SACK 功能的 TCP 端点发出 SYN 报文段（建立 TCP 连接）时，会在其 TCP 头部中包含 TCP SACK-Permitted 选项，以此向 TCP 对等体表明本端点支持 SACK 功能。

图 11.33 所示为 TCP SACK-Permitted 选项在 SYN 报文段和 SYN+ACK 报文段中的样子[2]。若 SACK-Permitted 选项未在 Wireshark 抓取的 TCP SYN 报文段和 SYN+ACK 报文段中露面，那就表示发出报文段的主机的 OS 不支持 TCP SACK 功能。如今，新型 OS 一般都支持并默认启用 TCP SACK 功能。

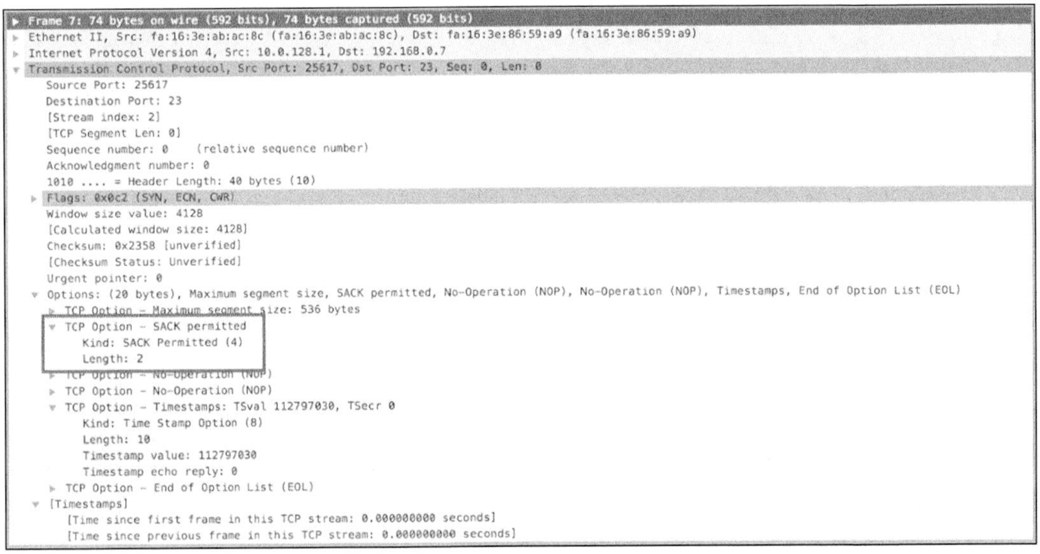

```
▶ Frame 7: 74 bytes on wire (592 bits), 74 bytes captured (592 bits)
▶ Ethernet II, Src: fa:16:3e:ab:ac:8c (fa:16:3e:ab:ac:8c), Dst: fa:16:3e:86:59:a9 (fa:16:3e:86:59:a9)
▶ Internet Protocol Version 4, Src: 10.0.128.1, Dst: 192.168.0.7
▼ Transmission Control Protocol, Src Port: 25617, Dst Port: 23, Seq: 0, Len: 0
    Source Port: 25617
    Destination Port: 23
    [Stream index: 2]
    [TCP Segment Len: 0]
    Sequence number: 0    (relative sequence number)
    Acknowledgment number: 0
    1010 .... = Header Length: 40 bytes (10)
  ▶ Flags: 0x0c2 (SYN, ECN, CWR)
    Window size value: 4128
    [Calculated window size: 4128]
    Checksum: 0x2358 [unverified]
    [Checksum Status: Unverified]
    Urgent pointer: 0
  ▼ Options: (20 bytes), Maximum segment size, SACK permitted, No-Operation (NOP), No-Operation (NOP), Timestamps, End of Option List (EOL)
    ▶ TCP Option - Maximum segment size: 536 bytes
    ▼ TCP Option - SACK permitted
        Kind: SACK Permitted (4)
        Length: 2
    ▶ TCP Option - No-Operation (NOP)
    ▶ TCP Option - No-Operation (NOP)
    ▼ TCP Option - Timestamps: TSval 112797030, TSecr 0
        Kind: Time Stamp Option (8)
        Length: 10
        Timestamp value: 112797030
        Timestamp echo reply: 0
    ▶ TCP Option - End of Option List (EOL)
  ▼ [Timestamps]
      [Time since first frame in this TCP stream: 0.000000000 seconds]
      [Time since previous frame in this TCP stream: 0.000000000 seconds]
```

图 11.33

当 TCP 接收方想要有选择地确认某些报文段时，会在 ACK 报文段的 TCP 头部置入 SACK 选项，其中会包含相关序列号[3]。由图 11.34 可知，接收方发出的 ACK 报文段的确认号为 3321，表示希望接收的 TCP 报文段的下一个序列号为 3321（已累积接收了 3320 个字节的数据）。不

1　译者注：原文是“TCP SACK is a TCP option that will be included in the SYN and SYN/ACK segments”。TCP 选择性 ACK 功能会涉及 2 个 TCP 选项：SACK-Permitted 选项和 SACK 选项，只有前者才会在 TCP 连接建立时露面，后者则会在报文段失序或丢失时现身。作者通篇未提 SACK-Permitted 选项，译者对译文做了相应的修改。

2　译者注：原文是“As seen in the preceding example, TCP SACK option will be seen in SYN and SYN/ACK segments”。其实出现在图中的 TCP 选项是 SACK-Permitted 选项。

3　译者注：原文是“When the receiver wants to selectively acknowledge some of the segments, it includes the relevant sequence number in the SACK option”。译文还是按照原文翻译，不过作者的说法并不精确，SACK 选项的终极目的是填堵 TCP 接收方所缓存的数据的一个或多个“窟窿”。建议读者阅读 *TCP/IP Illustrated, Volume1, Second Edition* 一书的 13.3 节和 14.6～14.8 节。

过，该 ACK 报文段的 TCP 头部还包含一个 SACK 选项，该选项携带了一个 SACK Block（SACK Block 描述的是收到的超出累积 ACK 号的数据），其序列号范围为 3845～4369。也就是说，TCP 接收方所缓存的数据有一个“窟窿”，其序列号范围为 3321～3844[1]。更多与 TCP SACK 功能的运作原理有关的内容详见本节后文。

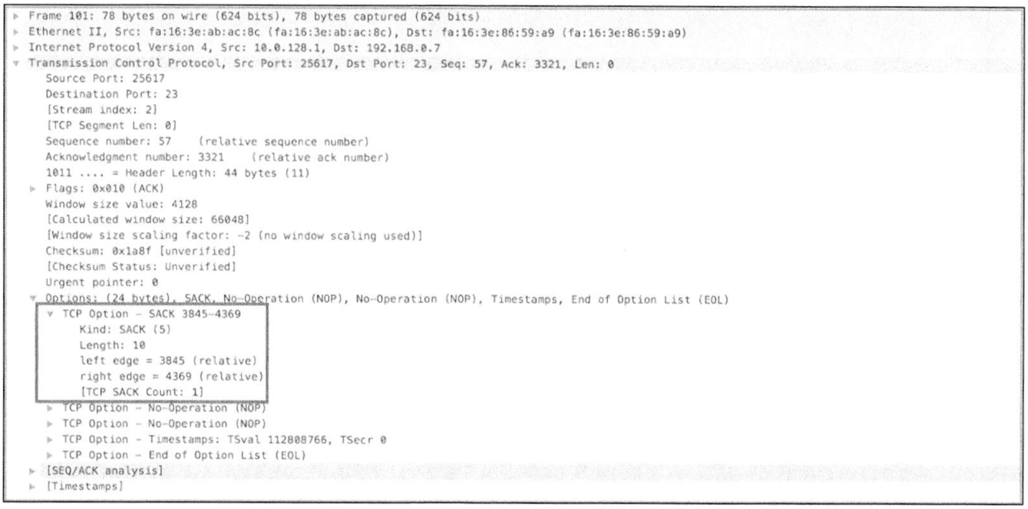

```
▸ Frame 101: 78 bytes on wire (624 bits), 78 bytes captured (624 bits)
▸ Ethernet II, Src: fa:16:3e:ab:ac:8c (fa:16:3e:ab:ac:8c), Dst: fa:16:3e:86:59:a9 (fa:16:3e:86:59:a9)
▸ Internet Protocol Version 4, Src: 10.0.128.1, Dst: 192.168.0.7
▾ Transmission Control Protocol, Src Port: 25617, Dst Port: 23, Seq: 57, Ack: 3321, Len: 0
    Source Port: 25617
    Destination Port: 23
    [Stream index: 2]
    [TCP Segment Len: 0]
    Sequence number: 57    (relative sequence number)
    Acknowledgment number: 3321    (relative ack number)
    1011 .... = Header Length: 44 bytes (11)
  ▸ Flags: 0x010 (ACK)
    Window size value: 4128
    [Calculated window size: 66048]
    [Window size scaling factor: -2 (no window scaling used)]
    Checksum: 0x1a8f [unverified]
    [Checksum Status: Unverified]
    Urgent pointer: 0
  ▾ Options: (24 bytes), SACK, No-Operation (NOP), No-Operation (NOP), Timestamps, End of Option List (EOL)
    ▾ TCP Option - SACK 3845-4369
        Kind: SACK (5)
        Length: 10
        left edge = 3845 (relative)
        right edge = 4369 (relative)
        [TCP SACK Count: 1]
    ▸ TCP Option - No-Operation (NOP)
    ▸ TCP Option - No-Operation (NOP)
    ▸ TCP Option - Timestamps: TSval 112808766, TSecr 0
    ▸ TCP Option - End of Option List (EOL)
  ▸ [SEQ/ACK analysis]
  ▸ [Timestamps]
```

图 11.34

2. TCP 时间戳选项

与 SACK-Permitted 选项一样，TCP 时间戳选项也会出现在 SYN 报文段和 SYN/ACK 报文段的 TCP 头部。支持 RTT 测量功能的 TCP 端点发出 SYN 报文段时（为了建立 TCP 连接），会在其 TCP 头部中置入 TCP 时间戳选项，表明本端点具备 RTT 测量功能。当 TCP 连接的两端都支持该功能时，TCP 时间戳选项将会在后续的所有 TCP 报文段的头部中露面。

图 11.35 所示为 TCP 时间戳选项在 TCP SYN 报文段和 SYN+ACK 报文段中的样子。若 TCP 时间戳选项未在 Wireshark 抓取的 TCP SYN 报文段和 SYN+ACK 报文段中露面，那就表示发出报文段的主机 OS 不支持 TCP RTT 测量功能。如今，新型 OS 一般都支持并默认启用 TCP RTT 功能。

由图 11.35 可知，发出 TCP SYN 报文段时，发送方在时间戳选项的 TSval（时间戳值）字段中填入了本机时间，在 TSecr（时间戳回显应答）字段中填入了 0。

---

1 译者注：原文是“In the preceding example, the receiver acknowledges that it is expecting the segment with sequence number 3321. But it also includes SACK with sequence number 3845 to 4369 in the same segment”。如果按照原文的字面意思直接翻译，应该没有几个读者能看明白，译者参考 *TCP/IP Illustrated,Volume1, Second Edition* 对译文做了全面调整。

```
▸ Frame 7: 74 bytes on wire (592 bits), 74 bytes captured (592 bits)
▸ Ethernet II, Src: fa:16:3e:ab:ac:8c (fa:16:3e:ab:ac:8c), Dst: fa:16:3e:86:59:a9 (fa:16:3e:86:59:a9)
▸ Internet Protocol Version 4, Src: 10.0.128.1, Dst: 192.168.0.7
▾ Transmission Control Protocol, Src Port: 25617, Dst Port: 23, Seq: 0, Len: 0
    Source Port: 25617
    Destination Port: 23
    [Stream index: 2]
    [TCP Segment Len: 0]
    Sequence number: 0    (relative sequence number)
    Acknowledgment number: 0
    1010 .... = Header Length: 40 bytes (10)
  ▸ Flags: 0x0c2 (SYN, ECN, CWR)
    Window size value: 4128
    [Calculated window size: 4128]
    Checksum: 0x2358 [unverified]
    [Checksum Status: Unverified]
    Urgent pointer: 0
  ▾ Options: (20 bytes), Maximum segment size, SACK permitted, No-Operation (NOP), No-Operation (NOP), Timestamps, End of Option List (EOL)
    ▸ TCP Option - Maximum segment size: 536 bytes
    ▾ TCP Option - SACK permitted
        Kind: SACK Permitted (4)
        Length: 2
    ▸ TCP Option - No-Operation (NOP)
    ▸ TCP Option - No-Operation (NOP)
    ▾ TCP Option - Timestamps: TSval 112797030, TSecr 0
        Kind: Time Stamp Option (8)
        Length: 10
        Timestamp value: 112797030
        Timestamp echo reply: 0
    ▸ TCP Option - End of Option List (EOL)
  ▾ [Timestamps]
      [Time since first frame in this TCP stream: 0.000000000 seconds]
      [Time since previous frame in this TCP stream: 0.000000000 seconds]
```

图 11.35

收到TCP SYN报文段后，在回复SYN+ACK报文段时，接收方应该在时间戳选项的TSval字段中填入本机时间，在TSecr字段中填入TCP SYN报文段的时间戳选项的TSval字段值。图11.36所示为TCP接收方在ACK报文段的时间戳选项中填入的TSecr和TSval字段值。TCP发送方会根据本机时钟、本机发出的报文段的TSval字段值，以及接收方回复的ACK报文段的TSecr字段值，来测量TCP会话的RTT值[1]。更多与TCP RTT测量功能的运作原理有关的内容详见本节后文。

```
▸ Frame 144: 78 bytes on wire (624 bits), 78 bytes captured (624 bits)
▸ Ethernet II, Src: fa:16:3e:ab:ac:8c (fa:16:3e:ab:ac:8c), Dst: fa:16:3e:86:59:a9 (fa:16:3e:86:59:a9)
▸ Internet Protocol Version 4, Src: 10.0.128.1, Dst: 192.168.0.7
▾ Transmission Control Protocol, Src Port: 25617, Dst Port: 23, Seq: 57, Ack: 7498, Len: 0
    Source Port: 25617
    Destination Port: 23
    [Stream index: 2]
    [TCP Segment Len: 0]
    Sequence number: 57    (relative sequence number)
    Acknowledgment number: 7498    (relative ack number)
    1011 .... = Header Length: 44 bytes (11)
  ▸ Flags: 0x010 (ACK)
    Window size value: 3966
    [Calculated window size: 63456]
    [Window size scaling factor: -2 (no window scaling used)]
    Checksum: 0x8880 [unverified]
    [Checksum Status: Unverified]
    Urgent pointer: 0
  ▾ Options: (24 bytes), SACK, No-Operation (NOP), No-Operation (NOP), Timestamps, End of Option List (EOL)
    ▸ TCP Option - SACK 7528-7536
    ▸ TCP Option - No-Operation (NOP)
    ▸ TCP Option - No-Operation (NOP)
    ▾ TCP Option - Timestamps: TSval 112816072, TSecr 112804954
        Kind: Time Stamp Option (8)
        Length: 10
        Timestamp value: 112816072
        Timestamp echo reply: 112804954
    ▸ TCP Option - End of Option List (EOL)
  ▸ [SEQ/ACK analysis]
  ▸ [Timestamps]
```

图 11.36

1 译者注：原文是："The receiver should include TSecr only in the Ack packet. As shown in the preceding example, the receiver is replying with TSecr and TSval included. The sender will use the combination of these two to derive the RTT value"。译者认为作者的表述有误，对译文做了调整。

11.8.3 运作原理

1. TCP 选择性确认功能

在本章之前的内容里，介绍了 TCP 头部包含的序列号和确认号如何巩固 TCP 数据传输的可靠性。不过，默认的 TCP 确认和重传机制有时会影响 TCP 会话的数据传输吞吐量，这得归咎于 TCP 的天性——TCP 发送方必须重传滑动窗口范围内所有未得到确认的报文段，无论这样的报文有没有传丢。图 11.37 可以更好地帮助读者理解 TCP 的这一天性。

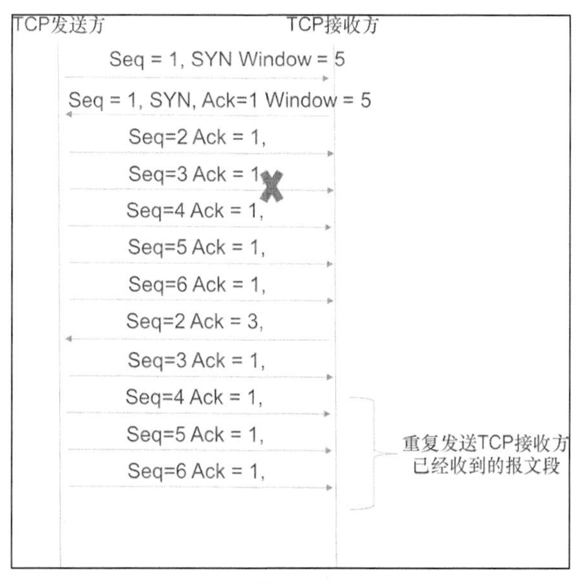

图 11.37

为了简化说明，将该 TCP 会话的窗口容量（window）定义为 5 个 TCP 报文段，将序列号（Seq）按报文段的数量编号，如图 11.38 所示。根据窗口容量，TCP 发送方可在收到确认报文段之前发出 5 个报文段。于是，TCP 发送方连发 5 个报文段，Seq = 2、3、4、5、6。TCP 接收方收到了 Seq = 2、4、5、6 的报文段，未收到 Seq = 3 的报文段。在进行确认时，TCP 接收方将 ACK 报文段的确认号设置为 3（Ack = 3）。如前所述，要是依着 TCP 的天性，TCP 发送方不但会重传 Seq = 3 的报文段，还会重传窗口中未得到确认的其余报文段。

也就是说，TCP 发送方会重复发送接收方已经收到的报文段，从而导致该 TCP 会话的数据吞吐量大幅降低。

TCP SACK 功能可以解决这一问题，解决方法是让 TCP 接收方有选择地确认已接收的非累积的报文段。TCP SACK 功能是 TCP 的一种可选功能，TCP 端点之间将会在建立连接之初，通过在 SYN 报文段和 SYN+ACK 报文段内置入 SACK-Permitted 选项，来探测对方是否支持该功能。

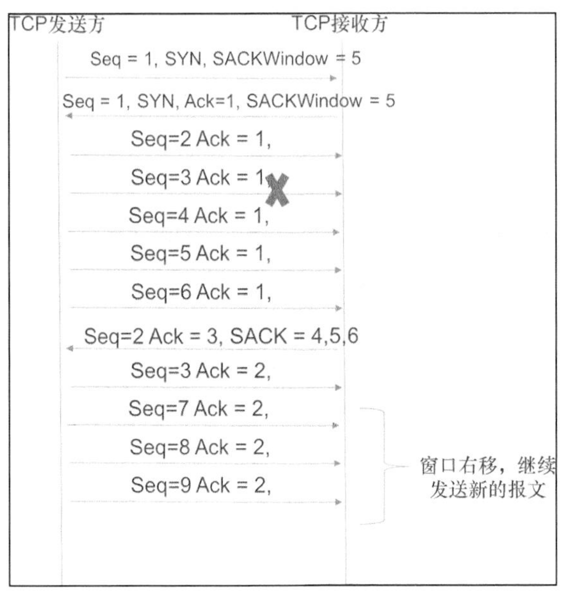

图 11.38

续接前例，让 TCP 发送方和接收方同时启用 TCP SACK 功能。请注意，在建立 TCP 连接时，TCP 发送方和接收方会分别在 SYN 报文段和 SYN+ACK 报文段内置入 SACK-Permitted 选项，表明本方支持 TCP SACK 功能。现在，在 TCP 接收方未收到 Seq = 3 的报文段时，还是会发出确认号为 3（Ack = 3）的确认报文段，但会在其 TCP 头部中置入 SACK 选项，该选项会携带一个 SACK Block，用其来表示本方已经收到了 Seq=4、5、6 报文段，独缺 Seq = 3 的报文段。这样一来，TCP 发送方只需重传 TCP 接收方并未收到的报文段。这就避免了重复发送接收方已经收到的报文段，从而显著提高了该 TCP 会话的数据传输吞吐量。

2. TCP 时间戳

某些终端 TCP 应用程序能从连续的 RTT（Round Trip Time，往返时间）测量中受益。TCP RTT 测量功能在执行时要借助于 TCP 头部中的时间戳选项。TCP 时间戳选项会在所有报文段的 TCP 头部中露面。该选项包含两个字段 TSval 和 TSecr[1]。发出 TCP SYN 报文段时，发送方会在时间戳选项的 TSval（时间戳值）字段中填入本机时间，在 TSecr（时间戳回显应答）字段中填入 0。在回复 ACK 报文段时，接收方应该在时间戳选项的 TSval 字段中填入本机时间，

1 译者注：原文是“This option carries two fields as TSval and TSecr”。TCP 时间戳选项除了 TSval 和 TSecr 字段之外，还有另外两个字段 kind 和 length，字段值分别为 8 和 10。

在 TSecr 字段中填入最新收到的 TCP SYN 报文段中时间戳选项的 TSval 字段值[1]。

TCP 发送方会根据本机时钟、本机发出的报文段的 TSval 字段值，以及接收方回复的 ACK 报文段的 TSecr 字段值，来测量 TCP 连接的 RTT 值。为了追求准确性，大多数 TCP 实现会基于每窗口中的一或两个报文段而非一个报文段，来执行 RTT 测量[2]。

11.8.4 拾遗补缺

上一节虽然介绍了两个 TCP 选项，但还有以下几个 TCP 选项可用来行使另外的功能：

- TCP 验证选项；
- 最长报文段长度（Maximum Segment Size，MSS）选项；
- TCP 压缩过滤器选项；
- 多路径 TCP 选项；

11.9 排除与 TCP 的数据传输吞吐量有关的故障

业界推出了多种工具可用来测量网络的吞吐量，这样的工具所仰仗的测量机制大多都属于带外测量机制。在使用这些测量工具时，需要建立测试 TCP 会话，并执行性能监控。这些工具虽然非常有用，但会根据生成的流量来执行性能计算。对于以 TCP 作为传输协议的受 SLA 约束的终端应用程序（SLA constrained end applications using TCP as transport protocol）而言，需要有一种机制来确保其所生成的 TCP 流能达到既定的吞吐量。为了满足这一需求，就得通过一种简单而又有效的机制来测量每一条 TCP 流的吞吐量。这样的测量机制还应该满足其他各种需求，包括性能基准测试以及基于 SLA 的服务保证等。

有许多原因都有可能会影响 TCP 流的吞吐量性能，本章前文已经揭示了其中的一些原因，比如，TCP 重传以及 TCP 会话重置等。本节将介绍如何使用 Wireshark 来测量并分析 TCP 流的吞吐量。

1　译者注：原文是“The the sender will include local time when the segment is sent out in TSval field and TSecr will be set to 0. The receiver upon acknowledging a segment will include local time in the TSval and include the TSval from the last received segment from the sender”。译者认为原文表述有误，对译文做了调整。

2　译者注：原文是“For efficiency, most implementation will perform RTT measurement in one or two segments in each window instead of performing it on a per segment basis.”译文按照原文的字面意思翻译，不过原文对 TCP RTT 测量的表述是错误的。译者本想根据 *TCP/IP Illustrated, Volume1, Second Edition* 一书的 14.3 节调整译文，但实在涉及太多铺垫，请读者自行查阅该书的 14.3 节。

11.9.1 测量准备

要想测量一条 TCP 流的数据传输吞吐量，必须先把它抓到。可在终端服务器上安装 Wireshark（如该服务器支持安装）或在 TCP 流的传输路径中部署 Wireshark 主机，来抓取流量。如前文所述，可在抓取流量的同时，应用相关显示过滤器，让 Wireshark 只显示有待测量的 TCP 流。

11.9.2 测量方法

测量 TCP 流的吞吐量。测量方法是在 Wireshark 中先筛选出隶属于相关 TCP 流的所有数据包，再借助于 I/O Graphs 工具生成该流的吞吐量图。生成吞吐量图的步骤如下所列。

1. 点击 Statistics 菜单，选择 I/O Graphs 菜单项。
2. 在弹出的 I/O Graphs 窗口内，点击左下角的“+”，在 Display filter 一栏下输入显示过滤器 tcp.stream == <stream number>，让 Wireshark 根据由该过滤器筛选出的数据包生成吞吐量图。
3. 具体的实例如图 11.39 所示。

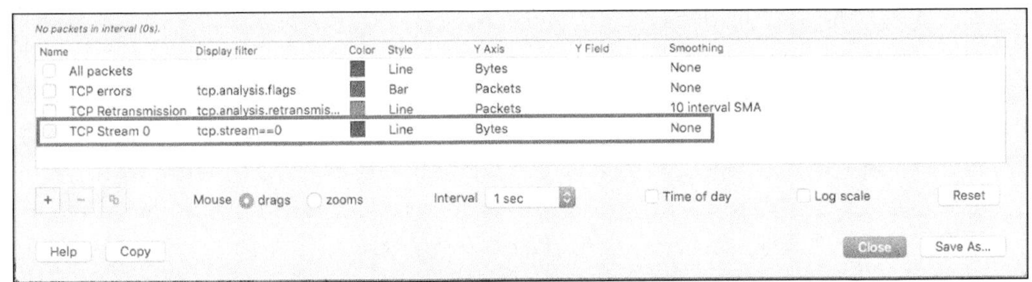

图 11.39

4. 若 Wireshark 所测量的指定 TCP 流的吞吐量符合预期，则可以得出结论：该 TCP 流的吞吐量正常。若低于预期，则需要展开进一步分析，如下所列。
5. 检查 TCP 接收方通告的窗口容量是否一直维持较高的水平。若 RWND 容量较低，则会使得 TCP 流的数据传输吞吐量变低，因为在等待 TCP 接收方确认之前，TCP 发送方所能发出的报文段的数据会降低。
6. 用 Expert Information 工具为指定的 TCP 流生成专家信息，重点关注 Error 和 Warning 事件，这会对了解吞吐量下降的起因很有帮助。至于如何使用 Wireshark 的 Expert Information 工具，请参阅第 6 章。
7. 由图 11.40 可知，涉及 TCP 丢包的 Warning 事件的总数为 173 次，涉及重复确认的事件那就更多了。Expert Information 工具生成的专家信息能提示网络中发生的 TCP 报文段失序、TCP 连接遭重置以及 TCP 零窗口等错误事件。

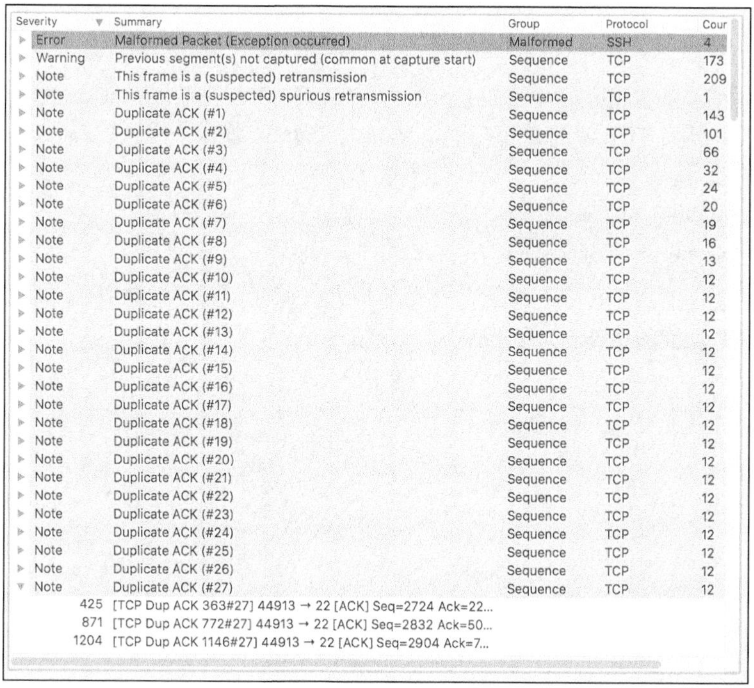

Severity	Summary	Group	Protocol	Cour
▶ Error	Malformed Packet (Exception occurred)	Malformed	SSH	4
▶ Warning	Previous segment(s) not captured (common at capture start)	Sequence	TCP	173
▶ Note	This frame is a (suspected) retransmission	Sequence	TCP	209
▶ Note	This frame is a (suspected) spurious retransmission	Sequence	TCP	1
▶ Note	Duplicate ACK (#1)	Sequence	TCP	143
▶ Note	Duplicate ACK (#2)	Sequence	TCP	101
▶ Note	Duplicate ACK (#3)	Sequence	TCP	66
▶ Note	Duplicate ACK (#4)	Sequence	TCP	32
▶ Note	Duplicate ACK (#5)	Sequence	TCP	24
▶ Note	Duplicate ACK (#6)	Sequence	TCP	20
▶ Note	Duplicate ACK (#7)	Sequence	TCP	19
▶ Note	Duplicate ACK (#8)	Sequence	TCP	16
▶ Note	Duplicate ACK (#9)	Sequence	TCP	13
▶ Note	Duplicate ACK (#10)	Sequence	TCP	12
▶ Note	Duplicate ACK (#11)	Sequence	TCP	12
▶ Note	Duplicate ACK (#12)	Sequence	TCP	12
▶ Note	Duplicate ACK (#13)	Sequence	TCP	12
▶ Note	Duplicate ACK (#14)	Sequence	TCP	12
▶ Note	Duplicate ACK (#15)	Sequence	TCP	12
▶ Note	Duplicate ACK (#16)	Sequence	TCP	12
▶ Note	Duplicate ACK (#17)	Sequence	TCP	12
▶ Note	Duplicate ACK (#18)	Sequence	TCP	12
▶ Note	Duplicate ACK (#19)	Sequence	TCP	12
▶ Note	Duplicate ACK (#20)	Sequence	TCP	12
▶ Note	Duplicate ACK (#21)	Sequence	TCP	12
▶ Note	Duplicate ACK (#22)	Sequence	TCP	12
▶ Note	Duplicate ACK (#23)	Sequence	TCP	12
▶ Note	Duplicate ACK (#24)	Sequence	TCP	12
▶ Note	Duplicate ACK (#25)	Sequence	TCP	12
▶ Note	Duplicate ACK (#26)	Sequence	TCP	12
▼ Note	Duplicate ACK (#27)	Sequence	TCP	12
425	[TCP Dup ACK 363#27] 44913 → 22 [ACK] Seq=2724 Ack=22...			
871	[TCP Dup ACK 772#27] 44913 → 22 [ACK] Seq=2832 Ack=50...			
1204	[TCP Dup ACK 1146#27] 44913 → 22 [ACK] Seq=2904 Ack=7...			

图 11.40

8．在 Wireshark 抓包主窗口的数据包列表区域内，若有多个数据包都身背 TCP Retransmission 字样（见图 11.41），则表示 TCP 重传事件多次发生，网络中可能存在非常严重的丢包现象。此时，请使用 ping 等网络连通性检查工具，验证底层网络的健康状况。当然，也可以从网络的多个位置抓包，这将有助于研判发生丢包的具体位置。

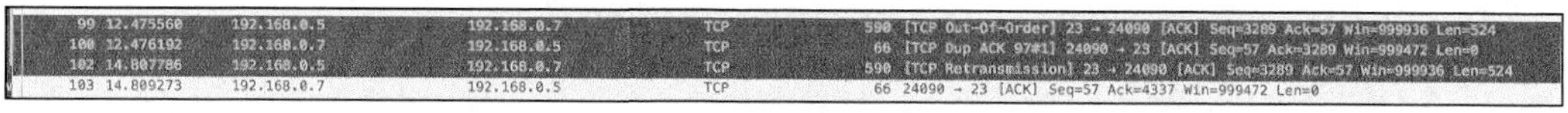

99	12.475560	192.168.0.5	192.168.0.7	TCP	590 [TCP Out-Of-Order] 23 → 24090 [ACK] Seq=3289 Ack=57 Win=999936 Len=524
100	12.476192	192.168.0.7	192.168.0.5	TCP	66 [TCP Dup ACK 97#1] 24090 → 23 [ACK] Seq=57 Ack=3289 Win=999472 Len=0
102	14.807786	192.168.0.5	192.168.0.7	TCP	590 [TCP Retransmission] 23 → 24090 [ACK] Seq=3289 Ack=57 Win=999936 Len=524
103	14.809273	192.168.0.7	192.168.0.5	TCP	66 24090 → 23 [ACK] Seq=57 Ack=4337 Win=999472 Len=0

图 11.41

9．若抓到了大量身背 Out-Of-Order（失序）字样的数据包，则很有可能是隶属于同一条 TCP 流的数据包通过多条路径转发。由于那些路径的延迟各不相同，故而使得某些数据包后发先至（失序抵达目的节点）。就理论而言，流量转发路径中的所有节点应执行逐流级多路径负载均衡，以便隶属于同一条流的所有数据包始终遵循同一条路径。当参与负载均衡的多链路之一（间歇性或持续）翻动的情况下，或流量转发路径中存在只支持逐包级多路径负载均衡的老式节点的情况下，就极有可能造成数据包失序的局面。

10. 若 Wireshark 抓到了大量身背 TCP Window Full 字样的数据包，则表示 TCP 接收方不能按照 TCP 发送方的发送速率处理 TCP 报文段。要是这种数据包频繁出现，可能需要慎重调整 TCP 接收端的 RWND。

11. 可配置 TCP 端点所运行的 OS，激活某些 TCP 增强功能，比如，激活 TCP 选择性确认功能，开启 TCP 快速重传功能，或增大 RWND 容量，来全面提示 TCP 会话的数据传输吞吐量。

11.9.3 幕后原理

提升 TCP 会话的数据传输吞吐量，会牵涉到方方面面，需要在 TCP 端点上激活各种 TCP 功能。这些 TCP 功能的运作原理已经在本章介绍过了。

第 12 章 FTP、HTTP/1 和 HTTP/2

本章涵盖以下主题：

- FTP 故障分析；
- 筛选 HTTP 流量；
- 配置 Preferences 窗口中 Protocols 选项下的 HTTP 协议参数；
- HTTP 故障分析；
- 导出 HTTP 对象；
- HTTP 数据流分析；
- HTTPS 协议流量分析——SSL/TLS 基础。

12.1 介绍

文件传输协议（FTP）的主要用途是跨 TCP/IP 网络传输文件。它是一种运行于 TCP 20 和 21 端口的协议，这两个端口分别用来传输数据和发送控制命令。

HTTP 和 HTTPS 都用来浏览网页，或用来连接驻留于单位内部网络或托管在云内的某些软件。HTTPS 协议是 HTTP 协议的安全版本，HTTPS 中的那个 S 表示：HTTP 协议传输的安全性由 SSL/TLS（安全套接字层/传输层安全）来保证。在使用网银、Web 邮箱或基于 HTTP 协议但需安全性保障的应用时，就会用到 HTTPS 协议。

自 1991 年起，HTTP 历经多次修订，其版本从最初的 0.9、1.0、1.1 直至 2015 年发布的最新的 2.0 版本。

本章会介绍上述协议，讲解它们的运作方式，向读者传授如何使用 Wireshark 分析网络中与这些协议有关的常见故障。

12.2 FTP 故障分析

FTP 有以下两种操作模式。

- **Active 模式**（**ACTV**）：当 FTP 以此模式运行时，FTP 客户端会先发起一条通往 FTP 服务器端的控制连接，后者随后会主动发起一条通往前者的数据连接。
- **Passive 模式**（**PASV**）：当 FTP 以此模式运行时，FTP 客户端会先后发起通往 FTP 服务器端的控制和数据连接各一。

FTP 的这两种模式都很常用，本节后文将细述各自的原理。

12.2.1 分析准备

处理 FTP 故障时，若怀疑存在连通性故障，或发现数据传输缓慢等迹象，请在 LAN 交换机上启用端口镜像功能，将下列端口的流量重定向至 Wireshark 主机：

- 连接 FTP 服务器的端口；
- 连接 FTP 客户机的端口；
- 连接 FTP 流量穿越链路的端口。

必要时，还需在 Wireshark 中应用显示及抓包过滤器。

12.2.2 分析方法

排查 FTP 性能问题时，应遵循以下排障思路[1]。

1. 首先，应确保在第 2、3、4 层方面（以太网、IP、TCP）没有故障，前面几章已经介绍过了解决第 2、3、4 层故障之法。在许多情况下，数据传输缓慢都与第 2、3、4 层故障有关，跟 FTP 应用本身无关。可在 FTP 客户端主机上 ping FTP 服务器的 IP 地址（在执行 ping 命令时，用大包 ping，比如，1500 字节的数据包）。根据 ping 命令的结果，即可了解 FTP 流量传输路径的延迟或通断情况。
2. 检查 Wireshark 抓包文件中是否有身背 TCP Retransmission 和 Duplicate ACK 字样的数据包。若有，则需进一步查明这样的数据包是只涉及 FTP 流量，还是涉及所有 TCP 协议流量。
   - 若涉及所有 TCP 协议流量，则说明不单是 FTP 流量传输缓慢，而是整个网络都

1 译者注：以下论述使用的插图基于 Wireshark 版本 1。

有故障。

➢ 若身背 TCP Retransmission 和 Duplicate ACK 字样的数据包只涉及 FTP 流量，且那些数据包的源或目的 IP 地址相同，则说明 FTP 流量传输缓慢很可能是拜 FTP 服务器或客户机反应慢所赐。

3. 通过 FTP 传输文件时，若使用 Wireshark 抓包，则相应的流量在 I/O Graphs 窗口中将会呈“直边梯形”的趋势，在 TCP Graph（time-sequence）窗口中将会出现一条笔直的斜线。

4. 图 12.1（TCP Graph[time-sequence]窗口）呈现了一次有问题的 FTP 传输过程。

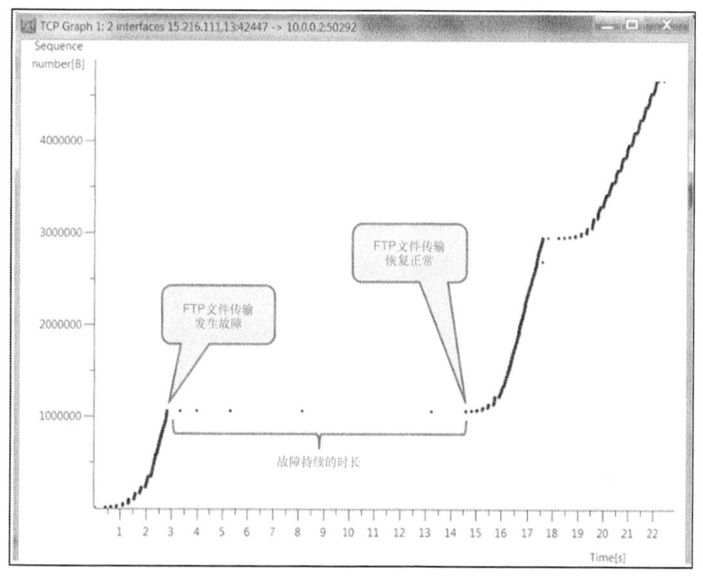

图 12.1　TCP Graph（time-sequence）窗口呈现的有问题的 FTP 传输

5. 图 12.2 所示为 Wireshark I/O Graphs 窗口（应用了适当的显示过滤器）呈现出的这次有问题的 FTP 文件传输状况。

6. 图 12.3 所示为由这次 FTP 文件传输所生成的数据包在 Wireshark 抓包主窗口的数据包列表区域中的真面目。由图 12.3 可知，这些数据包被 Wireshark 识别为存在以下 TCP window 问题。

➢ FTP 服务器 15.216.111.13 向 FTP 客户端 10.0.0.2 发出了身背 TCP Window Full 字样的 TCP 报文段（编号为 5763 的数据包），也就是说，Wireshark 已识别出前者发出的这一 TCP 报文段，将会是填满后者接收缓存的最后一个 TCP 报文段。

➢ FTP 客户端 10.0.0.2 向 FTP 服务器 15.216.111.13 发出了窗口大小字段值为 0 的 TCP 报文段（编号为 5778 的数据包，身背 TCP ZeroWindow 字样），其目的是让后者停止传送数据。

- FTP 服务器持续向 FTP 客户端发出了身背 TCP ZeroWindowProbe 字样的 TCP 报文段，意在探测后者的 TCP 接收窗口是否仍然为 0。FTP 客户端发出窗口大小字段值为 0 的 TCP 确认报文段（身背 TCP ZeroWindowProbeAck 字样），其目的是请求 FTP 服务器暂停发送数据。FTP 服务器和客户端之间的上述交流过程，详见 Wireshark 抓到的编号范围为 5793～5931 的数据包。

- 片刻之后，FTP 客户端向 FTP 服务器发出了窗口大小字段值不为 0 的 TCP 确认报文段（编号为 5939 的数据包，身背 TCP Window Update 字样），让后者继续传输数据。

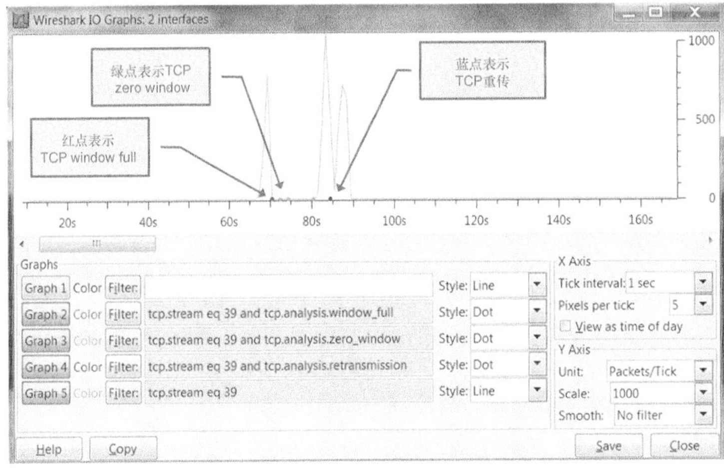

图 12.2　I/O Graphs 窗口呈现的有问题的 FTP 文件传输

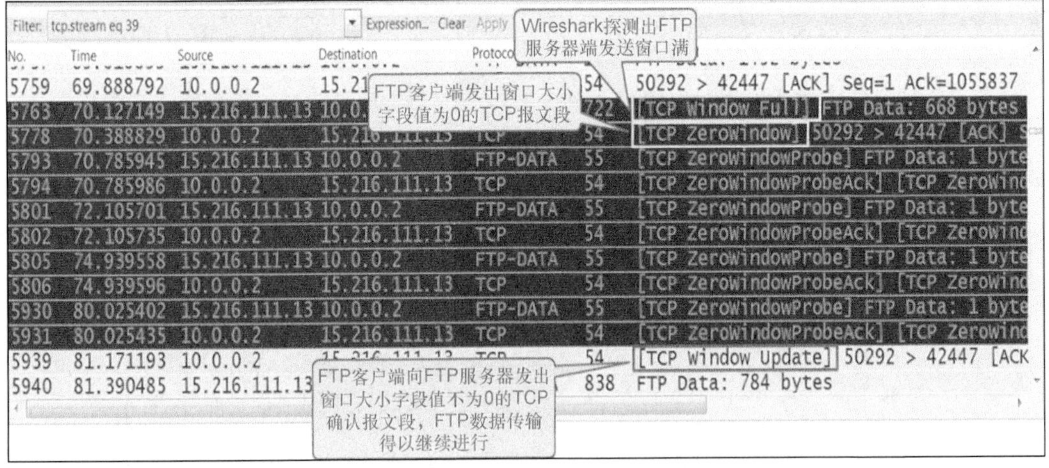

图 12.3　有问题的 FTP 传输，问题原因——FTP 客户端主机反应迟钝

7. 之前所描述的这一有问题的 FTP 数据传输过程，是因 FTP 客户端主机反应迟钝所致。仔细检查那台主机，关停其上所运行的某些进程之后，便解决了问题。

导致 FTP 连通性故障的原因包括 FTP 服务器无法提供服务（比如，主机宕机或 FTP 服务未能正常启动等）、防火墙封锁了 FTP 连接、安装在 FTP 服务器或客户端主机上的某些软件破坏了 FTP 协议的正常运作等。排查此类故障时，应遵循以下思路。

1. 核实 FTP 文件传输所依赖的 TCP 连接能否正常建立，为此，应检查 Wireshark 能否抓全与此 FTP 连接配套的 TCP 三次握手（SYN/SYN+ACK/ACK）报文段。若与 FTP 文件传输配套的 TCP 连接未能正常建立，则不出以下原因。

   - 防火墙封锁了支撑 FTP 文件传输的 TCP 连接。此时，应赶紧去找管理防火墙的网络管理员。
   - FTP 服务器无法提供服务，需登录安装 FTP 服务器端软件的主机，检查主机自身及 FTP 服务器端软件的运行情况。
   - 安装在 FTP 服务器（主机）上的某个软件干扰了 FTP 协议的正常运作。杀毒软件、VPN 客户端软件、防火墙软件或其他安全防护软件都有可能会阻挡来自 FTP 客户端的 FTP 连接。
   - 检查安装 FTP 客户端软件的主机，看看是不是 VPN 客户端软件或防火墙软件阻碍其发起 FTP 连接。

2. 当 FTP 运行于 Active 模式时，客户端会先向服务器发起一条控制连接，后者再向前者发起一条数据连接。因此，需配置防火墙，令其在两个方向上放行必要的 FTP 流量，或将 FTP 的运行模式改为 Passive 模式。

12.2.3 幕后原理

FTP 有两种运行模式：Active 模式和 Passive 模式。以 Active 模式运行时，FTP 服务器会在控制连接建立之后，主动打开一条通往 FTP 客户端的数据连接；运行于 Passive 模式时，数据连接则会由后者向前者主动发起。现在来了解一下上述两种 FTP 模式的原理。

图 12.4 所示为 FTP Passive 模式的原理。

1. FTP 客户端发起通往 FTP 服务器的 FTP 控制连接，这条 TCP 连接的源端口号为 FTP 客户端随机选定（本例为 TCP 1024 端口），目的端口号为众所周知的 TCP 21 端口。

2. FTP 服务器以 TCP 21 端口进行回应，与 FTP 客户端的 TCP 1024 端口建立 FTP 控制连接。

3. 控制连接成功建立之后，需要传递数据时，FTP 客户端将再次发起通往 FTP 服务器的 FTP 数据连接，这条 TCP 连接的源端口号为“P（FTP 控制端口号）+1”（本例为 1025），目的端口号为FTP服务器指定的高于1024的任一TCP端口号(本例为TCP 2000端口),这一端口号会通过先前建立的控制连接通告给 FTP 客户端。

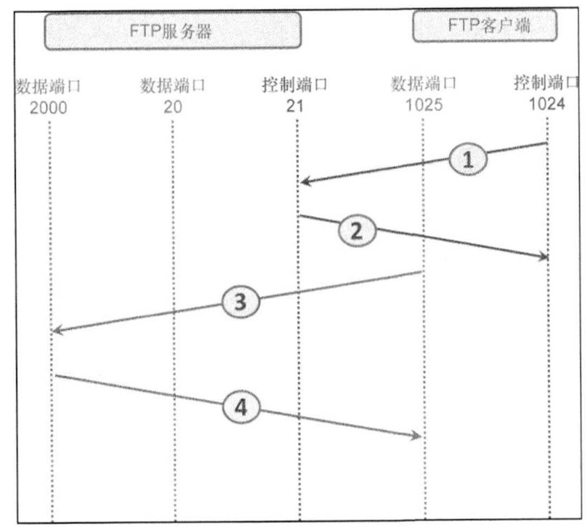

图 12.4 FTP Passive 模式的原理

4. FTP 服务器以 TCP 2000 端口进行回应,与 FTP 客户端的 TCP1025 端口建立 FTP 数据连接。

当 FTP 以 Active 模式运行时,情况会略有不同。

1. FTP 客户端发起通往 FTP 服务器的 FTP 控制连接,这条 TCP 连接的源端口号为 FTP 客户端随机选定(本例为 TCP 1024 端口),目的端口号为众所周知的 TCP 21 端口(见图 12.5)。

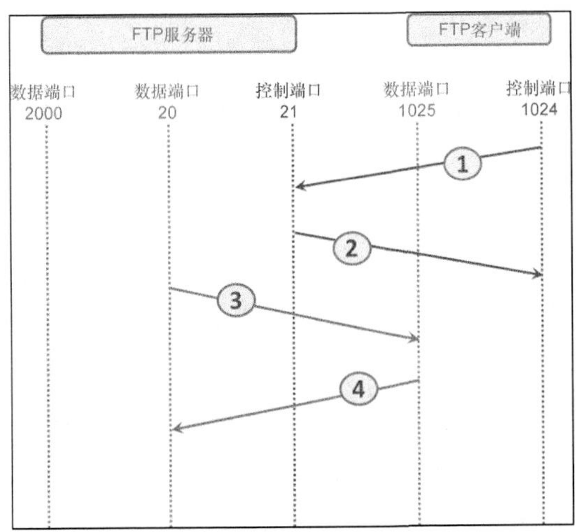

图 12.5 FTP Active 模式的原理

2．FTP 服务器以 TCP 21 端口进行回应，与 FTP 客户端的 TCP 1024 端口建立 FTP 控制连接。

3．控制连接成功建立之后，需要传递数据时，FTP 服务器将主动发起通往 FTP 客户端的 FTP 数据连接，这条 TCP 连接的源端口号为众所周知的 TCP 20 端口，目的端口号为“P（FTP 控制端口号）+1”（本例为 1025）。

4．FTP 服务器以 TCP 20 端口进行回应，与 FTP 客户端的 TCP 1025 端口建立 FTP 数据连接。

12.2.4 拾遗补缺

FTP 是一种比较简单的应用层协议，在大多数情况下，FTP 故障都不难排查。下面举几个作者参与排除过的 FTP 故障的实例。

- **故障实例 1**：FTP 服务器和客户端之间通过一条国际专线互连，用户普遍感觉 FTP 文件传输缓慢，并指责提供专线的运营商不给力。但据运营商反映，那条国际专线的带宽利用率只有不到 20%。经作者核查，确认了这一点。作者使用 Wireshark 进行抓包分析，分析结果表明，不存在任何与 TCP 有关的问题（比如，TCP 重传或窗口问题）。无奈之下，作者登录进安装 FTP 服务器端软件的主机，卸载掉了原有的 FTP 服务器端软件，安装了另一款软件（免费的 FTP 服务器端软件遍地皆是），FTP 文件传输的性能就得到了极大地改善。看来，这只不过是 FTP 服务器端软件效率低下所引发的 FTP 文件传输缓慢问题。
- **故障实例 2**：有一用户反映，他在连接 FTP 服务器时，每次都是尝试了 5、6 次之后，遭到了 FTP 服务器的拒绝。动用 Wireshark 之后，作者抓到了很多身背 FTP Connection refused 字样的数据包（用户投诉的原因也正在于此），这看起来像是 FTP 服务器不响应。作者登录进安装 FTP 服务器端软件的主机，重启了 FTP 服务之后，问题便无影无踪。经过检查，原来是主机上安装的杀毒软件干扰了 FTP 服务器端软件的运行。

注 意

作者通过以上两个实例是想传达这样一个理念，那就是排除网络故障时，即便有 Wireshark（或其他软件）助一臂之力，也得具备最基本的 IT 常识。

12.3 筛选 HTTP 流量

可使用多种方法来配置用来筛选 HTTP 流量的显示过滤器。本节会重点关注常用的过滤 HTTP 流量的显示过滤器。

12.3.1 准备工作

将 Wireshark 主机接入 LAN 交换机，激活交换机的端口镜像功能，将有待监控的连接服务器的交换机端口流量重定向至 Wireshark 主机；运行 Wireshark 软件，选择正确的网卡，开始抓包。

12.3.2 操作方法

配置 HTTP 显示过滤器的方法包括：直接在抓包主窗口的 Filter 输入栏内输入 HTTP 显示过滤表达式；在抓包主窗口的数据包结构区域内，将 HTTP 数据包的某个 HTTP 属性值指定为显示过滤器的过滤条件；点击抓包主窗口中过滤器工具条上的 Expression 按钮，在弹出的 Display Filter Expression 窗口中构造 HTTP 显示过滤器（具体配置方法详见第 4 章）。

用来筛选 HTTP 流量的显示过滤器分为以下几类。

基于名称的 HTTP 显示过滤器

- 要让 Wireshark 只显示访问某指定域名（www.packtpub.com）的 HTTP 请求数据包，显示过滤器的写法为：http.host == "www.packtpub.com" 。
- 要让 Wireshark 只显示发往包含了指定字符串的域名（比如，包含 PacktPub 的域名）的 HTTP 请求数据包，显示过滤器的写法为 http.host contains "packtpub"。
- 要让 Wireshark 只显示 Referer 头部内容为 http://www.packtpub.com/的 HTTP 请求数据包，显示过滤器的写法为 http.referer =="http: //www. packtpub.com/"（亦即让 Wireshark 只显示从 http://www. packtpub.com/链接过来的所有 HTTP 请求数据包）。

基于 HTTP 请求方法的显示过滤器

- 要让 Wireshark 显示包含 GET 请求的所有 HTTP 数据包，显示过滤器的写法为 http.request.method == GET。
- 要让 Wireshark 显示所有 HTTP 请求数据包，显示过滤器的写法为 http. request。
- 要让 Wireshark 显示所有 HTTP 响应数据包，显示过滤器的写法为 http. Response。
- 要让 Wireshark 显示包含所有 HTTP 数据包，但包含 GET 方法的 HTTP 请求数据包除外，显示过滤器的写法为 http.request and nothttp. request.method == GET。

基于 HTTP 状态码的显示过滤器

- 要让 Wireshark 显示包含 HTTP 错误状态码的 HTTP 响应数据包，显示过滤器的写法为 http.response.code >= 400。
- 要让 Wireshark 只显示包含 HTTP 客户端错误状态码的 HTTP 响应数据包，显示过滤器的写法为 http.response.code >= 400 and http.response. code <= 499。

- 要让 Wireshark 只显示包含 HTTP 服务器端错误状态码的 HTTP 响应数据包，显示过滤器的写法为 http.response.code >= 500 and http. response.code <= 599。
- 要让 Wireshark 只显示状态码为 404 的 HTTP 响应数据包，显示过滤器的写法为 http.response.code == 404。

在配置由非特殊字符作为参数值的 HTTP 显示过滤器（比如，http.host == packtpub）时，可以不用为参数值加“" "”。但在配置由特殊字符作为参数值的 HTTP 显示过滤器（比如，http.host =="packtpub\r\n"）时，就必须为参数值加“" "”。

12.3.3 幕后原理

本小节将引领读者回顾一遍 HTTP 协议的细节。

1. HTTP 方法

RFC 2616 定义了几种主要的 HTTP 请求方法。在 RFC 2616 发布之后，又有数种 HTTP 请求方法问世，这些 HTTP 请求方法刊登在了 RFC 2616 的升级版（RFC 2817、RFC 5785、RFC 6266 和 RFC 6585）以及其他的 HTTP 标准（RFC 2518、3252 和 5789）中。

以下所列为定义于 RFC 2616 的几种基本的 HTTP 请求方法。

- OPTIONS：HTTP 客户端可使用该方法让 Web 服务器告知其所支持的功能。
- GET：HTTP 客户端可使用该方法请求 Web 服务器发送某个资源。
- HEAD：与 GET 方法类似。借助于该方法，HTTP 客户端可在不获取实际资源的情况下，让 Web 服务器发送资源的概况信息。
- POST：HTTP 客户端可利用该方法向 Web 服务器传送数据。比方说，当使用 webmail 时，就会调用该方法去传送邮件操作命令。
- DELETE：借助于该方法，HTTP 客户端可请求 Web 服务器删除由 URL 指定的资源。
- PUT：HTTP 客户端可利用该方法向 Web 服务器写入数据。有些 Web 服务器允许用户通过 PUT 方法在其上创建页面，但在如此操作之前，一般要通过用户名/密码认证。
- TRACE：当 HTTP 客户端发起 HTTP 请求时，HTTP 请求报文可能会穿越防火墙、代理服务器或网关等设备，这些设备可能会修改原始的 HTTP 请求数据包中的内容。借助于 TRACE 方法，HTTP 客户端就能让 Web 服务器弹回（loopback）一条 TRACE 响应报文，其中会携带后者实际收到的 HTTP 请求报文。HTTP 客户端可借此了解原始 HTTP 请求报文是否被损坏或修改过。

➢ CONNECT：用来连接代理设备。

2. 状态码

HTTP 状态码共分 5 类，如表 12.1 所列。

表 12.1　　　　　　　　　　　　HTTP 状态码

类　别	名　称	含　义
1xx	信息状态码	用来表示一般性信息
2xx	成功状态码	用来表示由 HTTP 客户端所请求执行的动作已被 Web 服务器成功接收、接受或处理
3xx	重定向状态码	用来告知 HTTP 客户端使用其他位置来访问其所感兴趣的资源
4xx	客户端错误状态码	用来表示 HTTP 客户端错误
5xx	服务器端错误状态码	用来表示 HTTP 错误

12.3.4 拾遗补缺

使用 Wireshark 分析 HTTP 流量时，在抓包主窗口的数据包结构区域内，经常可以看见某些 HTTP 数据包的 Hypertext Transfer Protocol 树状区域下会多一个名为 Line-based text data:text/html 的结构，如图 12.6 所示。

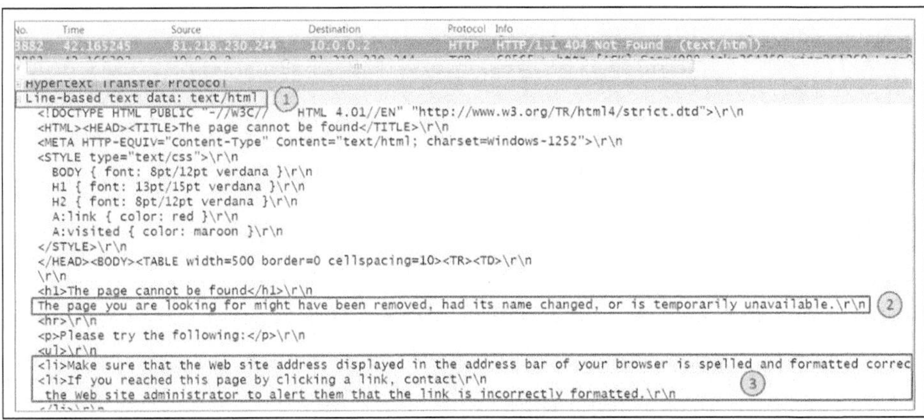

图 12.6　Web 服务器反馈的信息及解释

该结构的名称 Line-based text data: text/html 在图 12.6 中被标记为 1，点击其前面的小三角形，将会暴露出由 Web 服务器返回的错误信息（图 12.6 中的 2 和 3）。

12.4 配置 Preferences 窗口中 Protocols 选项下的 HTTP 协议参数

使用 Wireshark 抓取并分析 HTTP 协议流量之前，可调整 Preferences 窗口中 Protocols 选项下 HTTP 协议的某些参数。对这些参数的调整，会影响到 Wireshark 对 HTTP 协议流量的解析，本节将讲解如何调整这些参数。

12.4.1 配置准备

启动 Wireshark 软件，按下一小节内容的指示行事。

12.4.2 配置方法

1. 点击 Edit 菜单下的 Preferences 菜单项。
2. 在弹出的 Preferences 窗口中，点击 Protocols 配置选项前的小三角形，选择 HTTP 协议，如图 12.7 所示。

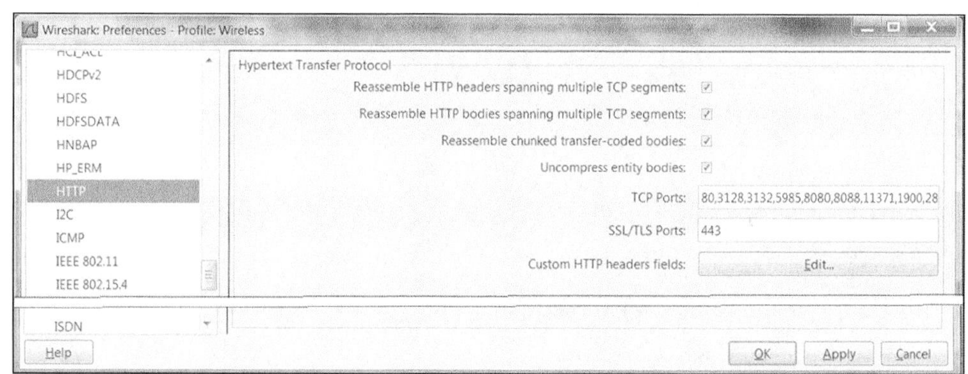

图 12.7　Preferences 窗口中 protocol 选项下的 HTTP 协议配置参数

在图 12.7 所示的 Perferences 窗口中，那 4 个复选框是默认勾选的。只要勾选了那 4 个复选框，即便 HTTP 协议数据包在 IP 层被分片传送，Wireshark 也会重组 HTTP 头部和主体。在 TCP Ports 字样旁，有一个输入栏，其中默认填写了若干 TCP 端口号，Wireshark 会把发往/源于这些端口号的 TCP 流量当做 HTTP 流量来解码。在某些情况下，要想用其他 TCP 端口来跑 HTTP 流量，且希望 Wireshark 将发往/源于此端口号的 TCP 流量视为 HTTP 流量，请将该 TCP 端口号添加进 TCP Ports 之后的输入栏。在 SSL/TLS Ports 字样旁的输入栏内，默认只有 TCP 443 端口，该输入栏的作用等同于 TCP Ports 字样旁的输入栏，要想用其他 TCP 端口来跑 HTTPS 流量，且希望 Wireshark 将发往/源于此端口号的 TCP 流量视为 HTTPS 流量，需将该 TCP 端口号填入此输入栏。

Custom HTTP headers fields 身旁的 Edit 按钮

在图 12.7 所示 Perferences 窗口中 Custom HTTP headers fields 字样旁，有一个 Edit 按钮，可借助于该按钮功能来创建 http.header 旗下的 HTTP 显示过滤参数。

试举一例，请看图 12.8。

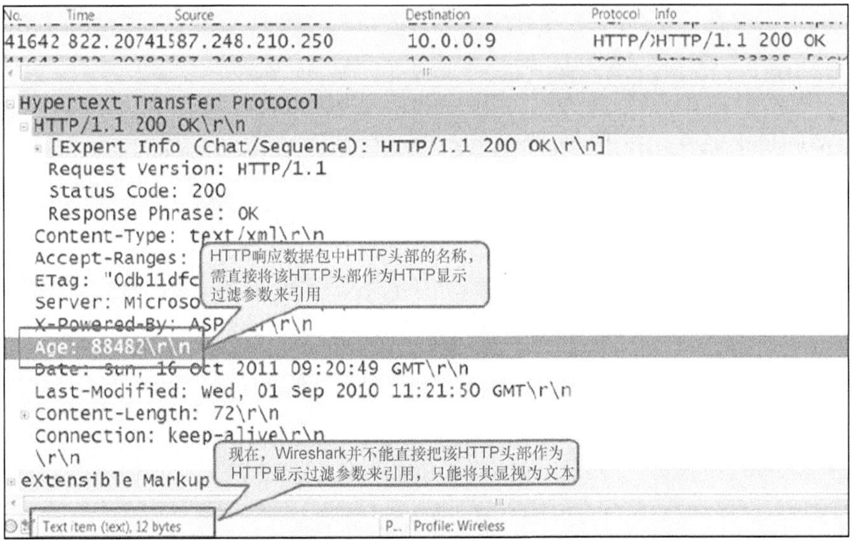

图 12.8　HTTP 头部-age

要想让 Wireshark 直接将 HTTP 响应数据包中的 Age 头部作为 HTTP 显示过滤参数来引用，请按以下步骤行事。

1. 点击 HTTP Perferences 窗口中 Custom HTTP headers fields 之后的 Edit 按钮（图 12.9 中被标记为 1 的区域）。

2. 在弹出的 Custom HTTP headers fields table 窗口中，点击 New 按钮（图 12.9 中被标记为 2 的区域）。

3. 在弹出的小窗口的 Header name 输入栏内（图中被标记为 3 的区域）输入 HTTP 头部的名称 Age（区分大小写）。

4. 在 Field desc 字段内输入相关注释信息，作者输入的是“Aging time of …”。

5. 先点击小窗口中的 OK 按钮，再点击 Custom HTTP header fields Table 窗口中的 OK 按钮。

6. 现在，在 Wireshark 抓包主窗口的 Filter 输入栏内，就可以用显示过滤参数 http.header.Age 来直接引用 Age 头部中的内容了。比方说，可应用显示过滤器 http.header.Age contains 88482，让 Wireshark 筛选出 Age 头部中包含该请求编号的所有 HTTP 数据包。

7. 还可以按照上述方法构造其他的 HTTP 显示过滤参数。

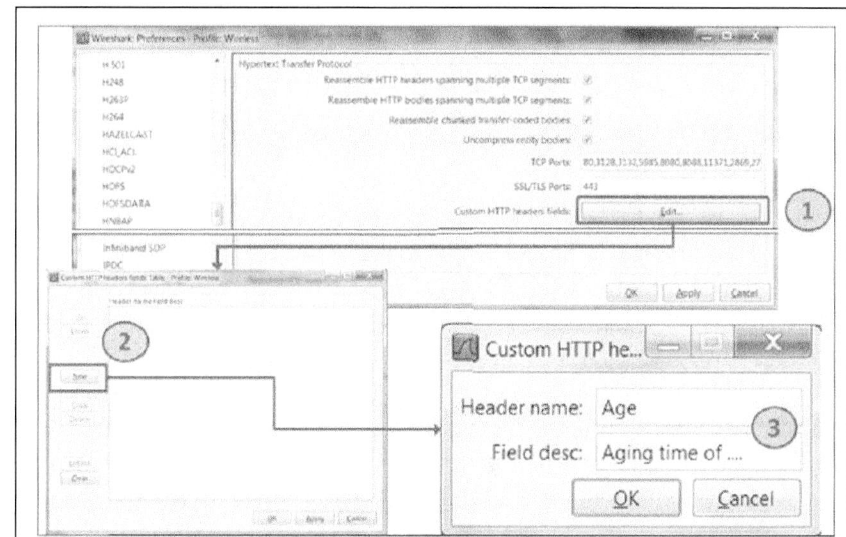

图 12.9 Custom HTTP headers fields 按钮功能

若 HTTP 数据包中包含有私自定义的头部，且需要根据此类 HTTP 头部来筛选 HTTP 流量时，便可以使用上述方法来构造 HTTP 显示过滤参数。

12.4.3 幕后原理

在 HTTP Perferences 窗口中，设立了几个含 Reassemble（重组）字样的复选框。设立的原因是，IP 分片的情况时有发生，一旦发生，承载 HTTP 流量的 TCP 报文段也会分布在隶属于同一个 IP 数据包的不同分片内。只要勾选了那几个复选框，Wireshark 在解码时会重组分布在各 IP 数据包的不同分片内的 HTTP 头部和主体。

12.4.4 拾遗补缺

通常，Wireshark 只会把目的端口号为 80，且包含有效 HTTP 头部的 TCP 数据包识别为 HTTP 数据包。要想让 Wireshark 把所有目的端口号为 80 的 TCP 流量都识别为 HTTP 数据包，请按以下步骤行事。

1. 点击 Edit 菜单下的 Preferences 菜单项，在弹出的 Preferences 窗口中，点击 Protocols 选项前的小三角形，在其中选择 TCP 协议。

2. 在 Preferences 窗口中，取消勾选 Allow dissector to reassemble TCP streams 复选框。

12.5 HTTP 故障分析

本节将重点关注如何分析 HTTP 故障。HTTP 故障的原因包括 Web 服务器或 HTTP 客户端主机反应迟钝、TCP 性能问题以及本节将要呈现的某些其他原因。

12.5.1 分析准备

若有个别用户反映网页打开过慢，请借助于端口镜像功能，将交换机上连接该用户主机的端口的流量重定向给 Wireshark 主机；若用户普遍反映网页打开过慢，则需要将交换机上连接 Internet 链路或连接 Web 服务器基础设施的端口的流量重定向给 Wireshark 主机。

12.5.2 分析方法

网页打开过慢的原因有很多，请按以下思路来查找原因。

1. 首先，要确保 Internet 链路以及网络的核心链路没有过载。其次，应观察交换机上相关端口的统计信息，确保未发生任何与通信链路有关的问题（比如，收到了错包或存在丢包）（详情请见第 5 章和第 6 章）。
2. 要判断网页打开过慢是否与 TCP 性能问题（详见第 11 章）有关，请按以下步骤行事。
   - 检查 Wireshark 抓包文件，看看是否抓到了数量众多的身背 Duplicate ACK 或 Retransmission 等字样的 TCP 报文段（在正常情况下，身负上述字样的 TCP 报文段的数量不应超过 TCP 报文段总量的 1%）。
   - 检查 Wireshark 抓包文件，看看是否抓到了重置 HTTP 连接的 TCP 报文段（RST 标记位置 1 的 TCP 报文段）。若是，则有可能是防火墙在“捣鬼”或是目标 Web 站点有访问限制。
3. 要判断网页打开过慢是否拜赐于 DNS 故障，可能存在的 DNS 故障如下所列。
   - DNS 解析缓慢。
   - DNS 服务器无法解析域名，或有待查询的域名不正确。
4. 经过一翻排查之后，若发现网页打开过慢与上述问题无关，请将排障目标对准 HTTP 协议。

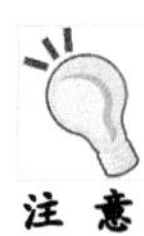

注 意

排除网络故障时，应将视野放宽到整个网络环境甚至是整个 IT 环境。HTTP 与 TCP 息息相关，而 DNS 解析速度则与用户对互联网应用的体验密不可分。因 Web 服务器反应迟钝而导致的 TCP 重传，会使得网页打开过慢；而 DNS 服务器反应迟钝，也会使得网页打开看似变慢。因此，需遵循上述思路，按部就班地解决问题。

若用户普遍反应网页打开过慢，应检查如下事宜。

- 检查通信链路（Internet 链路或网络核心链路）是否过载。
- 检查通信链路的传输延迟（在用户主机上 ping Internet 上或服务器区域内的 Web 站点）。
- 设法查明 Web 站点传回的 HTTP（响应数据包中包含的）信息状态码。当使用浏览器打开网页时若发生了 HTTP 访问错误，浏览器一般都会显示出由 Web 服务器传回的 HTTP 错误状态码，但并非总是如此。
- 在 Wireshark 抓包主窗口的 Filter 输入栏内输入显示过滤表达式 http.response>= 400，看看 Wireshark 抓到了多少含有 HTTP 错误状态码的数据包。在本节后续内容中，会举几个与此有关的重要示例。

表 12.2～表 12.5 列出了 HTTP 的各种状态码。

表 12.2　　HTTP 信息状态码

状态码	原因短语	解　释
100	Continue	表示 HTTP 请求成功执行完毕，会话可以继续
101	Switching protocols	表示 Web 服务器根据 HTTP 客户端的指定，将协议切换为 Upgrade 头部中列出的协议

表 12.3　　HTTP 成功状态码

状态码	原因短语	解　释
200	OK	HTTP 请求正常
201	Created	表示 HTTP 请求已经执行，新的资源已经创建
202	Accepted	表示 HTTP 请求已被接受，仍在处理
203	Non-authoritative information	表示实体首部所含信息并非来自于源端服务器，而是来自资源的一份副本
204	No content	表示 HTTP 响应数据包中只包含若干 HTTP 头部和一状态行，不含实体的主体部分
205	Reset content	Web 服务器会用该状态码告知浏览器清除当前页面中所有表单元素
206	Partial content	表明 HTTP 请求部分成功执行

表 12.4　　HTTP 重定向状态码

状态码	原因短语	解　释	应对措施
300	Multiple choices	当 Web 服务器返回该状态码时，便表示（HTTP 客户端所请求的）URL 实际指向多个资源（譬如，所请求的 HTML 文件有英语和法语两个版本）。Web 服务器在返回该状态码的同时，还会提供一个选项列表，让用户选择	—

续表

状态码	原因短语	解　　释	应对措施
301	Moved permanently	表示HTTP客户端所请求的资源被永久性转移，Web 服务器应在 HTTP 响应数据包的 Location 头部中包含资源目前所处的位置（URL）	—
302	Moved temporarily (found)	表示 HTTP 客户端所请求的资源被临时转移，Web 服务器应在 HTTP 响应数据包的 Location 头部中包含资源目前所处的位置（URL），但将来对资源的请求应使用原先的 URL	在遇到这种情况时，在 Web 浏览器中通常只会显示原因短语 Found。然后，Web 浏览器会另发一个 HTTP 请求数据包，其 GET 方法所引用的 URL 将指向资源目前所处的位置
303	See other	Web 服务器会用此代码告知 HTTP 客户端：请用另一 URL 来获取资源。新的 URL 位于 HTTP 响应数据包中的 Location 头部	—
304	Not modified	若 HTTP 客户端发起的是条件 GET 请求，且所请求的资源最近未被修改，Web 服务器便会返回此状态码	—
305	Use proxy	Web 服务器用此代码来表示必须通过某一代理设备来访问所请求的资源，代理的位置位于 HTTP 响应数据包中的 Location 头部	请检查相关代理设备的情况

表 12.5　　HTTP 客户端错误状态码

状态码	原因短语	解　　释	应对措施
400	Bad request	表示 Web 服务器无法识别 HTTP 请求数据包中的语法。HTTP 客户端在重发 HTTP 请求之前，应做修改	请检查所要访问的 Web 站点的域名或 IP 地址是否正确
401	Authorization required	HTTP 客户端对资源的访问遭 Web 服务器拒绝，因为前者未能通过认证	请检查用户名/密码
402	Payment required	预留供将来使用	
403	Forbidden	表明 HTTP 请求遭 Web 服务器拒绝，这可能是因为 Web 服务器有访问限制	请检查访问“凭证”。另外，也有可能是因为 Web 服务器负载过重
404	Not found	表示所请求的资源不存在于 Web 服务器	这既有可能是因为资源遭到了删除，或原本就不存在，也有可能是因为 URL 拼写错误
405	Method not allowed	表示 Web 服务器不支持或不允许 HTTP 客户端用来请求资源的 HTTP 方法	
406	Not acceptable	HTTP 客户端可通过参数来说明自己愿意接受何种类型的实体。当 Web 服务器上的资源与 HTTP 客户端可接受的 URL 不匹配时，便会返回此状态码	请检查/升级 Web 浏览器

续表

状态码	原因短语	解　　释	应对措施
407	Proxy authentication required	类似于状态码 401，但为客户端代理服务器所用，该服务器的作用是对 HTTP 客户端所要访问的资源进行认证	HTTP 客户端在访问资源之前需先通过代理服务器的认证
408	Request timed out	Web 服务器在处理 HTTP 请求时若超出了所允许的时间，便会返回此状态码	检查响应时间及网络负载状态
409	Conflict	表示由 HTTP 客户端所提交的 HTTP 请求因与某些既定的规则相冲突，而未能完成	可能是因为通过 HTTP 上传的文件旧于 Web 服务器所存，或存在与之类似的问题。请检查 HTTP 客户端的"所作所为"
410	Gone	类似于状态码 404，只是 HTTP 客户端通过 URL 所请求的资源以前确实存在	一般都是 Web 服务器问题，既有可能是文件被删除，也有可能是文件存放位置发生了改变
411	Content length required	表示 HTTP 客户端发出的 HTTP 请求数据包缺少 Content-Length 头部，但 Web 服务器要求在 HTTP 请求数据包中包含这一头部	Web 浏览器与 Web 服务器不兼容，请升级 Web 浏览器
412	Precondition failed	若 HTTP 客户端发起的是条件 GET 请求，且启用某一条件无法满足时，Web 服务器会返回此状态码	WEB 浏览器与 Web 服务器不兼容，请升级 Web 浏览器
413	Request entity too long	当 HTTP 客户端所发送的 HTTP 请求数据包中的实体的主体部分过长，Web 服务器无法处理时，便会返回此状态码	Web 服务器限制
414	Request URI too long	当 HTTP 客户端所发送的 HTTP 请求数据包中的 URL 过长，Web 服务器无法处理时，便会返回此状态码	Web 服务器限制
415	Unsupported media type	若 Web 服务器不支持或无法识别 HTTP 客户端所发（HTTP 请求数据包中的）实体内容的类型，则会返回此状态码	Web 服务器限制

图 12.10 呈现了一个 Wireshark 识别出的 HTTP 客户端错误的简单示例。要想让 Wireshark 生成图 12.10 所示的内容，请按以下步骤行事。

1. 在 Wireshark 抓包主窗口的数据包列表区域中，选中一个身背 HTTP 4xx 状态码的数据包，点击右键。

2. 在弹出的菜单中点击 Follow TCP Stream 菜单项，将会看到图 12.10 所示的窗口。

现在，来解读一下图 12.10 中所示的内容。

➢ HTTP 客户端所要访问的网址为 www.888poker.com//poker-client/broadcast.htm（在图 12.10 中分别被标记为 1 和 3）。

➢ 访问此网址的 HTTP 请求经由网址 http://www.888poker.com/poker-client/promotions.htm 链接而来（在图 12.10 中被标记为 2）。

➢ Web 服务器返回的 HTTP 状态码为 404 Not Found（在图 12.10 中被标记为 4）。

```
}
GET /poker-client/broadcast.htm HTTP/1.1 ①
Accept: image/gif, image/jpeg, image/pjpeg, image/pjpeg, application/x-shockwave-flash, application/
x-ms-application, application/x-ms-xbap, application/vnd.ms-xpsdocument, application/xaml+xml,
application/vnd.ms-excel, application/vnd.ms-powerpoint, application/msword, */*
Referer: http://www.888poker.com/poker-client/promotions.htm ②
Accept-Language: en-us
Accept-Encoding: gzip, deflate
User-Agent: Mozilla/4.0 (compatible; MSIE 7.0; Windows NT 5.1; Trident/4.0; GTB7.1; Mozilla/4.0
(compatible; MSIE 6.0; Windows NT 5.1; SV1) ; .NET CLR 1.1.4322; .NET CLR 2.0.50727;
OfficeLiveConnector.1.3; OfficeLivePatch.0.0; .NET CLR 3.0.4506.2152; .NET CLR 3.5.30729;
InfoPath.1)
Host: www.888poker.com ③

HTTP/1.1 404 Not Found ④
Date: Sun, 16 Oct 2011 09:11:58 GMT
Server: Microsoft-IIS/6.0
srv: 2344432
```

图 12.10　HTTP 客户端错误示例

需要澄清的是，作者从不赌博，只是在用 Wireshark 执行排障任务时顺手截了个屏（www.888poker.com 是一个赌博网站）。

表 12.6 给出了 HTTP 服务器端的错误状态码。

表 12.6　　HTTP 服务器错误状态码

状态码	原因短语	解　释	应对措施
500	Internal server error	Web 服务器遭遇意外情况时，便会返回此状态码。所谓意外情况，是指服务器因出错而无法完成 HTTP 客户端对某一 URL 的访问请求	当 Web 服务器上运行有 CGI 程序时，Perl 代码中的错误会导致其返回此状态码
501	Not implemented	表示 Web 服务器未能执行 HTTP 客户端的访问请求	Web 服务器故障
502	Bad gateway	充当代理或网关的服务器从请求响应链中的下一个环节收到无效响应（比如，该服务器无法连接到其父网关）时，便会返回此代码	服务器故障
503	Service unavailable	表示有待访问的服务或请求访问的资源当前处于失效状态	Web 服务器故障
504	Gateway timeout	类似于状态码 408，但返回此状态码的是网关或代理设备	服务器宕机或停止响应
505	HTTP version not supported	表示 Web 服务器不支持（HTTP 客户端用来）与其通信的 HTTP 协议的版本	Web 服务器不支持（HTTP 客户端使用的）HTTP 协议的版本

浏览网页时，有诸多原因会导致 Web 浏览器提示 Service unavailable（code 503）错误。现在来举一个用 Wireshark 排除此类故障的示例。有一小型办公网络，里面总有用户反映：用 Web 浏览器打开 Facebook 的主页，一点问题都没有，但打开之后，只要点主页里任何一个链接，就会弹出一个提示 Service unavailable 的新页面 。由图 12.11 所示的 Wireshark 截屏可知，

是网络中的一台防火墙在捣鬼。

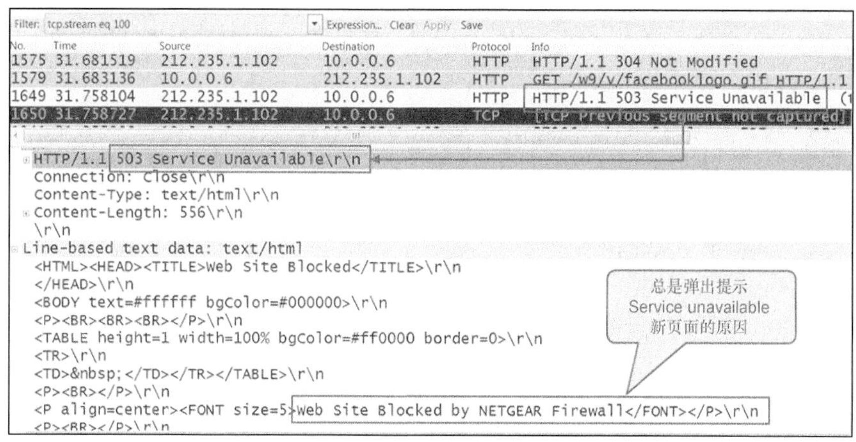

图 12.11 HTTP service unavailable：防火墙捣鬼

12.5.3 幕后原理

用 Web 浏览器以 HTTP 方式打开网页的同时，用 Wireshark 抓包，能观察到以下情况。

1. TCP 连接的建立过程（TCP 三次握手过程）。

2. 身负 GET 字样的 HTTP 请求数据包。

3. 用来承载下载数据的 TCP 数据包。

在大多数情况下，用 Web 浏览器访问某个网站的主页时，可能会建立 10 条以上的 HTTP 连接。比方说，在访问某些新闻站点的主页时，Web 浏览器会同时打开多条 HTTP 连接，分别用来加载其经济、体育、生活、天气等各个“频道”的数据。甚至会出现访问某个页面时，Web 浏览器打开上百条 HTTP 连接加载数据的情况。

对一个需要通过多条 HTTP 连接才能加载完毕的 Web 页面来说，在打开每条 HTTP 连接时，都会衍生出 DNS 查询/响应数据包、TCP 三次握手报文段、包含 HTTP GET 方法的 HTTP 请求数据包，但 Web 浏览器中显示的内容都是由后续的 TCP 数据包承载。

12.5.4 拾遗补缺

用 Wireshark 分析抓到的 HTTP 数据包时，若在抓包主窗口的数据包内容区域看不到有用的信息，请在数据包列表区域选中一个隶属于某条 HTTP 连接的数据包，点击右键，在弹出的菜单中选择 Follow TCP Stream 菜单项。Wireshark 会立刻弹出一个 Follow TCP Stream 窗口，其中会显示出通过该 HTTP 连接传递的全部数据。

还有一款常用来分析 HTTP 流量的流量分析攻击，名叫 Fiddler。Fiddler 属于自由软件，其主要用途为调试 HTTP，如何使用该工具不在本书探讨范围之内。

12.6 导出 HTTP 对象

在 Wireshark 抓包主窗口 File 菜单的 Export Objects 菜单项下，有一个 HTTP 子菜单项，可利用该子菜单功能从抓包文件中导出有关 HTTP 的统计信息（即通过 HTTP 访问的 Web 站点信息和资源信息）。

12.6.1 导出准备

请选择抓包主窗口的 File 菜单，点击其 Export Objects 菜单项下的 HTTP 子菜单项。

12.6.2 导出方法

要想从 Wireshark 抓包文件中导出 HTTP 对象，请按以下步骤行事。

1. 请在使用 Wireshark 抓包的同时（或打开一个之前保存的抓包文件），选择抓包主窗口的 File 菜单，点击其 Export Objects 菜单项下的 HTTP 子菜单项。HTTP Object List 窗口会立刻弹出，如图 12.12 所示。

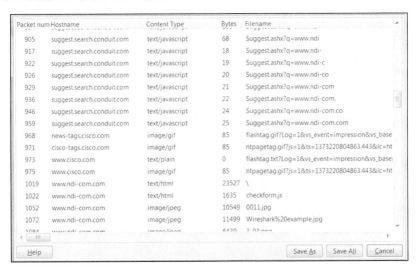

Packet num	Hostname	Content Type	Bytes	Filename
905	suggest.search.conduit.com	text/javascript	68	Suggest.ashx?q=www.ndi
917	suggest.search.conduit.com	text/javascript	18	Suggest.ashx?q=www.ndi-
922	suggest.search.conduit.com	text/javascript	19	Suggest.ashx?q=www.ndi-c
926	suggest.search.conduit.com	text/javascript	20	Suggest.ashx?q=www.ndi-co
929	suggest.search.conduit.com	text/javascript	21	Suggest.ashx?q=www.ndi-com
936	suggest.search.conduit.com	text/javascript	22	Suggest.ashx?q=www.ndi-com.
946	suggest.search.conduit.com	text/javascript	24	Suggest.ashx?q=www.ndi-com.co
959	suggest.search.conduit.com	text/javascript	25	Suggest.ashx?q=www.ndi-com.com
968	news-tags.cisco.com	image/gif	85	flashtag.gif?Log=1&vs_event=impression&vs_base
971	cisco-tags.cisco.com	image/gif	85	ntpagetag.gif?js=1&ts=1373220804863.443&lc=ht
973	www.cisco.com	text/plain	0	flashtag.txt?Log=1&vs_event=impression&vs_base
975	www.cisco.com	image/gif	85	ntpagetag.gif?js=1&ts=1373220804863.443&lc=ht
1019	www.ndi-com.com	text/html	23527	\
1022	www.ndi-com.com	text/html	1635	checkform.js
1052	www.ndi-com.com	image/jpeg	10549	0011.jpg
1072	www.ndi-com.com	image/jpeg	11499	Wireshark%20example.jpg

Help　Save As　Save All　Cancel

图 12.12　HTTP Object List 窗口

2. 在 HTTP Object List 窗口中，会列出被访问过的 Web 站点的名称，以及各 Web 站点上被访问过的文件信息（包括每个文件的类型、大小、名称等）。

3. 可点击 HTTP Object List 窗口底部的 Save As 或 Save All 按钮，来保存文件数据。

4. 在 HTTP Object List 窗口的 Content Type 一栏中，可能会出现以下内容。

- 文件类型 text/plain、text/html、text/javascript：表示通过 HTTP 访问的文件类型为文本文件，若为 text/javascript，则需仔细检查，因为可能存在安全隐患。
- 文件类型 image/jpeg、image/gif：表示通过 HTTP 访问的文件类型为图像，可用图片浏览工具来打开此类文件。
- 文件类型 application/json、application/javascript 等：表示通过 HTTP 访问的文件类型为应用程序。
- Wireshark 可识别的其他文件类型。

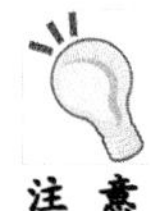

注 意

要想让 File 菜单中 Export Objects 菜单项下的 HTTP 子菜单项功能生效，需先在 TCP 首选项设置窗口（点击 Edit 菜单中的 Preferences 菜单项，在弹出的 Preferences 窗口中，点击左侧 Protocols 之前的小三角形，选中 TCP 协议）中点选 allow subdissector to reassemble TCP streams 之后的复选框，激活 Wireshark 的 TCP 数据包重组功能。

还可点击图 12.12 所示的 HTTP Object List 窗口的 Save All 按钮，选择一个目录来存储从抓包文件中导出的所有 HTTP 对象。HTTP 对象既可以是图片文件（图中所示 1052 和 1072 号数据包所承载的内容），也可以是文本文件（1019 和 1022 号数据包所承载的内容），还可以是其他格式的文件。

12.6.3 幕后原理

只要点击 File 菜单中 Export Objects 菜单项下的 HTTP 子菜单项，Wireshark 就会扫描当前所抓数据包（或打开的抓包文件）中的 HTTP 数据流，对各种 HTML 对象（比如，HTML 文档、图片文件、可执行文件以及其他可读文件格式）进行重组，好让用户将这些对象存盘。稍后，可以使用适当的程序来读取这些 HTTP 对象（若为可执行文件，则可以通过双击的方式来执行）。Wireshark 所具备的这一功能是一把双刃剑，既能用来窃取机密，也可以起到备份的作用（比如，可用来备份通过 E-mail 发出的附件）。

12.6.4 拾遗补缺

下列软件亦可以图形化的方式来执行 Wireshark 所具备的上述功能：

- Xplico；
- NetworkMiner。

注 意

用File菜单中Export Objects菜单项下的HTTP子菜单项功能监控HTTP流量时，要是发现有人从路数不正的网站下载了可疑的应用程序，且应用程序的文件名也十分可疑时，请百度（Google）一下，这很可能预示着危险（本书与网络安全有关的章节会对此展开深入探讨）。

12.7 HTTP 数据流分析

前文已经简单介绍了 Wireshark 软件的 Follow TCP Stream 特性，该特性对网络监控非常有用，能让网管人员窥探到所抓 TCP 数据流的内在。本节会讲解如何借助于 Follow TCP Stream 特性分析 HTTP 流量。

12.7.1 分析准备

将 Wireshark 主机接入 LAN 交换机，激活交换机的端口镜像功能，把受监控端口的流量重定向至 Wireshark 主机；启动 Wireshark 软件，选择正确的网卡，开始抓包。

12.7.2 分析方法

要想在 Wireshark 软件中打开 Follow TCP Stream 窗口，请按以下步骤行事。

1. 在 Wireshark 抓包主窗口的数据包列表区域中，从有待分析的那股 HTTP 数据流中选择一个数据包，单击右键。

2. 在弹出的菜单中点击 Follow TCP Stream 菜单项，即可让 Wireshark 只显示隶属于这股 HTTP 数据流的数据包了。在 Wireshark 抓包主窗口的 Filter 输入栏内，不但可以看见这股 HTTP 数据流在抓包文件中的编号，还会弹出图 12.13 所示的 Follow TCP Stream 窗口。

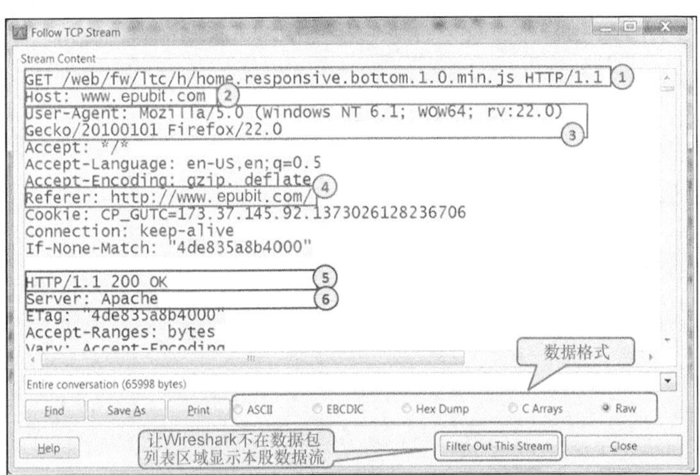

图 12.13　Follow TCP Stream 窗口

3. 借助于 Follow TCP Stream 窗口中的内容，即可窥探到 HTTP 数据流的内在。由图 12.13 可知，这股 HTTP 数据流包含了以下内容。

- HTTP 客户端在执行 HTTP 请求操作时使用了 GET 方法（图 12.13 中的 1）。
- HTTP 客户端所访问的主机名为 www.epubit.com（图 12.13 中的 2）。
- 执行 HTTP 请求操作的浏览器为 Mozilla Firefox（图 12.13 中的 3）。
- HTTP 请求数据包中 Referrer 头部字段值为 http://www.epubit.com（图 12.13 中的 4）。
- 在 HTTP 响应数据包中返回的信息状态码为 220 OK（图 12.13 中的 5）。
- Web 服务器为 Apache Web 服务器（图 12.13 中的 6）。

4. 借助于 Follow TCP Stream 窗口，定位网络故障会变得非常简单，再举两个例子。

- 可发现偷偷用 Kazaa（类似于 BT）客户端“做种”的内网用户（一般的单位应该都不会允许这种行为），如图 12.14 所示。

图 12.14 Follow TCP Stream 窗口

- 可发现软件 bug，请看图 12.15。只需把图 12.15 中圈里的文字放到百度（Google）里一搜，马上就可以知道这属于历史遗留性 bug。

5. 借助于 Follow TCP Stream 窗口，还可以发现错误或 bug 消息。

- 病毒或蠕虫——若在 Follow TCP Stream 窗口中看见了 blast、probe 或 Xprobe 之类的单词，则十有八九与病毒或蠕虫有关。要是看见以上述单词命名的可执行文件（扩展名为.exe），则更要保持十二分地警惕（与此有关的内容详见第 19 章）。

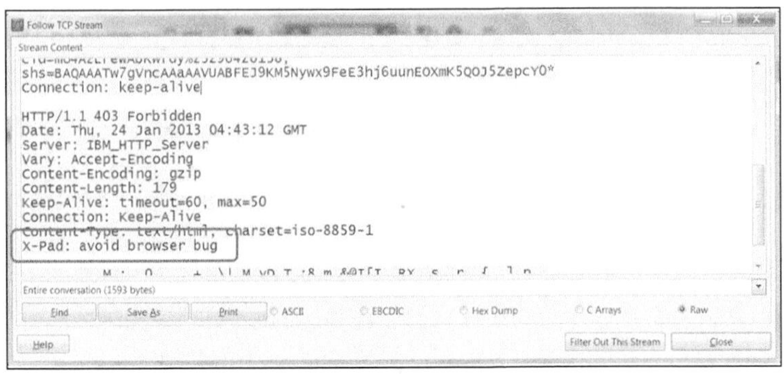

图 12.15　Follow TCP Stream 窗口

12.7.3 幕后原理

通过 Follow TCP Stream 功能筛选出的 HTTP 数据流囊括了 HTTP 客户端与 Web 服务器之间从建立 HTTP TCP 连接的三次握手，到关闭 HTTP TCP 连接的四次握手之间的所有 TCP 报文段。该功能能够将 HTTP 数据流一股股地相互隔开，对排除网络故障大有裨益。

12.7.4 拾遗补缺

使用 Follow TCP Stream 功能还可以发现并定位许多故障，后文会做进一步的探讨。

12.8 HTTPS 协议流量分析——SSL/TLS 基础

HTTPS 协议是 HTTP 协议的安全版本，HTTPS 中的那个 S 表示 HTTP 协议传输的安全性由 SSL/TLS（安全套接字层/传输层安全）来保证。在使用网银、webmail 服务或基于 HTTP 协议但需安全性保障的应用时，就会用到 HTTPS 协议

本节将介绍 HTTPS 协议的运作方式及其排障方法。

12.8.1 分析准备

将 Wireshark 主机接入 LAN 交换机，激活交换机的端口镜像功能，将受监控端口的流量重定向至 Wireshark 主机；运行 Wireshark 软件，选择正确的网卡，开始抓包。HTTPS 协议通过 TCP 443 端口来通信，应关注 Wireshark 抓到的源或目的 TCP 端号为 443 的所有流量。

12.8.2 分析方法

要使用 Wireshark 分析 HTTPS 协议流量，请按以下步骤行事。

1．需掌握 HTTPS 握手阶段的步骤，与此有关的内容详见下一小节。

2．应关注 Wireshark 抓到的 HTTPS 握手消息的顺序，应确保此类数据包按图 12.16 所示

顺序出现在 Wireshark 抓包主窗口的数据包列表区域，这些数据包应身负图 12.16 中括号里的文字。

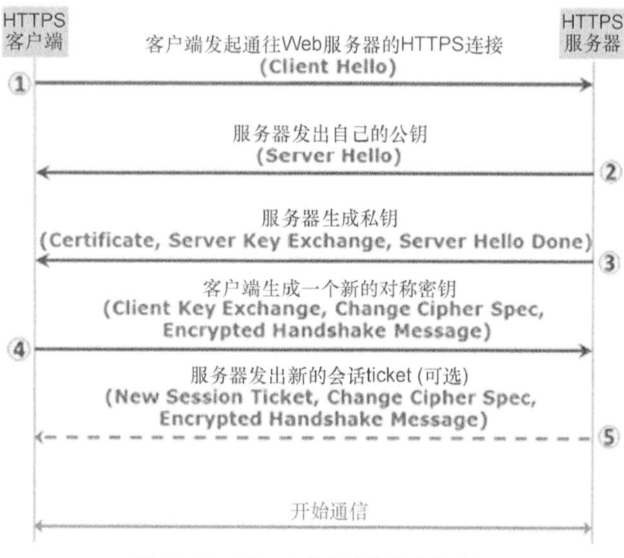

图 12.16　HTTPS 安全连接的建立过程

3．以下所列为 RFC 2246 定义的各种常见的 HTTPS 告警（alert）消息（以及各自的告警等级）。消息的告警等级表示消息的错误严重程度，关键性错误告警消息会导致会话的终结。

- close_notify（告警等级=0）：用来通知接收方，发送方将不会在该 HTTPS 会话上传输任何消息。在此之后，接收方将忽略收到的任何数据。
- unexpected_message（10）：当 HTTPS 客户端或服务器收到不应收到的消息时，便会返回此消息。这属于关键性错误告警消息，表示 HTTPS 客户端或服务器在实现上存在重大缺陷。
- bad_record_mac（20）：当 HTTPS 客户端或服务器收到了包含错误 MAC（消息认证码）的记录时，便会返回此消息。这属于关键性错误告警消息，表示 HTTPS 客户端或服务器在实现上存在重大缺陷。
- decryption_failed（21）：当 HTTPS 客户端或服务器收到了以错误的方法加密的 TLS 密文时，便会返回此消息。这属于关键性错误告警消息，表示 HTTPS 客户端或服务器在实现上存在重大缺陷。
- record_overflow（22）：当 HTTPS 客户端或服务器收到的 TLS 密文记录的长度超出所允许的范围时，便会返回此消息。这属于致命性错误告警消息，表示 HTTPS 客户端或服务器在实现上存在重大缺陷。

- decompression_failure（30）：当 HTTPS 客户端或服务器无法对收到的记录进行解压缩时，便会返回此消息。这属于关键性错误告警消息，表示 HTTPS 客户端或服务器在实现上存在重大缺陷。
- handshake_failure（40）：表示 HTTPS 客户端和服务器在握手时无法就使用的安全参数达成一致意见。这属于关键性错误告警消息，表示 HTTPS 客户端或服务器在实现上存在重大缺陷。
- bad_certificate（42）：表示证书损坏、签名不正确或类似的错误。
- unsupported_certificate（43）：表示接收方不支持发送方发出的证书类型。
- certificate_revoked（44）：表示证书被其签发者撤销。
- certificate_expired（45）：表示证书无效或过期。
- certificate_unknown（46）：表示证书不被接受，但原因不明。
- illegal_parameter（47）：表示收到的握手消息中有字段“越界”或与别的字段不一致。这属于关键性错误告警消息，表示 HTTPS 客户端或服务器在实现上存在重大缺陷。
- unknown_ca（48）：表示收到了有效证书，但因与已知的受信 CA 不匹配而不被接受。这属于致命性错误告警消息，表示 HTTPS 客户端或服务器在实现上存在重大缺陷。
- access_denied（49）：表示收到了有效证书，但证书中的身份通不过访问控制检查。
- decode_error（50）：当 HTTPS 客户端或服务器收到的 SSL/TLS 消息过长或其中有字段越界，以至于无法解码时，便会返回此消息。这属于关键性错误告警消息，表示 HTTPS 客户端或服务器在实现上存在重大缺陷。
- decrypt_error（51）：表示握手加密操作失败，可能的情况有：签名验证失败、密钥交换失败、finished 消息验证识失败等。
- export_restriction（60）：表示 SSL/TLS 实现违反出口限制。
- protocol_version（70）：此告警消息由 HTTPS 服务器发送，表示客户端使用了无法识别的协议版本。
- insufficient_security（71）：此告警消息由 HTTPS 服务器发送，表示客户端使用的加密套件的比服务器所要求的要弱。
- internal_error（80）：表示此告警消息的发送方遭遇内存分配或硬件故障等内部错误。

- ➢ user_canceled（90）：表示 HTTPS 握手操作被用户取消，并非协议故障。
- ➢ no_renegotiation（100）：HTTPS 客户端或服务器都可以发出此消息，来响应初始握手之后的 hello 请求消息。

只要遭遇上面提及的任何一种 HTTPS 告警信息，HTTPS 连接都无法建立。

12.8.3 幕后原理

SSL 和 TLS 协议都能用来保证某些特殊应用程序（比如，HTTP、SNMP、Telnet 等）的安全性。SSL 版本 1、2、3 是 Netscape 公司于 20 世纪 90 年代中期为其 Navigator 浏览器开发的，而 TLS 协议则是 IETF 的标准协议，先后定义于 RFC 2246、RFC 4492、RFC 5246 和 RFC 6176。TLS 1.0 于 1999 年 1 月以 SSL 3.0 升级版的形式首次在 RFC 2246 中露面。

TLS 握手协议用来建立 TLS 连接，其规程如下所列。

1. 服务器与客户端相互交换 Hello 消息，就用来保护数据的加密算法的选定达成一致意见，同时交换用来生成密钥的随机数。
2. 服务器与客户端相互交换加密参数，就预主密钥的选用达成一致意见。
3. 服务器与客户端相互交换证书及加密信息，彼此认证。
4. 服务器与客户端根据预主密钥生成主密钥，同时交换随机数。
5. 服务器与客户端验证对方是否计算出了相同的安全参数，同时验证 TLS 握手本身是否被攻击者所乘。

来看一下 HTTPS 协议的运作原理。由图 12.17 可知，要建立 SSL/TLS 连接，需先完成标准的 TCP 三次握手（图 12.17 中编号为 157～159 的数据包），本次 TLS 握手则始于编号为 160 的数据包。现在，来研究一下本次 TLS 握手的细节。

Filter: (tcp.stream eq 14)　Expression... Clear Apply Save

No.	Time	Source	Destination	Protocol	Info
157	16.866912	10.0.0.3	173.194.34.86	TCP	62900 > https [SYN] Seq=0 Win=8192 Len=0 MSS=14
158	16.953453	173.194.34.86	10.0.0.3	TCP	https > 62900 [SYN, ACK] Seq=0 Ack=1 Win=62920
159	16.953528	10.0.0.3	173.194.34.86	TCP	62900 > https [ACK] Seq=1 Ack=1 Win=66792 Len=0
160	16.954763	10.0.0.3	173.194.34.8	① TLSv1	Client Hello
161	17.040545	173.194.34.86	10.0.0.3	TCP	https > 62900 [ACK] Seq=1 Ack=173 Win=64000 Len
162	17.043587	173.194.34.86	10.0.0.3	② TLSv1	Server Hello
163	17.043715	173.194.34.86	10.0.0.3	③ TLSv1	Certificate, Server Key Exchange, Server Hello
164	17.043790	10.0.0.3	173.194.34.86	TCP	62900 > https [ACK] Seq=173 Ack=1936 Win=66792
165	17.066539	10.0.0.3	173.194.34.8	④ TLSv1	Client Key Exchange, Change Cipher Spec, Encryp
166	17.152661	173.194.34.86	10.0.0.3	⑤ TLSv1	New Session Ticket, Change Cipher Spec, Encrypt
167	17.154064	10.0.0.3	173.194.34.86	TLSv1	Application Data
168	17.154412	10.0.0.3	173.194.34.86	TCP	[TCP segment of a reassembled PDU]
169	17.154416	10.0.0.3	173.194.34.86	TLSv1	Application Data
170	17.154515	173.194.34.86	10.0.0.3	TLSv1	Application Data

图 12.17　HTTPS 安全连接建立过程：数据包的交互细节

1. 服务器与客户端选择加密算法。

- 客户端通过编号为 160 的数据包发出 Client Hello 消息（图 12.17 中用 1 来标记），开始 TLS 握手协商。
- 服务器回之以 Server Hello 消息（编号为 162 的数据包，图 12.17 中用 2 来标记）。

2．服务器向客户端发送证书（编号为 163 的数据包，图 12.17 中用 3 来标记）。

3．客户端通过该证书来验证服务器，接受证书，生成预主密钥（编号为 165 的数据包，图 12.17 中用 4 来标记）。

4．服务器生成主密钥（编号为 166 的数据包，图 12.17 中用 5 来标记）。

5．服务器与客户端之间的握手完成，开始实际的数据通信（编号为 167 的数据包）

上面提到的步骤 4 是指 RFC 4507 中定义的一种机制，其作用是让 TLS 服务器在无需保存每客户端会话状态的同时，能迅速恢复会话。TLS 服务器可借此机制，将会话状态封装进 ticket，并通过编号为 166 的数据包转发给客户端。客户端随后可使用自己获取到的 ticket 来恢复 TLS 会话。比方说，当使用浏览器恢复一条通往 webmail（Gmail 等）账户的 TLS 连接时，就会用到该机制，这种情况在实际的使用中非常常见。

在步骤 4 和 5 之后，服务器与客户端将开始实际的数据通信。

这就通过 Wireshark 来观察 TLS 握手过程的每一步。

在步骤 1 中，客户端发出 Client Hello 消息，这也是 TLS 握手过程中生成的首个数据包。图 12.18 所示为 Client Hello 消息（其数据包编号为 160）所包含的内容。

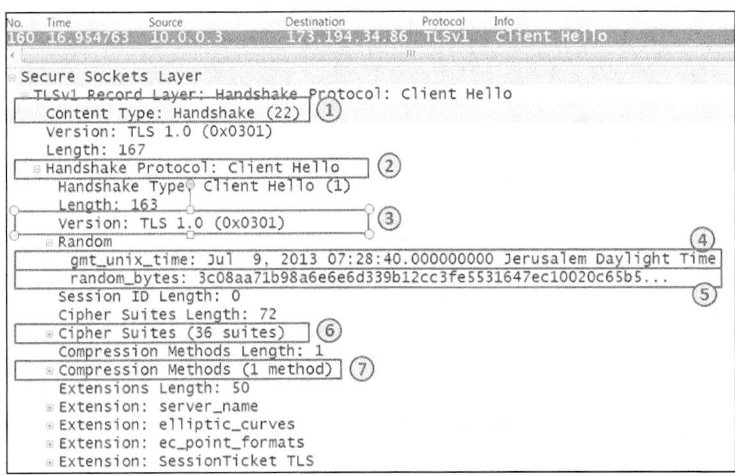

图 12.18 Client Hello 消息

以下是对 Client Hello 消息中某些内容的解释。

- 图 12.18 所示区域 1 显示的是 TLS 数据包记录层头部的内容类型字段值。该字段值为 22，即表明此 TLS 数据包为握手协议消息（与之对应的显示过滤表达式为 ssl.record.content_type == 22）。
- 图 12.18 所示区域 2 显示的是 TLS 数据包中记录的类型字段值。该字段值为 1，即表明此 TLS 数据包包含由客户端发往服务器的 Client Hello 握手协议消息。
- 图 12.18 所示区域 3 显示的是客户端所支持的 TLS 协议的版本。
- 图 12.18 所示区域 4 显示的是将会在密钥生成过程中所使用的客户端时间。
- 图 12.18 所示区域 5 显示的是由客户端生成，将会在密钥生成过程中使用的随机数。
- 图 12.18 所示区域 6 显示的是客户端所支持的各种加密算法，优先使用的加密算法排列在先。
- 图 12.18 所示区域 7 显示的是客户端所支持的各种数据压缩方法。

图 12.19 所示为 Server Hello 消息（其数据包编号为 162）的内容。

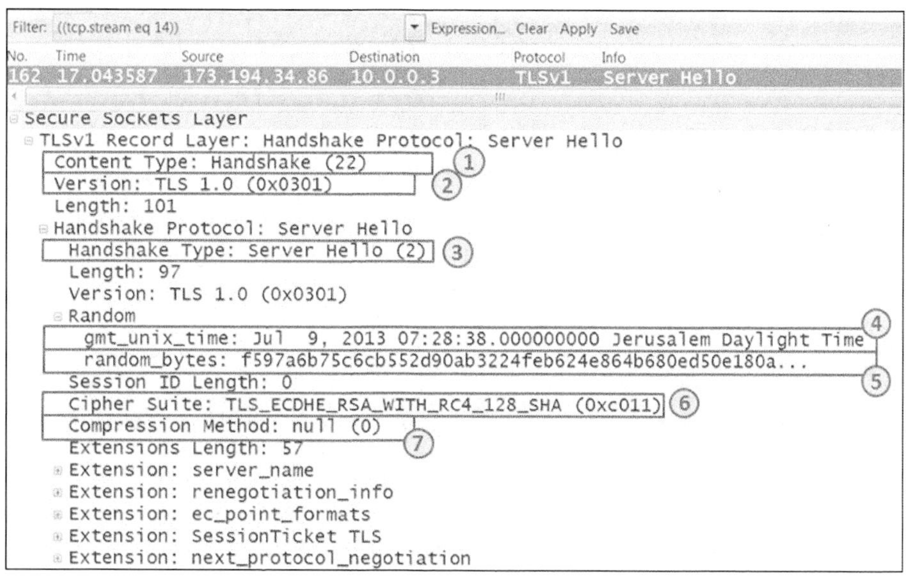

图 12.19 Server Hello 消息

- 图 12.19 所示区域 1 显示的是 TLS 数据包记录层头部的内容类型字段值。该字段值为 22，即表明此 TLS 数据包为握手协议消息（与之对应的显示过滤表达式为 ssl.record.content_type == 22）。

- 图 12.19 所示区域 2 显示的是本次会话所使用的 TLS 协议的版本。
- 图 12.19 所示区域 3 显示的是 TLS 数据包中记录数据的类型字段值。该字段值为 2，即表明此 TLS 数据包包含由服务器发往客户端的 Server Hello 握手协议消息。
- 图 12.19 所示区域 4 显示的是将会在密钥生成过程中所使用的服务器端时间。
- 图 12.19 所示区域 5 显示的是由服务器生成，将会在密钥生成过程中使用的随机数。
- 图 12.19 所示区域 6 显示的是本次 TLS 会话所采用的加密算法，从客户端发出的加密算法列表中选取。
- 图 12.19 所示区域 7 显示的是本次 TLS 会话所采用的数据压缩方法。

图 12.20 所示为编号为 163 的数据包，其中包含了服务器向客户端颁发的证书。

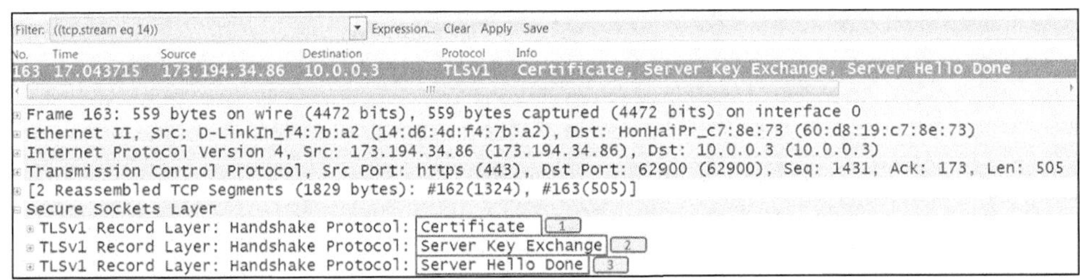

图 12.20 服务器向客户端颁发的证书

- 图 12.20 所示区域 1 显示的是服务器发送的 Certificate 命令，其中包括了服务器的证书。点击左边的“+”，可以了解到证书的发布者、有效期以及其他信息。
- 图 12.20 所示区域 2 显示的是服务器发送的 Server Key Exchange 消息（通常都使用 Diffie-Hellman 算法来完成密钥的交换），其中会包括必要的参数（公钥、签名等信息）。
- 图 12.20 所示区域 3 显示的是服务器发送的 Server Hello Done 消息，表示服务器完成了本阶段的 TLS 握手。

图 12.21 所示为编号为 165 的数据包，是客户端对服务器发出 163 号数据包的响应。到了这一步，客户端将接受服务器发送的证书，同时生成预主密钥。

- 图 12.21 所示区域 1 显示的是客户端发送的 Client Key Exchange 消息，其中包含有由客户端创建的预主密钥，该预主密钥在发送时会以服务器发送的公钥加密。服务器和客户端会根据 Client Hello 和 Server Hello 消息中的数据，来生成对称加密密钥。
- 图 12.21 所示区域 2 显示的是客户端向服务器发出的 Change Cipher Spec 消息。这表示客户端要求服务器在后续通信中启用加密模式。

最后一步，服务器向客户端发送 New Session Ticket 消息，如图 12.22 所示。

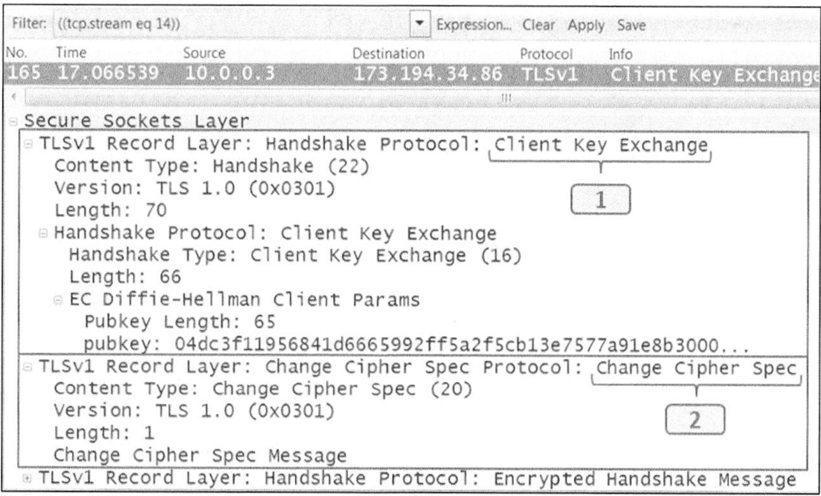

图 12.21 客户端接受服务器发送的证书，同时生成预主密钥

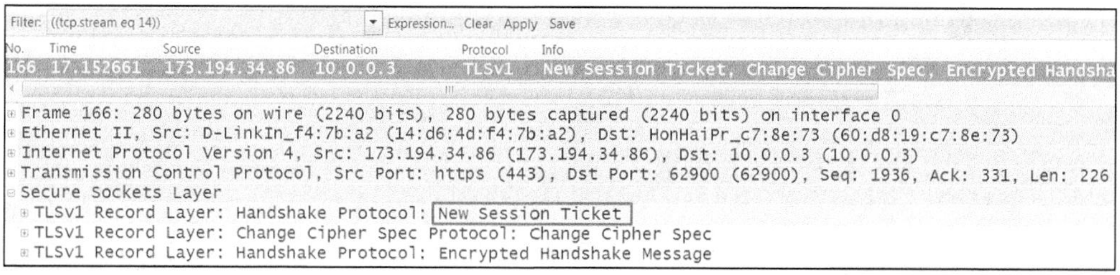

```
Filter: ((tcp.stream eq 14))          Expression... Clear Apply Save
No.  Time       Source          Destination  Protocol  Info
166  17.152661  173.194.34.86   10.0.0.3     TLSv1     New Session Ticket, Change Cipher Spec, Encrypted Handsha
Frame 166: 280 bytes on wire (2240 bits), 280 bytes captured (2240 bits) on interface 0
Ethernet II, Src: D-LinkIn_f4:7b:a2 (14:d6:4d:f4:7b:a2), Dst: HonHaiPr_c7:8e:73 (60:d8:19:c7:8e:73)
Internet Protocol Version 4, Src: 173.194.34.86 (173.194.34.86), Dst: 10.0.0.3 (10.0.0.3)
Transmission Control Protocol, Src Port: https (443), Dst Port: 62900 (62900), Seq: 1936, Ack: 331, Len: 226
Secure Sockets Layer
  TLSv1 Record Layer: Handshake Protocol: New Session Ticket
  TLSv1 Record Layer: Change Cipher Spec Protocol: Change Cipher Spec
  TLSv1 Record Layer: Handshake Protocol: Encrypted Handshake Message
```

图 12.22 New Session Ticket 消息

12.8.4 拾遗补缺

有个问题作者曾被多次问及，该问题是：用 SSL/TLS 加密的信息有被破解的可能吗？只要握有目标服务器所提供的私钥，当然可以破解通过 SSL/TLS 加密的信息，不过，要想得到这一私钥却不太容易。

窃取这一私钥的方法有很多，在某些情况下，这些方法还非常奏效。显而易见，与此有关的内容不在本书探讨范围之列。如真能获取这一私钥，请点击 Edit 菜单中的 Preferences 菜单项，在弹出的 Preferences 窗口中，点击左边的 Protocol 配置选项前的小三角形，找到并单击 SSL 协议，在右边的 Pre-Shared-Key 对话框中输入该密钥，就能解密 Wireshark 抓到的经过 SSL/TLS 加密的数据包了。

第 13 章 DNS 协议分析

本章涵盖以下主题：

- 分析 DNS 资源记录的类型；
- 分析 DNS 的常规运作机制；
- 分析 DNSSEC 的常规运作机制；
- 排除 DNS 故障。

13.1 简介

DNS（域名系统）协议是一种用来在名称（域名、主机名）和 IP 地址之间相互解析的协议。Internet 不过是相互连接的网域的集合，每个网域都用 IP 地址作为标识符。一般人很难记得每个网域或每台设备的 IP 地址，但要记得它们的名称可就容易多了。因此，要用某种动态机制将它们的名称转换为 IP 地址。

DNS 采用的是基于分布式的客户端/服务器通信模型。DNS 是一种应用层协议，客户端将会向服务器发送包含域名的 DNS 查询消息，服务器会回之以 DNS 响应消息，消息中会包含与域名相关联的 IP 地址。DNS 运行于 UDP 53 端口。DNS 服务器会维护一个数据库，库里登记了与一个个唯一的与域名相关联的 IP 地址。数据库还可以保存本域的域名或主机名。将域名转换为 IP 地址的功能被称为 DNS 查询。

DNS 名称空间基于分层的树形结构，也就是说，可被划分为不同的域，这使其具有高度的灵活性和可扩展性。图 13.1 所示为 DNS 的层级。

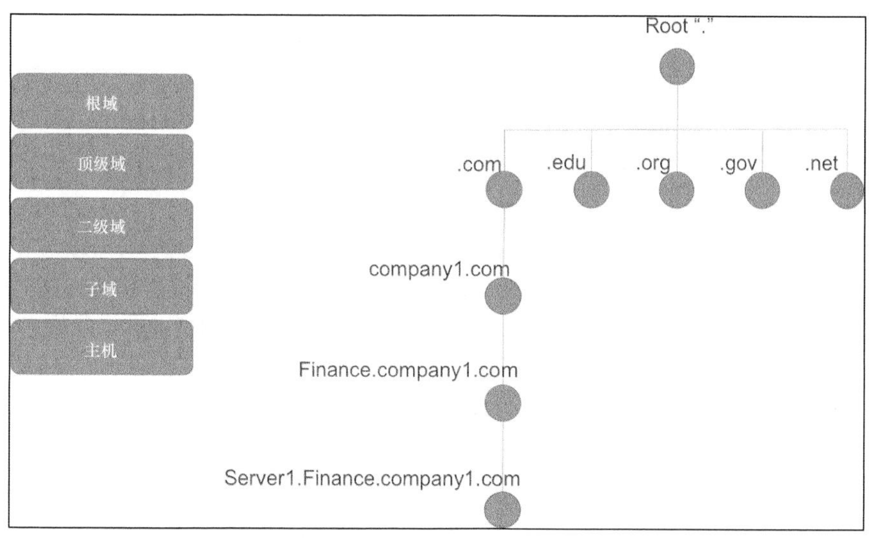

图 13.1　DNS 的层级

本章将探讨 DNS 协议的基本原理、功能、常见问题，以及如何使用 Wireshark 分析并排除该协议故障。

13.2　分析 DNS 资源记录类型

DNS 数据库由集结在一起的 DNS 资源记录构成，每条 DNS 记录就是数据库中的一条记录，由标签、类别、类型以及数据（包含了请求处理相关记录的说明）构成。虽然 DNS 资源记录的种类有很多，可用来满足不同的功能，但常见的 DNS 资源记录只有 A 记录、AAAA 记录和 CNAME 记录。

本节将介绍几种常见的 DNS 资源记录，以及如何使用 Wireshark 来分析相关的 DNS 行为和故障。

13.2.1　分析准备

只有先抓到 DNS 查询和 DNS 响应数据包，才能进一步分析 DNS 资源记录的类型。为此，请将 Wireshark 主机接入 LAN 交换机，激活交换机的端口镜像功能，将有待监控的交换机端口（连接 DNS 服务器或需要使用 DNS 的主机的端口）的流量重定向至 Wireshark 主机；运行 Wireshark 软件，双击正确的网卡，开始抓包。

13.2.2 分析方法

在上图中，让 DNS 客户端向 DNS 名称服务器发出 DNS 查询消息，抓取 DNS 查询数据包，分析其所包含的 DNS 记录[1]。通过各种机制都可以让 DNS 客户端发出 DNS 查询消息，具体所使用的机制随 DNS 客户端的配置、软件版本、硬件平台而异。下面举几个让 DNS 客户端触发 DNS 查询的例子。

- 用户通过主机访问 Web 站点 www.packtpub.com（比如，在浏览器里输入 http://www.packtpub.com，然后按下回车键）。若主机不知道这一域名的 IP 地址，则其解析器会向本地 DNS 服务器（主机的 TCP/IP 配置的 DNS 服务器配置项里已经填入这台 DNS 服务器的 IP 地址）发出 DNS 查询消息，请求该 DNS 服务器告知域名 www.packtpub.com 的 IP 地址。
- 在主机上打开一个终端窗口，ping 一个已知的域名。比方说，在安装了 Ubuntu 或其他 Linux 发行版的主机上，执行 ping xyz.com 命令，便会让该主机发出 DNS 查询消息，以求解析域名 xyz.com 的 IPv4 地址。执行 ping6 xyz.com 命令，则让该主机发出 DNS 查询消息，以求解析域名 xyz.com 的 IPv6 地址。
- 在主机上使用诸如 dig 之类的工具（一种基于 CLI 的工具），可让主机发出包含各种 DNS 资源记录的 DNS 查询消息。

图 13.2 所示为 Wireshark 抓到的查询 AAAA 记录类型的客户端发出的 DNS 查询消息。在 DNS 查询消息的查询（query）或问题（question）部分（section）中，每个查询的类型字段值将会被设置为 DNS 标准查询字段值。任何一个查询都必须包括与请求解析的 DNS 资源记录相对应的域名（查询名称）外加请求解析的 DNS 资源记录的类型。

图 13.3 所示的 DNS 响应消息是 DNS 服务器对图 13.2 所示的 DNS 查询消息的回应。为了便于分析，Wireshark 还专门标注了与该 DNS 响应消息相对应的 DNS 查询消息的数据包编号。该 DNS 响应消息回应了 DNS 客户端对域名的 AAAA 记录的查询。

在正常情况下，对于请求查询任一 DNS 记录类型的每一条 DNS 查询消息，必然会收到 DNS 服务器发出的包含相应答案的 DNS 响应消息。若未收到服务器发出的任何 DNS 响应消息或收到了负面回应，则表示存在某些问题，需要做进一步的分析。比方说，若 DNS 服务器的数据库里没有客户端所要查询的域名的 DNS 资源记录类型，便会回复包含错误信息的 DNS 响应消息。

1 译者注：原文是“In the previous diagram, trigger a DNS query from the client to the name server and capture the DNS query packet for record type analysis”。作者说的“上图”不知是哪一幅图。

```
▸ Frame 30: 90 bytes on wire (720 bits), 90 bytes captured (720 bits)
▸ Ethernet II, Src: fa:16:3e:cd:a9:38 (fa:16:3e:cd:a9:38), Dst: fa:16:3e:08:9d:85 (fa:16:3e:08:9d:85)
▸ Internet Protocol Version 4, Src: 10.0.128.1, Dst: 192.168.0.7
▸ User Datagram Protocol, Src Port: 28629, Dst Port: 53
▾ Domain Name System (query)
    [Response In: 31]
    Transaction ID: 0x5288
  ▾ Flags: 0x0100 Standard query
      0... .... .... .... = Response: Message is a query
      .000 0... .... .... = Opcode: Standard query (0)
      .... ..0. .... .... = Truncated: Message is not truncated
      .... ...1 .... .... = Recursion desired: Do query recursively
      .... .... .0.. .... = Z: reserved (0)
      .... .... ...0 .... = Non-authenticated data: Unacceptable
    Questions: 1
    Answer RRs: 0
    Authority RRs: 0
    Additional RRs: 1
  ▾ Queries
    ▾ csr2v6.company1.com: type AAAA, class IN
        Name: csr2v6.company1.com
        [Name Length: 19]
        [Label Count: 3]
        Type: AAAA (IPv6 Address) (28)
        Class: IN (0x0001)
  ▾ Additional records
    ▾ <Root>: type OPT
        Name: <Root>
        Type: OPT (41)
        UDP payload size: 4096
        Higher bits in extended RCODE: 0x00
        EDNS0 version: 0
      ▾ Z: 0x0000
          0... .... .... .... = DO bit: Cannot handle DNSSEC security RRs
          .000 0000 0000 0000 = Reserved: 0x0000
        Data length: 0
```

QR标记位置0，
表示DNS查询消息
查询或问题部分的第一个查询：有待
查询的DNS资源记录类型为AAAA

图 13.2 DNS 查询消息

```
▸ Frame 31: 118 bytes on wire (944 bits), 118 bytes captured (944 bits)
▸ Ethernet II, Src: fa:16:3e:08:9d:85 (fa:16:3e:08:9d:85), Dst: fa:16:3e:cd:a9:38 (fa:16:3e:cd:a9:38)
▸ Internet Protocol Version 4, Src: 192.168.0.7, Dst: 10.0.128.1
▾ User Datagram Protocol, Src Port: 53, Dst Port: 28629
    Source Port: 53
    Destination Port: 28629
    Length: 84
    Checksum: 0xd5af [unverified]
    [Checksum Status: Unverified]
    [Stream index: 0]
▾ Domain Name System (response)
    [Request In: 30]
    [Time: 0.001555000 seconds]
    Transaction ID: 0x5288
  ▸ Flags: 0x8580 Standard query response, No error
    Questions: 1
    Answer RRs: 1
    Authority RRs: 0
    Additional RRs: 1
  ▾ Queries
    ▾ csr2v6.company1.com: type AAAA, class IN
        Name: csr2v6.company1.com
        [Name Length: 19]
        [Label Count: 3]
        Type: AAAA (IPv6 Address) (28)
        Class: IN (0x0001)
  ▾ Answers
    ▾ csr2v6.company1.com: type AAAA, class IN, addr 2001:2222::2
        Name: csr2v6.company1.com
        Type: AAAA (IPv6 Address) (28)
        Class: IN (0x0001)
        Time to live: 10
        Data length: 16
        AAAA Address: 2001:2222::2
  ▸ Additional records
```

QR标记位置1，表示DNS响应消息

图 13.3 DNS 响应消息

13.2.3 幕后原理

每一种DNS资源记录都有不同的用途。本小节将介绍几种常见的DNS资源记录及其用途。

1. SOA 记录

权威起始（SOA）记录是一种包含权威信息（比如，每个 DNS 区［zone］的全局参数和配置信息）的 DNS 资源记录。DNS 区是 DNS 域的一部分，会有一台或多台 DNS 服务器来专门负责记录并维护每个 DNS 区下辖的所有域名信息。对 SOA 的定义以及 SOA 资源记录的格式请见 RFC 1035。

图 13.4 所示为 DNS 响应消息中包含的 SOA 资源记录。每个 DNS 区只有一条 SOA 资源记录，记录中包含了以下详细信息。

```
▼ Queries
  ▼ kernel.org: type SOA, class IN
      Name: kernel.org
      [Name Length: 10]
      [Label Count: 2]
      Type: SOA (Start Of a zone of Authority) (6)
      Class: IN (0x0001)
▼ Answers
  ▼ kernel.org: type SOA, class IN, mname ns11.constellix.com
      Name: kernel.org
      Type: SOA (Start Of a zone of Authority) (6)
      Class: IN (0x0001)
      Time to live: 86400
      Data length: 47
      Primary name server: ns11.constellix.com
      Responsible authority's mailbox: dns.constellix.com
      Serial Number: 2015010376
      Refresh Interval: 43200 (12 hours)
      Retry Interval: 3600 (1 hour)
      Expire limit: 1209600 (14 days)
      Minimum TTL: 180 (3 minutes)
▼ Authoritative nameservers
  ▶ <Root>: type NS, class IN, ns m.root-servers.net
  ▶ <Root>: type NS, class IN, ns k.root-servers.net
  ▶ <Root>: type NS, class IN, ns j.root-servers.net
  ▶ <Root>: type NS, class IN, ns a.root-servers.net
  ▶ <Root>: type NS, class IN, ns c.root-servers.net
  ▶ <Root>: type NS, class IN, ns l.root-servers.net
  ▶ <Root>: type NS, class IN, ns g.root-servers.net
  ▶ <Root>: type NS, class IN, ns d.root-servers.net
  ▶ <Root>: type NS, class IN, ns h.root-servers.net
  ▶ <Root>: type NS, class IN, ns e.root-servers.net
  ▶ <Root>: type NS, class IN, ns i.root-servers.net
  ▶ <Root>: type NS, class IN, ns f.root-servers.net
  ▶ <Root>: type NS, class IN, ns b.root-servers.net
▶ Additional records
```

图 13.4　SOA 记录

➢ **区名**：定义了本 DNS 域内 DNS 区的名称。

➢ **主名称服务器**：指明了本 DNS 域的主 DNS 服务器的域名。主名称服务器担当本区的主数据记录源服务器。

➢ **责任人邮箱**：本 DNS 区的责任人的邮箱信息。

➢ **序列号**：每执行一次区域传输，其值便会按顺序递增。可将该值视为 DNS 数据库的当前版本。

➢ **时间参数**：包括刷新和重试时间间隔。

2. A 资源记录

A 资源记录（也被称为地址记录）用来存储与域名相关联的 IPv4 地址的 DNS 资源记录。这是 Internet 上最常见的一种 DNS 资源记录。为了实现负载均衡，可将多个 IP 地址与同一个域名相关联。因此，在 DNS 响应数据包的答案（Answers）中经常会出现多条 A 记录。

图 13.5 所示为 Wireshark 抓到的 DNS 响应数据中的 A 记录，不难发现，有多个 IP 地址与同一域名相关联。由图 13.5 可知，两个 IP 地址 192.168.2.2 和 192.168.0.6 都与主机名 csr2.company1.com 相关联。收到包含域名 csr2.company1.com 的 A 记录的 DNS 查询消息后，DNS 服务器会回复包含多个答案对象的 DNS 响应消息，每一个答案对象都包含一个 IP 地址及相关信息。DNS 客户端主机采用哪个 IP 地址来执行相关访问，取决于本机实现。

```
▶ Frame 38: 120 bytes on wire (960 bits), 120 bytes captured (960 bits)
▶ Ethernet II, Src: fa:16:3e:08:9d:85 (fa:16:3e:08:9d:85), Dst: fa:16:3e:cd:a9:38 (fa:16:3e:cd:a9:38)
▶ Internet Protocol Version 4, Src: 192.168.0.7, Dst: 10.0.128.1
▶ User Datagram Protocol, Src Port: 53, Dst Port: 35280
▼ Domain Name System (response)
    [Request In: 37]
    [Time: 0.001240000 seconds]
    Transaction ID: 0xcc3c
  ▶ Flags: 0x8580 Standard query response, No error
    Questions: 1
    Answer RRs: 2
    Authority RRs: 0
    Additional RRs: 1
  ▼ Queries
    ▶ csr2.company1.com: type A, class IN
  ▼ Answers
    ▼ csr2.company1.com: type A, class IN, addr 192.168.2.2
        Name: csr2.company1.com
        Type: A (Host Address) (1)
        Class: IN (0x0001)
        Time to live: 10
        Data length: 4
        Address: 192.168.2.2
    ▼ csr2.company1.com: type A, class IN, addr 192.168.0.6
        Name: csr2.company1.com
        Type: A (Host Address) (1)
        Class: IN (0x0001)
        Time to live: 10
        Data length: 4
        Address: 192.168.0.6
  ▶ Additional records
```

图 13.5　DNS A 记录

3. AAAA 资源记录

AAAA 资源记录（也叫作 IPv6 地址记录）用来存储与域名关联的 IPv6 地址的 DNS 资源记录。为了实现负载均衡，可将多个 IPv6 地址与同一个域名相关联。因此，在 DNS 响应数据包的答案（Answers）中经常会出现多条 AAAA 记录。

包含 AAAA 记录的 DNS 应答消息如图 13.3 所示。与 A 记录一样，若请求解析的域名与多个 IPv6 地址相关联，则 DNS 响应消息中也会包含多条 AAAA 记录。

4. CNAME 资源记录

CNAME 资源记录（亦称为规范名称记录）也是一种 DNS 资源记录，用来指明某个域名是另一个域名的别名。一条 CNAME 记录总是指向另一个域名，不会指向任何一个 IP 地址。这种 DNS 记录有助于将一个域名无缝更改为另一个域名，更改期间不会影响末端用户的访问。

由图 13.6 可知，foo.example.com 是为 bar.example.com 起的别名。当 DNS 服务器收到包含域名 foo.example.com 的 DNS 请求消息时，会回复包含 CNAME 记录的 DNS 响应消息，指出 bar.example.com 是 foo.example.com 的别名。DNS 客户端主机会发出包含域名 bar.example.com 的 DNS 查询消息，以求解析其 IP 地址。上述的一切对 DNS 客户端主机都是透明的，这样一来，变更域名就变得容易多了。

CNAME记录		
foo.example.com	bar.example.com	CNAME
bar.example.com	10.1.1.1	IP

图 13.6　CNAME 记录

13.2.4　拾遗补缺

上一小节介绍了几种常见的 DNS 资源记录以及各自的语义。业界用到的 DNS 资源记录的种类还有很多。对其他几种资源记录的介绍以及对每种资源记录和说明，请在 IANA 官网中自行搜索。

13.3　分析 DNS 的常规运作机制

本节会介绍验证 DNS 能否正常运作的方法。读者将会认识 DNS 的运作机制以及可能发生的故障。

13.3.1　分析准备

请将 Wireshark 主机接入 LAN 交换机，激活交换机的端口镜像功能。

13.3.2 分析方法

将有待监控的交换机端口（连接 DNS 服务器或需要使用 DNS 功能的主机的端口）的流量重定向至 Wireshark 主机；运行 Wireshark 软件，双击正确的网卡，开始抓包。

DNS 故障主要分为两类：

- 无法解析域名；
- 解析缓慢。

1. 若上述两类故障现象只存在于个别用户主机，需在 LAN 交换机上开启端口镜像功能，并设法将该主机生成的流量重定向至 Wireshark 主机。此时，只需关注由这台主机生成的流量。
2. 若上述两类故障现象普遍存在于网络，需在 LAN 交换机上开启端口镜像功能，并设法将连接 DNS 服务器（或连接 Internet 线路）的端口的流量重定向至 Wireshark 主机。
    - 若使用的 DNS 服务器部署在内网（即在所有内网主机的 TCP/IP 配置中，DNS 服务器配置项填的是内网 IP 地址），在开启 LAN 交换机的端口镜像功能时，应将连接了内网 DNS 服务器的交换机端口的流量重定向至 Wireshark 主机。
    - 若使用的 DNS 服务器部署在外部网络（即在所有内网主机的 TCP/IP 配置中，DNS 服务器配置项填的是外网 IP 地址，比如，ISP 的 DNS 服务器 IP 地址），在开启 LAN 交换机的端口镜像功能时，应将连接了通向那台外网 DNS 服务器的 ISP 链路的交换机端口的流量重定向至 Wireshark 主机。

13.3.3 幕后原理

域名或名称解析是 DNS 协议的主要功能之一，在上网冲浪时会用到。然而，在某些单位的内部网络中，DNS 协议同样发挥着非常重要的作用。在定义 DNS 协议的标准文档中，将 DNS 的功能归纳为以下三项。

- **域名空间**：定义了 DNS 名称的构成及分配方法。
- **域名注册**：定义了如何注册 DNS 名称，以及通过 DNS 服务器网络传递 DNS 名称的方法。
- **域名解析**：定义了如何将域名解析为 IP 地址。

本章将重点介绍 DNS 的域名解析功能，无论是上网冲浪，还是收发邮件，或是访问内网服务器，都会用到 DNS 的这一功能。

1. DNS 服务器 IP 地址的配置

要排除 DNS 相关故障，首先应确保 DNS 客户端主机设有正确的 DNS 服务器的 IP 地址。DNS 服务器的 IP 地址配置无误，才能保证解析出的待查域名的 IP 地址不受欺骗，解析 IP 地址是 DNS 查询功能的一部分。可通过以下两种方法为 DNS 客户端主机配置 DNS 服务器的 IP 地址：

- 手动设置 DNS 服务器的 IP 地址；
- 动态分配 DNS 服务器的 IP 地址。

按照第 1 种方法，需在 DNS 客户端主机上手工配置 DNS 服务器的 IP 地址信息。具体的配置方法随 DNS 客户端主机安装的 OS 而异。比方说，对于各种 Linux OS，应将 DNS 服务器的 IP 地址填入/etc/resolv.conf 文件。

按照第 2 种方法（动态 DNS，DDNS），需开启某种动态配置协议，令其通告 DNS 服务器的 IP 地址信息。大型网络经常将 DHCP 作为动态地址分配协议来用。可借助 DHCP 来动态通告一台或多台 DNS 服务器及其 IP 地址。

由图 13.7 可知，DNS 服务器的 IP 地址信息作为 DHCP 应答消息的一个选项，被通告给了 DHCP 客户端主机。

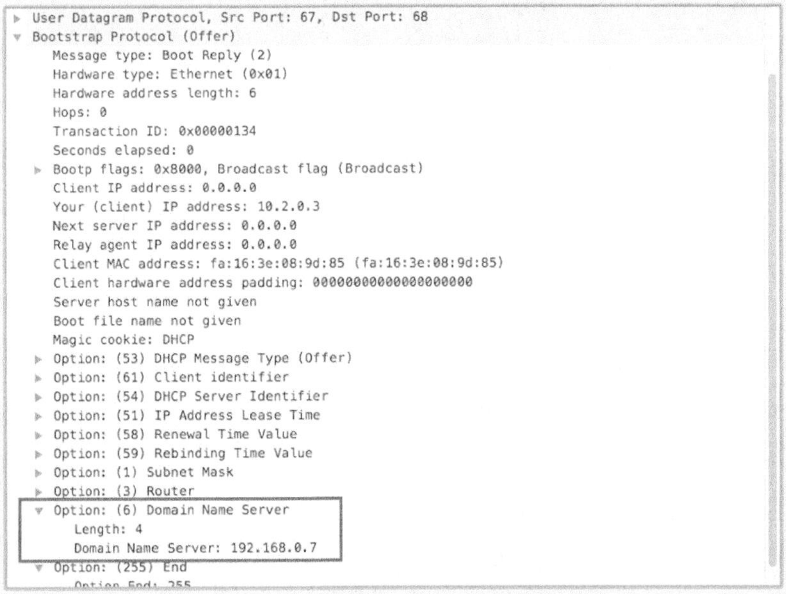

```
▶ User Datagram Protocol, Src Port: 67, Dst Port: 68
▼ Bootstrap Protocol (Offer)
    Message type: Boot Reply (2)
    Hardware type: Ethernet (0x01)
    Hardware address length: 6
    Hops: 0
    Transaction ID: 0x00000134
    Seconds elapsed: 0
  ▶ Bootp flags: 0x8000, Broadcast flag (Broadcast)
    Client IP address: 0.0.0.0
    Your (client) IP address: 10.2.0.3
    Next server IP address: 0.0.0.0
    Relay agent IP address: 0.0.0.0
    Client MAC address: fa:16:3e:08:9d:85 (fa:16:3e:08:9d:85)
    Client hardware address padding: 00000000000000000000
    Server host name not given
    Boot file name not given
    Magic cookie: DHCP
  ▶ Option: (53) DHCP Message Type (Offer)
  ▶ Option: (61) Client identifier
  ▶ Option: (54) DHCP Server Identifier
  ▶ Option: (51) IP Address Lease Time
  ▶ Option: (58) Renewal Time Value
  ▶ Option: (59) Rebinding Time Value
  ▶ Option: (1) Subnet Mask
  ▶ Option: (3) Router
  ▼ Option: (6) Domain Name Server
      Length: 4
      Domain Name Server: 192.168.0.7
  ▼ Option: (255) End
      Option End: 255
```

图 13.7 DHCP 应答消息包含的 DNS 配置信息

在 IPv6 网络环境中，可将 DNS 服务器的 IP 地址信息包含进 IPv6 路由器通告消息进行通告。任何开启 IPv6 自动配置功能的客户端主机都会接受 IPv6 路由器通告消息中的 DNS 服务器的 IP 地址。

2. DNS 协议的基本运作机制

应用程序（Web 浏览器和邮件客户端等）会通过内置于操作系统的解析器与 DNS 服务器沟通。解析器需要事先得知 DNS 服务器的 IP 地址，才能与之沟通（这一 IP 地址既可以是内网地址，也可以是外网或公网地址）。查询 DNS 服务器的方式随操作系统而异。解析器和 DNS 服务器之间会相互交换 DNS 请求和 DNS 响应消息，如图 13.8 所示。

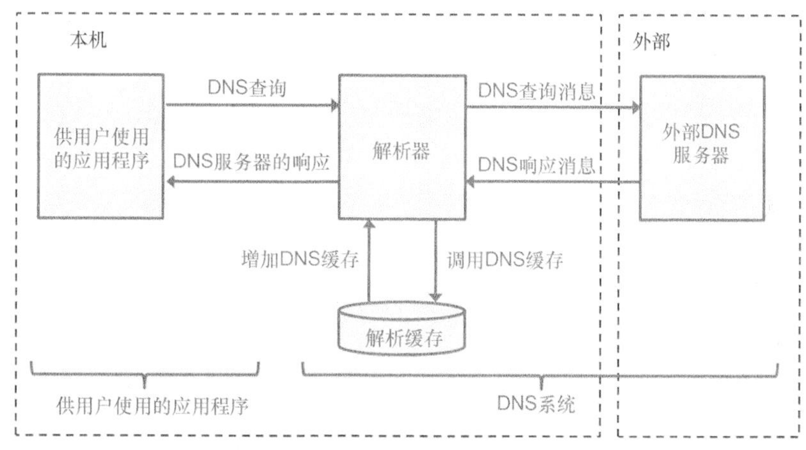

图 13.8

每个单位都可以在自己的内部网络中部署 DNS 服务器，该服务器需要与 ISP 的 DNS 服务器交互。对于家庭或小型分支机构网络，既可以由连接 Internet 的宽带路由器充当 DNS 服务器，也可以直接使用 ISP 的 DNS 服务器。也就是说，需要在每台主机的 TCP/IP 配置中，把宽带路由器的 IP 地址或 ISP 提供的 DNS 服务器的 IP 地址填入“DNS 服务器配置项”。

- 若使用宽带路由器充当 DNS 服务器，则内网主机发出的 DNS 查询消息，会先被宽带路由器上的 DNS 服务器处理；若该 DNS 服务器无法处理（查询不到相关域名），宽带路由器将会向 ISP 的 DNS 服务器发出查询请求。
- 若直接使用 ISP 的 DNS 服务器，则内网主机发出的 DNS 查询消息，将直接交由 ISP 网络内的 DNS 服务器处理。

3. DNS 名称空间

DNS 名称空间基于分层的树形结构，如图 13.9 所示，以下是对其结构的简要描述。

- 若干根名称服务器。

- 若干顶级域（Top Level Domain，TLD）名称服务器。
- 每个顶级域名都有属于自己的域名服务器。每个顶级域名还会包含众多二级域名。每台顶级域名城服务器是级别最高的域名服务器，比如，国家/区域域名服务器。
- 众多二级域（Second Level Domains，SLD），包含隶属于各组织机构或国家（地区）的域或域名。隶属于二级域的域名由指定的组织机构或国家（地区）来管理。

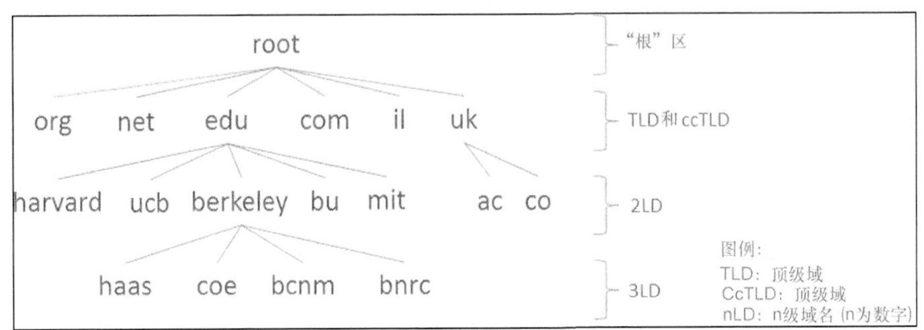

图 13.9

现以图 13.10 为例，对几个重要的 DNS 术语下定义。

- **域（Domain）**：一个域是指由域名空间中所有分枝构成的一颗子树，域的名称（域名）就是这颗子树的端节点的名称，比如图 13.10 所示的二级域 ndi-com.com。
- **区（Zone）**：所有的顶级域以及众多二级（或低级）域都以授权（delegation）的方式，被划分成了更小也更容易管理的单元（unit），这样的单元被称为区。会有一或多台 DNS 服务器来专门负责记录并维护每个区下辖的所有域名信息。

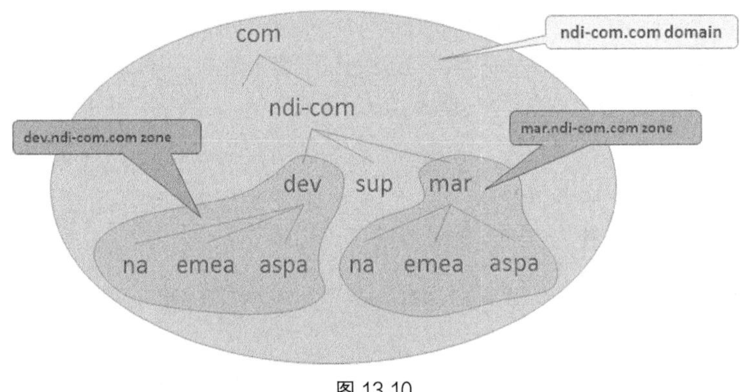

图 13.10

4. DNS 解析过程

以下两种情况会动用 DNS 服务器来执行域名解析。

- **组织机构内部网络通信**：DNS 服务器将会部署在内部网络，用来把内网域名解析为内部 IP 地址。
- **互联网通信**：在浏览网页、收发 E-mail 之前，需要借助于 DNS 服务器，把公网域名解析为公网 IP 地址。

有时，还会出现组织机构内部网络中的主机需借助 DNS 服务器，同时访问内网和公网的情况。对于这种情况，当需要执行内网域名解析时，内网主机发出的 DNS 查询消息会由内网 DNS 服务器直接处理；当需要执行公网域名解析时，内网 DNS 服务器会把内网主机发出的 DNS 查询消息，转交给 ISP 的 DNS 服务器处理。

该怎样在自用的主机或 PC 上配置 DNS 服务器的 IP 地址呢？就理论而言，若只是为了上网冲浪，则可将世界上任何一台提供 DNS 解析服务的 DNS 服务器的 IP 地址（比如，Google 的 DNS 服务器 8.8.8.8），配置为本机使用的 DNS 服务器。但通常人们都会在主机的 DNS 服务器配置项中填入离自己最近的 DNS 服务器的 IP 地址（比如，提供上网线路的 ISP 的 DNS 服务器的 IP 地址）。若需同时访问内网和公网，则应将内网 DNS 服务器和 ISP 的 DNS 服务器分别配置为“首选 DNS 服务器”和“备用 DNS 服务器”。

有很多实用工具都可用来检测本机配置的 DNS 服务器的应答效果，如下所列。

- Google 的 Namebench。
- GRC 的 DNS Benchmark。

要是本机配置的 DNS 服务器的应答效果不佳，就应该换一个 DNS 服务器的 IP 地址试试。

13.3.4 拾遗补缺

当运行于主机的应用程序进程需查询某一指定域名或服务器名的 IP 地址时，会与本机解析器交互，而本机解析器则与本机配置的 DNS 服务器交互。当 DNS 服务器的数据库中没有待查的域名记录时，便会以递归（recursive）或反复（iterative）这两种模式之一，来响应查询请求[1]。

如图 13.11 所示，当用户想访问 Web 站点 www.packtpub.com（比如，在浏览器里输入 http://www.packtpub.com，然后按下回车键）时，若主机不知道这一域名的 IP 地址，则其解析器会向本地 DNS 服务器（主机的 TCP/IP 配置的 DNS 服务器配置项里已经填入这台 DNS 服务器的 IP 地址）发出 DNS 查询消息（图 13.1 中的消息 1），请求该 DNS 服务器告知域名 www.packtpub.com 的 IP 地址。

若本地 DNS 服务器也不知道域名 www.packtpub.com 的 IP 地址，且对 packtpub.com 域或

1 译者注：原文中作者对 DNS 递归解析和反复解析的解释有误，译者对译文做了大幅调整，如有不妥，请指正。

COM TLD 的名字服务器的 IP 地址同样不得而知，则会将主机发出的 DNS 查询消息转发给另一台 DNS 服务器，以期查得相应的 IP 地址。对于本例，本地 DNS 服务器将会联系根名字服务器之一（根名字服务器的 IP 地址“世人皆知”）（图 13.11 中的消息 2），根名字服务器会返回 DNS 响应消息，其中包含了 COM TLD 的名字服务器的 IP 地址（图 10.8 中的消息 3）。

有了上述信息之后，本地 DNS 服务器继续联络 COM TLD 的名字服务器（图 13.11 中的消息 4），COM TLD 的名字服务器会返回 packtpub.com 域的名字服务器的 IP 地址（图 13.11 中的消息 5）。

向 packtpub.com 域的名字服务器发出 DNS 查询消息（图 13.11 中的消息 6），packtpub.com 域的名字服务器做出了应答（图 13.11 中的消息 7）之后，本地 DNS 服务器便知道了 Web 站点 www.packtpub.com 的 IP 地址。

此时，本地 DNS 服务器将会向主机发出 DNS 响应消息（图 13.11 中的消息 8），告知其 Web 站点 www.packtpub.com 的 IP 地址。这样一来，用户便可以在主机上成功访问该 Web 站点了。

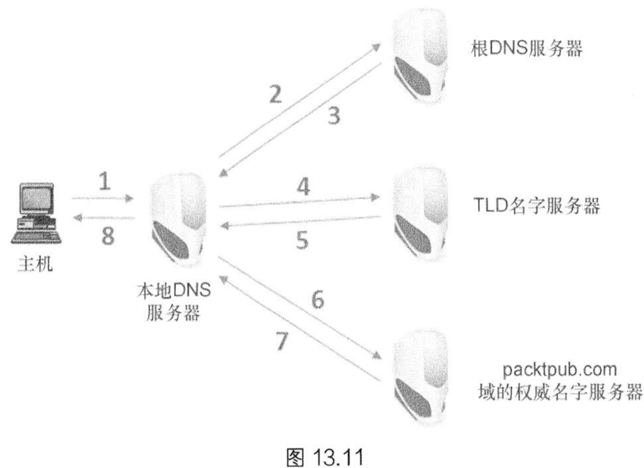

图 13.11

在上述 DNS 查询/解析过程中，主机发出的是 DNS 递归查询请求，要求本地 DNS 服务器返回精确的待查域名的 IP 地址（或返回出错说明）。本地 DNS 服务器执行的是 DNS 递归解析操作，同时还得执行 DNS 反复查询操作——由其发出的 DNS 查询消息并不要求 packtpub. com 域或 COM TLD 的名字服务器给出精确答案。也就是说，本地 DNS 服务器同时在执行 DNS 反复查询和递归解析操作，而根名字服务器或 COM TLD 的名字服务器执行是的 DNS 反复解析操作。一言以蔽之，收到 DNS 递归查询消息（RD 标记位置 1 的 DNS 查询消息）时，DNS 服务器（若支持 DNS 递归解析功能）一定要精确给出被查域名的 IP 地址（或返回出错说明）；收到 DNS 反复查询消息（RD 标记位置 0 的 DNS 查询消息）时，DNS 服务器只要提供更靠近被查域名的所在区（zone）的名字服务器的 IP 地址即可。根名字服务器、TLD 名字服务器以及某些 SLD 名字服务器只支持反复解析操作，而 ISP 的 DNS 服务器一般都支持递归解析操作。

13.4 分析 DNSSEC 的常规运作机制

将域名解析为相应的 IP 地址，是 DNS 的主要作用，所以说该协议是支撑 Internet 平稳运行的重要支柱协议之一。DNS 虽然发挥着非常重要的作用，但它既不包含任何数据完整性检测机制，也无法验证数据来源的权威性。缺乏安全性就会让恶意之徒有机可乘。恶意之徒可以发动攻击，设法让用户解析出重要域名的虚假 IP 地址，从而将所有用户流量牵引至设有该 IP 地址的恶意服务器。DNS 缓存中毒攻击就是这样一种已知的 DNS 攻击，该攻击利用 DNS 的安全漏洞来窃取数据。

DNS 安全扩展（DNSSEC，DNS Security Extension）在安全方面对 DNS 协议做出了全面改进，引入了分区签名（zone signing）的概念，有助于保障 DNS 资源记录的数据完整性和来源权威性。

13.4.1 分析准备

DNSSEC 对现有的 DNS 数据包的格式进行了扩展，从抓包的角度来看，无需考虑加密。只要在交换机上开启端口镜像功能，Wireshark 便能够抓到 DNSSEC 数据包，与抓取传统的 DNS 数据包没有任何区别。

13.4.2 分析方法

用 Wireshark 打开抓包文件，按以下步骤检查 DNS 数据包。

1. 检查 DNS 客户端发出的 DNS 查询消息是否包含了 DNSSEC 选项。该选项包含在 DNS 查询消息的附加记录（Additional records）字段内。

   由图 13.12 可知，该 DNS 查询消息的附加记录字段的 DO（DNSSEC OK）标记位置 1，这表示 DNS 客户端希望获取并有能力处理 DNSSEC 相关信息。

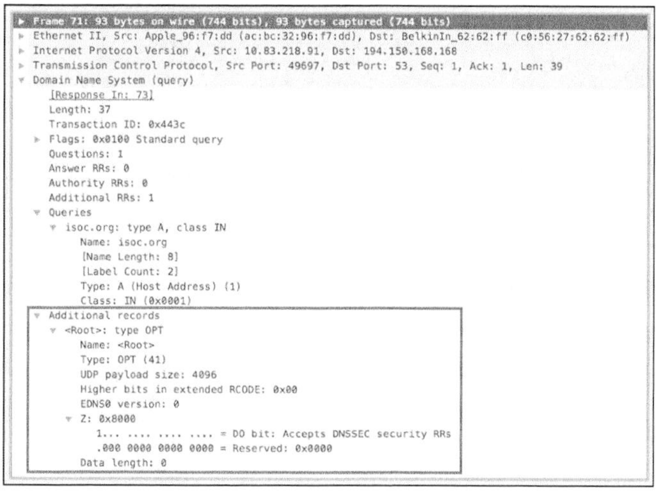

```
▶ Frame 71: 93 bytes on wire (744 bits), 93 bytes captured (744 bits)
▶ Ethernet II, Src: Apple_96:f7:dd (ac:bc:32:96:f7:dd), Dst: BelkinIn_62:62:ff (c0:56:27:62:62:ff)
▶ Internet Protocol Version 4, Src: 10.83.218.91, Dst: 194.150.168.168
▶ Transmission Control Protocol, Src Port: 49697, Dst Port: 53, Seq: 1, Ack: 1, Len: 39
▼ Domain Name System (query)
    [Response In: 73]
    Length: 37
    Transaction ID: 0x443c
  ▶ Flags: 0x0100 Standard query
    Questions: 1
    Answer RRs: 0
    Authority RRs: 0
    Additional RRs: 1
  ▼ Queries
    ▼ isoc.org: type A, class IN
        Name: isoc.org
        [Name Length: 8]
        [Label Count: 2]
        Type: A (Host Address) (1)
        Class: IN (0x0001)
  ▼ Additional records
    ▼ <Root>: type OPT
        Name: <Root>
        Type: OPT (41)
        UDP payload size: 4096
        Higher bits in extended RCODE: 0x00
        EDNS0 version: 0
      ▼ Z: 0x8000
          1... .... .... .... = DO bit: Accepts DNSSEC security RRs
          .000 0000 0000 0000 = Reserved: 0x0000
        Data length: 0
```

图 13.12

2．收到 DNS 查询消息后，DNS 服务器将回复 DNS 响应消息，消息中会携带包含了资源记录签名（RRSIG，Resource Record Signature）的受请求记录的相关细节（比如，DNS 域名 A 记录的 IP 地址）。这些都是与资源记录相关联的数字签名。

图 13.13 所示为 DNS 服务器回复的包含 RRSIG 资源记录的 DNS 响应消息。

```
▶ Frame 73: 566 bytes on wire (4528 bits), 566 bytes captured (4528 bits)
▶ Ethernet II, Src: BelkinIn_62:62:ff (c0:56:27:62:62:ff), Dst: Apple_96:f7:dd (ac:bc:32:96:f7:dd)
▶ Internet Protocol Version 4, Src: 194.150.168.168, Dst: 10.83.218.91
▶ Transmission Control Protocol, Src Port: 53, Dst Port: 49697, Seq: 1, Ack: 40, Len: 512
▼ Domain Name System (response)
    [Request In: 71]
    [Time: 0.128259000 seconds]
    Length: 510
    Transaction ID: 0x443c
  ▶ Flags: 0x81a0 Standard query response, No error
    Questions: 1
    Answer RRs: 2
    Authority RRs: 6
    Additional RRs: 1
  ▶ Queries
  ▼ Answers
    ▼ isoc.org: type A, class IN, addr 212.110.167.157
        Name: isoc.org
        Type: A (Host Address) (1)
        Class: IN (0x0001)
        Time to live: 86326
        Data length: 4
        Address: 212.110.167.157
    ▼ isoc.org: type RRSIG, class IN
        Name: isoc.org
        Type: RRSIG (46)
        Class: IN (0x0001)
        Time to live: 86326
        Data length: 156
        Type Covered: A (Host Address) (1)
        Algorithm: RSA/SHA1 + NSEC3/SHA1 (7)
        Labels: 2
        Original TTL: 86400 (1 day)
        Signature Expiration: Feb  2, 2018 03:50:00.000000000 EST
        Signature Inception: Jan 19, 2018 03:50:00.000000000 EST
        Key Tag: 9959
        Signer's name: isoc.org
        Signature: 670006bd992d01371cbb06e1d051b4e3d65c2ae3a3476a84...
  ▶ Authoritative nameservers
  ▶ Additional records
```

图 13.13

3．DNS 客户端发出包含 DNSKEY 资源记录的 DNS 查询消息，以求解析域名，如图 13.14 所示[1]。

4．DNS 服务器发出包含公钥（用来给该资源记录添加签名）的 DNS 响应消息进行回复，如图 13.15 所示。

1　译者注：原文是“The DNS client now requests DNSKEY for the domain name as follows”。

```
▶ Frame 84: 93 bytes on wire (744 bits), 93 bytes captured (744 bits)
▶ Ethernet II, Src: Apple_96:f7:dd (ac:bc:32:96:f7:dd), Dst: BelkinIn_62:62:ff (c0:56:27:62:62:ff)
▶ Internet Protocol Version 4, Src: 10.83.218.91, Dst: 194.150.168.168
▶ Transmission Control Protocol, Src Port: 49698, Dst Port: 53, Seq: 1, Ack: 1, Len: 39
▼ Domain Name System (query)
    [Response In: 86]
    Length: 37
    Transaction ID: 0xdd86
  ▶ Flags: 0x0100 Standard query
    Questions: 1
    Answer RRs: 0
    Authority RRs: 0
    Additional RRs: 1
  ▼ Queries
    ▼ isoc.org: type DNSKEY, class IN
        Name: isoc.org
        [Name Length: 8]
        [Label Count: 2]
        Type: DNSKEY (48)
        Class: IN (0x0001)
  ▶ Additional records
```

图 13.14

```
▶ Frame 86: 813 bytes on wire (6504 bits), 813 bytes captured (6504 bits)
▶ Ethernet II, Src: BelkinIn_62:62:ff (c0:56:27:62:62:ff), Dst: Apple_96:f7:dd (ac:bc:32:96:f7:dd)
▶ Internet Protocol Version 4, Src: 194.150.168.168, Dst: 10.83.218.91
▶ Transmission Control Protocol, Src Port: 53, Dst Port: 49698, Seq: 1, Ack: 40, Len: 759
▼ Domain Name System (response)
    [Request In: 84]
    [Time: 0.127825000 seconds]
    Length: 757
    Transaction ID: 0xdd86
  ▶ Flags: 0x81a0 Standard query response, No error
    Questions: 1
    Answer RRs: 3
    Authority RRs: 0
    Additional RRs: 1
  ▶ Queries
  ▼ Answers
    ▶ isoc.org: type DNSKEY, class IN
    ▼ isoc.org: type DNSKEY, class IN
        Name: isoc.org
        Type: DNSKEY (48)
        Class: IN (0x0001)
        Time to live: 13831
        Data length: 136
      ▶ Flags: 0x0100
        Protocol: 3
        Algorithm: RSA/SHA1 + NSEC3/SHA1 (7)
        [Key id: 9959]
        Public Key: 03010001aeeeb166fe5dda4762de2d5e551ebd9fe132639d...
    ▶ isoc.org: type RRSIG, class IN
  ▶ Additional records
```

图 13.15

5．客户端使用这些详细信息对收自 DNS 服务器的资源记录执行完整性校验[1]。

13.4.3 幕后原理

开发 DNSSEC 这项技术的目的是要提高 DNS 资源记录的安全性，具体的实现方法是对 DNS 资源记录进行额外的完整性验证。DNSSEC 的运作机制是对资源记录加以数字化签名，

1 译者注：原文是“The client uses the details to validate the integrity of the resource record received from the DNS server”。译文按原文字面意思直译。

签名的动作起始于分层的 DNS 树形结构的根服务器。

DNSKEY 和 RRSIG 对 DNSSEC 的运作起着极为重要的作用。以下所列为 DNSSEC 客户端和 DNSSEC 服务器之间简化版交互过程（见图 13.16）。

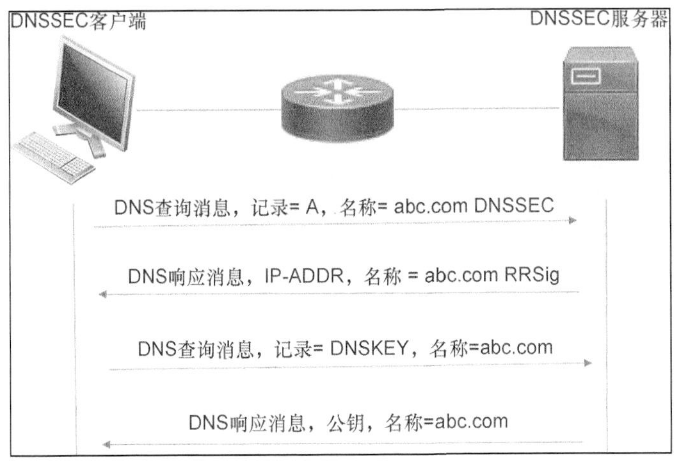

图 13.16

1. DNS 客户端主机发出 DNS 查询消息，消息中包含的附加记录字段的 DO 标记位置 1。这是向 DNS 服务器表明，本客户端支持 DNSSEC，希望资源记录附带数字签名。

2. 收到 DNS 查询消息之后，DNS 服务器会回复包含 RRSIG 的 DNS 响应消息。RRSIG 是由委托签名者进行数字签名的资源记录。

3. DNS 客户端向 DNS 服务器另发另一条 DNS 请求消息，请求解析同一个域名，但在消息中将记录类型设置为 DNSKEY。这是用来签名该资源记录的公钥[1]。

4. DNS 服务器用 DNSKEY 回复所请求的域[2]。

5. DNS 客户端用 DNSKEY 执行哈希计算，并将计算结果与 RRSIG 进行比较，来验证数据的完整性。

6. 若完整性验证失败，则资源记录有被篡改之嫌，DNS 客户端将弃之不用。

1 译者注：原文是“The DNS client will send another request to the server for the same domain name but with the record type set to DNSKEY. This is the public key used to sign the resource record”。 译文按原文字面意思直译。

2 译者注：原文是 “The DNS server will reply with the DNSKEY for the requested domain”。译文按原文字面意思直译。

13.4.4 拾遗补缺

上一小节对 DNSSEC 的运作机制做了简要介绍。欲知与 DNSSEC、与分区签名以及与 DNSSEC 如何使用签名链有关的详细信息，请参阅以下 RFC。

- RFC 4033：DNS security introduction and requirements
- RFC 4034：Resource records for the DNSSEC
- RFC 4035：Protocol modifications for the DNSSEC

13.5 排除 DNS 故障

本节将介绍如何解决 DNS 相关故障，比如，DNS 解析缓慢。读者将学会如何用 Wireshark 来分析此类故障。

13.5.1 排障准备

可通过查看 Wireshark 抓取的 DNS 请求消息和 DNS 响应消息的时间戳，来判断 DNS 解析的速度是快还是慢。为此，应将 Wireshark 主机部署在离 DNS 客户端主机最近的地方抓取 DNS 数据包。

13.5.2 排障方法

如何定位故障？

- 上网冲浪时，若网页打开缓慢，请按以下步骤行事。

1. 在交换机上开启端口镜像功能，将其连接 Internet 链路的端口的流量重定向至 Wireshark 主机。使用第 6 章介绍过的 I/O Graphs 工具，测量过往于该端口的流量的速率，以此来核实 Internet 链路是否过载。
2. 检查 Wireshark 是否抓到了数量惊人的身背 TCP Retransmission 或 TCP Duplicate ACK 字样的数据包。若是，则表示存在 TCP 传输问题。
3. 检查 Wireshark 是否抓到了数量惊人的身背 TCP Window 字样的数据包。若是，则表示存在 TCP 窗口问题。

- 若不存在上述问题，则需检查是否存在 DNS 解析问题。对于有待解决的 DNS 解析问题，要按以下两种情况来处理：
  - ✓ 故障表象为内部网站的页面打开缓慢；
  - ✓ 故障表象为互联网网站的页面打开缓慢。

- 上述故障可通过以下两种方式来解决。
  - ✓ 对于第一种情况，需开启端口镜像功能，将连接内网 DNS 服务器的交换机端口的流量重定向至 Wireshark 主机。
  - ✓ 对于第二种情况，需开启端口镜像功能，将连接 Internet 链路的交换机端口的流量重定向至 Wireshark 主机。
- 弄清 DNS 解析所花费的时间，找出解析缓慢的原因。有数种弄清 DNS 解析所耗时间的方法，如下所列。
  - ✓ 最简单的方法是，在 Wireshark 数据包列表区域内，选中一个隶属于 DNS 数据流的 DNS 数据包，单击右键，在弹出的菜单中点击 Follow UDP Stream 菜单项。然后，观察 Wireshark 数据包列表区域中的 Time 列，就可以弄清相关域名的 DNS 解析时间了。
  - ✓ 另一种方法是，借助于内置于 Wireshark 的 I/O Graphs 工具[1]。在 I/O Graphs 窗口中，要先在 Y 轴坐标区域的 Unit 选项的下拉菜单里选择 Advanced 选项；再到陡然增大的 I/O Graphs 窗口中，选择“Clac：”下拉菜单栏中的 AVG(*)菜单项，同时在其右边的 Fitler 输入栏内填入显示过滤参数 dns. time；选择“Style：”下拉菜单栏中的 Dot 菜单项；最后点击相关 Graph 按钮，激活 I/O Graphs 窗口中与该 Graph 相对应的图形，于是便得到了在整个抓包时段内的 DNS 响应时间的汇总图，如图 13.17 所示。

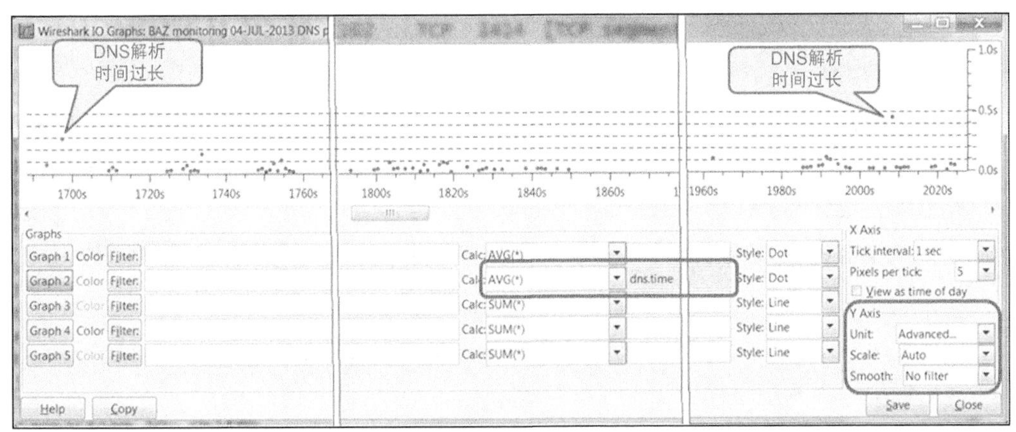

图 13.17

由图 13.17 可知，在抓包时段内，绝大多数 DNS 解析的响应时间都在 100 毫秒以内，这完全可以接受；但还可以观察到，有两次 DNS 解析响应过慢，一次为 300ms，另一次为 450ms，

1 译者注：以下表述所用的图片还是基于 Wireshark 版本 1。

分别发生在抓包的开始和收尾阶段。

在单位的内部网络中，合理的 DNS 解析响应时间应在几十毫秒以内；上网冲浪时，合理的响应时间不应超过 100ms。200ms 之内的响应时间则勉强可以接受。

13.5.3 幕后原理

如 13.3.4 节所述，DNS 的运作模式会对域名解析的整体性能产生影响。比方说，若一台 DNS 服务器按递归模式执行解析，可能还得继续查询其他 DNS 服务器，从而增加了域名解析的时间（具体增加的时长取决于其他 DNS 服务器的响应速度和相关网络路径的延迟）。在设有多台 DNS 服务器的 IP 地址的情况下，若首选 DNS 服务器的缓存中没有相关资源记录，则反复模式将有助于查询其他 DNS 服务器。

13.5.4 拾遗补缺

Wireshark 只是测量域名解析速度的工具之一（当然，也可以使用它来解决 DNS 解析缓慢的故障），其他很多工具都可以用来执行类似的任务。比如 dig。这是一个基于 CLI 的工具，可在大多数 Linux OS 中使用。该工具可以生成包含任何一种资源记录的 DNS 查询消息，并测量域名解析所花费的时间。

图 13.18 所示为使用该工具测量域名解析速度的例子。

```
Ubuntu:~ naikumar$ dig www.packtpub.com

; <<>> DiG 9.8.3-P1 <<>> www.packtpub.com
;; global options: +cmd
;; Got answer:
;; ->>HEADER<<- opcode: QUERY, status: NOERROR, id: 4108
;; flags: qr rd ra; QUERY: 1, ANSWER: 2, AUTHORITY: 13, ADDITIONAL: 0

;; QUESTION SECTION:
;www.packtpub.com.        IN  A

;; ANSWER SECTION:
www.packtpub.com.    5    IN  CNAME    varnish.packtpub.com.
varnish.packtpub.com.    5    IN  A    83.166.169.231

;; AUTHORITY SECTION:
com.            172739   IN  NS  j.gtld-servers.net.

;; Query time: 60 msec
;; SERVER: 64.102.6.247#53(64.102.6.247)
;; WHEN: Fri Jan 19 16:48:54 2018
;; MSG SIZE  rcvd: 296

Ubuntu:~ naikumar$
```

图 13.18

第 14 章 E-mail 协议分析

本章涵盖以下内容：

- E-mail 协议的常规运作方式；
- POP、IMAP 和 SMTP 故障分析；
- 分析 E-mail 协议的错误状态码，并据此筛选 E-mail 流量[1]；
- 分析恶意及垃圾邮件。

14.1 简介

E-mail 是电子商务得到大力推广的主因之一。有了 E-mail，每个人都能以迅捷有效的方式通过 Internet 实时传递文字消息及其他数字信息（比如，文件和图像）。要想使用 E-mail，每个人都需有一个人类可读的邮箱地址，地址格式为 username@domainname.com。有许多电子邮件提供商都在 Internet 上提供 E-mail 服务，任何人都可以注册并获得免费的电子邮箱。

有多种应用层协议可用来收发电子邮件，这些协议协同运作，就能让隶属于相同或不同 E-mail 域内的用户之间端到端地交换电子邮件。最常用的三种应用层协议是 POP3、IMAP 和 SMTP。

- **POP3**：邮局协议版本 3（Post Office Protocol 3 ）的主要作用是让 E-mail 客户端从 E-mail 服务器收取邮件。E-mail 客户端会发出 POP3 命令（比如，LOGIN、LIST、RETR、DELE、QUIT）来访问并操纵（检索或删除）邮件服务器上的电子邮件。POP3 运行于 TCP 110 端口，将邮件下载到本地客户端之后，便会从服务器上删除邮件。
- **IMAP**：Internet 邮件访问协议（Internet Mail Access Protocol）是另一种用来从电子邮

1 译者注：原文是“Filtering and analyzing different error codes”。

件服务器收取邮件的应用层协议。与 POP3 不同，IMAP 可让用户从多台客户端设备同时读取并访问邮件。按照当前的态势，拥有多台设备（笔记本电脑、智能手机等）的用户访问电子邮箱的情况非常普遍，通过 IMAP，即可随时从任何设备访问邮箱。IMAP 的最新版本为版本 4，运行于 TCP 143 端口。

- **SMTP**：简单邮件传输协议（Simple Mail Transfer Protocol）是一种将 E-mail 从邮件客户端发给邮件服务器的应用层协议。当发件人和收件人隶属于不同的 E-mail 域时，就得用 SMTP 在隶属于不同的 E-mail 域的服务器之间交换邮件。SMTP 运行于 TCP 25 端口。

由图 14.1 可知，E-mail 客户端将邮件发给邮件服务器用到的是 SMTP，从服务器获取邮件用到的是 POP3 或 IMAP。隶属于不同 E-mail 域的邮件服务器之间交换邮件用到的是 SMTP。

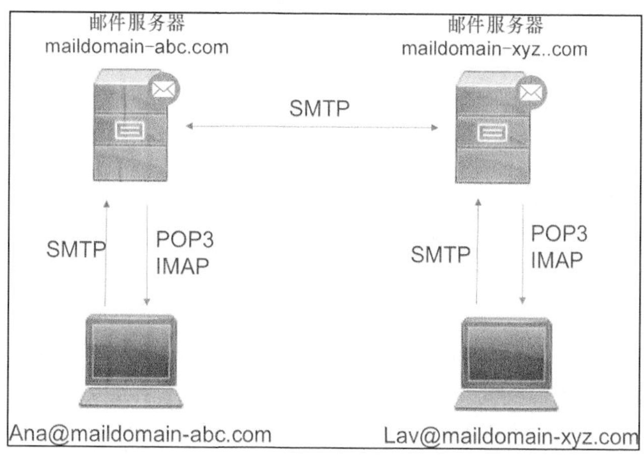

图 14.1

为了维护终端用户的隐私，大多数邮件服务器都会在传输层启用各种加密机制。若要在安全传输层（TLS）上启用上述 E-mail 协议，则这些协议的传输层端口号将有别于传统的传输层端口号。比方说，POP3 over TLS 运行于 TCP 995 端口，IMAP4 over TLS 运行于 TCP 993 端口，SMTP over TLS 则运行于 TCP 465 端口。

本章将探讨上述 E-mail 协议的常规运作方式，以及如何用 Wireshark 来进行基本的故障分析和故障排除。

14.2 E-mail 协议的常规运作方式

如上一节所述，常用的 E-mail 协议包括 POP3、SMTP 以及 IMAP4。这几种协议不是运行于 E-mail 服务器与客户端之间，就是运行于 E-mail 服务器之间。

还有一种收取邮件的方法是，通过 Web 方式来访问邮箱，像 Gmail、Sina 以及 Hotmail 之类的邮件服务器都可以通过 Web 方式来访问。

本节将重点关注最常用的 E-mail 客户端/服务器协议和 E-mail 服务器/服务器协议：POP3 和 SMTP，会讨论这两种协议的常规运作方式。

14.2.1 准备工作

将 Wireshark 主机接入交换机，在交换机上启用端口镜像功能，把存在邮件收发问题的用户主机的流量重定向至 Wireshark 主机。若遭遇大面积用户投诉，则需要将通往邮件服务器的通信链路的流量重定向至 Wireshark 主机。

14.2.2 操作方法

POP3 是一种运行于 E-mail 客户端与服务器之间的协议；SMTP 则是运行于 E-mail 服务器之间的协议。

1. POP3 协议的运作方式

POP3 协议的主要作用是让 E-mail 客户端从 E-mail 服务器收取邮件。当 E-mail 客户端无法从 E-mail 服务器收取邮件时，请按以下步骤行事。

1. 检查 E-mail 客户端的用户名/密码是否配置正确。
2. 应用显示过滤器 POP，让 Wireshark 显示出所有 POP 数据包。请注意，应用显示过滤器 POP 只能让 Wireshark 显示出 TCP 端口号为 110 的所有数据包。在启用了 TLS 的情况下，显示过滤器就不能这么写了，要写成 tcp.port == 995，才能让 Wireshark 只显示运行于 TLS 上的所有 POP3 数据包。
3. 检查 E-mail 客户端能否顺利通过 E-mail 服务器的验证。由图 14.2 所示的 Wireshark 截屏可知，该 E-mail 账户的用户名和密码分别以 doronn@和 u6F 打头（用户名和密码的后半部分未予显示）。
4. 要想看到图 14.2 所示内容，需先在 Wireshark 抓包主窗口的数据包列表区域内选择一个隶属于 POP3 数据流的数据包，点击右键，在弹出的菜单中点击 Follow TCP Stream 菜单项。
5. 在 POP 用户验证阶段，只要用户名/密码有误，POP3 连接便会中断。图 14.3 所示的 Wireshark 截屏展示了一次 POP3 认证失败的例子。由图可知，收到服务器的 Logon failure 提示之后，客户端主动断开了相应的 TCP 连接。

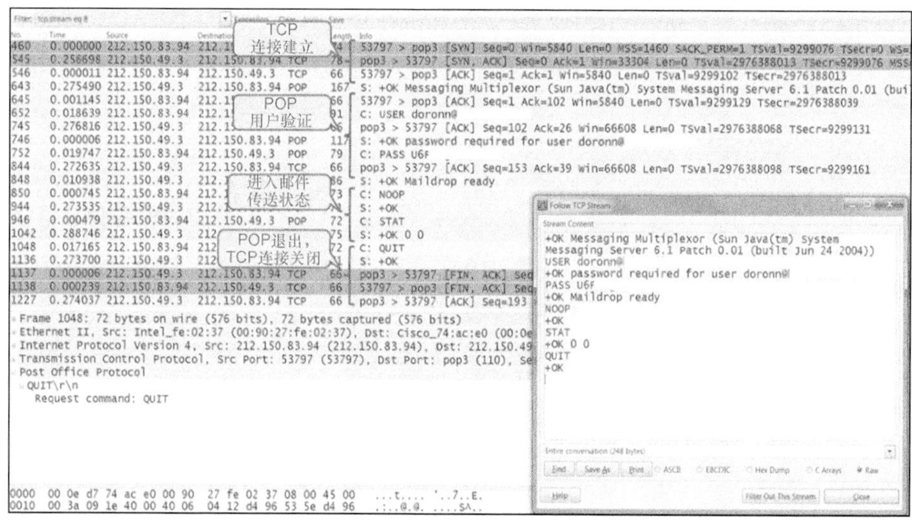

图 14.2

Filter: tcp.stream eq 31

No.	Time	Source	Destination	Protocol	Length	Info
2405	0.000000	192.1.1.3	192.1.1.2	TCP	62	nsstp > pop3 [SYN] Seq=0 Win=65535 Len=0 MSS=1460 SACK_PERM=1
2406	0.000095	192.1.1.2	192.1.1.3	TCP	62	pop3 > nsstp [SYN, ACK] Seq=0 Ack=1 Win=16384 Len=0 MSS=1460 SACK_PERM=1
2407	0.000028	192.1.1.3	192.1.1.2	TCP	54	nsstp > pop3 [ACK] Seq=1 Ack=1 Win=65535 [TCP CHECKSUM INCORRECT] Len=0
2408	0.000149	192.1.1.2	192.1.1.3	POP	147	S: +OK Microsoft Exchange Server 2003 [illegible]rver version 6.5.7638.1 (sbs.aviram.local) ready
2409	0.000045	192.1.1.3	192.1.1.2	POP	64	C: USER T
2410	0.000105	192.1.1.2	192.1.1.3	POP	60	S: +OK
2411	0.000041	192.1.1.3	192.1.1.2	POP	65	C: PASS n
2412	0.000720	192.1.1.2	192.1.1.3	POP	110	S: -ERR Logon failure: unknown user name or bad password.
2413	0.000090	192.1.1.3	192.1.1.2	TCP	54	nsstp > pop3 [FIN, ACK] Seq=22 Ack=155 Win=65381 [TCP CHECKSUM INCORRECT] Len=0
2414	0.000082	192.1.1.2	192.1.1.3	TCP	60	pop3 > nsstp [ACK] Seq=155 Ack=23 Win=65514 Len=0
2415	0.000069	192.1.1.2	192.1.1.3	TCP	60	pop3 > nsstp [FIN, ACK] Seq=155 Ack=23 Win=65514 Len=0
2416	0.000011	192.1.1.3	192.1.1.2	TCP	54	nsstp > pop3 [ACK] Seq=23 Ack=156 Win=65381 [TCP CHECKSUM INCORRECT] Len=0

登录失败

图 14.3

6. 此时，得借助于特殊的显示过滤器，让 Wireshark 只显示出感兴趣的数据包。比方说，应用显示过滤器 pop.request.command =="USER"，即可筛选出包含指定用户名的 POP 请求数据包；应用显示过滤器 pop.request.command =="PASS"，即可筛选出包含指定密码的 POP 数据包。如图 14.4 所示。

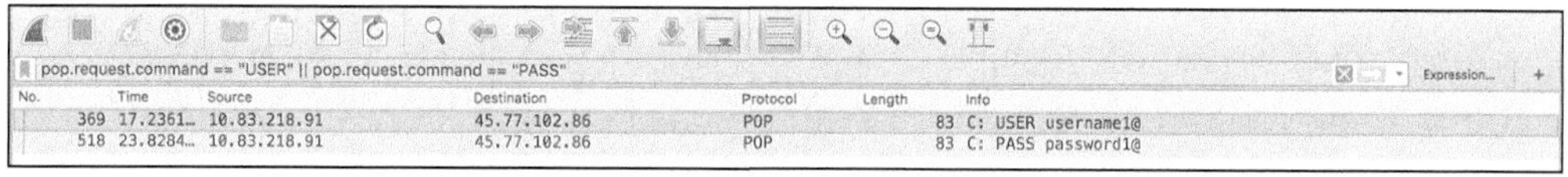

图 14.4

7. 邮件客户端从邮件服务器下载邮件时，很容易导致窄带链路过载，这一点请务必关注。可借助于之前介绍过的 I/O Graphs 工具，并配搭显示过滤表达式 POP，来检查链路的带宽利用率。

8. 应时刻关注 Wireshark 是否抓到了身背 TCP Retransmission、TCP Zero Window、TCP Window Full 等字样的数据包。若身负上述字样的数据包全都隶属于 POP3 数据流，则表示存在通信线路过载、服务器反应慢等问题。这些问题都有可能导致 E-mail 客户端无法从 E-mail 服务器收取邮件。

当 POP3 协议用 TLS 进行加密时，数据包的净载信息全不可见，与此有关的内容，请见本章后文。

2. IMAP 协议的运作方式

IMAP 类似于 POP3，邮件客户端也可以使用 IMAP 从邮件服务器获取邮件。IMAP 的常规运作方式如下所列。

1. 打开 E-mail 客户端，输入相关账户的用户名和密码。
2. 撰写一封新的邮件，随便用一个 E-mail 账户发送。
3. 在 E-mail 客户端上用 IMAP 收取邮件。E-mail 客户端软件不同，收取邮件的方法也必然不同。点击相关按钮，让 E-mail 客户端接收邮件。
4. 检查本地 E-mail 客户端是否收到了那封邮件。

3. SMTP 的运作机制

SMTP 的常规用途如下所列。

- SMTP 是一种运行于服务器之间的邮件传输协议。
- 可将某些邮件客户端软件配置为用 SMTP 来发送邮件（把待发邮件从客户端交付给服务器），用 POP3 或 IMAP4 从服务器收取邮件

SMTP 的常规运作方式如下所列。

- 本地 E-mail 客户端通过 DNS 等域名解析机制解析用户设置的 SMTP 服务器域名的 IP 地址。
- 如未启用 SSL/TLS，E-mail 客户端便会发起通往目的端口号 25 的 TCP 连接。如果启用了 SSL/TLS，则会发起通往目的端口号 465 的 TCP 连接。
- E-mail 客户端与服务器交换 SMTP 消息，进行身份验证。客户端发出 AUTH LOGIN，触发登录验证。成功登录之后，客户端就能够发送邮件了。
- E-mail 客户端发出 SMTP 消息，比如，包含发件人和收件人 E-mail 地址的"MAIL FROM:<>", "RCPT TO:<>"[1]。

1 译者注：原文是“It sends SMTP message such as "MAIL FROM:<>", "RCPT TO:<>" carrying sender and receiver email addresses”。译文按原文字面意思直译。

➢ 排队成功后，便会从 SMTP 服务器获得 OK 响应[1]。

图 14.5 所示为 SMTP 客户端和服务器之间交换的 SMTP 消息流。

```
Trying 10.1.1.1...
Connected to smtp-server.
Escape character is '^]'.
220 smtp-server ESMTP ready
AUTH LOGIN
334 VXNlcm5hbWU6
<enter username>
334 UGFzc3dvcmQ6
<enter password>
235 2.0.0 OK
MAIL FROM:ana@domain-abc.com
250 2.1.0 Ok
RCPT TO:lav@domain-xyz.com
 250 2.1.0 Ok
DATA
354 Go ahead
test123.
250 2.0.0 Ok: queued
```

图 14.5

14.2.3 幕后原理

本节将会用 Wireshark 来揭示前面介绍的几种 E-mail 协议的常规运作方式。

E-mail 客户端软件与服务器沟通时，大多都是借助于 POP3 协议，偶尔也会使用 SMTP 协议。当需要对邮件服务器执行某些操作时（比如，需要在客户端软件界面中查看远程邮件服务器上邮件的主题，但并不下载那些邮件时），将会用到 IMAP4 协议。E-mail 服务器之间的沟通大都使用 SMTP 协议。

注 意

IMAP4 和 POP3 协议的区别是，前者允许用户直接通过邮件客户端软件对服务器上的邮件进行操作，而不用将邮件事先全部下载；当使用后者收取邮件时，所有邮件都会从邮件服务器上清除，并下载至本机客户端软件。也就是说，IMAP4 协议提供的是邮件客户端与服务器之间的双向通信，在邮件客户端软件内执行的操作，都会被反馈至邮件服务器；而使用邮件客户端软件通过 POP3 协议收取邮件时，操作结果不会被反馈给邮件服务器。

1 译者注：原文是“Upon successful queuing, we get an OK response from the SMTP server”。译文按原文字面意思直译。

SMTP 状态码由三个部分构成，其构造方式使得 SMTP 消息包含的错误信息一目了然。SMTP 状态码的构造方法和细节将在下一小节讨论。

1. POP3

POP 是一种 E-mail 客户端用来从服务器收取邮件的应用层协议。图 14.6 中的 Wireshark 截屏示出了一次典型的 POP3 会话建立过程。

File Edit View Go Capture Analyze Statistics Telephony Tools Internals Help

Filter: tcp.stream eq 8 Expression... Clear Apply Save IPv6

No.	Time	Source	Destination	Protocol	Info
460	0.000000	212.150.83.94	212.150.49.3	TCP	53797 > pop3 [SYN] Seq=0 Win=5840 Len=0 M
545	0.256698	212.150.49.3	212.150.83.94	T ①	pop3 > 53797 [SYN, ACK] Seq=0 Ack=1 Win=
546	0.000011	212.150.83.94	212.150.49.3	TCP	53797 > pop3 [ACK] Seq=1 Ack=1 Win=5840 L
643	0.275490	212.150.49.3	212.150.83.94	P ②	S: +OK Messaging Multiplexor (Sun Java(tm
645	0.001145	212.150.83.94	212.150.49.3	T	53797 > pop3 [ACK] Seq=1 Ack=102 Win=5840
652	0.018639	212.150.83.94	212.150.49.3	POP	C: USER ddron@shtil.com
745	0.276816	212.150.49.3	212.150.83.94	TCP	pop3 > 53797 [ACK] Seq=102 Ack=26 Win=666
746	0.000006	212.150.49.3	212.150.83.94	P ③	S: +OK password required for user doronn@
752	0.019747	212.150.83.94	212.150.49.3	POP	C: PASS U6FU6F
844	0.272635	212.150.49.3	212.150.83.94	TCP	pop3 > 53797 [ACK] Seq=153 Ack=39 Win=666
848	0.010938	212.150.49.3	212.150.83.94	POP	S: +OK Maildrop ready
850	0.000745	212.150.83.94	212.150.49.3	POP	C: NOOP
944	0.273535	212.150.49.3	212.150.83.94	P ④	S: +OK
946	0.000479	212.150.83.94	212.150.49.3	POP	C: STAT
1042	0.288746	212.150.49.3	212.150.83.94	POP	S: +OK 0 0
1048	0.017165	212.150.83.94	212.150.49.3	POP	C: QUIT
1136	0.273700	212.150.49.3	212.150.83.94	POP	S: +OK
1137	0.000006	212.150.49.3	212.150.83.94	T ⑤	pop3 > 53797 [FIN, ACK] Seq=192 Ack=58 Wi
1138	0.000239	212.150.83.94	212.150.49.3	TCP	53797 > pop3 [FIN, ACK] Seq=58 Ack=193 Wi
1227	0.274037	212.150.49.3	212.150.83.94	TCP	pop3 > 53797 [ACK] Seq=193 Ack=59 Win=666

图 14.6

该过程的步骤如下所列。

1. E-mail 客户端主机与服务器之间以三次握手的方式建立 TCP 连接。
2. E-mail 服务器向客户端主机发送身负 OK Messaging Multiplexor 字样的 POP3 数据包。
3. 操作 E-mail 客户端主机的用户输入邮箱的用户名/密码。
4. POP3 协议运作的帷幕正式拉开。E-mail 客户端主机发出身背 NOOP（no operation）字样的 POP3 数据包，测试服务器是否已经打开了 POP3 连接。E-mail 客户端主机发出身负 STAT（status）字样的 POP3 数据包，要求服务器回发有关邮箱的统计信息，比如，邮件数和总字节数。服务器发出身背 OK 0 0 字样的 POP3 数据包（编号为 1042）作为应答，表示邮件数和总字节数均为 0。
5. 当发现服务器上的邮箱里无邮件可供收取时，E-mail 客户端主机会发出身背 QUIT 字样的 POP3 数据包（编号为 1048），服务器会发出身负 OK 字样的 POP3 数据包（编号为 1136）进行确认。随后，E-mail 客户端主机会拆除先前建立起的 TCP 连接（编号为 1137、1138 和 1227 的数据包）。

6．在启用了加密连接的情况下，E-mail 客户端主机和服务器之间的交流过程应如图 14.7 中的 Wireshark 截屏所示。以三次握手方式建立起 TCP 连接之后（1），E-mail 客户端主机和服务器之间会彼此交换几个 POP 数据包（2），然后双方会建立起 TLS 连接（3），以加密方式传输数据。

No.	Time	Source	Destination	Protocol	Info
1062	11.195923000	10.0.0.1	194.90.6.40	TCP	10657 > pop3 [SYN] Seq=0 Win=8192 Len=0 M
1083	11.235874000	194.90.6.40	10.0.0.1	TCP	pop3 > 10657 [SYN, ACK] Seq=0 Ack=1 Win=4
1084	11.235984000	10.0.0.1	194.90.6.40	TCP	10657 > pop3 [ACK] Seq=1 Ack=1 Win=17424
1121	11.287638000	194.90.6.40	10.0.0.1	POP	S: +OK POP3 service
1122	11.288359000	10.0.0.1	194.90.6.40	POP	C: CAPA
1150	11.333220000	194.90.6.40	10.0.0.1	TCP	pop3 > 10657 [ACK] Seq=19 Ack=7 Win=49368
1152	11.339605000	194.90.6.40	10.0.0.1	POP	S: +OK list follows
1153	11.340029000	10.0.0.1	194.90.6.40	POP	C: STLS
1160	11.361268000	194.90.6.40	10.0.0.1	TCP	pop3 > 10657 [ACK] Seq=157 Ack=13 Win=493
1174	11.370513000	194.90.6.40	10.0.0.1	POP	S: +OK STARTTLS completed
1176	11.370932000	10.0.0.1	194.90.6.40	TLSv1	Client Hello
1212	11.423055000	194.90.6.40	10.0.0.1	TCP	[TCP segment of a reassembled PDU]
1214	11.423840000	194.90.6.40	10.0.0.1	TLS	Server Hello, Certificate, Server Hello D
1215	11.423918000	10.0.0.1	194.90.6.40	TCP	10657 > pop3 [ACK] Seq=240 Ack=2583 Win=1
1216	11.425191000	10.0.0.1	194.90.6.40	TLSv1	Client Key Exchange, Change Cipher Spec,
1238	11.480737000	194.90.6.40	10.0.0.1	TLSv1	Change Cipher Spec, Encrypted Handshake M
1239	11.483948000	10.0.0.1	194.90.6.40	TLSv1	Application Data

图 14.7

2. IMAP

IMAP 的常规运作方式如下所列。

1．E-mail 客户端通过 DNS 等域名解析机制解析 IMAP 服务器域名的 IP 地址。

如图 14.8 所示，在未启用 SSL/TSL 的情况下，E-mail 客户端会建立通往目的端口 143 的 TCP 连接。在启用了 SSL 的情况下，则会建立通往目的端口 993 的 TCP 连接。

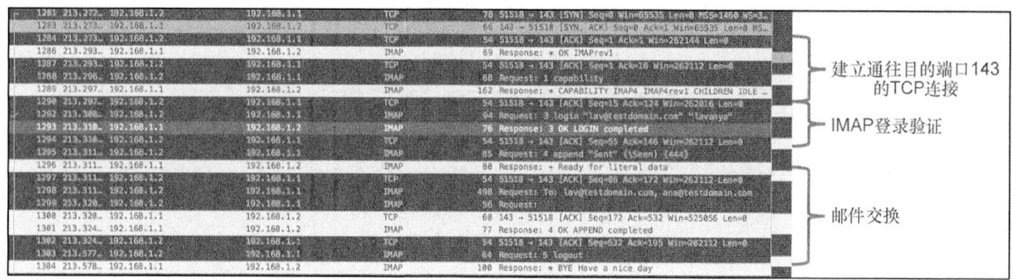

No.	Time	Source	Destination	Protocol	Length	Info
1281	213.272…	192.168.1.2	192.168.1.1	TCP	78	51518 → 143 [SYN] Seq=0 Win=65535 Len=0 MSS=1460 WS=3…
1283	213.273…	192.168.1.1	192.168.1.2	TCP	66	143 → 51518 [SYN, ACK] Seq=0 Ack=1 Win=65535 Len=0 MS…
1284	213.273…	192.168.1.2	192.168.1.1	TCP	54	51518 → 143 [ACK] Seq=1 Ack=1 Win=262144 Len=0
1286	213.293…	192.168.1.1	192.168.1.2	IMAP	69	Response: * OK IMAPrev1
1287	213.293…	192.168.1.2	192.168.1.1	TCP	54	51518 → 143 [ACK] Seq=1 Ack=16 Win=262112 Len=0
1288	213.296…	192.168.1.2	192.168.1.1	IMAP	68	Request: 1 capability
1289	213.297…	192.168.1.1	192.168.1.2	IMAP	162	Response: * CAPABILITY IMAP4 IMAP4rev1 CHILDREN IDLE …
1290	213.297…	192.168.1.2	192.168.1.1	TCP	54	51518 → 143 [ACK] Seq=15 Ack=124 Win=262016 Len=0
1292	213.308…	192.168.1.2	192.168.1.1	IMAP	94	Request: 3 login "lav@testdomain.com" "lavanya"
1293	213.310…	192.168.1.1	192.168.1.2	IMAP	76	Response: 3 OK LOGIN completed
1294	213.310…	192.168.1.2	192.168.1.1	TCP	54	51518 → 143 [ACK] Seq=55 Ack=146 Win=262112 Len=0
1295	213.311…	192.168.1.2	192.168.1.1	IMAP	85	Request: 4 append "Sent" (\Seen) {444}
1296	213.311…	192.168.1.1	192.168.1.2	IMAP	80	Response: + Ready for literal data
1297	213.311…	192.168.1.2	192.168.1.1	TCP	54	51518 → 143 [ACK] Seq=86 Ack=172 Win=262112 Len=0
1298	213.311…	192.168.1.2	192.168.1.1	IMAP	498	Request: To: lav@testdomain.com, ana@testdomain.com
1299	213.320…	192.168.1.2	192.168.1.1	IMAP	56	Request:
1300	213.320…	192.168.1.1	192.168.1.2	TCP	60	143 → 51518 [ACK] Seq=172 Ack=532 Win=525056 Len=0
1301	213.324…	192.168.1.1	192.168.1.2	IMAP	77	Response: 4 OK APPEND completed
1302	213.324…	192.168.1.2	192.168.1.1	TCP	54	51518 → 143 [ACK] Seq=532 Ack=195 Win=262112 Len=0
1303	213.577…	192.168.1.2	192.168.1.1	IMAP	64	Request: 5 logout
1304	213.578…	192.168.1.1	192.168.1.2	IMAP	100	Response: * BYE Have a nice day

图 14.8

2．TCP 连接建立之后，E-mail 客户端发出 IMAP 能力（capability）消息，请求服务器发送其所支持的功能。

3．随后，E-mail 客户端需要执行访问服务器的验证。验证通过之后，服务器回复响应代码 3，表明登录成功，如图 14.9 所示。

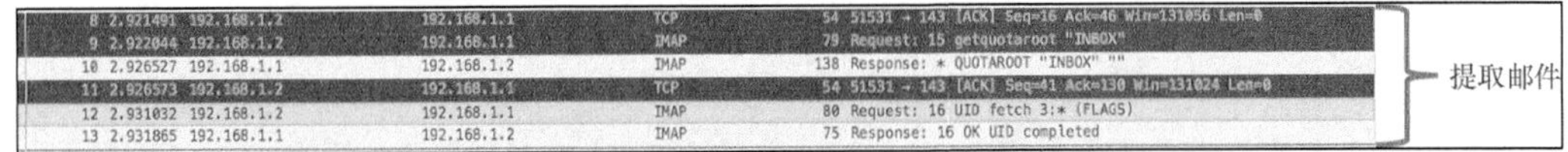

图 14.9

4．E-mail 客户端发出 IMAP FETCH 命令，从服务器提取所有邮件。

5．E-mail 客户端一经关闭，便会发出退出登录（logout）消息并清除 TCP 会话。

3. SMTP

SMTP 的常规运作方式如下所列。

1．E-mail 客户端通过 DNS 等域名解析机制解析 SMTP 服务器域名的 IP 地址。

2．在未启用 SSL/TSL 的情况下，E-mail 客户端会建立通往 SMTP 服务器监听的目的端口为 25 的 TCP 连接（见图 14.10）。在启用了 SSL 的情况下，则会建立通往目的端口 465 的 TCP 连接。

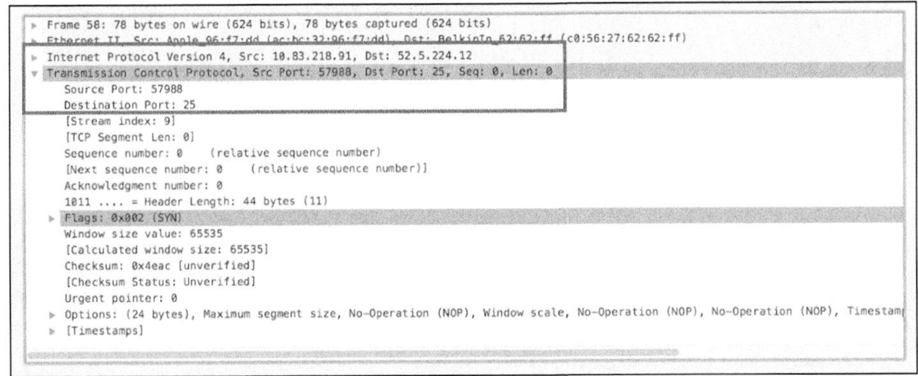

图 14.10

3．成功建立 TCP 会话之后，E-mail 客户端会发送 AUTH LOGIN（登录验证）消息，同时提示用户输入用户名/密码，如图 14.11 所示。

61	2.948717	52.5.224.12	10.83.218.91	SMTP	95 S: 220 mailtrap.io ESMTP ready
62	2.948825	10.83.218.91	52.5.224.12	TCP	66 57988 → 25 [ACK] Seq=1 Ack=30 Win=131712 Len=0
156	7.979165	10.83.218.91	52.5.224.12	SMTP	78 C: AUTH LOGIN → AUTH LOGIN请求
157	8.003876	52.5.224.12	10.83.218.91	TCP	66 25 → 57988 [ACK] Seq=30 Ack=13 Win=26880 Len=0
158	8.005130	52.5.224.12	10.83.218.91	SMTP	84 S: 334 VXNlcm5hbWU6
159	8.005185	10.83.218.91	52.5.224.12	TCP	66 57988 → 25 [ACK] Seq=13 Ack=48 Win=131712 Len=0
254	13.0273…	10.83.218.91	52.5.224.12	SMTP	88 C: User: ZTNlOWU1MmNjNjg2NTE= →
259	13.0534…	52.5.224.12	10.83.218.91	SMTP	84 S: 334 UGFzc3dvcmQ6
260	13.0535…	10.83.218.91	52.5.224.12	TCP	66 57988 → 25 [ACK] Seq=35 Ack=66 Win=131680 Len=0
318	17.4058…	10.83.218.91	52.5.224.12	SMTP	87 C: Pass: NDY5OWI0OGI0OTQ1ZjY →
319	17.4334…	52.5.224.12	10.83.218.91	SMTP	80 S: 235 2.0.0 OK → 返回表示成功的状态码

图 14.11

4．用户名和密码会被发送至 SMTP 客户端，进行账户验证[1]。

5．如果验证通过，SMTP 将发送响应代码 235[2]，如图 14.12 所示。

```
319 17.4334… 52.5.224.12    10.83.218.91  SMTP      80  S: 235 2.0.0 OK
320 17.4335… 10.83.218.91   52.5.224.12   TCP       66  57988 → 25 [ACK] Seq=56 Ack=80 Win=131680 Len=0
397 21.9086… 10.83.218.91   52.5.224.12   SMTP      108 C: MAIL FROM:<ana-57e5e3@inbox.mailtrap.io>  → 发件人E-mail地址
398 21.9370… 52.5.224.12    10.83.218.91  SMTP      80  S: 250 2.1.0 Ok
399 21.9370… 10.83.218.91   52.5.224.12   TCP       66  57988 → 25 [ACK] Seq=98 Ack=94 Win=131648 Len=0
498 26.6829… 10.83.218.91   52.5.224.12   SMTP      106 C: RCPT TO:<ana-57e5e3@inbox.mailtrap.io>  → 收件人E-mail地址
499 26.7088… 52.5.224.12    10.83.218.91  SMTP      80  S: 250 2.1.0 Ok
500 26.7089… 10.83.218.91   52.5.224.12   TCP       66  57988 → 25 [ACK] Seq=138 Ack=108 Win=131648 Len=0
604 31.1619… 10.83.218.91   52.5.224.12   SMTP      72  C: DATA
605 31.1888… 52.5.224.12    10.83.218.91  SMTP      80  S: 354 Go ahead
606 31.1888… 10.83.218.91   52.5.224.12   TCP       66  57988 → 25 [ACK] Seq=144 Ack=122 Win=131616 Len=0
749 38.7780… 10.83.218.91   52.5.224.12   SMTP      88  C: DATA fragment, 22 bytes
750 38.8312… 10.83.218.91   52.5.224.12   TCP       88  [TCP Retransmission] 57988 → 25 [PSH, ACK] Seq=144 Ack=122 …
751 38.8418… 52.5.224.12    10.83.218.91  TCP       66  25 → 57988 [ACK] Seq=122 Ack=166 Win=26880 Len=0
752 38.8560… 52.5.224.12    10.83.218.91  TCP       78  [TCP Dup ACK 751#1] 25 → 57988 [ACK] Seq=122 Ack=166 Win=26…
756 40.0975… 10.83.218.91   52.5.224.12   SMTP|IMF  69  Hi Ana, How are you?  → E-mail消息
757 40.1232… 52.5.224.12    10.83.218.91  TCP       66  25 → 57988 [ACK] Seq=122 Ack=169 Win=26880 Len=0
758 40.1245… 52.5.224.12    10.83.218.91  SMTP      88  S: 250 2.0.0 Ok: queued  → 排队发送成功
```

图 14.12

6．E-mail 客户端先将发件人 E-mail 地址发送给 SMTP 服务器。若发件人地址有效，则 SMTP 服务器会回复响应代码 250。

7．收到 SMTP 服务器的 OK 响应后，E-mail 客户端会发送收件人 E-mail 地址。若收件人地址有效，则 SMTP 服务器会回复响应代码 250。

8．随后，客户端将推送实际的电子邮件消息。SMTP 将回复响应代码 250 和响应参数 OK: queued[3]。

9．排队成功消息确保邮件成功发送，并排队向收件人地址交付[4]。

14.2.4 拾遗补缺

E-mail 有时也会成为网络中的杀手级应用，对使用非对称线路接入 Internet 的小型企业网络来说则更是如此。在发送文本格式的邮件时，并不会消耗多少网络带宽；可要是在发送邮件时携带几 MB 甚至几十 MB 的附件，且 Internet 链路的上行带宽又过窄，网络中的其他用户就会在相当长的一段时间内感觉上网卡顿。这样的事儿在小型企业网络中可谓屡见不鲜。

另一个问题是，有些用户会把邮件客户端软件配置为在启动时自动从邮件服务器下载新邮件。在长假（或双休日）后的第一个工作日，要是有人一来上班就反映上网卡顿，则很有可能是公司所有员工正同时打开邮件客户端软件从邮件服务器收取邮件。

1　译者注：原文是“The username and password will be sent to the SMTP client for account verification”。原文就是“发送至 SMTP 客户端”。

2　译者注：原文是“SMTP will send a response code of 235 if authentication is successful”。译文按原文字面意思直译。

3　译者注：原文是“The client will now push the actual email message. SMTP will respond with a response code of 250 and the response parameter OK: queued”。译文按原文字面意思直译。

4　译者注：原文是“The successfully queued message ensures that the mail is successfully sent and queued for delivery to the receiver address”。译文按原文字面意思直译。

1. Wireshark 软件的 SSL 解密功能

如本章前文所述，所有 E-mail 协议（SMTP、IMAP 和 POP3）都支持 SSL/TLS，其协议消息的传输层信息都经过了加密，用 Wireshark 无法查看实际的信息。需要 E-mail 客户端使用的 SSL 密钥才能解密信息。

具体步骤如下所列。

1. 确定 E-mail 客户端所用的 SSL 密钥。获取 SSL 的过程会随硬件和应用程序而异[1]。
   - 在 macOS 中，进入 Applications | Utilities，打开 Keychain Access，便会列出各种应用程序的所有证书和密钥。确定 E-mail 客户端所用的 SSL 密钥。
   - 在 Windows 中，进入 Microsoft Management Console (MMC)，点击 Certificates，便会列出各种应用程序的所有证书[2]。确定正确的证书，将其导出。
2. 确定 E-mail 客户端的 SSL 密钥后，启动 Wireshark 软件，点击 Edit | Preference。在弹出的 Preference 窗口中，如图 14.13 所示。

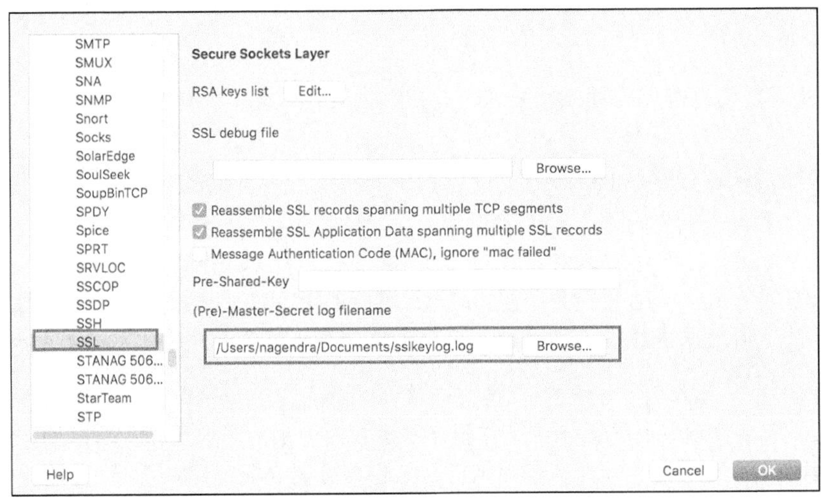

图 14.13

1 译者注：原文是“Depending on the hardware and application, the procedure to get the SSL may vary”。译文按原文字面意思直译。

2 译者注，原文是“In Windows, go to Microsoft Management Console (MMC) and then to Certificates. This will list all the certificates for different applications”。打开 MMC 之后，还要点击“文件”|“添加删除管理单元”，选择“证书”，点击“添加”按钮，按照提示操作，才能在“控制台根节点”下出现“证书”配置项。

3．点击 Protocols 左边的小三角形，找到并点击 SSL 配置选项。

4．点击(Pre)-Master-Secret log filename 下面的 Browse 按钮，将 E-mail 客户端所用的 SSL 密钥导入，点击 OK 按钮。

5．上述操作可让 Wireshark 用 SSL 密钥解密抓到的 E-mail 协议消息。

14.3 POP、IMAP 和 SMTP 故障分析

本节将探讨如何使用 Wireshark 分析各种 E-mail 协议出现的故障。

14.3.1 分析准备

当有个别用户反映存在邮件收发故障时，请把 Wireshark 主机接入交换机，在交换机上启用端口镜像功能，把存在邮件收发问题的用户主机的流量重定向至 Wireshark 主机。若遭遇大面积用户投诉，则需要将通往邮件服务器的通信链路的流量重定向至 Wireshark 主机。

14.3.2 分析方法

要弄清具体是哪一种 E-mail 协议出现了故障，首先需要辨明方向。我们以图 14.14 为例进行分析。

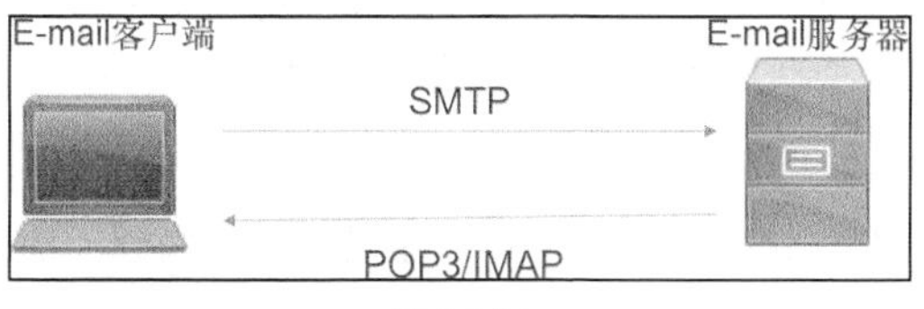

图 14.14

举个例子，若用户申告邮件发送失败，则需关注 SMTP；若申告邮件接收失败，则需关注 IMAP 或 POP3（具体关注哪一种协议，要视 E-mail 客户端实际采用的协议而定）。

1．辨明方向之后，请检查通往相关 E-mail 协议的目的端口号的 TCP 会话能否成功建立。

2．由图 14.15 可知，E-mail 客户端主机无法建立通往服务器 143 端口的 TCP 会话。此时，应按第 10 章和第 11 章所述，排除网络层和传输层故障。

tcp.port == 143

No.	Time	Source	Destination	Protocol	Length	Info
320	23.3462…	192.168.1.2	192.168.1.1	TCP	78	51486 → 143 [SYN] Seq=0 Win=65535 Len=0 MSS=1460 WS=3…
329	24.3495…	192.168.1.2	192.168.1.1	TCP	78	[TCP Retransmission] 51486 → 143 [SYN] Seq=0 Win=6553…
334	25.3517…	192.168.1.2	192.168.1.1	TCP	78	[TCP Retransmission] 51486 → 143 [SYN] Seq=0 Win=6553…
337	26.3560…	192.168.1.2	192.168.1.1	TCP	78	[TCP Retransmission] 51486 → 143 [SYN] Seq=0 Win=6553…
342	27.3604…	192.168.1.2	192.168.1.1	TCP	78	[TCP Retransmission] 51486 → 143 [SYN] Seq=0 Win=6553…
344	28.3624…	192.168.1.2	192.168.1.1	TCP	78	[TCP Retransmission] 51486 → 143 [SYN] Seq=0 Win=6553…
361	30.3664…	192.168.1.2	192.168.1.1	TCP	78	[TCP Retransmission] 51486 → 143 [SYN] Seq=0 Win=6553…
375	34.3805…	192.168.1.2	192.168.1.1	TCP	78	[TCP Retransmission] 51486 → 143 [SYN] Seq=0 Win=6553…

图 14.15

3．若 TCP 会话成功建立，则应继续检查应用程序层协议（E-mail 客户端软件）能否顺利

通过服务器的身份验证。借助 Wireshark，不但可以观察到用户名/密码有误，还可以发现歹人对 E-mail 服务器的恶意访问，如图 14.16 所示。

```
▶ Frame 76: 135 bytes on wire (1080 bits), 135 bytes captured (1080 bits)
▼ Ethernet II, Src: QuantaCo_d2:be:29 (c4:54:44:d2:be:29), Dst: Apple_3b:34:fc (a8:20:66:3b:34:fc)
  ▼ Destination: Apple_3b:34:fc (a8:20:66:3b:34:fc)
      Address: Apple_3b:34:fc (a8:20:66:3b:34:fc)
      .... ..0. .... .... .... .... = LG bit: Globally unique address (factory default)
      .... ...0 .... .... .... .... = IG bit: Individual address (unicast)
  ▼ Source: QuantaCo_d2:be:29 (c4:54:44:d2:be:29)
      Address: QuantaCo_d2:be:29 (c4:54:44:d2:be:29)
      .... ..0. .... .... .... .... = LG bit: Globally unique address (factory default)
      .... ...0 .... .... .... .... = IG bit: Individual address (unicast)
    Type: IPv4 (0x0800)
▶ Internet Protocol Version 4, Src: 192.168.1.1, Dst: 192.168.1.2
▶ Transmission Control Protocol, Src Port: 143, Dst Port: 52605, Seq: 124, Ack: 36, Len: 81
▼ Internet Message Access Protocol
  ▼ Line: 3 NO Invalid user name or password. Please use full email address as user name.\r\n
      Response Tag: 3
      Response Status: NO
      Response: NO Invalid user name or password. Please use full email address as user name.
```

图 14.16

4．检查用户名和密码，确保使用了正确的用户名和密码执行身份验证。

当感觉到邮件服务器之间沟通缓慢时，请按以下步骤行事[1]。

1．核实两台邮件服务器是否位于同一站点。

- 若位于同一站点，则很可能是邮件服务器反应慢或应用程序问题。一般不太可能是网络传输问题，若两台邮件服务器都部署在通过高速 LAN 链路互连的数据中心内，则更是如此。
- 若位于不同的站点（比如，两台邮件服务器分别位于通过低速 WAN 链路互连的异地站点内），请检查 WAN 链路的负载状况。当发送包含较大附件的邮件时，极有可能会导致低速 WAN 链路的拥塞。

2．检查 Wireshark 抓包文件，看看是否抓到了身背 TCP Retransmission、TCP ZeroWindow、TCP WindowFull 等字样，且隶属于 SMTP 数据流的数据包。图 14.17 所示为 Wireshark 抓到了众多身负 TCP Retransmission 字样，且隶属于 SMTP 数据流的数据包时的情形。

Filter: tcp.analysis.retransmission ▾ Expression... Clear Apply Save POP SMTP

No.	Time	Source	Destination	Protocol	Length	Info
4125	0.001469	172.16.30.113	192.5.11.73	SMTP	566	[TCP Retransmission] C: DATA fragment, 500 bytes
4127	0.000001	172.16.30.113	192.5.11.73	SMTP	566	[TCP Retransmission] C: DATA fragment, 500 bytes
4129	0.000754	172.16.30.113	192.5.11.73	SMTP	566	[TCP Retransmission] C: DATA fragment, 500 bytes
4131	0.000001	172.16.30.113	192.5.11.73	SMTP	566	[TCP Retransmission] C: DATA fragment, 500 bytes
4143	0.001762	172.16.30.113	192.5.11.73	SMTP	566	[TCP Retransmission] C: DATA fragment, 500 bytes
4145	0.000001	172.16.30.113	192.5.11.73	SMTP	566	[TCP Retransmission] C: DATA fragment, 500 bytes
4147	0.000001	172.16.30.113	192.5.11.73	SMTP	566	[TCP Retransmission] C: DATA fragment, 500 bytes
4152	0.000738	192.5.11.98	172.16.30.243	SMB	130	[TCP Retransmission] Trans2 Request, QUERY_FILE_INFO,
4154	0.000001	172.16.30.113	192.5.11.73	SMTP	566	[TCP Retransmission] C: DATA fragment, 500 bytes
4156	0.000001	172.16.30.113	192.5.11.73	SMTP	566	[TCP Retransmission] C: DATA fragment, 500 bytes
4158	0.000001	172.16.30.113	192.5.11.73	SMTP	566	[TCP Retransmission] C: DATA fragment, 500 bytes
4160	0.000001	172.16.30.243	192.5.11.98	SMB	142	[TCP Retransmission] Trans2 Response<unknown>

图 14.17

1　译者注：以下描述所用的插图基于 Wireshark 版本 1。

3. 核实问题是否出在 E-mail（SMTP）服务器“反应慢”上面。当读者看见图 14.18 所示的 Wireshark 截屏时，应该知道作者使用了 Statistics 菜单下 Conversation 工具中的 TCP 标签功能。在勾选了 Limit to display filter 复选框（让显示过滤参数 tcp.analysis retransmission 生效），点击过 Conversation 窗口中的 Packets 一列（按数据包数量的多少重新排序）之后，可以看到有 793 个重传的 SMTP（TCP 25 端口）数据包，而 172.16.30.247 和 172.16.30.2 TCP 445 端口（Microsoft DS）之间、172. 16.30.180 和 192.5.11.198 TCP 80 端口（HTTP）之间的 TCP 重传数据包则分别高达 9014 和 2139 个。

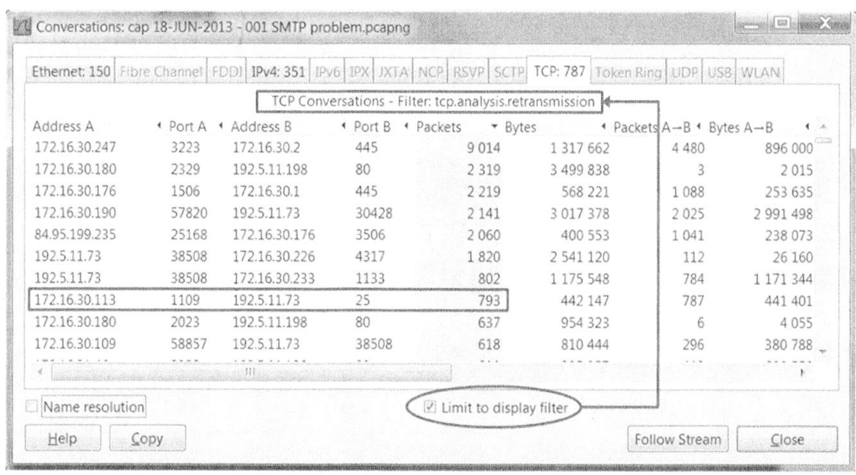

图 14.18

由此可以判断出 SMTP 协议本身并无问题，邮件发送不畅只是受到了恶劣网络环境的影响。

4. 检查 Wireshark 抓包文件，看看是否抓到了身背 SMTP 状态代码的数据包。由图 14.19 可知，Wireshark 抓到了身背 SMTP 状态代码 451 的数据包。状态代码 451 表示邮件（SMTP）服务器发生了 local error in processing 错误。

注 意

> 当某种应用（层协议）发生故障时，其客户端或服务器端主机一般都会生成与故障有关的日志信息。通过阅读这些信息或根据这些信息执行 Google 搜索，一般都能得出导致故障的原因。本书后文会举几个这方面的例子。

SMTP 状态码列表详见 RFC 1893。

5. 要想弄清 SMTP 对话双方所交换的数据包中是否包含了 SMTP 错误状态码，请配置并应用图 14.20 所示的 Wireshark 显示过滤器。

现在来解读一下在图 14.20 中现身的几个 SMTP 错误状态码。

- **状态码 421**：表示邮件服务不可用（图 14.20 中标记为 1 的区域）。
- **状态码 451**：表示 SMTP 服务器无法响应，请稍后再试，这可能预示着服务器负载过高或服务器故障（图 14.20 中标记为 2 的区域）。

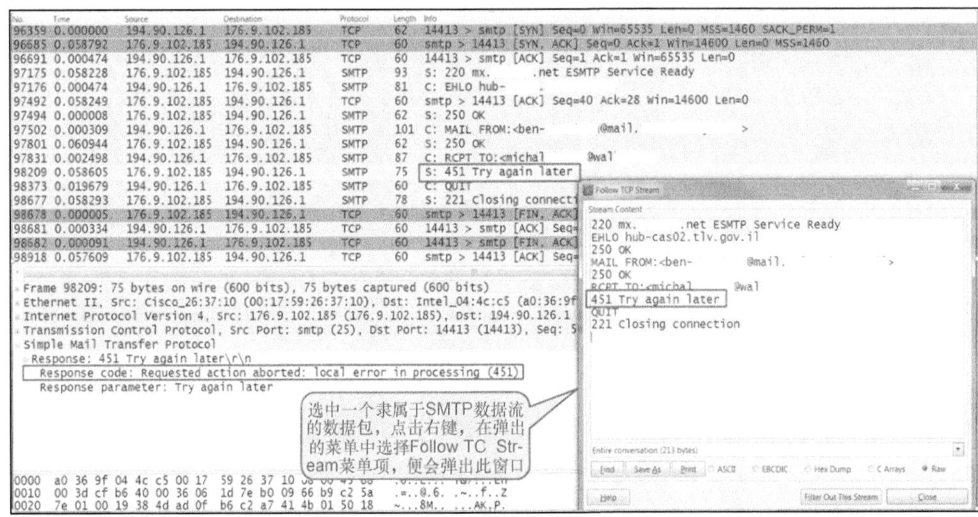

图 14.19

No.	Time	Source	Destination	Protocol	Length	Info
230881	0.957216	194.90.126.3	212.179.113.105	SMTP	105	S: 500 Syntax error, I cannot recognize this command
233930	0.370806	46.4.167.9	194.90.126.1	SMTP	93	S: 421 mx. .net Service Unavailable ①
236492	0.287574	176.9.102.185	194.90.126.1	SMTP	75	S: 451 Try again later ②
240907	0.585329	194.90.126.3	212.29.221.217	SMTP	117	S: 500 Syntax error, I cannot recognize this command ③
249262	1.209123	80.179.55.150	194.90.126.1	SMTP	162	S: 250 2.5.0 Address and options OK. | 451 4.2.2 user over quota; cannot recei
264923	3.080530	194.90.126.3	209.85.212.175	SMTP	117	S: 500 Syntax error, I cannot recognize this command
298264	5.142030	207.232.39.169	194.90.126.1	SMTP	108	S: 452 <noreply@at: > Mailbox size limit exceeded ④
307959	2.008353	194.90.126.3	192.114.23.26	SMTP	117	S: 500 Syntax error, I cannot recognize this command
325389	2.901291	194.90.126.3	115.73.233.142	SMTP	100	S: 550 Invalid recipient/sender mailing address ⑤
335006	1.662495	192.115.106.20	194.90.126.1	SMTP	129	S: 250 Ok | 450 <hub-cas02. >: Helo command rejected: Host not found
343706	1.336559	194.90.126.3	62.219.19.49	SMTP	117	S: 500 Syntax error, I cannot recognize this command
368771	4.410882	194.90.126.3	80.179.55.166	SMTP	105	S: 500 Syntax error, I cannot recognize this command
374990	0.960292	194.90.126.3	212.29.221.217	SMTP	117	S: 500 Syntax error, I cannot recognize this command

图 14.20

- **状态码 451**：表示用户配额超限（图 14.20 中标记为 3 的区域，在该区域内还出现了 SMTP 状态码 250，具体原因稍后解释）。
- **状态码 452**：表示用户邮箱空间超限（图 14.20 中标记为 4 的区域）。
- **状态码 450**：表示主机未发现（图 14.20 中标记为 5 的区域，在该区域内还出现了 SMTP 状态码 250，具体原因稍后解释）。

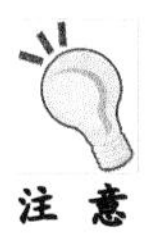

在同一条 SMTP 协议消息中可以包含多个状态码，某些其他（应用层）协议的协议消息也是如此。在 Wireshark 抓包主窗口的数据包列表区域内，只能看见 SMTP 协议消息中的第一个或头几个状态码。要想查看一条 SMTP 协议消息中所包含的全部状态码，请按图 14.21 那样先在数据包列表区域内选中某个 SMTP 数据包，再到数据包结构区域内查看。

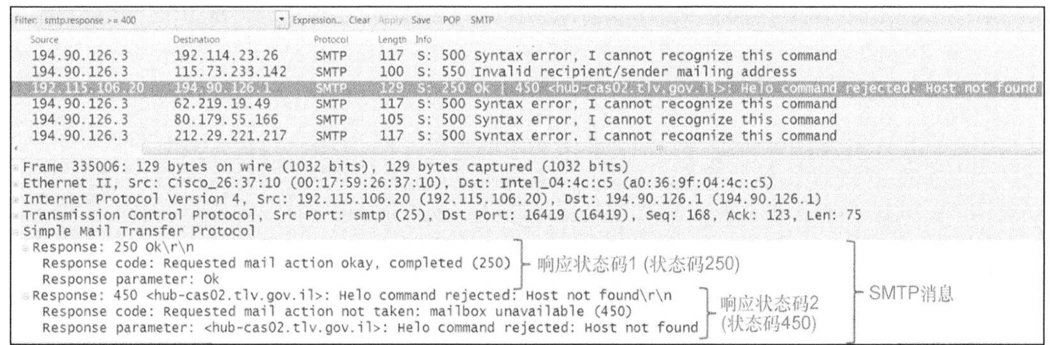

图 14.21

若发现有多条 SMTP 消息都包含不止一个状态码，则表示邮件服务器不可用。此时，需联系邮件服务器管理员。

14.3.3 幕后原理

上一节介绍了每一种 E-mail 协议（SMTP、IMAP 和 POP3）的常规运作方式。将 E-mail 协议正常运作时抓到的数据包，与协议故障时抓到的数据包进行比对，会有助于查明故障的起因。

14.4 分析 E-mail 协议的错误状态码，并据此筛选 E-mail 流量

本节将探讨如何根据 E-mail 协议的错误状态码，用 Wireshark 筛选相关 E-mail 流量，进行故障分析。

14.4.1 分析准备

根据故障情形，在 E-mail 客户端或服务器端抓包。在启用 SSL/TLS 的情况下，需要在 Wireshark 中指明 SSL 密钥，解密相关 E-mail 流量，才能根据错误状态码筛选流量。否则，E-mail

流量包含的错误状态码将会被加密，不会在经过筛选的 E-mail 流量中露面[1]。

14.4.2 分析方法

每一种 E-mail 协议都会通过不同类型的错误状态码，在 E-mail 客户端和服务器之间通报发生的故障或问题。本小节将探讨如何根据错误状态码，用 Wireshark 筛选每种 E-mail 协议的流量。

1. SMTP

排除或分析与 E-mail 收发有关的故障时，E-mail 服务器日志或 Wireshark 抓到的 SMTP 协议数据包中包含的 SMTP 状态码会提供非常有用的排障线索。借助于在 E-mail 服务器和客户端之间交换的（SMTP 协议数据包所包含的）各种状态码，即可判断 SMTP 协议是否正常运作。根据状态码过滤 SMTP 协议数据包的方法多种多样，本小节会介绍几种常用的方法。

应用显示过滤器 smtp.response，可以筛选出包含响应状态码的所有 SMTP 消息。在状态码已知的情况下，可应用显示过滤器 smtp.response.code == <code>，进一步执行精细化过滤，如图 14.22 所示。

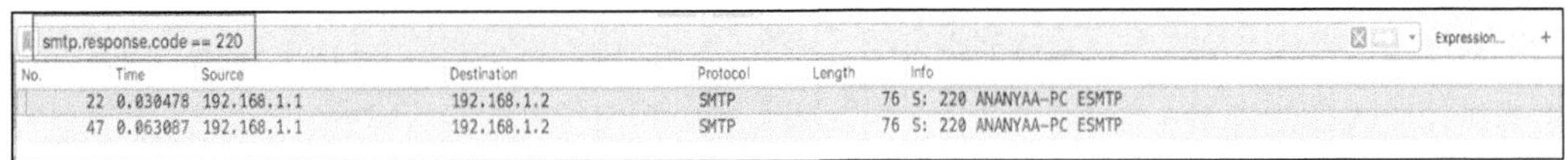

图 14.22

由于 SMTP 响应状态码全都用数字来表示，因此 Wireshark 支持根据状态码的范围来执行过滤。比方说，应用显示过滤器 smtp.response.code > 200，可以筛选出状态码高于 200 的所有 SMTP 消息，如图 14.23 所示。

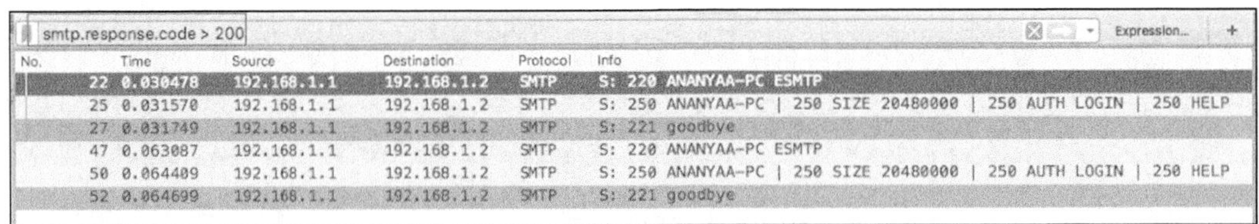

图 14.23

还可以根据响应参数来筛选 SMTP 消息。应用显示过滤器 smtp.rsp.parameters == <param>，即可根据响应参数来执行过滤。图 14.24 中的显示过滤器用来筛选包含 AUTH LOGIN 参数的 SMTP 数据包。

1 译者注：原文是“Otherwise, the error code will be decrypted and it may not list in the filtered output”。按原文的字面意思直译为“否则，错误代码将会被解密，不会在过滤的输出中列出”。

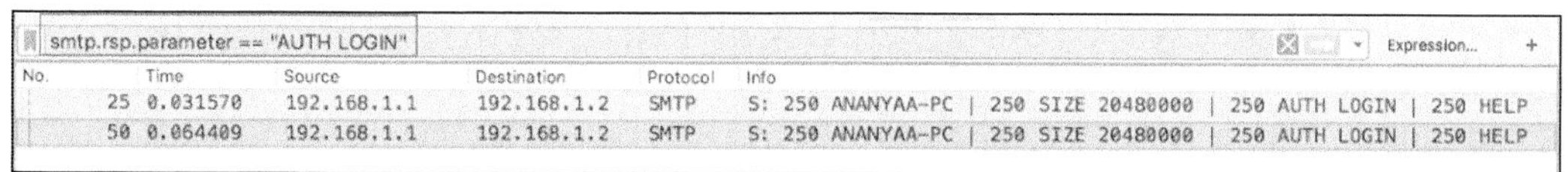

smtp.rsp.parameter == "AUTH LOGIN"

No.	Time	Source	Destination	Protocol	Info
25	0.031570	192.168.1.1	192.168.1.2	SMTP	S: 250 ANANYAA-PC | 250 SIZE 20480000 | 250 AUTH LOGIN | 250 HELP
50	0.064409	192.168.1.1	192.168.1.2	SMTP	S: 250 ANANYAA-PC | 250 SIZE 20480000 | 250 AUTH LOGIN | 250 HELP

图 14.24

更多与 SMTP 状态码有关的详细信息，请见下一小节。

2. IMAP

在 E-mail 客户端和服务器之间，会通过 OK、NO、BAD、BYE 之类的状态响应消息来表示任何一条 IMAP 命令执行的结果以及执行失败的原因。每条 IMAP 命令都与 OK、NO、BAD 等状态响应消息相关联，在状态响应消息中可能还会包含命令专有的附加信息。有些状态响应消息会包含附加信息，也有一些则不含附加信息。

比方说，IMAP 命令 DELETE 与响应信息 OK、NO 和 BAD 相关联。状态响应消息为 OK 的命令 DELETE，表示该命令执行成功（不含附加信息）。当 IMAP 命令 LOGIN 与状态响应消息 NO 相关联时，状态响应消息中还会包含附加信息，比如，会包含表示登录尝试失败的“invalid username or password”（无效的用户名或密码）。

应用显示过滤器 imap.request，可筛选出从 E-mail 客户端发往服务器的所有 IMAP COMMAND 消息（见图 14.25）。在具体命令已知的情况下，可应用显示过滤器 imap.request.command == “<>”，做进一步的筛选。

imap.request

No.	Time	Source	Destination	Protocol	Info
1288	213.296876	192.168.1.2	192.168.1.1	IMAP	Request: 1 capability
1292	213.308958	192.168.1.2	192.168.1.1	IMAP	Request: 3 login "lav@testdomain.com" "lavanya"
1295	213.311008	192.168.1.2	192.168.1.1	IMAP	Request: 4 append "Sent" (\Seen) {444}
1298	213.311786	192.168.1.2	192.168.1.1	IMAP	Request: To: lav@testdomain.com, ana@testdomain.com
1303	213.577701	192.168.1.2	192.168.1.1	IMAP	Request: 5 logout

图 14.25

应用显示过滤器 imap.response，可筛选出 E-mail 服务器发往客户端的所有 IMAP 状态响应消息。可用显示过滤器 imap.response.status == <>，根据响应状态（比如，OK、NO 或 BAD）做进一步的筛选，如图 14.26 所示。

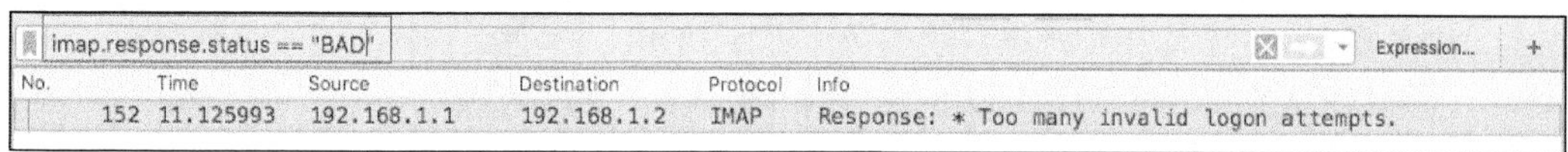

imap.response.status == "BAD"

No.	Time	Source	Destination	Protocol	Info
152	11.125993	192.168.1.1	192.168.1.2	IMAP	Response: * Too many invalid logon attempts.

图 14.26

3. POP3

与 IMAP 一样，POP3 也会通过状态响应消息来通报 E-mail 客户端和服务器之间的任何故障。在 POP3 状态响应消息中，除了会包含+ OK 和-ERR 之类的响应提示符以外，还会包含相关的附加信息。

由图 14.27 可知，该 POP3 响应消息的响应提示符（Response indicator）为-ERR，响应描述（Response description）中包含的是 ERR（错误）原因。对于该 POP3 响应消息而言，ERR（错误）原因与登录失败有关。

```
▶ Frame 2371: 98 bytes on wire (784 bits), 98 bytes captured (784 bits)
▶ Ethernet II, Src: Cisco_ac:c3:0e (d4:8c:b5:ac:c3:0e), Dst: Apple_96:f7:dd (ac:bc:32:96:f7:dd)
▶ Internet Protocol Version 4, Src: 52.5.224.12, Dst: 10.118.20.8
▶ Transmission Control Protocol, Src Port: 1100, Dst Port: 63665, Seq: 58, Ack: 23, Len: 32
▼ Post Office Protocol
  ▼ -ERR Invalid login or password\r\n
      Response indicator: -ERR
      Response description: Invalid login or password
```

图 14.27

应用显示过滤器 pop.request 或 pop.response，可分别筛选出 E-mail 客户端发往服务器的所有 POP3 请求消息或 E-mail 服务器发往客户端的所有 POP3 响应消息。可为显示过滤器 pop.request 或 pop.response 添加响应提示符参数，对 POP3 数据包做进一步的筛选，如图 14.28 所示。

pop.response.indicator == +OK || pop.response.indicator == -ERR

No.	Time	Source	Destination	Protocol	Info
1829	4.746291	52.5.224.12	10.118.20.8	POP	S: +OK POP3 ready <1172666034.1518702400@mailtrap.io>
2293	10.319909	52.5.224.12	10.118.20.8	POP	S: +OK
2371	15.950189	52.5.224.12	10.118.20.8	POP	S: -ERR Invalid login or password
2541	25.582680	52.5.224.12	10.118.20.8	POP	S: +OK
2592	32.564350	52.5.224.12	10.118.20.8	POP	S: +OK maildrop locked and ready
2708	35.794213	52.5.224.12	10.118.20.8	POP	S: +OK 234 octets
2726	38.936245	52.5.224.12	10.118.20.8	POP	S: +OK 233 octets
2816	41.210267	52.5.224.12	10.118.20.8	POP	S: +OK 2338 octets
3126	46.122503	52.5.224.12	10.118.20.8	POP	S: +OK Bye

图 14.28

由图 14.28 左上角所示的显示过滤器可知，添加的响应提示符参数为+ OK 和-ERR。

14.4.3 幕后原理

本章介绍的三种 E-mail 协议的通信机制在概念上全都相同：E-mail 客户端发出命令，等待与命令有关的响应消息或状态码（见图 14.29）。成功执行了 E-mail 客户端发出的命令或请求后，服务器会发出具有正面意义的状态码（比如，OK）。执行命令时若出现任何问题或执行失败，服务器便会发送具有负面意义的响应码（比如，NO 或 BAD）。更多与 E-mail 协议错误状态码的有关详细信息，请见下一小节。

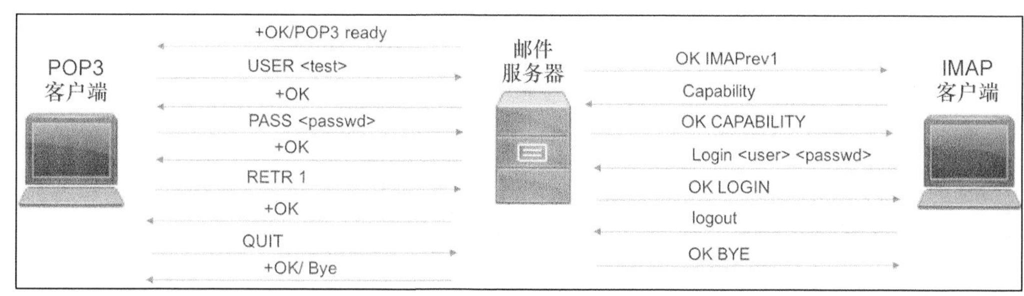

图 14.29

14.4.4 拾遗补缺

每一种 E-mail 协议的响应码及其相关语义请见定义该 E-mail 协议的 RFC。本小节会介绍某些常见的响应码，并给出定义相关响应码的 RFC，这几份 RFC 提供了这些响应码的附加信息。

1. IMAP 响应码（RFC 5530）

RFC 5530 提供了所有 IMAP 响应码以及每个响应码的具体含义。可从 IANA 的官网上搜索并获取 IMAP 响应码一览表。

2. POP3 响应码（RFC 2449）

RFC 2449 提供了所有 POP3 响应码以及每个响应码的具体含义。可从 IANA 的官网上搜索获取 POP3 响应码一览表。

3. SMTP 和 SMTP 错误状态码（RFC 3463）

SMTP 状态码的构造方式如下所列。

class. subject. detail

举个例子，一条包含状态码 450 的 SMTP 消息具有如下含义。

- class 4：表示存在临时性问题。
- subject 5：指明了邮件递送协议的状态。
- detail 0：表示其他或未定义的协议状态（RFC 3463 3.6 节）

表 14.1 所列为 SMTP 状态码的各种类别码（class）。

表 14.1

SMTP 状态码	含　义	描　述
2.x.xxx	成功	操作成功
4.x.xxx	持续出现暂时性的故障	临时情况（暂时性的故障）导致邮件服务器无法发送邮件。暂时性的故障是因服务器负载过重或网络拥塞所致。通常，（在邮件发送失败之后，）重新发送将会取得成功
5.x.xxx	持久性的故障	持久性的故障导致邮件服务器无法发送邮件。所谓持久性的故障一般都是指服务器故障或兼容性问题

表 14.2 所列为 SMTP 状态码的各种主题码（subject）。

表 14.2

SMTP 状态码	含　义
x.0.xxx	其他或未定义状态
x.1.xxx	地址状态
x.2.xxx	邮箱状态
x.3.xxx	邮件系统状态
x.4.xxx	网络及路由状态
x.5.xxx	邮件递送协议状态
x.6.xxx	邮件内容或媒体状态
x.7.xxx	安全或策略状态

SMTP 状态码的细节码（detail）着实太多，难以全部罗列，详情请参考 RFC 3463。

表 14.3 所列为常见的 SMTP 状态码。

表 14.3

SMTP 状态码	含　义	原　因
220	服务就绪	（邮件）服务正在运行，随时准备执行邮件“投递”任务
221	服务关闭	一般为正常，表示邮件服务器上的服务在不用时关闭
250	对邮件的操作请求已执行完毕	邮件发送成功
251	非本地用户，邮件将会被转发	一切正常
252	用户通不过验证	用户通不过服务器的验证，邮件无法递送
421	服务不可用	邮件发送服务不可用，服务器无法处理收到的邮件，这可能是因为服务器问题（邮件递送服务未开启）或服务器限制问题
422	邮件大小问题	收件人邮箱已满或邮件服务器对所收邮件的大小有限制
431	内存溢出或磁盘空间已满	邮件服务器内存溢出或磁盘空间已满
432	邮件接收队列被停止	服务器故障（邮件递送服务未开启）

续表

SMTP 状态码	含　义	原　因
441	收件服务器无响应	发件服务器表示收件服务器不响应
442	连接故障	通往收件服务器的连接（链距）存在故障
444	无法路由	服务器无法确定递送邮件的下一跳
445	邮件服务器拥塞	邮件服务器临时性拥塞
447	邮件递送逾期	收件系统认为邮件太“旧”，这通常都表示队列和传输问题
450	操作请求未被接受	邮件可能未被递送，这通常都归咎于远程邮件服务器上的邮件递送服务有问题
451	无效命令	表示命令乱序或不被支持。收件服务器终止执行操作请求，主要原因是其负载过重
452	操作请求未被接收	收件服务器存储空间不足
500	语法错误	由服务器发出的命令未被识别为有效的 SMTP 或 ESMTP 命令
512	DNS 错误	无法定位收件服务器
530	认证问题	收件服务器要求认证，或已将发件服务器录入了黑名单
542	收件地址遭拒	表示收件人地址遭到收件服务器的拒绝。这通常是因为收件人地址通不过反垃圾邮件系统、IDS/IPS、智能防火墙或其他安全设备的检查

14.5 分析恶意及垃圾邮件

本节将介绍如何借助 Wireshark 对恶意及垃圾邮件做一些简单的分析，还会讲解如何根据分析的结果，在 E-mail 服务器上过滤垃圾邮件。

14.5.1 分析准备

在大多数情况下，垃圾邮件从域外发来，受众为本企业内的用户。因此，在 E-mail 服务器上抓包分析才是最佳做法。

14.5.2 分析方法

1. 首先，要识别邮件消息的数据部分。可应用显示过滤器来筛选出包含邮件数据的数据包，这种显示过滤器的构造方式为：具体的 E-mail 协议名称 || 相关邮件数据格式。举个例子，应用显示过滤器 pop || data-text-lines，即可筛选出使用 POP3 协议的包含数据的邮件[1]。

1　译者注：原文是“For example, use pop || data-text-lines to filter the mails with data using the POP3 protocol”。作者想表达的原意应该是“举个例子，应用显示过滤器 pop || data-text-lines，即可筛选出包含邮件数据的 POP3 数据包”。译文还是按照原文的字面意思翻译。

2．如图 14.30 所示，根据包含邮件数据的数据包的长度，可以看出该邮件只是一封文字邮件，并不是很大，不带任何附件。因此，基本可以判断，这封邮件并非垃圾邮件。

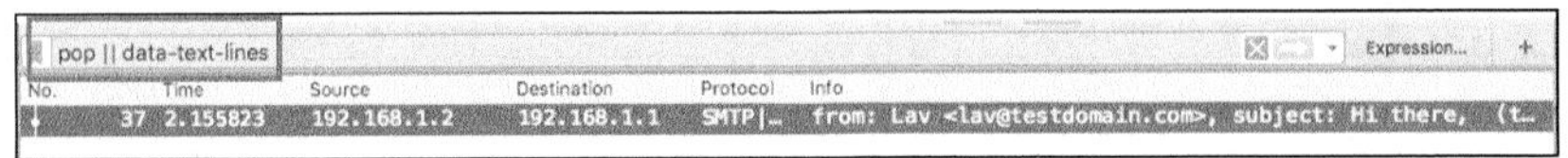

pop || data-text-lines

No.	Time	Source	Destination	Protocol	Info
37	2.155823	192.168.1.2	192.168.1.1	SMTP|…	from: Lav <lav@testdomain.com>, subject: Hi there, (t…

图 14.30

3．如图 14.31 所示，根据包含邮件数据的数据包的长度，可以看出，该邮件非常之大，似乎包含了附件。

pop || data-text-lines

No.	Time	Source	Destination	Protocol	Info
40	0.551708	192.168.1.2	192.168.1.1	SMTP	C: DATA fragment, 1460 bytes
41	0.551713	192.168.1.2	192.168.1.1	SMTP	C: DATA fragment, 1460 bytes
42	0.551715	192.168.1.2	192.168.1.1	SMTP	C: DATA fragment, 1460 bytes
43	0.551716	192.168.1.2	192.168.1.1	SMTP	C: DATA fragment, 1460 bytes
44	0.551718	192.168.1.2	192.168.1.1	SMTP	C: DATA fragment, 1460 bytes
45	0.551720	192.168.1.2	192.168.1.1	SMTP	C: DATA fragment, 892 bytes
46	0.552003	192.168.1.2	192.168.1.1	SMTP|…	from: Lav <lav@testdomain.com>, subject: New Bank Stat…

图 14.31

4．选中一个数据包，用 Follow Stream 功能，以明文方式显示出这封邮件的内容，如图 14.32 所示。

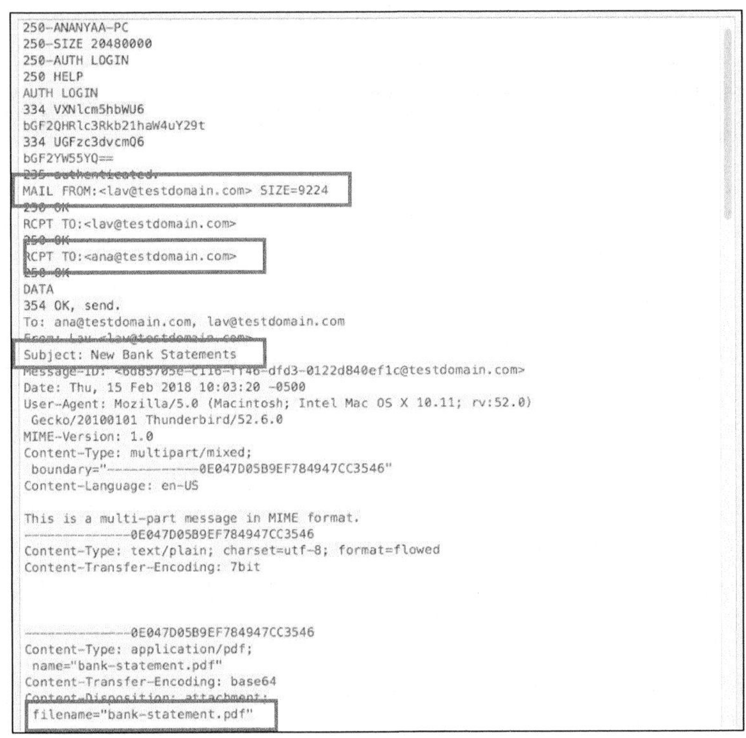

```
250-ANANYAA-PC
250-SIZE 20480000
250-AUTH LOGIN
250 HELP
AUTH LOGIN
334 VXNlcm5hbWU6
bGF2QHRlc3Rkb21haW4uY29t
334 UGFzc3dvcmQ6
bGF2YW55YQ==
235 authenticated.
MAIL FROM:<lav@testdomain.com> SIZE=9224
250 OK
RCPT TO:<lav@testdomain.com>
250 OK
RCPT TO:<ana@testdomain.com>
250 OK
DATA
354 OK, send.
To: ana@testdomain.com, lav@testdomain.com
From: Lav <lav@testdomain.com>
Subject: New Bank Statements
Message-ID: <6d85705e-c116-1f46-dfd3-0122d840ef1c@testdomain.com>
Date: Thu, 15 Feb 2018 10:03:20 -0500
User-Agent: Mozilla/5.0 (Macintosh; Intel Mac OS X 10.11; rv:52.0)
 Gecko/20100101 Thunderbird/52.6.0
MIME-Version: 1.0
Content-Type: multipart/mixed;
 boundary="------------0E047D05B9EF784947CC3546"
Content-Language: en-US

This is a multi-part message in MIME format.
--------------0E047D05B9EF784947CC3546
Content-Type: text/plain; charset=utf-8; format=flowed
Content-Transfer-Encoding: 7bit



--------------0E047D05B9EF784947CC3546
Content-Type: application/pdf;
 name="bank-statement.pdf"
Content-Transfer-Encoding: base64
Content-Disposition: attachment;
 filename="bank-statement.pdf"
```

图 14.32

由图 14.32 可知，该电子邮件包含了一个 PDF 文件。可通过发件人邮箱地址、收件人邮箱地址、邮件主题等相关信息来确定该邮件是否是垃圾邮件。当然，也可以使用某些恶意软件检测应用程序来检测邮件携带的附件。

要是有多封电子邮件都携带类似的附件，请先确定邮件的公共发件人邮箱地址，再到服务器上创建垃圾邮件规则，将该发件人邮箱地址标记为垃圾邮箱地址，或直接过滤此类邮件。

14.5.3 运作原理

大多数 E-mail 服务器不但支持垃圾邮件检测，而且还会自动针对此类邮件创建过滤规则。还可以在 E-mail 服务器上根据发件人/收件人邮箱地址或根据域和 IP 地址，自定义过滤规则。

当 E-mail 服务器通过 IMAP/POP3 从内部客户端或通过 SMTP 从外部 E-mail 服务器接收邮件时，会检查本机邮件过滤器，在通过过滤器规则检查的情况下，才会将邮件转发至相应的收件箱。只要有任何一条过滤器规则与邮件包含的某些属性或元数据匹配，服务器都将过滤掉该邮件。

在 E-mail 客户端主机上，可选择使用 E-mail 扫描软件来提高安全性。此类软件会在 E-mail 客户端主机执行额外检查，将可疑邮件标记为垃圾邮件或恶意邮件，向用户发出警告。

第 15 章 NetBIOS 和 SMB 协议分析

本节涵盖以下内容：

- NetBIOS 名称、数据报和会话服务；
- SMB/SMB2/SMB3 的详细信息和运作方式；
- NetBIOS 和 SMB 协议的各种故障以及分析方法；
- 连通性和性能问题；
- 数据库流量及常见故障分析；
- 导出 SMB 对象。

15.1 介绍

Wireshark 存在的最大价值之一，就是能用它来分析流淌于网络中的各种应用程序生成的流量，从而为排除应用程序故障提供依据。当应用程序运行缓慢时，可能的原因包括 LAN 问题（一般都与无线 LAN 有关）、WAN 问题（WAN 链路带宽不足或延迟过高）、安装应用程序服务器端/客户机端软件的主机运行缓慢（TCP 窗口问题），以及应用程序自身问题等。

本章将深入探讨常用应用程序的运作方式，同时会介绍如何定位及解决与这些应用程序有关的故障。首先，会介绍如何探查及归类流淌于网络中的流量的类型。其次，会分析各种应用程序的运作方式，介绍不同的网络状况对那些应用程序的影响。

本章还会介绍如何使用 Wireshark 解决常见诸于企业网内的各种应用程序的故障。这些应用程序包括 NetBIOS 应用和 SMB 应用。

15.2 认识 NetBIOS 协议

网络基本输入/输出系统（Network Basic Input/Output System，NetBIOS）是一套开发于 20 世纪 80 年代初期用于 LAN 通信的协议，目的是为会话层（OSI 参考模型的第 5 层）提供服务。若干年前，这套协议被 Microsoft 公司相中，将它用作为 Windows 操作系统在 LAN 内的网络通信协议。随后，Microsoft 又把它与 TCP/IP 融合在了一起（RFC 1101 和 RFC 1102）。

如今，NetBIOS 协议能提供以下三项服务。

- **名称服务（端口号 137）**：用于名称注册以及名称/IP 地址间的解析，也叫做 NetBIOS-NS。
- **数据报发布服务（端口号 138）**：用于客户端和服务器的服务发布，也被称为 NetBIOS-DGM。
- **会话服务（端口号 139）**：用于主机间的会话协商、文件访问和打开目录等，亦名 NetBIOS-SSN。

NBNS 提供名称注册以及将 NetBIOS 名转换为 IP 地址的功能。所谓注册是指客户机以其 NetBIOS 名称向域控制器注册。客户机在注册时，会发出 NetBIOS 注册请求数据包（name registration request 数据包），服务器会回复注册响应数据包（positive name registration response 或 negative name registration response 数据包）来告知其是否注册成功（或名称已被另一台设备使用）。Microsoft 网络环境以 WINS 来实现，并且由于大多数网络都不使用它，因此后来它被 DNS 取代[1]。NBNS 运行于 UDP 137 端口。

客户端和服务器会利用 NBDS，来行使服务宣告功能。网络中的主机可借助于 NBDS 来宣告：本机 NetBIOS 名称、本机可向网络中的其他主机提供哪些服务，以及如何访问这些服务等。NBDS 运行于 UDP 138 端口。

NBSS 的作用包括在主机间建立会话，跨网络打开、保存或执行远程（主机上的）文件。NBSS 运行于 UDP 139 端口。

NetBIOS 协议族中还包括 SMB（服务器消息块）和 SPOOLS 等协议。当 SMB 协议运行于 NBSS 之上（即 SMB 数据由 NetBIOS 会话服务数据包来承载）时，该协议所起作用为事务操纵；当 SMB 协议运行于 NBDS 之上（即 SMB 数据由 NetBIOS 数据报服务数据包来承载）时，该协议将用于服务通告。SPOOLS 协议则用于打印服务。对 NetBIOS 协议族的深层次讨论超出了本书的范围。要想排除 NetBIOS 协议故障，需要遵照本章内容里的指示——注意观察 Wireshark 抓到的 NetBIOS 会话服务数据包所包含的 SMB 错误代码以及 Wireshark 的专家提示。

---

1 译者注：原文是“The Microsoft environment was implemented with WINS, and as most networks did not use it, it was later replaced by DNS”。译文按原文字面意思直译。

15.3 认识 SMB 协议

在前文已经简要介绍了 SMB，也见识了相关的过滤器。为了温故知新，这里再简单介绍一遍 SMB。SMB 是一种协议，可利用该协议来提供目录浏览、文件复制，打印机访问等服务，还可以通过该协议来执行某些跨网操作。通用 Internet 文件系统（Common Internet File System，CIFS）是 SMB 的一种表现形式或表现方式。

SMB 既可以运行于会话层协议（比如，NetBIOS）之上（按照其最初的设计），也可以直接运行于 TCP 445 端口。SMB 2.0 由 Microsoft 公司于 2006 年在 Windows Vista 中引入，目的是减少 SMB 1.0 协议所需的命令和子命令。虽然 SMB 2.0 在推出时算是一种私有协议，但 Microsoft 公司也发布了相关标准，允许其他厂商的 OS（通过 SMB）与 Windows 操作系统互操作。

SMB 2.1 随 Windows 7 和 Server 2008 R2 一起发布，与 SMB 2.0 相比，性能得到了很大的提升。

SMB 3.0（前称为 SMB 2.2）随 Windows 8 和 Server 2012 推出。为了支持数据中心计算环境中出现的虚拟化，SMB 3.0 的性能（与早期的版本相比）又得到了显著的提升。

15.3.1 幕后原理

SMB 的运作模式为客户端/服务器模式，客户端向服务器发出具体的请求，服务器根据请求做出相应地回应。大多数请求都涉及访问文件系统，而其他形式的请求则涉及进程间通信（IPC）。IPC 是一种便于不同进程之间相互通信的机制，无论这些进程在同一台设备上运行，还是在由网络隔开的不同设备上运行。

15.4 NetBIOS/SMB 协议故障分析

本节将讨论 NetBIOS 协议族的常见故障以及解决故障的方法。NetBIOS 协议族极为复杂，故障点超多，本节只介绍该协议容易在什么地方出故障，以及解决常见故障的方法。

15.4.1 分析准备

NetBIOS 协议主要用于 Windows 主机间的通信，也可以用于 Mac/Linux 主机与 Windows 主机间的通信。如果在部署了上述机型的网络环境中出现断网、网速慢等问题，NetBIOS 协议故障也有可能是原因之一。Wireshark 是定位上述问题的绝佳工具，它能显示出奔流于网络中的流量，而 Windows 自带的某些工具则能显示出客户机与服务器间的交互情况。

15.4.2 分析方法

要解决 NetBIOS 协议故障，请在 LAN 交换机上开启端口镜像功能，将连接了相关客户机主机或服务器的端口的流量重定向至 Wireshark 主机。接下来，会举几个 NetBIOS 协议出故障的例子。

Wireshark 内置有若干显示过滤表达式，可专门用来筛选 NetBIOS 协议流量，在 Display Filter Expression 窗口中能找到这些显示过滤表达式（在 Wireshark 抓包主窗口中点击 Filter 输入栏右边的 Expression 按钮，就会弹出 Display Filter Expression 窗口）。

- 以 netbios 打头的显示过滤表达式，作用于包含 NetBIOS 命令的流量。
- 以 nbns 打头的显示过滤表达式，作用于 NetBIOS 名字服务流量。
- 以 nbds 打头的显示过滤表达式，作用于 NetBIOS 数据报服务流量。
- 以 nbss 打头的显示过滤表达式，作用于 NetBIOS 会话服务流量。
- 以 smb 打头的显示过滤表达式，作用于 SMB 流量。

1. 分析准备

首先，要了解一下网络流量的整体状况，然后在其中寻找异常流量。

1. 将 Wireshark 主机与 LAN 交换机相连，连哪个端口都可以，只要该端口与连接了故障主机的端口隶属同一 VLAN（同一广播域）。
2. 在 Wireshark 抓包主窗口的 Filter 输入栏内输入显示过滤表达式 nbns.flags. response == 0，点击 Apply 按钮。所有 NetBIOS 名字服务请求数据包会立刻浮出水面，此类数据包都以广播方式发送，如图 15.1 所示。

Filter: nbns.flags.response == 0 Expression... Clear Apply Save NBNS NBDS NBSS

No.	Time	Source	Destination	Protocol	Length	Info
4994	0.000002	10.0.0.103	10.0.0.255	NBNS	110	Registration NB WORKGROUP<1e>
4997	0.749962	10.0.0.103	10.0.0.255	NBNS	110	Registration NB ETTI<20>
4998	0.000002	10.0.0.103	10.0.0.255	NBNS	110	Registration NB WORKGROUP<1e>
5057	10.255261	10.0.0.102	10.0.0.255	NBNS	92	Name query NB WPAD<00>
5075	0.763927	10.0.0.102	10.0.0.255	NBNS	92	Name query NB WPAD<00>
5088	0.512027	10.0.0.138	10.0.0.105	NBNS	92	Name query NBSTAT *<00><00><00><00><00>
5091	0.252327	10.0.0.102	10.0.0.255	NBNS	92	Name query NB WPAD<00>
5141	16.912745	10.0.0.105	10.0.0.255	NBNS	92	Name query NB YORASM-NDI<1c>
5144	0.749377	10.0.0.105	10.0.0.255	NBNS	92	Name query NB YORASM-NDI<1c>
5147	0.750008	10.0.0.105	10.0.0.255	NBNS	92	Name query NB YORASM-NDI<1c>
5265	4.215402	169.254.26.83	169.254.255.255	NBNS	92	Name query NB UM23.ESET.COM<00>
5287	0.74492	169.254.26.83	169.254.255.255	NBNS	92	Name query NB UM23.ESET.COM<00>
5297	0.749979	169.254.26.83	169.254.255.255	NBNS	92	Name query NB UM23.ESET.COM<00>
5298	0.751111	169.254.26.83	169.254.255.255	NBNS	92	Name query NB UM23.ESET.COM<00>

图 15.1 NetBIOS 名字服务（NBNS）请求数据包

3. 在图 15.1 所示的 Wireshark 截屏中，能看见以下几种 NetBIOS 名字服务请求数据包。
   - 主机 10.0.0.103 发出的包含用名称 WORKGROUP 和 ETTI 来注册的 name registration request 数据包（1）。NetBIOS 名字服务（NBNS）服务器会发出 positive name registration response 或 negative name registration response 数据包，对发出

name registration request 数据包的主机进行回应（拒绝或接受注册）。主机在发出 name registration request 数据包之后若收不到任何回应，将会自认为注册成功。

➢ 用来查询具有指定名称的主机的 name query request 数据包（2、3、4）。若网络中部署了 NBNS 服务器（域控制器），Wireshark 还将抓到以下两种 NBNS 响应数据包中的一种。

✓ 代码字段值为 3，表示所查名称不存在的 negative name registration response 数据包。

✓ 包含所查名称的 positive name registration response 数据包，其代码字段值为 0。

4．不应抓到由源 IP 地址为 169.254 打头的主机发出的任何 NBNS 请求数据包（5）。以 169.245 打头的 IP 地址是 OS 自行分配的私有 IP 地址（APIPA）。当 Windows 主机被配置为以 DHCP 方式获取 IP 地址，但获取不到任何 IP 地址时，便会自行配置一个 APIPA 地址。

5．在 Wireshark 抓包主窗口的 Filter 输入栏内输入显示过滤表达式 tcp.port == 138 or udp.port == 138，点击 Apply 按钮，所有 NetBIOS 数据报服务数据包会立刻浮出水面。NetBIOS 数据报服务数据包的目的 IP 地址一定是广播地址，源、目端口则是 TCP 或 UDP 138 端口。图 11.20 所示为 Wireshark 抓到的 NetBIOS 数据报服务数据包，主机发出此类数据包的目的是，通告本机所行使的功能（是工作站、数据库服务器还是打印机服务器等）。通过图 15.2，可以判断出下述信息。

➢ IP 主机 172.16.100.10 的主机名是 FILE-SRV，其所行使的功能包括工作站、服务器和 SQL Server（Workstation，Server，SQL Server）（1）。

➢ IP 主机 172.16.100.204 的主机名是 GOLF，其所行使的功能包括工作站、服务器和打印排队服务器（Workstation，Server，Print Queue Server）（2）。

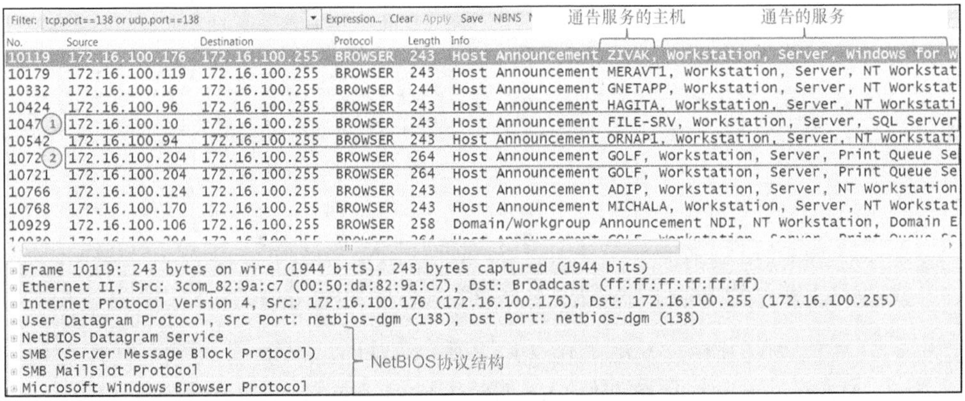

图 15.2　NetBIOS 数据报服务数据包

6. 某些蠕虫或病毒也会设法让主机发出 NetBIOS 名字服务数据包，来达成扫描网络的目的。要想得知网络中是否有主机感染了蠕虫或病毒，需要仔细分析抓包文件，看看 NetBIOS 名字服务流量是否高得离谱。

7. 仔细分析抓包文件，关注广播数据包的数量。正常情况下，一台主机每分钟发出的广播数据包的合理数量应为 5～10 个，若超过了这一数字范围，就要找到发包主机，对其仔细检查。

注 意

分析 Wireshark 抓到的数据包时，对异常流量模式的判断并无定式可循，需借助于 Wireshark 专家系统（Expert System）工具、百度（Google）和常识来加以判断。

2. 具体问题

在日常运维过程中，可能会碰到以下问题。

- 在需要使用 SMB 协议的网络中，Wireshark 可能会抓到包含 SMB 错误代码的 NetBIOS 会话服务数据包。SMB 协议是一种能让主机隔网浏览其他主机的目录，从其他主机复制文件或执行其他操作的协议。
- 若 SMB 错误代码为 0，则表示 SMB 协议或 SMB 应用程序的状态正常。在检查 Wireshark 抓到的 NetBIOS 会话服务数据包时，如发现其 SMB 头部中的错误代码不为 0，那就表示 SMB 协议或 SMB 应用程序存在问题，应仔细检查相关应用。
- 在图 15.3 所示的 Wireshark 截屏中，可以看到一个 SMB 错误代码为 0xC0000022（STATUS_ACCESS_DENIED）的 NetBIOS 会话服务数据包。这一 SMB 错误代码是网管人员理应关注的众多 SMB 错误代码之一。由图 15.3 所示的 Wireshark 截屏可知，一台主机（IP 地址以 203 打头，IP 地址的后 3 个字节因故省略）在访问一台服务器（IP 地址为 10.1.70.95）上的目录\\NAS01\HOMEDIR 时，遭到了拒绝。

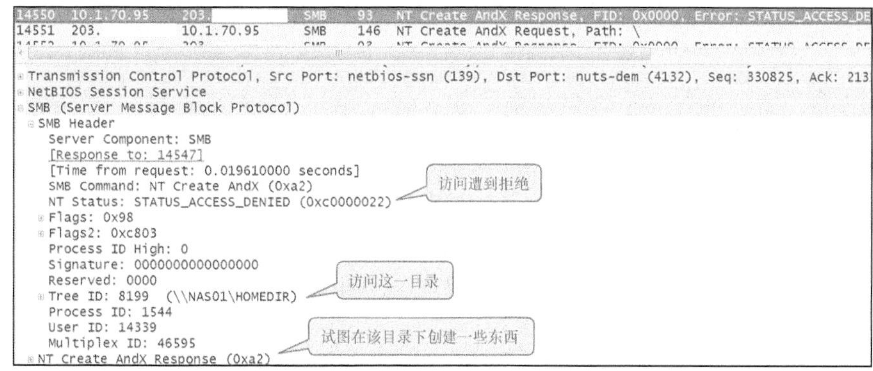

图 15.3 SMB 错误代码为 0xC0000022（STATUS_ACCESS_DENIED）的 NetBIOS 会话服务数据包

➢ 使用基于 NetBIOS 协议的应用程序，以远程访问的方式，浏览一台 Windows 主机的主目录时，弹出了标有“拒绝访问”（ACCESS DENIED）或类似字样的对话框。当然，该应用程序也可能会有自己的报错方式。执行上述操作的同时，若使用 Wireshark 抓包，在抓到的相关 NetBIOS 会话服务数据包中必能看见精确的 SMB 错误状态码，只要将 NT Status 后的内容复制进百度（Google）搜索栏里进行搜索，必能搜到访问遭拒的具体原因。

➢ 在图 15.4 所示的 Wireshark 截屏中，可以看到一个 SMB 错误代码为 0xC0000016（STATUS_MORE_PROCESSING_REQUIRED）（2）的 NetBIOS 会话服务数据包。由图 15.4 所示的 Wireshark 截屏可知，那台 IP 地址以 203 打头的主机试图访问（访问形式为建立会话）（1）IP 地址为 10.1.70.95 的服务器上的目录\\NAS01\ SAMIM（3）时，发生了错误。

➢ 根据上述 SMB 错误代码，在微软的 MSDN 上进行查询，即可获知出错的原因为“There is no more data available to read on the designated named pipe”（在指定的命名管道里无更多的数据可供读取）。

➢ 将（2）处“NT Status”之后的内容（STATUS_MORE_PROCESSING_REQUIRED）或出错的原因复制进百度（Google），搜索后得知是访问凭证问题，需与系统管理员协商解决。

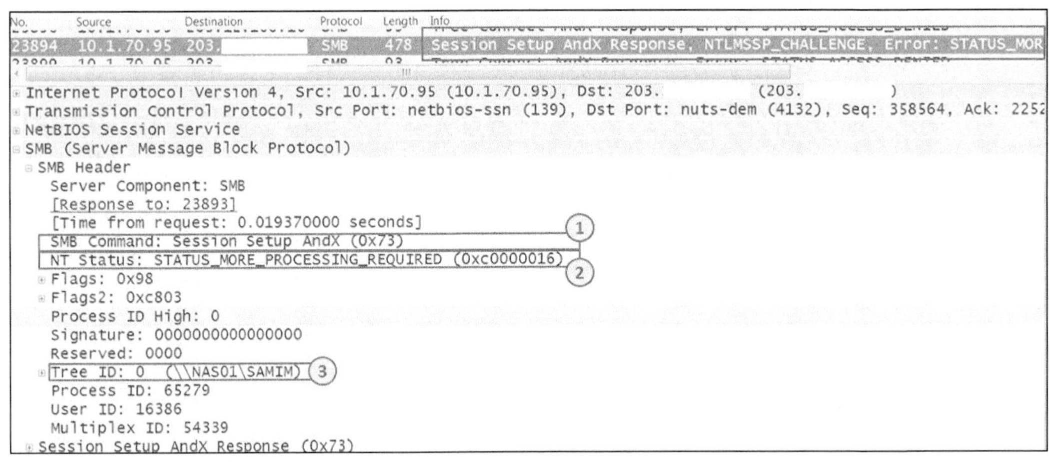

图 15.4 SMB 错误代码为 0xC0000016（STATUS_MORE_PROCESSING_REQUIRED）的 NetBIOS 会话服务数据包

➢ 要让 Wireshark 只显示出抓包文件中 SMB 错误码为非 0 的 NetBIOS 会话服务数据包，请先在 Filter 输入栏内输入显示过滤表达式 smb.nt_status != 0x0，再点击 Apply 按钮，如图 15.5 所示。

Filter: smb.nt_status != 0x0 Expression... Clear Apply Save NBNS NBDS NBSS

Command　Sub-command　Error

Destination	Protocol	Length	Info
203.12.106.10	SMB	93	NT Create AndX Response, FID: 0x0000, Error: STATUS_ACCESS_DENIED
203.12.106.10	SMB	126	Trans2 Response, FIND_FIRST2, Error: STATUS_ACCESS_DENIED
203.12.106.10	SMB	126	Trans2 Response, FIND_FIRST2, Error: STATUS_ACCESS_DENIED
203.12.106.10	SMB	93	NT Trans Response, FID: 0x0001, NT NOTIFY, Error: STATUS_CANCELLED
203.12.106.10	SMB	478	Session Setup AndX Response, NTLMSSP_CHALLENGE, Error: STATUS_MORE_PROCESSING_REQUIRE
203.12.106.10	SMB	93	Tree Connect AndX Response, Error: STATUS_ACCESS_DENIED
203.12.106.10	SMB	478	Session Setup AndX Response, NTLMSSP_CHALLENGE, Error: STATUS_MORE_PROCESSING_REQUIRE
203.12.106.10	SMB	93	Tree Connect AndX Response, Error: STATUS_ACCESS_DENIED
203.12.106.10	SMB	478	Session Setup AndX Response, NTLMSSP_CHALLENGE, Error: STATUS_MORE_PROCESSING_REQUIRE
203.12.106.10	SMB	93	Tree Connect AndX Response, Error: STATUS_ACCESS_DENIED
203.12.106.14	SMB	93	Trans2 Response, GET_DFS_REFERRAL, Error: STATUS_NO_SUCH_DEVICE
203.12.106.14	SMB	93	NT Create AndX Response, FID: 0x0000, Error: STATUS_ACCESS_DENIED

图 15.5　SMB 错误码为非 0 的 NetBIOS 会话服务数据包

15.4.3 拾遗补缺

为了让读者更好地理解 NetBIOS 协议，本小节会举几个与该协议有关的抓包示例。

1. 示例 1——应用程序卡顿

通过图 15.6 所示的 Wireshark 截屏，可推断出该应用程序卡顿的原因。

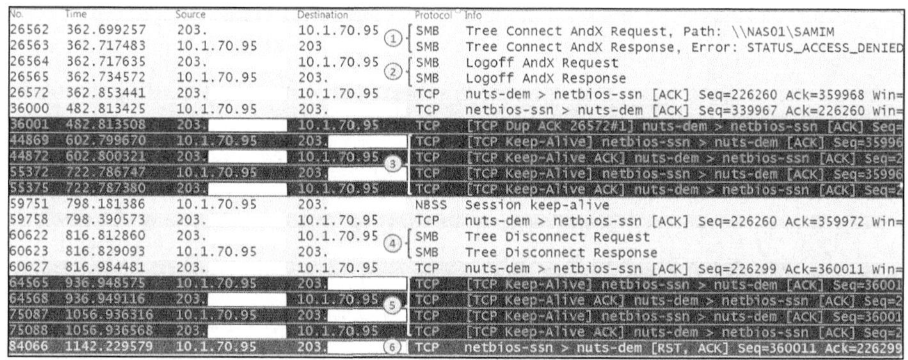

No.	Time	Source	Destination		Protocol	Info
26562	362.699257	203.	10.1.70.95	①	SMB	Tree Connect AndX Request, Path: \\NAS01\SAMIM
26563	362.717483	10.1.70.95	203		SMB	Tree Connect AndX Response, Error: STATUS_ACCESS_DENIED
26564	362.717635	203.	10.1.70.95	②	SMB	Logoff AndX Request
26565	362.734572	10.1.70.95	203.		SMB	Logoff AndX Response
26572	362.853441	203.	10.1.70.95		TCP	nuts-dem > netbios-ssn [ACK] Seq=226260 Ack=359968 Win=
36000	482.813425	10.1.70.95	203.		TCP	netbios-ssn > nuts-dem [ACK] Seq=339967 Ack=226260 Win=
36001	482.813508	203.	10.1.70.95		TCP	[TCP Dup ACK 26572#1] nuts-dem > netbios-ssn [ACK] Seq=
44869	602.799670	10.1.70.95	203.	③	TCP	[TCP Keep-Alive] netbios-ssn > nuts-dem [ACK] Seq=35996
44872	602.800321	203.	10.1.70.95		TCP	[TCP Keep-Alive ACK] nuts-dem > netbios-ssn [ACK] Seq=2
55372	722.786747	10.1.70.95	203.		TCP	[TCP Keep-Alive] netbios-ssn > nuts-dem [ACK] Seq=35996
55375	722.787380	203.	10.1.70.95		TCP	[TCP Keep-Alive ACK] nuts-dem > netbios-ssn [ACK] Seq=2
59751	798.181386	10.1.70.95	203.		NBSS	Session keep-alive
59758	798.390573	203.	10.1.70.95		TCP	nuts-dem > netbios-ssn [ACK] Seq=226260 Ack=359972 Win=
60622	816.812860	203.	10.1.70.95	④	SMB	Tree Disconnect Request
60623	816.829093	10.1.70.95	203.		SMB	Tree Disconnect Response
60627	816.984481	203.	10.1.70.95		TCP	nuts-dem > netbios-ssn [ACK] Seq=226299 Ack=360011 Win=
64565	936.948575	10.1.70.95	203.	⑤	TCP	[TCP Keep-Alive] netbios-ssn > nuts-dem [ACK] Seq=36001
64568	936.949116	203.	10.1.70.95		TCP	[TCP Keep-Alive ACK] nuts-dem > netbios-ssn [ACK] Seq=2
75087	1056.936316	10.1.70.95	203.		TCP	[TCP Keep-Alive] netbios-ssn > nuts-dem [ACK] Seq=36001
75088	1056.936568	203.	10.1.70.95		TCP	[TCP Keep-Alive ACK] nuts-dem > netbios-ssn [ACK] Seq=2
84066	1142.229579	10.1.70.95	203.	⑥	TCP	netbios-ssn > nuts-dem [RST, ACK] Seq=360011 Ack=226299

图 15.6　基于 NetBIOS 协议的应用程序卡顿

仔细观察 Wireshark 截屏中的数据包，不难发现下述情况。

- 一台主机（IP 地址以 203 打头）在请求访问一台服务器（IP 地址为 10.1.70.95）上的目录\\NAS01\SAMIM 时（对应于身背 PATH\\NAS01\SAMIM 字样的数据包），遭到了服务器的拒绝（对应于身背 STATUS_ACCESS_DENIED 字样的数据包）（图 15.6 中的 1）。
- 那台主机向服务器发出取消访问的请求（对应于身背 Logoff Andx Request 字样的数据包），得到了服务器的确认（服务器发出了身背 Logoff Andx Response 字样的数据包）（图 15.6 中的 2）。
- 由于安装在那台主机上实际发出目录访问请求的应用程序一直在等待，因此主机和服务器之间会互发身背 TCP Keep-Alive 字样的数据包，来保持 TCP 连接（图 15.6 中的 3）。

- 片刻之后，那台主机向服务器发出断开连接的请求（对应于身背 Tree Disconnect Request 字样的数据包），征得了服务器的同意（对应于服务器发出了身背 Tree Disconnect Response 字样的数据包）（图 15.6 中的 4）。
- 安装在那台主机上实际发出目录访问请求的应用程序继续等待，主机和服务器之间继续互发身背 TCP Keep-Alive 字样的数据包，来保持 TCP 连接（图 15.6 中的 5）。
- 服务器发出 RST 位置 1 的 TCP 数据包，断开之前建立的 TCP 连接（图 15.6 中的 6）。

现在知道为什么最终用户反映该应用程序卡顿了吧？

2．示例 2——由 SMB 协议引发的广播风暴

有一次，作者接到了客户的紧急求助电话。客户在电话里反映：其公司总部（HQ）与某一远程站点之间通信中断。以下所列为该客户的 HQ 网络与那个远程站点网络的基本资料。

- 远程站点网络隶属于 IP 子网 172.30.121.0/24，默认网关的 IP 地址为 172.30.121.254。
- HQ 网络的 IP 地址段为 172.30.0.0/24。HQ 网络与远程站点网络之间通过运营商提供的 L3 MPLS IP-VPN 网络互连。

为了查明断网的原因，作者执行了如下排障动作。

- 作者在远程站点网络内的一台主机上 ping HQ 网络内的一台服务器，但 ping 不通。
- 作者致电提供 MPLS IP-VPN 网络的运营商；运营商告知作者，据它们的网管系统显示，那条 MPLS VPN 链路负载为空。
- 作者继续在那台主机上 ping 其默认网关（远程站点网络内的路由器）的 IP 地址 172.30.121.254，同样 ping 不通。也就是说，问题出在远程站点的本地 LAN 内，主机与默认网关（路由器）之间无法通信。
- 作者将安装了 Wireshark 的笔记本电脑接入 LAN 交换机，开启端口镜像功能，抓取连接了路由器（内部 LAN 接口）的端口的流量。于是，作者看到了图 15.7 中的景象。
- 由图 15.7 可知，IP 主机 172.30.121.1 几乎是每隔 1 微秒（1）便发出一个协议属性为 SMB Mailslot（4），身背 Write Mail Slot 字样（5）的广播数据包（3）。
- 为弄清身背 Write Mail Slot 字样的广播包的发送频率，作者动用了 Wireshark 自带的 I/O Graphs 工具，该工具给出的结果是 5000 个数据包/秒，如图 15.8 所示。而那台路由器的内部 LAN 接口只是 10Mbit/s 接口，根本就承受不了那么多蜂拥而来的广播包（即便是该接口的速率为 100Mbit/s 或 1000Mbit/s，也同样无法承受）。

```
No. Time        Source         Destination      Protocol      Info
22  0.000002    172.30.121.1   172.30.121.255   SMB Mailslot  Write Mail Slot
23  0.000001    172.30.121.1   172.30.121.255   SMB Mailslot  Write Mail Slot
24  0.000001    172.30.121.1   172.30.121.255   SMB Mailslot  Write Mail Slot
25  0.000001    172.30.121.1   172.30.121.255   SMB Mailslot  Write Mail Slot
26  0.000002    172.30.121.1   172.30.121.255   SMB Mailslot  Write Mail Slot
27  0.000910    172.30.121.1   172.30.121.255   SMB Mailslot  Write Mail Slot
28  0.000002    172.30.121.1   172.30.121.255   SMB Mailslot  Write Mail Slot
29  0.000001    172.30.121.1   172.30.121.255   SMB Mailslot  Write Mail Slot
30  0.000001    172.30.121.1   172.30.121.255   SMB Mailslot  Write Mail Slot
31  0.000857    172.30.121.1   172.30.121.255   SMB Mailslot  Write Mail Slot

Frame 1: 277 bytes on wire (2216 bits), 277 bytes captured (2216 bits) on interface 1
Ethernet II, Src: Hewlett-_2b:5d:e3 (f4:ce:46:2b:5d:e3), Dst: Broadcast (ff:ff:ff:ff:ff:ff)
Internet Protocol Version 4, Src: 172.30.121.1 (172.30.121.1), Dst: 172.30.121.255 (172.30.121.255)
User Datagram Protocol, Src Port: netbios-dgm (138), Dst Port: netbios-dgm (138)
NetBIOS Datagram Service
SMB (Server Message Block Protocol)      SMB Mailslot协议
SMB MailSlot Protocol
Data (65 bytes)
```

图 15.7　广播风暴

- 作者在 Google 和 Microsoft 站点上搜索了一翻，但一无所获。于是，便开始逐一停止运行于 IP 主机 172.30.121.1 上的可疑服务。在停止可疑服务的同时，保持对 Wireshark 抓包主窗口数据包列表区域的关注（见图 15.8）。当作者关停了一个名为 LS3Bcast.exe 的服务时，Wireshark 就抓不到身背 Write Mail Slot 字样的广播包了。看来这个名叫 LS3Bcast.exe 的服务才是导致断网的罪魁祸首。

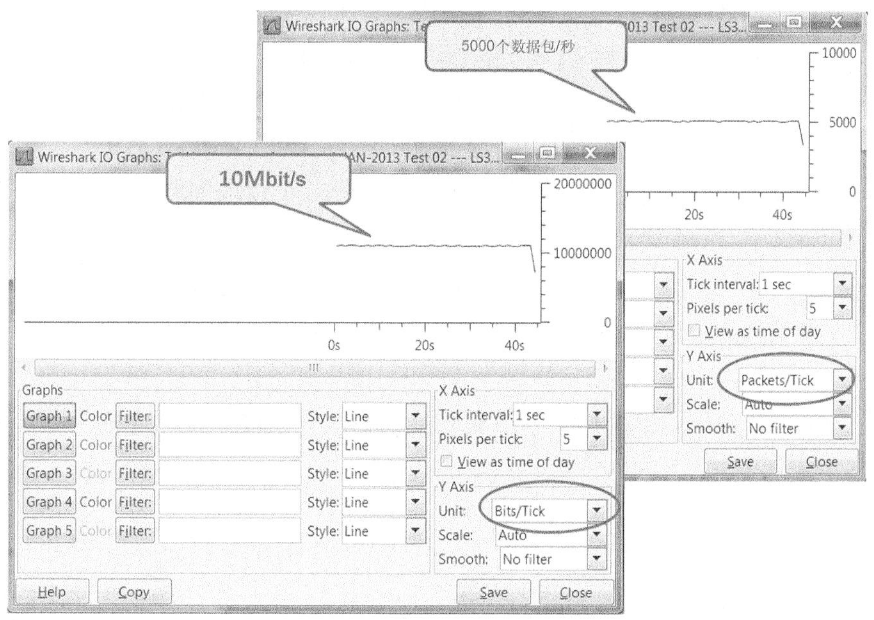

图 15.8　SMB 广播风暴时的流量速率

15.5　数据库流量及常见故障分析

有些读者一定会对作者在本章安排这么一节内容而感到不解。在 IT 领域里，网络技术与数据库技术毕竟是截然不同的两个分支。精通数据库和应用程序开发技术的人一般都不懂网络技术，反之亦然，当然少数绝世牛人除外。所以说，一般不会让网络工程师去排除数据库故障，也不可能让 DBA 去排除网络故障。不过，通过抓取并分析流淌在网络中的流量，网络工程师可以帮助 DBA 解决某些数据库故障。

在大多数情况下，当应用程序无法使用时，最终用户会首先认定是网络问题，从而对网络技术人员心存不满。因此，网络技术人员必须能准确判断故障是否真的跟网络有关。在某些特殊场合下，网络技术人员或许还要用 Wireshark 抓取并分析网络中的流量，去配合 DBA 协查数据库故障。

15.5.1 分析准备

当有用户反映网络太慢的时候，网络技术人员首先需要判断网络是不是真的太慢。为此，请按后文所述步骤行事。

15.5.2 分析方法

若怀疑是数据库故障，请按以下步骤行事。

1．当有用户投诉网络太慢时，需要弄清楚以下事宜。

   - 遭遇的是大面积用户投诉，还是个别用户投诉？影响的是总部站点网络内的用户，还是某个分支机构网络内的用户？若整个网络内的用户都受到了影响，则可以断定故障并非出在用来互连总部和分支机构网络的 WAN 线路上面。

   - 是所有用户都反映网速慢，还是安装了某种应用程序的那一类用户反映网速慢？若为后一种情况，则应把注意力放到该应用程序上面。

   - 是运行该应用程序客户端软件的主机与服务器之间的通信链路过载吗？导致链路过载的是该应用程序生成的流量吗？

   - 是所有应用程序都运行缓慢，还是需要访问数据库的个别应用程序运行缓慢？是运行应用程序客户的 PC 太老太忙，还是服务器的资源不足呢？

2．在弄清了上述事宜之后，请按以下步骤行事。

   - 配置 LAN 交换机，将其连接某台 PC、服务器或路由器（用来连接远程站点网络的 WAN 路由器）的端口的流量，甚至是某个 VLAN 的流量，重定向至 Wireshark 主机。打开 Wireshark 软件，开始抓包。

   - 在抓包的同时，点击 Analyze 菜单下的 Expert Information 菜单项，启动 Expert Information 窗口。要注意观察该窗口中各标签栏内与 TCP 有关的各种事件（尤其是 Error 和 Warning 事件），了解与这些事件相对应的数据包的源、目 IP 地址和源、目 TCP 端口号信息。这些信息将有助于快速定位故障的原因。

用 Wireshark 抓取并分析 Internet 链路的流量时，一定会观察到很多来自/发往 Internet Web 站点或 E-mail 服务器的 TCP 数据包都身背了 TCP Retransmission 或 TCP Duplicate ACK 等字样。没有办法，访问 Internet 就是这样。然而，用 Wireshark 抓取并分析内网流量时，身背 TCP Retransmission 等字样的 TCP 数据包最多只应占总 TCP 流量的 0.1%～0.5%。

3．若判断是网络中的主机、服务器或其他网络设备发生故障，请按本书之前各章所述来解决故障。不过，某些网络自身的问题也会对数据库应用的行为产生影响。在下面这个例子中，读者可以看到一客户机通过一条往返延迟为 35～40 毫秒的链路[1]，与服务器通信时的举动。

- 由图 15.9 可知，Wireshark 截屏中所示数据包全都归属于编号为 8 的 TCP 数据流（1），前三个 TCP 数据包是建立 TCP 连接的三次握手（TCP SYN/SYN-ACK/ACK）TCP 报文段。作者已将 Wireshark 显示出的第一个数据包的时间设置为参考时间（2）（选中第一个数据包，点击右键，选择弹出菜单中的 Set/Unset Time Reference 菜单项）。构成这条编号为 8 的 TCP 数据流的 TCP 数据包的总数为 371（3）。

Filter: tcp.stream eq 8 (1) Expression... Clear Apply Save NBNS NBDS NBSS

No.	Time	Source	Destination	Protocol	Info
1840	*REF* (2)	192.168.20.88	192.168.10.80	TCP	vfo > wv-csp-udp-cir [SYN] Seq=0 W
1844	0.013483	192.168.10.80	192.168.20.88	TCP	wv-csp-udp-cir > vfo [SYN, ACK] Se
1845	0.013496	192.168.20.88	192.168.10.80	TCP	vfo > wv-csp-udp-cir [ACK] Seq=1 A
1846	0.015710	192.168.20.88	192.168.10.80	TCP	vfo > wv-csp-udp-cir [PSH, ACK] Se
1847	0.044857	192.168.10.80	192.168.20.88	TCP	wv-csp-udp-cir > vfo [PSH, ACK] Se
1848	0.045057	192.168.20.88	192.168.10.80	TCP	vfo > wv-csp-udp-cir [PSH, ACK] Se
1849	0.075752	192.168.10.80	192.168.20.88	TCP	wv-csp-udp-cir > vfo [PSH, ACK] Se

```
Frame 1930: 87 bytes on wire (696 bits), 87 bytes captured (696 bits)
Ethernet II, Src: Hewlett-_3e:54:e7 (00:0b:cd:3e:54:e7), Dst: Cisco_4f:4a:ec (00:60:47:4f:
Internet Protocol Version 4, Src: 192.168.20.88 (192.168.20.88), Dst: 192.168.10.80 (192.1
Transmission Control Protocol, Src Port: vfo (1056), Dst Port: wv-csp-udp-cir (3717), Seq:
Data (33 bytes)
```

File: "C:\Courses\Upstream Systems\PCAP Files\Example 0... Packets: 6494 Displayed: 371 (3) Marked: 0 Load time: 0:00.307 Profile: Wireless

图 15.9　编号为 8 的 TCP 流

- 由图 15.10 可知，客户机从每次发出数据库查询，到收到来自服务器的查询响应，所耗时间约为 35 毫秒。

No.	Time	Source	Destination	Protocol	Info
1981	35.833309	192.168.20.88	192.168.10.80	TCP	vfo > wv-csp-udp-cir [PSH, ACK] Se
1982	35.869385 (36mS)	192.168.10.80	192.168.20.88	TCP	wv-csp-udp-cir > vfo [PSH, ACK] Se
1983	35.869930	192.168.20.88	192.168.10.80	TCP	vfo > wv-csp-udp-cir [PSH, ACK] Se
1984	35.905654 (36mS)	192.168.10.80	192.168.20.88	TCP	wv-csp-udp-cir > vfo [PSH, ACK] Se
1985	35.906194	192.168.20.88	192.168.10.80	TCP	vfo > wv-csp-udp-cir [PSH, ACK] Se
1986	35.944428 (38mS)	192.168.10.80	192.168.20.88	TCP	wv-csp-udp-cir > vfo [PSH, ACK] Se
1987	35.953804	192.168.20.88	192.168.10.80	TCP	vfo > wv-csp-udp-cir [PSH, ACK] Se

图 15.10　数据库的查询和响应之间的时间监控

- 由于这条编号为 8 的 TCP 数据流由 371 个数据包构成，因此客户机完成数据库查

1　译者注：通过后面的抓包文件可以看出，这条链路应该是无线链路，这么重要的信息作者却偏未指明。

询所耗时间约为 13 秒（371×35 毫秒）[1]。再加上因无线网络质量所导致的某些 TCP 重传，使得操纵该客户机的用户要等待 10～15 秒（或更长的时间）才能完成本次数据库查询任务。

4. 在这种情况下，应与 DBA 协商如何通过改进数据库应用程序来降低过往于网络的数据包的数量。或者，可以让那台客户机不要通过无线网络去访问服务器，改用其他方式（比如，终端服务器或 Web 方式）去访问服务器。

5. 有时，通过 Wireshark 抓包分析，还可以发现应用程序自身的问题。在图 15.11 所示的 Wireshark 截屏中，可以看见客户机向服务器连续发送了 5 个身背 TCP Retransmission 字样的 TCP 数据包。之后，客户机与服务器之间又重新通过三次握手，建立起了 TCP 连接（3）。这很像是 TCP 故障，但只有当用户在该应用程序客户端软件的特定窗口内执行某些操作时，才能在 Wireshark 抓包主窗口的数据包列表区域内看见上述景象。出现这样的问题，是由于该应用程序设计失当，每当用户执行上述操作时，服务器端软件就会停止响应客户端软件发起的 TCP 连接。

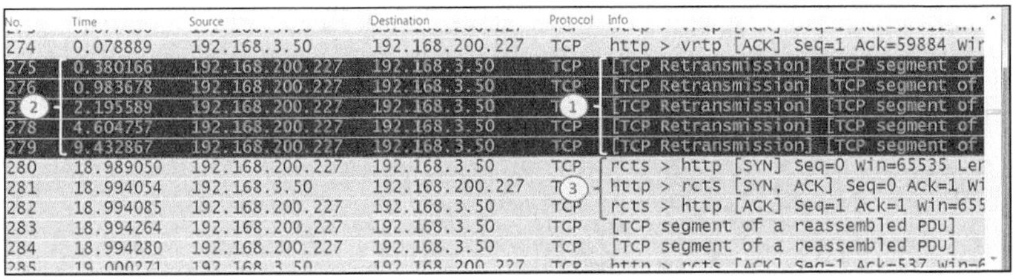

No.	Time	Source	Destination	Protocol	Info
274	0.078889	192.168.3.50	192.168.200.227	TCP	http > vrtp [ACK] Seq=1 Ack=59884 Wir
275	0.380166	192.168.200.227	192.168.3.50	TCP	[TCP Retransmission] [TCP segment of
276	0.983678	192.168.200.227	192.168.3.50	TCP	[TCP Retransmission] [TCP segment of
2 ②	2.195589	192.168.200.227	192.168.3.50	T ①	[TCP Retransmission] [TCP segment of
278	4.604757	192.168.200.227	192.168.3.50	TCP	[TCP Retransmission] [TCP segment of
279	9.432867	192.168.200.227	192.168.3.50	TCP	[TCP Retransmission] [TCP segment of
280	18.989050	192.168.200.227	192.168.3.50	TCP	rcts > http [SYN] Seq=0 Win=65535 Ler
281	18.994054	192.168.3.50	192.168.200.227	T ③	http > rcts [SYN, ACK] Seq=0 Ack=1 Wi
282	18.994085	192.168.200.227	192.168.3.50	TCP	rcts > http [ACK] Seq=1 Ack=1 Win=655
283	18.994264	192.168.200.227	192.168.3.50	TCP	[TCP segment of a reassembled PDU]
284	18.994280	192.168.200.227	192.168.3.50	TCP	[TCP segment of a reassembled PDU]

图 15.11　TCP 重传

15.5.3 幕后原理

常言道，隔行如隔山，网络技术人员肯定玩不转数据库。不过，网络技术人员有义务配合 DBA 去排除与数据库有关的故障，这也是作者在本章安排这些内容的目的。

15.5.4 拾遗补缺

在 Wireshark 抓包主窗口的数据包列表区域中，选中一个隶属于某条数据库客户端与数据库服务器间 TCP 会话的数据包，点击右键，选择弹出菜单中的 Follow TCP Stream 菜单项，Follow TCP Stream 窗口会立刻弹出。可让 DBA 通过该窗口所示内容，来了解经由网络传输了哪些数据。

若数据库客户端与数据库服务器之间的网络延迟较高（比如，数据库客户端通过移动蜂窝网络访问数据库服务器），则实际操纵应用程序的用户就会觉得卡顿。此时，需考虑让用户采用其他方式来访问数据库服务器（比如，采用终端服务器或 Web 方式）。

1 译者注：应该是 371/2×35 毫秒。

数据库服务器的运作方式也很重要。若某台数据库服务器需要从另一台文件服务器获取数据，即便数据库客户端与该数据库服务器之间通信正常，但只要前两者之间的通信出现问题，还是会对数据库应用产生影响。在排除数据库相关故障时，请务必弄清待查目标的各个环节。

对网络技术人员而言，最重要的是要跟真正有本事的 DBA 处好关系，说不定哪天就能用上人家。

15.6 导出 SMB 对象

可利用 Wireshark 内置的导出对象（Export Objects）功能，来导出抓包文件中事关 SMB 的统计信息[1]。

15.6.1 导出准备

要导出 SMB 对象，请选择 File | Export Objects | SMB/SMB2。

15.6.2 导出方法

要导出 SMB 对象，请按以下步骤行事。

1. 既可以在抓包的同时导出 SMB 对象，也可以基于抓包文件来导出 SMB 对象，如图 15.12 所示。

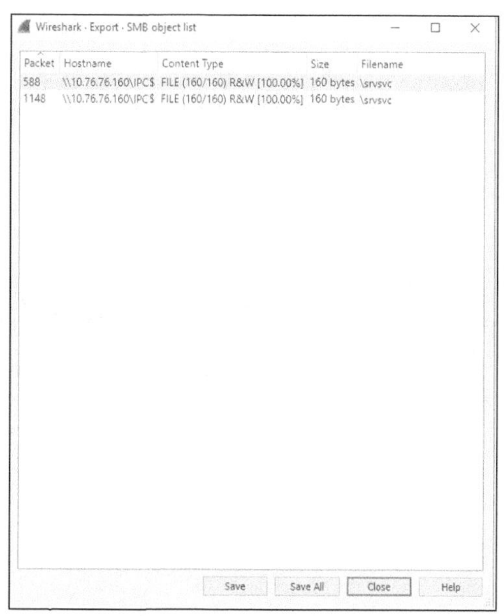

图 15.12　导出 SMB 对象

1　译者注：原文是“Exporting SMB objects is a simple feature for exporting SMB statistics”。

2．在 Expert SMB Object List 窗口中，可以获悉被（别的主机以 SMB 方式）访问过的 SMB 服务器（的路径）列表，包括每台 SMB 服务器上被（别的主机以 SMB 方式）访问过的文件。可据此了解到 SMB 访问过程中生成的数据包的数量（Packet）、以 SMB 方式访问过的 SMB 服务器的主机名\路径（Hostname）、以 SMB 方式访问过的内容的类型（比如，FILE[文件]）（包括访问方式：读或读/写）（Content Type）、内容的大小（Size），以及内容（文件）的名称（Filename）[1]。

3．可点击 Save 或 Save all 按钮将数据保存为本机文件。

4．在 Content Type 一栏下，会出现以下内容。

- FILE：表明通过 SMB 访问的内容是指定 SMB 服务器提供的文件。
- PIPE：如本章前文所述，SMB 也用于 IPC。对于这一 IPC 机制，SMB 系统提供命名管道服务。比方说，Microsoft 公司的 RPC over SMB 实现会利用命名管道基础设施来运作。与命名管道有关的详细信息超出了本书的范围，由 Wireshark 感知到的任何其他文件也是如此。

注 意

要让 Wireshark 的导出 SMB 对象功能生效，请先选择 Edit | Preferences，在弹出的 Preferences 窗口中，点击 Protocols 配置选项左边的小三角形，找到并选择 TCP 配置选项，勾选右边的 Allow subdissector to reassemble TCP streams 复选框，再点击 OK 按钮。

成功导出并保存 SMB 对象后，应该能够看到 Wireshark 通过数据包重组功能构建的数据（通过 SMB 访问过的文件、图片或其他任何内容）。

15.6.3 幕后原理

导出 SMB 对象功能一经启用（只要点开了 Expert SMB Object List 窗口），Wireshark 便会扫描当前打开的抓包文件中的 SMB 数据包（或当前抓取到的 SMB 数据包），重组 SMB 对象，并允许用户将 SMB 对象数据存盘。然后，便可用适当的应用程序打开保存下来的对象，若对象为可执行文件，则双击即可运行。导出 SMB 对象功能用处多多，包括监听及文件备份（比如，偷看或备份通过文件共享访问过的文件）。

1 译者注：原文是“From here, you can get a list of the servers that were accessed, including the files that were accessed in each one of them. You can see the packet number, hostname, content type (with operation mode, read or read/write), size, and filename” 译文酌改。

第 16 章 企业网应用程序行为分析

本章涵盖以下主题：

- 摸清流淌于网络中的流量的类型；
- Microsoft 终端服务器（MS-TS）和 Citrix 协议和故障分析；
- 数据库流量及常见故障分析；
- SNMP 流量分析。

16.1 简介

Wireshark 存在的最大价值之一，就是能用它来分析流淌于网络中的各种应用程序的流量，从而为排除应用程序故障提供依据。当应用程序运行缓慢时，可能的原因包括：LAN 问题（一般都与无线 LAN 有关）、WAN 问题（WAN 链路带宽不足或延迟过高）、安装应用程序服务器端/客户机端软件的主机运行缓慢（TCP 窗口问题），以及应用程序自身问题等。

本章将深入探讨企业网内常用的应用程序的运作方式，同时会介绍如何定位及解决与这些应用程序有关的故障。首先，会介绍如何探查及归类流淌于网络中的流量的类型。其次，会分析各种企业网应用程序的运作方式，介绍不同的网络状况对那些应用程序的影响。

本章还会介绍如何使用 Wireshark 解决常见诸于企业网内的各种应用程序的故障。这些应用程序包括 Microsoft 终端服务器和 Citrix、数据库应用以及 SNMP（简单网络管理协议）应用。

16.2 摸清流淌于网络中的流量的类型

在一个全新的网络环境中处理故障时，第一件事就是要摸清流淌于网络中的流量的类型。运行于网络中的应用程序五花八门，支撑应用程序的协议类型多种多样，它们之间还会彼此影响，相互干扰。

在某些情况下，网络中还会划分多个 VLAN，存在多个虚拟转发实例（VRF），部署多座刀箱（blade server），每个刀箱里还会配备连接到虚拟背板交换机端口的刀片服务器。在同一座网络基础设施里运行的每一样东西都有可能会相互影响。

很多人都分不清 VLAN 和 VRF 的区别。两者的用途虽大致相同，但使用场合却全然不同。VLAN 用在 LAN 中行使第一、二层的隔离任务；VRF 则是指共存于同一台路由器上的多个路由表实例，常用在 SP 网络中行使第三层的隔离任务。在 SP 网络中，VRF 一般都会跟多协议标签交换（MPLS）技术结合使用，用来提供同一客户不同站点间的 IP（第三层）连通性，同时还能在不同客户之间的实现网络隔离。

本节会探讨如何借助 Wireshark 来洞察流淌于网络中的流量的类型。

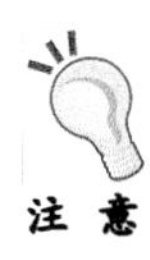

术语“刀箱”（blade server）是指刀片服务器的机箱，其正面安装的是刀片服务器，背面则配有 LAN 交换机。这一称谓随厂商而异，IBM 称其为刀片中心（blade center），HP 则将其命名为刀片系统（blade system）。

16.2.1 分析准备

在一个全新的网络环境中处理故障时，首先应把 Wireshark 主机接入网络，通过抓包来弄清网络中究竟流淌着哪些流量。在执行上述操作时，请按以下原则行事。

- 若故障涉及一台服务器，则应在 LAN 交换机上开启端口镜像功能，将连接该服务器的端口的所有流量重定向给 Wireshark 主机，以此来弄清该服务器都接收或发送了何种类型的流量。
- 若故障涉及一远程分支机构网络，则应设法将路由器上连接该分支机构网络的 WAN 端口的流量重定向给 Wireshark 主机，以此来弄清进出该分支机构网络的流量的类型。
- 若故障涉及 Internet 链路（比如，用户普遍反应网页打开缓慢），则应设法将奔流于该 Internet 链路的所有流量重定向给 Wireshark 主机，以此来弄清该 Internet 链路究竟承载了何种类型的流量。

本节会介绍如何借助 Wireshark 软件，来摸清流淌于网络中的流量的类型，以及如何排除相应的网络故障。

16.2.2 分析方法

要借助 Wireshark 软件来分析流淌于网络中的流量的类型，请按以下步骤行事。

1．按照之前提及的三原则之一，将相关流量重定向给 Wireshark 主机。

2．可利用 Wireshark 软件自带的下列工具，来分析所抓流量。

➢ 利用 Statistics 菜单下的 Protocol Hierarchy 工具，来观察并了解所抓流量的协议类型及占比情况。

➢ 利用 Statistics 菜单下的 Conversations 工具，来了解所抓流量在各个协议层级上的源头和归宿。

3．凭借 Protocol Hierarchy 工具所生成的信息，能获知流淌于网络中的流量的类型，如图 16.1 所示。

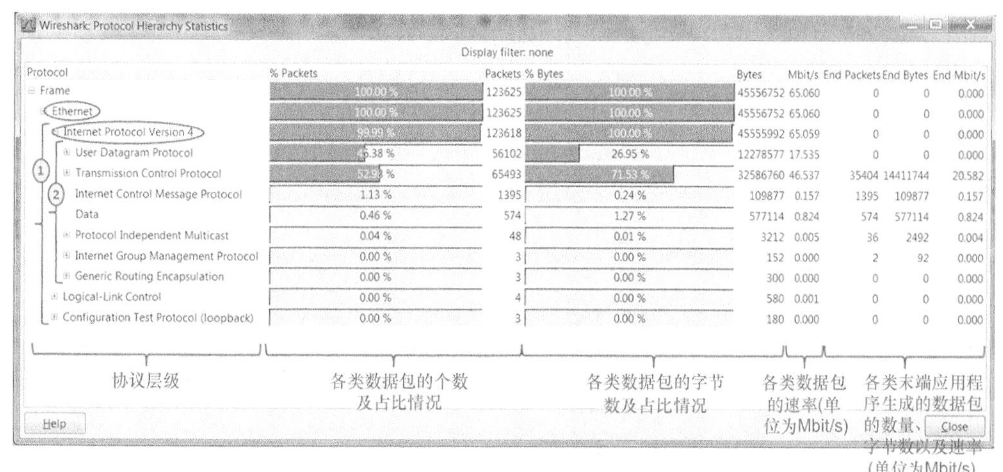
Wireshark: Protocol Hierarchy Statistics

Display filter: none

Protocol	% Packets	Packets	% Bytes	Bytes	Mbit/s	End Packets	End Bytes	End Mbit/s
Frame	100.00 %	123625	100.00 %	45556752	65.060	0	0	0.000
Ethernet	100.00 %	123625	100.00 %	45556752	65.060	0	0	0.000
Internet Protocol Version 4	99.99 %	123618	100.00 %	45555992	65.059	0	0	0.000
User Datagram Protocol	45.38 %	56102	26.95 %	12278577	17.535	0	0	0.000
Transmission Control Protocol	52.98 %	65493	71.53 %	32586760	46.537	35404	14411744	20.582
Internet Control Message Protocol	1.13 %	1395	0.24 %	109877	0.157	1395	109877	0.157
Data	0.46 %	574	1.27 %	577114	0.824	574	577114	0.824
Protocol Independent Multicast	0.04 %	48	0.01 %	3212	0.005	36	2492	0.004
Internet Group Management Protocol	0.00 %	3	0.00 %	152	0.000	2	92	0.000
Generic Routing Encapsulation	0.00 %	3	0.00 %	300	0.000	0	0	0.000
Logical-Link Control	0.00 %	4	0.00 %	580	0.001	0	0	0.000
Configuration Test Protocol (loopback)	0.00 %	3	0.00 %	180	0.000	0	0	0.000

图 16.1

通过图 16.1，可了解到穿梭于网络中的各种流量的分布情况。

➢ **以太网帧**：其麾下的子协议流量包括 IPv4 流量、逻辑链路控制协议（Logical-Link Control）流量，以及配置测试协议流量（Configuration Test Protocol [loopback]）。

➢ **IPv4（Internet Protocol Version 4）数据包**：其麾下的子协议流量包括 UDP 流量、TCP 流量、PIM 流量、IGMP 以及 GRE 流量等。

若点击各种协议左边的“+”，则会显示出其麾下所有类型的上层协议流量。

要想了解某种协议流量的吞吐量，请点击其“父协议”左边的“+”，直至该协议暴露为止，如图 16.2 所示。通过图 16.2，可获知 HTTP 流量在本次抓包时间段内的平均传输速率。

若继续点击 Hypertext Transfer Protocol 协议左边的“+”，则可了解到经由 HTTP 封装的各种数据（XML、MIME、JavaScript 等）在本次抓包时间段内的平均传输速率。

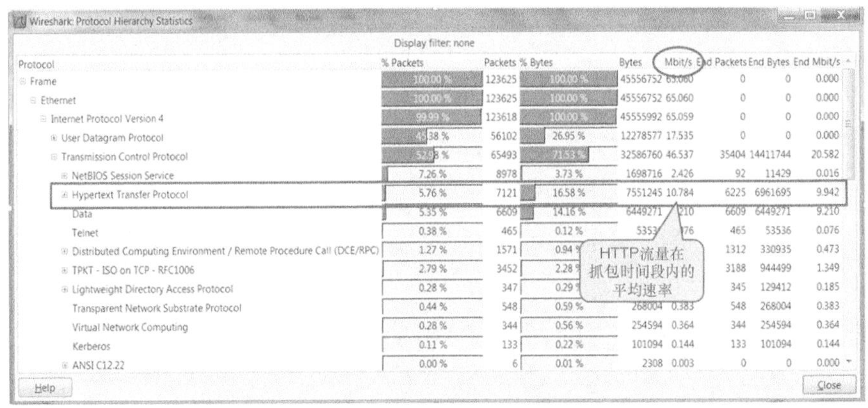

图 16.2

16.2.3 拾遗补缺

在某些情况下（比如，准备网络统计报表，向领导汇报时），需要以图形方式来呈现与网络的各种性能指标有关的统计信息。可使用以下工具来完成这项工作：

- Etherape（用于 Linux）；
- Compass（用于 Windows）。

16.3 Microsoft 终端服务器和 Citrix 故障分析

微软终端服务器（Microsoft Terminal Server，MS-TS）基于远程桌面协议（Remote Desktop Protocol，RDP）和 Citrix Metaframe 独立计算架构（Independent Computing Architecture，ICA），是一种在本机和远程 PC（或瘦客户端）之间实施桌面控制的应用程序。需要注意的是，这种桌面控制型应用程序会通过网络来传递远程主机的屏幕的变化情况。若屏幕的变化不大，则 MS-TS 应用基本不会占用多少带宽，否则，便会“吃掉”大量带宽。

还有一事值得关注，那就是由安装桌面控制型应用程序的主机生成的流量是完全不对称的。对主控端而言，下行流量速率少则数 10kbit/s，多则数 Mbit/s；而上行流量速率则最多只有几 kbit/s。在设计运行此类应用程序的网络时，切莫遗忘这一点。

本节会举几个与桌面控制型应用有关的典型故障案例，同时会细述故障解决方法。为求表述简洁，作者会把上述所有桌面控制类应用统称为 Microsoft 终端服务器（MS-TS）。本章后文每一次提及 Microsoft 终端服务器应用时，其实是指代所有桌面控制类应用，包括 Citrix Metaframe。

16.3.1 分析准备

当有用户反应 MS-TS 应用程序运行缓慢时，应首先问清楚慢在什么地方。然后，再到连接客户主机或受控端主机的 LAN 交换机上开启端口镜像功能，将相关端口的流量重定向至 Wireshark 主机。

16.3.2 分析方法

要想准定位 MS-TS 相关故障，首先应向一线用户询问具体遇到了什么问题，并按以下步骤行事。

1. 当用户反应与 MS-TS 有关的应用程序运行速度缓慢时，应问他们：是屏幕中的数据呈现速度慢，还是窗口切换速度慢？
2. 若得到的回答是窗口切换速度不慢，则说明并非 MS-TS 问题。要是 MS-TS 出了问题，就会出现窗口切换速度缓慢、鼠标键盘操作结果回显迟钝等现象。
3. 若得到的回答是基于 MS-TS 运行的应用程序生成报表的速度变慢，则很有可能是该应用程序的后台数据库问题，并非 MS-TS 或 Citrix 问题。
4. 若通信链路负载较高，则使用 MS-TS 相关应用的最终用户势必会反映，输入回显延迟较高。这是因为 MS-TS 应用的主要用途就是传输远程主机的屏幕变化情况，只要用户打字速度过快，在通信链路拥塞的情况下，就会感觉输入回显迟钝。
5. 要想利用 Wireshark 获知通信链路的负载状况，请按以下步骤行事。
    - 启用 Wireshark 自带的 I/O Graphs 工具。
    - 在 I/O Graphs 窗口中，输入相关 Wireshark 显示过滤器，监控（MS-TS 主控端的）上下行链路的负载状况。
    - 在 I/O Graphs 窗口中的 Y 轴坐标区域内，选择 Unit 下拉菜单中的 Bits/Tick 菜单项。
6. 按照上述设置，Wireshark I/O Graphs 窗口看起来应该如图 16.3 所示。
7. 由图 16.3 所示的流量模式可知，运行 MS-TS 主控端程序的主机会生成极高的下行流量，但却不怎么生成上行流量。请注意，在图 16.3 所示的 I/O Graphs 中，Y 轴坐标的单位为 Bits/Tick，即 bit/s（在 X 轴区域内的 Tick interval 下拉菜单中，选择的是“1 sec”）。在抓包开始后的第 485～500 秒那段时间内，通信链路上的流量吞吐量达到了顶峰。也就是在那段时间内，用户感觉到了 MS-TS 应用运行缓慢（比如，鼠标或键盘操作结果回显缓慢等）。

注 意

Citrix ICA 客户端在连接应用服务器（presentation server）时，所使用的 TCP 目的端口号是 2598 或 1494。

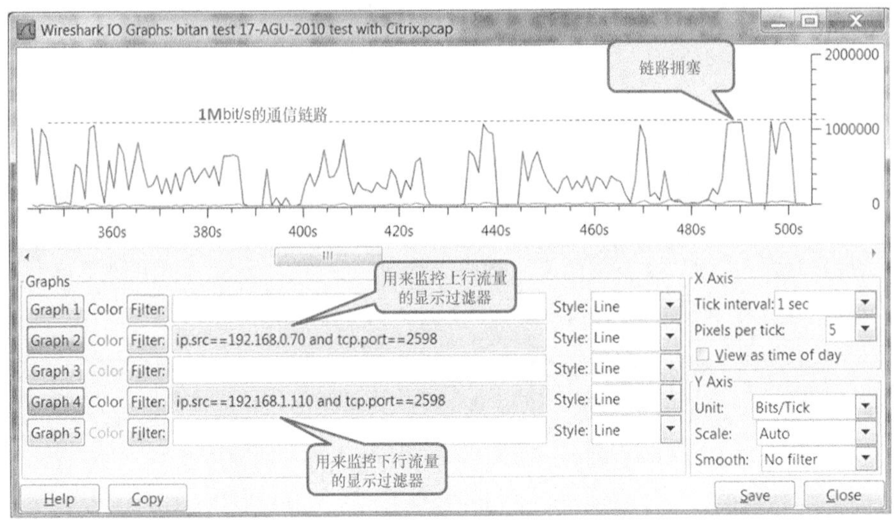

图 16.3

8. 请别忘了，用户通过 MS-TS 主控端连接到 MS-TS 服务器之后，操纵的软件其实是安装在 MS-TS 服务器上的某种应用的客户端软件，也就是说 MS-TS 服务器还得作为客户端去连接别的应用服务器。因此，若 MS-TS 服务器"不给力"，也会让用户产生 MS-TS 应用运行缓慢的错觉。

9. 若确诊为 MS-TS 故障，则有必要弄清故障具体出在网络层面还是系统层面，此时应执行如下操作。

   - 应借助于 Wireshark 自带的 I/O Graphs 工具来了解通信链路的负载状况。如 MS-TS 应用运行缓慢确实是因为通信链路负载过高（见图 16.3），则可以通过扩容链路带宽来解决。
   - 应检查 MS-TS 服务器的性能状况。运行 MS-TS 应用的服务器的内存消耗量都颇为可观，因此需检查其内存（RAM）使用情况。

16.3.3 幕后原理

MS-TS、Citrix Metaframe 等应用在运行时，需要通过网络来传输远程服务器的屏幕变化情况。用户要先从客户端（即安装了 MS-TS 客户端软件的主机或瘦客户端）连接到终端服务器，再使用安装在终端服务器上的各种应用程序客户端软件，来连接各应用服务器。图 16.4 所示为终端服务器的运作原理。

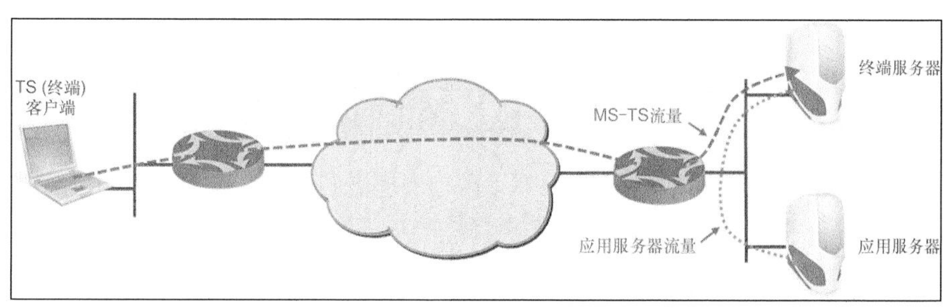

图 16.4

16.3.4 拾遗补缺

许多终端服务器软件的生产厂商都吹嘘自己的产品能在两个方面提升企业的生产率。厂商的销售人员首先会说他们的产品能方便 IT 人员对用户终端和各种软件客户端的管理，理由是各种应用程序的客户端软件都只需在终端服务器上安装，这样一来，就不用管理每个用户的 PC 以及其上所安装的各种软件了。其次，那些销售人员还会说，他们的产品一经部署，网络流量就会大大降低。

对于第一种说法，作者倒也不准备抬杠，而且该话题与本书的内容无关。不过，作者绝不认可第二种说法。在有多个用户同时连接终端服务器的网络环境中，网络流量的高低要取决于用户操作什么样的应用程序。

- 在操作基于文本或字符的应用程序（比如，ERP[企业资源规划]类应用程序）时，用户都是先输入数据，再点击某个按钮，最后查看结果。对于使用终端客户端的用户而言，要先连接到终端服务器，才能操作安装在终端服务器上的 ERP 客户端软件。此时，终端服务器会连接 ERP 程序的后台数据库。上述第二种说法能否成立，将取决于应用程序开发人员对后台数据库的设计，预期的流量（终端服务器与数据库服务器之间的流量）速率约为几十至几百 kbit/s 之间。
- 在终端客户端上操作诸如 Word、PowerPoint 之类的办公软件时，到底会生成多少流量则完全取决于用户的操作行为。若只是编辑普通的 Word 文档，几十到几百 kbit/s 的流量也就够了。可要是编辑 PowerPoint 文档的话，则至少需要几百 kbit/s 甚至是几 Mbit/s 的流量。要是以全屏方式预览 PowerPoint 文档（打开 PPT 文件后，再按一下 F5 键），吞吐量将高达 8～10Mbit/s。
- 通过终端客户端上网冲浪时，所耗带宽将会在几百 kbit/s 到几 Mbit/s 之间，具体的数字要取决于用户的上网行为。那要是在线观看高清视频呢？还是别这么干为妙。

在部署任何终端应用之前，都必须再三测试，以弄清该应用所耗实际带宽。有一次，有家软件公司为使其软件界面上的 logo 更为清晰醒目，便把它安置在了软件窗口的右上角，还让它每秒闪烁个 10 来次。该软件作为终端应用一经部署，便让一条带宽为 2Mbit/s 的通信链路拥堵不堪，这当然要归功于那个在软件窗口上闪来闪去的 logo。有些东西要是没有事先测试，你就永远不知道它会怎样。

16.4 数据库流量及常见故障分析[1]

有些读者一定会对作者在本章安排这么一节内容而感到不解。在 IT 领域里，网络技术与数据库技术毕竟是截然不同的两个分支。精通数据库和应用程序开发技术的人一般都不懂网络技术，反之亦然，当然少数绝世牛人除外。所以说，一般不会让网络工程师去排除数据库故障，也不可能让 DBA 去排除网络故障。不过，通过抓取并分析流淌在网络中的流量，网络工程师可以帮助 DBA 解决某些数据库故障

在大多数情况下，当应用程序无法使用时，最终用户会首先认定是网络问题，从而对网络技术人员心存不满。因此，网络技术人员必须能准确判断故障是否真的跟网络有关。在某些特殊场合下，网络技术人员或许还要动用 Wireshark 抓取并分析网络中的流量，去配合 DBA 协查数据库故障。

16.4.1 分析准备

当有用户反映网络太慢的时候，网络技术人员首先需要判断网络是不是真的太慢。为此，请按下一小节所述步骤行事。

16.4.2 分析方法

若怀疑是数据库故障，请按以下步骤行事。

1．当有用户投诉网络太慢时，需要弄清楚以下事宜。

- 遭遇的是大面积用户投诉，还是个别用户投诉？影响的是总部站点网络内的用户，还是某个分支机构网络内的用户？若整个网络内的用户都受到了影响，则可以断定故障并非出在用来互连总部和分支机构网络的 WAN 线路上面。
- 是所有用户都反映网速慢，还是安装了某种应用程序的那一类用户反映网速慢？若为后一种情况，则应把注意力放到该应用程序上面。
- 是运行该应用程序客户端软件的主机与服务器之间的通信链路过载吗？导致链路过载的是该应用程序生成的流量吗？
- 是所有应用程序都运行缓慢，还是需要访问数据库的个别应用程序运行缓慢？是运行应用程序客户的 PC 太老太忙，还是服务器的资源不足呢？

2．在弄清了上述事宜之后，请按以下步骤行事。

- 配置 LAN 交换机，将其连接某台 PC、服务器或路由器（用来连接远程站点网络

1　译者注：本节内容与 15.5 节重复。

的 WAN 路由器）的端口的流量，甚至是某个 VLAN 的流量，重定向至 Wireshark 主机。打开 Wireshark 软件，开始抓包。

➢ 在抓包的同时，点击 Analyze 菜单下的 Expert Information 菜单项，Expert Information 窗口会立刻弹出。要注意观察该窗口中各标签栏内与 TCP 有关的各种事件（尤其是 Error 和 Warning 事件），了解与这些事件相对应的数据包的源、目 IP 地址和源、目 TCP 端口号信息。这些信息将有助于快速定位故障的原因。

用 Wireshark 抓取并分析 Internet 链路的流量时，一定会观察到很多来自/发往 Internet Web 站点或 E-mail 服务器的 TCP 数据包都身背了 TCP Retransmission 或 TCP Duplicate ACK 等字样。没有办法，访问 Internet 就是这样。然而，用 Wireshark 抓取并分析内网流量时，身背 TCP Retransmission 等字样的 TCP 数据包最多只应占总 TCP 流量的 0.1%～0.5%。

3．若判断是网络中的主机、服务器或其他网络设备发生故障，请按本书之前各章所述来解决故障。不过，某些网络自身的问题也会对数据库应用的行为产生影响。在下面这个例子中，读者可以看到一客户机通过一条往返延迟为 35～40 毫秒的链路，与服务器通信时的举动。

4．由图 16.5 可知，Wireshark 截屏中所示数据包全都归属于编号为 8 的 TCP 数据流（1），前三个 TCP 数据包是建立 TCP 连接的三次握手（TCP SYN/SYN-ACK/ACK）TCP 报文段。作者已将 Wireshark 显示出的第一个数据包的时间设置为参考时间（2）（选中第一个数据包，点击右键，选择弹出菜单中的 Set/Unset Time Reference 菜单项）。构成这条编号为 8 的 TCP 数据流的 TCP 数据包的总数为 371（3）。

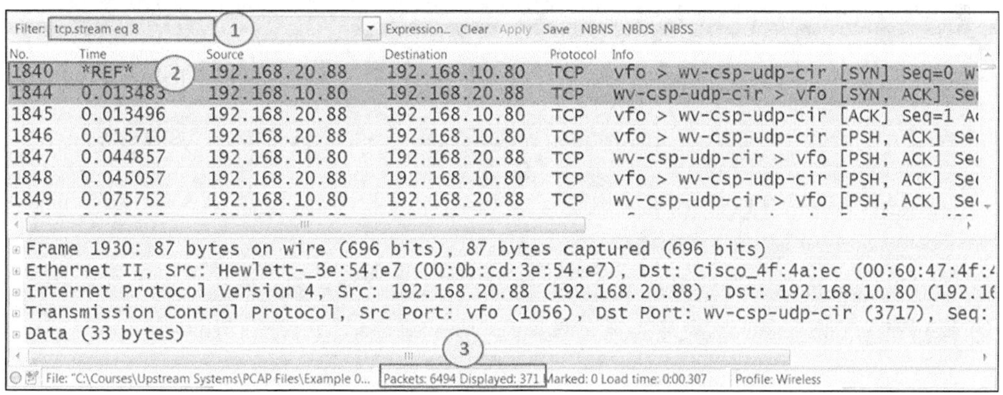

图 16.5

5．由图 16.6 可知，客户机从每次发出数据库查询，到收到来自服务器的查询响应，所耗时间约为 35 毫秒。

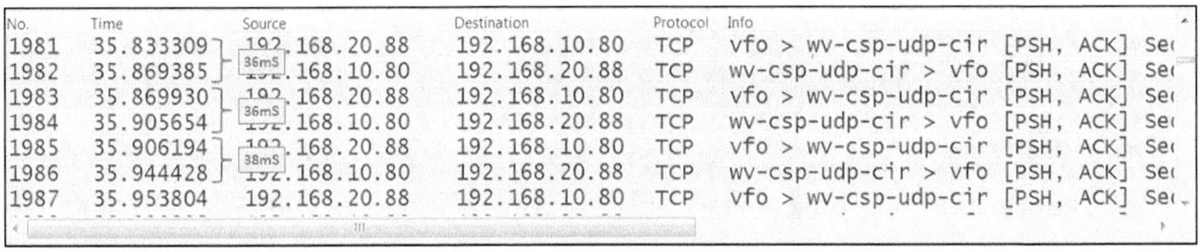

No.	Time	Source	Destination	Protocol	Info
1981	35.833309	192.168.20.88	192.168.10.80	TCP	vfo > wv-csp-udp-cir [PSH, ACK] Se
1982	35.869385 (36mS)	192.168.10.80	192.168.20.88	TCP	wv-csp-udp-cir > vfo [PSH, ACK] Se
1983	35.869930	192.168.20.88	192.168.10.80	TCP	vfo > wv-csp-udp-cir [PSH, ACK] Se
1984	35.905654 (36mS)	192.168.10.80	192.168.20.88	TCP	wv-csp-udp-cir > vfo [PSH, ACK] Se
1985	35.906194	192.168.20.88	192.168.10.80	TCP	vfo > wv-csp-udp-cir [PSH, ACK] Se
1986	35.944428 (38mS)	192.168.10.80	192.168.20.88	TCP	wv-csp-udp-cir > vfo [PSH, ACK] Se
1987	35.953804	192.168.20.88	192.168.10.80	TCP	vfo > wv-csp-udp-cir [PSH, ACK] Se

图 16.6

6. 由于这条编号为 8 的 TCP 数据流由 371 个数据包构成，因此客户机完成数据库查询所耗时间约为 13 秒（371×35 毫秒）[1]。再加上因无线网络质量所导致的某些 TCP 重传，使得操纵该客户机的用户要等待 10～15 秒或更长的时间才能完成本次数据库查询任务。

7. 在这种情况下，应与 DBA 协商如何通过改进数据库应用程序来降低过往于网络的数据包的数量。或者，可以让那台客户机不要通过无线网络去访问服务器，改用其他方式（比如，终端服务器或 Web 方式）去访问服务器。

8. 有时，通过 Wireshark 抓包分析，还可以发现应用程序自身的问题。在图 16.7 所示的 Wireshark 截屏中，可以看见客户机向服务器连续发送了 5 个身背 TCP Retransmission 字样的 TCP 数据包。之后，客户机与服务器之间又重新通过三次握手，建立起了 TCP 连接（3）。这很像是 TCP 故障，但只有当用户在该应用程序客户端软件的特定窗口内执行某些操作时，才能在 Wireshark 抓包主窗口的数据包列表区域内看见上述景象。出现这样的问题，是由于该应用程序设计失当，每当用户执行上操作时，服务器端软件就会停止响应客户端软件发起的 TCP 连接。

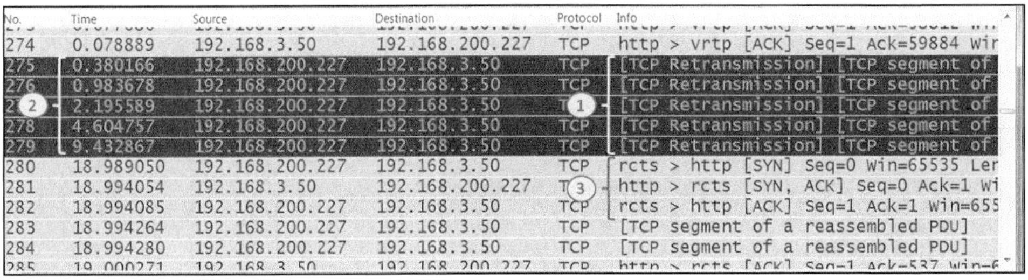

No.	Time	Source	Destination	Protocol	Info
274	0.078889	192.168.3.50	192.168.200.227	TCP	http > vrtp [ACK] Seq=1 Ack=59884 Wir
275	0.380166	192.168.200.227	192.168.3.50	TCP	[TCP Retransmission] [TCP segment of
276	0.983678	192.168.200.227	192.168.3.50	TCP	[TCP Retransmission] [TCP segment of
2 (2)	2.195589	192.168.200.227	192.168.3.50	T (1)	[TCP Retransmission] [TCP segment of
278	4.604757	192.168.200.227	192.168.3.50	TCP	[TCP Retransmission] [TCP segment of
279	9.432867	192.168.200.227	192.168.3.50	TCP	[TCP Retransmission] [TCP segment of
280	18.989050	192.168.200.227	192.168.3.50	TCP	rcts > http [SYN] Seq=0 Win=65535 Ler
281	18.994054	192.168.3.50	192.168.200.227	T (3)	http > rcts [SYN, ACK] Seq=0 Ack=1 Wi
282	18.994085	192.168.200.227	192.168.3.50	TCP	rcts > http [ACK] Seq=1 Ack=1 Win=655
283	18.994264	192.168.200.227	192.168.3.50	TCP	[TCP segment of a reassembled PDU]
284	18.994280	192.168.200.227	192.168.3.50	TCP	[TCP segment of a reassembled PDU]
285	19.000271	192.168.3.50	192.168.200.227	TCP	http > rcts [ACK] Seq=1 Ack=537 Win=6

图 16.7

16.4.3 幕后原理

常言道，隔行如隔山，网络技术人员肯定玩不转数据库。不过，网络技术人员有义务配合 DBA 去排除与数据库有关的故障，这也是作者在本章安排这些内容的目的。

16.4.4 拾遗补缺

在 Wireshark 抓包主窗口的数据包列表区域中，选中一个隶属于某条数据库客户端与数据库

1 译者注：应该是 371/2×35 毫秒。

服务器间 TCP 会话的数据包，点击右键，选择弹出菜单中的 Follow TCP Stream 菜单项，Follow TCP Stream 窗口会立刻弹出。可以让 DBA 通过该窗口所示内容来了解经由网络传输了哪些数据。

若数据库客户端与数据库服务器之间的网络延迟较高（比如，数据库客户端通过移动蜂窝网络访问数据库服务器），则实际操纵应用程序的用户就会觉得卡顿。此时，需考虑让用户采用其他方式来访问数据库服务器（比如，采用终端服务器或 Web 方式）。

数据库服务器的运作方式同样重要。若某台数据库服务器需要从另一台文件服务器获取数据，即便数据库客户端与该数据库服务器之间通信正常，但只要前两者之间的通信出现问题，还是会对数据库应用产生影响。在排除数据库相关故障时，请务必弄清待查目标的各个环节。

对网络技术人员而言，最重要的是要跟真正有本事的 DBA 处好关系，说不定哪天就能用上人家。

16.5 SNMP 流量分析

SNMP 是一种名气很大的协议，可利用其来定期收集网络设备的数据和统计信息，从而达到集中管理并监控网络中各种设备的目的。除了监控功能之外，被赋予适当权限的 SNMP 服务器还可以利用该协议来配置并修改网络设备的设置。支持 SNMP 的设备通常包括交换机、路由器、服务器、工作站、主机、VoIP 电话等。

SNMP 有三个版本：SNMPv1、SNMPv2c 和 SNMPv3，知道这一点非常重要。后期推出的 SNMP 版本 v2c 和 v3 在性能和安全性方面要更胜一筹。

SNMP 包括以下 3 个组件。

- 正在被 SNMP 管理的设备（名为被管设备）。
- SNMP 代理：在被管设备上运行的一款软件，该软件从被管设备收集数据，将数据存储进名为管理信息库（Managed Information Base，MIB）的数据库。SNMP 代理会根据配置定期将数据/统计信息、事件以及 SNMP trap 导出至 SNMP 服务器（通过 UDP 161 端口）。
- SNMP 服务器：也称为网络管理服务器（Network Management Server，NMS）。该服务器需要跟网络内的所有 SNMP 代理通信，采集 SNMP 代理导出的数据，构建中心数据库。借助于 SNMP 服务器，管理网络的 IT 人员即可远程监控、管理和配置网络及网络设备了。

在网络设备中实现的某些功能独特的 MIB 大多都是厂商专有的，这一点请读者务必牢记。几乎所有的网络设备厂商都在宣传其设备实现了这样的 MIB。

16.5.1 分析准备

与 SNMP 有关的故障通常都会由网管团队反映。故障表象包括：SNMP 服务器无法在指定的时间间隔内从某台被管设备获取任何统计信息或 SNMP trap，要不就是 SNMP 服务器与被管设备之间完全失联。要解决此类故障，请按下一小节所述步骤行事。

16.5.2 分析方法

在出现 SNMP 故障的情况下，请按以下步骤行事。

当有网管团队成员反映出现 SNMP 故障时，需弄清以下事宜。

1. 涉及 SNMP 故障的设备是新近接入网络的新设备吗？换而言之，该设备的 SNMP 功能是否启用，能否正常运作？

   - 若为新近接入网络的新设备，请与该设备的管理员联系，并检查该设备的 SNMP 相关配置，比如，团体（community）字串的配置。
   - 若 SNMP 相关配置正确无误，请确保该设备所设 NMS 的 IP 地址正确无误，并检查相关的密码设置。
   - 若启用了支持加密的 SNMPv3，请务必检查与加密有关的配置，比如，传输方法的配置。
   - 若上述配置看起来正确无误，请确保该被管设备与 NMS 之间具备 IP 连通性，在被管设备上 ping NMS 的 IP 地址即可验证是否具备 IP 连通性。

2. 若被管设备的 SNMP 功能能够正常运作，但 NMS 在指定时间内仍未从该设备采集到任何统计或告警信息。

   - 应检查该设备的控制平面或管理平面是否存在问题，使其无法将 SNMP 统计信息传递给 NMS。请注意，对网络中的大多数设备而言，SNMP 进程是所有进程中优先级最低的，也就是说，若该设备总是运行高优先级进程，便会将 SNMP 请求和响应消息缓存在队列中。
   - SNMP 故障涉及网络中的个别设备还是同时涉及多台设备？
   - 检查网络（被管设备和 NMS 之间的网络）本身是否存在任何故障？比方说，在 L2 生成树协议收敛期间，被管设备和 SNMP 服务器之间可能会出现丢包，NMS 将会管理不到被管设备。

16.5.3 幕后原理

如本节前文所述，SNMP 是一种简单而又直接的协议，与 SNMP 标准以及 MIB OID 有关的所有信息都能在 Internet 上搜到。

第 17 章 排除 SIP、多媒体及 IP 电话故障

本章涵盖以下内容：

- IP 电话技术的原理及常规运作方式；
- SIP 的运作原理、消息及错误状态码；
- IP 上的视频和 RTSP；
- Wireshark 的 RTP 流分析和过滤功能；
- Wireshark 的 VoIP 呼叫重放功能。

17.1 简介

应把语音、视频及多媒体流量的传递一分为二来看待。首先，是多媒体流量（即实际的语音或视频流量）的传递；其次，是信令流量的传递，信令的作用包括语音/视频呼叫的建立和终止、邀请参与者参与通话/视频等。一直以来，有以下两个协议族可用来提供语音或视频的信令功能。

- **ITU-T 协议族**：包括框架性协议 H.323、起注册及地址解析作用的 H.225 协议，以及起控制作用的 H.245 协议。
- **IETF 协议族**：包括信令协议 SIP（RFC 3261 及其更新版本）以及用来描述会话参数的 SDP（会话描述协议）（RFC 4566）。

在过去几年，ITU-T 协议族已被逐步淘汰，如今的大多数多媒体应用使用的都是 IETF 协议族，这也是本章重点关注的内容。图 17.1 所示为供多媒体应用使用的 IETF 协议族的架构。

无论是 ITU-T 协议族还是 IETF 协议族，全都采用 RTP 和 RTCP（RFC 3550 及其更新版

本）来传输实际的多媒体流量，前者用于多媒体流的传输，后者则用来控制并保证多媒体流的质量。

图 17.1 所示为在 IP 网络中用来传递多媒体流量的 IETF 协议族的架构。

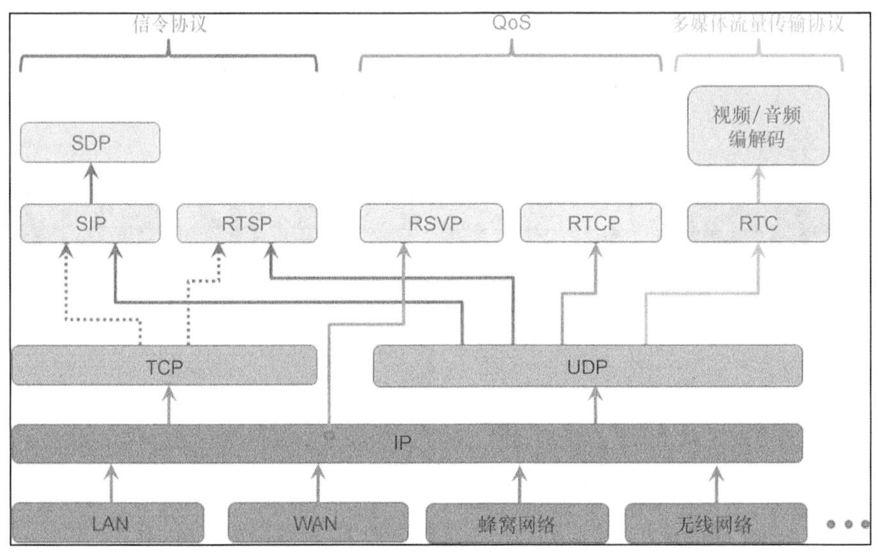

图 17.1

图 17.1 中呈现的所有协议都基于 TCP/IP 协议族，本章会探讨其中的大多数协议，同时会讲解如何用 Wireshark 分析音频流和视频流。

17.2 IP 电话技术的原理及常规运作方式

IP 电话技术是指将模拟的语音呼叫信号转换为 IP 数据包并放到 IP 网络中传送的技术。要先用呼叫信令协议（比如，SIP）在端点之间建立呼叫会话，再用身为应用层协议的实时传输协议（RTP）通过 IP 网络传送多媒体流。音频（或视频）数据包在传送过程中会封以 RTP 头部，一般都通过 UDP 传送[1]。

本节会讲解 IP 电话技术的常规运作方式，同时还会通过 Wireshark 抓包分析，来说明在端到端的传递音频流的过程中 RTP 和 RTCP 是如何发挥作用的。

17.2.1 分析准备

由于 IP 电话会把模拟呼叫转换为数字呼叫，因此只能抓取经过 IP 电话转换后的 IP 数据包。Wireshark 无法抓取任何模拟信号。

1 译者注：原文是“The audio (or video) packets will be encapsulated with RTP header and typically run over UDP”。原文直译为“音频（或视频）数据包以 RTP 头部封装并在 UDP 上运行”。

17.2.2 分析方法

1. RTP 的运作方式

打开一个 Wireshark 抓包文件，点击 Telephony 菜单，选择 RTP | RTP Streams，如图 17.2 所示。

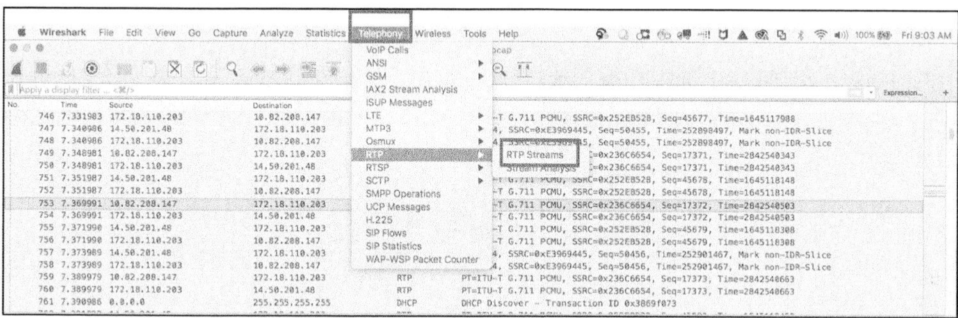

图 17.2

RTP Streams 窗口会立刻弹出，Wireshark 会把识别出的所有 RTP 流汇集成表，并在该窗口中加以呈现，如图 17.3 所示。

Wireshark · RTP Streams · jabber

Source Address ▲	Source Port	Destination Address	Destination Port	SSRC	Payload	Packets	Lost	Max Delta (ms)	Max Jitter	Mean Jitter	Status
10.82.208.147	14238	172.18.110.203	8232	0xd95154c8	H264	144	0 (0.0%)	29.997	0.120	0.481	
10.82.208.147	24640	172.18.110.203	8226	0x236c6654	g711U	732	0 (0.0%)	24.001	1.373	0.697	
14.50.201.48	30290	172.18.110.203	8230	0xb6fcd633	H264	382	0 (0.0%)	35.002	0.799	0.494	
14.50.201.48	30290	172.18.110.203	8230	0xe3969445	H264	192	0 (0.0%)	35.002	2.185	2.366	
14.50.201.48	23978	172.18.110.203	8228	0x252eb528	g711U	740	0 (0.0%)	22.993	0.368	0.017	
172.18.110.203	8230	14.50.201.48	30290	0xd95154c8	H264	144	0 (0.0%)	29.997	0.120	0.481	
172.18.110.203	8232	10.82.208.147	14238	0xb6fcd633	H264	382	0 (0.0%)	35.002	0.799	0.515	
172.18.110.203	8232	10.82.208.147	14238	0xe3969445	H264	192	0 (0.0%)	35.002	2.185	2.366	
172.18.110.203	8228	14.50.201.48	23978	0x236c6654	g711U	732	0 (0.0%)	24.001	1.373	0.695	
172.18.110.203	8226	10.82.208.147	24640	0x252eb528	g711U	740	0 (0.0%)	22.993	0.368	0.017	

10 streams. Right-click for more options.

Help　Find Reverse　Prepare Filter　Export...　Copy　Analyze　Close

图 17.3

通过 RTP Streams 窗口，便可获知每一条 RTP 流的以下细节。

- **Source Address**：RTP 流的源 IP 地址，可以是一部 IP 电话或一台电话会议单元的 IP 地址。
- **Source Port**：RTP 流的 UDP 源端口号。生成 RTP 流的设备会随机选择一个本机未用的 UDP 端口号，作为该 RTP 流的 UDP 源端口号。
- **Destination Address**：RTP 流的目的 IP 地址。
- **Destination Port**：RTP 流的 UDP 目的端口号。生成 RTP 流的设备会从 RTP 所用的 UDP 端口号段中选择一个端口号，作为该 RTP 流的 UDP 目的端口号。为了支持并发呼叫，有一个 UDP 端口号段都可用作为 RTP 流的目的端口号，该号段的范围为 16384～32767。

- **SSRC**：同步源标识符，即 RTP 流的标识符。
- **Payload**：RTP 流的净载类型（通常所指为编码类型）。
- RTP 流的其他属性信息，包括抓到的隶属于 RTP 流的数据包的总数、丢包数、数据包之间的最长间隔时间、最长抖动时间及平均抖动时间。

在 RTP Streams 窗口中选中相关的 RTP 流，点击右键，在弹出的菜单中选择 Prepare Filter 菜单项，即可筛选出隶属于该 RTP 流的所有数据包，用 Follow TCP/UDP Stream 功能也可以起到相同效果[1]。

以下是对图 17.4 所示 RTP 数据包做标记之处的解释，次序为从上到下。

```
▸ Frame 75: 214 bytes on wire (1712 bits), 214 bytes captured (1712 bits)
▸ Ethernet II, Src: Cisco_b7:17:0a (00:0b:45:b7:17:0a), Dst: Cisco_76:b5:12 (a4:4c:11:76:b5:12)
▸ Internet Protocol Version 4, Src: 14.50.201.48, Dst: 172.18.110.203
▸ User Datagram Protocol, Src Port: 23978, Dst Port: 8228
▾ Real-Time Transport Protocol
  ▸ [Stream setup by SDP (frame 72)]          ──────▸ 所使用的信令协议以及信令数据包的编号
    10.. .... = Version: RFC 1889 Version (2)
    ..0. .... = Padding: False
    ...0 .... = Extension: False
    .... 0000 = Contributing source identifiers count: 0
    1... .... = Marker: True
    Payload type: ITU-T G.711 PCMU (0)        ──────▸ 音频的编码类型
    Sequence number: 45559
    [Extended sequence number: 45559]         ──────▸ RTP序列号
    Timestamp: 1645099108          ──────▸ RTP时间戳
    Synchronization Source identifier: 0x252eb528 (623818024)
    Payload: ffffffffffffffffffffffffffffffffffffffffffffffff...
```

图 17.4

- RTP 数据包所使用的信令协议以及信令数据包的编号。
- RTP 数据包的净载所含音频的编码类型，对于本例，该 RTP 数据包的编码类型为 G.711。
- RTP 数据包的序列号，每个 RTP 数据包都包含一个序列号字段，发送方每发出一个 RTP 数据包，都会将序列号字段值加 1。
- RTP 数据包的时间戳，表示 RTP 数据包中净载数据的首字节的采样时间。

RTP 数据包的序列号和时间戳可用来测量 RTP 流量的服务质量。

2. RTCP 的运作方式

RTP 和 RTCP 协议所使用的端口号并不固定，RTP 协议流量的源和目的端口号总是为偶数，

1　译者注：原文是“Select the relevant stream from the pop-up window or use the follow the stream option”。

而与之对应的 RTCP 协议流量的源和目的端口号则总是分别采用下一个奇数。比方说，如 RTP 协议流量的源和目的端口为 23978 和 8228，那么与之对应的 RTCP 协议流量的源和目的端口号将会是 23979 和 8229。于是，在知道 RTP 数据包的源、目端口号的情况下，即可得知配套的 RTCP 数据包的源、目端口号[1]。

图 17.5 所示的 RTP 数据包隶属于源 IP 地址为 14.50.201.48，目的 IP 地址为 172.18.110.203，源 UDP 端口号为 23978，目的 UDP 端口号为 8228 的 RTP 流。与该 RTP 流相关联的 SSRC 为 0x252eb528。在知道了 RTP 流的 UDP 源、目端口号 23979 和 8228 之后，即可确定与其相关联的 RTCP 流的 UDP 源、目端口号。

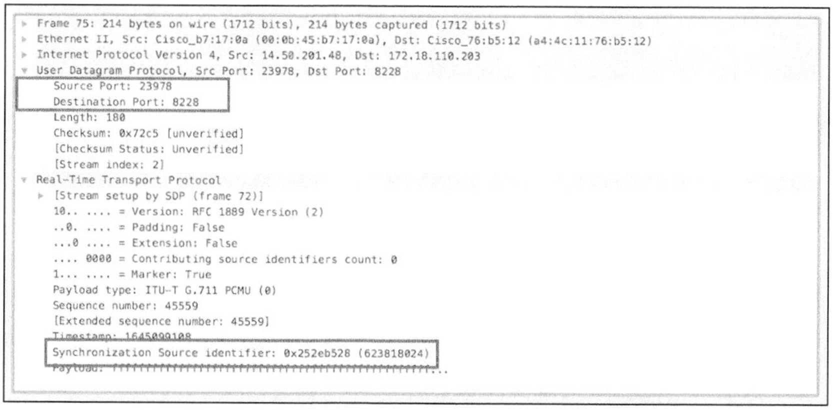

```
▸ Frame 75: 214 bytes on wire (1712 bits), 214 bytes captured (1712 bits)
▸ Ethernet II, Src: Cisco_b7:17:0a (00:0b:45:b7:17:0a), Dst: Cisco_76:b5:12 (a4:4c:11:76:b5:12)
▸ Internet Protocol Version 4, Src: 14.50.201.48, Dst: 172.18.110.203
▾ User Datagram Protocol, Src Port: 23978, Dst Port: 8228
    Source Port: 23978
    Destination Port: 8228
    Length: 180
    Checksum: 0x72c5 [unverified]
    [Checksum Status: Unverified]
    [Stream index: 2]
▾ Real-Time Transport Protocol
  ▸ [Stream setup by SDP (frame 72)]
    10.. .... = Version: RFC 1889 Version (2)
    ..0. .... = Padding: False
    ...0 .... = Extension: False
    .... 0000 = Contributing source identifiers count: 0
    1... .... = Marker: True
    Payload type: ITU-T G.711 PCMU (0)
    Sequence number: 45559
    [Extended sequence number: 45559]
    Timestamp: 1645099108
    Synchronization Source identifier: 0x252eb528 (623818024)
    Payload: ffffffffffffffffffffffffffffffffffffffffffffffff...
```

图 17.5

由图 17.6 可知，该数据包的 Sender SSRC 字段值为 0x252eb528，与图 17.5 中所示 RTP 数据包的 SSRC 匹配。该数据包是 RTCP 消息的一种——RTCP 发送方报告（Sender report）消息，包含了发送发向接收方通报的在传 RTP 流的详细信息。需要确保下述信息。

- Fraction lost 值为 0 或在可容忍的合理范围之内。该计数器用来显示当前和上一条发送方报告之间 RTP 数据包的丢包数量[2]。
- Cumulative number of packets lost 值为 0 或在可容忍的合理范围之内。该计数器用来显示对应的 RTP 流中 RTP 数据包的总丢包数。
- Interarrival jitter 值在可容忍的合理范围内。该计数器用来显示对收到的数据包做出的抖

1 译者注：原文是“Get the UDP port number of the RTP call flow and increment it by 1 and use the same to filter the associated RTCP packets. For example, if the UDP port is 24950, which is used for RTP packets, UDP port 24951 will be used for RTCP packets”。

2 译者注：原文是“Fraction lost: This is zero or well within the tolerance range. This counter shows the number of RTP data packets lost between the current and previous Sender report”。译文按原文字面意思直译。

动测量[1]。

```
▸ Frame 2069: 138 bytes on wire (1104 bits), 138 bytes captured (1104 bits)
▸ Ethernet II, Src: Cisco_b7:17:0a (00:0b:45:b7:17:0a), Dst: Cisco_76:b5:12 (a4:4c:11:76:b5:12)
▸ Internet Protocol Version 4, Src: 14.50.201.48, Dst: 172.18.110.203
▸ User Datagram Protocol, Src Port: 23979, Dst Port: 8229
▾ Real-time Transport Control Protocol (Sender Report)
  ▾ [Stream setup by SDP (frame 72)]
      [Setup frame: 72]
      [Setup Method: SDP]
    10.. .... = Version: RFC 1889 Version (2)
    ..0. .... = Padding: False
    ...0 0001 = Reception report count: 1
    Packet type: Sender Report (200)
    Length: 12 (52 bytes)
    Sender SSRC: 0x252eb528 (623818024)
    Timestamp, MSW: 3728372393 (0xde3a72a9)
    Timestamp, LSW: 3179194385 (0xbd7ea811)
    [MSW and LSW as NTP timestamp: Feb 23, 2018 10:59:53.740213874 UTC]
    RTP timestamp: 1645146724
    Sender's packet count: 298
    Sender's octet count: 47680
  ▾ Source 1
      Identifier: 0x236c6654 (594306644)
    ▾ SSRC contents
        Fraction lost: 0 / 256
        Cumulative number of packets lost: 0
    ▾ Extended highest sequence number received: 17549
        Sequence number cycles count: 0
        Highest sequence number received: 17549
      Interarrival jitter: 2
      Last SR timestamp: 1923794062 (0x72aac48e)
      Delay since last SR timestamp: 33685 (513 milliseconds)
▸ Real-time Transport Control Protocol (Source description)
```

图 17.6

只要发现上述计数器的值不在合理的范围之内，端到端的 RTP 流就有可能会发生故障。RTCP 协议的用途及其信息通报机制详见本章后文。

17.2.3 幕后原理

拨打 IP 电话所建立的端到端的呼叫过程完全仰仗 RTP 和 RTCP 这两种协议[2]，如图 17.7 所示。RTP 是一种应用层协议，用来在端点之间传输多媒体音频和视频流。

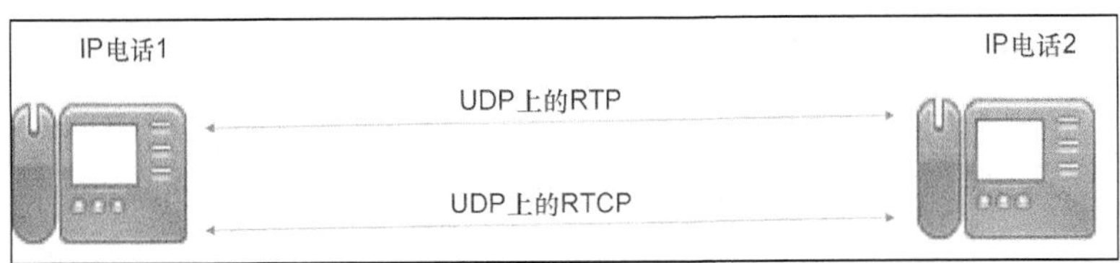

图 17.7

1. RTP 的运作原理

RTP 用来承载实际的多媒体数据。在 RTP 之前，有各种用于视频和音频压缩的编解码类

1 译者注：原文是“Interarrival jitter: This is well within the range. This counter shows the jitter measurement of the received packets”。译文按照原文字面意思直译。

2 译者注：原文是“IP telephony heavily leverages RTP and RTCP for end to end call flow”。

型[1]。图 17.8 所示为 RTP 数据包的封装方式。

图 17.8

RTP 头部包含了与 RTP 流自身以及流向有关的详细信息，这些信息可用于会话识别、弹性以及实时的抖动/延迟测量。RTP 提供的机制包括定时恢复、丢包检测及纠正，净载及来源识别，以及多媒体同步等[2]。

RTP 将 UDP 用作为传输层协议。图 17.9 所示为 RTP 数据包的结构。

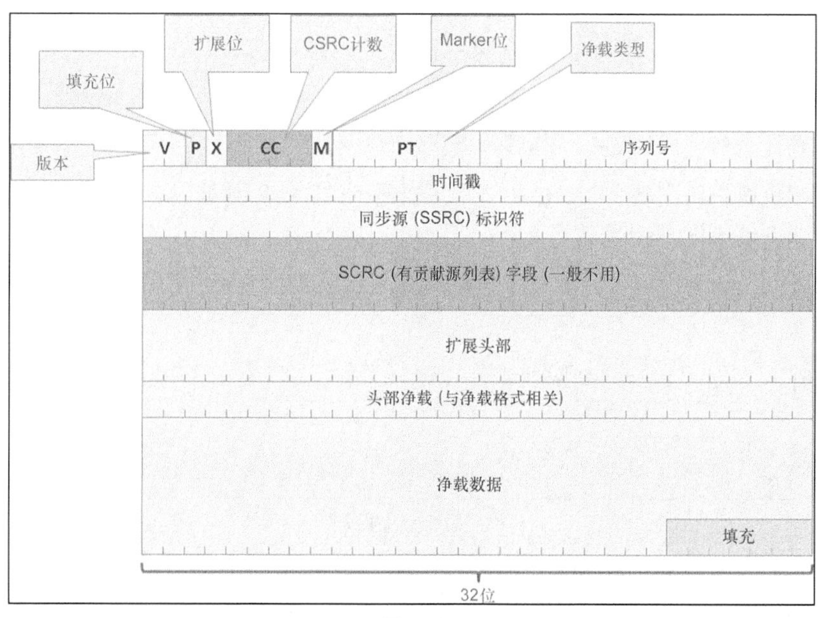

图 17.9

下面是对 RTP 头部所含各字段的解释。

➢ **版本（V）**：其值用来表示 RTP 协议的版本号。

➢ **填充（P）位**：该位置 1 时，表示 RTP 数据包的末尾填充有一或多个不属于净载数据

1 译者注：原文是“RTP is used for carrying the media. Preceding RTP, we have various types of codec for voice and video compression”译文按原文字面意思直译。

2 译者注：原文是“The RTP header carries details specific to the flow and the direction that can be used for session identification, resiliency and real-time jitter/delay measurement. RTP provides mechanisms for timing recovery, loss detection and correction, payload and source identification, and media synchronization”译文按原文字面意思直译。

部分的字节。

- **扩展（X）位**：该位置 1 时，表示 RTP 标准头部之后还紧跟着扩展头部。
- **SCRC 计数（CC）**：其值指明了 RTP 固定头部之后 SCRC 字段的数量。
- **Marker（M）位**：用来标记 RTP 流中的重要事件。比如，可将该位置 1，来标识视频帧的边界。
- **净载类型**：用来指明 RTP 净载数据的格式，以便接收端应用程序解释。
- **序列号**：发送方每发出一个 RTP 数据包，便会将该字段值加 1，接收方可据此检测 RTP 数据包是否丢失。
- **时间戳**：其值指明了 RTP 数据包中首字节的采样时间。
- **同步源（SSRC）**：其值为随机选择，用来标识 RTP 数据流，以使同一条 RTP 会话中没有任何两个同步源具有相同的 SSRC 标识符。
- **贡献源标识符列表（CSRC）**：其值用来指明对 RTP 数据包中净载数据有贡献的贡献源（亦即 RTP 视频流的来源）。

图 17.10 所示为序列号字段和时间戳字段在 RTP 数据包所起的作用。

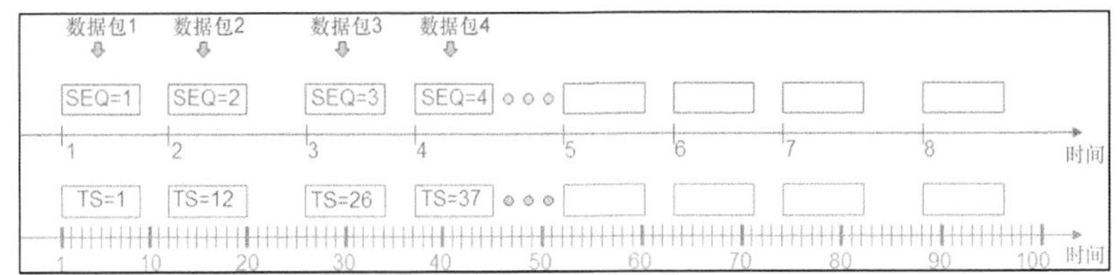

图 17.10

由图 17.10 可知，发送方每发出一个 RTP 数据包，便会将序列号字段值加 1；而时间戳字段值则为 RTP 数据包中净载数据的首字节的采样时间。时间戳字段值所表示的时间是连续的、单调增长的，即使在没有数据输入或不发送数据时也应如此。对于 RTP 数据包 1，序列号字段值和时间戳字段值都是 1；对于 RTP 数据包 2，那两个字段值分别为 2 和 12（12 指明了对 RTP 数据包 2 的净载数据的首字节的采样时间），依此类推。接收方能根据序列号字段值来判断 RTP 数据包的发送顺序，凭借时间戳字段值来获悉 RTP 数据包离开发送方的时间。接收方应用程序正是凭借 RTP 头部中这两个字段来回放音频/视频流的。

2. RTCP 的运作原理

RTCP 明确定义了在会话的源和目的之间交换的报告[1]。

1 译者注：原文是“RTCP specifies reports that are exchanged between the source and destination of the session”。译文按原文字面意思直译。

RTCP 需与 RTP 协同运作，发送方和接收方之间会以交换 RTCP 数据包的方式，来监控 RTP 数据包的质量并控制 RTP 流的传输。每一条 RTP 流，都会与一条 RTCP 流相对应，后者用来提供与前者有关的各种报告。报告包含统计信息，比如，已发出的 RTP 数据包的数量、RTP 数据包的丢包数、网络的抖动情况，以及单/双向网络的延迟情况等。应用程序可以利用这些报告来调整发送方传送 RTP 流的速率或行使诊断目的。

RTCP 有几种报告类型，发送方和接收方会根据收发的数据来彼此更新报告的内容[1]。以下所列为 RTCP 消息的几种类型：

- 发送方报告（类型 200）；
- 接收方报告（类型 201）；
- 来源描述（类型 202）；
- BYE（类型 203）；
- 应用程序专有（类型 204）。

RFC 3550 对每一种 RTCP 数据包都做了详细说明。通过图 17.11 所示的 RTCP 发送方报告消息，可以了解到发送方向接收方通报的已发 RTP 数据包的个数/字节数，以及时间戳等信息。

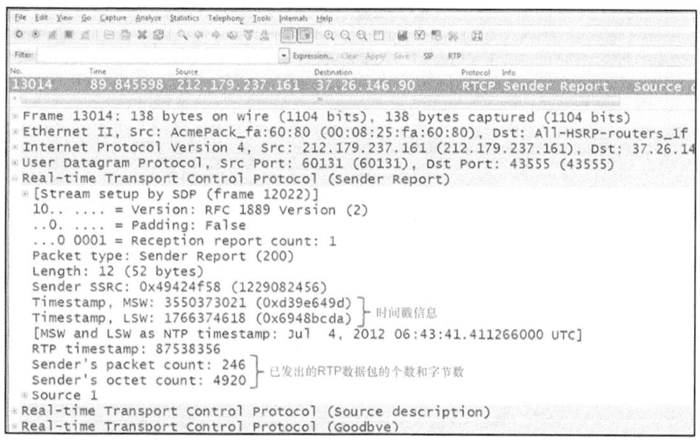

图 17.11

17.3 SIP 的运作原理、消息及错误代码

SIP（RFC 3261 及各种扩展）是一种信令及控制协议，可用在一或多个参与者之间创建、修改及终止会话。在建立多媒体会话交换 SIP 消息的过程中，包含会话参数信息的 SDP（RFC

1 译者注：原文是“RTCP has several report types, in which the sender and receiver update each other on the data that was sent and received”。译文还是按照原文字面意思直译。

4566）消息也会被封装在 SIP 消息中传递。多媒体会话创建之后，实际的语音或视频流才会被封装进 RTP 数据包中传送，可通过 RTCP 协议来进行控制（RTCP 为可选协议）。

在 IETF 制定的 SIP 标准文档中，把 SIP 会话的端点命名为用户代理（User Agent，UA）。因此，创建 SIP 会话的过程实际上就是 UA 之间进行协商，对会话参数达成一致意见的过程。至于提供定位会话参与者、注册、呼叫转发以及其他服务的网络主机，则被称为服务器（server），UA 可以向服务器发送注册请求消息、会话邀请请求消息以及其他各种请求消息。

本节将介绍用来传递多媒体流量的 IETF 协议族中的信令协议——SIP，同时会详述如何使用 Wireshark 来验证 SIP 是否运作正常。

17.3.1 准备工作

要想建立端到端呼叫流，可在不同 SIP 端点之间创建 SIP 会话[1]。

应尽量将 Wireshark 主机连接在多条公共 SIP 会话交汇的网络设备上抓包。在图 17.12 所示的网络拓扑中，应该将 Wireshark 主机连接在 IP 地址为 172.18.110.203 的节点上进行抓包，因为该节点终结了两条 SIP 会话[2]。

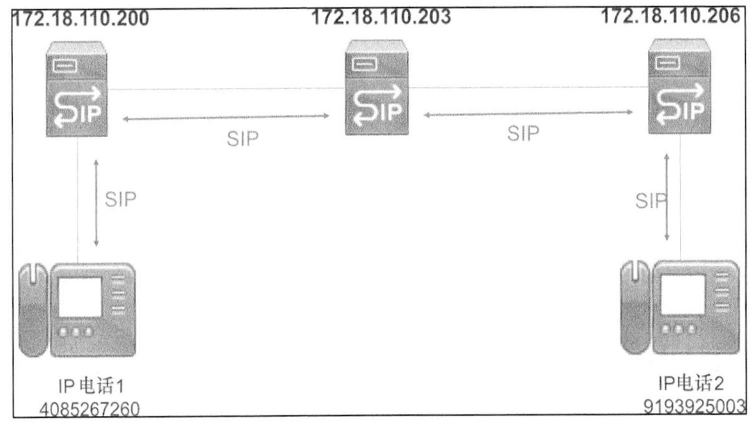

图 17.12

17.3.2 操作方法

1．打开 Wireshark 抓包文件，点击 Telephony 菜单中的 SIP Flows 菜单项，如图 17.13 所示。

1 译者注：原文是“In order to establish, end-to-end call flow, SIP sessions may be created between different SIP endpoints”。译文按原文字面意思直译。

2 译者注：原文是“It is more optimal to perform the Wireshark capture in a switch or router that is common to multiple sessions. In the preceding topology, we performed the capture on 172.18.110.203 as it is the terminating node for two SIP sessions”。

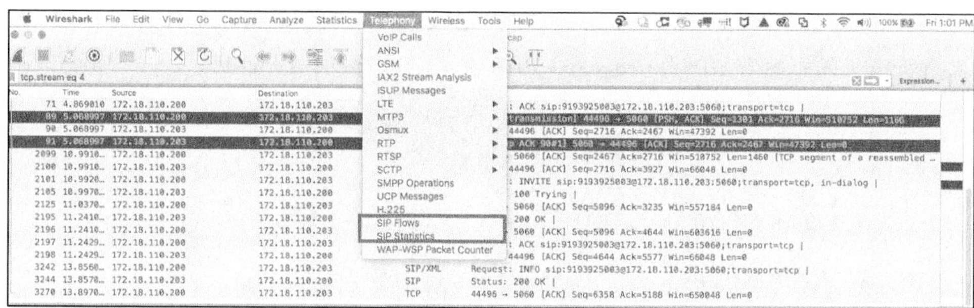

图 17.13

2. 在弹出的 SIP Flows 窗口中，会列出 Wireshark 从抓包文件中识别出的所有 SIP 流。点击 Telephony 菜单中的 SIP Statistics 菜单项，在弹出的 SIP Statistics 窗口中则会列出抓包文件中与 SIP 流量有关的统计信息。图 17.14 所示为 Wireshark SIP Flows 窗口。

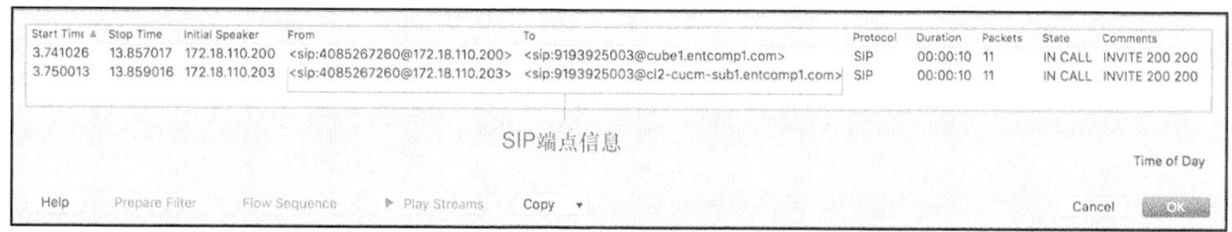

图 17.14

3. 由图 17.14 可知，Wireshark 从抓包文件中识别出了两条 SIP 流。一个直连 UA（SIP 号码为 4085267260）的 CUBE 或 CCM（IP 地址为 172.18.110.20）发起通往另一个 CUBE（主机名为 cube1.entcomp1.com）的 SIP 会话[1]。

4. 在 Wireshark 抓包主窗口的数据包列表区域内，用 Follow UDP/TCP Stream 功能筛选出一条有待分析的 SIP 流，并生成相应的显示过滤器。点击 Statistics 菜单中的 Flow Graph 菜单项[2]。

5. 在弹出的 Flow 窗口中勾选 Limit to display filter 复选框，让 Wireshark 只生成指定 SIP 流的图形。图中会列出交换于 SIP 端点之间的所有 SIP 消息，分析起来十分方便。

6. 除了能用 Follow UDP/TCP Stream 功能生成显示过滤器之外，还可以将本地 UUID 作为显示过滤器的参数。可以利用这种显示过滤器，筛选出与本地 UUID 相关联的所有 SIP 会话。当端点（本例为 IP 电话）触发第一条 SIP 会话时，会包括自己的 ID 作为本

1 译者注：原文是“A cube or CCM with IP address 172.18.110.200 connected to UA with SIP number 4085267260 is initiating the SIP session to the cube with a host name of cube1.entcomp1.com”。

2 译者注：原文是“Follow the relevant TCP stream for the SIP packet using the display filters and get the Flow Graph for the SIP flow by navigating to Statistics | Flow Graph”。

地 UUID，通往远程端点的路径沿途的后续 SIP 会话都会包含该 UUID[1]。对于本例，IP Phone 1 的本地 UUID 为 025ac8cd-0010-5000-a000-acbc3296f7dd。

7. 图 17.15 所示为根据上述过滤方法筛选出的与指定的本地 UUID 相关联的所有 SIP 会话。在图 17.15 中，可以看到下两条 SIP 会话：

➢ 从 172.18.110.200 向 172.18.110.203 发起的 SIP 会话；

➢ 从 172.18.110.203 向 172.18.110.206 发起的 SIP 会话。

jabber.pcap

sip.Session-ID.local_uuid == 025ac8cd-0010-5000-a000-acbc3296f7dd

No.	Time	Source	Destination	Protocol	Info
16	3.741026	172.18.110.200	172.18.110.203	SIP	Request: INVITE sip:9193925003@cube1.entcompl.com:5060 |
26	3.750013	172.18.110.203	172.18.110.206	SIP	Request: INVITE sip:9193925003@cl2-cucm-sub1.entcompl.com:5060 |
71	4.869010	172.18.110.200	172.18.110.203	SIP/SDP	Request: ACK sip:9193925003@172.18.110.203:5060;transport=tcp |
72	4.874015	172.18.110.203	172.18.110.206	SIP/SDP	Request: ACK sip:9193925003@172.18.110.206:5060;transport=tcp |
2101	10.9920…	172.18.110.200	172.18.110.203	SIP/SDP	Request: INVITE sip:9193925003@172.18.110.203:5060;transport=tcp, in-dialog |
2107	10.9970…	172.18.110.203	172.18.110.206	SIP/SDP	Request: INVITE sip:9193925003@172.18.110.206:5060;transport=tcp, in-dialog |
2194	11.2410…	172.18.110.203	172.18.110.206	SIP	Request: ACK sip:9193925003@172.18.110.206:5060;transport=tcp |
3243	13.8570…	172.18.110.203	172.18.110.206	SIP/XML	Request: INFO sip:9193925003@172.18.110.206:5060;transport=tcp |

图 17.15

8. 点击 Statistics 菜单中的 Flow Graph 菜单项，在弹出的 Flow Graph 窗口中，勾选 Limit to display filter 复选框，即可让隶属那两条 SIP 会话所有 SIP 数据包浮出水面，如图 17.16 所示。

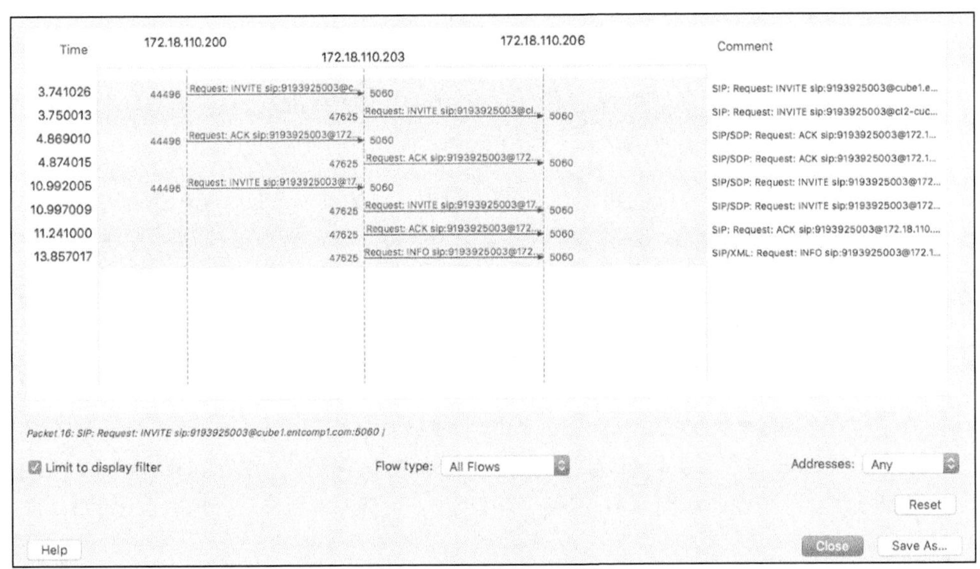

图 17.16

1 译者注：原文是“When the endpoint (IP Phone in this case) triggers the first SIP session, it includes its own ID as a local UUID, which will be carried over in all subsequent SIP sessions along the path towards the remote endpoint”。译文按原文字面意思直译。

17.3.3 幕后原理

1. 当某一 UA（用户代理设备）希望建立多媒体会话时，将会向远端 UA 发送包含 INVITE 字样的 SIP 呼叫控制请求消息，后者也会发出 SIP 响应消息回应前者，两者相互交流的过程如图 17.17 所示。

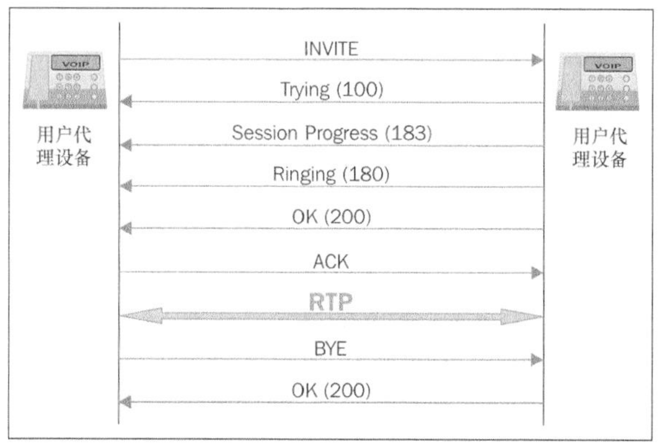

图 17.17

注 意

按 SIP 协议的行话来讲，末端用户设备被称为用户代理设备（User Agent，UA）。UA 既可以发起呼叫也可以接收呼叫。IP 电话、摄像头、具备语音或视频功能的客户端软件，以及能参与 SIP 会话的任何软、硬件都属于 UA。

2. 在身负 INVITE 字样的 SIP 消息发出之后，对端也应该会回复身背 Trying、Session Progress、Ringing 字样或组合字样的 SIP 消息。

3. 图 17.17 所示为 SIP 会话的发起方和响应方之间的交流过程。

- 会话发起方发出身背 INVITE 字样的 SIP 呼叫控制请求数据包，这必然是建立 SIP 会话的首个数据包。
- 会话应答方会立刻回复身背 Trying（状态码 100）和 Session Progress（状态码 183）字样的 SIP 响应数据包，3 秒之后，还会回复身背 Ringing（状态码 180）字样的 SIP 响应数据包。此后，当有人提起电话听筒时，会话应答方还会继续发出身背 OK 字样的 SIP 响应数据包。

4. 若 UA 之间的通话要通过电话交换机来转接，则 SIP 会话的建立过程应该如图 17.18 所示。诸如 IP 电话交换机、呼叫管理器、CUBE、IP PBX 之类的 VoIP 术语，读者一定都耳熟能详，其实它们都是指能在末端设备之间居中调停的电话交换机。在图 17.18

所示的拓扑中，中间有多个 CUBE，有助于建立端到端呼叫流[1]。

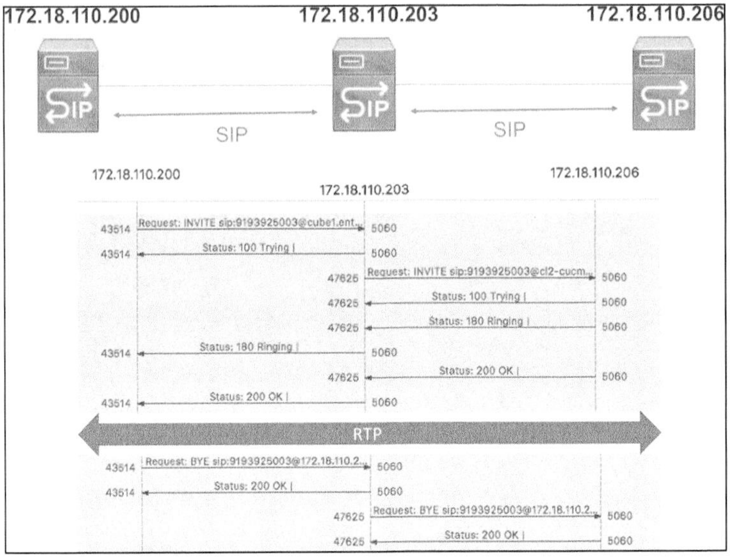

图 17.18

5．左侧的 CUBE 或交换机（IP 为 172.18.110.200）向居中的交换机（IP 为 172.18.110.203）发出身背 INVITE 字样的 SIP 呼叫控制请求数据包。

6．居中的交换机回复身背 Trying 字样的 SIP 响应数据包。

7．居中的交换机向右侧的 CUBE 或交换机（IP 为 172.18.110.206）发出身背 INVITE 字样的 SIP 请求数据包。

8．右侧的交换机先回复身背 Trying 字样（状态码 100）的 SIP 响应数据包，再发出包含 Ring 字样（状态码 180）的 SIP 响应数据包[2]。

9．收到右侧的交换机发出的包含 Ringing 字样（状态码 180）的 SIP 响应数据包时，居中的交换机会将该消息转发给左侧的交换机。

10．在应答呼叫时，目的端点将会向右侧交换机上的通信管理器发出包含 OK 字样（状态码 200）的 SIP 响应数据包。在这种 SIP 消息的消息主体中包含了 SDP 的内容。SDP 的内容包括接收 RTP 流的 UDP 端口信息以及由目的端点（也被称为 SDP Offer）提供的音频（及视频）的编码格式列表。这种包含 OK 字样（状态码 200）的 SIP 响应数据

1　译者注：原文是“In the preceding topology, there are multiple CUBEs in between that help to establish end to end call flow”。按原文字面意思直译。

2　译者注：原文是“The switch 172.18.110.206 sends Trying (code 100), and then the session progresses (code 183) to the switch”。图 17.8 中并未出现状态码为 183 的 SIP 响应数据包，译文酌改。

包将穿越 SBC（172.18.110.203）和通信管理器（172.18.110.200），直至抵达发起 SIP 会话的 UA[1]。

11. 图 17.19 所示为包含 OK 字样（状态码 200）的 SIP 响应消息。由消息主体中的 SDP 数据可知，接收该消息的主叫（发起 SIP 会话的）UA 将会把 UDP 25944 端口作为发送 RTP 音频流的目的 UDP 端口。此外，SIP 响应消息的 SDP 数据还包含了其他信息，比如，被叫（响应 SIP 会话的）UA 所支持的音频和视频的编码格式。

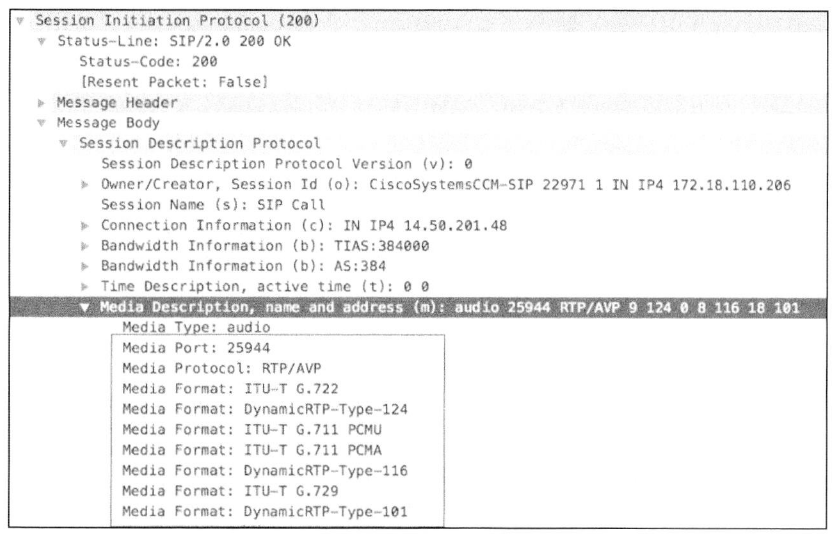

图 17.19

12. 收到包含 OK 字样（状态码 200）的 SIP 响应消息之后，发起 SIP 会话的 UA 将会回复身背 ACK 字样的 SIP 呼叫控制请求消息，消息中会包含本机选择的音频编码格式以及接收 RTP 语音流的端口信息。这条身背 ACK 字样的 SIP 呼叫控制请求消息会穿越 SBC（172.18.110.203）和通信管理器（172.18.110.206），直至抵达响应 SIP 会话的 UA。收到这条 SIP 呼叫控制请求消息之后，响应 SIP 会话的 UA 在发送 RTP 音频流时会使用目的 UDP 端口 8260，在接收 RTP 音频流时则使用 UDP 25944 端口，如图 17.20 所示。

13. 当用户挂断电话时，SIP 设备之间会交换身背 BYE 字样的 SIP 消息，终止 SIP 会话。

1 译者注：整段原文为“The destination endpoint sends SIP 200 OK to the communications manager at 172.18.110.206 when the call is answered. The SIP 200 OK message carries SDP content in the message body. The SDP provides information about RTP UDP port number and the list audio and video codec offered by the destination end point (also referred to as SDP Offer).”The SIP 200 OK message traverses SBC (172.18.110.203), communication manager (172.18.110.200) and reaches the origination endpoint”。

```
▼ Session Initiation Protocol (ACK)
  ▶ Request-Line: ACK sip:9193925003@172.18.110.206:5060;transport=tcp SIP/2.0
  ▶ Message Header
  ▼ Message Body
    ▼ Session Description Protocol
        Session Description Protocol Version (v): 0
      ▶ Owner/Creator, Session Id (o): CiscoSystemsSIP-GW-UserAgent 4483 9483 IN IP4 172.18.110.203
        Session Name (s): SIP Call
      ▶ Connection Information (c): IN IP4 172.18.110.203
      ▶ Time Description, active time (t): 0 0
      ▼ Media Description, name and address (m): audio 8260 RTP/AVP 0 101
          Media Type: audio
          Media Port: 8260
          Media Protocol: RTP/AVP
          Media Format: ITU-T G.711 PCMU
          Media Format: DynamicRTP-Type-101
      ▶ Connection Information (c): IN IP4 172.18.110.203
      ▶ Media Attribute (a): rtpmap:0 PCMU/8000
      ▶ Media Attribute (a): rtpmap:101 telephone-event/8000
      ▶ Media Attribute (a): fmtp:101 0-15
      ▶ Media Description, name and address (m): video 8262 RTP/AVP 126
      ▶ Connection Information (c): IN IP4 172.18.110.203
      ▶ Bandwidth Information (b): TIAS:320000
      ▶ Media Attribute (a): rtpmap:126 H264/90000
      ▶ Media Attribute (a): fmtp:126 profile-level-id=42E01F;packetization-mode=1;max-fs=3600
        Media Attribute (a): recvonly
      ▶ Media Attribute (a): label:11
      ▶ Media Attribute (a): content:main
```

图 17.20

14．只要在任何阶段收到了错误消息，连接将无法建立[1]。

不要忘记，SIP 消息通过 UDP 报文段来承载，而 UDP 协议是一种非面向连接、不可靠的传输层协议。在网络质量堪忧的情况下，包含 INVIATE 方法的 SIP 呼叫控制请求消息有可能会在传输途中丢失。所以说，如果 SIP 会话发起方收不到任何 SIP 响应消息，则很有可能是其发出的包含 INVIATE 方法的 SIP 呼叫控制请求消息因网络质量问题而未能抵达 SIP 会话接收方。

以下所列为 SIP 响应消息中所包含的各种状态码以及相关解释，它们几乎都定义于 RFC 3261，另有说明的除外。

1．状态码 1XX——临时/信息状态码

当 SIP 会话接收方收到 SIP 会话发起方发出的 SIP 控制请求消息，且正在做进一步处理时，便会向 SIP 会话发起方发出包含状态码 1××的的 SIP 响应消息（来通报此事）。表 17.1 所列为各种临时/信息状态码以及相关描述。

表 17.1

状态码	事件名	描　　述
100	Trying	表示服务器已收到并接受了（SIP 会话发起方发出的）SIP 控制请求消息，且正在对本次呼叫做进一步的处理
180	Ringing	表示接收本次呼叫的 UA 正在（发出振铃）提醒用户。当接收本次呼叫的 UA 发出振铃时，将会向主叫端 UA 回发包含此状态码的 SIP 响应消息

1　译者注：原文是“If an error message is received at any stage, the connection will not be established”。译文按原文字面意思直译。

续表

状态码	事件名	描　述
181	Call forward	表示呼叫被前传至另一目的地
182	Queued	表示被叫方暂时不便接听（比如，占线），服务器会暂时接管呼叫，以便稍后再试
183	Session progress	表示接收方服务器正在处理会话。与会话处理有关的详细信息，将会由包含此状态码的 SIP 响应消息头部中的某些字段来承载

2. 状态码 2XX——成功状态码

当 SIP 会话接收方成功接收、识别并接受了 SIP 会话发起方发出的 SIP 控制请求消息时，便会向 SIP 会话发起方发出包含状态码 2××的 SIP 响应消息来通报此事。表 17.2 所列为各种成功状态码以及相关描述。

表 17.2

状态码	事件名	描　述
200	Ok	表示 SIP 会话发起方发出的 SIP 控制请求消息已被 SIP 会话接收方接受并成功处理
202（定义于 RFC 3265）	Accepted	表示 SIP 会话发起方发出的 SIP 控制请求消息已被 SIP 会话接收方接受且正在处理，但操作尚未完成

3. 状态码 3XX——重定向状态码

当 SIP 会话接收方只有采取重定向操作才能完成 SIP 会话发起方发出的请求时，便会向后者发出包含状态码 3××的 SIP 响应消息来通报此事。表 17.3 所列为各种重定向状态码以及相关描述。

表 17.3

状态码	事件名	描　述
300	Multiple choices	表示接收 SIP 控制请求消息的服务器在解析过消息中所含目的地址之后，发现有很多转发选择，亦即呼叫可被转发至多个指定位置。服务器可在包含此状态码的 SIP 响应消息的消息主体中列出资源的特征及位置，好让（发出 SIP 控制请求消息的）UA 从中选择一个最合适的呼叫目的地址，并将 SIP 控制请求消息重定向至该地址
301	Moved permanently	译者注：原文对 SIP 状态码 301～380 的描述照抄自 RFC 3261。在译者看来，若未对 SIP 消息的格式做详细介绍，按字面意思翻译这些内容没有任何意义，且作者添加这些内容只是为了凑字数，跟本书主题无关，故而略过不译

续表

状态码	事件名	描　　述
302	Moved temporarily	
305	Use proxy	
380	Alternative service	

4. 状态码 4XX——客户端错误状态码

当 SIP 会话发起方发出的 SIP 控制请求消息包含了错误的语法，或消息不能被 SIP 会话接收方（服务器）解析时，后者便会向前者发出包含状态码 4××的 SIP 响应消息来通报此事。表 17.4 所列为各种客户端错误状态码以及相关描述。

表 17.4

状态码	事件名	描　　述
400	Bad request	表示 SIP 会话接收方（服务器）因 SIP 控制请求消息中包含了错误的语法而无法对其进行解析
401	Unauthorized	表示 SIP 会话接收方（服务器）收到了 UA 发出的 SIP 控制请求消息，但需要对 UA 执行认证
402	Payment required	预留以供将来使用
403	Forbidden	表示 SIP 会话接收方（服务器）能识别 UA 发出的 SIP 控制请求消息，但拒绝对其进行处理。UA 不应重复发送之前曾发出过的 SIP 控制请求消息

5. 状态码 5XX——服务器错误状态码

若 SIP 会话发起方收到了包含状态码 5××的 SIP 响应消息，则表示 SIP 会话接收方（服务器）无法解析本机发出的有效的 SIP 控制请求消息。表 17.5 所列为各种服务器错误状态码以及相关描述。

表 17.5

状态码	事件名	描　　述
500	Server internal error	表示服务器因异常状况无法处理 UA 发出的 SIP 呼叫控制请求消息
501	Not implemented	表示接收 SIP 控制请求消息的服务器不支持发出此消息的 UA 请求执行的功能

6. 状态码 6XX——全局故障状态码

收到包含状态码 6××的 SIP 响应消息，则意味着 SIP 会话发起方之前（通过发出 SIP 控制请求消息）所请求的功能在任何一台服务器都无法执行。表 17.6 所列为各种全局故障状态码以及相关描述。

表 17.6

状态码	事件名	描　述
600	Busy everywhere	表示能成功联络上接收方系统，但此时该用户繁忙，无意接受呼叫，且无任何可替代的目标端系统（比如，语音信箱服务器）能够接收呼叫
603	Decline	表示能成功联络上接收端 UA，但该用户明确表态不愿意参与呼叫，且无任何可替代的目标端系统（比如，语音信箱服务器）愿意接收呼叫
604	Does not exist anywhere	当 SIP 会话发起方希望联络某个用户时，会向服务器发出 SIP 控制请求消息，在消息中会包含该用户所在位置（URI）。若服务器所持权威信息表明，该用户不存在，便会回复包含状态码 604 的 SIP 响应消息
606	Not acceptable	表示 SIP 会话发起方能成功联络上用户的代理（agent），但在前者发出的 SIP 控制请求消息的消息主体中，由 SDP 描述的会话中的某些属性不被后者接受

17.4 IP 上的视频和 RTSP

据 Internet 协会发布的互联网报告显示，IP 视频流量占全球 Internet 总流量的 70%以上。在娱乐和教育行业，利用成熟的 IP 网络传输视频内容十分盛行。可用各种编解码器将视频内容编码成比特流，并使用 RTP 作为传输协议，来端到端地交付视频数据。

视频流量既可以是流视频，也可以是一对一的视频通话。无论哪种形式，RTP 都会雷打不动地作为交付视频数据的协议，不过可使用不同的控制平面信令协议来建立视频呼叫会话。比方说：

- SIP 可用作为视频呼叫的信令协议；
- RTSP 可用作为流视频的信令协议。

本节会介绍这两种协议，同时会讲解如何使用 Wireshark 来分析这两种协议的正常运作方式。

17.4.1 分析准备

实施抓包的端口镜像工作既可以在客户端完成，也可以在服务器端完成。请将 Wireshark 主机连接到端点附近，开始抓包、分析[1]。

1　译者注：原文是“Port mirroring to capture the packet can be done either on the client side or on the server side. Connect Wireshark close to the endpoint and capture the packets for analysis”。

17.4.2 分析方法

SIP 信令协议（见图 **17.21**）[1]。

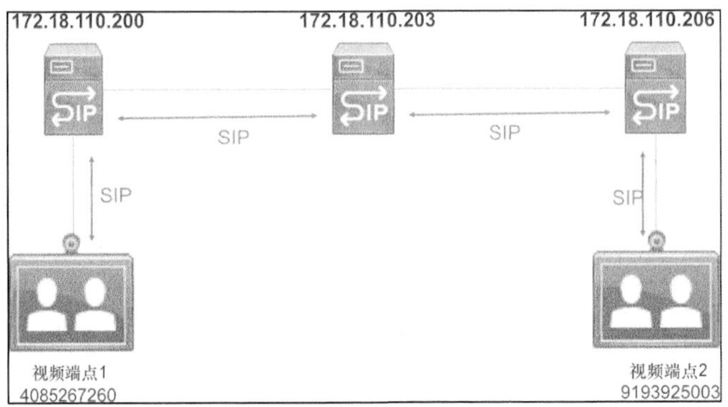

图 17.21

当使用 SIP 作为信令协议时，端点之间的 SIP 消息交换机制，以及视频流量转发路径沿途任何一对 CUBE/SIP 代理之间的 SIP 消息交换机制，都与上一节所述完全相同。发起视频呼叫时，端点之间交换的其他信息如下所列。

1. 当端点之间发起视频呼叫时，在状态码为 200（身背 OK 字样）的 SIP 响应消息的 SDP 数据中，不但会包含音频流的 RTP 信息，还会包含视频流的 RTP 信息。
2. 图 17.22 所示为状态码为 200 的 SIP 响应消息，其 SDP 数据包含了音频流和视频流的多媒体描述细节。

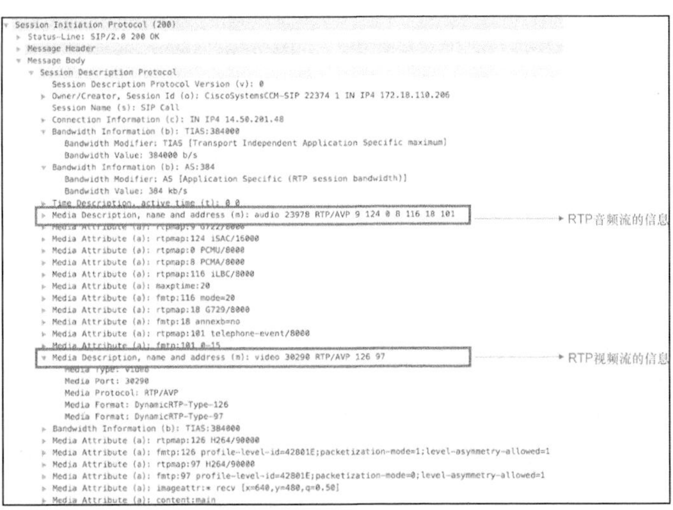

图 17.22

---

1 译者注：原文就是“SIP signaling protocol”。

3．由图 17.22 可知，该 SIP 响应消息通告的视频编码格式为 H.264；通告的接收音频流和视频流的 UDP 端口分别为 23978 和 30290。

4．由图 17.23 可知，收到图 17.22 所示状态码为 200 的 SIP 响应消息后，远程视频端点在发送 RTP 视频流时选择的编码格式为 H.264，已将 UDP 30290 端口作为该 RTP 视频流的目的端口。

```
▸ Frame 116: 63 bytes on wire (504 bits), 63 bytes captured (504 bits)
▸ Ethernet II, Src: Cisco_b7:17:0a (00:0b:45:b7:17:0a), Dst: Cisco_76:b5:12 (a4:4c:11:76:b5:12)
▸ Internet Protocol Version 4, Src: 14.50.201.48, Dst: 172.18.110.203
▸ User Datagram Protocol, Src Port: 30290, Dst Port: 8230
▾ Real-Time Transport Protocol
  ▸ [Stream setup by SDP (frame 72)]
    10.. .... = Version: RFC 1889 Version (2)
    ..0. .... = Padding: False
    ...0 .... = Extension: False
    .... 0000 = Contributing source identifiers count: 0
    0... .... = Marker: False
    Payload type: H264 (126)
    Sequence number: 50377
    [Extended sequence number: 50377]
    Timestamp: 252700497
    Synchronization Source identifier: 0xe3969445 (3818296389)
▸ H.264
```

图 17.23

实时流媒体协议（RTSP）

与 SIP 消息一样，RTSP 消息同样包含用来通告 RTP 音频/视频流信息的 SDP 数据。

1．打开 Wireshark 抓包文件，应用显示过滤器 rtsp，筛选出所有 RTSP 数据包。

2．点击 Statistics 菜单中的 Flow Graph 菜单项。

3．在弹出的 Flow Graph 窗口中，勾选 Limit to display filter 复选框，让 Wireshark 只生成指定RTSP流的图形。图中会出现交换于客户端和多媒体服务器之间的所有RTSP消息。图17.24所示为客户端（IP 为 10.83.218.91）与多媒体服务器（IP 为 184.72.239.149）建立 RSTP 会话的过程。

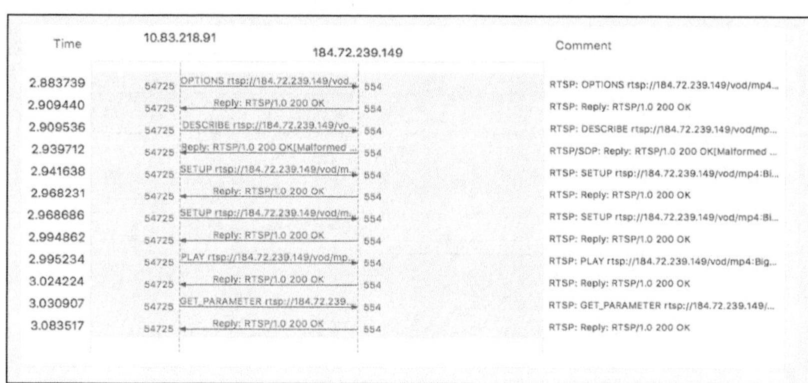

图 17.24

4．点击 Telephony 菜单中的 RTSP | Packet Counter 子菜单项，如图 17.25 所示。在弹出的 Packet Counters 窗口中，会列出抓包文件中与 RTSP 流量有关的统计信息。

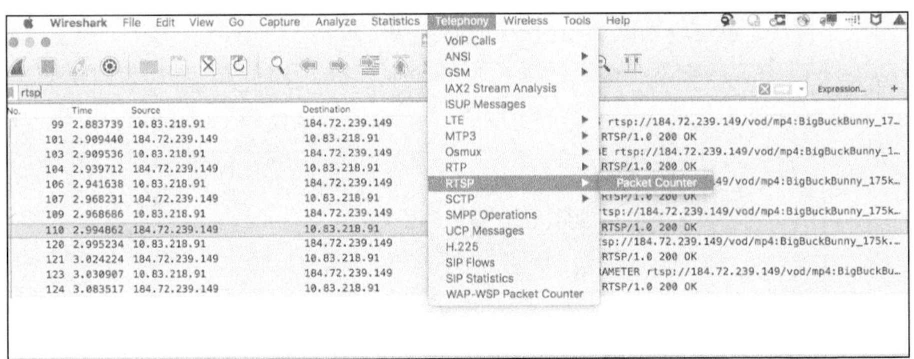

图 17.25

5．RSTP 的常规运作方式详见下一小节。

17.4.3 运作原理

跟受控于 SIP 的音频流量一样，受 RTSP 控制的音频或视频流量也要由 RTP 来承载。RTSP 在运作方式上似乎是在刻意模仿 HTTP，所使用的语法也几乎相同。

表 17.7 所列为常见的 RTSP 方法（命令），其中 C 表示客户端，S 表示服务器。

表 17.7

方　法	方　向	作　用
OPTIONS	C 到 S 或 S 到 C	确定服务器/客户端所具备的可选功能
DESCRIBE	C 到 S	获取对流媒体的描述
GET_PARAMETERS	C 到 S	获取 URI 中参数的值
ANNOUNCE	C 到 S 或 S 到 C	宣告并描述一条新会话
SETUP	C 到 S	创建一条流媒体会话
PLAY	C 到 S	开始交付流媒体
RECORD	C 到 S	开始记录流媒体
PAUSE	C 到 S	暂停交付流媒体
REDIRECT	S 到 C	重定向至另一台服务器
TEARDOWN	S 到 C	停止交付流媒体，释放相关资源

表 17.8 所列为 RTSP 响应状态码的分类情况。

表 17.8

状态码编号	类　型	含　义
1xx	信息	表示服务器收到 RTSP 请求消息，正在进行处理
2xx	成功	表示服务器已接受、识别并认可了客户端通过 RTSP 请求消息所传达的操作请求
3xx	重定向	服务器告知客户端，要想完成通过 RTSP 请求消息所传达的操作请求，还需采取进一步的行动
4xx	客户端错误	表示客户端发出的 RTSP 消息中包含了错误的语法，或服务器未执行客户端通过 RTSP 消息传达的操作请求
5xx	服务器错误	表示服务器未能执行客户端通过 RTSP 消息传达的明显有效的操作请求

1. 视频客户端（IP 为 10.83.218.91）通过 TCP 目的端口 554 发起建立 RTSP 会话，如图 17.26 所示。

图 17.26

2. 会话建立之后，客户端会发出包含 OPTIONS 方法及资源信息（所指为客户端请求观看的视频信息）的 RTSP 请求消息。由图 17.27 所示的 RTSP 请求消息可知，客户端请求观看的资源为 mp4:BigBuckBunny_175k.mov，来自 184.72.239.149。

3. 服务器会回复包含 OK 字样（状态码 200）的 RTSP 响应消息。这条 RTSP 响应消息还可以用来通告服务器所具备的能力。RTSP 响应消息中包含的 Cseq 编号来自 RSTP 请求消息。

```
▸ Frame 99: 211 bytes on wire (1688 bits), 211 bytes captured (1688 bits)
▸ Ethernet II, Src: Apple_96:f7:dd (ac:bc:32:96:f7:dd), Dst: BelkinIn_62:62:ff (c0:56:27:62:62:ff)
▸ Internet Protocol Version 4, Src: 10.83.218.91, Dst: 184.72.239.149
▸ Transmission Control Protocol, Src Port: 54725, Dst Port: 554, Seq: 1, Ack: 1, Len: 145
▾ Real Time Streaming Protocol
  ▾ Request: OPTIONS rtsp://184.72.239.149/vod/mp4:BigBuckBunny_175k.mov RTSP/1.0\r\n
      Method: OPTIONS
      URL: rtsp://184.72.239.149/vod/mp4:BigBuckBunny_175k.mov
    CSeq: 2\r\n
    User-Agent: LibVLC/2.2.1 (LIVE555 Streaming Media v2014.07.25)\r\n
    \r\n
```

图 17.27

4. 客户端发出包含 DESCRIBE 方法的 RTSP 请求消息，描述 URI 指向的资源，如图 17.28 所示。这条 RTSP 请求消息用于从服务器获取内容描述或多媒体对象。在后续的每一条 RTSP 请求消息中，CSeq 编号都会递增。

```
▸ Frame 103: 237 bytes on wire (1896 bits), 237 bytes captured (1896 bits)
▸ Ethernet II, Src: Apple_96:f7:dd (ac:bc:32:96:f7:dd), Dst: BelkinIn_62:62:ff (c0:56:27:62:62:ff)
▸ Internet Protocol Version 4, Src: 10.83.218.91, Dst: 184.72.239.149
▸ Transmission Control Protocol, Src Port: 54725, Dst Port: 554, Seq: 146, Ack: 235, Len: 171
▾ Real Time Streaming Protocol
  ▾ Request: DESCRIBE rtsp://184.72.239.149/vod/mp4:BigBuckBunny_175k.mov RTSP/1.0\r\n
      Method: DESCRIBE
      URL: rtsp://184.72.239.149/vod/mp4:BigBuckBunny_175k.mov
    CSeq: 3\r\n
    User-Agent: LibVLC/2.2.1 (LIVE555 Streaming Media v2014.07.25)\r\n
    Accept: application/sdp\r\n
    \r\n
```

图 17.28

5. 服务器会回复包含 OK 字样（状态码 200）的 RTSP 响应消息。这条 RTSP 响应消息会携带 SDP 数据，其中包含了与会话和内容有关的信息。由图 17.29 所示 RTSP 响应消息的 SDP 数据可知，服务器向客户端通告的音频流和视频流的编码方式分别为 Dynamic-RTP 类型 96 和 Dynamic-RTP 类型 97。

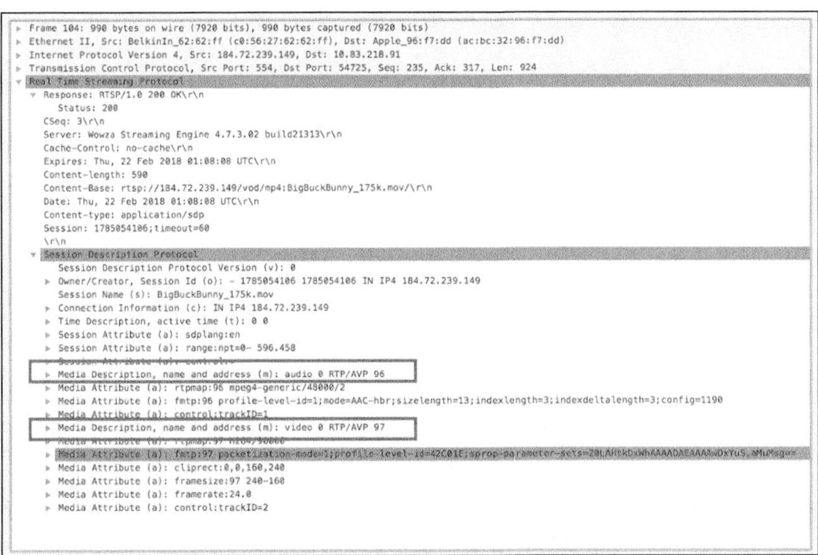

图 17.29

6. 与 SIP 会话不同，RTSP 会话不通过 SDP 数据来交换 RTP 端口信息，而是通过 SETUP 方法来通告。客户端会发出携带 SETUP 方法的 RTSP 请求消息，消息中包含了用来传递 RTP 音频流的 UDP 端口号。

7. 由图 17.30 所示的 RTSP 请求消息可知，客户端向服务器通告的 RTP 音频流的 UDP 端口号为 50960，RTCP 流量的端口号为 50961。

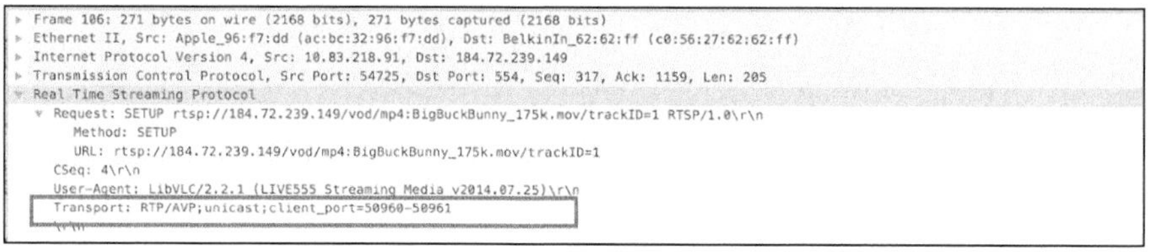

```
▸ Frame 106: 271 bytes on wire (2168 bits), 271 bytes captured (2168 bits)
▸ Ethernet II, Src: Apple_96:f7:dd (ac:bc:32:96:f7:dd), Dst: BelkinIn_62:62:ff (c0:56:27:62:62:ff)
▸ Internet Protocol Version 4, Src: 10.83.218.91, Dst: 184.72.239.149
▸ Transmission Control Protocol, Src Port: 54725, Dst Port: 554, Seq: 317, Ack: 1159, Len: 205
▾ Real Time Streaming Protocol
  ▾ Request: SETUP rtsp://184.72.239.149/vod/mp4:BigBuckBunny_175k.mov/trackID=1 RTSP/1.0\r\n
      Method: SETUP
      URL: rtsp://184.72.239.149/vod/mp4:BigBuckBunny_175k.mov/trackID=1
    CSeq: 4\r\n
    User-Agent: LibVLC/2.2.1 (LIVE555 Streaming Media v2014.07.25)\r\n
    Transport: RTP/AVP;unicast;client_port=50960-50961
    \r\n
```

图 17.30

8. RTP 视频流的端口信息也会通过包含 SETUP 方法的 RTSP 请求消息通告。

9. 收到服务器回复的包含 OK 字样（状态码 200）的 RTSP 响应消息之后，客户端会发出包含其他方法（比如，PLAY 方法）的 RTSP 请求消息通告，开启音频/视频流的接收。

17.4.4 拾遗补缺

RFC 7826 提议了 RTSP v2.0，废弃了定义于 RFC 2326 的 RTSP v1.0。

17.5 Wireshark 的 RTP 流分析和过滤功能

Wireshark 内置有各种分析 RTP 音频流和视频流的工具，非常好用。本节会介绍这些工具以及在排障时如何使用这些工具。

17.5.1 分析准备

当个别视频客户端出现故障时，请将连接该客户端主机的交换机端口的流量重定向至 Wireshark 主机。当所有视频客户端都出现故障时，请将 Wireshark 主机接入汇聚所有客户端主机的上层交换机，开启端口镜像，将相关交换机端口的流量重定向至 Wireshark 主机。

17.5.2 分析方法

1. 启动 Wireshark 软件，双击正确的网卡开始抓包，点击 Telephony 菜单，选择 RTP | RTP Streams，如图 17.31 所示。

2. 在弹出的 RTP Streams 窗口中，Wireshark 会把识别出的所有 RTP 流汇集成表加以呈现，如图 17.32 所示。

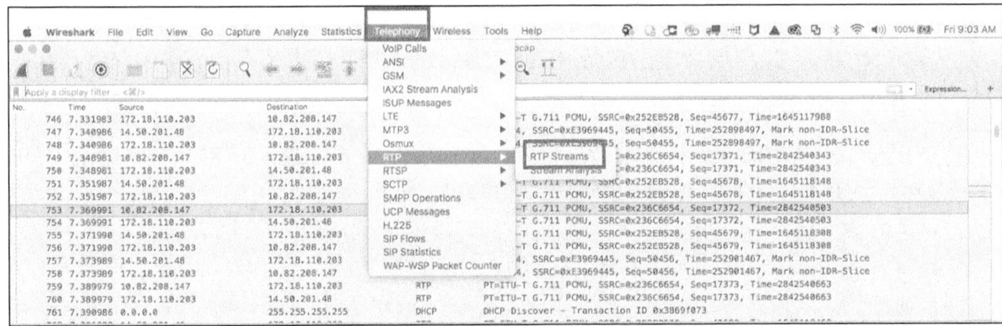

图 17.31

Source Address	Source Port	Destination Address	Destination Port	SSRC	Payload	Packets	Lost	Max Delta (n
10.82.208.147	14238	172.18.110.203	8232	0xd95154c8	H264	144	0 (0.0%)	29.997
10.82.208.147	24640	172.18.110.203	8226	0x236c6654	g711U	732	0 (0.0%)	24.001
14.50.201.48	30290	172.18.110.203	8230	0xb6fcd633	H264	382	0 (0.0%)	35.002
14.50.201.48	30290	172.18.110.203	8230	0xe3969445	H264	192	0 (0.0%)	35.002
14.50.201.48	23978	172.18.110.203	8228	0x252eb528	g711U	740	0 (0.0%)	22.993
172.18.110.203	8230	14.50.201.48	30290	0xd95154c8	H264	144	0 (0.0%)	29.997
172.18.110.203	8232	10.82.208.147	14238	0xb6fcd633	H264	382	0 (0.0%)	35.002
172.18.110.203	8232	10.82.208.147	14238	0xe3969445	H264	192	0 (0.0%)	35.002
172.18.110.203	8228	14.50.201.48	23978	0x236c6654	g711U	732	0 (0.0%)	24.001
172.18.110.203	8226	10.82.208.147	24640	0x252eb528	g711U	740	0 (0.0%)	22.993

10 streams, 2 selected, 1472 total packets. Right-click for more options.

Help | Find Reverse | Prepare Filter | Export... | Copy | Analyze | Close

图 17.32

- **Find Reverse**：由语音通话（或多媒体呼叫）所生成的 RTP 数据流必然是一来一回，在 RTP Streams 窗口内选中一条（或多条）RTP 流之后，点击此按钮，该 RTP 流便会和与之配套的逆向 RTP 流同时以亮灰色面目示人。

- **Prepare Filter**：在 RTP Streams 窗口内选中一条（或多条）RTP 流之后，点此按钮，在 Wireshark 抓包主窗口的 Filter 输入栏内，便会基于选中的 RTP 流，创建与之配套的显示过滤器。

- **Analyze**：在 RTP Streams 窗口内选中一条（或多条）RTP 流之后，点此按钮，会立刻弹出 RTP Stream Analysis 窗口。在 Wireshark 抓包主窗口中先选中一个 RTP 数据包，再点击 Telephony 菜单，选择 RTP 菜单项中的 Stream Analysis 子菜单项，也会弹出相同的窗口。RTP Stream Analysis 窗口会显示相关 RTP 流在正向和逆向传送过程中的各种指标。

Forward | Reverse | Graph

10.82.208.147:24640 ↔
172.18.110.203:8226

Forward

SSRC 0x236c6654
Max Delta 24.00 ms @ 3273
Max Jitter 1.37 ms
Mean Jitter 0.70 ms
Max Skew 4.02 ms
RTP Packets 732
Expected 732
Lost 0 (0.00 %)
Seq Errs 0
Start at 5.131005 s @ 103
Duration 14.62 s
Clock Drift -70 ms
Freq Drift 7961 Hz (-0.48 %)

Reverse

SSRC 0x252eb528
Max Delta 22.99 ms @ 2639
Max Jitter 0.37 ms
Mean Jitter 0.02 ms
Max Skew -2.98 ms
RTP Packets 740
Expected 740
Lost 0 (0.00 %)
Seq Errs 0
Start at 4.972001 s @ 76
Duration 14.78 s
Clock Drift -67 ms
Freq Drift 7964 Hz (-0.45 %)

Forward to reverse
start diff -0.159004 s @ -27

Packet ▲	Sequence	Delta (ms)	Jitter (ms)	Skew	Bandwidth	Marker	Status
103	17260	0.00	0.00	0.00	1.60	•	✓
107	17261	19.00	0.06	1.00	3.20		✓
112	17262	17.99	0.18	3.02	4.80		✓
126	17263	21.01	0.24	2.00	6.40		✓
130	17264	21.99	0.35	0.02	8.00		✓
135	17265	19.01	0.39	1.01	9.60		✓
141	17266	19.99	0.36	1.02	11.20		✓
150	17267	19.01	0.40	2.01	12.80		✓
163	17268	21.00	0.44	1.01	14.40		✓
171	17269	20.00	0.41	1.01	16.00		✓
175	17270	19.99	0.39	1.02	17.60		✓
184	17271	20.00	0.36	1.02	19.20		✓
188	17272	19.00	0.40	2.02	20.80		✓
197	17273	20.99	0.44	1.03	22.40		✓
203	17274	21.01	0.48	0.02	24.00		✓
207	17275	17.99	0.57	2.03	25.60		✓
216	17276	21.01	0.60	1.02	27.20		✓
223	17277	19.99	0.56	1.03	28.80		✓
230	17278	20.00	0.53	1.03	30.40		✓
236	17279	20.00	0.49	1.02	32.00		✓
240	17280	19.99	0.46	1.03	33.60		✓
246	17281	19.01	0.50	2.02	35.20		✓
250	17282	20.99	0.53	1.03	36.80		✓
258	17283	19.00	0.56	2.03	38.40		✓
262	17284	20.99	0.59	1.04	40.00		✓
268	17285	20.06	0.55	0.98	41.60		✓
274	17286	20.00	0.52	0.98	43.20		✓
278	17287	19.00	0.55	1.98	44.80		✓
284	17288	20.99	0.58	0.99	46.40		✓
288	17289	19.00	0.60	1.99	48.00		✓
292	17290	22.00	0.69	-0.01	49.60		✓
298	17291	17.00	0.83	2.99	51.20		✓
316	17292	22.00	0.91	0.99	52.80		✓

2 streams found.

Help | ▶ Play Streams | Close | Save

图 17.33

3．在 RTP Stream Analysis 窗口中，可通过点击 Forward、Reverse 和 Graph 选项卡，来显示与正向和逆向 RTP 流相关联的各种指标。在图 17.33 所示的 RTP Stream Analysis 窗口中，可以看到正向和逆向 RTP 流的抖动、延迟及丢包等各种指标。

4．图 17.34 所示为 RTP Stream Analysis 窗口的 Graph 标签功能，Wireshark 以图形方式反映了指定 RTP 流在正向和逆向传播过程中的抖动情况。

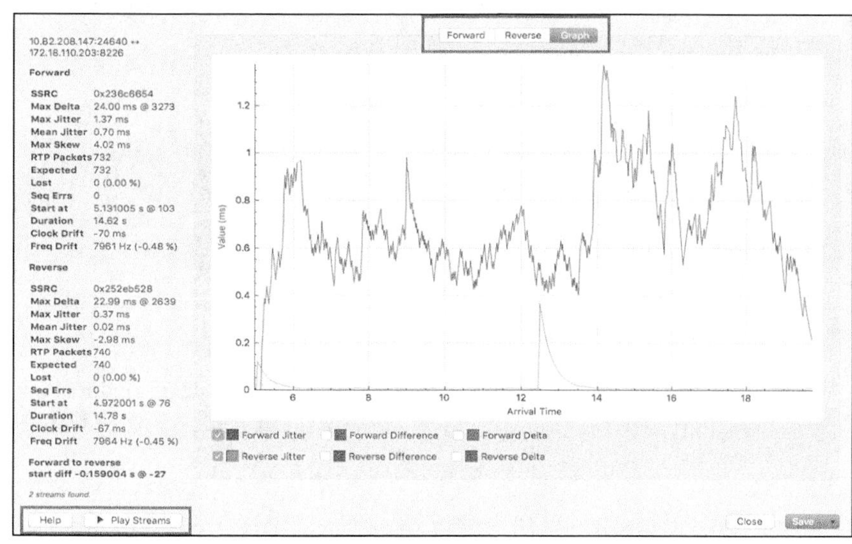

图 17.34

17.5.3 幕后原理

当前大多数音频流和视频流都使用 RTP 作为应用层协议，与所用的呼叫信令协议无关[1]。RTP 协议不但能提供可靠性（通过在应用层对数据包排序），还可以有效地控制抖动和延迟（将音频和视频净载切分为块，通过一个个 RTP 数据包来转发）。

RTP 的运作方式详见 17.2.2 节。

17.6 Wireshark 的 VoIP 呼叫重放功能

Wireshark 的音频播放功能得到了增强，可用该功能编码 RTP 音频流，并播放音频的实际内容。点击 RTP Stream Analysis 窗口中的 Play Streams 按钮，即可实现音频的播放。只要一点击 Play Streams 按钮，Wireshark 便会合并正向和逆向的音频流，让用户收听实际的音频对话。

17.6.1 重放准备

当个别音频客户端出现故障时，请将连接该客户端主机的交换机端口的流量重定向至 Wireshark 主机。当所有音频客户端都出现故障时，请将 Wireshark 主机接入汇聚所有客户端主机的上层交换机，开启端口镜像，将相关交换机端口的流量重定向至 Wireshark 主机。

17.6.2 重放方法

1. 启动 Wireshark 软件，双击正确的网卡开始抓包，点击 Telephony 菜单，选择 RTP | RTP Streams，如图 17.35 所示。

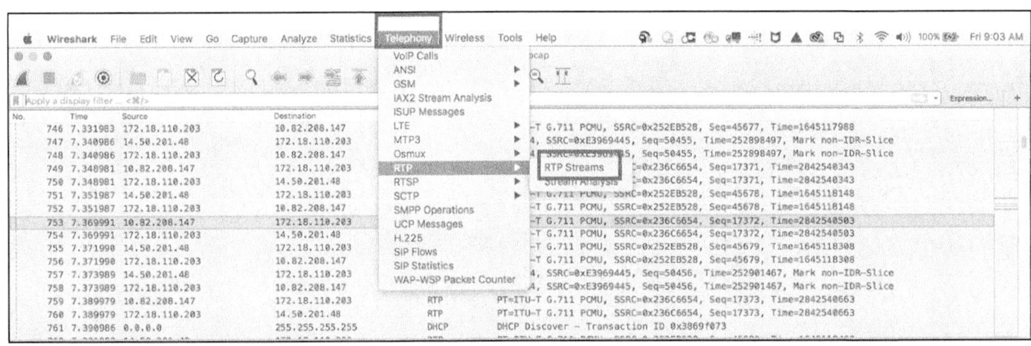

图 17.35

2. 在弹出的 RTP Streams 窗口中，选择一条感兴趣的 RTP 流，点击 Find Reverse 按钮，将会同时选中与其配套的逆向流，再点击 Analyze 按钮，关联两个方向的 RTP 流，图 17.36

1 译者注：原文是“Irrespective of the call signaling protocol used, most of the current audio and video streams use RTP as the application layer protocol”。译文按原文字面意思直译。

所示的 RTP Stream Analysis 窗口会立刻弹出。

3. 点击 Play Streams 按钮，在弹出的 RTP Plays 窗口中点击左下角的 Play 按钮，即可收听音频的实际内容了。

4. Wireshark 的 RTP 播放功能不支持重放 RTP 视频流，因此不能用来观看视频的实际内容。

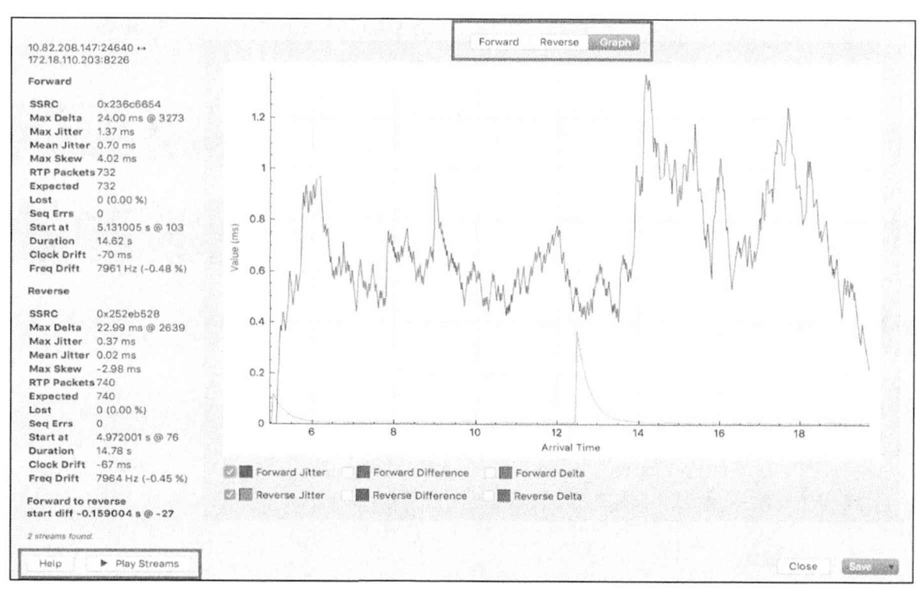

图 17.36

17.6.3 幕后原理

Wireshark 内置了用来编码音频流的音频编解码器，可用其来解码音频文件的内容。Wireshark 会用 G.711 编解码器，将 RTP 音频流保存为后缀名为.au 的文件格式，允许用户回放抓取到的音频对话。

17.6.4 拾遗补缺

目前，Wireshark 天生支持播放以 G.711 格式编码的 RTP 音频流。若音频流的编码格式为 G.729，则 Wireshark 无法播放。

第 18 章 排除由低带宽或高延迟所引发的故障

本章涵盖以下主题：

- 测量网络带宽及应用程序生成的流量速率；
- 借助 Wireshark 来获知链路的延迟及抖动状况；
- 分析网络瓶颈、问题及故障排除[1]。

18.1 简介

端到端的服务和应用程序的性能在很大程度上受制于各种网络参数，比如，带宽、延迟、抖动和丢包率。终端应用程序不同，其 SLA 约束也必不相同。比方说，涉及大文件交换的应用程序（比如，文件传输类应用[FTP、TFTP]）对带宽和丢包非常敏感，而多媒体类应用（比如，传递语音和视频流量）非常在意延迟和抖动。

测量一款末端程序的性能，要取决于该应用程序的 SLA 约束，因此需要测量各种网络参数[2]。

本章将探讨如何测量这些网络参数，同时会介绍如何定位并解决由低带宽、高延迟、高抖动或高丢包率所导致的网络故障。

---

1 译者注：原文是“Analyzing network bottlenecks, issues, and troubleshooting”。虽然原文明显不通，但还是按原文翻译。

2 译者注：原文是“Measuring the performance of an end application varies depending on the SLA constraints of the end application, and therefore we need to measure different network parameters”。译文按原文字面意思直译。

18.2 测量网络带宽及应用程序生成的流量速率

监控网络及带宽的利用率是网络运营商的主要职责之一。这或多或少是出于各种商业目的，比方说：

- 为了确保低优先级或垃圾流量不阻塞网络，避免影响高优先级流量；
- WAN 提供商为了确保在接入电路上提供承诺的流量速率；
- 根据监控的结果来完成网络容量规划，对带宽进行提速或降速。

在前述大多数排障和分析场景中，抓包地点都会尽量靠近安装应用程序的主机。为了精确测量 WAN 电路的带宽利用率，可能还需要做出额外的考量。在图 18.1 所示的拓扑中，可能会用 WAN-路由器 1 的 GE 接口上连 WAN 提供商，但 WAN 链路的承诺访问速率（CAR）却可能会低很多（比如 10Mbit/s）。通常，WAN 提供商会在入站方向限制带宽，将流量速率限制为 10Mbit/s，丢弃任何超限的流量。因此，在 WAN 路由器 1 一侧抓包，抓到的数据可能并不准确。反过来讲，客户也可以实施诸如流量整形之类的功能，让 WAN 路由器缓存流量，以确保发往 WAN 提供商的出站流量的速率不超过 CAR。所以说，合适的抓包位置要视网络的部署方式而定。

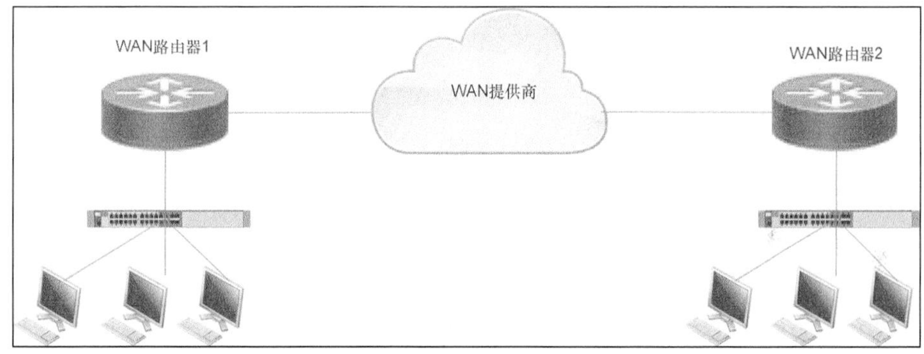

图 18.1

本节将探讨如何用 Wireshark 测量 WAN 电路的速率，以及每一种应用程序流量所占用的带宽。

18.2.1 测量准备

根据网络的部署方式，需要将抓包工具部署在合适的位置。

- 在启用了流量整形的情况下，可在 WAN 路由器的出站方向抓包[1]。
- 若未启用流量整形，则可在 WAN 提供商网络或远程 WAN 路由器的入站方向抓包。

1　译者注：原文是“If traffic shaping is enabled, we can capture the packet in the outbound direction on WAN routers”。后半句确切的说法应该是“要设法将 WAN 路由器连接 WAN 提供商网络的接口的出向流量重定向至 Wireshark 主机。”

18.2.2 测量方法

为了测量一条 WAN 链路的带宽，需要朝这条链路上以接近其实际带宽的速率“打”一些流量，来测试其能否承受。可选用商业的流量生成工具（比如 iPerf、IXIA 以及 Spiren）来生成各种类型的流量。有很多开源的流量生成工具（比如 Scapy、tcpreplay 以及 playcap）也可以生成各种类型的流量。

要测量一条通信链路的平均带宽利用率，请按以下步骤行事[1]。

1．选择 Statistics 菜单中的 Capture File Properties 菜单项[2]。

在弹出的 Capture File Propertie 窗口中（见图 18.2），会列出在通信链路上抓到的数据包的数量、数据包的平均传输速率（单位为 MB/s 和 Mbit/s）以及数据包的平均长度等。

Display

Display filter:	none
Ignored packets:	0

Traffic	Captured	Displayed	Marked
Packets	175391	175391	0
Between first and last packet	55.323 sec		
Avg. packets/sec	3170.284		
Avg. packet size	1289.011 bytes		
Bytes	226081014		
Avg. bytes/sec	4086531.946		
Avg. MBit/sec	32.692		

图 18.2

2．还可以让 Capture File Propertie 窗口只显示一或多条数据流的带宽占用情况。为此，要先应用相应的显示过滤器，再点击 Statistics 菜单中的 Capture File Properties 菜单项。

图 18.3 所示为编号为 13 的 TCP 数据流的带宽占用情况。

Display

Display filter:	tcp.stream eq 133
Ignored packets:	0

Traffic	Captured	Displayed	Marked
Packets	175391	110782	0
Between first and last packet	55.323 sec	10.537 sec	
Avg. packets/sec	3170.284	10513.801	
Avg. packet size	1289.011 bytes	1327.361 bytes	
Bytes	226081014	147047699	
Avg. bytes/sec	4086531.946	13955608.982	
Avg. MBit/sec	32.692	111.645	

图 18.3

1 译者注：原文的以下内容基于 Wireshark 版本 1，译文会尽量转换为 Wireshark 版本 2。

2 译者注：原文是“Select Summary from Statistics”。

3．使用 Wireshark 自带的 I/O Graphs 工具，可以获悉电路的最高可用带宽。为此，请从 Statistics 菜单中选择 I/O Graphs 菜单项。

4．在默认情况下，Wireshark 会基于抓包文件中的所有数据包，生成 I/O Graphs 窗口中的流量速率图。可对 I/O Graphs 窗口中的 X 轴和 Y 轴参数若如下修改。

X 轴（时间轴）参数的配置

➢ 在 Tick interval（计时单位）下拉菜单中指定一个计时单位：计时单位的取值范围为 0.001 秒～10 分钟。

➢ 在 Pixels per tick（时间刻度）下拉菜单中指定一个时间刻度：时间刻度的取值范围为 1～10。

➢ View as time of day（以一天当中的具体时刻来显示）复选框：一旦勾选，图形的 X 轴的时间格式将会是一天当中的具体时刻；若未勾选，图形的 X 轴的时间格式将会是抓包时长。

Y 轴（速率轴）参数的配置

➢ 在 Unit（速率单位）下拉菜单中选择一个菜单项，指定一个速率单位。可选菜单项包括 Packets/Tick、Bytes/Tick、Bits/Tick 或 Advanced。

➢ 在 Scale（范围）下拉菜单中指定 Y 轴的范围（长度）：Y 轴长度有线性（Linear）和对数（Logarithmic）两种表现形式，可分别从下拉菜单中选择。当然，也可以沿用默认值 Auto 或根据需求从下拉菜单中指定一个值。

➢ Smooth（平滑速率）参数：若要了解数据包的平均传输速率（亦即在每个计时单位内的平均传输速率），可在 Smooth 下拉菜单中选择除 No filter 以外的其他值，取值范围在 4～1024 之间。

在图 18.4 所示的 I/O Graphs 窗口中，将 X 轴的 Tick interval（计时单位）参数和 Pixels per tick（时间刻度）参数分别设置为 1 秒和 10，将 Y 轴的 Unit（速率单位）参数设置为 Bytes/Tick。因此，I/O Graphs 窗口所示图形的速率单位为字节/秒。

I/O Graphs 窗口的右下角还有一个 View as time of day（以一天当中的具体时刻来显示）复选框，一旦勾选，图形的 X 轴的时间格式将会按一天当中的具体时刻来显示；若取消勾选，图形的 X 轴的时间格式将会按抓包时长来显示。这个复选框非常有用，在勾选它的情况下，即可了解到通信链路拥堵的具体时间。

5．在 I/O Graphs 窗口中可借助显示过滤器，针对不同的数据流来生成流量速率图。

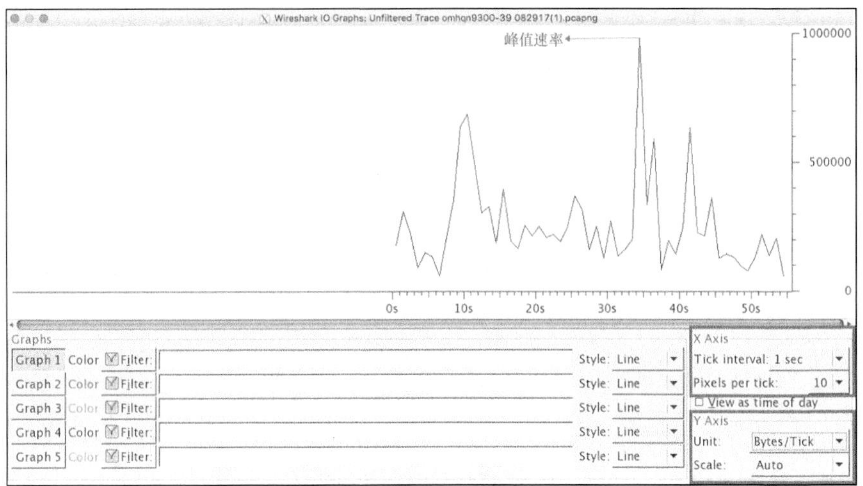

图 18.4

图 18.5 所示为借助于显示过滤器，让 I/O Graphs 工具根据不同的流量生成的不同颜色的流量速率图。

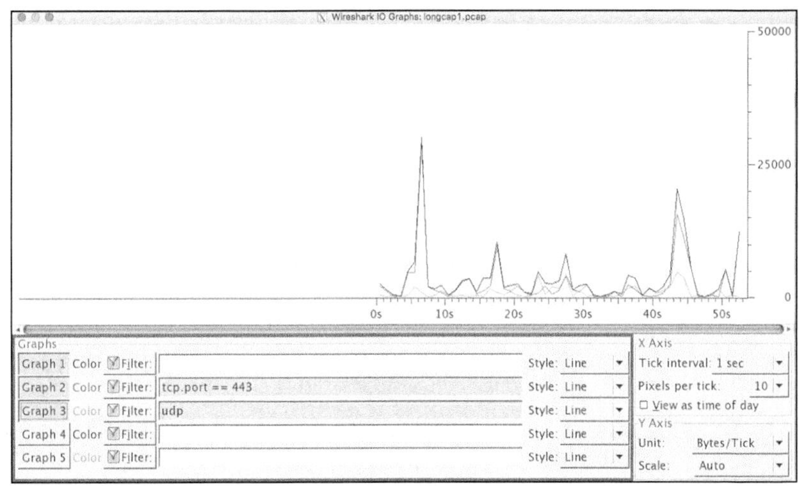

图 18.5

6. 借助于 Endpoints 工具，并进行适当的排序，即可确定消耗带宽最多的主机或末端应用程序。为此，请点击 Statistics 菜单中的 Endpoints 菜单项。

   可点击 Endpoints 窗口内相应的选项卡，来观察与第 2、3、4 层端点（Ethernet 端点、IP 端点、TCP/UDP 端点）有关的统计信息。在图 18.6 所示的 Endpoints 窗口中，可以观察到各 IPv4 端点收发的数据包的数量和字节数，还能基于这些信息做相应的排序。

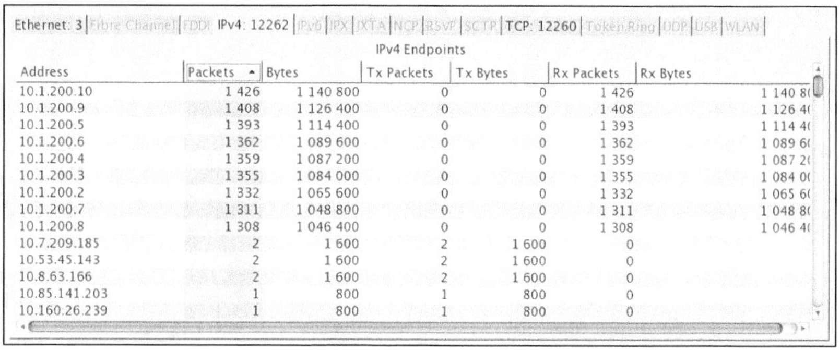

Ethernet: 3 | Fibre Channel | FDDI | IPv4: 12262 | IPv6 | IPX | JXTA | NCP | RSVP | SCTP | TCP: 12260 | Token Ring | UDP | USB | WLAN

IPv4 Endpoints

Address	Packets	Bytes	Tx Packets	Tx Bytes	Rx Packets	Rx Bytes
10.1.200.10	1 426	1 140 800	0	0	1 426	1 140 8(
10.1.200.9	1 408	1 126 400	0	0	1 408	1 126 4(
10.1.200.5	1 393	1 114 400	0	0	1 393	1 114 4(
10.1.200.6	1 362	1 089 600	0	0	1 362	1 089 6(
10.1.200.4	1 359	1 087 200	0	0	1 359	1 087 2(
10.1.200.3	1 355	1 084 000	0	0	1 355	1 084 0(
10.1.200.2	1 332	1 065 600	0	0	1 332	1 065 6(
10.1.200.7	1 311	1 048 800	0	0	1 311	1 048 8(
10.1.200.8	1 308	1 046 400	0	0	1 308	1 046 4(
10.7.209.185	2	1 600	2	1 600	0	
10.53.45.143	2	1 600	2	1 600	0	
10.8.63.166	2	1 600	2	1 600	0	
10.85.141.203	1	800	1	800	0	
10.160.26.239	1	800	1	800	0	

图 18.6

7. 借助于 Conversations 工具（需要配搭显示过滤器），可以精确了解某条数据流的细节。为此，请点击 Statistics 菜单的 Conversations 菜单项。

图 18.7 所示的 Conversations 窗口显示了抓包文件中每一条 TCP 对话（TCP 数据流）的持续时间以及传送的数据包的数量。

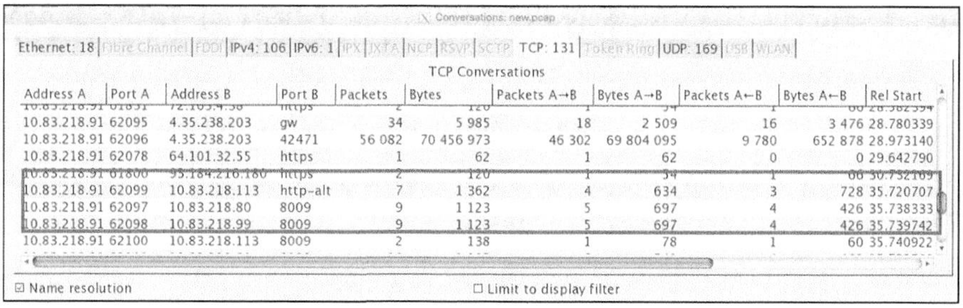

Conversations: new.pcap

Ethernet: 18 | Fibre Channel | FDDI | IPv4: 106 | IPv6: 1 | IPX | JXTA | NCP | RSVP | SCTP | TCP: 131 | Token Ring | UDP: 169 | USB | WLAN

TCP Conversations

Address A	Port A	Address B	Port B	Packets	Bytes	Packets A→B	Bytes A→B	Packets A←B	Bytes A←B	Rel Start
10.83.218.91	62095	4.35.238.203	gw	34	5 985	18	2 509	16	3 476	28.780339
10.83.218.91	62096	4.35.238.203	42471	56 082	70 456 973	46 302	69 804 095	9 780	652 878	28.973140
10.83.218.91	62078	64.101.32.55	https	1	62	1	62	0	0	29.642790
10.83.218.91	62099	10.83.218.113	http-alt	7	1 362	4	634	3	728	35.720707
10.83.218.91	62097	10.83.218.80	8009	9	1 123	5	697	4	426	35.738333
10.83.218.91	62098	10.83.218.99	8009	9	1 123	5	697	4	426	35.739742
10.83.218.91	62100	10.83.218.113	8009	2	138	1	78	1	60	35.740922

☑ Name resolution　　☐ Limit to display filter

图 18.7

18.2.3 幕后原理

有以下 3 个术语与网络带宽利用率紧密相关，分清这三个术语对理解网络带宽利用率至关重要。

- **速度（Speed）**：电路或链路可以通行的最高流量[1]。
- **带宽（Bandwidth）**：指一条通信链路每秒所能传输的总的比特数（单位为 bit/s）。在默认情况下，带宽等于链路的速度。
- **吞吐量（Throughput）**：指一条通信链路的两个端点之间每秒所能传输的应用程序的流量（单位为 bit/s）。

链路的速度以及带宽取决于各种因素，包括链路类型、链路提供商提供的 CAR 以及本机

1　译者注：原文是“Maximum amount of traffic that can traverse the circuit or link”。

配置。在默认情况下，大多数网络设备都能以线速转发流量，也就是说，能以相关链路所能支持的最高带宽转发流量。

按照最新的网络部署方案，WAN 服务提供商都会将千兆以太网技术作为最后一公里的接入技术。千兆以太网的速度为 1Gbit/s，但具体的带宽要随 WAN 服务提供商提供的 CAR 而异。

即便 WAN 路由器能按 WAN 链路的线速转发流量，服务提供商也会根据 CAR 对流量进行限速。

18.2.4 拾遗补缺

在外发流量时，任何网络设备都会采用先进先出（First In First Out，FIFO）的队列机制。因此，若垃圾流量过多，则此类低优先级流量便会占用所有带宽，使得高优先级的关键业务流量惨遭丢弃。在网络内部署服务质量（QoS）即可避免这种情况。可开启 QoS，将队列机制从 FIFO 更改为基于优先级的队列，以防垃圾流量或低优先级流量占用所有带宽，从而保证高优先级的关键业务流量得以优先传送。

18.3 借助 Wireshark 来获知链路的延迟及抖动状况

但凡网络应用，其性能都要受延迟和抖动的制约。要想监控一条通信链路的延迟和抖动状况，可在链路一端的主机上长 ping 链路对端的主机，同时仔细观察 ping 命令的输出。而 Wireshark 并不能直接测量出端到端的网络延迟，但能通过帧间延迟（inter-frame delay）状况来反映延迟对网络流量乃至各种网络应用的影响。

本节将介绍如何利用 Wireshark 来获悉通信链路的延迟及抖动状况，下一节会讲解如何发现由延迟和抖动所导致的故障。

18.3.1 操作准备

要想得知一条通信线路的延迟状况，首先，应在链路一端的主机上 ping 链路对端的主机，通过仔细观察 ping 命令的输出来做一个初步的了解；然后，再在 LAN 交换机上开启端口镜像功能，将连接该通信链路的端口的流量重定向至 Wireshark 主机。

18.3.2 操作方法

要利用 Wireshark 来获悉某股 TCP 或 UDP 数据流中的帧间延迟状况，请按以下步骤行事。

1. 筛选出该股数据流。

   - 在 Wireshark 抓包主窗口的数据包列表区域内选中一个隶属于该股 TCP 或 UDP 数据流的数据包。
   - 点击右键，在弹出的菜单中选择 Follow TCP Stream 或 Follow UDP Stream 菜单项。

➢ 把在 Wireshark 抓包主窗口的 Filter 输入栏内自动生成的显示过滤表达式（图 18.8 中的位置 1）复制进缓冲区。

2．点击 Wireshark 抓包主窗口中 Statistics 菜单下的 I/O Graphs 菜单项。

3．在弹出的 I/O Graphs 窗口中，点击 Y 轴区域中的 Unit 下列菜单，选择 Advanced 菜单项（图 18.8 中的位置 2）。

4．在陡然增大的 I/O Graphs 窗口中，将已复制进缓冲区的显示过滤表达式，粘贴进 Graph 1 按钮右边的 Filter 输入栏（图 18.8 中的位置 3）。

5．点击 Filter 输入栏右边的 Calc 下拉菜单，选择 AVG(*)菜单项（图 18.8 中的位置 4）。

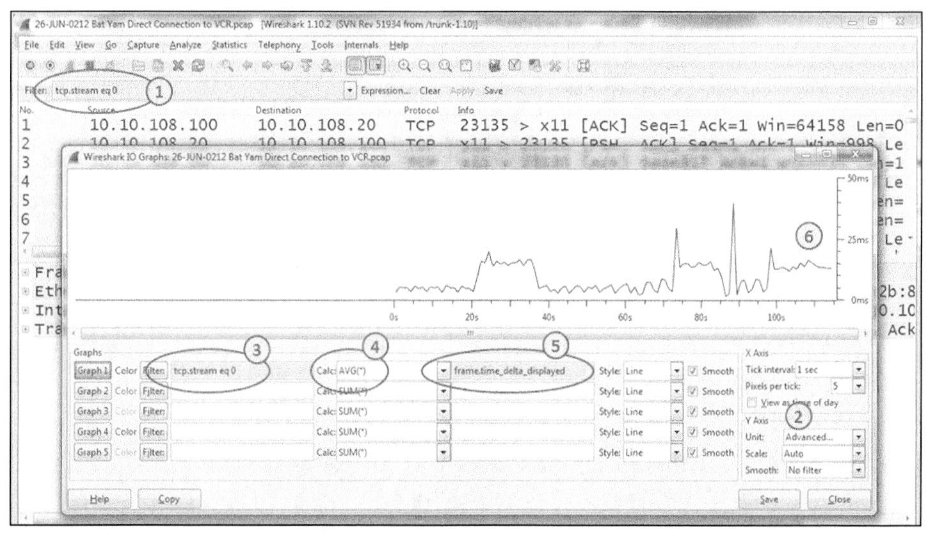

图 18.8

6．在 Calc 下拉菜单右边的输入栏（图 18.8 中的位置 5）里输入显示过滤表达式 frame.time_delta_displayed。

7．按下 Graph 按钮，在 I/O Graphs 窗口上半部分的图形显示区域中（图 18.8 中的位置 6），将会显示出那股数据流中各数据包之间的平均延迟时间（单位为毫秒）。

8．在 Wireshark 抓包主窗口中，点击 Statistics 菜单中 TCP Stream Graph 菜单项下的 Round Trip Time Graph 子菜单项，会弹出 TCP Graph 窗口，如图 18.9 所示。通过 TCP Graph 窗口观察到的情况与图 18.8 相同。

9．由图 18.9 可知，隶属于那股数据流的 TCP 数据包的 RTT 值短则 10 毫秒，长则 200～300 毫秒。

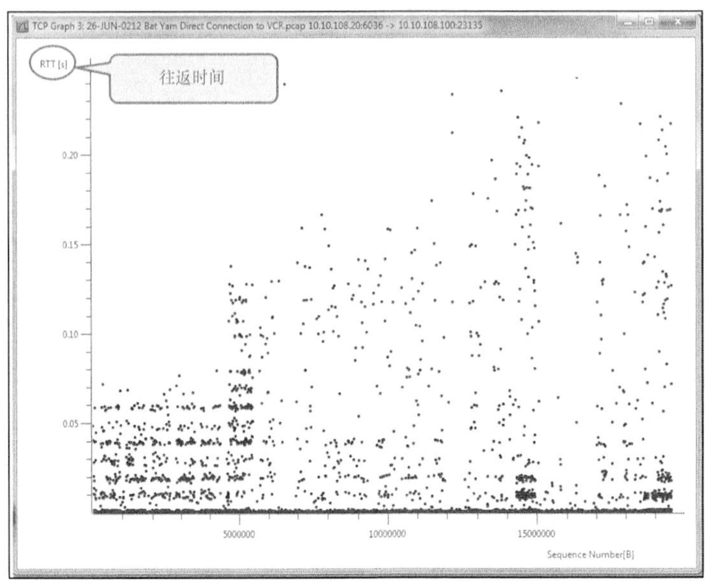

图 18.9

10．要想获悉发送方从发出 TCP 报文段到得到接收方的确认所花费的时间（即传输层延迟状况），请在 I/O Graphs 窗口中用显示过滤表达式 tcp.analysis.ack_rtt 替换 frame.time_delta_displayed。

18.3.3 幕后原理

Wireshark 软件只是先从线路上抓包，然后再记录并能以不同的方式显示出先后抓到的数据包之间的时间差。需要注意的是，通过 Wireshark 抓包分析，可以发现网络中存在高延迟或高抖动现象，但却不一定能得知是因何而起。

延迟（delay）是指源端主机从发出数据包到收到目的端主机发回的相应的回馈数据包所花费的时间，这通常也被称为 RTT 。只需借助于 ping 命令之类的工具，便可以测量出网络链路的延迟。延迟的单位可以是秒、毫秒或微秒等。

在 IP 网络中，抖动（jitter）是指延迟的变化程度。比方说，在主机 A 上 ping 主机 B 100 次（即让主机 A 向主机 B 发送 100 个 ICMP echo request 数据包），若每 ping 一次的延迟都固定为 100 毫秒，则可以认为网络链路没有抖动；若 ping 100 次的平均延迟为 100 毫秒，但每 ping 一次的延迟则为 80～120 毫秒不等，则可以说在本次 ping 操作期间，网络链路的抖动率延迟的变化率最高达到了 20%。

18.3.4 拾遗补缺

除了 ping 命令以外，还有许多图形化的 ping 工具，可从相关网站免费下载。

18.4 分析网络瓶颈、问题及故障排除

本书前文所讨论的问题和故障排除大多是相关的，可能会导致网络瓶颈问题[1]。任何一条质量不佳的链路、一台不稳定的路由器或者容量规划不合理的网络设计，都有可能会制造带宽瓶颈，从而影响端到端的应用程序的性能。

本节会介绍如何用 Wireshark 分析网络瓶颈问题。

18.4.1 分析准备

为了确定瓶颈问题，可能需要在多处反复抓包，以进行分析和瓶颈隔离。在理想情况下，在端点上抓包将是确定受影响的应用程序流量的良好开端，然后可使用其他工具（比如，ping 实用程序）来缩小抓包范围[2]。

18.4.2 分析方法

1. 应用显示过滤器，筛选出解析应用程序服务器的 IP 地址的 DNS 数据包，检查平均解析时间。为此，要先在 Wireshark 抓包主窗口的显示过滤器输入栏内输入显示过滤器 DNS，再选择 Statistics 菜单中的 I/O Graphs 菜单项。

➢ 检查 DNS 数据包的数量，判断 DNS 服务器的能否处理得过来。若处理不过来，则需考虑给 DNS 服务器做硬件升级。

➢ 检查 DNS 解析的时间增量是否在阈值范围内。DNS 解析中的任何延迟都会在末端应用程序会话建立中引入延迟[3]。

图 18.10 是 DNS 数据包的 I/O 图，用来检查名称解析中的延迟[4]。

---

1 译者注：原文是“The problems and troubleshooting discussed in the previous recipes are mostly related, and may result in networking bottleneck issues”。译文按原文字面意思直译。

2 译者注：整段原文是“In order to identify bottleneck issues, we may need to reiterate the capture at multiple locations for analysis and bottleneck isolation. Ideally, packet capture at endpoints will be a good start to identify the application traffic that is impacted, and we then use other tools,such as the ping utility, to possibly narrow down the capture points”。译文按照原文字面意思直译。

3 译者注：原文是“Check whether the time delta for resolution is within the threshold. Any delay in resolution will introduce a delay in end application session establishment”。译文按照原文字面意思直译。

4 译者注：原文是“The preceding graph is the I/O graph of DNS packets used to check the delay in name resolution”。译文按照原文字面意思直译。

2．检查 WAN 链路的带宽利用率是否超出其峰值以及日常工作时段的阈值[1]。请按照 18.2 节所述步骤，来确定 LAN 和 WAN 端的带宽利用率。本节定义的过程不但可用来确定带宽利用率，还可用来检查带宽是被关键业务流量占用还是被垃圾流量占用。

➢ 若抓包文件显示 WAN 链路的带宽被完全占用，且流量主要为关键业务流量，则可能需要对链路带宽进行扩容[2]。

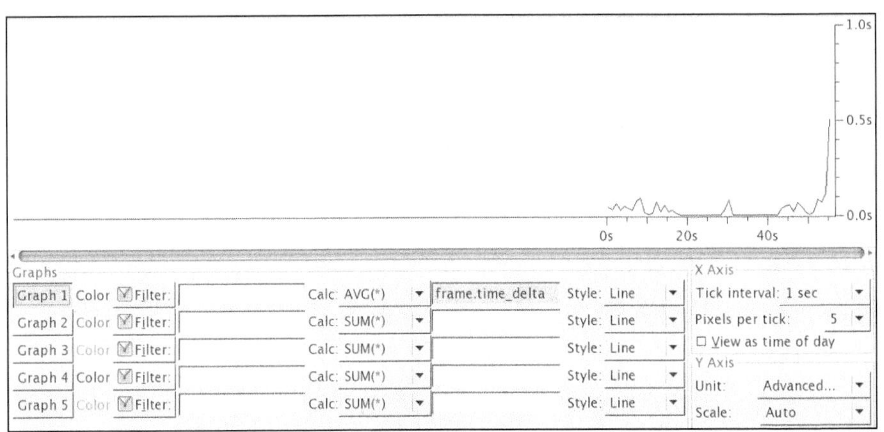

图 18.10

➢ 若抓包文件显示 WAN 链路的带宽被完全占用，且流量主要为非关键业务流量，则可能需要开启某种队列及 QoS 机制，对非关键业务流量进行限速。

3．检查穿越链路（LAN 链路、WAN 链路）是否存在高延迟/高抖动问题。具体的检查方法详见 18.3 节。抓包文件显示链路延迟（单位为秒）完全异常[3]。

由图 18.11 所示的 I/O Graphs 窗口可知，链路的延迟峰值高达 10 秒，而链路的延迟平均值则超过了 1 秒。通过这条链路转发的流量将会受到严重影响，可能需要排除链路层面的故障（检查电源、清理光纤等）。

4．检查应用程序服务器，判断其硬件是否需要升级。需要检查服务器在正常及高峰时段内的并发连接数，并判断服务器能否处理得过来。

5．借助 Endpoints 工具，即可观察到服务器的并发连接数。

1　译者注：原文是“Check that the WAN bandwidth utilization is within the threshold at its peak and during normal business hours”。译文按原文字面意思直译。

2　译者注：原文是“If the capture shows the WAN bandwidth utilization is completely utilized and the traffic is mostly business-critical, you may need a bandwidth upgrade”。

3　译者注：原文是“Capture showing a link delay in seconds is completely abnormal”。译文按原文字面意思直译。

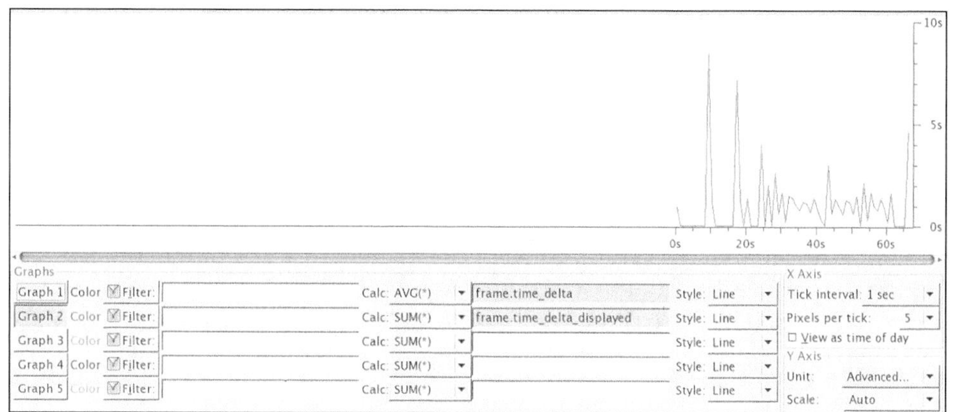

图 18.11

由图 18.12 所示的 Endpoints 窗口可知，服务器 10.1.100.254 所建立的并发连接数为 8850。请确保客户端主机未受任何感染，发起的连接建立请求的数量在合理范围之内。若并发连接数超出了服务器所能处理的上限，则需考虑对服务器进行硬件升级。

Ethernet: 7 | Fibre Channel | FDDI | IPv4: 8850 | IPv6 | IPX | JXTA | NCP | RSVP | SCTP | TCP: 8850 | Token Ring | UDP | USB | WLAN

TCP Conversations

Address A	Port A	Address B	Port B	Packets	Bytes	Packets A→B
10.1.100.254	64500	10.1.175.57	64300	2	112	
10.1.100.254	64500	10.1.175.58	64300	2	112	
10.1.100.254	64500	10.1.175.59	64300	2	112	
10.1.100.254	64500	10.1.175.60	64300	2	112	
10.1.100.254	64500	10.1.175.61	64300	2	112	
10.1.100.254	64500	10.1.175.62	64300	2	112	
10.1.100.254	64500	10.1.175.63	64300	2	112	
10.1.100.254	64500	10.1.175.64	64300	2	112	
10.1.100.254	64500	10.1.175.65	64300	2	112	
10.1.100.254	64500	10.1.175.66	64300	2	112	
10.1.100.254	64500	10.1.175.67	64300	2	112	
10.1.100.254	64500	10.1.175.68	64300	2	112	
10.1.100.254	64500	10.1.175.69	64300	2	112	
10.1.100.254	64500	10.1.175.70	64300	2	112	
10.1.100.254	64500	10.1.175.71	64300	2	112	
10.1.100.254	64500	10.1.175.72	64300	2	112	

☑ Name resolution　☐ Limit to display filter

图 18.12

18.4.3 运作原理

本节介绍了如何用 Wireshark 解决网络瓶颈问题。具体的解决方法随网络中流淌的流量类型而异。在解决的过程中，可能会涉及多种协议。比方说，客户端主机尝试与应用程序服务器通信时，会先通过某种名称解析协议（比如，DNS 协议）来解析服务器的 IP 地址。

解析出服务器的 IP 地址之后，若应用程序采用的传输层协议为 TCP（比如，HTTP 或 FTP），则客户端主机会发出 TCP SYN 报文段，以期建立 TCP 会话。若应用程序采用的传输层协议为 UDP（比如，QUIC），则客户端主机会通过 UDP 数据报来发出应用程序的请求。接收到请求之后，服务器会将数据注入网络传送给客户端主机。

任何网络设备（L2 交换机和 L3 路由器）在转发流量时都会遵循最佳路径。若存在等价路径，路由器便会执行负载均衡，用不同的路径来转发不同的流。

端到端的性能受制于各种因素。就会话处理和数据传输性能而言，主要受末端应用程序服务器的处理能力和内存容量的限制。不同客户端和服务器之间的端到端数据传输性能同样受网络容量规划的限制。

18.4.4 拾遗补缺

可利用各种网络流量分析工具，定期从所有或指定的网络设备采集网络数据，全面了解网络性能。这对网络容量规划很有帮助。以下所列为可跨多平台使用的网络流量分析工具：

- Cisco Netflow；
- Juniper J-Flow；
- sFlow。

第19章 网络安全和网络取证

本章涵盖以下主题：

- 发现异常流量模式；
- 发现基于 MAC 地址和基于 ARP 的攻击；
- 发现 ICMP 扫描和 TCP SYN 端口扫描；
- 发现 DoS 和 DDoS 攻击；
- 定位高级 TCP 攻击；
- 发现针对某些应用层协议的暴力攻击。

19.1 简介

信息安全是 IT 领域中的重要环节，其主要目标是加固组织机构的信息系统，使之能对抗来自内部或外部的形形色色的攻击。那些来自内部或外部的攻击，都得通过网络来发动，无非是源于内部或外部网络而已，因此同样可以被 Wireshark（或类似的其他工具）所感知。

要想使得网络免受恶意流量的攻击，首先需要分清什么是正常流量，然后才能识别出恶意流量是如何伪装成正常流量的。可能会形成攻击的恶意或异常流量包括 ARP、IP 或 TCP 扫描流量，单方面的 DNS 响应流量，TCP 标记位置位方式古怪的 TCP 流量，源/目的 IP 地址或源/目的（TCP /UDP）端口号怪异的流量等。

能分清何为网络问题，何为安全问题，同样十分重要。比方说，若网络中出现了 ICMP 扫描行为，则既有可能是恶意软件所为，也有可能是网管软件在探索网络设备时的必要之举；而 TCP 扫描行为也未必只有蠕虫病毒才能引发，软件 bug 同样可以触发。本章会对此展开深入探讨。

本章首先会讲解正常流量与异常流量之间的差别，然后会介绍形形色色的攻击手段，以及如何发现并制止这些攻击。

19.2 发现异常流量模式

本节会讲解何为正常流量，何为异常流量，同时会介绍两者之间的差别。

19.2.1 准备工作

首先，应安置好 Wireshark 主机。现以图 19.1 为例，来介绍如何安置 Wireshark 主机。

1. 若怀疑攻击流量来自于互联网，请将 Wireshark 主机置于防火墙之前（图 19.1 所示位置 1）；若怀疑来自于互联网的攻击流量已被防火墙放行，请将 Wireshark 主机置于防火墙之后（图 19.1 所示位置 2）。

2. 若怀疑恶意流量发源于远程站点（分支机构）网络，请将 Wireshark 主机置于图 19.1 所示位置 4 或位置 3 处（需在主站点网络的核心交换机上开启端口镜像功能）。安置好 Wireshark 主机之后，可根据分配给各远程站点的 IP 网络号来配置显示过滤器，筛选并逐一比对发源于各远程站点网络的流量，以求定位出恶意流量的来源。

3. 若判断出恶意流量发源于某一具体的远程站点，请将 Wireshark 主机置于图 19.1 所示位置 7 或位置 6 处（需在远程站点网络的核心交换机上开启端口镜像功能），亦即远程站点 WAN 路由器的 WAN 侧或 LAN 侧。

4. 若怀疑攻击流量发源于某台 PC 机或服务器，请将 Wireshark 主机置于图 19.1 所示位置 8 处，同时在（连接 Wireshark 主机以及可能产生恶意流量的 PC 机或服务器的）交换机上开启端口镜像功能，将相应端口的流量重定向至 Wireshark 主机。

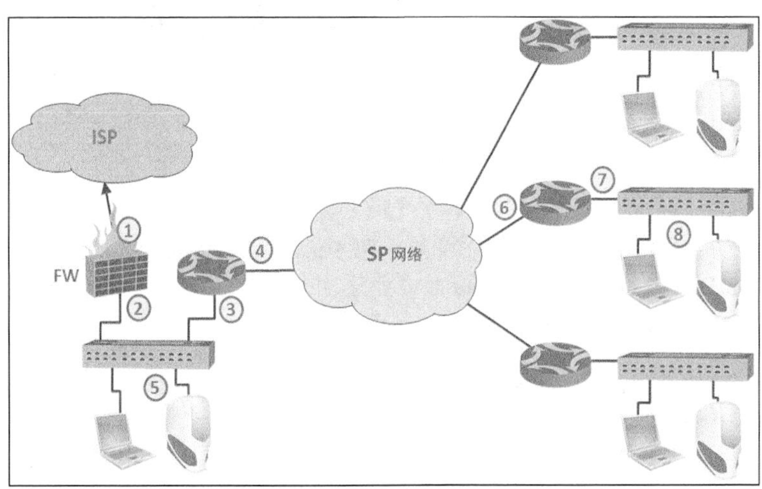

图 19.1 安置 Wireshark 主机

其次，应仔细观察抓取到（并筛选出）的各类流量，尝试判断哪些是正常流量，哪些是值得关注的异常流量。

在执行上述操作之前，请确保手头能有一份最新的网络拓扑结构详图，这份网络拓扑图应包括以下内容。

- IP 编址详情（比如，服务器的 IP 地址、各站点 LAN 的 IP 网络号等）。
- 网络设备（路由器、交换机等网络通信设备）的 IP 地址及拓扑连接状况。
- 网络安全设备（防火墙、IPS/IDS、WAF、数据库防火墙、应用防火墙、防病毒系统以及能生成、过滤或转发流量的其他网络安全设备）的 IP 地址及拓扑连接状况。
- 网络所承载的应用程序类型、各类应用程序所使用的 UDP/TCP 端口号，以及安装各类应用程序服务器端软件的服务器主机的 IP 地址等。

19.2.2 操作方法

若怀疑恶意流量发源于内网，对内网流量抓包分析时，应关注下列事宜。

- 流量的源、目 IP 地址是否异常。
  - ✓ 正常：流量的源或目的 IP 地址均在合法的 IP 地址范围之内（隶属于已分配的内网 IP 地址范围）。
  - ✓ 异常：流量的源或目的 IP 地址不在合法的 IP 地址范围之内（不隶属于已分配的内网 IP 地址范围）。
- 流量的源、目 TCP/UDP 端口号是否异常。
  - ✓ 正常：流量的源、目端口号与运行于网络中的应用层协议相匹配。比方说，若在内网中运行的应用层协议包括 HTTP、NetBIOS、RDP、FTP、POP3、SMTP、DNS 等，则 Wireshark 所抓到的源、目（TCP/UDP）端口号为 80、137/138/139、3389、20/21、25、110、53 的流量都属于正常流量。
  - ✓ 异常：流量的源、目端口号与应用层协议不匹配。比如，若某台 Web 服务器明明未开启远程桌面服务，但却总是莫名其妙地收到 RTP 流量，则发往该服务器的 RTP 流量就属于异常流量。
- TCP 流量的标记位的置位方式是否异常。
  - ✓ 正常：在建立 TCP 连接时，Wireshark 应抓到相关的三次握手 TCP 报文段（SYN 位置 1；SYN 和 ACK 位同时置 1；ACK 位置 1）；在快速拆除 TCP 连接时，Wireshark 应抓到相应的 RST 位置 1 的 TCP 报文段；在关闭 TCP 连接时，Wireshark 应抓到 4 次握手报文段（双方各自发出 FIN 位置 1/FIN 位和 ACK 位同时置 1 的 TCP 报文段）。

✓ 异常：若通过 Wireshark 抓包了解到，有大量 SYN 位置 1 的 TCP 数据包涌向一或多台主机，而且这些 TCP 数据包的源 IP 地址还千奇百怪，这就属于异常流量（通常，这意味着有人在执行 TCP 端口扫描，详情请见后文）。此外，标记位置位方式怪异（比如，RST 或 FIN 位与 URG 位同时置 1）的 TCP 流量也属于异常流量。

➢ 某台（或某几台）主机的上、下行流量的速率是否总是固定不变。

✓ 正常：一般而言，对任何一台主机来说，由其生成的上下行流量的速率都不应该总是固定不变，这是因为用户使用网络的行为总会不断变化。下载文件、浏览网页、收发邮件、使用远程桌面时所生成的流量的速率肯定各不相同。

✓ 异常（在某些情况下）：若发现由一台主机所生成的上下行流量的速率总是固定不变，则使用主机的用户不是在网上收听广播、观看视频，就是在偷着 P2P 下载，或是有黑客入侵了该主机。此时，需仔细检查。图 19.2 所示为通过 Wireshark I/O Graphs 工具观察到的上述异常情况。

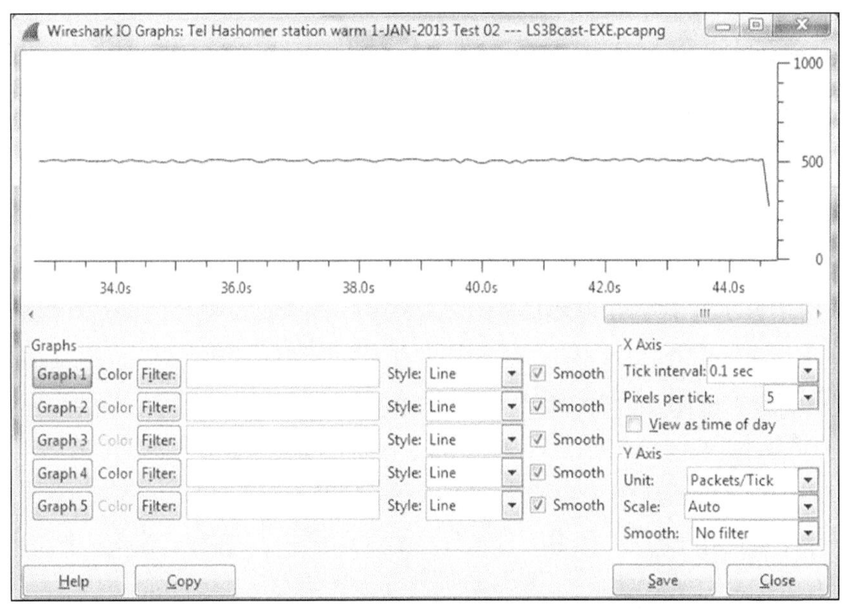

图 19.2　某主机所生成的流量的速率总是恒定不变

➢ 广播流量是否异常。

✓ 正常：网络中每台主机在特定时间段内发出的广播包的数量应该在合理范围之内。比方说，NetBIOS 广播包、ARP 广播包、DHCP 广播包以及应用程序广播包的数量都在合理范围之内。

✓ 异常：单台主机每秒发出数十、数百乃至数千个广播包。

➢ DNS 流量是否异常。

✓ 正常：对于“正儿八经”地执行 DNS 查询的主机来说，每秒最多也只会生成几十个 DNS 查询数据包。

✓ 异常：有巨量 DNS 查询或响应数据包在网络中泛滥；Wireshark 抓到了很多 DNS 响应数据包，但却未抓到配套的 DNS 查询数据包。

19.2.3 幕后原理

网络取证跟电视里的刑侦剧所描述的场景颇为类似。网络工程师跟警察一样，都是先接到“报案”（用户申告），再抵达“犯罪现场”（网络机房），然后开始查找“罪犯”留下的“蛛丝马迹”。

不同之处在于，警察要查找的是罪犯遗留的指纹和 DNA，而网络工程师则要抓包分析流量是否异常，观察异常流量所具有的特征（模式）。

本节会深入探讨各种网络攻击手段，同时会描述当网络遭受攻击时将会出现的异常状况。此外，还将详述如何发现并化解攻击。

以下所列为几种最为常见的网络攻击手段。

➢ **病毒**：是指能对计算机软、硬件构成伤害的应用程序。杀毒软件可发现并清除病毒。

➢ **蠕虫**：是指能自我复制并自动通过网络来传播的应用程序。蠕虫爆发时，会导致网络带宽资源、计算机 CPU 资源的极度消耗。在杀灭蠕虫的那一刻，所有的一切都将恢复正常。

➢ **DoS（拒绝服务）和 DDoS（分布式拒绝服务）攻击**：发动这两种攻击的目的，都是要让合法用户无法正常访问网络资源。由于这两种攻击的破坏力惊人，加之发动的方法截然不同，因此不但很容易发现，区别也比较明显。

➢ **中间人攻击**：是指当甲、乙双方进行通信时，丙方在中间先截取两者互发的消息，在偷窥或篡改之后，再传递给甲、乙双方的行为。

➢ **扫描**：包括 ICMP 扫描（能转换为 DoS 或 DDoS 攻击）、TCP 端口扫描（比如，发出大量 SYN 位置 1、目的端口号不断变化的 TCP 数据包）等。

➢ **应用层攻击**：不停地尝试连接某台服务器上所运行的某种应用程序所监听的TCP/UDP 端口，意在让服务器宕机，或让 OS/应用程序无法行使正常功能。

接下来，会细述上述攻击手段。

19.2.4 拾遗补缺

当网络遭受攻击时，迹象之一就是有服务器、PC、通信链路或其他网元莫名其妙地变慢、变卡。

- 当某台服务器突然变慢时，除了要检查是否存在软硬件或网络故障之外，还得考虑它是否正遭受攻击。
- 若中心站点网络与某分支机构网络间的互连链路突然变慢，既有可能是因为链路（在传输正常流量时）拥塞，也有可能是有人正在发动 DOS/DDoS 攻击，在链路上传送“垃圾”流量，导致链路不畅。
- 若一台 PC 突然变慢，或许是在执行常规任务，但也不能排除已被攻陷，正尽其所有处理能力执行黑客下达的指令。

可部署下列软硬件系统以使网络免受攻击。

- **防火墙**：用途是防止未经授权的流量进出指定的网络区域，可部署在 Internet 边界、内网服务器之前、两个网络区域之间，甚至能以软件的形式安装在用户的 PC 中。
- **NAC（网络访问控制）系统**：用途是防止未经授权的用户或设备接入网络。
- **IDS/IPS（入侵检测/入侵防护系统）**：用途是识别具有攻击属性的流量，生成告警记录或对那些流量加以拦截（视配置而定）。IDS/IPS 既可以是一台独立的物理设备，部署于防火墙和 Internet 链路接入交换机之间，也可以以软件或功能模块的形式驻留于硬件防火墙之内。
- **Web 应用防火墙**（WAF）、应用防火墙、数据库防火墙以及其他应用层防护设备：这些第 7 层设备可窥得数据包的内在，能防止针对应用层的攻击。
- **Web 和 E-mail 过滤器**：可扫描并检测 HTTP 和 E-mail 流量的内容，并根据检测结果，来决定是否放行流量。

上述系统既可以是一台台单独的物理设备，也可以分别以软件的形式安装在虚拟机（VM）上，还可以以功能模块的方式集成进同一台物理设备。

19.3 发现基于 MAC 地址和基于 ARP 的攻击

借助于 Wireshark，可以很容易地发现基于 MAC 地址（第 2 层）和基于 ARP（介于第 2、3 层之间）的攻击。此类攻击通常都以扫描攻击（详见本节）或中间人攻击的面目示人。本节将介绍几种常见的攻击，以及发动攻击的具体手段。

19.3.1 准备工作

若 ARP 请求数据包在网络中泛滥成灾，或观察到以太网帧帧头中包含了非常规的 MAC 地址时，请在 LAN 交换机上开启端口镜像功能，将相关端口流量重定向至 Wireshark 主机，进行抓包分析。

19.3.2 操作方法

要想发现基于 MAC 地址和基于 ARP 的攻击，请按以下步骤行事。

1. 若网络未划分任何 VLAN，请将 Wireshark 主机连接到 LAN 交换机上的任一端口，开始抓包分析。

2. 观察 Wireshark 抓包主窗口，看看 ARP 数据包是否层出不穷。由于 ARP 请求数据包为广播包，因此在网络未划分 VLAN 的前提下，可把 Wireshark 主机连接到 LAN 交换机的任一端口，且无需开启端口镜像功能。图 19.3 所示的 Wireshark 截屏清楚地展示了一次典型的 ARP 扫描行为。需要注意的是，ARP 扫描也可以用来办正事。比如，某些安装了 SNMP 网管软件的主机会通过 ARP 扫描，来发现同一 LAN 内的网络设备；某些宽带路由器也会通过内网接口（LAN 口）不停地发送免费（gratuitous）ARP 数据包。但若 ARP 数据包“层出不穷”，且来路不正，则应仔细查明原因。

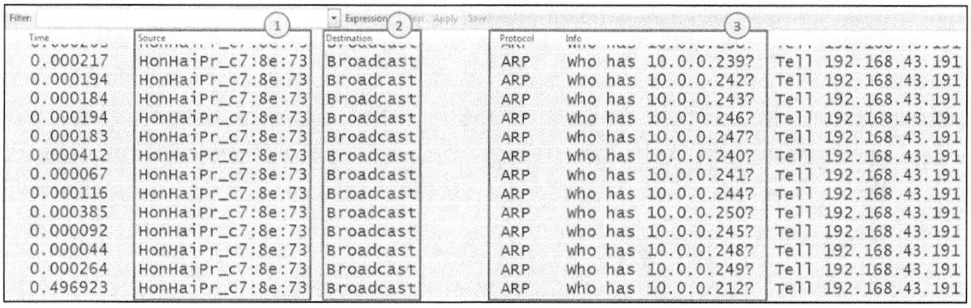

Time	Source ①	Destination ②	Protocol	Info ③
0.000217	HonHaiPr_c7:8e:73	Broadcast	ARP	Who has 10.0.0.239? Tell 192.168.43.191
0.000194	HonHaiPr_c7:8e:73	Broadcast	ARP	Who has 10.0.0.242? Tell 192.168.43.191
0.000184	HonHaiPr_c7:8e:73	Broadcast	ARP	Who has 10.0.0.243? Tell 192.168.43.191
0.000194	HonHaiPr_c7:8e:73	Broadcast	ARP	Who has 10.0.0.246? Tell 192.168.43.191
0.000183	HonHaiPr_c7:8e:73	Broadcast	ARP	Who has 10.0.0.247? Tell 192.168.43.191
0.000412	HonHaiPr_c7:8e:73	Broadcast	ARP	Who has 10.0.0.240? Tell 192.168.43.191
0.000067	HonHaiPr_c7:8e:73	Broadcast	ARP	Who has 10.0.0.241? Tell 192.168.43.191
0.000116	HonHaiPr_c7:8e:73	Broadcast	ARP	Who has 10.0.0.244? Tell 192.168.43.191
0.000385	HonHaiPr_c7:8e:73	Broadcast	ARP	Who has 10.0.0.250? Tell 192.168.43.191
0.000092	HonHaiPr_c7:8e:73	Broadcast	ARP	Who has 10.0.0.245? Tell 192.168.43.191
0.000044	HonHaiPr_c7:8e:73	Broadcast	ARP	Who has 10.0.0.248? Tell 192.168.43.191
0.000264	HonHaiPr_c7:8e:73	Broadcast	ARP	Who has 10.0.0.249? Tell 192.168.43.191
0.496923	HonHaiPr_c7:8e:73	Broadcast	ARP	Who has 10.0.0.212? Tell 192.168.43.191

图 19.3 ARP 扫描时的流量模式

3. 通过图 19.3 所示的 ARP 数据包，可判断出网络中可能存在以下攻击行为。

   - Wireshark 抓到的所有 ARP 数据包均来源于同一台主机，发包主机所设 IP 地址应该是 192.168.43.191，但其通过 ARP 数据包查询的主机身处的 IP 子网却是 10.0.0.0/24。之所以会出现这种情况，原因之一是这台主机的同一块网卡设有两个 IP 地址，这在实战中非常常见。第二个原因是，有人在获悉了网络中一台服务器的 MAC 地址（图中所示 ARP 数据包的源 MAC 地址）之后，将自己所用主机的网卡的 MAC 地址改成了那台服务器的 MAC 地址（每块网卡的 MAC 地址都是可以修改的）。

➢ 有人正在网络中发动中间人攻击。对中间人攻击的介绍详见第 10 章。

19.3.3 幕后原理

ARP 请求数据包的目的 MAC 地址一定是广播地址，主机发出 ARP 请求数据包是为查询指定 IP 地址的 MAC 地址。若网络中 ARP 请求数据包泛滥成灾，且 ARP 数据包的源、目 IP 地址或内容异常，则可认为网络中有 ARP 攻击的征兆。

19.3.4 拾遗补缺

某些安装了 SNMP 网管软件的主机会不断发出 ARP 请求数据包，来探索同一 LAN 内的网络设备（执行 ARP 扫描）；还有些宽带路由器也会通过内网接口（LAN 口）不停地发送免费 ARP 数据包。因此，若 Wireshark 抓包结果表明网络中存在 ARP 扫描现象，也未必是有人在发动攻击，关键是要弄清 ARP 请求数据包的源头。更多与 ARP 扫描有关的内容详见第 10 章。

19.4 发现 ICMP 和 TCP SYN/端口扫描

扫描是指不停地针对某个网络发送探测类数据包的行为，目的是查明网络中主机的 IP 地址、服务器所侦听的端口号，以及其中部署的系统和应用程序的资源类型。

19.4.1 准备工作

当网络中有用户反应网速过慢，或网管系统检测出服务器或通信链路的负载过高时，往往就预示着有人正在对网络进行扫描。若网络中部署有安全信息及事件管理系统（Security Information and Event Management System，SIEM），当有人发动扫描攻击时，可能会生成告警信息。如怀疑有人对网络进行扫描，则应尽量在离攻击目标最近的地方安置 Wireshark 主机，进行抓包分析。

19.4.2 操作方法

要想发现扫描攻击，请按以下步骤行事。

1. 在离攻击目标最近的地方安置 Wireshark，进行抓包分析。

   ➢ 若 Internet 链路拥塞，且流量来历不明，请在 Internet 链路接入交换机上开启端口镜像功能，将连接 Internet 链路的端口的流量重定向至 Wireshark 主机。

   ➢ 若用户反映对某台服务器的访问速度突然变慢，请在服务器接入交换机上开启端口镜像功能，将连接该服务器的端口的流量重定向至 Wireshark 主机。

   ➢ 若用户反映对某一远程站点网络的访问速度突然变慢，请设法将连接该远程站点网络的 WAN 链路的流量重定向至 Wireshark 主机。

2. 在抓包时，若 Wireshark 主机或 Wireshark 软件自身毫无反应，则很有可能是攻击流量太过汹涌，以至于它们难以招架。此时，可先关闭 Wireshark 软件（若抓包主机的 OS 为 Windows，请按 Ctrl+Alt+Del 组合键，点击“任务管理器”按钮，在弹出的“Windows 任务管理器”窗口中结束 wireshark.exe 进程；若为 UNIX，请执行 kill 命令，终结 Wireshark 软件的进程），再重启该软件，将其配置为以多个文件的形式来保存抓到的数据包（具体配置方法详见第 1 章）。

3. 扫描攻击的手段五花八门，但都需要发出大量的 ICMP 或 TCP 数据包进行探测。因此，当网络遭受扫描攻击时，若使用 Wireshark 抓包，必能抓到超多来历不明的 ICMP 和/或 TCP 数据包。现举几个例子来加以说明。

4. 图 19.4 所示为一个饱受扫描攻击之苦的网络。位于远程分支机构网络中的所有用户都在反映，当他们访问中心站点网络内的服务器（图 19.4 中的左下角）时，感觉网速极慢。

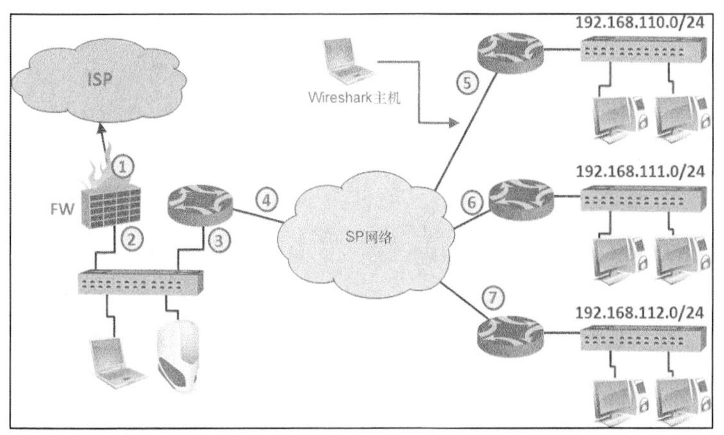

图 19.4　处理远程站点网速慢时，Wireshark 主机的安置方法

当作者在某个远程站点网络内安置好 Wireshark 主机（见图 19.4），抓取并分析奔流在通往中心站点网络的 WAN 链路上的流量时，发现其中夹杂着大量异常的 ICMP echo request 数据包（图 19.5 中的 3）。之所是说这些 ICMP 数据包异常，是因为它们的源 IP 地址全都隶属于 IP 网络 192.168.110.0/24（图 19.5 中的 1），它们的目的 IP 地址则是五花八门（图 19.5 中的 2）。至于这些 ICMP 数据包的目的 IP 地址怎么个五花八门，详见图 19.5 所示的 Wireshark 抓包截屏。

仔细观察图 19.5 所示的 Wireshark 抓包主窗口中数据包列表区域里的 Time 列，不难发现，Wireshark 抓取到的 ICMP echo request 数据包之间的时间间隔很短。当网络遭受扫描攻击时，则势必会在短时间内收到密集的探测流量。

点击 Wireshark 抓包主窗口中的 Statistics 菜单，选择 Conversations 菜单项，启动

Conversations 窗口，点击 IPv4 选项卡（图 19.6 中的 3），可以观察到图 19.6 所示的景象。

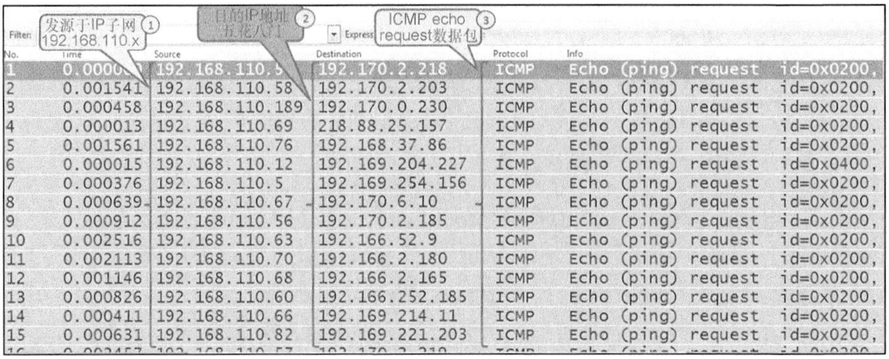

No.	Time	Source	Destination	Protocol	Info
1	0.0000	192.168.110.5	192.170.2.218	ICMP	Echo (ping) request id=0x0200,
2	0.001541	192.168.110.58	192.170.2.203	ICMP	Echo (ping) request id=0x0200,
3	0.000458	192.168.110.189	192.170.0.230	ICMP	Echo (ping) request id=0x0200,
4	0.000013	192.168.110.69	218.88.25.157	ICMP	Echo (ping) request id=0x0200,
5	0.001561	192.168.110.76	192.168.37.86	ICMP	Echo (ping) request id=0x0200,
6	0.000015	192.168.110.12	192.169.204.227	ICMP	Echo (ping) request id=0x0400,
7	0.000376	192.168.110.5	192.169.254.156	ICMP	Echo (ping) request id=0x0200,
8	0.000639	192.168.110.67	192.170.6.10	ICMP	Echo (ping) request id=0x0200,
9	0.000912	192.168.110.56	192.170.2.185	ICMP	Echo (ping) request id=0x0200,
10	0.002516	192.168.110.63	192.166.52.9	ICMP	Echo (ping) request id=0x0200,
11	0.002113	192.168.110.70	192.166.2.180	ICMP	Echo (ping) request id=0x0200,
12	0.001146	192.168.110.68	192.166.2.165	ICMP	Echo (ping) request id=0x0200,
13	0.000826	192.168.110.60	192.166.252.185	ICMP	Echo (ping) request id=0x0200,
14	0.000411	192.168.110.66	192.169.214.11	ICMP	Echo (ping) request id=0x0200,
15	0.000631	192.168.110.82	192.169.221.203	ICMP	Echo (ping) request id=0x0200,

图 19.5　ICMP 扫描的特征：目的 IP 地址五花八门

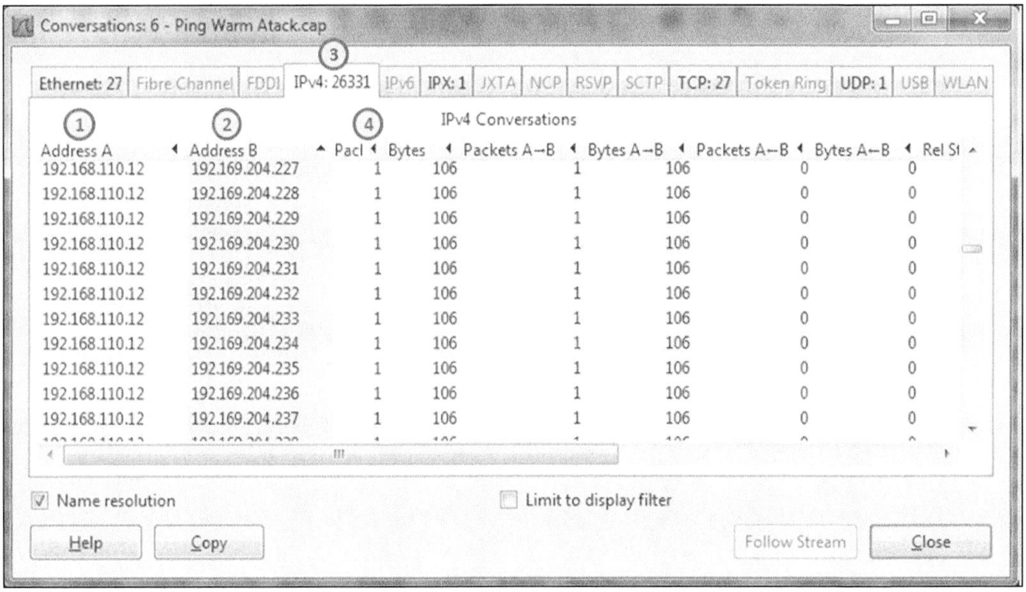

Address A	Address B	Pacl	Bytes	Packets A→B	Bytes A→B	Packets A←B	Bytes A←B	Rel St
192.168.110.12	192.169.204.227	1	106	1	106	0	0	
192.168.110.12	192.169.204.228	1	106	1	106	0	0	
192.168.110.12	192.169.204.229	1	106	1	106	0	0	
192.168.110.12	192.169.204.230	1	106	1	106	0	0	
192.168.110.12	192.169.204.231	1	106	1	106	0	0	
192.168.110.12	192.169.204.232	1	106	1	106	0	0	
192.168.110.12	192.169.204.233	1	106	1	106	0	0	
192.168.110.12	192.169.204.234	1	106	1	106	0	0	
192.168.110.12	192.169.204.235	1	106	1	106	0	0	
192.168.110.12	192.169.204.236	1	106	1	106	0	0	
192.168.110.12	192.169.204.237	1	106	1	106	0	0	

图 19.6　ICMP 随机扫描时的对话

在 Conversations 窗口的 IPv4 选项卡内，点击 Address A 列（图 19.6 中的 1），让该标签页中的 IP 会话（IPv4 Conversations）按源 IP 地址排序。用鼠标滑轮进行滚动，可以发现，那些异常的 ICMP echo request 数据包的源 IP 地址全都隶属于 IP 子网 192.168.110.0/24，目的 IP 地址则五花八门（图 19.6 只是显示了众多异常的 ICMP echo request 数据包的一小部分，它们的源 IP 地址都是 192.168.110.12，目的 IP 地址虽然五花八门，但都隶属于 IP 子网 192.169.204.0/24。也就是说，主机 192.168.110.12 正在以发送 ICMP echo request 数据包的方式，扫描目的 IP 子网 192.169.204.0/24）。

上述局面由蠕虫病毒造成。感染了蠕虫病毒的计算机会发出 ICMP echo request 数据包，来扫描整个网络，只要有主机对这些数据包进行回应，便会感染上蠕虫病毒，然后会发起新一轮的 ICMP 扫描。中心站点网络和各分支机构网络间的 WAN 链路正是被那些进进出出的 ICMP echo request 数据包弄得拥堵不堪。

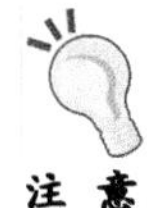

通过 Wireshark 抓包分析，发现某条链路（或通信信道）上充斥着大量 ICMP echo request 数据包时，切勿掉以轻心。这既有可能是安装了 SNMP 网管软件的主机在探索网络设备，也有可能是感染了蠕虫病毒的主机或服务器在扫描整个网络。

5. TCP SYN 扫描是另外一种常见的扫描攻击。具体的攻击手段是，攻击者不断发出 SYN 标记位置 1、目的端口号五花八门的 TCP 探测类数据包，等待监听相应端口的主机回复 SYN 和 ACK 标记位同时置 1 的 TCP 数据包。一旦等到了回复（扫描成功），攻击者可以进一步实施以下攻击手段。

   - 攻击者可继续发出 SYN 标记位置 1 的 TCP 数据包，诱使监听目标端口的受攻击主机回复 SYN 和 ACK 标记位同时置 1 的 TCP 数据包，但攻击者绝不会回复 ACK 标记位置 1 的 TCP 数据包，这会使得攻击主机与受攻击主机之间建立起多条 TCP 半开连接（half-open connection）。如此行事的目的是，让受攻击主机的资源消耗殆尽，此乃 DoS 攻击的一种形式。
   - 持续回复 ACK 标记位置 1 的 TCP 数据包，以正常的三次握手方式，与受攻击主机建立多条无用的 TCP 连接，目的同样是消耗受攻击主机的资源，起到 DoS 攻击的效果。

6. 当网络遭受 TCP-SYN 扫描攻击时，用 Wireshark 抓包，在抓包主窗口中的数据包列表区域所见到的数据包的特征将会与下面几图所示一致。

   - 在 Wireshark 抓包主窗口的数据包列表区域中，可能会看见攻击主机向受攻击主机（被扫描的主机）发出多个 SYN 标记位置 1，且源端口号几乎一致，但目的端口号各不相同的 TCP 扫描类数据包。只因受攻击主机未监听相应的 TCP 端口，故而那些 TCP 扫描类数据包多半得不到回应，如图 19.7 所示。
   - 在 Wireshark 抓包主窗口的数据包列表区域中，可能会看见两类 TCP 数据包：第一类是攻击主机向受攻击主机（被扫描的主机）发出多个 SYN 标记位置 1，且源端口号不断变化，但目的端口号几乎一致的 TCP 扫描类数据包；第二类是受攻击主机分别回复的 RST 标记位置 1 的 TCP 数据包，如图 19.8 所示。之所以会存在这种情况，是因为受攻击主机的身前部署有防火墙（既有可能是安装在受攻击主机 OS 里的软件防火墙，也有可能是安置在网络边界的硬件防火墙），是防火墙代替受攻击主机回复了 RST 标记位置 1 的 TCP 数据包，以达到快速拆除 TCP 连接的目的。

攻击主机的IP地址　受攻击主机的IP地址　SYN位置1的TCP扫描类数据包

Filter: ip.addr==173.194.66.116　Expression... Clear Apply Save

No.	Time	Source	Destination	Protocol	Info
17984	0.000061	192.168.43.191	173.194.66.116	TCP	50991 > 714 [SYN] Seq=0 Win=1024 Len=0 MS
17985	0.000083	192.168.43.191	173.194.66.116	TCP	50990 > 11110 [SYN] Seq=0 Win=1024 Len=0
17986	0.000064	192.168.43.191	173.194.66.116	TCP	50990 > 1198 [SYN] Seq=0 Win=1024 Len=0 M
17987	0.000071	192.168.43.191	173.194.66.116	TCP	50990 > 50300 [SYN] Seq=0 Win=1024 Len=0
17988	0.000067	192.168.43.191	173.194.66.116	TCP	50990 > 5002 [SYN] Seq=0 Win=1024 Len=0 M
17989	0.000070	192.168.43.191	173.194.66.116	TCP	50990 > 6002 [SYN] Seq=0 Win=1024 Len=0 M
17990	0.000063	192.168.43.191	173.194.66.116	TCP	50990 > 9081 [SYN] Seq=0 Win=1024 Len=0 M
18109	0.794487	192.168.43.191	173.194.66.116	TCP	50991 > 6788 [SYN] Seq=0 Win=1024 Len=0 M
18110	0.000160	192.168.43.191	173.194.66.116	TCP	50990 > 15742 [SYN] Seq=0 Win=1024 Len=0
18111	0.001761	192.168.43.191	173.194.66.116	TCP	50991 > 79 [SYN] Seq=0 Win=1024 Len=0 MSS
18112	0.001911	192.168.43.191	173.194.66.116	TCP	50991 > 1805 [SYN] Seq=0 Win=1024 Len=0 M

图 19.7　TCP 扫描攻击——无响应

Filter: !nbns and !icmp and !arp　Expression... Clear Apply Save

发往目的端口号445和139，且SYN标记位置1的TCP扫描类数据包

防火墙代为答复的源端口号445和139，且RST标记位置1的TCP数据包

No.	Time	Source	Destination	Protocol	Info
1283	0.124068	173.194.41.165	192.168.43.191	TCP	445 > 6738 [RST] Seq
1284	0.178676	192.168.43.191	194.90.1.105	TCP	6910 > 445 [SYN] Seq=... 460
1285	0.001176	192.168.43.191	194.90.1.105	TCP	6911 > 139 [SYN] Seq=... =8192 Len=0 MSS=1460
1295	0.058867	192.168.43.191	194.90.1.89	TCP	6907 > 445 [SYN] Seq=0 Win=8192 Len=0 MSS=1460
1296	0.090965	192.168.43.191	194.90.1.89	TCP	6908 > 139 [SYN] Seq=0 Win=8192 Len=0 MSS=1460
1297	0.007015	192.168.43.191	194.90.1.105	TCP	6904 > 445 [SYN] Seq=... 460
1298	0.097377	194.90.1.105	192.168.43.191	TCP	445 > 6910 [RST, ACK]
1299	0.011296	194.90.1.105	192.168.43.191	TCP	139 > 6911 [RST, ACK]
1300	0.000453	194.90.1.89	192.168.43.191	TCP	445 > 6907 [RST, ACK] Seq=1 Ack=1 Win=0 Len=0
1301	0.017741	194.90.1.105	192.168.43.191	TCP	445 > 6904 [RST, ACK] Seq=1 Ack=1 Win=0 Len=0
1302	0.001921	194.90.1.89	192.168.43.191	TCP	139 > 6908 [RST, ACK] Seq=1 Ack=1 Win=0 Len=0
1303	0.004212	192.168.43.191	194.90.1.37	TCP	6866 > 445 [SYN] Seq=0 Win=8192 Len=0 MSS=1460

图 19.8　TCP SYN 攻击——连接遭重置

- 在 Wireshark 抓包主窗口的数据包列表区域中，可能会看见单一源 IP 地址（攻击主机的 IP 地址）向单一目的 IP 地址（受攻击主机的 IP 地址）发出多个 SYN 标记位置 1，但目的端口号各不相同的 TCP 数据包，如图 19.9 所示。不过，受攻击主机会针对其中的某些端口号（比如，图 19.9 中的 TCP 111、113、118、1421、1422、1423 端口）回复 RST 位置 1 的 TCP 数据包，快速拆除连接；会针对另外一些端口号（比如，图 19.9 中的 TCP 135、139 端口）回复 SYN 和 ACK 标记位同时置 1 的 TCP 数据包，同意与攻击主机继续建立 TCP 连接。前一种情况是因为受攻击主机未监听 TCP 111、113、118、1421、1422、1423 端口（或这些端口不在防火墙的开放范围之列）；后一种情况是因为受攻击主机监听了 TCP 135、139 端口，且防火墙开放了对这些目的端口的访问。

7. 仔细观察 Wireshark 抓包主窗口的数据包列表区域，寻找异常的流量特征。比方说，若 ICMP 数据包满屏皆是，则极有可能存在 ICMP 扫描行为。此时，需要留意 ICMP 数据包的具体类型（ICMP 数据包根据 ICMP 头部中的类型字段值和代码字段值来分类，由 ping 命令触发的 ICMP echo request 数据包只是 ICMP 数据包的一种，其他常见的 ICMP 数据包还包括 ICMP echo reply 和 ICMP timestamp request 数据包等）、ICMP 数据包的源/目 IP 地址等。若发现 ICMP 数据包的源 IP 地址单一，目的 IP 地址有规律可循（比如，从 194.90.15.1 按序递增至 194.90.15.254），并且 ICMP 数据包的类型不是 ICMP echo request 就是 ICMP timestamp request，则可认定是 ICMP 恶意扫描。

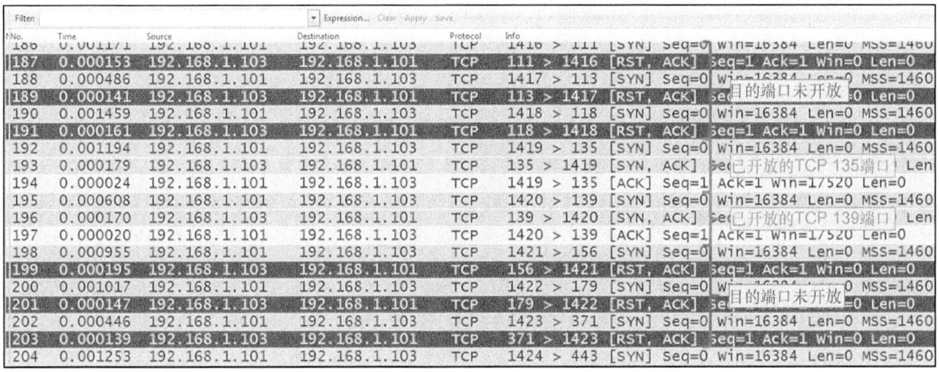

Filter:

No.	Time	Source	Destination	Protocol	Info
186	0.001171	192.168.1.101	192.168.1.103	TCP	1416 > 111 [SYN] Seq=0 Win=16384 Len=0 MSS=1460
187	0.000153	192.168.1.103	192.168.1.101	TCP	111 > 1416 [RST, ACK] Seq=1 Ack=1 Win=0 Len=0
188	0.000486	192.168.1.101	192.168.1.103	TCP	1417 > 113 [SYN] Seq=0 W[illegible] MSS=1460
189	0.000141	192.168.1.103	192.168.1.101	TCP	113 > 1417 [RST, ACK] Se[illegible]0 Len=0
190	0.001459	192.168.1.101	192.168.1.103	TCP	1418 > 118 [SYN] Seq=0 Win=16384 Len=0 MSS=1460
191	0.000161	192.168.1.103	192.168.1.101	TCP	118 > 1418 [RST, ACK] Seq=1 Ack=1 Win=0 Len=0
192	0.001194	192.168.1.101	192.168.1.103	TCP	1419 > 135 [SYN] Seq=0 Win=16384 Len=0 MSS=1460
193	0.000179	192.168.1.103	192.168.1.101	TCP	135 > 1419 [SYN, ACK] Se[illegible] Len
194	0.000024	192.168.1.101	192.168.1.103	TCP	1419 > 135 [ACK] Seq=1 Ack=1 Win=17520 Len=0
195	0.000608	192.168.1.101	192.168.1.103	TCP	1420 > 139 [SYN] Seq=0 Win=16384 Len=0 MSS=1460
196	0.000170	192.168.1.103	192.168.1.101	TCP	139 > 1420 [SYN, ACK] Se[illegible] Len
197	0.000020	192.168.1.101	192.168.1.103	TCP	1420 > 139 [ACK] Seq=1 Ack=1 Win=17520 Len=0
198	0.000955	192.168.1.101	192.168.1.103	TCP	1421 > 156 [SYN] Seq=0 Win=16384 Len=0 MSS=1460
199	0.000195	192.168.1.103	192.168.1.101	TCP	156 > 1421 [RST, ACK] Seq=1 Ack=1 Win=0 Len=0
200	0.001017	192.168.1.101	192.168.1.103	TCP	1422 > 179 [SYN] Seq=0 W[illegible]0 MSS=1460
201	0.000147	192.168.1.103	192.168.1.101	TCP	179 > 1422 [RST, ACK] Se[illegible]0 Len=0
202	0.000446	192.168.1.101	192.168.1.103	TCP	1423 > 371 [SYN] Seq=0 Win=16384 Len=0 MSS=1460
203	0.000139	192.168.1.103	192.168.1.101	TCP	371 > 1423 [RST, ACK] Seq=1 Ack=1 Win=0 Len=0
204	0.001253	192.168.1.101	192.168.1.103	TCP	1424 > 443 [SYN] Seq=0 Win=16384 Len=0 MSS=1460

图 19.9　TCP 会话发起——三次握手

➢ 若怀疑网络中存在 ICMP 恶意扫描行为，可先在 Wireshark 抓包主窗口的 Filter 输入栏内输入显示过滤表达式 icmp，筛选出 ICMP 流量；再到数据包列表区域中点击 Destnation 列，让 ICMP 数据包按目的 IP 地址排序。如此操作，就可以很容易判断是否存在 ICMP 恶意扫描行为。

➢ 图 19.10 所示的 Wireshark 截屏展示了一次典型的 ICMP 恶意扫描行为。

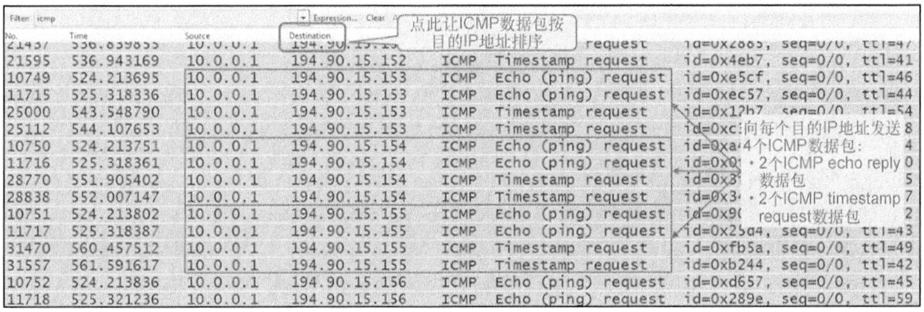

Filter: icmp

No.	Time	Source	Destination	Protocol	Info	
21437	536.839835	10.0.0.1	194.90.[illegible]	[illegible]	[illegible] request	id=0x2883, seq=0/0, ttl=47
21595	536.943169	10.0.0.1	194.90.15.152	ICMP	Timestamp request	id=0x4eb7, seq=0/0, ttl=41
10749	524.213695	10.0.0.1	194.90.15.153	ICMP	Echo (ping) request	id=0xe5cf, seq=0/0, ttl=46
11715	525.318336	10.0.0.1	194.90.15.153	ICMP	Echo (ping) request	id=0xec57, seq=0/0, ttl=44
25000	543.548790	10.0.0.1	194.90.15.153	ICMP	Timestamp request	id=0x12b7, seq=0/0, ttl=54
25112	544.107653	10.0.0.1	194.90.15.153	ICMP	Timestamp request	id=0xc[illegible]8
10750	524.213751	10.0.0.1	194.90.15.154	ICMP	Echo (ping) request	id=0xa[illegible]4
11716	525.318361	10.0.0.1	194.90.15.154	ICMP	Echo (ping) request	id=0x0[illegible]0
28770	551.905402	10.0.0.1	194.90.15.154	ICMP	Timestamp request	id=0x3[illegible]5
28838	552.007147	10.0.0.1	194.90.15.154	ICMP	Timestamp request	id=0x3[illegible]7
10751	524.213802	10.0.0.1	194.90.15.155	ICMP	Echo (ping) request	id=0x9[illegible]2
11717	525.318387	10.0.0.1	194.90.15.155	ICMP	Echo (ping) request	id=0x25a4, seq=0/0, ttl=43
31470	560.457512	10.0.0.1	194.90.15.155	ICMP	Timestamp request	id=0xfb5a, seq=0/0, ttl=49
31557	561.591617	10.0.0.1	194.90.15.155	ICMP	Timestamp request	id=0xb244, seq=0/0, ttl=42
10752	524.213836	10.0.0.1	194.90.15.156	ICMP	Echo (ping) request	id=0xd657, seq=0/0, ttl=45
11718	525.321236	10.0.0.1	194.90.15.156	ICMP	Echo (ping) request	id=0x289e, seq=0/0, ttl=59

图 19.10　CMP 恶意扫描

8．还有一种针对特定应用程序的扫描，其手段是向某种应用层协议所使用（监听）的端口，发送 TCP 扫描类数据包。如遭遇此类攻击，在 Wireshark 抓包主窗口的数据包列表区域中会呈现以下特征。

➢ **NetBIOS 扫描**：在 Wireshark 抓包主窗口的数据包列表区域中，会看到大量发往 NetBIOS 相关端口的 TCP 扫描类数据包。

➢ **HTTP 扫描**：在 Wireshark 抓包主窗口的数据包列表区域中，会看到攻击者先行发出的目的端口号为 80、SYN 标记位置 1 的 TCP 扫描类数据包；若得到了 HTTP 服务器的回应，还将看到攻击者随后发出的 HTTP 请求数据包。

➢ **SMTP 扫描**：在 Wireshark 抓包主窗口的数据包列表区域中，会看见大量的目的端口号为 25，且 SYN 标记位置 1 的 TCP 数据包。

- **SIP 扫描**：在 Wireshark 抓包主窗口的数据包列表区域中，会看到大量发往 5060 端口的 TCP 扫描类数据包。

若有针对其他应用层协议的扫描行为，在 Wireshark 抓包主窗口的数据包列表区域中，会看到大量发往相应目的端口的 TCP 扫描类数据包。

19.4.3 幕后原理

大多数扫描攻击所遵循的步骤是，先进行 ARP 扫描，再进行 ICMP 扫描，最后进行 TCP 或 UDP 端口扫描。扫描攻击的原理非常简单，如下所列。

- 攻击者通过扫描工具在 LAN 内执行 ARP 扫描（以广播方式发出 ARP 请求数据包，以期掌握同一 LAN 内其他设备的 IP 地址和 MAC 地址）。
- 攻击者通过扫描工具针对某一目的 IP 网络执行 ICMP 扫描（发出 ICMP echo request 数据包，以期获得该网络内主机的回应）。
- 若 ARP 扫描和 ICMP 扫描能得到其他设备的回应，则攻击者会通过扫描工具向这台（或这批）设备的 IP 地址发出目的端口号不一的 TCP/UDP 扫描类数据包。若发现有设备监听并开放了某个（或某些）TCP/UDP 端口，则攻击者会继续发动与此端口号相对应的应用程序扫描。
- 执行应用程序扫描时，攻击者会通过扫描工具发送包含特定命令（内容）的攻击数据包，以此做进一步地入侵。

19.4.4 拾遗补缺

近年来，大多数新型入侵检测系统/入侵防护系统（IDS/IPS）都能识别和/或拦截 ICMP 扫描攻击、TCP 扫描攻击，以及其他各种扫描攻击。这些攻击都是特征明显，手法简单粗暴。只要在 Internet 链路上部署 IDS/IPS，或接入部署了 IDS/IPS 的 ISP，一般都不太可能遭受上述手法简单粗暴的扫描攻击。

按照运作方式，IDS/IPS 分可为以下两类。

- **基于 NetFlow/Jflow 的 IDS/IPS**：能识别出从多个来源涌入的扫描流量。此类 IDS/IPS 既可以直接拦截这些流量，也可以根据流量的源 IP 地址，来调整路由设备的路由表，阻断发源于 ISP 网络的扫描流量。
- **基于内容的 IDS/IPS**：先根据流量的内部特征来判断其是否属于恶意流量，然后再决定是放行还是丢弃。

由于部署在网络边界的安全设备管不着发源于内网的攻击流量，因此相对于外部攻击而言，内部攻击要更为常见。19.6 节会对某些极为精巧的内部攻击展开深入探讨。

要想有效阻止发源于 Internet 的攻击，要么在 Internet 边界部署 IDS/IPS，要么就从提供

IDS/IPS 服务的 ISP 申请 Internet 链路。要想阻止由内部发起的攻击，除了要严格执行本单位制定的安全策略以外，还得借助于安全防护软件（比如，杀毒软件和防火墙软件等）。

19.4.5 拾遗补缺

上一小节提到的安全策略，是指由各单位制定并需要严格执行的一套与安全有关的规章制度。与此有关的更多信息在 Internet 上随处可查。

19.5 发现 DoS 和 DDoS 攻击

发动拒绝服务（DoS）/分布式拒绝服务（DDoS）攻击的目的，是要让用户访问不到原本可以正常访问的某些网络资源。这些网络资源如下所示。

- **通信链路资源**：攻击者以生成巨流的方式发动 DoS/DDoS 攻击，让垃圾流量充斥通信链路，导致链路拥塞。
- **应用程序及网络服务资源（Web 服务、E-mail 服务等）**：攻击者以某种方式发动 DoS/DDoS 攻击，让安装网络应用程序或提供网络服务的服务器宕机或资源耗尽，无法处理用户发起的服务请求。

之前提及的各种扫描攻击，最终都有可能会转化为 DoS/DDoS 攻击。若某些扫描攻击导致通信链路的拥塞或服务器处理能力的下降，达到了拒绝用户访问的目的，则这样的扫描攻击可被称为 DoS/DDoS 攻击。

本节会介绍几种常见的 DoS/DDoS 攻击，同时会讲解如何发现并阻止这些攻击。

19.5.1 准备工作

当某一网络资源（比如，某条通信链路、某种网络服务）突然无法访问或访问速度突然变得很慢时，这往往意味着有人正针对其发动 DoS/DDoS 攻击。

在确定了受攻击的网络资源之后，请设法将相关流量重定向至 Wireshark 主机，再启动 Wireshark 软件，开始抓包。本节会介绍几种常见的 DoS/DDoS 攻击，同时会细述各自的特征。

19.5.2 操作方法

请将 Wireshark 主机接入 LAN 交换机，在该交换机上开启端口镜像功能，设法将可能遭受 DoS/DDoS 攻击的网络资源所承受的流量重定向至 Wireshark 主机。一般而言，可能遭受 DoS/DDoS 攻击的网络资源不是一台莫名其妙变慢的服务器，就是一条负载猛然增高的链路。当然，也可以是突然无法访问或访问速度突然变慢的其他任何网络资源。

- 当一条通信链路（比如，一条 Internet 链路）突然变慢时，请将 Wireshark 主机接入网络，设法通过端口镜像技术，将那条链路所承载的流量重定向至 Wireshark 主机。

➢ 仔细观察 Wireshark 抓包主窗口数据包列表区域，密切关注流量的源 IP 地址。

✓ 图 19.11 所示为作者抓到的源于/发往一台服务器的流量。

数据包的源IP地址的最后一个字节居然是连续的（已根据源IP地址对抓到的数据包做了升序排列）①
所有数据包的目的地址全都相同②
目的TCP端口号都是6000，SYN标记位置也全都1③

No.	Time	Source	Destination	Protocol	Info
1	0.000000	1.1.164.98	94.23.71.12	TCP	44129 > 6000 [SYN] Seq=0 Win=16384 Len=0
2	0.000011	1.1.164.99	94.23.71.12	TCP	44130 > 6000 [SYN] Seq=0 Win=16384 Len=0
3	0.000011	1.1.164.100	94.23.71.12	TCP	44131 > 6000 [SYN] Seq=0 Win=16384 Len=0
4	0.000011	1.1.164.101	94.23.71.12	TCP	44132 > 6000 [SYN] Seq=0 Win=16384 Len=0
5	0.000012	1.1.164.102	94.23.71.12	TCP	44133 > 6000 [SYN] Seq=0 Win=16384 Len=0
6	0.000011	1.1.164.103	94.23.71.12	TCP	44134 > 6000 [SYN] Seq=0 Win=16384 Len=0
7	0.000011	1.1.164.104	94.23.71.12	TCP	44135 > 6000 [SYN] Seq=0 Win=16384 Len=0
8	0.000011	1.1.164.105	94.23.71.12	TCP	44136 > 6000 [SYN] Seq=0 Win=16384 Len=0
9	0.000011	1.1.164.106	94.23.71.12	TCP	44137 > 6000 [SYN] Seq=0 Win=16384 Len=0
10	0.000012	1.1.164.107	94.23.71.12	TCP	44138 > 6000 [SYN] Seq=0 Win=16384 Len=0
11	0.000011	1.1.164.108	94.23.71.12	TCP	44139 > 6000 [SYN] Seq=0 Win=16384 Len=0
12	0.000011	1.1.164.109	94.23.71.12	TCP	44140 > 6000 [SYN] Seq=0 Win=16384 Len=0

图 19.11　TCP SYN 攻击——攻击主机的源 IP 地址各不相同

➢ 根据源 IP 地址对抓到的数据包做升序排列后，可以看出，对于 Wireshark 抓到的发往公网 IP 地址 94.23.71.12 的所有数据包，其源 IP 地址的前三个字节一模一样，而最后一个字节居然在数字上是连续的。

注 意

通过图 19.11 还可以看出，数据包之间的时间间隔全都介于 11～12 微秒之间（作者在 View 菜单的 Time Display Format 菜单项中点选了 Seconds Since Previous Displayed Packet 子菜单项）。要是读者抓到了以这样的频率发送的 SYN 标记位置 1 的 TCP 数据包，请务必多加小心，这往往就意味着 DoS/DDoS 攻击。

➢ 由于所抓数据包的源 IP 地址非常怪异，因此需要借助于 Statistics 菜单中的 Conversations 工具，来看看它们的 MAC 地址到底是什么，如图 19.12 所示。

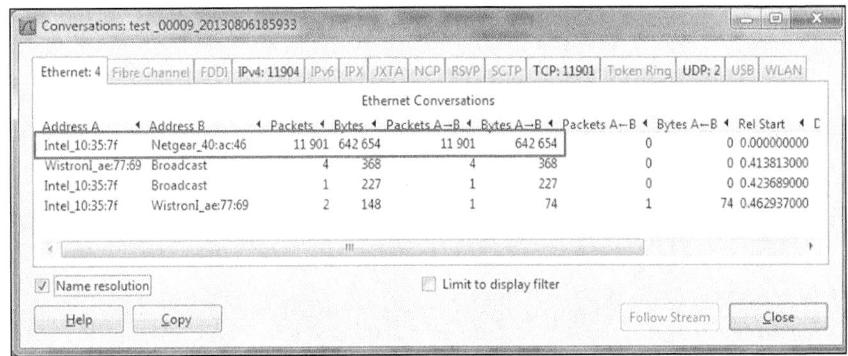

图 19.12　TCP SYN 攻击——动用 Conversations 工具

➢ 由图 19.12 可知，与那批源 IP 地址相对应的 MAC 地址只有一个，也就是作者监控的那台服务器的 MAC 地址。

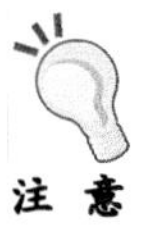

注 意

在抓到了被怀疑是起 TCP SYN 扫描作用的数据包时，应仔细核查数据包的源 IP 地址和源 MAC 地址。安装了某些操作系统的主机在感染了蠕虫病毒之后，可能会批量生成源 IP 地址为非本机所设 IP 地址的数据包，但这些数据包的源 MAC 地址却一定是其网卡的 MAC 地址。

- TCP SYN 扫描也有可能会从单一源头发起，也就是说，用来执行 TCP SYN 扫描的数据包的源 IP 地址只有一个，如图 19.13 所示。这种数据包的特征有二：TCP 头部中 SYN 标记位会置 1；目的 TCP 端口号五花八门。此时，使用 Wireshark 抓包，结果将会是以下三种情况之一。
  - ✓ 只能抓到用于 TCP SYN 扫描的数据包。
  - ✓ 除了起 TCP SYN 扫描作用的数据包之外，还能抓到与其相对应的 TCP 重置（reset）数据包。
  - ✓ 既能抓到起 TCP SYN 扫描作用的数据包，也能抓到受攻击主机与攻击主机间建立 TCP 三次握手的其余 TCP 数据包。
- 以下所列为上述 TCP SYN 扫描攻击可能造成的各种后果。
  - ✓ 要是只能抓到起 TCP SYN 扫描作用的数据包，那么受攻击主机将一切无恙。但若抓到了受攻击主机发出的与攻击主机建立 TCP 三次握手的数据包，受攻击服务器则岌岌可危。
  - ✓ 只要攻击主机与受攻击主机之间建立了过多的 TCP 连接（SYN/SYN- ACK/ACK）或半开连接（(SYN/SYN-ACK），后者就会因为资源消耗过大，而变得越来越慢。
  - ✓ 图 19.13 所示为一次典型的 TCP SYN 扫描攻击。像这样的扫描攻击只要能使通信链路拥堵，或让服务器停止提供服务，就立刻转化为了 DoS/DDoS 攻击。

No.	Time	Source	Destination	Protocol	Info
55372	0.000025	10.0.0.103	10.0.0.10	TCP	33928 > 1082 [SYN] Seq=0 Win=1024 Len=0 MSS=1460
55373	0.000025	10.0.0.103	10.0.0.10	TCP	33928 > 15003 [SYN] Seq=0 Win=1024 Len=0 MSS=146
55374	0.000034	10.0.0.103	10.0.0.10	TCP	33928 > 6567 [SYN] Seq=0 Win=1024 Len=0 MSS=1460
55375	0.000025	10.0.0.103	10.0.0.10	TCP	33928 > 458 [SYN] Seq=0 Win=1024 Len=0 MSS=1460
55376	0.000026	10.0.0.103	10.0.0.10	TCP SYN 扫描	33928 > 8383 [SYN] Seq=0 Win=1024 Len=0 MSS=1460
55377	0.000035	10.0.0.103	10.0.0.10		33928 > 2100 [SYN] Seq=0 Win=1024 Len=0 MSS=1460
55378	0.000025	10.0.0.103	10.0.0.10		33928 > 1721 [SYN] Seq=0 Win=1024 Len=0 MSS=1460
55379	0.000025	10.0.0.103	10.0.0.10	TCP	33928 > 8994 [SYN] Seq=0 Win=1024 Len=0 MSS=1460
55380	0.000025	10.0.0.103	10.0.0.10	TCP	33928 > 6699 [SYN] Seq=0 Win=1024 Len=0 MSS=1460
55381	0.000025	10.0.0.103	10.0.0.10	TCP	33928 > 10616 [SYN] Seq=0 Win=1024 Len=0 MSS=146
55382	0.000025	10.0.0.103	10.0.0.10	TCP	33928 > 2381 [SYN] Seq=0 Win=1024 Len=0 MSS=1460
55383	0.000024	10.0.0.103	10.0.0.10	TCP	33928 > 55555 [SYN] Seq=0 Win=1024 Len=0 MSS=146
55384	0.000025	10.0.0.103	10.0.0.10	TCP	33928 > 8193 [SYN] Seq=0 Win=1024 Len=0 MSS=1460
55385	0.000026	10.0.0.103	10.0.0.10	TCP	33928 > 10001 [SYN] Seq=0 Win=1024 Len=0 MSS=146
55386	0.000025	10.0.0.103	10.0.0.10	TCP	33928 > 5904 [SYN] Seq=0 Win=1024 Len=0 MSS=1460

图 19.13　TCP SYN DDoS 泛洪攻击

19.5.3 运作原理

拒绝服务（DoS）攻击的目的是要让原本可以访问的网络服务不可访问。DoS 攻击的实施手段是设法消耗受攻击的网络服务的资源（比如，网络服务所驻留的主机的 CPU、内存资源等），使其无法提供正常的服务。

DoS 攻击的源头一般只有一个，而 DDoS 攻击的源头则可以有很多。

19.5.4 拾遗补缺

DoS/DDoS 攻击有时很难觉察，因为攻击者在发动攻击时会将相应的攻击流量伪装为正常流量。举例如下。

- 可以伪装为由网管系统发出的用来发现网络设备的ICMP echo request 数据包(ping 包)。
- 可以伪装为可被 Web 服务器正常接收的包含 GET 方法的 HTTP 请求数据包。
- 可以伪装为 SNMP GET 请求数据包。

因此，要想发现 DoS/DDoS 攻击，不但要查明可疑数据包的来源，还得关注其数量，甚至还需知其内在。图 19.14 所示的 Wireshark 截屏显示了作者用 Follow TCP Stream 右键菜单项功能关注的一条指定的 TCP 数据流。

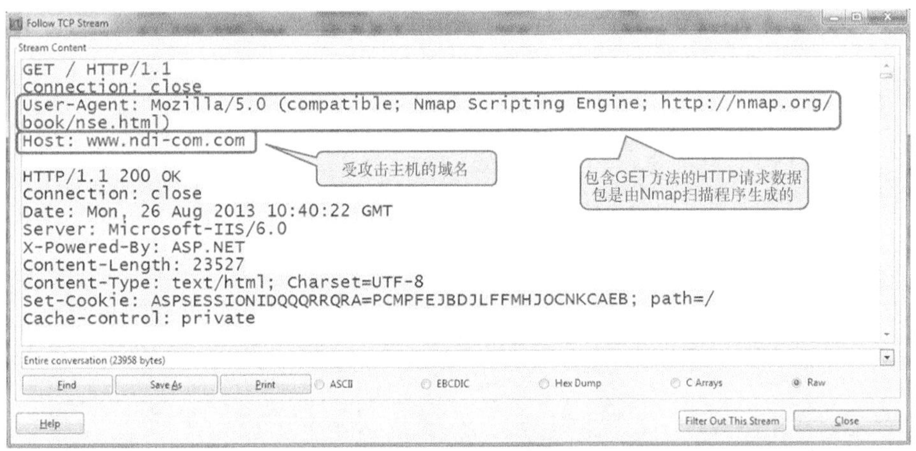

图 19.14　TCP SYN DDoS 攻击

19.6 发现高级 TCP 攻击

高级 TCP 攻击是指攻击者发出精心打造的 TCP 数据包，让受攻击设备不知如何处理，或者在安全设备那里蒙混过关。虽然部署在当今网络中的新型防火墙能够识别并阻止此类攻击，但作者认为仍有必要对其做简要介绍。

19.6.1 准备工作

作者只要在一个新的网络环境中执行排障任务，通常都会把安装了 Wireshark 的笔记本接入该网络，观察其所承载的流量。首先，作者会把笔记本连接到 LAN 交换机，观察抓到的广播流量。然后，会启用端口镜像功能，将交换机上连接关键服务器或重要通信链路的端口的流量重定向至 Wireshark 主机，仔细观察抓到的流量。

19.6.2 操作方法

在分析 Wireshark 抓到的流量时，若发现 TCP 流量具备以下特征，则很可能是有人在发动高级 TCP 攻击。

- 若发现了大量目的 IP 地址相同、目的端口号千奇百怪，且 ACK 标记位置 1 的 TCP 数据包（见图 19.15），则可认定有人在发动名为 ACK 扫描的高级 TCP 攻击。这种攻击的目的是破坏已经建立的 TCP 连接。

攻击主机的IP地址　攻击多个TCP端口　序列号字段值=1，ACK标记位置1，目的是破坏已经建立的TCP连接

No.	Time	Source	Destination	Protocol	Info
252	0.000032	192.168.43.191	10.0.0.138	TCP	51752 > 1503 [ACK] Seq=1 Ack=1 Win=1024 Len=0
253	0.000023	192.168.43.191	10.0.0.138	TCP	51752 > 3128 [ACK] Seq=1 Ack=1 Win=1024 Len=0
254	0.000023	192.168.43.191	10.0.0.138	TCP	51752 > 19315 [ACK] Seq=1 Ack=1 Win=1024 Len=0
255	0.000033	192.168.43.191	10.0.0.138	TCP	51752 > 1580 [ACK] Seq=1 Ack=1 Win=1024 Len=0
256	0.000026	192.168.43.191	10.0.0.138	TCP	51752 > 1066 [ACK] Seq=1 Ack=1 Win=1024 Len=0
257	0.000025	192.168.43.191	10.0.0.138	TCP	51751 > 9595 [ACK] Seq=1 Ack=1 Win=1024 Len=0
258	0.001317	192.168.43.191	10.0.0.138	TCP	51752 > 212 [ACK] Seq=1 Ack=1 Win=1024 Len=0
259	0.000084	192.168.43.191	10.0.0.138	TCP	51752 > 512 [ACK] Seq=1 Ack=1 Win=1024 Len=0
260	0.000027	192.168.43.191	10.0.0.138	TCP	51752 > 10629 [ACK] Seq=1 Ack=1 Win=1024 Len=0
261	0.000027	192.168.43.191	10.0.0.138	TCP	51752 > 40193 [ACK] Seq=1 Ack=1 Win=1024 Len=0
262	0.000023	192.168.43.191	10.0.0.138	TCP	51752 > 1053 [ACK] Seq=1 Ack=1 Win=1024 Len=0

图 19.15　TCP ACK 扫描

- 若发现了大量标记位置位方式怪异（比如，URG、FIN 和 RST 标记位同时置 1，或者 SYN 和 FIN 标记位同时置 1）的 TCP 数据包，则可认定有人在发动高级 TCP 攻击。图 19.16 所示为有人在执行名为 Xmas 的扫描攻击时，Wireshark 抓到的 URG、FIN 和 RST 标记位同时置 1 的 TCP 数据包。

No.	Time	Source	Destination	Protocol	Info
2190	0.026411	192.168.43.191	10.0.0.138	TCP	51889 > 1 [ACK] Seq=1 Ack=1 Win=33554432 Len=0 WS
2191	0.025524	192.168.43.191	10.0.0.138	TCP	51890 > 1 [FIN, PSH, URG] Seq=1 Win=2147450880 Ur
2193	0.028932	10.0.0.138	192.168.43.191	TCP	1 > 51889 [RST] Seq=1 Win=0 Len=0
2195	0.048204	192.168.43.191	10.0.0.138	UDP	Source port: 51930 Destination port: 30282
2196	0.029788	192.168.43.191	10.0.0.138	TCP	51888 > 1 [SYN] Seq=0 Win=31337 Len=0 WS=1024 MSS
2197	0.024198	192.168.43.191	10.0.0.138	TCP	51890 > 1 [FIN, PSH, URG] Seq=1 Win=2147450880 Ur
2200	0.078040	192.168.43.191	10.0.0.138	UDP	Source port: 51930 Destination port: 30282
2201	0.026694	192.168.43.191	10.0.0.138	TCP	51888 > 1 [SYN] Seq=0 Win=31337 Len=0 WS=1024 MSS
2202	0.024286	192.168.43.191	10.0.0.138	TCP	51890 > 1 [FIN, PSH, URG] Seq=1 Win=2147450880 Ur
2205	0.080907	192.168.43.191	10.0.0.138	UDP	Source port: 51930 Destination port: 30282
2206	0.026051	192.168.43.191	10.0.0.138	TCP	51888 > 1 [SYN] Seq=0 Win=31337 Len=0 WS=1024 MSS
2207	0.025937	192.168.43.191	10.0.0.138	TCP	51890 > 1 [FIN, PSH, URG] Seq=1 Win=2147450880 Ur
2208	0.173624	192.168.43.191	10.0.0.138	TCP	21462 > 80 [ACK] Seq=1 Ack=1 Win=2401 Len=0
2209	0.000169	192.168.43.191	10.0.0.138	TCP	21463 > 80 [ACK] Seq=1 Ack=1 Win=18085 Len=0

图 19.16　TCP 数据包的 TCP 头部的标记位置位方式怪异

图 19.17 所示为所有标记位全都置 0 的 TCP 数据包。在发动名为空扫描（Null scan）的高级 TCP 攻击时，便会生成这种标记位置位方式极为怪异的 TCP 数据包。

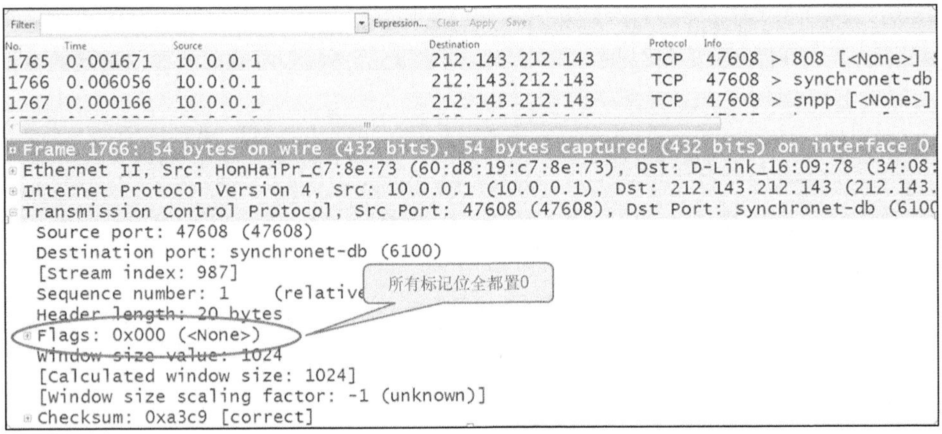

```
Filter:                          Expression... Clear Apply Save
No.   Time      Source     Destination      Protocol Info
1765  0.001671  10.0.0.1   212.143.212.143  TCP  47608 > 808 [<None>]
1766  0.006056  10.0.0.1   212.143.212.143  TCP  47608 > synchronet-db
1767  0.000166  10.0.0.1   212.143.212.143  TCP  47608 > snpp [<None>]
Frame 1766: 54 bytes on wire (432 bits), 54 bytes captured (432 bits) on interface 0
Ethernet II, Src: HonHaiPr_c7:8e:73 (60:d8:19:c7:8e:73), Dst: D-Link_16:09:78 (34:08:
Internet Protocol Version 4, Src: 10.0.0.1 (10.0.0.1), Dst: 212.143.212.143 (212.143.
Transmission Control Protocol, Src Port: 47608 (47608), Dst Port: synchronet-db (610(
  Source port: 47608 (47608)
  Destination port: synchronet-db (6100)
  [Stream index: 987]
  Sequence number: 1    (relative
  Header length: 20 bytes
  Flags: 0x000 (<None>)
  Window size value: 1024
  [Calculated window size: 1024]
  [Window size scaling factor: -1 (unknown)]
  Checksum: 0xa3c9 [correct]
```

所有标记位全部置0

图 19.17　TCP 空扫描

➢ 若发现了大量目的 IP 地址相同、目的端口号千奇百怪，且 ACK 和 FIN 标记位同时置 1 的 TCP 数据包（见图 19.18），则可认定有人在发动名为 FIN-ACK 扫描的高级 TCP 攻击。这种攻击的目的是破坏已经建立的 TCP 连接或对目的主机进行流量泛洪。

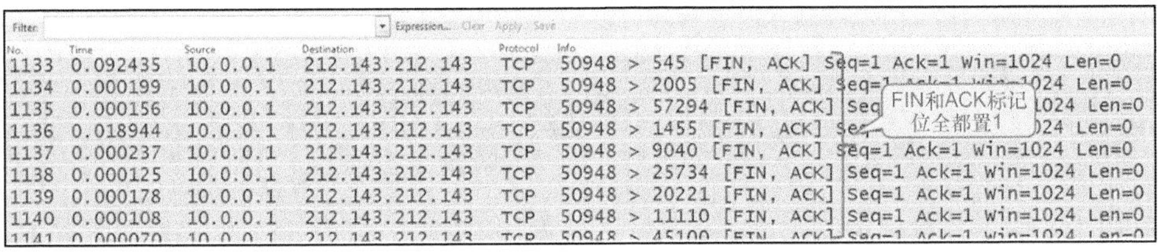

```
Filter:                          Expression... Clear Apply Save
No.   Time      Source    Destination      Protocol Info
1133  0.092435  10.0.0.1  212.143.212.143  TCP  50948 > 545 [FIN, ACK] Seq=1 Ack=1 Win=1024 Len=0
1134  0.000199  10.0.0.1  212.143.212.143  TCP  50948 > 2005 [FIN, ACK] Seq=1 Ack=1 Win=1024 Len=0
1135  0.000156  10.0.0.1  212.143.212.143  TCP  50948 > 57294 [FIN, ACK] Seq     1024 Len=0
1136  0.018944  10.0.0.1  212.143.212.143  TCP  50948 > 1455 [FIN, ACK] Se      24 Len=0
1137  0.000237  10.0.0.1  212.143.212.143  TCP  50948 > 9040 [FIN, ACK] Seq=1 Ack=1 Win=1024 Len=0
1138  0.000125  10.0.0.1  212.143.212.143  TCP  50948 > 25734 [FIN, ACK] Seq=1 Ack=1 Win=1024 Len=0
1139  0.000178  10.0.0.1  212.143.212.143  TCP  50948 > 20221 [FIN, ACK] Seq=1 Ack=1 Win=1024 Len=0
1140  0.000108  10.0.0.1  212.143.212.143  TCP  50948 > 11110 [FIN, ACK] Seq=1 Ack=1 Win=1024 Len=0
```

FIN和ACK标记位全部置1

图 19.18　TCP FIN-ACK 扫描

19.6.3　运作原理

上面提到的种种高级 TCP 攻击，无非遵循两个思路：发出大量 RST 或 FIN 位置 1（ACK 位置 0 或置 1 均可）的 TCP 数据包，扫描目标主机可能监听的各 TCP 端口，目的是破坏其已经（通过各监听端口）建立的 TCP 连接；发出大量标记位置位方式怪异的 TCP 数据包，让目标主机忙于处理，以达到拒绝服务的目的。

新型防火墙或 IDS/IPS 能识别并阻挡绝大多数所谓的高级 TCP 攻击。

19.6.4　拾遗补缺

在怀疑遭受攻击，动用 Wireshark 进行抓包分析时，虽可利用显示过滤器来匹配各类攻击流量的特征，但最好还是彻查抓到的所有流量，从中寻找异常流量模式。

19.6.5　进阶阅读

➢ 欲知更多与扫描攻击有关的信息，请访问 Nmap 官网页面。

19.7 发现针对某些应用程序的暴力破解攻击

在本章的最后一节，会介绍几种暴力破解攻击。暴力破解攻击是一种以试错为手段，窃取受害人信息的攻击方法。比如，尝试定位某些单位的服务器、探索用户目录以及破解密码。

19.7.1 准备攻击

不论是探测攻击还是破解攻击，一般都不会在网络中掀起大风大浪（说确切点，流量不会大起大落），因此其攻击行为只有 IDS 等网络安全防护设备才能觉察，要不然就得靠网管人员的直觉来发现类似的网络入侵了。本节会介绍如何识别暴力破解攻击。

19.7.2 操作方法

若怀疑有人在网络中实施暴力破解攻击，请按以下步骤来加以定位。

1. 在 LAN 交换机上启用端口镜像功能，设法将相关端口（连接了疑似遭受暴力破解攻击的服务器的端口）的流量重定向至 Wireshark 主机。
2. 要想发现 DNS 探测攻击，需要在抓包文件中筛选出 DNS 流量，仔细检查询问本单位主机（服务器）域名的 DNS 查询数据包。图 19.19 所示的 Wireshark 抓包文件展示了一次针对 icomm.com 域的 DNS 探测攻击。不难发现，攻击主机（IP 地址 10.0.0.1）正在执行 DNS 探测攻击，该主机向 DNS 服务器（10.0.0.138）发出了诸多 DNS 查询数据包，企图探测 icomm.com 域旗下的多台主机的 IPv4 和 IPv6 地址（查询 DNS A 记录和 AAAA 记录）。

   - 由于该攻击主机所探测的大部分主机的域名都不存在，因此 Wireshark 抓到了很多身背 No such name 字样的 DNS 响应数据包（详见图 19.19 中的 2、3、4、5）。
   - 需要注意的是，如在 Wireshark 抓包文件中发现有身背 No such name 字样的 DNS 响应数据包，并不意味着一定有人在执行 DNS 探测攻击。此时，需要从身背 No such name 字样的 DNS 响应数据包的数量，以及与之对应的 DNS 查询数据包的源 IP 地址来判断是否存在 DNS 探测攻击。

No.	Time	Source	Destination	Protocol		Info
7749	0.127587	10.0.0.1	10.0.0.138	DNS		Standard query 0x0001 AAAA sip.icomm.com
7750	0.023064	10.0.0.138	10.0.0.1	DNS		Standard query response 0x0001
7751	0.128110	10.0.0.1	10.0.0.138	DNS	1	Standard query 0x0001 A dns.icomm.com
7752	0.026680	10.0.0.138	10.0.0.1	DNS		Standard query response 0x0001 A 81.199.199.199
7755	0.124379	10.0.0.1	10.0.0.138	DNS		Standard query 0x0001 AAAA dns.icomm.com
7756	0.023907	10.0.0.138	10.0.0.1	DNS		Standard query response 0x0001
7757	0.127113	10.0.0.1	10.0.0.138	DNS	2	Standard query 0x0001 A ns2.icomm.com
7758	0.023341	10.0.0.138	10.0.0.1	DNS		Standard query response 0x0001 No such name
7759	0.005137	10.0.0.1	10.0.0.138	DNS		Standard query 0x0001 AAAA corp.icomm.com
7760	0.000190	10.0.0.1	10.0.0.138	DNS		Standard query 0x0001 AAAA whois.icomm.com
7761	0.000640	10.0.0.1	10.0.0.138	DNS		Standard query 0x0001 AAAA ns2.icomm.com
7762	0.001602	10.0.0.138	10.0.0.1	DNS	3	Standard query 0x0001 AAAA ns2.icomm.com
7763	0.023563	10.0.0.138	10.0.0.1	DNS		Standard query response 0x0001 No such name
7764	0.088002	10.0.0.1	10.0.0.138	DNS	4	Standard query 0x0001 A intranet.icomm.com
7765	0.024316	10.0.0.138	10.0.0.1	DNS		Standard query response 0x0001 No such name
7766	0.134785	10.0.0.1	10.0.0.138	DNS	5	Standard query 0x0001 AAAA intranet.icomm.com
7767	0.023727	10.0.0.138	10.0.0.1	DNS		Standard query response 0x0001 No such name

图 19.19　DNS 暴力破解攻击

3. 要想发现 HTTP 探测攻击（发动 HTTP 探测攻击的目的，是要探测出 Web 服务器上有哪些资源），需要仔细检查 Wireshark 抓到的相关 HTTP 流量。

➢ 要仔细检查 HTTP 请求数据包的内容，看看里面是否有攻击者留下的足迹，如图 19.20 所示。

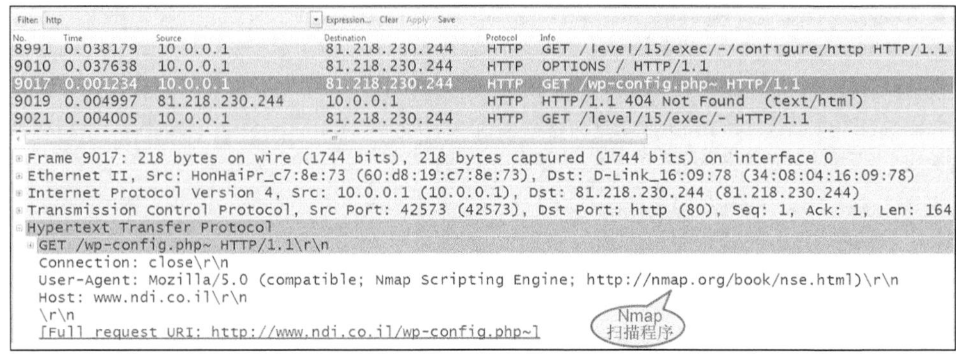

图 19.20 HTTP 暴力破解攻击——探测资源

➢ 应关注身背 HTTP 错误码 4xx 的 HTTP 应答数据包的数量。为此，请先在 Wireshark 抓包主窗口中点击 Statistics 菜单的 HTTP 菜单项中的 Packet Counter 子菜单项，再在弹出的 HTTP/Packet Counter Stats Tree 窗口中输入 IP，点 Create Stat 按钮，如图 19.21 所示。在 HTTP/Packet Counter with filter 窗口中点击 HTTP Response Packets 之前的“+”号，要是发现 Wireshark 抓到了太多含 HTTP 状态码 4xx 的 HTTP 响应数据包，则表示有人正在执行 HTTP 扫描攻击。

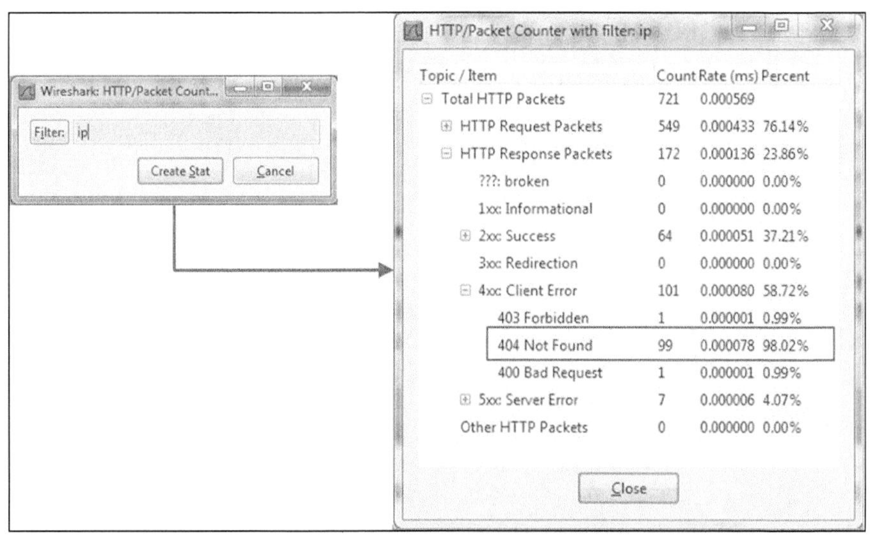

图 19.21 HTTP 扫描攻击的特征

19.7.3 幕后原理

对目标网络进行探测，向其发送探测类数据包，是暴力破解攻击的第一步。发送探测类数据包目的，当然是希望目标网络内的主机予以回应。只要网络安全措施能落实到位，加之那些探测又漫无目的，当黑客探测网络时，表现出的征兆包括在 Wireshark 抓包文件中会发现大量身背 Not Found 或 Forbidden 字样，以及包含各种错误状态码的（HTTP、SMTP、SIP）数据包。

19.7.4 拾遗补缺

要想从 Wireshark 抓包文件中筛选出含错误状态码的 HTTP 应答数据包，显示过滤器的写法是 http.response.code >=400。对于某些其他协议（比如 SIP），其协议数据包也会携带类似于 HTTP 协议的错误状态码，同样可以利用相似的显示过滤器，基于错误状态码对数据包进行筛选。要想从抓包文件中筛选出由某些知名扫描工具生成的攻击流量，请先在 Wireshark 抓包主窗口中点击 Edit 菜单中的 Find Packet 菜单项，再到弹出的 Find Packet 窗口中选择 String 和 Packet bytes 单选按钮，在 Filter 输入栏里填入知名扫描工具的名称，最后点击 Find 按钮即可。图 19.22 所示为如何从 Wireshark 抓包文件中筛选出由 Nmap 生成的数据包。Nmap 是众多扫描工具中知名度最高的一个。

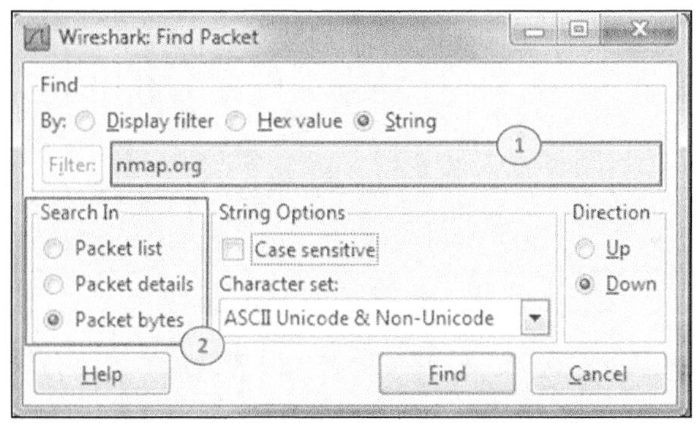

图 19.22 从 Wireshark 抓包文件中筛选出包含关键字 nmap.org 的数据包

在 Filter 输入栏里填入 nmap.org（1），点击 Find 按钮，Wireshark 抓包主窗口的数据包列表区域就只会显示由 Nmap 扫描工具生成的数据包（即包含关键字 nmap.org 的数据包）了，如图 19.23 所示。

暴力破解攻击到了最后一步，攻击者所要做的就是企图以猜测密码的方式，来攻陷服务器或网络设备。

图 19.24 所示为攻击者尝试攻陷一台受到良好保护的 FTP 服务器时的情况。

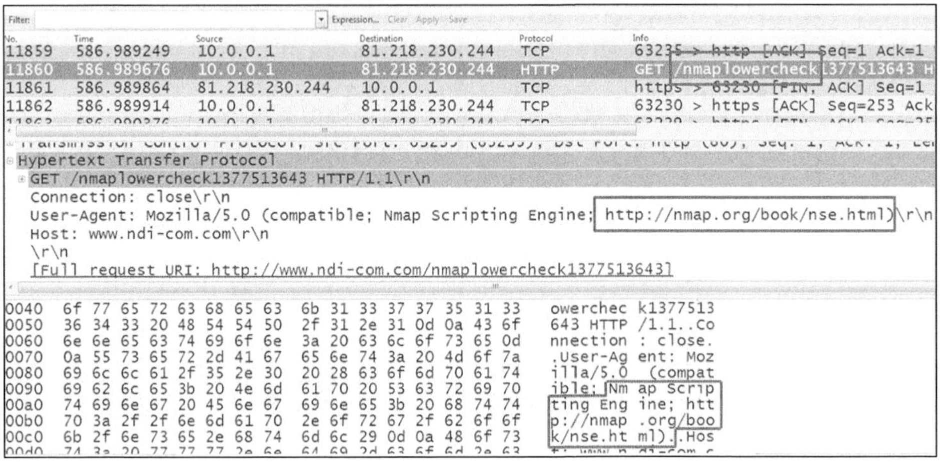

图 19.23　从 Wireshark 抓包文件中筛选的出包含关键字 nmap.org 的数据包

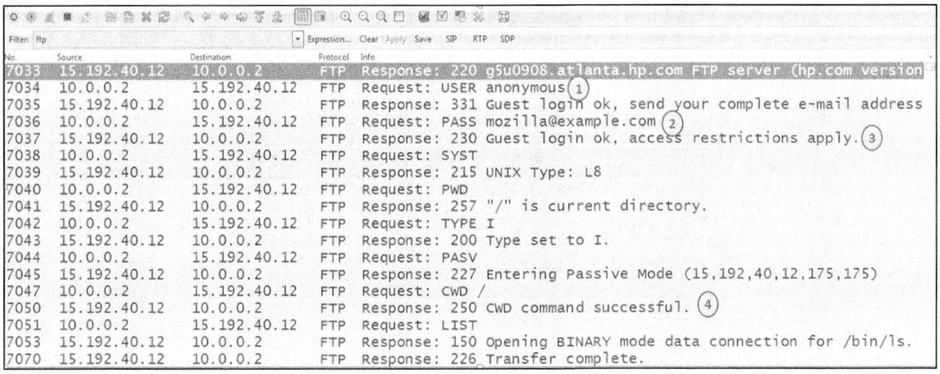

图 19.24　破解 FTP 服务器

由于攻陷的目标是 FTP 服务器，因此攻击者先以匿名的方式（使用用户名 anonymous 和密码 mozilla@example.com）尝试登录（1）和（2）。FTP 服务器接受了攻击者的登录请求（3）。攻击者登录之后就可以执行匿名用户获准执时的命令（4）。

图 19.25 所示为攻击者以别的用户名登录 FTP 服务器时的情况。

由图 19.25 可知，攻击者以用户名 root（1）、admin（2）和 administrator（3）分别尝试登录。

因为攻击者未能提供正确的密码，所以 FTP 服务器将其拒之门外，同时向其发出身背 TCP ZeroWindow 字样，包含 you could at least say goodbye 内容的 FTP 数据包。

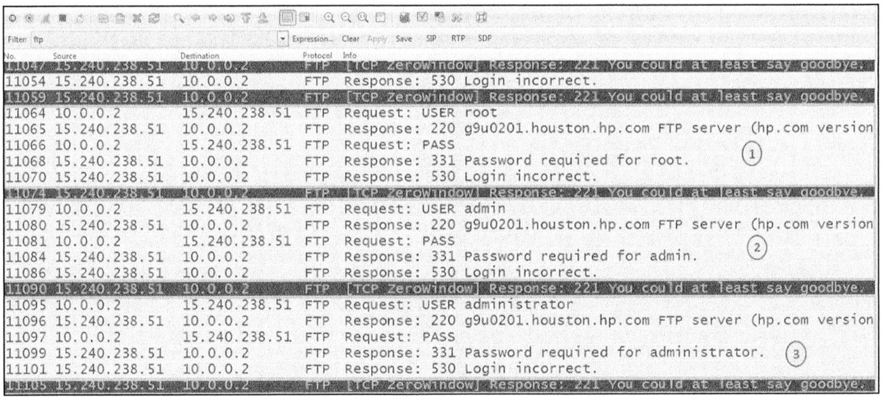

Filter: ftp   Expression... Clear Apply Save SIP RTP SDP

No.	Source	Destination	Protocol	Info
11047	15.240.238.51	10.0.0.2	FTP	[TCP ZeroWindow] Response: 221 You could at least say goodbye.
11054	15.240.238.51	10.0.0.2	FTP	Response: 530 Login incorrect.
11059	15.240.238.51	10.0.0.2	FTP	[TCP ZeroWindow] Response: 221 You could at least say goodbye.
11064	10.0.0.2	15.240.238.51	FTP	Request: USER root
11065	15.240.238.51	10.0.0.2	FTP	Response: 220 g9u0201.houston.hp.com FTP server (hp.com version
11066	10.0.0.2	15.240.238.51	FTP	Request: PASS
11068	15.240.238.51	10.0.0.2	FTP	Response: 331 Password required for root. ①
11070	15.240.238.51	10.0.0.2	FTP	Response: 530 Login incorrect.
11074	15.240.238.51	10.0.0.2	FTP	[TCP ZeroWindow] Response: 221 You could at least say goodbye.
11079	10.0.0.2	15.240.238.51	FTP	Request: USER admin
11080	15.240.238.51	10.0.0.2	FTP	Response: 220 g9u0201.houston.hp.com FTP server (hp.com version
11081	10.0.0.2	15.240.238.51	FTP	Request: PASS
11084	15.240.238.51	10.0.0.2	FTP	Response: 331 Password required for admin. ②
11086	15.240.238.51	10.0.0.2	FTP	Response: 530 Login incorrect.
11090	15.240.238.51	10.0.0.2	FTP	[TCP ZeroWindow] Response: 221 You could at least say goodbye.
11095	10.0.0.2	15.240.238.51	FTP	Request: USER administrator
11096	15.240.238.51	10.0.0.2	FTP	Response: 220 g9u0201.houston.hp.com FTP server (hp.com version
11097	10.0.0.2	15.240.238.51	FTP	Request: PASS
11099	15.240.238.51	10.0.0.2	FTP	Response: 331 Password required for administrator. ③
11101	15.240.238.51	10.0.0.2	FTP	Response: 530 Login incorrect.
11105	15.240.238.51	10.0.0.2	FTP	[TCP ZeroWindow] Response: 221 You could at least say goodbye.

图 19.25 破解 FTP 服务器——无效的用户名